Verlag von Julius Springer, Berlin．　　　　Hel.u.impr. Meisenbach Riffarth & Co.,A.-G.Berlin.

Gümbel

Jahrbuch

der

Schiffbautechnischen Gesellschaft

Fünfundzwanzigster Band

1924

Springer-Verlag Berlin Heidelberg GmbH

1925

Additional material to this book can be downloaded from http://extras.springer.com.

ISBN 978-3-642-90169-0   ISBN 978-3-642-92026-4 (eBook)
DOI 10.1007/978-3-642-92026-4

Alle Rechte vorbehalten.
Softcover reprint of the hardcover 1st edition 1925

Inhaltsverzeichnis.

Geschäftliches:

I. Satzungen: Seite

      Gesellschaftssatzung 3

      Silberne und goldene Denkmünze 7

II. Bericht über das fünfundzwanzigste Geschäftsjahr 1923 8

III. Bericht über die fünfundzwanzigste ordentliche Hauptversammlung am 20., 21. und 22. November 1924 24

IV. Niederschrift über die geschäftliche Sitzung der fünfundzwanzigsten ordentlichen Hauptversammlung am 21. November 1924   32

V. Unsere Toten 34

Vorträge der XXV. Hauptversammlung:

VI. 25 Jahre Schiffbautechnische Gesellschaft. Von C. Busley 55

VII. Der Schiffbauunterricht im Rahmen der Hochschulreform. Von W. Laas 69

VIII. Zahnradgetriebe für Turbinen- und Motorschiffe der Werft Blohm & Voß. Von H. Frahm 81

IX. Die Lichtbogenschweißung und ihre praktische Verwendung im Schiffbau. Von W. Strelow 142

X. Der Antrieb von Schiffen durch Ölmotoren mit hydraulisch-mechanischem Übersetzungsgetriebe. Von G. Bauer 192

XI. Die Anwendung der Erkenntnisse der Aerodynamik zum Windantrieb von Schiffen. Von A. Flettner 222

XII. Die Auswuchtung rotierender Massen. Von H. Heymann 252

XIII. Das Berichtigungsverfahren als Hilfsmittel für den Entwurf der Schiffe. Von W. Schmidt 274

XIV. Fortschritte der Strömungslehre im Maschinenbau und Schiffbau. Von H. Föttinger 295

Besichtigung:

XV. Die Borsigwerke in Tegel 347

Anhang:

XVI. Namenverzeichnis 388

Geschäftliches.

I. Satzungen.

Gesellschafts-Satzung.

I. Sitz der Gesellschaft.

§ 1.

Die am 23. Mai 1899 gegründete Schiffbautechnische Gesellschaft hat ihren Sitz in Berlin und ist dort beim Amtsgericht I als Verein eingetragen. *Sitz.*

II. Zweck der Gesellschaft.

§ 2.

Zweck der Gesellschaft ist der Zusammenschluß von Schiffbauern, Schiffsmaschinenbauern, Reedern, Offizieren der Kriegs- und Handelsmarine und anderen mit dem Seewesen in Beziehung stehenden Kreisen behufs Erörterung wissenschaftlicher und praktischer Fragen zur Förderung der Schiffbautechnik. *Zweck.*

§ 3.

Mittel zur Erreichung dieses Zweckes sind: *Mittel zur Erreichung dieses Zweckes.*
1. Versammlungen, in denen Vorträge gehalten und besprochen werden.
2. Drucklegung und Übersendung dieser Vorträge an die Gesellschaftsmitglieder.
3. Stellung von Preisaufgaben und Anregung von Versuchen zur Entscheidung wichtiger schiffbautechnischer Fragen.

III. Zusammensetzung der Gesellschaft.

§ 4.

Die Gesellschaftsmitglieder sind entweder: *Gesellschaftsmitglieder.*
1. Fachmitglieder,
2. Mitglieder, oder
3. Ehrenmitglieder.

§ 5.

Fachmitglieder können nur Herren in selbständigen Lebensstellungen werden, welche das 28. Lebensjahr überschritten haben, einschließlich ihrer Ausbildung bzw. ihres Studiums 8 Jahre im Schiffbau oder Schiffsmaschinenbau tätig gewesen sind, und von denen eine Förderung der Gesellschaftszwecke zu erwarten ist. *Fachmitglieder.*

§ 6.

Mitglieder können alle Herren in selbständigen Lebensstellungen werden, welche vermöge ihres Berufes, ihrer Beschäftigung oder ihrer wissenschaftlichen oder praktischen Befähigung imstande sind, sich mit Fachleuten an Besprechungen über den Bau, die Einrichtung und Ausrüstung, sowie die Eigenschaften von Schiffen zu beteiligen. *Mitglieder.*

§ 7.

Zu Ehrenmitgliedern können vom Vorstande nur solche Herren erwählt werden, welche sich um die Zwecke der Gesellschaft hervorragend verdient gemacht haben. *Ehrenmitglieder.*

IV. Vorstand.

§ 8.

Der Vorstand der Gesellschaft setzt sich zusammen aus: *Vorstand.*
1. dem Ehrenvorsitzenden,
2. dem Vorsitzenden,
3. dem stellvertretenden Vorsitzenden,
4. mindestens vier Beisitzern.

Im Sinne des § 26 des Bürgerlichen Gesetzbuches wird die Gesellschaft vertreten durch:
1. den Vorsitzenden und in dessen Verhinderung den stellvertretenden Vorsitzenden,
2. einen Beisitzer und in dessen Verhinderung einen ihn vertretenden Beisitzer.

Die zur gesetzlichen Vertretung berufenen Personen werden alljährlich in der ordentlichen Hauptversammlung gewählt.

Satzung.

§ 9.

Ehren-Vorsitzender. An der Spitze der Gesellschaft steht der Ehrenvorsitzende, welcher in den Hauptversammlungen den Vorsitz führt und bei besonderen Anlässen die Gesellschaft vertritt. Demselben wird das auf Lebenszeit zu führende Ehrenamt von den in § 8 unter 2—4 genannten Vorstandsmitgliedern angetragen.

§ 10.

Vorstandsmitglieder. Die beiden Vorsitzenden und die fachmännischen Beisitzer werden von den Fachmitgliedern aus ihrer Mitte gewählt, während die anderen Beisitzer von sämtlichen Gesellschaftsmitgliedern aus den Mitgliedern gewählt werden.

Werden mehr als vier Beisitzer gewählt, so muß der fünfte Beisitzer ein Fachmitglied, der sechste ein Mitglied sein u. s. f.

§ 11.

Ergänzungswahlen des Vorstandes. Die Mitglieder des Vorstandes werden auf die Dauer von drei Jahren gewählt.

Im ersten Jahre eines Trienniums scheiden der Vorsitzende und die Hälfte der nicht fachmännischen Beisitzer aus; im zweiten Jahre der stellvertretende Vorsitzende und die Hälfte der fachmännischen Beisitzer; im dritten Jahre die übrigen Beisitzer. Eine Wiederwahl ist zulässig.

§ 12.

Ersatzwahl des Vorstandes. Scheidet ein Mitglied des Vorstandes während seiner Amtsdauer aus, so muß der Vorstand einen Ersatzmann wählen, welcher verpflichtet ist, das Amt anzunehmen und bis zur nächsten Hauptversammlung zu führen. Für den Rest der Amtsdauer des ausgeschiedenen Vorstandsmitgliedes wählt die Hauptversammlung ein neues Vorstandsmitglied.

§ 13.

Geschäftsleitung. Der Vorstand leitet die Geschäfte und verwaltet das Vermögen der Gesellschaft. Er stellt einen Geschäftsführer an, dessen Besoldung er festsetzt.

Der Vorstand ist nicht beschlußfähig, wenn nicht mindestens vier seiner Mitglieder zugegen sind. Die Beschlüsse werden mit einfacher Mehrheit gefaßt, bei Stimmengleichheit gibt die Stimme des Vorsitzenden den Ausschlag.

Der Geschäftsführer der Gesellschaft muß zu allen Vorstandssitzungen zugezogen werden, in denen er aber nur beratende Stimme hat.

Das Geschäftsjahr ist das Kalenderjahr.

V. Fachausschuß.

§ 14.
Zusammensetzung des Fachausschusses.

Zusammensetzung. Der Fachausschuß setzt sich zusammen aus:
1. und 2. einem Vorsitzenden und einem stellvertretenden Vorsitzenden, die beide dem Vorstande der Gesellschaft angehören müssen und vom Vorstande bestimmt werden;
3. einem auf einer deutschen Werft beschäftigten Schiffbauingenieur;
4. einem auf einer deutschen Werft beschäftigten Schiffsmaschinenbauingenieur;
5. einem auf einem deutschen Werk beschäftigten Elektroingenieur;
6. und 7. je einem Schiffbau oder Schiffsmaschinenbau vortragenden Professor von den Technischen Hochschulen Berlin oder Danzig;
8. einem der Gesellschaft angehörenden deutschen Reeder.

§ 15.
Zweck des Ausschusses.

Zweck. Der Fachausschuß tritt mehrmals im Jahre zusammen, um Fragen, die in das Gebiet der Schiffbautechnischen Gesellschaft (§§ 2 und 3 der Satzung) einschlagen auf Anregung des Vorstandes oder aus sich heraus zu erörtern. Seine Hauptaufgabe besteht in der Herbeischaffung möglichst erstrebenswerter Vorträge für die Hauptversammlung.

§ 16.
Veröffentlichung der Verhandlungen.

Verhandlungen. Das Ergebnis seiner Verhandlungen hat der Ausschuß niederzulegen und dem Vorstande zur endgültigen Entscheidung zu unterbreiten. Eine Veröffentlichung der Verhandlungen in knapper Form, soweit sie sich dazu eignen, erfolgt im Jahrbuch der Gesellschaft.

VI. Aufnahmebedingungen und Beiträge.

§ 17.

Aufnahme der Fachmitglieder. Das Gesuch um Aufnahme als Fachmitglied ist an den Vorstand zu richten und hat den Nachweis zu enthalten, daß die Voraussetzungen des § 5 erfüllt sind. Dieser Nachweis ist von einem fachmännischen Vorstandsmitgliede und drei Fachmitgliedern durch Namensunterschrift zu bestätigen, worauf die Aufnahme erfolgt.

§ 18.

Aufnahme der Mitglieder. Das Gesuch um Aufnahme als Mitglied ist an den Vorstand zu richten, dem das Recht zusteht, den Nachweis zu verlangen, daß die Voraussetzungen des § 6 erfüllt sind. Falls ein solcher Nachweis gefordert wird, ist er von einem Mitgliede des Vorstandes und drei Gesellschaftsmitgliedern durch Namensunterschrift zu bestätigen, worauf die Aufnahme erfolgt.

§ 19.

Jedes eintretende Gesellschaftsmitglied zahlt ein Eintrittsgeld von 20 M. *Eintrittsgeld.*

§ 20.

Jedes Gesellschaftsmitglied zahlt einen jährlichen Beitrag von 20 M., welcher im Januar eines jeden Jahres fällig ist. Sollten Gesellschaftsmitglieder den Jahresbeitrag bis zum 1. Februar nicht entrichtet haben, so wird derselbe durch Postauftrag oder durch Postnachnahme eingezogen. *Jahresbeitrag.*

Langjährigen Mitgliedern kann der Vorstand auf ihren Antrag eine Ermäßigung des Jahresbeitrages bewilligen.

§ 21.

Gesellschaftsmitglieder können durch eine einmalige Zahlung lebenslängliche Mitglieder werden und sind dann von der Zahlung der Jahresbeiträge befreit. Bis auf weiteres werden aber keine lebenslänglichen Mitglieder mehr aufgenommen. *Lebenslänglicher Beitrag.*

§ 22.

Ehrenmitglieder sind von der Zahlung der Jahresbeiträge befreit. *Befreiung von Beiträgen.*

§ 23.

Gesellschaftsmitglieder, welche auszutreten wünschen, haben dies vor Ende des Geschäftsjahres bis zum 1. Dezember dem Vorstande schriftlich anzuzeigen. Mit ihrem Austritte erlischt ihr Anspruch an das Vermögen der Gesellschaft. *Austritt.*

§ 24.

Erforderlichen Falles können Gesellschaftsmitglieder auf einstimmig gefaßten Beschluß des Vorstandes ausgeschlossen werden. Gegen einen derartigen Beschluß gibt es keine Berufung. Mit dem Ausschlusse erlischt jeder Anspruch an das Vermögen der Gesellschaft. *Ausschluß.*

VII. Versammlungen.

§ 25.

Die Versammlungen der Gesellschaft zerfallen in: *Versammlungen.*
1. die Hauptversammlung.
2. außerordentliche Versammlungen.

§ 26.

Jährlich soll, möglichst im November, in Berlin die Hauptversammlung abgehalten werden, in welcher zunächst geschäftliche Angelegenheiten erledigt werden, worauf die Vorträge und ihre Besprechung folgen. *Hauptversammlung.*

Der geschäftliche Teil umfaßt:
1. Vorlage des Jahresberichtes von seiten des Vorstandes.
2. Bericht der Rechnungsprüfer und Entlastung des Vorstandes von der Geschäftsführung des vergangenen Jahres.
3. Bekanntgabe der Namen der neuen Gesellschaftsmitglieder.
4. Ergänzungswahlen des Vorstandes und Wahl von zwei Rechnungsprüfern für das nächste Jahr.
5. Beschlußfassung über vorgeschlagene Abänderungen der Satzung.
6. Sonstige Anträge des Vorstandes oder der Gesellschaftsmitglieder.

§ 27.

Der Vorstand kann außerordentliche Versammlungen anberaumen, welche auch außerhalb Berlins abgehalten werden dürfen. Er muß eine solche innerhalb vier Wochen stattfinden lassen, wenn ihm ein dahin gehender von mindestens dreißig Gesellschaftsmitgliedern unterschriebener Antrag mit Angabe des Beratungsgegenstandes eingereicht wird. *Außerordentliche Versammlungen.*

§ 28.

Alle Versammlungen müssen durch den Geschäftsführer mindestens 14 Tage vorher den Gesellschaftsmitgliedern durch Zusendung der Tagesordnung bekanntgegeben werden. *Berufung der Versammlungen.*

§ 29.

Jedes Gesellschaftsmitglied hat das Recht, Anträge zur Beratung in den Versammlungen zu stellen. Die Anträge müssen dem Geschäftsführer 8 Tage vor der Versammlung mit Begründung schriftlich eingereicht werden. *Anträge für Versammlungen.*

§ 30.

In den Versammlungen werden die Beschlüsse, soweit sie nicht Änderungen der Satzung betreffen, mit einfacher Stimmenmehrheit der anwesenden Gesellschaftsmitglieder gefaßt. *Beschlüsse der Versammlungen.*

§ 31.

Vorschläge zur Abänderung der Satzung dürfen nur zur jährlichen Hauptversammlung eingebracht werden. Sie müssen vor dem 15. Oktober dem Geschäftsführer schriftlich mitgeteilt werden und benötigen zu ihrer Annahme drei Viertel Mehrheit der anwesenden Fachmitglieder. *Änderungen der Satzung.*

§ 32.

Art der Abstimmung.
Wenn nicht von mindestens zwanzig anwesenden Gesellschaftsmitgliedern namentliche Abstimmung verlangt wird, erfolgt die Abstimmung in allen Versammlungen durch Erheben der Hand.

Wahlen erfolgen durch Stimmzettel oder durch Zuruf. Sie müssen durch Stimmzettel erfolgen, sobald der Wahl durch Zuruf auch nur von einer Seite widersprochen wird.

§ 33.

Niederschriften.
In allen Versammlungen führt der Geschäftsführer die Niederschrift, die nach ihrer Genehmigung von dem jeweiligen Vorsitzenden der Versammlung unterzeichnet wird.

§ 34.

Geschäftsordnung.
Die Geschäftsordnung für die Versammlungen wird vom Vorstande festgestellt und kann auch von diesem durch einfache Beschlußfassung geändert werden.

VIII. Auflösung der Gesellschaft.

§ 35.

Auflösung.
Eine Auflösung der Gesellschaft darf nur dann zur Beratung gestellt werden, wenn sie von sämtlichen Vorstandsmitgliedern oder von einem Drittel aller Fachmitglieder beantragt wird. Es gelten dabei dieselben Bestimmungen wie bei der Abänderung der Satzung.

§ 36.

Verwendung des Gesellschafts-Vermögens.
Bei Beschlußfassung über die Auflösung der Gesellschaft ist über die Verwendung des Gesellschafts-Vermögens zu befinden. Dasselbe darf nur zum Zwecke der Ausbildung von Fachgenossen verwendet werden.

Silberne und goldene Denkmünze.

§ 1.
Die Schiffbautechnische Gesellschaft hat in ihrer Hauptversammlung am 24. November 1905 beschlossen, silberne und goldene Denkmünzen prägen zu lassen und nach Maßgabe der folgenden Bestimmungen an verdiente Mitglieder zu verleihen.   *Stiftung.*

§ 2.
Die Denkmünzen werden aus reinem Silber und reinem Golde geprägt, haben einen Durchmesser von 65 mm und in Silber ein Gewicht von 125 g, in Gold ein Gewicht von 178 g.   *Denkmünzen.*

§ 3.
Die silberne Denkmünze wird Mitgliedern der Schiffbautechnischen Gesellschaft zuerkannt, welche sich durch wichtige Forscherarbeiten auf dem Gebiete des Schiffbaues oder des Schiffmaschinenbaues verdient gemacht und die Ergebnisse dieser Arbeiten in den Hauptversammlungen der Schiffbautechnischen Gesellschaft durch hervorragende Vorträge zur allgemeinen Kenntnis gebracht haben.   *Silberne Denkmünze.*

§ 4.
Die goldene Denkmünze können nur solche Mitglieder der Schiffbautechnischen Gesellschaft erhalten, welche sich entweder durch hingebende und selbstlose Arbeit um die Schiffbautechnische Gesellschaft besonders verdient gemacht, oder sich durch wissenschaftliche oder praktische Leistungen auf dem Gebiete des Schiffbaues oder Schiffmaschinenbaues ausgezeichnet haben.   *Goldene Denkmünze.*

§ 5.
Die Denkmünzen werden durch den Vorstand der Gesellschaft verliehen, nachdem zuvor die Genehmigung des Allerhöchsten Schirmherrn zu den Verleihungsvorschlägen eingeholt ist.   *Allerhöchste Genehmigung.*

§ 6.
An Vorstandsmitglieder der Gesellschaft darf eine Denkmünze in der Regel nicht verliehen werden, indessen kann die Hauptversammlung mit Zweidrittel-Mehrheit eine Ausnahme hiervon beschließen.   *Vorstandsmitglieder.*

§ 7.
Über die Verleihung der Denkmünzen wird eine Urkunde ausgestellt, welche vom Ehrenvorsitzenden oder in dessen Behinderung vom Vorsitzenden der Gesellschaft zu unterzeichnen ist. In der Urkunde wird die Genehmigung durch den Allerhöchsten Schirmherrn sowie der Grund der Verleihung (§§ 3 und 4) zum Ausdruck gebracht.   *Urkunde.*

§ 8.
Die Namen derer, welchen eine Denkmünze verliehen wird, müssen an hervorragender Stelle in der Mitgliederliste der Schiffbautechnischen Gesellschaft in jedem Jahrbuche aufgeführt werden.   *Liste.*

II. Bericht über das 25. Geschäftsjahr 1923.

Veränderungen in der Mitgliederliste.

Die der Geldentwertung entsprechende Erhöhung der Mitgliedsbeiträge hat viele als Pensionäre lebende ältere Herren veranlaßt, ihren Austritt zu erklären, denen sich eine Anzahl von Mitgliedern anschlossen, die ebenfalls ihre Ausgaben einschränken mußten. Durch den Tod verloren wir 30 Herren und gewannen 38 neue Mitglieder. Am 1. Dezember 1923, an dem wir wie gewöhnlich unsere Liste abschlossen, zählte die Gesellschaft 1833 Mitglieder. Es traten ein:

a) als Fachmitglieder:

1. Apitzsch, Fritz, Dipl.-Ing., Hamburg.
2. Becker, Max, Marine-Baurat, Direktor, Berlin.
3. Dohr, M., Baurat, Leiter des Hamb. Staatsbaggereiwesens, Hamburg.
4. Grosset, Paul, Ingenieur, Altona.
5. Helm, Hermann, Direktor, Wismar.
6. Hoyer, Niels, Ingenieur, Linz.
7. Ingwersen, Hans, Betriebsingenieur, Hamburg.
8. Klaus, Heinrich, Ingenieur, Berlin.
9. Klemann, Friedrich, Dr.-Ing., Marinebaurat, Berlin.
10. Lembke, Paul, Ingenieur, Hamburg.
11. Mades, Rudolf, Dr.-Ing., Direktor, Berlin.
12. Oestmann, Erik, Ingenieur, Södertelje.
13. Reitzner, Paul, Ingenieur, Linz.
14. Schmiedekampf, Walter, Ingenieur, Hamburg.
15. Schmidt, Wilhelm G., Dr.-Ing., Schriftleiter beim V.D.I. Berlin.
16. Schnabel, G., Dipl.-Ing., Danzig.
17. Schneider, Edgar, Oberingenieur, Mannheim.
18. Schneider, Rudolf, Dipl.-Ing., Hamburg.

b) als Mitglieder:

19. Bauermeister, Hermann, Dipl.-Ing., Kiel.
20. Behm, Georg, Dr., Direktor, Stettin.
21. Dietze, Carl F. J., Oberingenieur, Fratte di Salerno.
22. Edge, John Alfred, Reeder, Hamburg.
23. Gunning, F. M., Ingenieur, s'Gravenhage.
24. Jünger, Ernst, Fabrikdirektor, Lüdenscheid.
25. Kirchknopf, St., Dipl.-Ing., Budapest.
26. Meuthen, Wilhelm, Kaufmann, Mannheim.
27. Müller, Hugo, Bibliothekar, Berlin.
28. Nissen, Hans, Ingenieur und Werftbesitzer, Berlin.
29. Noske, Ernst, Dipl.-Ing., Altona.
30. Predeck, Albert, Dr. phil., Bibliothekar, Danzig.
31. Rehmke, Hans, Dr., Gerichtsassessor, Hamburg.
32. Sarrazin, Otto, Direktor, Berlin.
33. Schultz, Otto, Fabrikbesitzer, Berlin.
34. Senst, Fritz, Dipl.-Ing., Kiel.
35. van Tongel, Richard, Geschäftsführer, Güstrow.
36. Wellmann, Franz, Syndikus, Hamburg.
37. Wildenhahn, Max, Kaufmann, Potsdam.
38. Wolter, Friedrich, Dipl.-Ing., Hamburg.

Es starben:

1. Andersen, Paul, Betriebsingenieur, Bremen.
2. Berendt, M., Ingenieur, Hamburg.
3. Berner, Otto, Hamburg.
4. v. Borries, Friedrich, Marine-Baurat, Berlin.
5. Buschow, Paul, Ingenieur, Hannover.
6. Goldschmidt, Hans, Dr.-Ing., Professor, Berlin.
7. Gümbel, Ludwig, Dr.-Ing., Professor, Charlottenburg.
8. Hammar, John, Direktor, Stockholm.
9. Heß, Henry, Ingenieur, Philadelphia.
10. Hildebrand, Vizeadmiral, Excellenz, Berlin.
11. Hoeck, August, Kapt. a. D., Bremen.
12. Jordan, Hans, Dr. jur., Direktor, Schloß Mallinckrodt bei Wetter (Ruhr).
13. Junghans, Erhard, Komm.-Rat, Mannheim.
14. Kirches, Carl, Oberingenieur, Mannheim.
15. Kraus, Gustav, Ingenieur, Hamburg.
16. Krell, H., Geheimer Marine-Baurat, Berlin.
17. Lanz, Heinrich, Dr. phil., Mannheim.
18. Lasche, O., Dr.-Ing., Direktor, Berlin.
19. Lehr, Julius, Regierungsbaumeister, Berlin.
20. Lommatzsch, Erich, Dipl.-Ing., Stralsund.

21. Meisemann, Hans, Dipl.-Ing., Berlin.
22. Meuthen, Wilhelm, Schiffahrts-Direktor, Godesberg.
23. Nitsch, Ingenieur, Dresden-Übigau.
24. v. Oechelhaeuser, Wilhelm, Dr.-Ing., Dessau.
25. Predöhl, Max, Dr. jur., Bürgermeister, Magnifizenz, Hamburg.
26. Rogge, Marine-Oberstabsingenieur, Berlin.
27. v. Rolf, Freiherr, Direktor, Düsseldorf.
28. Saland, Hans, Kaufmann, Berlin.
29. Wachtel, Ingenieur u. Fabrikbesitzer, Berlin.
30. Wiking, Schiffbau-Ingenieur, Stockholm.

Wirtschaftliche Lage.

Bei der Hauptversammlung im November 1922 glaubten wir dem damaligen Stande unserer Valuta entsprechend noch mit einem Jahresbeitrage von 2000 Mk. auskommen zu können, der auch bewilligt wurde. Als das Jahrbuch Ende Februar 1923 ausgedruckt war, stellte sich heraus, daß es bei der inzwischen eingetretenen Geldentwertung unter 8000 Mk. nicht abgegeben werden könnte. Der Vorstand sah sich deshalb gezwungen, eine Nachforderung in dieser Höhe von den Mitgliedern zu erbitten, so daß sich der Jahresbeitrag auf 10 000 Mk. stellte. Diesen Beitrag haben auch unsere lebenslänglichen Mitglieder gezahlt, ja viele von ihnen überwiesen in dankenswerter Weise weit höhere Beträge. Hierdurch wurde es möglich, die Kosten des Jahrbuches einschl. Porto und Verpackung zu decken und die Geschäftsstelle der Gesellschaft bis Ende Juli aufrechtzuerhalten.

Einnahmen.	1922.		**Ausgaben.**
1. Kassenbestand am 1. Januar 1922	1 817.90	1. Jahrbuch und Versand	194 075.29
2. Bankguthaben	54 655.00	2. Gehälter	111 664.00
3. Beiträge	123 978.00	3. Kanzleibedarf	59 133.40
4. Eintrittsgelder	8 130.60	4. Post	76 357.40
5. Lebenslängliche Beiträge	22 000.00	5. Bücherei	11 268.45
6. Sonderbeiträge	625 000.00	6. Drucksachen	545.95
7. Jahrbuchertrag	11 292.00	7. Spenden u. Beiträge	9 099.60
8. Einnahmen für den Einband und Porto	41 542.48	8. Hauptversammlung	169 280.00
9. Zinsen aus Wertpapieren und Bankguthaben	32 372.69	9. Verschiedenes	128 828.78
		10. Bankbestand am 31. Dezember 1922	160 000.00
		11. Kassenbestand am 31. Dezember 1922	535.80
	920 788.67		**920 788.67**

Geprüft und richtig befunden

Berlin, den 11. Juni 1923.

gez. Carl Schulthes   gez. P. Krainer.

Um die weiteren Mittel zu beschaffen, beschloß der Vorstand, von dem Vermögen der Gesellschaft 200 000 Mk. 3½% preußischer Staatsanleihe, die im Staatsschuldbuch eingetragen waren, zu veräußern. Als sich dann im September herausstellte, daß die Hauptversammlung im November wegen der ungünstigen Wirtschaftslage und der großen Verkehrsschwierigkeiten nicht abgehalten werden konnte, wurde im Oktober das Personal der Geschäftsstelle entlassen und die Hälfte der Bureauräume vermietet, um mit den zur Verfügung stehenden Mitteln bis zum Jahresende durchhalten zu können. Wesentlich erleichtert ist dies dadurch worden, daß die Direktion der Vulkan-Werke in Hamburg der Schiffbautechnischen Gesellschaft 65 Dollar Goldschatzanweisungen überließ, die ihr Herr Direktor Dr. Bauer von seinem Autorenhonorar des Werkes „Der Schiffsmaschinenbau" zur Verfügung überlassen hatte. Sowohl der Direktion der Vulkan-Werke als auch unserem verehrten Vorstandsmitgliede Herrn Dr. Bauer haben wir unseren verbindlichsten Dank für die hochherzige Gabe ausgesprochen. Auf diese Weise konnten wir schuldenfrei in das Jahr 1924 eintreten, in dem es hoffentlich gelingen wird, durch entsprechende Mitgliederbeiträge wieder das frühere rege Leben in der Gesellschaft aufrechtzuerhalten. Die Einnahme und Ausgabe im Jahre 1922 ergibt die vorstehende Abrechnung.

Veith-Stiftung.

Bis zum 1. Juli 1923 konnten aus der Veith-Stiftung noch an 11 Studierende einschließlich einer Belohnung von 400 Mk. für das abgelegte Diplomexamen zusammen 12 600 Mk. gezahlt werden, dann aber war die Beihilfe von 100 Mark im Monat so gering geworden, daß ihre Versendung mehr kostete als sie selbst betrug. Sie mußte demnach eingestellt werden. Das in Kriegsanleihe angelegte Vermögen der Veith-Stiftung betrug am 1. Oktober 1923 nominell 340 000 Papiermark und berechnete sich bei dem jetzigen Kurse von etwa 5 Goldmark für 1000 Papiermark auf höchstens 1700 Goldmark. Bei diesem geringen Wert des Stiftungskapitals muß leider die Veith-Stiftung wie so viele andere gleichartige wohltätige Stiftungen als erloschen angesehen werden.

Einnahmen.		**Ausgaben.**	
Bankguthaben am 1. Oktober 1922	1 662.00	Gezahlte Unterstützungen .	12 600.00
Zinsen vom 1. Oktober 1922 bis 30. September 1923 .	16 750.00	Bankspesen	5 812.00
	18 412.00		18 412.00

Berlin, den 1. Oktober 1923.

Die gesetzlichen Vertreter

gez. Busley gez. Pagel.

Berghoff-Stiftung.

Die Berghoff-Stiftung ist im abgelaufenen Jahre nicht in Anspruch genommen worden, so daß die gesamten Zinsen kapitalisiert werden konnten. Sie reichten gerade hin, um die Depotgebühren und Verwaltungskosten der Bank zu decken, wie die nachstehende Abrechnung zeigt.

Da das Stiftungskapital in Kriegsanleihe mit nominell 50 000 Papiermark angelegt war, hat es heute nur einen Wert von höchstens 250 Goldmark, so daß die Berghoff-Stiftung bedauerlicherweise zu bestehen aufgehört hat.

Einnahmen.		Ausgaben.	
Bankguthaben am 1. Oktober 1922	8 232.00	Bankspesen	11 004.00
Zinsen vom 1. Oktober 1922 bis 30. September 1923 .	2 772.00		
	11 004.00		11 004.00

Berlin, den 1. Oktober 1923.

Der Vorsitzende des Verwaltungsausschusses.

gez. Rudloff.

Hilfskasse.

Das in Kriegsanleihe angelegte Kapital der Hilfskasse von nominell 100 000 Papiermark ist ebenso entwertet wie das unserer anderen Stiftungen. Es konnte indessen noch von den Zinsen des letztes Jahres eine laufende Zuwendung von 250 Mk. und eine einmalige Unterstützung von 2500 Mk. an eine Kriegerwitwe gemacht werden, so daß sich die Abrechnung wie folgt stellt:

Einnahmen.		Ausgaben.	
Bankguthaben am 1. Oktober 1922	1 641.00	Unterstützungen	2 750.00
Zinsen vom 1. Oktober 1922 bis 30. September 1923 .	5 000.00	Bankspesen	3 891.00
	6 641.00		6 641.00

Berlin, den 1. Oktober 1923

gez. Busley.

Fachausschuß.

Im Geschäftsjahr 1923 haben in Anbetracht der obwaltenden schwierigen Zeitverhältnisse nur zwei Fachausschußsitzungen stattfinden können.

Die erste Sitzung fand am 23. Januar in den Räumen der Schiffbautechnischen Gesellschaft in Berlin statt.

Der Fachausschuß beschäftigte sich zunächst mit der Frage einer Hinzuziehung von Mitgliedern der S. T. G. zu Fachausschußsitzungen als Gäste. Es bestand völliges Einverständnis bei den Mitgliedern, von Fall zu Fall Gäste zu den Sitzungen des Fachausschusses einzuladen.

Ferner wurde in dieser Sitzung über weitere wichtige technische Vorkommnisse auf dem Gebiete des Schiff- und Schiffsmaschinenbaues gesprochen. Es lagen nachfolgende technische Notizen zur Beratung vor:
1. Torsionsschwingungen bei Schiffsmaschinenanlagen mit Kolbendampfmaschinen.
2. Bruch eines Davits auf einem Passagierdampfer.
3. Bruch eines Ankerkettenkneifers.
4. Flammrohrdurchbeulungen und Flammrohrrisse.

Die zweite Sitzung des Fachausschusses fand am 16. April in Hamburg statt, und zwar an Bord des Dampfers „Usambara" der Deutsch-Ostafrika-Linie.

Hierzu waren die Mitglieder des Fachausschusses liebenswürdigerweise von Herrn Professor Dieckhoff eingeladen worden.

In dieser Sitzung beschäftigte sich der Fachausschuß zunächst mit den für die damals noch in Aussicht genommene Hauptversammlung 1923 vorliegenden Vorträgen, und wurde über die Annahme bzw. Ablehnung derselben gesprochen.

Herr Rektor Laas und Herr Professor Dr. Föttinger wurden gebeten, sich zur Abhaltung eines Vortrages bereit zu erklären.

Sodann wurden die vorerwähnten technischen Notizen zum Abschluß gebracht und der Text für die Veröffentlichung festgelegt.

Im Anschluß an die Sitzung wurden die gesamten Schiffseinrichtungen sowie die Maschinen- und Kesselanlage des Dampfers „Usambara" von den Mitgliedern des Fachausschusses besichtigt.

Nachfolgende technische Mitteilungen des Fachausschusses sind im Geschäftsjahr 1923 in der Zeitschrift „Werft, Reederei, Hafen" zur Veröffentlichung gekommen.
1. Technische Mitteilung über „Torsionsschwingungen bei Schiffsmaschinenanlagen mit Kolbendampfmaschinen" in Heft 11.
2. Technische Mitteilung über „Bruch eines Davits auf einem Passagierdampfer" in Heft 12.
3. Technische Mitteilung über „Bruch eines Ankerkettenkneifers auf einem großen Passagier- und Frachtdampfer" in Heft 16.

Tätigkeit der Gesellschaft.

a) Der Deutsche Verband technisch-wissenschaftlicher Vereine.

Auch dieser Verband hatte wie alle wissenschaftlichen Vereine unter der Ungunst der Zeiten zu leiden und mußte deshalb seine Tätigkeit auf die notwendigsten Aufgaben beschränken. Zunächst beschäftigten ihn Hochschulfragen, wie die viel besprochenen Doktorpromotionen an den technischen Hochschulen; die Zulassung von Ausländern zu den letzteren; die beabsichtigte Ingenieur-

Akademie in Oldenburg; der Ausbau des Polytechnikums in Cöthen; die Verlegung der Bergakademie Clausthal und die Einführung des Dr. rer. pol. in die Verwaltungsakademie Detmold. Des weiteren nahm er Anteil an der ferneren Herausgabe der illustrierten technischen Wörterbücher und an der eventuellen Einführung des Esperanto in dieselben, welche letztere Angelegenheit zur Zeit aber noch nicht spruchreif ist. Auch an der Einführung einer Einheitskurzschrift sowie an der Umwandlung des Arbeitsnachweisgesetzes in seine jetzige Form hat er sich betätigt; die Einführung des Brüsseler Dezimalsystems in die Literatur erwogen und die Teilnahme an der 1924 in London stattfindenden Power Conference beschlossen. Zuletzt hatte er die Mitarbeit an der Normung der technischen Fachzeitschriften übernommen und diese in mehreren Sitzungen mit hervorragenden Sachverständigen zu einem glücklichen Ende geführt. Als Arbeiten, die später noch ins Auge zu fassen sind, bezeichnet er vornehmlich die technische Berichterstattung in der Tagespresse, die Unterstützung von Kulturgütern der Technik, die Gründung einer deutschen Akademie der technischen Wissenschaften, die Mitarbeit an der Organisation der technischen Nothilfe, die Ernennung von Sachverständigen für den vorl. Reichswirtschaftsrat, die wirtschaftliche Verkehrspolitik, den technischen Zweckverband für Auslandsfragen und das Arbeitsgerichtsgesetz.

b) Der Deutsche Dampfkessel-Ausschuß.

Die bisherige Deutsche Dampfkessel-Normen-Kommission erfuhr in ihrer neunten ordentlichen Versammlung zu Cassel-Wilhelmshöhe am 5. Mai 1923 eine vollständige Umgestaltung und in deren Folge auch eine Änderung ihres Namens. Durch die Aufnahme von Regierungsvertretern und solcher der Großkesselbesitzer als Mitglieder wurde die Normen-Kommission in ihrer Grundlage derartig erweitert, daß ihre neue Benennung als „Deutscher Dampfkessel-Ausschuß" wünschenswert erschien. Nach Annahme der drei bereits in unserem Jahrbuch 1923 (Seite 55 u. 56) aufgeführten Anträge durch die Länderregierungen besteht der Ausschuß jetzt aus 47 Mitgliedern. Der Schiffskessel-Ausschuß hat in ihm folgende Zusammenstellung erhalten:

Reichsarbeitsminister	1 Stimme,
Regierungen der Seeuferstaaten	1 Stimme,
Allgemeiner Verband der deutschen Dampfkessel-Überwachungsvereine	1 Stimme,
Verein deutscher Eisenhüttenleute	2 Stimmen,
Seeschiffswerften	2 Stimmen,
Flußschiffswerften	1 Stimme,
Seeschiffsreedereien	1 Stimme,
Flußschiffsreedereien	1 Stimme,
Schiffsbautechnische Gesellschaft	1 Stimme,
Germanischer Lloyd	1 Stimme.
	Zusammen 12 Stimmen.

Zum Vorsitzenden des Deutschen Dampfkessel-Ausschusses wurde Baurat Dr.-Ing. Neuhaus aus der Gruppe der Landkessel, zum stellvertretenden Vorsitzenden Geheimrat Dr.-Ing. Busley aus der Gruppe der Schiffskessel gewählt.

Auf der Tagung des Landkessel-Ausschusses in Weimar am 22. Juni 1923 fand die Wahl seiner Obmänner und deren Stellvertreter statt, ersterer wurde Dr.-Ing. Ott, letzterer Werftbesitzer Berninghaus. Die Material- und Bauvorschriften der Landkessel werden zur Zeit einer gründlichen Neubearbeitung unterzogen, wie sie die der Schiffskessel bereits im Jahre 1921 erfahren haben.

c) Der Deutsche Ausschuß für technisches Schulwesen.

Auch im verflossenen Jahre hat sich der Ausschuß mit dem Mittelschulwesen und der Lehrlingsausbildung besonders beschäftigt. In Heft 14/15 erschien ein Bericht von C. Volk, Direktor der Beuthschule, über die Berliner Betriebsfachschule, der 1922 eröffneten Versuchschule des Datsch, für die nunmehr die Erfahrungen von 2 Halbjahren vorliegen und im Anschluß hieran Mitteilungen über die betriebswissenschaftlichen Lehrblätter und die Modellverteilungsstelle. Heft 16/17 brachte einen Bericht des Ingenieurs Thiesow-Berlin über die Naturlehre im Werkschulunterricht mit einem Entwurf als Vorschlag hierzu, nach dem der Unterricht der Maschinenbaulehrlinge über Berufskunde und Naturlehre in halbjährliche Abschnitte einzuteilen und neu zu ordnen wäre.

In demselben Heft bringt Dr.-Ing. H. Zahn, Direktor der Magirus-Werke (Berlin), zur Erörterung, wie der Unterricht im Freihandzeichnen an den technischen Schulen geordnet werden könnte. — Dr.-Ing. Robert Meldau berichtet in einem sehr interessanten Aufsatz in Heft 18/19 über die Fortschritte des technischen Bildungswesens in den Vereinigten Staaten von Nordamerika. Er weist auf die außerordentliche Bedeutung des Berufsschulgesetzes (Smith Hughes Act) hin und gibt dem Wunsche Ausdruck, daß der in Amerika seit 30 Jahren eingeführte Briefunterricht (learn by mail) von den Arbeitsgemeinschaften an den deutschen Hochschulen aufgenommen werden möchte. Der amerikanische Akademikernachwuchs habe nie auf einer solchen Höhe gestanden wie in den letzten Jahren. Von Interesse ist auch, zu erfahren, daß an den Volkshochschulen dem Hörer der Lehrgang im Auszug gegeben wird. Heft 20 bringt einen Bericht über die aus Anlaß der Hauptversammlung des Vereins Deutscher Maschinenbauanstalten im Deutschen Museum in München im Juni stattgehabte große Ausstellung der Arbeiten des Datsch. Dieselbe und ihr Inhalt wird als der beste Beweis bezeichnet gegen die von Washington kürzlich ausgegangene Behauptung, daß in Deutschland nach dem Kriege das Lehrlingswesen weniger sorgfältig gehandhabt werde. Tatsache sei, daß in dieser Beziehung die Anstrengungen verdoppelt seien.

Bei dieser Gelegenheit wurden die hervorragenden Verdienste des Vorsitzenden im Ausschuß für Lehrlingsausbildung, Herrn Baurat Dr.-Ing. e. h. Lippart, Direktor der M.A.N., Nürnberg, durch Verleihung des Titels Geheimer Baurat seitens der Landesbehörde gewürdigt.

Dieselbe Nummer bringt eine Übersicht über die Arbeiten des Datsch. Es wird darauf hingewiesen, daß der Mangel an genügenden finanziellen Mitteln es verboten habe, größere Versammlungen abzuhalten und daß auch der Verkehr mit den angeschlossenen Verbänden und Vereinen beschränkt werden mußte, um die Arbeiten möglichst fördern zu können.

So sind denn auch die Lehrgänge, eine Hauptarbeit der letzten Jahre, inzwischen zu einem guten Teil bereits fertiggestellt. Erschienen sind die für Maschinenbauer-, Modelltischler- und Schlosserlehrlinge, in wenigen Monaten folgen die für Former-, Schmiede- und Mechanikerlehrlinge und daran anschließend der im Entwurf bereits vorliegende Klempnerlehrgang und die für Werkzeugmacher, Kupferschmiede usw. Heute, im September 1923, liegen bereits 700 Musterzeichnungen vor und mit der Vollendung, die bis Ende 1924 zu erwarten ist, wird ein grundlegendes Werk mit 1400 Zeichnungen zur Benutzung in Schule und Werkstatt zur Verfügung stehen.

Auch der Praktikantenausbildung wurde erhebliche Arbeit zugewendet und ebenso konnte der Datsch für die mittleren und höheren Fachschulen tätig sein. In Verbindung mit der Stadt Berlin und den Ländern wurde im April 1922 die erste Betriebsfachschule als Versuchsschule des Deutschen Ausschusses für technisches Schulwesen eröffnet.

Hand in Hand mit diesen Bestrebungen gehen die Ausstellungen des Datsch in verschiedenen Teilen des Reichs, wie die in Stuttgart im November 1921, in Frankfurt a. M. Pfingsten 1922 und eine Sonderausstellung in Braunschweig im November 1922. Verschiedentlich fand auch eine Beteiligung an Schulausstellungen statt, wie im März 1922 an der Jubiläumsausstellung in Altona und ebenso ist der Datsch bei der betriebstechnischen Wanderausstellung der Arbeitsgemeinschaft deutscher Betriebsingenieure vertreten. Auch für die Berufsberatung wurde der Ausschuß dauernd sehr in Anspruch genommen. Alles das und auch Berichte über Eingaben an zuständige Behörden zu erörtern, sollte einer für den November in Aussicht genommenen größeren Tagung vorbehalten bleiben.

Es wurde nochmals darauf hingewiesen, daß die schweren Zeitläufe diesen Bestrebungen außerordentlich hinderlich sind und daß nicht nur die Behörden, sondern auch weite Industriekreise, besonders mittlere und kleinere Werke, die noch abseits stehen, aber aus den Auswirkungen der Arbeiten Nutzen ziehen, die Pflicht haben, zu den ganz erheblichen Kosten beizutragen.

Die im Herbst 1923 geplante Hauptversammlung mußte infolge der gesamten wirtschaftlichen Verhältnisse aufgegeben werden.

Im Vorstand haben inzwischen folgende Änderungen stattgefunden:

Herr Geh. Baurat Dr. e. h. O. Taaks, Hannover, der seit der Gründung des Ausschusses — 1908 — verdienstvolle Leiter desselben hat seit Jahren den Wunsch ausgesprochen, mit Rücksicht auf seinen Gesundheitszustand ihn von seinem Amt als erster Vorsitzender zu entbinden, und der Vorstand konnte sich dem nun nicht mehr verschließen. Der Arbeit des Herrn Taaks war es vor allem zu danken, daß der Ausschuß, gestützt auf allseitige Anerkennung, die schweren Kriegsjahre überdauern konnte. Der Dank des Vorstandes wurde Herrn Taaks in einem besonderen Schreiben zum Ausdruck gebracht und ihm mitgeteilt, daß die Mitglieder des Datsch auf Vorschlag des Vorstandes ihn einstimmig zum lebenslänglichen Mitgliede in Anerkennung seiner großen Verdienste erwählt haben.

Der Vorstand besteht nunmehr aus Herrn Dr. G. Lippard, Geheimen Baurat Dr.-Ing. e. h. als erstem Vorsitzenden, ferner den Herren Direktor Blaum, Bremen, Professor Frentzen, Aachen, Dipl.-Ing. Fröhlich, Berlin-Wilmersdorf, Direktor v. Gontard, Cassel, Dr. Langen, Deutz-Köln, Prof. Matschoß, Berlin, Prof. Stock, Berlin. Geschäftsführer ist Oberingenieur Dr.-Ing. Harm.

Lebenslängliche Mitglieder sind die Herren v. Bach, Stuttgart, v. Rieppel, Nürnberg, Taaks, Hannover.

Über den Fortgang der Arbeiten des Ausschusses, die sich bereits schon jetzt allgemeiner Anerkennung im In- und Auslande zu erfreuen haben, wird, soweit möglich, in den Zeitschriften „Maschinenbau", „V. d. I.-Nachrichten" usw. berichtet werden.

d) Der Deutsche Schulschiff-Verein,

dessen geschäftsführendem Ausschuß unser Vorsitzender, Herr Geh. Regierungsrat Prof. Dr.-Ing. Busley, als Vertreter unserer Gesellschaft angehört, hat der deutschen Handelsschiffahrt im Jahre 1922/23 wieder eine beträchtliche Anzahl tüchtiger Seeleute nach vollendeter Ausbildung auf seinem Schulschiffe „Großherzogin Elisabeth" zugeführt. Sämtliche Zöglinge des Schulschiffes sind dazu befähigt, nach Ergänzung der vorgeschriebenen Fahrzeit und Ablegung der nautischen Prüfungen in einer Seefahrtschule bis zum Schiffsoffizier (Steuermann) und Kapitän aufzurücken. Mehr als je hatte sich die Notwendigkeit des Schulschiff-Vereins für die deutsche Handelsschiffahrt ergeben, weil nur unter Beibehaltung seiner Ausbildungstätigkeit dem Mangel an jüngeren Schiffsoffizieren abgeholfen werden konnte.

Während des Sommerhalbjahres 1922 waren 192 Zöglinge an Bord, denen auf der von der Weser ausgegangenen Reise um Skagen, den bis Pillau ausgedehnten Kreuzfahrten in der Ostsee und auf der Rückreise wieder durch das Skagerrak und den Kattegat reichlich Gelegenheit geboten wurde, bei den vielen, teils erforderlichen, in größerer Zahl aber zur Ausbildung vorgenommenen Segelmanövern sich die seemännischen Eigenschaften anzueignen, durch die der deutsche Schiffsoffizier sich auszeichnet. Der Unterricht in den seemännischen Handfertigkeiten begann gleich nach der Neueinstellung der jungen Leute und wurde in der bekannten gründlichen Weise durchgeführt. Es sei hierbei daran erinnert, daß das Schulschiff „Großherzogin Elisabeth" als Vollschiff getakelt ist und keinerlei Hilfsmaschinen zur Fortbewegung besitzt, so daß die jungen Seeleute auf diesem Schulschiffe eine überaus vielseitige Segelschiffsausbildung erhalten.

Im Winterhalbjahr 1922/23 unternahm das Schulschiff mit 179 Zöglingen wieder eine Reise nach Westindien, wobei die Häfen Madeira, San Domingo, Puerto Cabello und Vera Cruz angelaufen wurden. Überall erfreute sich die Besatzung einer herzlichen und gastfreien Aufnahme durch die deutschen Kolonien, die besonders in Puerto Cabello und Vera Cruz so umfangreiche Sammlungen vorgenommen hatten, daß außer der Übernahme aller Kosten während der Liegezeit des Schulschiffes noch dem Deutschen Schulschiff-Verein ein wesentlicher Betrag als Beihilfe für die Fortsetzung seiner Ausbildungstätigkeit überwiesen werden konnte.

Wie bei vielen anderen Vereinigungen war auch der Bestand des Deutschen Schulschiff-Vereins durch die Markentwertung und die ungünstige Wirtschaftslage in Deutschland in Frage gestellt worden. Glücklicherweise wurde aber die weitere Indiensthaltung des Schulschiffes „Großherzogin Elisabeth" dadurch sichergestellt, daß der Zentralverein Deutscher Reeder seine Mitglieder in Rücksicht auf den Wert der Ausbildungstätigkeit des Deutschen Schulschiff-Vereins für die deutsche Handelsschiffahrt zu höheren Beiträgen veranlaßte.

e) Der Deutsche Seeschiffertag

hat im Jahre 1923 wegen der schwierigen wirtschaftlichen Verhältnisse nicht getagt.

f) Der Ausschuß für wirtschaftliche Fertigung (A. W. F.).

Am 30. Juni fand die erste diesjährige Sitzung des Reichskuratoriums für Wirtschaftlichkeit in Industrie und Handwerk, dem der A.W.F. angegliedert ist, unter Teilnahme einer großen Anzahl geladener Gäste statt, in der die Normungsarbeiten in den verschiedenen Gebieten erörtert wurden. — Der Vorsitzende, Herr Dr.-Ing. e. h. C. F. von Siemens, wies in seiner Eröffnungsrede darauf hin, daß die Normung für die deutsche Industrie von größter Bedeutung sei, denn nur durch eine technisch und wirtschaftlich aufs höchste vervollkommnete Warenerzeugung könne unsern Existenzkampf zu einem guten Ende führen.

Ein Blick in die führende Fachpresse und die Tageszeitungen zeige, daß diese Notwendigkeit auch auf den verschiedenen Gebieten klar erkannt sei, und die wertvolle Arbeit, die hier durch Anregungen und Verbreitung der Ergebnisse geleistet sei, müsse außerordentlich begrüßt werden. Gerade die Normung sei ein typisches Beispiel der Gemeinschaftsarbeit, denn nicht nur die Feststellung der Normen müsse auf breitester Grundlage erfolgen, sondern auch die Ergebnisse müssen in größtem Umfange zur Anwendung kommen, wenn die Normungsarbeit zu wesentlichen Ersparnissen führen soll.

Hierbei sei allerdings der Weg gesetzlicher Regelung nicht gangbar, weil Zwang die Bereitwilligkeit hindert und nur die Erkenntnis des Eigeninteresses zum Ziele führt.

Im Anschluß hieran gab Herr Direktor Dr.-Ing. e. h. C. Köttgen einen Überblick über die Tätigkeit des Reichskuratoriums in dem verflossenen Zeitabschnitt, die Zusammenarbeit der verschiedenen Produktionsgebiete mit den mit dem Kuratorium zusammenarbeitenden Körperschaften, z. B. in Fragen der Selbstkostenberechnung, Ausbildung des Nachwuchses usw. Er zog dabei interessante Vergleiche zwischen den Arbeiten in Deutschland und im Ausland, namentlich in Amerika, wobei sich ergab, daß, während bei uns die Arbeiten durch eingehenden Erfahrungsaustausch und gründliche Einzeluntersuchungen die Festlegung bestimmter Maßnahmen anstreben, um diese der Allgemeinheit zur Verfügung zu stellen, lassen die amerikanischen Veröffentlichungen, besonders das unter Herbert Hoovers Leitung entstandene umfangreiche Buch „Waste in industrie" mehr die Absicht erkennen, die Betriebe immer wieder auf häufig vorkommende Mängel aufmerksam zu machen, ohne in den meisten Fällen anzugeben, wie dieselben abzustellen wären. Besonders großzügig ist aber die Art, mit der besonders in Amerika die Arbeiten durchgeführt werden, während es in Deutschland bei der augenblicklichen Wirtschaftslage nicht möglich war, die erforderlichen Geldmittel zusammenzubringen, um in gleich großzügiger Weise vorzugehen. Der Vortragende richtet angesichts der finanziellen Schwierigkeiten der gemeinnützigen Körperschaften an alle produzierenden Kreise die **dringende Bitte, hier helfend einzuspringen, damit wir nicht hinter dem Ausland zurückbleiben und uns dadurch eine Möglichkeit zur erfolgreichen Durchführung des Existenzkampfes der deutschen Industrie selbst verschließen.**

Er wies ferner darauf hin, daß die Arbeiten zur Hebung der Wirtschaftlichkeit allein keinen Erfolg bringen können, wenn nicht durch größere Leistung der in der Produktion tätigen Arbeitskräfte die absolute Höhe der Produktion um mindestens ein Drittel gesteigert wird. Eine entscheidende Wendung zum Bessern ließe sich aber nur dadurch erreichen, daß auch jeder einzelne mehr leistet; nur dann könnten auch die Bestrebungen der Gemeinschaftsarbeiten vollen Erfolg versprechen.

In den darauffolgenden Vorträgen über die Normung in den verschiedenen Fachgebieten gab zunächst Herr Direktor Hellmich einen Überblick über die „Normung im In- und Auslande".

Er entwickelt die Grundsätze für die Organisation der Normungsarbeit und betonte die Notwendigkeit einer Zusammenarbeit aller beteiligten Kreise, Erzeuger und Verbraucher. Vor allen Dingen wäre der Umstand zu berücksichtigen, daß die Normen voneinander abhängig sind, so daß eine zwangsläufige Prüfung unter Zusammenfassung der Bestrebungen in den verschiedenen Fachrichtungen gewährleistet sein muß. Anderhand von Darstellungen zeigt er dann die Organisation der Normung in den verschiedenen Ländern und die Unterschiede, die sich aus dem Stande der industriellen Entwicklung dabei ergeben. Besonders eingehend kennzeichnet er den Entwicklungsstand der deutschen Normungsarbeit, die sich in Fachnormenausschüssen der verschiedenen Gebiete abspielt, und die ihre Zusammenfassung in der Zentralstelle des Normenausschusses der deutschen Industrie findet und in einer Normenprüfstelle, die bei diesem eingerichtet ist. Seine Aufgabe besteht in der Entwicklung allgemeiner Normen und in der Abstimmung der Fachnormen untereinander und mit den allgemeinen Normen. Weiter gab er ein Bild über den augenblicklichen Stand der internationalen Normung und über die Zusammenarbeit der Ausschüsse in den einzelnen Ländern und teilte mit, daß in der zweiten Juliwoche die zweite offiziöse Konferenz der Normenausschüsse der verschiedenen Länder in Zürich stattfindet, an der auch Deutschland teilnimmt.

Über die Normung in der mechanischen Industrie berichtet Herr Generaldirektor Neuhaus. Der eingehende Vortrag ließ erkennen, welch ungeheure Arbeit in diesem außerordentlich weitverzweigten Gebiet bisher geleistet wurde, und welche Schwierigkeiten zu überwinden waren, bis tatsächlich eine Einigung in den verschiedenen Fragen innerhalb der gesamten deutschen Industrie herbeigeführt werden konnte, wobei beispielsweise auf die jahrelangen Arbeiten auf dem Gebiete der Gewindeordnung hingewiesen wurde.

Der Normung in der mechanischen Industrie kommt besonders große Bedeutung zu, da diese Normung durch die Lieferung von Maschinen und Maschinenapparaten usw. in sämtliche andere Industriezweige eingreift.

Über die Normung im Schiffbau berichtete Herr Direktor Regenbogen. Die Verhältnisse liegen hier besonders günstig, da es sich um eine vollkommen geschlossene Gruppe von Verbrauchern handelt. Es war deshalb auch möglich, die Normungsarbeiten besonders schnell vorwärts zu treiben, so daß die Normung auf diesem Gebiete gegenüber allen anderen Fachgebieten einen ganz ungeheuren Vorsprung hat und der wirtschaftliche Erfolg der Normung schon ganz wesentlich bei dem Wiederaufbau unserer Handelsflotte in die Erscheinung treten konnte.

Herr Direktor Schmuckler erstattet dann einen Bericht über die Baunormung (Normalprofile für Walzwerke, Zementnormen, Abflußrohrnormen usw.). Eine Anzahl von Lichtbildern ließ erkennen, daß auch die Normung von Bauteilen, wie Türen, Fenstern, Treppen usw., sich in die künstlerische Arbeit der Architekten zwanglos einschließen läßt. In einer Reihe von zur Ausführung gekommenen Beispielen machte die Ersparnis hierdurch ungefähr 25% aus. Eingehend auf die Normung von Wegbefestigungen, Straßenbrücken und sonstigen Ingenieurbauten wies der Vortragende nach, daß durch die Normung von Einzelheiten z. B. im Eisenhochbau eine wesentliche Entlastung der Konstruktionsbureaus von untergeordneten Konstruktionsarbeiten und eine Vereinfachung des Werkstattbetriebs erreicht wird.

Herr Direktor Singer zeigt in seinem Vortrag über die Normung in der Keramik, daß es sich hier um ein Gebiet handelt, auf dem die Vorbedingungen für die Normung besonders ungünstig liegen durch die Verschiedenheit im Vorkommen der Rohstoffe und den weitgehenden Veränderungen der Abmessungen durch Schwinden im Herstellungsgang, trotzdem sind Normungsarbeiten auch hier schon recht erfolgreich gewesen und zum Teil schon weit zurückliegend, wie z. B. die Vereinheitlichung des Reichsformats für Ziegel im Jahre 1872 und die Vereinheitlichung der elektrotechnischen Isolatoren und Porzellanglocken für Telegraphenleitungen, die in zahllosen Millionen Verwendung finden.

Ein charakteristisches Beispiel des Normungserfolges ist die Tatsache, daß etwa 150 Modelle von Gasglühlichtisolatoren auf 10 Normalformen zurückgeführt werden konnten, die für die ganze Erde ausreichen.

Die weiteren Ausführungen ließen auch die Grenzen erkennen, die vorläufig einer weiteren Normung entgegenstehen, z. B. in der chemischen Industrie, in der das Steinzeug praktisch nur begrenzt werden kann, da die Verfahren und die Apparatur hierfür noch dauernd weitgehenden Veränderungen unterliegen.

Eine noch schärfere Hinausschiebung der Grenzen für die Normung ließ der folgende Bericht des Herrn Direktor Teufer über die Normung in der Textilindustrie erkennen, da hier die Enderzeugnisse sich laufend Geschmacksrichtungen, Mode und Modeeinflüssen anpassen müssen. Trotzdem lassen sich ohne Vergewaltigung der sich dauernd ändernden Anforderungen und ohne Gleichmacherei durch eine ziemlich weitgehende Normung erhebliche wirtschaftliche Ersparnisse erreichen, z. B. durch Normung der Rohprodukte, der Abmessungen in der Länge, Breite und Dicke sowie im Gewicht, der Qualitäten, der physikalischen und chemischen Eigenschaften, Wasserdichtheit, Lichtechtheit der Farben usw. Es ist beispielsweise nicht notwendig, daß jeder Schneider 40 Arten Futterstoffe und ebensoviel Taschenfutter führt. Eine umfassende Normung auf diesem Gebiet konnte allerdings wegen des Widerstandes besonders der Händlerkreise noch nicht in Gang gebracht werden.

Als letzter Vortragender berichtet Herr Professor Herzberg über die Normung in der Papierindustrie. Er ging zunächst auf den schon jetzt klar zu erkennenden Erfolg der Formatnormung ein und gab daran anschließend einen Ausblick auf die weiteren Aufgaben der Qualitätsnormung.

An Hand vergleichender Darstellungen wies er auf die bedenklichen Folgen des Rückgangs der Qualitätskontrolle hin, dessen Bekämpfung sowohl im Interesse der Erzeuger wie auch der Verbraucher liegt. Gerade die Papierindustrie selbst wünscht schärfere Kontrolle. Zum Schluß erläutert der Vortragende kurz die Wege zur Festlegung von Qualitätsnormen.

Gedenktage.

Am 20. Februar beging das schon an der Gründung unserer Gesellschaft beteiligte Mitglied, der Patentanwalt Dipl.-Ing. Carl Fehlert, seinen 70. Geburtstag. Der Vorstand beglückwünschte ihn mit nachstehendem Schreiben:

Es gereicht uns zu ganz besonderer Freude, Ihnen heute zu Ihrem siebzigsten Geburtstage unsere aufrichtigsten und wärmsten Glückwünsche auszusprechen.

Sie waren der hervorragendste Führer bei der Herausgabe der illustrierten technischen Wörterbücher, der tatkräftige Beschützer gewerblichen Eigentums, der warmherzige Förderer des technischen Schulwesens und ein beharrlicher Kämpfer für die Anerkennung des Ingenieurstandes. Durch Ihre unermüdliche und aufreibende Tätigkeit in allen von Ihnen bekleideten Ehrenämtern haben Sie sich unsere uneingeschränkte Anerkennung und unseren wärmsten Dank verdient, den wir uns erlauben, hiermit zum Ausdruck zu bringen.

Wir wünschen Ihnen nach Ihrem arbeitsvollen und von Erfolgen gekrönten Leben einen ruhigen und lange dauernden Lebensabend. Der Vorstand der Schiffbautechnischen Gesellschaft.

Herr Fehlert dankte hierauf mit folgendem Brief:

An den Vorstand der Schiffbautechnischen Gesellschaft, Berlin.

Sie haben mich durch Ihre freundlichen anerkennenden Worte und Wünsche zu meinem 70. Geburtstage außerordentlich erfreut. Ich spreche Ihnen hierdurch für diese Aufmerksamkeit meinen verbindlichsten Dank aus. Wenn ich auch auf Ihrem Sondergebiete gerade nicht schaffend tätig sein konnte, so habe ich doch in meinem Berufe vielfach die Interessen des Schiffbaus fördern können. Dadurch glaube ich die Belehrung, die ich durch die Arbeiten der Gesellschaft erfahren habe, bis zu einem gewissen Grade vergolten zu haben. Es wird mir eine besondere Ehre sein, noch recht lange an der Entwicklung der Gesellschaft teilnehmen zu können. Mit freundlichen Grüßen Ihr ergebenster

Berlin-Steglitz, den 27. Februar 1923. C. Fehlert.

Am 7. März konnte unser langjähriger stellvertretender Vorsitzender, Herr Wirklicher Geheimer Oberbaurat Professor Dr.-Ing. Rudloff seinen 75. Geburtstag begehen. Der Vorstand ernannte ihn aus diesem Anlaß zum Ehrenmitglied der Schiffbautechnischen Gesellschaft. Eine Abordnung des Vorstandes überbrachte dem Jubilar die Glückwünsche der Gesellschaft mit dem nachstehenden Ehrendiplom:

DIE SCHIFFBAUTECHNISCHE GESELLSCHAFT

hat ihren langjährigen stellvertretenden Vorsitzenden
den Wirklichen Geheimen Oberbaurat Professor Dr.-Ing.

JOHANNES RUDLOFF

wegen seiner Verdienste um den deutschen Schiffbau zu ihrem

EHRENMITGLIED

ernannt.

Berlin, den 7. März 1923.
Der Ehrenvorsitzende
Friedrich August Dr.-Ing.
Großherzog

Herr Geheimrat Rudloff dankte der Abordnung für die ihm zuteil gewordene Ehrung mit bewegten Worten.

Am 12. März feierte unser Vorstandsmitglied Herr Eduard Gribel das 150 jährige Bestehen seiner Reedereifirma Franz Gribel in Stettin, aus welchem Anlaß ihm der Vorstand das nachstehende Telegramm sandte:

Eduard Gribel, Stettin.

Zur heutigen Feier des 150 jährigen Bestehens Ihrer Firma senden wir Ihnen unsere herzlichsten Glückwünsche.
Der Vorstand der Schiffbautechnischen Gesellschaft.

Herr Gribel sandte darauf das nachstehende Dankschreiben:

An den Vorstand der Schiffbautechnischen Gesellschaft, Berlin.

Für die liebenswürdigen Glückwünsche zur Feier des 150 jährigen Bestehens meiner Firma spreche ich Ihnen meinen verbindlichsten Dank aus. Mit dem Ausdruck vorzüglicher Hochachtung

Stettin, den 17. März 1923.
Ed. Gribel.

Am 1. April vollendete unser langjähriges verdientes Mitglied, Herr Professor Dr. Schilling in Bremen seine 25 jährige Tätigkeit als Direktor der dortigen Seefahrtsschule. Aus dieser Veranlassung sandte ihm der Vorstand die folgende Depesche:

Professor Schilling, Bremen, Seefahrtsschule.

Zu Ihrem 25 jährigen Jubiläum als Direktor der Seefahrtsschule senden wir Ihnen unsere herzlichsten Glückwünsche. Wir hoffen, daß Sie noch viele Jahre nicht bloß Ihrem Lehramte, sondern auch in Ihrer der Allgemeinheit gewidmeten Tätigkeit erfolgreich wie bisher wirken können.
Der Vorstand der Schiffbautechnischen Gesellschaft.

Herr Professor Dr. Schilling richtete an uns das folgende Schreiben:

An den Vorstand der Schiffbautechnischen Gesellschaft, Berlin.

Für Ihr gütiges Telegramm, das Sie die Freundlichkeit hatten, namens der Schiffbautechnischen Gesellschaft an mich in Anlaß meines 25 jährigen Jubiläums als Direktor der Seefahrtschule zu richten, spreche ich Ihnen verbindlichsten Dank aus, und bitte Sie diesen den Mitgliedern Ihres Vorstandes zum Ausdruck zu bringen. Der Rückblick auf die verflossenen 25 Jahre, die reich an Arbeit waren, läßt mich auch mit besonderer Dankbarkeit an die Tagungen der Schiffbautechnischen Gesellschaft denken, die mir für mein berufliches und wissenschaftliches Leben viel Anregung und in dem Kreise gleichgesinnter Freunde die angenehmsten Stunden verschafft hat. Mein herzlicher Dank für Ihre freundlichen Worte zu meinem Jubiläum verbindet sich daher mit dem aufrichtigen Wunsche eines weiteren und erfolgreichen Gedeihens der Schiffbautechnischen Gesellschaft. Mit vorzüglicher Hochachtung

Bremen, den 15. April 1923.
Prof. Dr. Schilling.

Am 1. Oktober war Herr Werftbesitzer Carlson in Elbing 25 Jahre in den Schichauschen Werken tätig, aus welchem Anlaß ihn der Vorstand mit folgendem Schreiben beglückwünschte:

Zu Ihrer heutigen 25 jährigen Tätigkeit in den Schichau-Werken sprechen wir Ihnen unsere aufrichtigen Glückwünsche aus.

In schwerer Zeit mußten Sie die Leitung übernehmen, und nur Ihrer Tatkraft und Entschlossenheit verdanken die beiden Werften in Elbing und Danzig, die Lokomotivfabrik und die Stahlgießerei in Elbing sowie das Elektrizitätswerk in Pettelkau ihr weiteres Bestehen. Wir hoffen, daß Sie bei der in 14 Jahren bevorstehenden Jahrhundertfeier der Firma F. Schichau in einem wieder aufgeblühten Deutschland noch ihr bewährter Führer sein möchten. Der Vorstand der Schiffbautechnischen Gesellschaft.

An den Vorstand der Schiffbautechnischen Gesellschaft, Berlin.

Für die mir durch Ihre freundlichen Glückwünsche anläßlich meiner 25 jährigen Tätigkeit bei den Schichau-Werken erwiesene Aufmerksamkeit erlaube ich mir, Ihnen meinen besten Dank auszusprechen.

In vorzüglicher Hochachtung

Elbing, den 3. Oktober 1923. Carlson.

Am 28. September konnte Herr Direktor Dr. Herm. Frahm in Hamburg auf eine 25 jährige Tätigkeit auf der Werft von Blohm & Voß zurückblicken, wozu ihm der Vorstand das nachstehende Schreiben sandte:

Zu dem Tage, an dem Sie 25 Jahre in der Werft von Blohm & Voss in Hamburg tätig sind, spricht Ihnen der Vorstand der Schiffbautechnischen Gesellschaft seine aufrichtigen Glückwünsche aus.

Sie haben in den langen Jahren in Ihrem Wirkungskreise für den gesamten deutschen Schiffbau Hervorragendes geleistet und sich in ihm ein bleibendes Denkmal gesetzt. Wir sind stolz darauf, einen Ingenieur Ihres Ranges zu unseren Mitgliedern zu zählen und erwarten von Ihnen noch weitere Erfolge zum Nutzen der deutschen Schiffahrt. Der Vorstand der Schiffbautechnischen Gesellschaft.

Herr Frahm antwortete wie folgt:

An den Vorstand der Schiffbautechnischen Gesellschaft, Berlin.

Über Ihre freundlichen Glückwünsche und Ihre anerkennenden Worte zu meinem 25 jährigen Dienstjubiläum habe ich mich sehr gefreut, und ich danke Ihnen herzlich dafür.

Mit vorzüglicher Hochachtung

Hamburg, den 4. Oktober 1923. Herm. Frahm.

III. Bericht über die fünfundzwanzigste ordentliche Hauptversammlung

am 20., 21. und 22. November 1924.

In der überfüllten Aula der technischen Hochschule in Charlottenburg fand wie üblich auch diese Hauptversammlung statt. Sie zeigte durch das Erscheinen Seiner Königlichen Hoheit des Prinzen Heinrich von Preußen, durch den Besuch von Spitzen höherer Reichs- und Staatsbehörden, sowie zahlreicher Vertreter befreundeter technischer Vereine ein festliches Bild. Zu allallgemeinem Bedauern mußten wir unseren Ehrenvorsitzenden, Se. Königliche Hoheit den Großherzog Friedrich August in unserer Mitte vermissen, weil er durch ein schmerzhaftes Leiden am Erscheinen verhindert war.

Erster Tag.

Um 9 Uhr eröffnete am 20. November der Vorsitzende Herr Geheimer Regierungsrat Professor Dr.-Ing. Busley die Versammlung mit folgender Begrüßungsrede:

Im Auftrage unseres Ehrenvorsitzenden, Seiner Königlichen Hoheit des Großherzogs Friedrich August, der bedauerlicherweise heute am Erscheinen durch ein Ischiasleiden verhindert ist, habe ich die Ehre, die 25. ordentliche Hauptversamlung der Schiffbautechnischen Gesellschaft zu eröffnen, indem ich Sie alle herzlichst begrüße.

Insbesondere begrüße ich unser ältestes Ehrenmitglied, den Ehrenvorsitzenden der Hafenbautechnischen Gesellschaft, Seine Königliche Hoheit Prinz Heinrich von Preußen. Ich begrüße ferner den Reichswirtschaftsminister Herrn Hamm; den Chef der Marineleitung, Herrn Admiral Zenker; den Vertreter des preußischen Ministers für Wissenschaft, Kunst und Volksbildung, Herrn Ministerialdirektor Dr. Krüss; den Vertreter der Technischen Hochschule Danzig, Herrn Prof. Dr. Werner; den Vorsitzenden des Vereins Deutscher Ingenieure, Herrn Geheimen Baurat Prof. Dr. Klingenberg; den Vorsitzenden des Berliner Bezirksvereins Deutscher Ingenieure; Herrn Geheimen Regierungsrat Treptow; das Vorstandsmitglied des Vereins Deutscher Eisenhüttenleute, Herrn Generaldirektor Borbet, den Vorsitzenden des Verbandes Deutscher Elektrotechniker, Herrn Geheimen Regierungsrat Prof. Dr. Orlich, den Vorsitzenden der Maschinenbautechnischen Gesellschaft, Herrn Baurat de Grahl, und den Vorsitzenden der Hafenbautechnischen Gesellschaft, Herrn Geheimen Baurat Prof. de Thierry.

Hieran schloß der Vorsitzende nach Punkt b der Tagesordnung seinen Festvortrag: „25 Jahre Schiffbautechnische Gesellschaft", den er unter stürmischem allseitigen Beifall beendete.

Er erteilte nun das Wort Sr. Magnifizenz dem Rektor der Technischen Hochschule Herrn Professor Laas zu dem zweiten Festvortrage „Der Schiffbauunterricht im Rahmen der Hochschulreform", der sich ebenfalls reichen Beifalls erfreute.

Der Vorsitzende bat alsdann die Versammlung, ihm die Erlaubnis zur Absendung folgender beiden Telegramme an den Schirmherrn und den Ehrenvorsitzenden zu erteilen:

Seiner Majestät Kaiser Wilhelm
Haus Doorn.

Die zur 25. Hauptversammlung vereinigten Mitglieder der Schiffbautechnischen Gesellschaft gedenken in tiefer Dankbarkeit der früheren treuen Fürsorge Euerer Majestät.
I. A.: Busley.

Seiner Königlichen Hoheit Großherzog Friedrich August
Rastede.

Die zur 25. Hauptversammlung vereinigten Mitglieder der Schiffbautechnischen Gesellschaft bedauern es sehr, Euere Königliche Hoheit nicht in ihrer Mitte zu sehen und senden die besten Wünsche für eine baldige und dauernde Wiederherstellung.
I. A.: Busley.

Nach der Verlesung jedes Telegrammes ertönte starker Beifall. Im Laufe der Tagung gingen folgende Antwortdepeschen ein:

Geheimrat Doktor Busley, Berlin NW 40, Kronprinzenufer 2.

Das freundliche Gedenken der zur 25. Hauptversammlung vereinigten Mitglieder der Schiffbautechnischen Gesellschaft hat mich herzlich gefreut. Ich erwidere mit warmen Dank die mir gesandten Grüße und wünsche den Arbeiten, die ich mit regem Interesse verfolge, guten Erfolg zum Besten deutschen Schiffbaues und deutscher Schiffahrt.
Wilhelm I. R.

Herrn Geheimrat Busley, Technische Hochschule
Charlottenburg.

Mit aufrichtigem Bedauern heute nicht in Ihrer Mitte weilen zu können, sende ich für Ihre guten Wünsche vielmals dankend beste Grüße und hoffe segenbringende Tagung.
Großherzog Friedrich August.

Zum Punkt c der Tagesordnung übergehend, erteilte der Vorsitzende den nachstehenden Vertretern der Behörden bzw. der befreundeten Vereine das Wort zu ihren Ansprachen:

Herr Reichswirtschaftsminister Hamm:

Hochgeehrte Herren! Junge Menschen, die 25 Jahre alt werden, sehen in unseren Zeiten zumeist auf ein Leben zurück, das mehr erfüllt ist von großen Begebenheiten, als früher vielleicht der Rückblick auf 50 Jahre zeigen mochte. Und wer wie Ihre Körperschaft auf ein bewußtes und tätiges Leben von 25 Jahren zurückschaut, dem wird das Herz voll und schwer bei der Betrachtung alles dessen, was er in diesen 25 Jahren erlebt, erreicht und verloren hat.

Als Ihr Verein ins Leben trat, war die deutsche Flotte auf dem Wege, sich unter die ersten der Erde einzureihen. Das deutsche Volk hatte den Weg zur See gefunden. Kaiserliche Gunst umfloß Ihre Gesellschaft, gab ihr auch gesellschaftliches Ansehen und verschaffte ihr Beachtung auch bei den ihrer Arbeit Fernerstehenden, bei den Fachleuten auch errang Ihr Verein sich durch eigene ernste Arbeit und Leistung immer und immer wieder Achtung und Anerkennung. Ihre Gesellschaft schritt mit voran im Vorwärtsschreiten der deutschen Seegeltung und half den Weg bahnen.

Dann, nach den ersten 15 Jahren des Aufstiegs Ihres Vereins und der deutschen Seegeltung erlebten Sie mit das tragische Geschick des Krieges, des verlorenen Krieges. Wir wollten Meere und Länder nicht in kriegerischer Eroberung, sondern in friedlicher und freundlicher Durchdringung. Der Krieg stieß uns zurück; und es kam der Niederbruch.

Aber wir alle wissen, daß der Baum der deutschen Nation verdorren muß, wenn seine Wurzeln nicht ins Wasser reichen. Wir alle wissen, daß wir, die wir durch das Diktat unserer Kriegsgegner zu einer schiffahrenden Nation zweiten, dritten oder vierten Ranges geworden sind, uns damit nicht abfinden können. Wirtschaftlich ist es freilich ungeheuer schwierig, wieder Geltung in der Seefahrt zu bekommen. Denn wir haben $9/10$ unserer Handelsflotte verloren und die allgemeine Wirtschaftslage, die Kapitalarmut Deutschlands und die verringerte Frachtenmenge geben keine günstigen Aussichten dafür, daß wir aus der Schwerkraft der eigenen Wirtschaft wieder unseren Rang werden erringen können neben den anderen Völkern. Mehr als je gilt heute auf diesem Gebiete die technische Leistung, gilt die Leistung des Mannes.

Meine Herren! So werden die zweiten 25 Jahre des Lebens Ihrer Gesellschaft erst die wirkliche Probe auf das sein, was Ihre Gesellschaft der deutschen Nation leisten kann und leisten wird. In beredtem Vortrag hat Ihr Herr Vorsitzender Namen hervorragender Männer aus der Wirksamkeit in Ihrem Verein genannt. Nun, meine Herren, das Programm Ihrer Tagung erweist, daß solche Männer Ihrem Verein auch in den zweiten 25 Jahren beschieden sein werden. Und wenn Ihr Herr Vorsitzender beispielsweise an den

Vortrag Diesel erinnerte, nun, so wissen wir, daß Ihrem Verein Vorträge geboten werden, die uns ähnlich und gleich Großes geben und uns die Hoffnung stärken auf eine frohe Zukunft unserer Schiffahrt und damit unserer deutschen Flotte und unserer deutschen Wirtschaft.

Darum, meine Herren, bringe ich Ihnen für die Reichsregierung ein herzliches Glückauf zu diesen zweiten 25 Jahren, zu den Jahren, in denen nun in schwerer Mannesarbeit nach schwersten, unverdienten Enttäuschungen der Jugend, Ihr Verein unserem Volke sein Bestes geben wird, denn, was sich auch verändert hat, eines ist geblieben: der Imperativ der Pflichterfüllung und des Dienstes an dem, was wir als das letzte und das höchste uns gebliebene Gut erleben: am deutschen Volke. Und hierfür, glückhafte Fahrt, für die zweiten 25 Jahre, zum Ziel, in 25 Jahren wieder eine starke deutsche Schiffahrt zu haben für ein freies und starkes deutsches Volk. (Lebhafter Beifall.)

Herr Admiral Zenker, Chef der Marineleitung:

Eure Königliche Hoheit! Meine hochverehrten Herren! Als Chef der Marineleitung ist es mir eine Ehrenpflicht, der Schiffbautechnischen Gesellschaft zu ihrem 25. Geburtstag die herzlichsten Glückwünsche der Reichsmarine auszusprechen und ihr die besten Wünsche für eine glückliche Zukunft und weiteres Gedeihen hiermit auszudrücken.

Wie Sie in dem zusammenfassenden Vortrag des Herrn Vorsitzenden gehört haben, ist die Marine von Anfang an mit der Schiffbautechnischen Gesellschaft auf das engste verbunden gewesen. Zu ihrem Vorstande gehörten und gehören, wie Sie ja sehen, ehemalige und heutige leitende Techniker der Marine.

Meine Herren, die deutsche Marine, wie wir sie bis zum Weltkriege und im Weltkriege gehabt haben, ist in ihrer Entwicklung auf die Unterstützung der deutschen Technik im weitesten Sinne des Wortes angewiesen gewesen. Die deutsche Technik hat uns Praktikern die Waffen geschmiedet, die wir im Weltkriege zu führen hatten; und — das darf wohl gesagt werden — diese Waffe hat im Weltkriege ihre Schwertprobe bestanden, so wie wir es kaum zu hoffen gewagt haben. An dieser Entwicklung ist die Schiffbautechnische Gesellschaft in hohem Maße beteiligt gewesen.

Sie wissen, daß durch das Friedensdiktat von Versailles gerade die Kriegsmarine auf das allerschwerste betroffen ist, und es mag wohl manchem scheinen, als ob wir aus diesem furchtbaren Niederbruch nicht würden herauskommen können. Aber, meine Herren, ich darf hier als Chef der Marineleitung aussprechen, daß wir alles, was an uns liegt, tun werden, um dem Deutschen Volke und dem Deutschen Reiche das zu erhalten, was Seegeltung und Seemacht ausmacht, vor allen Dingen den Geist, und daß wir hoffen, wieder vorwärts zu kommen, wenn einmal die Fesseln des Vertrags von uns genommen sind.

Meine Herren! Wir sind uns bewußt, daß wir das nur in engstem Zusammenarbeiten mit Ihnen können, und dies möchte ich besonders betonen.

Ich darf mit dem lebhaften Wunsche schließen, daß die Verbindung zwischen Reichsmarine und Schiffbautechnischer Gesellschaft und dadurch mit der ganzen deutschen Technik, soweit sie Schiffbau betrifft, weiter so eng bleiben möge und sich noch enger ausgestalten möge, damit, wenn in 50 Jahren einmal wieder die Gesellschaft hier zusammentritt, eine neue deutsche Seemacht, gegründet auf vorzügliche deutsche Technik, dann dem deutschen Volke seine Seegeltung wieder erworben hat. Dies ist mein Wunsch. Meine herzlichsten Glückwünsche und die der Reichsmarine geleiten die Gesellschaft in die nächsten 25 Jahre. (Lebhafter Beifall.)

Herr Ministerialdirektor Dr. Krüss, Vertreter des preußischen Ministeriums für Wissenschaft, Kunst und Volksbildung:

Meine hochverehrten Herren! Der preußische Kultusminister, Herr Staatsminister Dr. Boelitz, den Sie zur heutigen Feier freundlichst eingeladen haben, ist leider erkrankt und zu seinem lebhaften Bedauern verhindert, hier zu erscheinen. Er hat mich beauftragt, der Schiffbautechnischen Gesellschaft und Ihrem hochverdienten Vorsitzenden, Herrn Geheimrat Busley, seine herzlichsten Grüße und Glückwünsche zur heutigen Jubiläumstagung zu überbringen.

Was der deutsche Schiffbau und an ihm die Schiffbautechnische Gesellschaft während der letzten 25 Jahre in Frieden, Krieg und schwerer Nachkriegszeit an Hervorragendem geleistet hat, ist nicht meine Sache, hier Ihnen darzulegen. Mir liegt aber daran, im Anschluß an die bemerkenswerten Darlegungen des Herrn Rektors dieser Hochschule darauf hinzuweisen, wie eng sich die preußische Unterrichtsverwaltung als verantwortliche Trägerin des wissenschaftlich-technischen Unterrichts Ihren Bestrebungen verbunden fühlt. Und wenn Ihre Gesellschaft mit Stolz auf das von ihr in den vergangenen 25 Jahren Vollbrachte zurückblicken darf, so kann die preußische Unterrichtsverwaltung vielleicht darin eine gewisse Anerkennung dafür erblicken, daß es ihr gelungen ist, auf den ihr anvertrauten Bildungsstätten einen akademischen Nachwuchs zu erzeugen, der im Leben seinen Mann gestanden hat, daß es ihr auch gelungen ist, Männer als akademische Lehrer zu gewinnen und zu halten, die, wie wir aus dem Bericht über die 25 Jahre ersehen haben, nicht nur als Lehrer und Forscher im Rahmen der Hochschule, sondern in innigster Berührung mitschaffend im Leben der Praxis gestanden haben.

Auf dem Gebiete des Schiffbaues hat sicherlich die Schiffbautechnische Gesellschaft hieran ein wesentliches Verdienst. Und daß alle Ihre Hauptversammlungen in den Räumen dieser Technischen Hochschule stattgefunden haben, möchte ich nicht nur als durch äußere Gründe veranlaßt, sondern als Ausdruck einer inneren Verbundenheit ansehen.

Daß in der Schiffbautechnischen Gesellschaft diese enge Verbundenheit zwischen unseren Hohen Schulen und dem lebendigen Geschehen draußen in gemeinsamem Streben nach den gleichen Zielen auch in Zukunft denselben Ausdruck finden möge wie bisher, ist der aufrichtige Wunsch, den ich namens der preußischen Unterrichtsverwaltung am heutigen Tage Ihnen aussprechen möchte.

Was die Unterrichtsverwaltung an ihrem Teile dazu beitragen kann, wird sicher geschehen; und sie wird dankbar sein, wenn sie wie bisher so auch in Zukunft bei der Verfolgung der uns gemeinsam am Herzen liegenden Aufgaben der Hilfe und Förderung durch die Schiffbautechnische Gesellschaft gewiß sein kann.

In diesem Sinne wünsche ich Ihren weiteren Verhandlungen reichen Erfolg und der Gesellschaft blühendes Gedeihen für alle Zukunft. (Lebhafter Beifall.)

Herr Prof. Dr. Werner, Vertreter der Technischen Hochschule in Danzig:

Meine Herren! Ich habe die Ehre, als Vorsteher der Schiffbauabteilung der Technischen Hochschule in Danzig der Schiffbautechnischen Gesellschaft eine Adresse zu überreichen, deren Wortlaut ist:

Der Schiffbautechnischen Gesellschaft widmet zum 25jährigen Bestehen die Technische Hochschule in Danzig und im besonderen die Schiffbauabteilung ihre herzlichen Wünsche für weiteres vortreffliches Wirken zum Besten der deutschen Schiffbauwissenschaft und Industrie. Eingedenk unserer Volksgemeinschaft harren wir aus, um die Danziger Hochschule dem Deutschtum zu erhalten. (Stürmischer, allseitiger Beifall.)

Nicht leicht wird es, meine Herren, dem kleinen Danziger Freistaat die Hochschule mit ihrem ansehnlichen Etat durchzuhalten. Um so mehr sind die Reichsdeutschen verpflichtet, diesen Kristallisationspunkt deutscher Geisteskultur in der abgetrennten Ostmark nicht zu vergessen. Unsere Studentenschaft, zu mehr als 80% deutsch aus allen Teilen deutscher Stämme, ist sich ihres Deutschtums dort oben ganz besonders bewußt. Helfen Sie uns, unsere Mission zu erfüllen, deutsch zu sein und deutsch zu bleiben. (Stürmischer allseitiger Beifall.)

Meine Herren, wir sind uns bewußt, daß wir das nur in engstem Zusammenarbeiten mit Ihnen können, und dies möchte ich besonders betonen.

Ich darf mit dem lebhaften Wunsche schließen, daß die enge Verbindung zwischen Reichsmarine und Schiffbautechnischer Gesellschaft und dadurch mit der ganzen deutschen Technik, soweit sie Schiffbau betrifft, weiter so eng bleiben möge und sich weiter so eng ausgestalten möge, damit, wenn in 50 Jahren einmal wieder die Gesellschaft hier zusammentritt, wieder eine neue deutsche Seemacht, gegründet auf vorzügliche deutsche Technik, dann dem deutschen Volke seine Seegeltung wieder erworben hat. Dies ist mein Wunsch. Meine herzlichsten Wünsche und die der Danziger Hochschule geleiten die Gesellschaft in die nächsten 25 Jahre. (Lebhafter Beifall.)

Herr Geheimer Baurat Prof. Dr. Klingenberg, Vorsitzender des Vereins Deutscher Ingenieure:

Königliche Hoheit! Meine sehr verehrten Herren Der Deutsche Verband technisch-wissenschaftlicher Vereine und der Verein Deutscher Ingenieure, für die ich hier stehe, und die dem Deutschen Verbande angeschlossenen technisch-wissenschaftlichen Vereine, insbesondere die Maschinenbautechnische Gesellschaft, haben mich gebeten, Ihnen, meine sehr verehrten Herren, zu Ihrer heutigen Feier die herzlichsten Glückwünsche und Grüße zu übermitteln.

Zahlreiche starke und eng vermaschte Fäden verknüpfen die Schiffbautechnische Gesellschaft mit den übrigen technisch-wissenschaftlichen Vereinen, insbesondere mit dem Verein Deutscher Ingenieure. Das Jahr der Gründung der Schiffbautechnischen Gesellschaft war das Jahr der stärksten technischen und wissenschaftlichen Entwicklung des Vereins Deutscher Ingenieure, der auch in diesem Jahre den größten Zuwachs seiner Mitgliederzahl aufzuweisen hatte. Handel und Industrie waren zu ungeahnter Blüte gelangt, und der Wunsch nach vermehrter Seegeltung, der damals Handel und Industrie auf das lebhafteste bewegte, hat gewissermaßen in der Gründung der Schiffbautechnischen Gesellschaft seinen sichtbaren Ausdruck gefunden.

Wie die Schiffbautechnische Gesellschaft auf ihrem Gebiete inzwischen gearbeitet hat, haben Sie aus dem Munde Ihres Herrn Vorsitzenden gehört, der aber, ich darf wohl sagen, in übertriebener Bescheidenheit eines wichtigen Vortrags nicht Erwähnung getan hat, der damals im Berliner Bezirksverein Deutscher Ingenieure in dem Neuen Opernhause gehalten wurde, und zwar von Ihrem Herrn Vorsitzenden in Gegenwart des Kaisers, und der die Entwicklung und die Ziele der deutschen Flotte betraf. Ich gehe wohl nicht fehl in der Annahme, daß dieser Vortrag, zusammen mit den Bestrebungen des Wirklichen Geheimen Admiralitätsrates Dietrich, die dieser 1898 einmal im Verein Deutscher Ingenieure vortrug, die erste Bewegung für die Gründung der Schiffbautechnischen Gesellschaft eingeleitet hat. Leider hat Herr Geheimrat Dietrich den Erfolg nicht mehr erleben können. Ihr Herr Vorsitzender hat es aber auch in der ferneren Zeit verstanden — und darüber geben unsere Akten interessante Aufschlüsse —, die Beziehungen zum Verein Deutscher Ingenieure auf das engste weiter zu spinnen und zu stärken. Ich darf aus meiner persönlichen Erinnerung auf die freundschaftlichen Bande hinweisen, die ihn mit dem verstorbenen Direktor des Vereins Deutscher Ingenieure, Herrn Dr. Peters, auf das engste verknüpften, der leider zu seinem großen Bedauern nie selbst Mitglied der Schiffbautechnischen Gesellschaft werden konnte, weil die damals noch bestehenden Satzungen eine achtjährige Tätigkeit auf schiffbautechnischem Gebiete erforderten.

Auch in der Zukunft ist die Verbindung mit der Schiffbautechnischen Gesellschaft beiderseits gepflegt worden. Es ist schon hervorgehoben worden, daß heute noch die Schiffbautechnische Gesellschaft an dem Dampfkessel-Ausschuß und an dem Deutschen Ausschuß für technisches Schulwesen lebhaft beteiligt ist. Wir haben auch die Freude gehabt, zahlreiche Mitglieder der Schiffbautechnischen Gesellschaft auf unseren technischen Tagungen zu sehen, insbesondere auf der Diesel- und auf der Hochdruckdampf-Tagung.

Als im Jahre 1916 der Deutsche Verband technisch-wissenschaftlicher Vereine gegründet wurde, gehörte die Schiffbautechnische Gesellschaft neben dem Verein Deutscher Ingenieure, dem Verein Deutscher Eisenhüttenleute, dem Verband Deutscher Elektrotechniker und dem Verband Deutscher Architekten- und Ingenieurvereine zu den gründenden Gesellschaften. Und nicht ohne Absicht hat man damals Ihrem jetzigen Vorsitzenden den Vorsitz auch im Deutschen Verband übertragen, den er jahrelang geleitet hat.

Meine Herren, die besten Segenswünsche der genannten Vereine und Verbände mögen Sie auf Ihren weiteren Wegen begleiten! Ich füge den weiteren Wunsch an, daß Ihre Tätigkeit dazu beitragen möge, daß unser Land einer froheren Zukunft entgegengehe! In dieser Hoffnung rufe ich Ihnen ein herzliches Glückauf zu. (Lebhafter Beifall.)

Herr Geheimer Regierungsrat Prof. Dr. Orlich, Vorsitzender des Verbandes Deutscher Elektrotechniker:

Meine Herren! Herr Geheimrat Klingenberg hat eben schon im Namen der technischen Verbände gesprochen. Insofern ist meine Ansprache vielleicht jetzt überflüssig geworden. Ich will aber doch die Gelegenheit wahrnehmen, da ich hier liebenswürdigerweise noch einmal dazu aufgefordert worden bin, die Wünsche und Glückwünsche des Verbandes Deutscher Elektrotechniker der Schiffbautechnischen Gesellschaft ganz besonders darzubringen.

Der Verband hat vor kurzem den 30. Geburtstag gefeiert, steht also ungefähr in demselben Lebensalter wie die Schiffbautechnische Gesellschaft. Beide Verbände sind also aus den Jugendjahren heraus und sind in das Alter der stärksten Schaffenskraft eingetreten. Die Elektrotechnik ist dabei dem Schiffbau gegenüber in einer gewissen dienenden Stellung. Man hat gelegentlich das Scherzwort gebraucht, daß die Elekrotechnik der gesamten Technik gegenüber das Mädchen für alles sei. Man kann dieses Scherzwort zu eigen machen. Ich muß aber dann als Elektrotechniker den Anspruch dafür erheben, daß wir in diesem Sinne ein ganz besonders gutes Mädchen für alles sind (Heiterkeit), das allen Anforderungen sich bemüht, gerecht zu werden und niemals mault. (Heiterkeit.) Dabei ist der Schiffbau — das kann man wohl sagen — ein ganz besonders strenger Herr. Der Verband Deutscher Elektrotechniker hat ja die Aufgabe, Vorschriften für Anlagen, für Maschinen, für Kabel, für Apparate usw. auszuarbeiten, stellt die Forderungen auf, die man billigerweise stellen muß, um ein sicheres Arbeiten zu gewährleisten. Wenn man nun mit solchen Vorschriften zu den Schiffbauern kommt, so pflegt uns für gewöhnlich die Antwort zu werden: ja, das mag für euch Landratten ganz gut sein, aber auf See brauchen wir etwas ganz anderes, da müssen wir noch wesentlich schärfere Forderungen stellen. Und auch da kann ich den Anspruch erheben, daß wir niemals etwa uns schmollend zurückgezogen haben, sondern daß wir gefragt haben: ja, was wollt ihr denn eigentlich? Und wenn wir die Forderungen erfahren haben, so haben wir uns redlich bemüht, sie zu erfüllen, wenn es manchmal auch nicht so ganz leicht gewesen ist. Ich glaube, im großen und ganzen ist das bis jetzt geglückt. Und ich hoffe, daß das auch in Zukunft so sein wird.

Wir Elektrotechniker sitzen hier, um zu hören, welche Probleme im Schiffbau aufgetaucht sind und welche Forderungen Sie dementsprechend an die Elektrotechnik stellen. Und ich glaube, Ihnen das Versprechen geben zu können, daß die Elektrotechniker sich redlich bemühen werden, auch künftig allen Anforderungen gerecht zu werden, die der Schiffbau an uns stellen wird. Das soll der Gruß und der Wunsch sein, den wir Elektrotechniker im besonderen noch dem Schiffbau darbringen. (Lebhafter Beifall.)

Herr Geheimer Baurat Prof. Dr. de Thierry, Vorsitzender der Hafenbautechnischen Gesellschaft:

Eure Königliche Hoheit! Meine hochverehrten Herren! Bei den innigen Beziehungen zwischen Schiffbau und Hafenbau ist es selbstverständlich, daß die Hafenbautechnische Gesellschaft heute an dem Ehrentag der Schiffbautechnischen Gesellschaft nicht fehlen kann. An zwei Beispielen möchte ich darstellen, was sich in den letzten 60 Jahren auf dem Gebiete des Schiffbaues und des Hafenbaues vollzogen hat. Im Jahre 1860 war der durchschnittliche Tonnengehalt aller Schiffe, die den Hamburger Hafen besuchten, 188 Registertonnen. Die Entladung eines solchen Schiffes beanspruchte damals 14 Tage. Ich hörte in diesem Jahre in Rotterdam, daß dort ein mit Erz beladener Dampfer von 20 000 t innerhalb 24 Stunden den Hafen aufsuchte und nach Löschung seiner Ladung wieder verließ. An diesen beiden Zahlen können Sie die innige Verwandtschaft zwischen Hafenbau und Schiffbau erkennen.

Die Frage ist aufgeworfen worden, warum die Hafenbautechnische Gesellschaft sich nicht der Schiffbautechnischen Gesellschaft angegliedert hat? Diese Frage wurde bei der Gründung unserer Gesellschaft sehr eingehend erörtert. Es war nicht nur der Wunsch, daß wir auch einen Ehrenvorsitzenden für uns haben wollten (Heiterkeit), der uns dazu führte. Nein, ein anderer Grund war für uns entscheidend, eine besondere Gesellschaft zu gründen. Als wir die Tagesordnungen Ihrer Gesellschaft uns ansahen, da wurde uns klar, daß Sie auch bei 24stündiger Arbeitszeit nicht ohne Überstunden zur Bewältigung ihres Pensums kommen; und wenn wir Ihnen noch unser Arbeitsgebiet mitgebracht hätten, na, dann hätten wir noch ein paar Nachtschichten, glaube ich, hinzunehmen müssen, um mit unserer Tagesordnung fertig zu werden. So kam es, daß wir getrennte Wege gehen, aber doch immer mit Ihnen dasselbe Ziel im Auge haben.

Mit Recht kann man daher die Schiffbautechnische Gesellschaft und die Hafenbautechnische Gesellschaft als Zwillingsschwestern betrachten. Und die Tatsache, daß die jüngere Schwester, die Hafenbautechnische Gesellschaft, 15 Jahre später das Licht der Welt erblickte, die Tatsache, wie dieses naturwissenschaftliche Wunder vollzogen und spielend vollzogen wurde, ist der beste Beweis dafür, daß wir noch viel schwierigere technische Probleme zusammen lösen können und lösen wollen. Es ist unser ernster Wille, daß auch in Zukunft Hafenbau und Schiffbau in engster Fühlungnahme zusammenarbeiten mögen zum Ruhme unseres deutschen Vaterlandes. (Lebhafter Beifall.)

Der Vorsitzende führt aus:

Meine Herren! Wir sind am Schluß der Ansprachen. Ich habe allen Herren Rednern namens der Schiffbautechnischen Gesellschaft für die gütigen Glückwünsche und die freundlichen Ausblicke in die Zukunft unserer Gesellschaft unseren verbindlichsten Dank auszusprechen. (Bravo!)

Wir kommen nun zum Punkte d) unserer Tagesordnung, zu den Ehrungen, und ich erteile hierzu das Wort:

Seiner Magnifizenz dem Rektor der technischen Hochschule Herrn Professor Laas:

Hochansehnliche Versammlung! Seit 25 Jahren tagt die Schiffbautechnische Gesellschaft in diesem Saal in festen, hergebrachten Formen, die durch keine äußeren Ereignisse erschüttert werden konnten. Eng verbunden, befreundet und verwandt sind die beiden großen Gemeinschaften Technische Hochschule und Schiffbautechnische Gesellschaft, verflochten durch eine große Zahl von Wurzeln ihrer Kraft. Zu den Mitgliedern der Gesellschaft gehören viele Angehörige des Lehrkörpers aus allen Fakultäten. In den stattlichen 25 Bänden des Jahrbuches der Gesellschaft haben mehrere Professoren und viele ehemalige

Schüler unserer Hochschule die Ergebnisse ihrer Arbeit niedergelegt. Anderseits darf die Hochschule zu ihren Ehrendoktoren und Ehrenbürgern viele Mitglieder der Gesellschaft rechnen. Unter diesen sind Namen, die in allen schiffahrttreibenden Ländern einen guten Klang hatten und haben. Auch sonst sind die Beziehungen eng. Ich erinnere an die gemeinsame Förderung wissenschaftlicher Arbeiten, ich erinnere an die Stiftungen für Studierende.

Da ist es mir als dem Rektor heute an dem Jubiläumstag eine ganz besondere Freude und Ehre, folgendes zu verkünden:

Auf einstimmigen Antrag der Fachabteilung für Schiff- und Schiffmaschinenbau hat der Senat drei Mitgliedern des Vorstandes die höchsten Ehren verliehen, die die Hochschule zu vergeben hat.

Zum Ehrenbürger unserer Hochschule wird ernannt Ihr Vorsitzender, Herr Geheimer Regierungsrat Prof. Dr.-Ing. e. h. Busley. (Lebhafter Beifall.)

Die Würde eines Dr.-Ing. e. h. wird verliehen den Vorstandsmitgliedern Herrn Prof. Carl Pagel und Herrn Werftbesitzer Caspar Berninghaus in Anerkennung ihrer hervorragenden Verdienste um den deutschen Schiffbau. (Lebhafter Beifall.)

Ich bitte die Herren, die äußeren Zeichen ihrer neuen Würde aus der Hand des derzeitigen Vorstehers der Abteilung für Schiff- und Schiffmaschinenbau entgegennehmen zu wollen. (Herr Geheimrat Flamm überreicht Herrn Geheimrat Busley die Ehrenbürgerkette und den Herren Berninghaus und Prof. Pagel das Ehrendoktor-Diplom.)

Im Namen der Hochschule begrüße ich unseren neuen Ehrenbürger und unsere neuen Ehrendoktoren. In Ihnen, meine Herren, hat die Hochschule die ganze Schiffbautechnische Gesellschaft ehren und ihr an der heutigen Jubiläumstagung ihre Huldigung darbringen wollen. Mögen die guten Beziehungen zwischen Technischer Hochschule und Schiffbautechnischer Gesellschaft bestehen in alle Zukunft, beiden Gemeinschaften zu Nutz und Ehr! (Lebhafter Beifall.)

Der Vorsitzende:

Im Namen meiner beiden Kollegen im Vorstande und in meinem eigenen Namen danke ich dem Rektor und dem Senat der Technischen Hochschule herzlichst für die uns durch die akademischen Würden gewordene Auszeichnung.

Ich habe hinzuzufügen, daß der Vorstand gelegentlich der 25. Hauptversammlung Veranlassung genommen hat, namens der Gesellschaft ebenfalls einige Ehrungen zu vollziehen. In erster Reihe haben wir Herrn Dr. Hermann Frahm für seine Schlingertanks, seine ausgezeichneten konstruktiven Leistungen, insbesondere für seine großartigen Forschungsarbeiten die Goldene Denkmünze unserer Gesellschaft zugesprochen. (Lebhafter Beifall.)

Herr Direktor Dr.-Ing. Frahm:

Die Verleihung dieser Denkmünze ist für mich eine hohe Ehrung. Ich nehme sie mit Dank an. (Lebhafter Beifall.)

Der Vorsitzende:

Der Vorstand hat ferner beschlossen, dem Präsidenten des Norddeutschen Lloyd, Herrn Dr. Philipp Heineken für seine großen Verdienste um die deutsche Dampfschiffahrt zum Ehrenmitglied unserer Gesellschaft zu ernennen. (Lebhafter Beifall.)

Weiter haben wir beschlossen, den Ingenieur und Vorsitzenden des Aufsichtsrats des Bremer Vulkan, Herrn Victor Nawatzki, ebenfalls zum Ehrenmitgliede unserer Gesellschaft zu ernennen, und zwar mit Rücksicht auf die großen Dienste, die er geleistet hat als langjähriger Vorsitzender des Vereins Deutscher Schiffwerften während und nach dem Kriege, in den schwierigsten Zeiten, die wir durchgemacht haben. (Lebhafter Beifall.)

Herr Dr. Frahm erhielt nunmehr das Wort zu seinem Vortrage:

„Zahnradübersetzungen für Turbinen- und Motorschiffe der Werft Blohm & Voß."

Starker Beifall lohnte den Redner für den hervorragenden Vortrag, an dessen Erörterung sich leider nur Herr Direktor Goos von der Hapag beteiligte.

Den zweiten Vortag hatte Herr Professor Dr. Föttinger in liebenswürdiger Weise für den unpäßlichen Herrn Dr. Bauer übernommen, und sprach über die

„Fortschritte der Strömungslehre im Maschinenbau und Schiffbau".

Die Ausführungen des Herrn Vortragenden fanden rauschenden Beifall und wurden von den Herren Dr.-Ing. Pophanken, Professor Dr. Weber, Dr.-Ing. Kempf und Marinebaurat Schlichting erörtert.

Der Aufforderung durch den Vorsitzenden entsprechend, verlas Herr Professor Dr. Pagel ein Glückwunschschreiben der Seeberufsgenossenschaft und ein gleichartiges Telegramm des Norddeutschen Lloyds.

An den Vorstand der Schiffbautechnischen Gesellschaft
Berlin NW 6, Schumannstraße 2.

Dem Vorstande der Schiffbautechnischen Gesellschaft beehren wir uns aus Anlaß der 25. Hauptversammlung unsere aufrichtigsten und wärmsten Glückwünsche hierdurch zum Ausdruck zu bringen. Die Schiffbautechnische Gesellschaft hat in den Jahren des Aufstiegs der deutschen Kriegs- und Handelsflotte durch den Zusammenschluß aller am Schiffbau beteiligten Kreise sich um den deutschen Schiffbau und die Seeschiffahrt bedeutende und bleibende Verdienste erworben. Sie hat in zähem Durchhalten während des Krieges und insbesondere während der letzten schweren Jahre der uns durch den Versailler Vertrag aufgezwungenen Ablieferung unserer mächtigen Kriegs- und Handelsflotte die für den Wiederaufbau unserer Seegeltung erforderlichen technischen Kräfte gesammelt und durch unterhaltende und belehrende Vorträge über wissenschaftliche und praktische Fragen in ganz besonderem Maße zur Förderung der Schiffbautechnik beigetragen und dadurch der deutschen Handelsschiffahrt erneut reiche und ersprießliche Dienste geleistet.

Die See-Berufsgenossenschaft, die ihre wesentliche Aufgabe in der Vorkehrung von Maßnahmen hinsichtlich der Sicherheit von Schiff, Ladung und Mannschaft durch möglichste Verhütung von Unfällen sieht, verzeichnet mit Befriedigung und dankbarer Anerkennung die tatkräftige wissenschaftliche und technische Förderung ihrer Bestrebungen durch die Schiffbautechnische Gesellschaft. Möge solches Schaffen und Zusammenwirken auch für die nächsten 25 Hauptversammlungen ein für die deutsche Seeschiffahrt befriedigendes und die gesamte schiffbautechnische Wissenschaft Ersprießliches sein und bleiben!

Die See-Berufsgenossenschaft:
Rich. A. Krogmann, Vorsitzender. Dr.-Ing. e. h. G. Müller, Verwaltungsdirektor.

Schiffbautechnische Gesellschaft, Technische Hochschule
Charlottenburg.

Zu Ihrem heutigen 25jährigen Jubiläum sprechen wir Ihnen unsere herzlichsten Glückwünsche aus. In großzügiger und zielbewußter Tätigkeit hat die Schiffbautechnische Gesellschaft dem deutschen Schiffbau die Wege zu seinem ehrenvollen Aufstieg geebnet. Mögen Ihrem Wirken auch in Zukunft dieselben schönen Erfolge beschieden sein wie bisher zum Wohle unseres Vaterlandes und seiner Seegeltung.

Norddeutscher Lloyd.

Nach der jetzt einsetzenden Frühstückspause nahm der Studiosus O'Gilvie noch das Wort zu dem Festvortrage des Herrn Professor Laas, und darauf trug Herr Dipl.-Ing. Strelow vor, über die

„Praktische Verwendung der Lichtbogenschweißung".

Als der Redner unter lebhaftem Beifall der Anwesenden geendet hatte, erörterte Herr Marinebaurat Lottmann verschiedene Punkte des Vortrages, womit die Sitzung ihren Abschluß fand.

Der Abend vereinigte etwa 400 Herren im Marmorsaal des Zoologischen Gartens zu einem Festmahl, an dem sich auch unser Ehrenmitglied Prinz Heinrich von Preußen beteiligte. Nach einem vom Vorsitzenden ausgebrachten Trinkspruch auf Deutschland, überbrachte Herr Dr.-Ing. Sorge, der Präsident des Reichsverbandes der deutschen Industrie, die Glückwünsche dieses Verbandes zur 25. Hauptversammlung unserer Gesellschaft. In zwanglosem gemütlichen Zusammensein hielten die meisten Besucher bis nach Mitternacht aus.

Zweiter Tag.

Von 9 bis 9,45 Uhr dauerte am Vormittage des 21. Novembers die geschäftliche Sitzung, in der die vom Vorstande aufgestellte Tagesordnung mit ihren Anträgen glatt genehmigt wurde.

Den ersten Vortrag übernahm in seiner bekannten Pflichttreue der sichtlich noch immer nicht ganz wiederhergestellte Herr Dr. Bauer:

„Der Antrieb von Schiffen durch Ölmotoren mit hydraulisch-mechanischem Umsetzungsgetriebe",

der reichen Beifall erntete und an dessen Erörterung die Herren Professor Kluge, Oberingenieur Gerhards, Professor Hoff, Dipl.-Ing. Berendt und Marinebaurat Mohr teilnahmen.

Inzwischen hatte sich die Aula so gefüllt, daß es nicht mehr möglich war, sich in den Gängen zu bewegen und wohl an 1000 Personen dicht aneinandergedrängt auf den zweiten Vortrag warteten, den Herr Ingenieur Flettner hielt über die

„Anwendung der Erkenntnisse der Aerodynamik zum Windantrieb von Schiffen".

Unter lang anhaltendem rauschenden Beifall beendete der Redner seinen Vortrag, zu dem sich die Herren Marinebaurat Schulthes, Schiffbau-Ing. Benjamin, Marineoberbaurat Goecke und Geheimer Oberbaurat Presse zum Wort meldeten.

Am Nachmittage nach der Frühstückspause sprach mit starkem Beifall Herr Dr.-Ing. Heymann über die

„Anwendung rotierender Massen",

wobei die Herren Professor Dr. Weber und Herr Oberingenieur Hort den Vortrag erörterten.

Der letzte Vortrag der diesmaligen Tagung war Herrn Dr.-Ing. Schmidt übertragen, der

„Das Berichtigungsverfahren als Hilfsmittel für den Entwurf der Schiffe"

unter lebhaftem Beifall vorführte. An der sich darüber entspinnenden Erörterung beteiligten sich die Herren Geheimer Oberbaurat Presse, Schiffbau-Ing. Judaschke, Professor Dr. Weber und Marinebaurat Dr.-Ing. von den Steinen.

Dritter Tag.

Am 22. November um 9 Uhr früh verließen 6 Straßenbahnwagen mit etwa 200 Mitgliedern die Ecke der Friedrich- und Charlottenstraße zur Fahrt nach den Werkstätten von A. Borsig in Tegel. Im Abschnitt „Besichtigungen" ist das Nähere ausgeführt, was unseren Mitgliedern dort gezeigt werden konnte. Nach dem Rundgange luden die Herren Geheimräte Ernst und Konrad v. Borsig die Besucher zu einem Frühstück ein, während dessen Herr Ernst v. Borsig die Teilnehmer begrüßte und der Vorsitzende den herzlichen Dank unserer Gesellschaft für die liebenswürdige Aufnahme zum Ausdruck brachte.

IV. Niederschrift

über die geschäftliche Sitzung der 25. ordentlichen Hauptversammlung am 21. November 1924.

Nach § 26 der Satzung sind auf die Tagesordnung folgende Punkte gesetzt:
1. Vorlage des Jahresberichtes.
2. Bericht der Rechnungsprüfer und Entlastung des Vorstandes von der Geschäftsführung der Jahre 1922 und 1923.
3. Bekanntgabe der Veränderungen in der Mitgliederliste.
4. Ergänzungswahlen des Vorstandes. Es sind zu wählen: der Vorsitzende und zwei Beisitzer.
5. Wahl der Rechnungsprüfer für das Jahr 1924.
6. Wahl der beiden gesetzlichen Vertreter.
7. Antrag des Vorstandes auf Festsetzung des Eintrittsgeldes auf 20 Mk. und des Jahresbeitrages auf 20 Mk. sowie auf Einschiebung eines Zusatzes in § 20 der Statzung: „Langjährigen Mitgliedern kann der Vorstand auf ihren Antrag eine Ermäßigung des Jahresbeitrages bewilligen."
8. Wahl eines Ausschusses zur Mitarbeit an dem jetzt in Arbeit befindlichen Bande „Schiffbau" der illustrierten technischen Wörterbücher.
9. Sonstiges.

Der Vorsitzende, Herr Geheimer Regierungsrat Professor Dr.-Ing. C. Busley, eröffnet die Sitzung um 9 Uhr.

Beim Beginn derselben sind etwa 80 Gesellschaftsmitglieder anwesend, die sich bis zum Schluß auf etwa 150 erhöhen.

Punkt 1. Die Versammlung verzichtet auf die Verlesung der mit den Vorträgen versandten Geschäftsberichte 1923 und 1924 und genehmigt sie. Der Vorsitzende bittet die Versammlung, sich zu Ehren der Verstorbenen von ihren Sitzen zu erheben. Dies geschieht. Herr Professor Laas regt an, die Frage von neuem zu prüfen, ob und in welcher Weise die Tätigkeit der Schiffbautechnischen Gesellschaft noch erweitert werden kann. Der Herr Vorsitzende sagt die Prüfung dieser Frage zu und bittet zugleich um geeignete Vorschläge.

Punkt 2. Herr Baurat Schulthes erstattet unter besonderer Anerkennung der Geschäftsführung durch den Herrn Vorsitzenden den Bericht über die Prüfung der Bücher, die er mit Herrn Professor Krainer vorgenommen hat. Die Bücher wurden in Ordnung befunden und ebenso die Kassenführung der Jahre 1922 und 1923. Die Versammlung erteilt ohne Erörterung einstimmig die Entlastung.

Punkt 3. Die Versammlung verzichtet auf die Verlesung der Namen der eingetretenen und verstorbenen Herren, weil sie bereits in den Jahresberichten aufgeführt sind, die den Mitgliedern mit den Vorträgen übersandt wurden.

Punkt 4. Für die Wahl des Vorsitzenden wird von Herrn Baurat Schulthes die Wiederwahl des Herrn Geheimrat Busley durch Zuruf beantragt. Hiergegen erfolgt kein Widerspruch. Von den beiden zur Wahl stehenden nicht fachmännischen Beisitzern wird Herr Präsident Dr.-Ing. Heineken durch Zuruf wiedergewählt. Herr Generaldirektor Dr.-Ing. Vögler hat wegen Arbeitsüberbürdung gebeten, von seiner Wiederwahl abzusehen. An seiner Stelle wird Herr Generaldirektor Borbet vom Bochumer Verein durch Zuruf gewählt. Hierauf teilt der Vorsitzende mit, daß Herr Geheimer Oberbaurat Richard Müller bei seinem Ausscheiden aus dem Marinedienst auch auf seinen Sitz im Vorstande verzichtet hat. Der Vorstand hat nach § 12 der Satzung seinen Amtsnachfolger Herrn Geheimen Oberbaurat Presse als Ersatzmann gewählt. Die Versammlung bestätigt diese Wahl für die Dauer der Amtsperiode des Herrn Geheimrat Müller bis 1925 und drückt diesem für seine verdienstvolle Tätigkeit im Vorstande durch Erheben von den Plätzen ihre Anerkennung aus. Alle gewählten Herren nehmen die Wahl an. Es liegt ein von etwa 90 Fachmitgliedern unterzeichneter Antrag auf Wahl des Herrn Dr.-Ing. Foerster, Hamburg, in den Vorstand vor. Nach kurzer Erörterung wird auf Antrag des Herrn Baurat Schulthes einstimmig beschlossen, diesen Punkt von der Tagesordnung abzusetzen und ihn im nächsten Jahre von neuem vorzulegen.

Punkt 5. Als Rechnungsprüfer werden die Herren Prof. Krainer und Baurat Schulthes einstimmig wiedergewählt. Als Ersatzmann wählt die Versammlung Herrn Marine-Oberbaurat Schulz.

Punkt 6. Auf Grund des § 8 der Satzung werden als Vertreter der Gesellschaft im Sinne des § 26 BGB. die Herren Geheimer Regierungsrat Professor Dr.-Ing. Busley und Direktor Professor Dr.-Ing. Pagel sowie als ihre Stellvertreter Herr Wirklicher Geheimer Oberbaurat Professor Dr.-Ing. Rudloff und Herr Geheimer Oberbaurat Presse gewählt.

Punkt 7. Der Antrag des Vorstandes auf Erhöhung des Eintrittsgeldes auf 20 Mk. und des Jahresbeitrages auf 20 Mk. wird von der Versammlung einstimmig angenommen. Desgleichen wird zu § 20 der Satzung folgender Zusatz beschlossen:

„Langjährigen Mitgliedern darf der Vorstand auf ihren Antrag eine Ermäßigung des Jahresbeitrages bewilligen."

Punkt 8. In den Ausschuß zur Mitarbeit an dem jetzt in Arbeit befindlichen Bande „Schiffbau" der illustrierten technischen Wörterbücher werden die Herren Professor Laas für Schiffbau, Professor Krainer für Schiffsmaschinenbau und Oberingenieur Lorenz für Elektrotechnik gewählt.

Punkt 9. Zu Punkt 9 der Tagesordnung wird das Wort nicht gewünscht.

Charlottenburg, den 21. November 1924.

v. g. u.

Die gesetzlichen Vertreter:

Carl Busley.   Carl Pagel.

V. Unsere Toten.

Unseren Bemühungen ist es nur gelungen, von den im Jahresbericht aufgeführten Verstorbenen die nachstehenden Nachrufe zusammenzustellen, während wir von den fehlenden die erforderlichen Angaben leider nicht erhalten konnten.

Max Berendt,
Friedrich v. Borries,
Hans Goldschmidt,
Ludwig Gümbel,
John Hammar,
Walter Hildebrand,
Erhard Junghans,
Carl Kirches,
Hans Krell,

Oscar Lasche,
Julius Lehr,
Erich Lommatsch,
Hans Meisemann,
Wilhelm v. Oechelhäuser,
Max Predöhl,
Adalbert Rogge,
Wenzel Frhr. v. Rolf,
Hans Saland.

MAX BERENDT

wurde am 16. September 1850 in Danzig als Sohn eines Arztes geboren. Nachdem er bis 1860 das Gymnasium seiner Vaterstadt und darauf bis 1865 die Großherzogliche Realschule in Offenbach a. M. besucht hatte, bereitete er sich auf seinen Ingenieurberuf von 1865—68 auf der Königlichen Höheren Gewerbeschule in Cassel vor und arbeitete dann von 1868—69 in Elbing praktisch bei G. Hambruch, Vollbaum & Co. und bei der Eisengießerei und Maschinenfabrik C. F. Steckel. Zur weiteren Vervollständigung seiner Ausbildung besuchte er dann noch 2 Semester lang die Königliche Gewerbeakademie in Berlin.

Im Jahre 1870 trat Berendt seine erste Stellung beim Stabilimento Technico Triestino in Triest als Konstrukteur im Schiffsmaschinenbau an und ging nach einjähriger Tätigkeit von dort in gleicher Eigenschaft zu F. Schichau in Elbing. Aber auch hier hielt es ihn nicht lange, denn er hatte den Wunsch, sich in seinem Fachgebiete dort zu vervollkommen, wo in den damaligen Zeiten am meisten zu lernen war, und nahm daher 1873 eine Stellung in England, und zwar bei R. & W. Hawthorn, Newcastle upon Tyne, an, in der er bis zum Jahre 1876 blieb.

Hierauf war er 2 Jahre lang als Konstrukteur bei der Stettiner Maschinenbau Actien Gesellschaft Vulcan in Stettin tätig und übernahm dann im Jahre 1878 in seiner Vaterstadt eine Stellung als Inspektor und Baubeaufsichtigender bei der Reederei von Alex. Gibsone, in welcher Eigenschaft er zuerst mit Hamburger Kreisen in Berührung trat.

Nachdem er 4 Jahre lang in diesem Reedereibetrieb sich die noch ihm fehlenden praktischen Erfahrungen angeeignet hatte, entschloß sich Berendt im Jahre 1882, sich in Hamburg als Zivilingenieur niederzulassen. 1885 übernahm er den Posten des Engineer Surveyor von Lloyds Register für den Bezirk Hamburg und andere nordwestdeutsche Häfen, den er ununterbrochen bis 1912 bekleidet hat. In dieser Tätigkeit, neben der er die eines beratenden Ingenieurs und Sachverständigen der Handelskammer fortsetzte, trat er zu den meisten Reedereien und Werften in lebhafte Beziehungen und hat sich in diesen Kreisen durch sein technisches Können sowohl wie durch sein gerades offenes Wesen viele Freunde erworben.

Im Jahre 1912 trat er als technischer Direktor in den Vorstand der Deutsch-Australischen Dampfschiffsgesellschaft ein. Das große Tätigkeitsfeld, das er bei dieser stark aufstrebenden Reederei fand, wurde leider durch den Krieg fast bis zur Bedeutungslosigkeit eingeengt, und so schied er 1916 wieder daraus aus, um sich zur Ruhe zu setzen.

Sein rastloser Tätigkeitsdrang und die Nöte der Zeit ließen ihn jedoch nie zur Ruhe kommen, und so widmete er sich in seinen letzten Lebensjahren mit großem Eifer den Diensten der Gesellschaften, deren Aufsichtsrat er angehörte. Sein größtes Interesse galt dem Eisenwerk (vorm. Nagel & Kaemp) A. G., deren Aufsichtsratsvorsitzender er war, sowie der Bugsier-, Reederei- und Bergungs-Aktiengesellschaft, zu der er seit vielen Jahren als technischer Berater und Aufsichtsratsmitglied in enger Beziehung stand.

Am 20. November 1923 verschied Berendt infolge eines Gehirnschlages, aufrichtig betrauert von allen, die ihm nahestanden.

FRIEDRICH V. BORRIES

ist am 20. Oktober 1878 in Hannover als Sohn des späteren Geheimen Regierungsrates und Professors für Eisenbahnmaschinenbau an der Technischen Hochschule zu Charlottenburg August von Borries, geboren. Er besuchte das Gymnasium in Hannover bis zum Abiturium Ostern 1897. Seine praktische Ausbildung erfolgte auf der Kaiserlichen Werft in Kiel. Im Herbst desselben Jahres bezog er die Technische Hochschule in Charlottenburg zum Studium des Schiffbaufaches. Die erste Staatsprüfung bestand er im Februar 1904. Zwischendurch genügte er seiner Militärpflicht beim ersten Garde-Regiment zu Fuß in Potsdam, dem er bis zum Januar 1918 zuletzt als Leutnant der Landwehr angehörte. Am 1. April 1904 wurde er zum Marinebauführer in Wilhelmshaven ernannt und bestand im Juli 1907 die zweite Staatsprüfung.

Als Marineschiffbaumeister wurde er zuerst auf der Kaiserlichen Werft in Wilhelmshaven verwendet und noch im Jahre 1907 zur Kaiserlichen Werft nach Kiel versetzt, die er im Oktober 1913 mit der Kaiserlichen Werft in Danzig vertauschte.

1916 wurde er zum Marinebaurat befördert und war dann während des Krieges beim Reparatur- und Dockbetrieb ununterbrochen tätig. Er erhielt das Eiserne Kreuz II. Klasse am weißschwarzen Bande. Im Nobember 1919 mußte er infolge der Umbildung der Marinebehörden in den einstweiligen Ruhestand treten, aus diesem wurde er im September 1921 zum Regierungsrat beim Reichsschiffsvermessungsamt in Berlin ernannt. Am 9. Dezember 1922 verstarb er infolge von Lungenentzündung und Grippe. Mit ihm ist ein wohlangesehener und pflichttreuer Beamter dahingeschieden.

HANS GOLDSCHMIDT

wurde am 18. Januar 1861 als zweiter Sohn des Begründers der Firma Theodor Goldschmidt in Berlin geboren. Er besuchte das Gymnasium in Altenburg und widmete sich nach bestandenem Abiturium dem Studium der Naturwissenschaften unter besonderer Berücksichtigung der Chemie. Er ließ sich zunächst auf der Heidelberger Universität immatrikulieren, übersiedelte dann nach Berlin, war vorübergehend in Leipzig und ging später wieder nach Heidelberg, wo er im Bunsenschen Laboratorium arbeitete und am 7. Juli 1886 von der philosophischen Fakultät zum Doktor phil. promoviert wurde.

Im Anschluß hieran beschäftigte sich der junge Gelehrte noch einige Semester mit dem Studium der Chemie und Elektrochemie in Heidelberg, Straßburg und auf der technischen Hochschule in Charlottenburg und unternahm dann mehrere längere Auslandsreisen.

Mit reichem Können und Wissen ausgestattet, trat Dr. Hans Goldschmidt im Jahre 1888 als Teilhaber in die chemische Fabrik Th. Goldschmidt ein, die seit dem Tode des Vaters von seinem älteren Bruder Karl geführt wurde. Die Verdienste des Gelehrten um die Entwicklung der Fabrik beruhen nicht nur auf der Erfindung, Durcharbeitung und Einführung des Thermitverfahrens; er hat auch unter anderem ein Verfahren zur elektrolytischen Entzinnung von Weißblechabfällen eingeführt.

Die im Laufe der Jahre aus der Feder Dr. Hans Goldschmidts veröffentlichten wissenschaftlichen Arbeiten erschienen zur Erinnerung an sein 25jähriges Geschäftsjubiläum als „Gesammelte Veröffentlichungen" in einem stattlichen Band von 410 Seiten.

In Anerkennung seiner glänzenden wissenschaftlichen Leistungen wurden dem Kaufmann und Gelehrten zahlreiche Ehrungen zuteil. So erhielt er die Elliot-Cresson-Medaille des Franklin-Instituts, wurde zum Mitglied der Kaiser-Wilhelm-Gesellschaft gewählt und 1913 durch die Verleihung des Professortitels ausgezeichnet. Dr. Goldschmidt war Mitbegründer und Vorsitzender der Deutschen Bunsen-Gesellschaft für angewandte Chemie, Mitglied der Göttinger Vereinigung zur Förderung der angewandten Physik und Mathematik und unserer Gesellschaft, an deren Verhandlungen er immer tätigen Anteil nahm.

Dr. Goldschmidt verschied ganz plötzlich an einem Schlaganfall am 20. Mai in Baden-Baden.

LUDWIG GÜMBEL.

Am 8. Februar 1923 starb in Charlottenburg der ordentliche Professor der Technischen Hochschule zu Berlin, Dr.-Ing. Ludwig Gümbel an den Folgen einer durch den Krieg entstandenen schweren, mehrjährigen, mit größter Geduld ertragenen Erkrankung. Die technische Wissenschaft nicht nur Deutschlands, sondern der Welt hat an dem Verstorbenen einen ihrer begabtesten und produktivsten Forscher und Förderer verloren, dem wir, wenn er länger in seiner früheren gewaltigen Schaffenskraft gelebt hätte, zweifellos noch vieles zu verdanken gehabt haben würden.

Am 12. März 1874 wurde Ludwig Gümbel in St. Julian in der Rheinpfalz als Sohn des dortigen Pfarrers geboren. Er besuchte und absolvierte 1892 das Gymnasium zu Speyer und leistete 1892—93 sein Militärjahr ab im 2. bayer. Pionierbataillon, bei dem er 1899 zum Leutnant der Reserve gewählt wurde.

Gümbel hatte eine ausgesprochene Liebe zur Technik, im besonderen zum Schiffsmaschinenbau. Um sich dem Studium dieses Faches widmen zu können, arbeitete er die vorgeschriebene Zeit praktisch auf der Kaiserlichen Werft Wilhelmshaven und machte außerdem zwei Reisen als Maschinistenassistent auf Dampfern der Hapag nach Amerika. Von 1894—1898 studierte er auf der Königlichen Technischen Hochschule zu Berlin Schiffsmaschinenbau. Schon als Student zeigte sich die außergewöhnliche Befähigung Gümbels; nicht nur daß er die ihm gestellten Arbeiten spielend erledigte; er beteiligte sich während seiner Studienzeit an den Verhandlungen der Institution of Naval Architects in London, war während des Sommers 1897 auf dem Bureau von Harland & Wolf in Belfast tätig und bearbeitete hier ganz selbständig die damals sehr aktuelle Frage der Ausbalanzierung großer Schiffsmaschinen zur Vermeidung ver Schiffsvibrationen für die auf jener irischen Werft im Bau befindlichen Schiffsmaschinen. Noch als Student gab er seine erste Monographie „Das Stabilitätsproblem" im Verlage von Georg Siemens heraus, welche Schrift er seinem damaligen Dozenten Marinebaurat Professor Zarnack zueignete. Beide Hochschulprüfungen, die Vor- und Hauptprüfung, bestand er mit Auszeichnung, so daß ihm beim Verlassen der Technischen Hochschule die silberne Preismedaille verliehen wurde.

Jetzt begann für Gümbel die Betätigung im praktischen Werftbetriebe. Unmittelbar nach der Hauptprüfung trat er am 1. Januar 1899 als Konstrukteur für Schiffsmaschinenbau bei der Firma F. Schichau in Elbing ein, ging ein Jahr später zunächst als Ingenieur und Oberingenieur zur Hapag-Hamburg, wo er zuletzt 1905 als Bureauchef der Maschinenbauabteilung des technischen Bureaus dieser großen Reederei tätig war. Vom 1. Januar 1906 an war er stellvertretender Direktor der Norddeutschen Maschinen- und Armaturenfabrik, späteren Atlas-Werke, in Bremen, aus welcher Stellung ihn am 1. Oktober 1910 der preußische Kultusminister auf einstimmigen Vorschlag der Abteilung für Schiff- und Schiffsmaschinenbau als etatmäßigen Professor an die Königliche Technische Hochschule zu Berlin berief, woselbst er sich ein Jahr vorher seinen Doktor-Ingenieur mit Auszeichnung erworben hatte. Von diesem Tage an datiert die rein wissenschaftliche Tätigkeit Gümbels als Hochschulprofessor. Sein Lehrgebiet umfaßte „Einleitung in den Maschinenbau", „Schiffskessel" und „Schiffshilfsmaschinen". Durch seinen klaren und hochstehenden Vortrag wußte er seine Hörer zu fesseln, wenn er auch an ihren Geist und ihr mathematisch-physikalisches Wissen hohe Anforderungen stellte. Auch am Konstruktionstisch hatte er bedeutende Erfolge, und wohl alle seine früheren Schüler werden dankbar daran zurückdenken, wieviel sie seiner Führung verdanken. Dabei war der Kern seines ganzen Wesens sowohl auf rein menschlichem wie auf wissenschaftlichem Gebiet höchste Ehrlichkeit und Offenheit.

Eine charakteristische Seite seines Wesens bestand in der Aufsuchung und durchdringenden Behandlung technischer Probleme; die Resultate seiner Forschungen sind an vielen Stellen veröffentlicht worden und haben ihm in aller Welt Freunde und Bewunderer erworben. Gliedert man diese Publikationen nach großen Gebieten, so läßt sich folgende Übersicht aufstellen: Dampfkessel und Wärmewirtschaft, physikalische Untersuchungen über Flüssigkeiten, Schraubenpropeller, Schwingungsprobleme, Festigkeitsfragen, Reibung und Schmierung.

Als der große Krieg ausbrach, war Gümbel einer der ersten, der mit hinauszog, fort von seiner Familie, seiner Frau und seinen vier Kindern. Das prachtvolle deutsche Vaterlandsgefühl ließ ihn nicht zu Hause. Am 15. August 1914 zog er nach freiwilliger Meldung als Zugführer bei der 1. Landsturm-Pionier-Komp. II. bayr. A.-K. ins Feld; Oktober 1914 wurde er zur Fortifikation Namur kommandiert und noch im gleichen Jahre wurde er Oberleutnant. Auch im Felde erkannte man bald seine große technische Befähigung; nachdem er 1915 als Kompagnieführer in Diedenhofen gelegen hatte, wurde er zur Vornahme von Versuchen mit Apparaten zur Richtungsbestimmung von Erdgeräuschen abkommandiert. Ende 1915 sah man ihn in den Kämpfen am Kanal von La Bassée, 1916 in der Schlacht an der Somme. Inzwischen wurde er zum Hauptmann befördert. Da bei den deutschen U-Bootsmaschinen gewisse Schwierigkeiten sich zeigten, wurde er Ende Januar 1917 zur U-Boot-Inspektion Kiel befohlen, wo er hauptsächlich mit Schwingungsuntersuchungen an U-Bootsmotoren beschäftigt war.

An Auszeichnungen erhielt Gümbel 1914 die Silberne Denkmünze der Schiffbautechnischen Gesellschaft; im Kriege empfing er November 1914 den bayerischen Militärverdienstorden 4. Klasse mit Schwertern, März 1915 das Eiserne Kreuz II. Klasse und Dezember 1916 das Eiserne Kreuz I. Klasse, Februar 1917 das Oldenburgische Friedrich August-Kreuz I. Klasse.

Heute sehen wir alle, die wir ihn gekannt haben, in der Erinnerung den lebensfrohen, schaffensfreudigen Mann vor uns, durchdrungen von Ehrenhaftigkeit und Vaterlandsliebe, erfüllt von neuen großen Aufgaben, deren Lösung ihm stets vor Augen schwebte. — Es hat nicht sollen sein! — Der unerbittliche Tod nahm ihn mit, raubte ihn der Wissenschaft, raubte ihn seinen Freunden!

Unvergessen aber bleibt sein Wirken; treu gedenken wir seiner über das Grab hinaus. Er war ein deutscher Mann!

JOHN HAMMAR.

Am 24. April 1923 verschied in seinem Heim in Stockholm der frühere Direktor des Schwedischen Allgemeinen Export-Vereins John Hammar im Alter von 54 Jahren. Mit ihm hat ein Mann das Zeitliche gesegnet, der in seiner Vollkraft einen großen Einfluß im schwedischen geschäftlichen Leben hatte. Ein rühriger und energischer Geschäftsmann, der stets bereit war, mit Lust und Liebe in den Unternehmungen aufzugehen, an denen er sich beteiligte.

Geboren in Gothenburg, kam er nach Absolvierung seines Abiturientenexamens und seiner Diplomingenieurprüfung zu dem schwedischen Kommissariat für die Ausstellung in Chicago 1893. Danach war er von 1896—1903 zuerst Ingenieur und dann Direktor in der A. B. de Lavals Glödlampfabrik und der de Lavals Elektriska A. B. Von 1903—1915 betätigte er sich als Direktor des Schwedischen allgemeinen Export-Vereins, welchen verantwortlichen Posten er mit großer Umsicht und Tatkraft ausgefüllt hat. In diesem Amt war er gleichzeitig Hauptredakteur der Zeitschrift „Svenska-Export".

Er trat dann in die Fa. seines Bruders Hammar & Co. ein, die unter anderen Firmen auch Friedr. Krupp in Essen vertritt. Im Auftrage der Firma Hammar & Co. hielt er sich während des Krieges 5 Jahre in Amerika auf.

John Hammar wurde mehrere Male zum Vertreter Schwedens bei größeren Ausstellungen ernannt, so bei der Weltausstellung in St. Louis, in Jamestown und in San Francisco. Er war ferner Mitglied der Jury bei der Weltausstellung in Paris 1900 und bei der Weltausstellung in Lüttich 1905. Auch zu anderen Vertretungen Schwedens im Auslande wurde er häufiger herangezogen. Publizistisch hat er sich durch die Herausgabe des schwedischen Industrie- und Exportkalenders verdient gemacht. Seine Sprachkenntnisse, sein liebenswürdiges Wesen und seine umfangreichen Beziehungen machten ihn für die Repräsentation im höchsten Grade geeignet. Er schonte sich nie, wenn es galt, seine Kraft dem öffentlichen Wohl zur Verfügung zu stellen.

Eine frohe, hilfreiche und entgegenkommende Persönlichkeit, erwarb er sich einen großen Freundeskreis, der das Hinscheiden dieses tätigen Mannes mit Wehmut aufgenommen hat.

WALTER HILDEBRAND

wurde am 1. Mai 1873 in Berlin als Sohn des Porträtmalers Professor Ernst Hildebrand geboren. Er besuchte in den Jahren 1879—1892 die Seminarschule zu Karlsruhe in Baden, die Vorschule des Dr. Coler und des Königlichen Wilhelmsgymnasiums zu Berlin und das Falkrealgymnasium daselbst. Am 9. April 1892 trat er als Kadett in die Kaiserliche Marine ein und durchlief alle Grade, bis er im Dezember 1921 zum Kontreadmiral befördert wurde. An besonderen Kommandos sind zu erwähnen: 1898/1899 als Leutnant zur See auf dem zum Kreuzergeschwader gehörigen Kreuzer „Prinzeß Wilhelm" in Ostasien; 1901/1902 als Torpedooffizier an Bord des mit der II. Division des I. Geschwaders anläßlich der Chinawirren nach Ostasien entsandten Linienschiffes „Weißenburg" und von 1903—1905 als I. Offizier des auf der ostasiatischen Station stationierten

Kanonenbootes „Luchs". Im Anschluß daran fand er bis zum Jahre 1908 Verwendung als Admiralstabsoffizier beim Kommando der Marinestation der Ostsee. Er übernahm dann das Kommando über das in Konstantinopel stationierte Stationsschiff „Loreley" und wurde nach seiner Rückkehr im Jahre 1909 als Dezernent in die militärische Abteilung des Reichs-Marineamts berufen, wo er bis Herbst 1912 verblieb.

Im Frühjahr 1913 als I. Offizier an Bord des Linienschiffes „Preußen" kommandiert, nahm er auf diesem Schiffe und später als Kommandant der kleinen Kreuzer „Thetis", „Berlin" und „Nürnberg" am Weltkriege teil. In letzterer Stellung zeichnete er sich bei einem Gefechte mit englischen Streitkräften am 17. November 1917 besonders aus und erhielt dafür, nachdem er bereits vorher für seine Kriegsverdienste mit dem Eisernen Kreuz I. und II. Klasse ausgezeichnet war, den Königlichen Kronenorden 2. Klasse mit Schwertern. 1918 war er Kommandant des Panzerkreuzers „Hindenburg" und vom November 1920 bis April 1921 stellvertretender Befehlshaber der Sicherung der Nordsee. Am 22. August 1921 wurde er zum Chef des Allgemeinen Marineamts bei der Marineleitung ernannt, welche Stelle er bis zu seinem am 27. Februar 1923 erfolgten Ableben bekleidete.

Über 30 Jahre hat der Verstorbene der Marine angehört und in allen Stellungen im Krieg und Frieden seinem Vaterlande hervorragende Dienste geleistet. Bis zu seinem unerwarteten Tode hat er seine ganze Kraft in vorbildlicher Pflichttreue für seine geliebte Waffe und ihren Wiederaufbau eingesetzt.

AUGUST HOECK

ist am 11. Juli 1874 zu Straßburg i. E. als Sohn des Architekten August Hoeck geboren. Nachdem er die Realschule zu Waldkirch besucht hatte, ging er zur See und war zuletzt Kapitän auf großen Dampfern. In der Kriegsmarine war er Reserveoffizier und erhielt als Korvettenkapitän d. R. seinen Abschied. Nach dem Ende des unglücklichen Krieges widmete sich Hoeck dem kaufmännischen Berufe und betrieb seit August 1919 in Bremen ein Reederei- und Überseehandelsgeschäft.

Am 25. Dezember 1923 verschied er plötzlich und unerwartet infolge eines Herzschlages im 50. Lebensjahre.

ERHARD JUNGHANS

wurde am 14. März 1849 in Schramberg als ältester Sohn des Strohhutfabrikanten und Gründers der Schwarzwälder Uhrenindustrie nach amerikanischem Muster, Junghans, geboren. Sein Vater, der nach seiner Schulentlassung als Arbeiter in der Schramberger Steingutfabrik tätig war, wurde verhältnismäßig spät als Lehrling in der dortigen Strohhutmanufaktur ausgebildet, schwang sich allmählich zum Geschäftsführer und Teilhaber dieser Firma empor und faßte Mitte der sechziger Jahre den Entschluß, die handwerksmäßig betriebene Uhrenindustrie des Schwarzwaldes auf moderne fabrikatorische Grundlage zu stellen und zu diesem Zweck mit Hilfe seines in Amerika ansässigen Bruders eine Uhrenfabrik nach amerikanischem Muster zu gründen. Er starb jedoch schon im September 1870 und hinterließ die neugegründete Firma seinen Söhnen. Der älteste Sohn Erhard hatte nach Besuch der landesüblichen Mittelschulen die Strohhutfabrikation erlernt und seine kaufmännischen und technischen Kenntnisse im Ausland, insbesondere in Frankreich und England, erweitert. Nach dem Tode des Vaters übernahm er die kaufmännische Leitung der Firma Gebr. Junghans, in die dessen Bruder Artur nach Beendigung seiner Ausbildung als technischer Leiter eintrat. Die beiden Brüder haben die heutige Firma Gebrüder Junghans A.-G. zu dem bekannten Weltunternehmen entwickelt, welches es heute geworden ist, wobei der kaufmännische Leiter sich insbesondere in der schweren Krisis der siebziger Jahre durch Überwindung großer finanzieller Schwierigkeiten und Absatzstockungen große Verdienste erwarb.

1897 zog sich Erhard Junghans, welcher 1891 zum Kommerzienrat ernannt worden war, von den Geschäften zurück und widmete sich der Verwaltung seines Grundbesitzes und seiner umfassenden künstlerischen Interessen. Daneben förderte und unterstützte er in reichem Maße aufstrebende Techniker und neue Industrien, beispielsweise die Gründungen des Herrn Dr.-Ing. Albert Hirth, die heute rühmlichst bekannten Fortuna-Werke G. m. b. H. und Norma Compagnie G. m. b. H. in Cannstadt.

Die Beziehungen des Verstorbenen zur Schiffbautechnischen Gesellschaft gründeten sich auf den maßgebenden Einfluß, den er an der Entwicklung der Holzwarthschen Gasturbine nahm. Herr Holzwarth schreibt anläßlich seines Todes:

„Dein Vater hat sich um die Gasturbine unvergängliche Verdienste erworben als derjenige, welcher das erste außerordentliche Risiko übernahm, die Kosten für die Entwicklung zu tragen. Hierfür bin ich nicht allein, sondern sind alle zu bleibendem Dank verpflichtet, welche später irgendwelchen Nutzen aus der Gasturbine ziehen werden."

In der Gemeindeverwaltung der Stadt Schramberg war der Verstorbene lange Jahre auf den verschiedensten Gebieten tätig und wurde dafür und für seine sonstige allgemeine Förderung der Stadt Schramberg zum Ehrenbürger ernannt. Er erfreute sich bis zuletzt einer außerordentlich körperlichen und geistigen Frische und Elastizität und verschied am 14. Januar d. J. unvermutet an einem Herzschlag nach vorausgegangener und anscheinend wieder überwundener Grippeerkrankung.

CARL KIRCHES

ist am 3. September 1884 als Sohn des Schmiedemeisters Joh. Kirches in Duisburg geboren. Er besuchte dort die Volksschule und die Mittelschule. Nach bestandener Abgangsprüfung trat er bei der Schiffswerft und Maschinenbauanstalt Ewald Berninghaus in Duisburg als Lehrling ein und bezog dann die dortige Gewerbeschule, die ihm bei seinem Abgange eine Prämie erteilte.

1906 kam er als Konstrukteur zu der Schiffswerft von Cäsar Wollheim in Breslau. 1908 kehrte er zu der Firma Berninghaus in Duisburg zurück, wo er im Nebenamte auch als Fachlehrer an der Gewerbeschule wirkte. 1910 ging er zu der Schiffswerft von Gebr. Sachsenberg als Betriebsingenieur nach Mühlheim a. Rhein und übernahm 1914 die Leitung der Betriebs-Werkstätte von der Rheinschiffahrts-A.-G. vorm. Fendel in Mannheim. In den letzten Jahren war er hauptsächlich mit dem Wiederaufbau der Flotte dieser Gesellschaft beschäftigt. Sein Leben war ein rastloses Vorwärtsstreben, dessen Früchte zu genießen ihm nicht beschieden war. Schon Anfang 1922 stellten sich die ersten Anzeichen der Zuckerkrankheit bei ihm ein. Trotz seines Leidens, blieb er immer noch geschäftlich tätig, bis er sich zwei Tage vor seinem Tode entschloß, ein Sanatorium aufzusuchen, in dem er schon in der ersten Nacht verschied.

Seine Gesellschaft, die ihm Prokura erteilt hatte, bedauert sein frühes Hinscheiden als das eines gewissenhaften Beamten, der sich durch seine großen Kenntnisse und reichen Erfahrungen viele Verdienste um den Wiederaufbau ihrer Flotte erworben hat.

HANS KRELL.

Am 5. Juli 1923 verstarb der erst am 1. Mai d. J. in den Ruhestand getretene Geheime Marinebaurat und Direktor Krell. Ein schweres, in den letzten Monaten geradezu qualvolles Herzleiden hat allzu früh ein reiches und noch vielversprechendes Leben abgeschlossen.

Hans Krell wurde am 16. Dezember 1869 geboren. Er besuchte das Friedrich-Realgymnasium zu Berlin, bestand hier im September 1888 das Abiturientenexamen und bezog dann die Technische Hochschule in Charlottenburg; sowohl Vor- wie erste Hauptprüfung im Schiffsmaschinenbaufache bestand er mit Auszeichnung. Vom 1. Oktober 1893 bis zum 30. September 1894 genügte er seiner Militärpflicht, um hiernach als Marinebauführer in den Marinedienst zu treten. Im Dezember 1897 legte er die zweite Hauptprüfung ab und zeigte dabei ein so gründliches Wissen, daß die Prüfungskommission darüber das Urteil „Vorzüglich" fällte, das es bis dahin für diese Prüfung noch nicht gab; bisher hatte das Prädikat „Recht gut" die höchste Anerkennung bedeutet.

Als Marinebaumeister war Krell zunächst bis Dezember 1900 auf der Kaiserlichen Werft Wilhelmshaven tätig. In diese Zeit fiel als seine erste große Aufgabe die Ausrüstung des Panzerschiffs „Württemberg" mit neuer Maschinen- und Kesselanlage, welch letztere zugleich die erste große Wasserrohrkesselanlage der deutschen Marine darstellte. Von Oktober 1900 bis Oktober 1904 war er zum Konstruktionsdepartement des Reichs-Marineamts kommandiert, wo seine konstruktiven Fähigkeiten bei allen in dieser Zeit entstandenen Entwürfen für die Maschinenanlagen von Linienschiffen und Großen Kreuzern ein reiches Betätigungsfeld fanden. Danach zur Kaiserlichen Werft Kiel versetzt, wurde er 1907 zum Baurat und schon 1909 weiter zum Marine-Oberbaurat und Maschinenbau-Betriebsdirektor befördert. Während seiner Tätigkeit in Kiel vollzog sich in der Marine die Einführung des Dampfturbinenbaues, die natürlich auch die Reichswerften vor wichtige Aufgaben stellte. Zu Krells Arbeitsgebieten gehörte u. a. die Einrichtung einer Turbinenwerkstatt, in bezug auf die er Vorbildliches geleistet hat. Auch die Einführung der Stahlgießerei in die Marinebetriebe fällt in diese Zeit und ist nicht zum geringsten Teile Krells Initiative zu verdanken. Er richtete in Kiel unter Überwindung von mancherlei Widerständen zunächst eine kleine Bessemerei ein, nach deren Muster dann später auch die beiden anderen Marinewerften mit Stahlgießereien versehen wurden. An der Schaffung des ersten großen Werftlaboratoriums war Krell ebenfalls stark beteiligt; er hat dabei persönlich in ausgedehntem Maße mitgearbeitet, wobei ihm eingehende chemische Kenntnisse sehr zustatten kamen.

1913 wurde Krell erneut zum Reichs-Marineamt kommandiert, wo er als Nachfolger des die Leitung der Sektion für Elektrotechnik übernehmenden Marine-Oberbaurats Reitz das Dezernat für Neuentwürfe in der Maschinenbauabteilung des Konstruktionsdepartements erhielt. Sein Hauptverdienst in dieser Stellung liegt darin, daß er die Einführung der Zahnradübersetzungen für den Kriegsschiffsantrieb durchsetzte und zahlreiche Versuche zu deren Weiterentwicklung anregte und überwachte. In richtiger Erkenntnis der wirtschaftlichen Überlegenheit mechanischer Getriebe über hydraulische und elektrische ging er auf Grund der bei den Versuchen gewonnenen Erfahrungen zu Entwürfen großen Stils über, und so entstand unter seiner Leitung auch das leider nicht mehr zur Ausführung gelangte Projekt einer großen Turbogetriebeanlage, die für einen Vierwellen-Schlachtkreuzer die Riesenleistung von 300 000 WPS als möglich und durchführbar nachwies. Aus der Verfolgung derartiger Pläne heraus erwuchs eine Fülle neuer Probleme, die Krell stets mit großer Sorgfalt und Gewissenhaftigkeit, aber auch mit aller ihm innewohnenden Energie aufgriff. Grundlegende Versuche zur Verbesserung der Festigkeit von Turbinenschaufeln, Untersuchungen über Schwingungserscheinungen in Dampfturbinen u. dgl. m. kennzeichnen seine Tätigkeit auf diesem Gebiete. Weiter war er wesentlich beteiligt an der Einführung der Zusatzölfeuerung bei Kohlekesseln, einer Ergänzung der bestehenden Feuerungseinrichtungen, die während des Krieges das Durchhalten hoher Schiffsgeschwindigkeiten sehr erleichtert, ja, in manchen Fällen überhaupt erst ermöglicht hat. Auch auf dem Gebiete der Normung hat Krell als Vorsitzender der Marine-Normalienkommission — mit selbst die „Spezialisten" oft überraschender Sachkenntnis bis in kleinste Einzelheiten hinein — Großes geleistet. Bei den grundlegenden Arbeiten, die zur Schaffung des „Normenausschusses der deutschen Industrie" führten, war er ebenfalls in hervorragendem Maße beteiligt und hat lange Zeit hindurch als stellvertretender Vorsitzender auch in diesem Ausschusse mitgewirkt.

Als nach dem unglücklichen Kriegsende sich die konstruktive Tätigkeit in der Marine naturgemäß stark einengte, übernahm Krell 1919 die Leitung der neugebildeten Bauabteilung im Reichsausschuß für den Wiederaufbau der Handelsflotte und im Zusammenhange damit die technische Leitung aller Arbeiten, die sich aus dem Versailler Vertrag auf handelsschiffbaulichem Gebiete für Deutschland ergaben. Insbesondere war er, der auf Antrag der Marineverwaltung inzwischen zum Geheimen Marinebaurat ernannt worden war, bei den Verhandlungen in Paris und London über die Begutachtung der Seeschäden einerseits und die Bewertung der deutschen Handelsflotte andererseits beteiligt und hat für die deutschen Interessen manches gerettet, was schon verloren schien. Daneben war er Reichskommissar für den Fertigbau und die Ablieferung der im Bau befindlichen Schiffe sowie für die Ablieferung des Hafenmaterials; er hat auch in diesen Funktionen die Interessen der deutschen Reedereien und Werften in weitgehendem Maße zu vertreten verstanden und Schädigungen abzuwenden vermocht, die zweifellos zu schweren Störungen der Hafen- und Werftbetriebe geführt haben würden. Wenn der Erfolg dieser Tätigkeit in den beteiligten Kreisen wohl allgemeine Anerkennung gefunden hat, so ist Krell durch den Reederei-Abfindungsvertrag, an dessen Zustandekommen er erheblichen Anteil hatte, in noch engere Fühlung zu Schiffahrt und Schiffbau gebracht worden.

Krell war eine Kraftnatur. Dieselbe zähe Energie, mit der er beruflich seine Pläne verfolgte und die ihn trotz aller Widerstände doch oft genug das angestrebte Ziel erreichen ließ, kennzeichnete ihn auch in seinem Privatleben. Sie hat allerdings wohl mit den Grund zu seinem Herzleiden gelegt, da er dem eigenen Körper häufig mehr zumutete, als selbst seine ursprünglich so kräftige Konstitution auf die Dauer auszuhalten vermochte.

Mit Krell ist eine Führernatur aus dem Leben geschieden, die tatkräftig und weitblickend, auf tiefer, dem Gegner oftmals überlegener Sachkenntnis fußend, bei Verhandlungen klug und geschickt vorgehend, der von ihm vertretenen Sache stets wertvolle Dienste geleistet hat und von der noch viel auch in der Zukunft erwartet werden durfte. An seinem Grabe trauern daher nicht nur seine Familie und sein Freundeskreis, sondern auch diejenigen, die ihm im Leben sachlich als Gegner gegenübergestanden haben. Diese Feststellung gibt den besten Maßstab für die Bedeutung des Verstorbenen in seiner Lebensarbeit. Sein Andenken wird bei allen, die ihn kannten, stets in Ehren gehalten werden.

OSCAR LASCHE

wurde am 22. Juni 1868 in Leipzig geboren, wo er das Kreuz-Gymnasium besuchte. Nach einjähriger praktischer Tätigkeit in Halle und $2^1/_2$ jähriger Beschäftigung in den Bureaus der Firmen A. Wernicke in Halle und Hoddick & Rothe in Weißenfels, studierte er an der Technischen Hochschule in Berlin. Nach beendetem Studium trat er 1890 als Assistent bei Geheimrat Riedler ein, von dem er im Jahre 1893 zu der Firma Fraser & Chalmers nach Chicago beurlaubt wurde. 1894 arbeitete er bei Sulzer in Winterthur, wurde 1895 Bureauchef von Riedler und 1896 Oberingenieur in der Maschinenfabrik der A. E. G. 1902 ernannte ihn die A. E. G. zum Direktor der Maschinenfabrik und nach der Fusion der A. E. G. mit der Union Elektrizitäts-Gesellschaft wurde er im Jahre 1904 als Direktor der Turbinenfabrik angestellt.

Im Jahre 1901 war Lasche mit der Schaffung eines elektrischen Schnellbahnwagens beschäftigt, für welche Leistung ihm die Jahresprämie der Institution of Electrical-Engineers zuerkannt wurde. Er steigerte die Leistungen der Dampfturbinen bis auf 20 000 kW bei 3000 Umdrehungen. Die Entwicklung der Turbinen für die ersten hiermit versehenen Kreuzer der deutschen und der österreichischen Marine ist sein Werk. Ebenso die 50 000 kW-Turbodynamo der Rheinischen E. W., Zentrale Goldenbergwerk, welche die bisher größte Turbine in einem Gehäuse ist. Später stellte er auch für die von der deutschen Werft in Hamburg erbauten Schiffe sowohl die Turbinen als auch deren Getriebe und die Diesel-Schiffs-Haupt- und Hilfsmaschinen her.

Die Technische Hochschule in München ernannte ihn im November 1918 zum Dr.-Ing. h. c.

Im folgenden Jahre wurde er Vorstandsmitglied des A. E. G.-Konzerns. In der darauf von diesem ins Leben gerufenen Fabriken-Oberleitung wurde ihm die Organisation der technisch-wissenschaftlichen Arbeiten sämtlicher A. E. G.-Fabriken übertragen.

Neben seinem großen Arbeitsgebiet in der A. E. G. betätigte er sich in verschiedenen wissenschaftlich-technischen Gesellschaften und Vereinen. Er war stellvertretender Vorsitzender der deutschen Gesellschaft für Metallkunde, Vorsitzender der Abteilung für Mathematik und Mechanik des Vereins zur Beförderung des Gewerbefleißes, Vorstandsmitglied des Deutschen Verbandes für die Materialprüfungen der Technik, Mitglied des wissenschaftlichen Beirats des Vereins Deutscher Ingenieure und Mitglied des Reichskuratoriums für Wirtschaftlichkeit in Industrie und Handwerk.

Zu ganz besonderem Dank ist ihm das Ingenieur-Fortbildungswesen verpflichtet, denn er richtete zunächst das Berliner und bald darauf das deutsche technisch-wissenschaftliche Vortragswesen ein, sowie die deutsche technisch-wissenschaftliche Lehrmittelzentrale, die es sich zur Aufgabe gestellt hat, Textblätter und Diapositive für Vorträge bereitzustellen.

Lasche war viele Jahre Mitglied der Schiffsbautechnischen Gesellschaft, an deren Arbeiten er stets lebhaften Anteil genommen hat.

Am 20. Juni verstarb er unerwartet schnell an einem akuten Leiden, das ihn befallen hatte.

JULIUS LEHR

wurde am 5. Juli 1870 in Obornik (Posen) als Sohn des Kaufmanns Michael Lehr geboren. Er absolvierte das Mariengymnasium zu Posen, um an der Technischen Hochschule in Charlottenburg das Maschinenbaufach zu studieren. Das praktische Jahr leistete er an der Kgl. Eisenbahn-Hauptwerkstätte in Posen ab. Vom 1. Juni 1895 bis 30. September 1896 war er Ingenieur an der Neisser Eisengießerei und Maschinenbauanstalt (Hahn & Koplowitz Nachf.). Am 1. August 1896 erfolgte seine Ernennung zum Regierungsbauführer.

Im Jahre 1898 beteiligte er sich an dem Preisausschreiben des Vereins Deutscher Maschinen-Ingenieure und erhielt für seine unter dem Kennwort „So gehts" eingereichte Lösung der Aufgabe „Entwurf einer Vorrichtung zum Heben und Drehen von Zügen der elektrischen Hochbahn" den Beuthpreis (siehe Glasers Annalen vom 15. April 1899); diese Arbeit wurde als häusliche Probearbeit für die zweite Hauptprüfung angenommen.

Oktober 1899 erfolgte seine Ernennung zum Regierungsbaumeister. Im Januar 1900 begann er seine Tätigkeit an der Werft und Reederei von Caesar

Wollheim, Breslau, als Konstrukteur der Werkstätten und verblieb nach deren Errichtung bis 1. April 1906 daselbst als Ressortchef der Abteilung „Maschinenbau". Die nächsten zwei Jahre waren mit dem Bau und der betriebsmäßigen Einrichtung der Fabrik von Mix & Genest, Berlin, ausgefüllt, deren jetzt vollendeter Erweiterungsbau ihm auch übertragen wurde.

Von 1909—1911 schuf er den Fabrikbau der Voigt & Haeffner A.-G. in Frankfurt a. M. Bau und Einrichtung der Norddeutschen Kabelwerke in Neukölln sind ebenfalls sein Werk.

Mai 1918 bis Oktober 1921 leitete er beim Waffen- und Munitionsbeschaffungsamt das Preisprüfungsreferat für Munition, dann das Referat zur Bearbeitung von Entschädigungsansprüchen der Industrie wegen nicht zur Ausführung gekommener Lieferungsverträge an Heeresmaterial. Zuletzt leitete er noch den Erweiterungsbau der Voigt & Haeffner A.-G., von dessen Vollendung er im Januar 1923 bereits erkrankt aus Frankfurt zurückkehrte. Mit all dem ging noch eine umfangreiche Tätigkeit als beratender Ingenieur, einher und noch von seinem Krankenlager vollzog er, dem Vorstand des Vereins beratender Ingenieure angehörig, seine Obliegenheiten als dessen Schatzmeister bis kurz vor seinem Tode. Durch einen gemeinsamen Freund auf ihn aufmerksam gemacht, bat ihn Walter Rathenau im Frühjahr 1922 zu sich und beabsichtigte darauf, seine hohe Intelligenz und seine tiefe Kenntnis des Wirtschaftslebens für den Staat nutzbar zu machen.

So war es ein Leben, von Arbeit und Pflichterfüllung ausgefüllt, dem auch ideelle Erfolge nicht versagt waren.

Sein an sich nicht kräftiger Körper war durch die von keiner Erholungszeit unterbrochene Arbeit der letzten drei Jahre geschwächt, so daß er einer infektiösen Herzklappenentzündung keine Widerstandskraft entgegensetzen konnte. Bis zuletzt auf Genesung und Wiederaufnahme seiner Tätigkeit hoffend, erlag er am 11. August durch einen sanften Tod seinem Leiden.

ERICH LOMMATZSCH

wurde am 13. März 1891 in Wiesbaden als Sohn des Geh. Regierungsrates Lommatzsch geboren. Nach bestandenem Abiturientenexamen besuchte er die Technische Hochschule in Charlottenburg. Da er sich der Laufbahn für das höhere Baufach bei der Marine widmen wollte, erfüllte er bereits vor dem Kriege seine Dienstpflicht und machte auf einem der Schulschiffe als Baueleve eine Reise nach Westindien. Bei Ausbruch des Krieges wurde er sofort eingezogen und nach kurzer Dienstzeit als Vizesteuermann zum Leutnant z. S. d. R. und während des Krieges zum Oberleutnant z. S. d. R. befördert. Lommatzsch meldete sich sofort zur Fliegerei und hat während des Krieges im Anfang in der Ostsee und später als Marine-Flugzeugbeobachter im Schwarzen Meer über 600 Flugstunden geflogen. Es gelang ihm, im Schwarzen Meer drei Flugzeuge zum Absturz zu bringen und bei einer Gelegenheit sogar das von ihm abgeschossene Flugzeug mit der feindlichen Besatzung einzubringen. Lommatzsch war im Besitz des Eisernen Kreuzes I. und II. Klasse sowie des Abzeichens für Marine-Flugzeugbeobachter.

Nach Beendigung des Krieges bestand er 1919 die Diplomprüfung und wandte sich der Privatindustrie zu. Er war während der Zeit vom März 1920 bis Mai 1921 im Schiffsbureau des Germanischen Lloyd, Berlin, und daran anschließend bis zum 1. Juni 1921 als Konstrukteur im Schiffsbureau des Stettiner „Vulkan" tätig. Am 15. Dezember 1921 trat er bei der Luftfahrzeug-Gesellschaft, Werft Stralsund, ein, wo er hauptsächlich mit der Konstruktion von Kleinschiffbauten betraut wurde. Hierbei zeigte er ganz besondere Begabung für das Entwerfen von Jachten, wie er auch selber ein eifriger Segler war.

Die Liebe zur Fliegerei hat er aus dem Kriege in die Nachkriegszeit übernommen. In Stralsund hatte er weiterhin Gelegenheit, sich mit der Konstruktion von Holz- und Metallflugzeugen zu befassen und war für einen besonders schwierigen Posten im Ausland in Aussicht genommen. Leider konnte er diesen nicht mehr antreten, denn er verunglückte vorher bei einem Absturz mit einem Metallflugzeug.

Lommatzsch besaß ein sehr gutes Organisationstalent und hatte ein ruhiges stilles Wesen, welches ihn besonders beliebt bei Vorgesetzten, Mitarbeitern und Untergebenen machte.

HANS MEISEMANN

wurde am 28. August 1882 als Sohn des Kaufmanns August Meisemann in Berlin geboren. Sein Vater war Einzelprokurist der Firma Rudolph Hertzog. Er besuchte das Gymnasium zum Grauen Kloster bis zum Abiturium im Jahre 1900 und war dann ein Jahr praktisch als Eleve bei der A.-G. „Weser" in Bremen tätig. 1902 bezog er die Technische Hochschule in Charlottenburg, die er 1906 nach „mit Auszeichnung" bestandener Diplomprüfung verließ. Er arbeitete darauf etwa ein Jahr an einer größeren Arbeit über Flußschiffbau, insbesondere Kettenschiffahrt, die ihn längere Zeit auf Studienreisen führte. 1907 trat er in das Handelsschiffbaubureau der A.-G. „Weser" ein. Er verließ diese 1908, um eine Bureau- und Betriebsstelle bei den Howaldtswerken in Kiel anzunehmen. Da ihn die Stellung nicht befriedigte, ging er 1909 zwecks weiterer Fortbildung ins Ausland und arbeitete in technischen Bureaus in Paris und London.

1910 forderte ihn die „Weser" wieder auf, bei ihr einzutreten. Die Gesellschaft übertrug ihm die Leitung der ausländischen Projektabteilung. Nach Auflösung dieser Abteilung kam er als stellvertretender Bureauchef in das Bureau für allgemeinen Kriegsschiffbau. In dieser Stellung hat er sämtliche vorkommenden theoretischen und praktischen Fragen bearbeitet und Ende 1913 schickte ihn die Firma zu ihrer Vertretung nach Österreich, Rumänien, Griechenland und Holland, wo ihm seine vorzüglichen Sprachkenntnisse sehr zu statten kamen. Während der Kriegszeit hat er bei der „Weser" alle einschlägigen Arbeiten für ein Schlachtschiff und mehrere kleine Kreuzer ausgeführt. 1917 wurde er zum Oberingenieur für das Kriegsschiffbureau ernannt, nachdem sein Vorgänger Handlungsvollmacht erhalten hatte. Im Jahre 1918 hat er ausschließlich für U-Boote gearbeitet. Nach Beendigung des Krieges bot sich ihm bei der „Weser" kein rechtes Tätigkeitsfeld mehr, und so entschloß er sich nach zehnjähriger Tätigkeit seine Stellung aufzugeben, um einem Rufe der A. B. Sandvikens Skeppsdocka och Mekaniska Verkstad in Helsingfors als Betriebsleiter und Oberingenieur zu folgen. Er hat dort die neugegründete Werft eingerichtet, die Werkzeugmaschinen aufgestellt, Transporteinrichtungen ausgebaut usw. Auch hat er den Bau der der Gesellschaft übertragenen Frachtdampfer mit Ölfeuerung „Suomen Poika" und „Suomen Neito" geleitet und trotz größter Personalschwierigkeiten zu Ende geführt. Ende 1921 kehrte er nach Deutschland zurück, um in die Hamburg-Amerika-Linie, Abteilung Schiffbau, einzutreten, wo er ein ihn sehr befriedigendes und anregendes Arbeitsgebiet vorfand. Leider war es ihm nicht vergönnt, die ihm lieb gewordene Tätigkeit sehr lange auszuüben. Eine Krankheit zwang ihn im Januar 1923, dem Dienste fernzubleiben. Er glaubte sich einer Blinddarmoperation unterziehen zu müssen; der chirurgische Eingriff zeigte jedoch einen Magenkrebs in so vorgeschrittenem Stadium, daß sich eine Operation nicht mehr möglich erwies.

Sein hoffnungsloser Zustand war ihm nicht bekannt und am 10. Februar schlummerte er sanft in die Ewigkeit hinüber. Die Einäscherung erfolgte am 15. Februar im Wilmersdorfer Krematorium unter großer Beteiligung.

WILHELM V. OECHELHÄUSER

ist am 4. Januar 1850 in Frankfurt a. M. geboren, wo sein Vater, der spätere Geheime Kommerzienrat Dr. Oechelhäuser, damals wohnte. In Dessau ist Wilhelm v. Oechelhäuser aufgewachsen und hat nach beendetem Schulbesuch in Berlin an der Gewerbeakademie in den Jahren 1869—1873 studiert. Vor dem Studium genügte er seiner Militärpflicht als Einjähriger bei den Halberstädter Kürassieren, in deren Reihen er auch 1870 den bekannten Todesritt bei Vionville mitmachte. Praktisch tätig war er in der Maschinenfabrik Köln-Bayenthal und in dem Gasbauwerk seines Onkels Ph. Oechelhäuser in Berlin.

Im Jahre 1881 trat er als Oberingenieur in die von seinem Vater verwaltete Continental-Gasgesellschaft ein und 1890 wurde er der Nachfolger desselben in der Leitung dieser ältesten deutschen Gasgesellschaft, die unter seiner Führung einen glänzenden Aufschwung nahm und ihr Arbeitsfeld im In- und Auslande durch Schaffung neuer Gaswerke und elektrischer Zentralen erweiterte. Bekannt wurde Oechelhäuser durch die Konstruktion der ersten deutschen Großgasmaschine und durch seine Arbeiten an der Herstellung einer Maschine für die Ausnutzung der Gichtgase. Nach 31 jähriger Tätigkeit in der Continental-Gasgesellschaft trat er im Jahre 1912 von ihrer Leitung zurück, blieb aber bis zu seinem Tode noch der Vorsitzende ihres Aufsichtsrates.

Viel verdankt ihm die deutsche Gasindustrie, deren Vertreter ihn drei Jahre, 1896, 1899 und 1900, zum Vorsitzenden des Deutschen Vereins von Gas- und Wasserfachmännern erwählten, ihn 1909 zu dessen Ehrenmitglied machten und ihm 1914 die Bunsen-Pettenkofer-Ehrentafel verliehen. In den Jahren 1902 und 1903 war Oechelhäuser auch Vorsitzender des Vereins deutscher Ingenieure und im Jahre 1914, beim Ausbruch des Weltkrieges, meldete er, der Vierundsechzigjährige, sich bei der Heeresleitung zur Verwendung in irgendeiner Stabsoffizierstellung. Er wurde darauf zuerst als Major zur Vertretung des Kommandeurs vom Truppenübungsplatz Döberitz und dann zum Stabe des Gouverneurs von Polen nach Warschau kommandiert.

Gleich nach der Gründung der Schiffbautechnischen Gesellschaft wurde Oechelhäuser ihr Mitglied und nahm häufig an den Hauptversammlungen teil. Als in der Jahresversammlung 1901 der Kaiser zum ersten Male das Wort ergriff, ließ Oechelhäuser durch seinen Freund, den bekannten Berliner Maler Skarbina diesen Moment im Bilde festhalten. Die nach dem Gemälde hergestellten Photogramme haben seinerzeit eine große Verbreitung gefunden.

Wilhelm v. Oechelhäuser konnte im Jahre 1920 noch seinen siebzigsten Geburtstag in voller Frische begehen, aber seitdem nahmen seine Lebensgeister sichtlich ab, und er entschlief nach kurzer Krankheit am 31. Mai. Mit ihm ist eine Führernatur dahingegangen, deren Verlust bei dem jetzigen Wiederaufbau unseres Vaterlandes ein doppelt schmerzlicher ist.

MAX PREDÖHL

wurde am 29. März 1854 als Sohn des Kaufmanns J. Predöhl in Hamburg geboren. Er besuchte bis Ostern 1869 die Schule von Dr. Bülau und dann bis 1873 die Gelehrtenschule des Johanneums. Von 1873 bis 1876 widmete er sich auf den Universitäten Heidelberg und Leipzig dem Studium der Jurisprudenz und genügte seiner Militärpflicht in Leipzig, wo er auch das Doktordiplom erwarb. Im Herbst 1876 ließ sich Dr. Predöhl in Hamburg als Rechtsanwalt nieder. Diese Berufstätigkeit übte er bis zu seiner am 26. Juli 1893 erfolgten Wahl zum Senator aus. Sein Rat war namentlich auf dem Gebiete des Handels- und Versicherungsrechtes viel begehrt. Bei den Neuwahlen zur Bürgerschaft 1888 wurde er von den Notabeln gewählt. Bis zu seiner Wahl in den Senat hat Dr. Predöhl dieser Körperschaft angehört und namentlich bei den Arbeiten des Kaibautenausschusses, des Ausschusses betreffend die Ausdehnung der Feuerkassengesetze auf die Landgemeinden usw. mitgewirkt. Als Landherr war er in Bergedorf und Ritzebüttel tätig; unter seiner Verwaltung wurde die für Cuxhaven und Ritzebüttel so wichtige Wasserversorgung und Sielanlage ins Leben gerufen. An den wiederholten kommissarischen Vorberatungen über das Börsengesetz und seine Ausführung nahm er in Berlin als Senatskommissar teil. Bis zum Jahre 1908 hat er die Baudeputation geführt. Als der Weltkrieg ausbrach, stand er an der Spitze des Senats. Nach der Revolution zog er sich von allen Ämtern zurück und lebte nur noch als ein stiller Mann.

Die Hamburger Presse stellt ihm das Zeugnis aus, daß er in der Geschichte seiner Vaterstadt immer einen ehrenvollen Platz einnehmen wird.

ADALBERT ROGGE

ist am 22. September 1848 in Düben, Kreis Bitterfeld, als Sohn des Tierarztes Rogge geboren, der sich später in Nauen niederließ. Hier besuchte er die Vorschule und danach die Königstädtische Realschule in Berlin. Nach zweijähriger praktischer Ausbildung bei der Berliner Maschinenbau-A.-G. vorm. Schwartzkopf trat er als Einjährig-Freiwilliger Maschinistenapplikant am 1. Februar 1869 in die Marine ein, in der er die Ingenieurlaufbahn bis zum Marine-Oberstabsingenieur durchlief, als welcher er nach dreißigjähriger aktiver Dienstzeit im Mai 1899 verabschiedet wurde. Gleich darauf übernahm er als Oberingenieur und Vorstand das Marine-Zentralbureau der Siemens-Schuckert-A.-G. in Berlin, das er bis zu seiner durch die Verkleinerung der Marine herbeigeführten Auflösung am 1. August 1920 führte, um dann endgültig in den Ruhestand einzutreten. Nur kurze Zeit konnte er sich von seinem vielbewegten Leben ausruhen, denn schon am 24. November 1922 ereilte ihn der Tod infolge eines Schlaganfalles. Rogge war stets ein äußerst pflichttreuer Mann und seinen Untergebenen ein gerechter Vorgesetzter.

WENZEL FREIHERR VON ROLF.

Am 22. Juni 1923 verschied nach langem, schwerem Leiden Herr Wenzel Freiherr von Rolf, Direktor der Dampfschiffahrtsgesellschaft für den Nieder- und Mittelrhein in Düsseldorf.

Geboren am 17. Februar 1857 zu Rahden, Kreis Lübbecke, als ältester Sohn des Freiherrn Tankmar von Rolf, besuchte er zunächst die Schule zu Schildesche und dann die Realschule zu Bielefeld, um sich darauf zunächst praktisch in der Maschinenfabrik Th. Calow & Co. in Bielefeld und der Schiffbauwerft und Kesselschmiede Rosenthal & Wenke in Bremerhaven weiter auszubilden. Vom Jahre 1872 bis 1875 besuchte er die Kgl. Provinzial-Gewerbeschule zu Bielefeld, legte dort das Abiturientenexamen ab und ging dann als Studierender zur Kgl. Gewerbe-Akademie Berlin (Vorgängerin der heutigen Technischen Hochschule Charlottenburg). Nach einer weiteren Tätigkeit im Werkstättenbetriebe und auf dem Konstruktionsbureau der Maschinenfabrik J. von Rolf zu Osnabrück trat er als Einjährigfreiwilliger bei der I. Werftdivision zu Kiel ein. Während seiner Marinedienstzeit war er u. a. auf den Schiffen „Arcona", „Prinz Adalbert", „Preußen", „Blücher" und „Vorwärts" tätig und machte an Bord der Panzerfregatte „Prinz Adalbert", mit Sr. Kgl. Hoheit Prinz Heinrich von Preußen an Bord, in den Jahren 1878/80 die zweijährige Weltumsegelung mit.

Wegen schlechter Beförderungsaussichten gab er jedoch seine Absicht, die Marine-Ingenieurlaufbahn einzuschlagen, auf. Nachdem er hierauf zunächst zwei Jahre als Maschinenmeister tätig gewesen war, trat er 1885 als Revisionsingenieur beim Rheinischen Dampfkessel-Überwachungsverein in Düsseldorf ein, von wo er in sein eigentliches Haupttätigkeitsfeld bei der Dampfschiffahrtsgesellschaft für den Nieder- und Mittelrhein in Düsseldorf überging. Nahezu 31 Jahre hat Freiherr von Rolf hier rastlos geschafft, davon 29 Jahre als Vorstandsmitglied und seit 1912 an leitender Stelle. Mit klarem Blick für das technisch, betrieblich und wirtschaftlich Richtige und Zweckmäßige hat er sich nicht nur um das Blühen und Gedeihen und den Ausbau der Flotte dieser Gesellschaft, deren Erneuerung er sich geradezu zur Lebensaufgabe gemacht und mit bestem Erfolge in der Vorkriegszeit durchgeführt hatte, große Verdienste erworben, sondern auch um die Entwicklung des Binnenschiffbaues und der Binnenschiffahrt allgemein. Lange Jahre gehörte er dem Vorstand der Westdeutschen Binnenschiffahrts-Berufsgenossenschaft, dem Vorstande des Vereins zur Wahrung der Rheinschiffahrtsinteressen in Duisburg sowie des Zentralvereins für deutsche Binnenschiffahrt in Berlin an, und war gleichzeitig Vorstand des Rheinischen Dampfkessel-Überwachungsvereins.

Freiherr von Rolf ist schon bei ihrer Gründung in unsere Gesellschaft eingetreten und stets ein eifriges Mitglied derselben gewesen. Im Jahre 1902, auf der Sommerversammlung in Düsseldorf, hielt er uns einen sehr eingehenden, mit äußerst wertvollen Zeichnungen ausgestatteten Vortrag über den „Rheinstrom und die Entwicklung seiner Schiffahrt", der sich eines starken Beifalles erfreute und auch in England Aufsehen erregte.

Mit ihm ist ein aufrechter, echt deutscher Mann dahingegangen. Sein offenes, gerades Wesen und die Lauterkeit seines Charakters werden ihm bei allen, die ihn kannten, ein ehrendes Andenken über das Grab hinaus sichern.

HANS SALAND

ist am 28. November 1854 in Berlin als Sohn des Kaufmanns Saland geboren. Er besuchte das dortige Königstädtische Realgymnasium und trat dann in die Neusilberwarenfabrik Jürst & Co. in Adlershof als Kaufmannslehrling ein. Nach Beendigung seiner Lehrzeit verblieb er noch mehrere Jahre in demselben Geschäft und übernahm dann die Vertretung der Metallwerke von Basse & Selve, Altena in Westfalen, in Berlin, die er bis zu seinem Tode beibehalten hat. In letzterer Eigenschaft war er lange Jahre Mitglied unserer Gesellschaft. Herr Saland verstarb am 28. Juli 1923 nach längerem, schwerem Leiden an einer bösartigen Erkrankung der Speiseröhre.

Vorträge
der
XXV. Hauptversammlung.

25 Jahre Schiffbautechnische Gesellschaft.
Vorgetragen von **C. Busley**, Berlin.

Gründung.

Der Aufschwung des deutschen Schiffbaues und der deutschen Schiffahrt in den letzten Jahrzehnten des vorigen Jahrhunderts veranlaßte unsere englischen, seit 1860 in der Institution of Naval Architects vereinigten Fachgenossen, im Jahre 1896 eine Einladung zur Abhaltung ihrer Sommerversammlung in Hamburg von der dortigen Handelskammer anzunehmen und dann einer weiteren Einladung des Kaisers Wilhelm II. nach Berlin zu folgen. Die Versammlung in Hamburg verlief sehr würdig und die in Berlin dank den Anordnungen des Kaisers ungewöhnlich glanzvoll. Sie hinterließen in Fachkreisen einen starken Eindruck, der unter einer Anzahl von meistens jüngeren Schiffbau- und Schiffsmaschinenbau-Ingenieuren in Hamburg den Wunsch laut werden ließ, eine der englischen gleiche Vereinigung für Deutschland zu gründen.

Im Winter von 1896—97 berieten diese Herren die hierfür vorbereitenden Schritte und wählten einen aus den Herren W. Abel, H. Grotrian, F. Prunner, J. Rieck und H. Seidler bestehenden Arbeitsausschuß, der sich im Frühjahr 1897 an den damaligen Chef-Konstrukteur der deutschen Marine, Geheimrat Dietrich, mit der Bitte wandte, sie in ihrem Vorhaben mit seiner Autorität zu unterstützen. Herr Dietrich, schon damals kränklich, versprach dies zwar, verstarb aber schon im folgenden Jahre, ohne das Unternehmen weiter gefördert zu haben. Inzwischen waren fast 2 Jahre verstrichen, und die Hamburger Herren hatten schon etwa 80 Mitglieder — lediglich Schiffbau- und Schiffsmaschinenbau-Ingenieure — für den neuen Verein geworben, vermochten indessen nicht, ihn tatsächlich ins Leben zu rufen, weil es ihnen an der erforderlichen Unterstützung gebrach. Da sandten sie im Herbst 1898 die Herren Abel und Seidler mit dem Ersuchen zu mir, ihnen hierbei behilflich zu sein. Ich erklärte den Herren gleich, daß mir die Zahl der Schiffbau- und Schiffsmaschinenbau-Ingenieure in Deutschland zu gering erscheine, um darauf einen lebensfähigen Verein begründen zu können. Hierfür müßte die Grundlage erweitert werden, und ich schlug vor, außer den deutschen Reedern auch Eisenhüttenleute zum Anschluß zu bewegen. Als sich die Herren namens ihres Arbeitsausschusses mit meinen Ausführungen einverstanden erklärt hatten, sagte ich ihnen zu, ihrem Wunsche zu entsprechen, wenn es mir gelingen sollte, unter den führenden Persönlichkeiten der deutschen Werften, Reedereien und Hüttenwerke den nötigen Rückhalt zu finden, der sich nicht bloß durch die Erklärung des Beitritts, sondern hauptsächlich durch die Zeichnung eines Gründungsfonds, der die junge Vereinigung in den ersten Jahren über Wasser halten könnte, ausdrücken müßte. Eine Besprechung, die ich hierauf mit meinen alten Studienfreunden Carl Ziese, dem Inhaber der Schichau-Werften in Elbing und Danzig, Robert Zimmermann, dem Schiffbaudirektor des Stettiner Vulkan, und Gotthard Sachsenberg von den Werften Gebrüder Sachsenberg in Roßlau und Mühlheim a. Rh. hatte, zeigte mir, daß diese den tätigsten Anteil an der Gründung einer Gesellschaft der deutschen Schiffbauer nehmen würden. Nachdem auch eine Beratung mit Albert Ballin, dem damaligen Generaldirektor der Hamburg-Amerika-Linie, Eduard Woermann von der Woermann-Linie in Hamburg und Friedrich Achelis, dem Vizepräsidenten des Norddeutschen Lloyds in Bremen, den gleichen Erfolg hatte, zog ich noch meinen engeren Landsmann Rudolf Seebohm, den Direktor der Burbacher Hütte, Geheimrat Lueg von der Firma Haniel & Lueg in Düsseldorf und Emil Schrödter, den Geschäftsführer des Vereins deutscher Eisenhüttenleute, zu Rate, die ebenfalls ihre eifrige Mitarbeit zu dem Vorhaben in Aussicht stellten. Den vereinten Bemühungen aller genannten Herren gelang die Zeichnung des nötigen Kapitals. Ich veranlaßte nun mit einigen Gleichgesinnten am 19. Februar 1899 eine Besprechung unter etwa 30 zum Anschluß bereiten älteren Herren in Berlin zur Wahl eines fünfgliedrigen Ausschusses für die Ausarbeitung einer Satzung, die in der auf den 23. Mai 1899, dem dritten Pfingsttage, im Kaiserhof in Berlin anberaumten Gründungsversammlung der endgültig „Schiffbautechnische Gesellschaft" benannten Vereinigung vorgelegt werden sollte. Von 432 Herren, die sich durch Namensunterschrift zum Eintritt in die neue Gesellschaft verpflichtet hatten, erschienen am genannten Tage 130, die die vorgeschlagene Satzung mit geringfügigen Änderungen annahmen und einen aus 8 Herren: 3 Schiffbauern, 3 Schiffsmaschinenbauern und 2 Reedern, bestehenden Vorstand wählten. Während der Verhandlungen wurde in der Versammlung der Wunsch laut, an Seine Königliche Hoheit den damaligen Erbgroßherzog von Oldenburg, der als kühner und sachverständiger Seefahrer bekannt war, die Bitte zu richten, den Ehrenvorsitz über die neue Schiffbautechnische Gesellschaft zu übernehmen. Auf ein sofort abgesandtes Telegramm traf spät am selben Abend, als die Versammlungsteilnehmer noch zu einem Festmahl vereinigt waren, eine bejahende Antwort ein, die allgemeine Befriedigung hervorrief. Dem Ehrenvorsitzenden haben wir zunächst zu danken, daß noch im Laufe des Sommers Seine Majestät der Kaiser die Schirmherrschaft über die Schiffbautechnische Gesellschaft übernahm und gleich die erste Hauptversammlung am 5. Dezember 1899 mit seiner Gegenwart beehrte. Die Gesellschaft zählte damals bereits 676 Mitglieder und besaß ein von den deutschen Werften, Reedereien und Eisenhüttenwerken aufgebrachtes Gründungskapital von 154 400 M. Ihre Lebensfähigkeit war also gesichert.

Vermögen.

Das Gründungskapital ist niemals angegriffen worden, es wurde vielmehr durch die lebenslänglichen Beiträge so weit aufgefüllt, daß schon 1909 200 000 M.

und 1918 nochmals 200 000 M. fest belegt werden konnten. Die Zinsen des ersten Betrages sollten für Reiseunterstützungen jüngerer Fachmitglieder, die des zweiten Betrages für Forschungszwecke verwandt werden. Im Jahre 1920 stifteten die deutschen Werften, Reedereien und Eisenhüttenwerke 400 000 M., um die Gesellschaft vor den Nachwirkungen des Krieges zu schützen, insbesondere den im Revolutionsjahre entstandenen Fehlbetrag auszugleichen. Nach Abzug aller Verbindlichkeiten der Gesellschaft verblieben hiervon 250 000 M., die wie die vorgenannten Beträge ebenfalls festverzinslich angelegt wurden, so daß die Gesellschaft damals über ein freies Vermögen von 650 000 M. verfügen konnte. Hierzu trat noch das Kapital der Veith- und der Berghoff-Stiftung mit 300 000 bzw. 50 000 M. sowie der Grundstock unserer Hilfskasse mit 100 000 M., zusammen 450 000 M. Das eigene und das verwaltete Vermögen belief sich daher insgesamt auf 1 100 000 M. Durch die Inflation sind die in Staatspapieren angelegten Kapitalien heute völlig entwertet, so daß die Veithstiftung und die Hilfskasse ganz außer Tätigkeit treten mußten und 200 000 M. der Rücklage im Jahre 1923 als Zuschuß verbraucht wurden.

Entwicklung der Schiffbautechnischen Gesellschaft.

Jahr	Mitglieder	Eintrittsgeld	Jahresbeitrag	Geldwirtschaft Lebenslänglicher Beitrag	Jahreseinnahme	Jahrbuchkosten	Vorträge Sommerversammlung	Hauptversammlung	Beiträge	Besichtigungen	Sommerversammlungen in
1899	676	30	30	400	17 194	—	—	5	2	A.E.G. Apparatebau, Berlin, Brunnenstr.	—
1900	730	30	30	400	26 403	10 500	—	7	4	A. Borsig, Tegel	Paris
1901	856	30	30	400	32 187	11 500	—	6	2	L. Loewe, Berlin	Glasgow
1902	951	30	30	400	43 234	8 620	4	6	3	L. Schwartzkopff, Wildau	Düsseldorf
1903	1048	30	30	400	37 263	13 976	6	8	2	Mix & Genest, Berlin	Stockholm
1904	1058	30	25	400	70 975	10 178	—	9	5	Material-Prüfungs-Anstalt, Lichterfelde	—
1905	1103	30	25	400	56 079	12 306	4	8	1	J. Pintsch, Fürstenwalde	Danzig
1906	1156	30	25	400	44 278	13 085	—	6	2	Vulcan, Stettin	—
1907	1187	30	25	400	52 488	18 210	4	9	2	Funkstation, Nauen	Mannheim
1908	1537	20	20	400	51 097	13 424	5	6	2	Schiffbau-Ausstllg. Berlin	Berlin
1909	1563	20	20	400	58 766	15 002	—	7	1	Deutsche Bank, Berlin	—
1910	1571	20	20	400	63 791	28 603	—	8	1	Gewehrfabrik, Spandau	—
1911	1604	20	20	400	59 534	18 368	—	8	2	N.A.G. Oberschöneweide	London
1912	1665	20	20	400	89 331	24 670	4	7	—	Flugplatz, Johannistal	Kiel
1913	1842	20	20	400	68 769	20 822	—	9	—	Physikalisch-Technische Reichsanstalt Charlottbg.	—
1914	1941	20	20	400	107 790	22 753	4	3	2	Ingenieur-Laboratorium und Prüfsamt, Stuttgart	Stuttgart u. Friedrichshf.
1915	1881	20	20	400	111 630	16 384	—	4	3	—	—
1916	1892	20	20	400	212 956	13 204	—	7	2	Geschäftshaus Ullstein, Berlin	—
1917	1973	20	20	400	59 729	21 752	—	7	1	Postscheckamt, Berlin	—
1918	2057	20	20	400	78 843	36 733	—	8	1	—	—
1919	1999	20	20	400	107 408	73 055	—	8	—	Ersatzglieder f. Kriegsbeschädigte, Berlin	—
1920	2008	30	30	500	495 155	108 301	—	5	—	A.E.G Turbinenbau, Berlin, Huttenstr.	—
1921	1973	40	30	500	465 783	86 077	—	6	—	P. Goerz, Lichterfelde	—
1922	2001	300	60	1000	920 788	194 075	—	9	—	Hirsch, Kupfer- u. Messingwerk, Eberswalde	—
1923	1832	300	10 000	—	2 367 872	—	—	—	—	—	—

Jahresbeiträge und Mitgliederzahl.

Mit einem durchschnittlichen Jahresbeitrage von 25 M. — 11 Jahre hindurch betrug er nur 20 M. — konnten nicht nur die Jahrbücher hergestellt, die Verwaltungskosten bezahlt, sondern auch 10 Sommerversammlungen mit durchschnittlich je 12 000 M. Zuschuß ausgestattet und außerdem noch das vorstehend erwähnte Vermögen erspart werden. Es wird daher anerkannt werden müssen, daß die Gesellschaft sparsam gewirtschaftet hat, besonders da die Zahl der Mitglieder im Mittel nur 1500 betrug und sich erst in den letzten Jahren auf etwa 1800—2000 erhob. Sie erreichte damit die gleiche Höhe wie sie in unseren fremdländischen Schwestergesellschaften bestand; die englische Institution hat zwar über 2000 Mitglieder, schließt aber ungefähr 150 Studenten ein, die amerikanische Society of Naval-Architects zählte bisher noch nicht 1900, und die französische Association technique maritime hat es nie über 350 Mitglieder gebracht.

Ehrenmitglieder und Denkmünzen-Inhaber.

Von seiner ihm nach § 7 der Satzung zustehenden Wahl von Ehrenmitgliedern hat der Vorstand nur in bescheidenem Umfange Gebrauch gemacht. Ihre Zahl beträgt, abgesehen von den fürstlichen Personen, die wir die Ehre hatten in unserer Mitte aufzunehmen, nur 7, so daß alle 3—4 Jahre ein Ehrenmitglied ernannt worden ist, und zwar, wenn es ein Dienstjubiläum oder seinen 70. Geburtstag feierte. Hiervon leben zur Zeit nur noch 3: Hermann Blohm, Carl Busley und Johannes Rudloff.

Die Hauptversammlung 1905 hatte die vom Vorstande beantragte Schaffung einer goldenen und silbernen Denkmünze für Verdienste um die Gesellschaft oder um den deutschen Schiffbau angenommen. Seit dieser Zeit sind 4 goldene und 4 silberne Denkmünzen verliehen worden. Die erste goldene Denkmünze wurde 1907 Seiner Majestät dem Kaiser als Schirmherrn und die zweite Seiner Königlichen Hoheit dem Großherzog Friedrich August als Ehrenvorsitzenden zuerkannt. Gelegentlich der 50. Vorstandssitzung im Jahre 1913 beschlossen die versammelten Vorstandsmitglieder einstimmig ihre Verleihung an den Vorsitzenden, und 1915 erhielt sie Geheimrat Rudolf Veith für seine Verdienste um die Einführung und Weiterentwicklung der Dampfturbine in der Marine. Zu den beiden letzten Verleihungen erteilte die Hauptversammlung der Satzung gemäß widerspruchslos ihre Zustimmung.

Die erste silberne Denkmünze und damit überhaupt die erste Denkmünze, wurde Herrmann Föttinger 1906, die zweite Ludwig Gümbel 1914, die dritte Gustav Bauer und die vierte Carl Schaffran 1920 zuerkannt. Sämtliche Herren erhielten sie für ihre hervorragenden Vorträge, die sich auf ihre Forschertätigkeit stützten, mit der sie unsere Fachkenntnisse wesentlich erweiterten.

Vertretungen und Ausschüsse.

Die Schiffbautechnische Gesellschaft hat es sich angelegen sein lassen, von ihrer Gründung ab zu den großen deutschen technischen Vereinen, insbesondere dem Verein deutscher Ingenieure, dem Verein deutscher Eisenhüttenleute, dem Verein zur Beförderung des Gewerbfleißes und dem Verein deutscher Maschineningenieure (jetzt Maschinentechnische Gesellschaft), freundschaftliche Beziehungen zu unterhalten. Außerdem sind an uns im Laufe der Jahre eine Reihe anderer Vereine oder Körperschaften mit dem Ersuchen herangetreten, sich an ihren gleichgerichteten oder wesensverwandten Arbeiten zu beteiligen. So sind wir nach und nach in die folgenden Vorstände aufgenommen worden:

Im Jahre 1907 erbat das deutsche Museum in München unsere Mitarbeit und machte uns einen Platz in seinem Vorstandsrat frei.

Im selben Jahre trat die Schiffbautechnische Gesellschaft der damals gegründeten deutschen Dampfkessel-Normen-Kommission bei, deren Zustandekommen sie in jahrelangen Verhandlungen in entscheidender Weise beeinflußt hatte. Nachdem sich diese Kommission im Mai 1923 zu einem deutschen Dampfkessel-Ausschuß erweitert und umgebildet hat, wurde unser Vertreter zum stellvertretenden Vorsitzenden und zum Obmann der Schiffskesselgruppe gewählt.

Im Jahre 1908 nahm unsere Gesellschaft die Mitgliedschaft des deutschen Schulschiffvereins an, der unseren Vertreter in seinen geschäftsführenden Ausschuß berief.

Im gleichen Jahre schlossen wir uns dem deutschen Verein für technisches Schulwesen an und entsandten als unsere Vertreter die Geheimräte Rudloff und Romberg, von denen sich ersterer des Hochschul-, letzterer des Mittelschulwesens annahm.

Im Jahre 1913 bat der deutsche nautische Verein und der Vorstand deutscher Seeschiffs-Vereine um Abordnung eines Vertreters unserer Gesellschaft zu ihren gemeinsamen Jahressitzungen. Diesem Wunsche wurde entsprochen und über die Tagungen in unseren Jahrbüchern berichtet.

Im Jahre 1916 wurde der deutsche Verband technisch-wissenschaftlicher Vereine von 6 deutschen technischen Vereinen gegründet, wozu auch unsere Gesellschaft zählte. In dem neuen Verbande führten wir bis 1921 den Vorsitz, bis wir satzungsgemäß zurücktreten mußten und Geheimrat Rich. Müller in den Vorstand eintrat.

Für bestimmte festumgrenzte Arbeiten sind als zeitweilige oder ständige Ausschüsse die folgenden von der Hauptversammlung eingesetzt worden:

1901 ist ein Ausschuß für die „Herbeiführung einer Einheitlichkeit schiffbautechnischer Bezeichnungen und deren Abkürzungen" gebildet, der seine Arbeit 1904 der Hauptversammlung zur Genehmigung vorlegte, worauf sie im Jahrbuch 1905 veröffentlicht wurde.

1902 wurde nach der Sommerversammlung in Düsseldorf vorgeschlagen, die „Verwendbarkeit harten und weichen Materiales im Schiffbau" zusammen mit dem Verein deutscher Eisenhüttenleute durch einen gemeinsamen Ausschuß prüfen zu lassen. Der Vorsitzende dieses Ausschusses, Geheimrat Rudloff, berichtete in der Hauptversammlung 1906, daß noch viele Versuche angestellt werden müßten, ehe in dieser Angelegenheit das letzte Wort gesprochen werden könnte, was bis heute nicht geschehen ist.

1904 hatte der deutsche Verband für Materialprüfungen der Technik die Frage aufgeworfen, ob das „Verschmelzen der jetzt bestehenden Vorschriften für die Prüfung und Abnahme von Schiffbaueisen bei der Marine und beim Germanischen Lloyd aus geschäftlichen und sachlichen Gründen nicht wünschenswert erscheine"? Ein Ausschuß unserer Gesellschaft kam zu dem Schluß, daß diese Vorschriften getrennt bestehen bleiben müßten.

1905 wünschte der deutsche nautische Verein ein Gutachten von uns über die „Klassifikation und die Bauvorschriften des Germanischen Lloyd". Ein hierfür eingesetzter Ausschuß einigte sich dahin, daß eine Änderung der Bauvorschriften des Germanischen Lloyd zur Zeit nicht angezeigt erscheine und ihre internationale Regelung wohl erwünscht, aber kaum zu erreichen sein würde.

1907 erbat der deutsche nautische Verein Vertreter in einen von ihm gebildeten Ausschuß für die Beratung technischer Maßnahmen zu einer „Hebung der Lage der Segelschiffahrt". Die Hauptversammlung wählte hierfür die Herren Professor Laas und Oberingenieur v. Bülow. Der Ausschuß empfahl dann eine — am besten internationale — Vermessung der Segelschiffe, bei der ihre Nettotonnage möglichst klein würde, um dadurch die Hafen- und Lotsengebühren zu vermindern.

1908 nahm die Schiffbautechnische Gesellschaft an dem vom Verband deutscher Elektrotechniker eingesetzten Ausschuß teil, der eine von der Regierung geplante „Polizeiverordnung für die Revision elektrischer Starkstromanlagen" beriet. Nach der allseitigen Ablehnung einer solchen Verordnung zog sie die Regierung zurück.

1921 wurde die Einsetzung eines Fachausschusses beantragt, der in das Arbeitsgebiet der Schiffbautechnischen Gesellschaft einschlagende Fragen erörtern und für die Hauptversammlungen erstrebenswerte Vorträge herbeischaffen soll. Der Ausschuß hat inzwischen mehrere Male getagt und beachtenswerte Anregungen gegeben.

Preisgerichte.

Erst im Jahre 1923, nachdem die Schiffbautechnische Gesellschaft 23 Jahre lang bestand, sind zum ersten Male die nach § 3 der Satzung vorgesehenen Preisaufgaben ausgeschrieben worden.

Die erste, mit Geldpreisen von zusammen 15 000 M. ausgestattete Aufgabe, die unser Mitglied, Herr Birger Hammar, gelegentlich des 25 jährigen Bestehens seines Hamburger Hauses gestiftet hatte, betraf den Entwurf eines zeitgemäßen Fracht- und Passagierdampfers für die Fahrt zwischen Deutschland und Nordamerika. Die Preisrichter hielten angesichts der drei eingesandten Arbeiten die Aufgabe nicht für gelöst und konnten den Bearbeitern nur Entschädigungen für ihre aufgewandte Mühe und Arbeit zuerkennen.

Eine zweite, von der Schiffshilfsmaschinenfabrik „Hafa" in Düsseldorf mit 60 000 M. ausgestattete Aufgabe forderte die Konstruktion eines Motors für eine Schiffsladewinde von 3 t Maximalleistung bei der üblichen Ladegeschwindigkeit. Infolge zu geringer Zahl von Wettbewerbern mußte die Erprobung der von diesen gestellten Motoren unterbleiben und der Preis an die Hafa zurückgegeben werden.

Haupt- und Sommerversammlungen.

Die Hauptversammlungen fanden regelmäßig in Berlin in der Aula der Technischen Hochschule statt, wobei sich eingebürgert hat, den Beginn der Tagung auf den Donnerstag nach dem in Preußen auf einen Mittwoch im November fallenden Bußtag zu verlegen. Unsere Hauptversammlungen waren durchschnittlich gut besucht, oft war fast die Hälfte und selten weniger als ein Drittel der Mitglieder zur Stelle, selbst während des Krieges kamen Hauptversammlungen mit mehr als 700 Teilnehmern zustande. Auch unseren allerhöchsten Schirmherrn hatten wir die hohe Ehre in den ersten 15 Jahren des Bestehens unserer Gesellschaft, d. h. vor dem Kriege, 7 mal in unserer Mitte zu sehen.

Auf den Sommerversammlungen sollte in erster Reihe im Inlande der gesellige Zusammenschluß unter den Mitgliedern und im Auslande die persönliche Annäherung an unsere fremden Fachgenossen gepflegt werden. Aus diesen Gründen ist nicht wie bei den Hauptversammlungen das größte Gewicht auf die Vorträge gelegt worden, wenn diese auch durchaus nicht vernachlässigt wurden, sondern die sonstigen Veranstaltungen, wie Besuche, Festessen und Ausflüge, traten mehr in den Vordergrund.

In Paris fand am 19.—21. Juli 1900 gelegentlich der Weltausstellung ein Congrès international d'architecture et de construction navales statt, den infolge an uns ergangener Einladung 32 Mitglieder der Schiffbautechnischen Gesellschaft, zum größten Teile mit ihren Damen, besuchten. Unter den fremden Nationen waren wir bei weitem am stärksten vertreten und wurden dadurch besonders geehrt, daß wir schon in der zweiten Vormittagssitzung in der Sorbonne das Präsidium übernehmen und zu dem großen Festbankett am letzten Tage den Redner auf die Congreßleitung stellen mußten.

In Glasgow wurde 1901 die Sommerversammlung der Institution of Naval Architects abgehalten, zu der die Schiffbautechnische Gesellschaft eingeladen war, um die dort eröffnete internationale Ausstellung zu besichtigen. Die 240 deutschen Teilnehmer — darunter 70 Damen — wurden kostenlos in liebenswürdigster Weise von der Hamburg-Amerika-Linie durch den Schnelldampfer „Deutschland" nach Leith gebracht und vom Norddeutschen Lloyd durch den Schnelldampfer „Lahn" in gleich entgegenkommender Art wieder zurückgeholt. Die Reise erstreckte sich über 14 Tage, vom 21. Juni bis 3. Juli, und ist den Mitfahrenden durch den Besuch des schottischen Hochlandes und Edinburgs mit der Firth of Forth-Brücke noch lange in guter Erinnerung geblieben.

In Düsseldorf hatte 1902 die große rheinische Industrie-Ausstellung ihre Pforten geöffnet und unsere Gesellschaft zum Besuche aufgefordert. Wir verknüpften hiermit vom 2.—5. Juni eine Sommerversammlung, zu der wir nicht bloß unsere englischen und französischen Fachgenossen eingeladen hatten, um ihre frühere Gastfreundschaft zu erwiedern, sondern auch die amerikanischen, spanischen, holländischen und skandinavischen Schiffbauer, so daß fast 800 Teilnehmer zugegen waren. Allen Ausländern hat die gewaltige Düsseldorfer Ausstellung ein achtungsvolles Staunen entlockt, und die Reize einer ihnen gebotenen herrlichen Rheinfahrt werden ihnen nach ihren Versicherungen unvergeßlich bleiben.

In Stockholm waren am 11.—15. Juli 1903 etwa 230 Mitglieder mit ihren Damen anwesend. Sie reisten auf den großen Postdampfern „Seydlitz" des Norddeutschen Lloyd und „Feldmarschall" der Ostafrikalinie, die ihnen auch in Stockholm als Wohnung dienten und von den beiden Gesellschaften in höchst dankenswertem Entgegenkommen unentgeltlich zur Verfügung gestellt waren. Die schwedischen Schiffbauer überschütteten uns mit Einladungen und Dampferausflügen nach Sandhamn, Waxholm, Saltsjöbaden und Upsala, während wir ein Festessen in Hasselbacken und einen Bordball veranstalteten.

In Danzig kamen am 21.—24. Mai 1905 etwa 400 Herren und Damen zusammen, um in erster Reihe die neue technische Hochschule mit ihrer Schiffbau-Abteilung zu besuchen, daneben erfreuten die Sehenswürdigkeiten der interessanten Stadt und ihrer schönen Umgebung alle Teilnehmer. Am letzten Tage folgte man einer Einladung des Herrn Geheimrat Ziese nach Elbing, wobei auf der Hinfahrt die Marienburg bewundert werden konnte.

In Mannheim trafen sich am 15.—18. Mai 1907 etwa 300 Mitglieder und Gäste mit ihren Damen. Die Schiffbautechnische Gesellschaft hatte hierzu ihre schwedischen Wirte von der Sommerfahrt 1903 eingeladen, mit denen wir Ausflüge nach Schwetzingen, Dürkheim, Worms und Heidelberg unternahmen.

In Berlin waren am 16.—18. Juni 1908 zum gleichzeitigen Besuche der Schiffbau-Ausstellung zwischen 400—500 Teilnehmer zugegen. Außer dieser Ausstellung wurde auch die Kunstausstellung im Landesausstellungspark besichtigt und in letzterem am ersten Tage ein Festmahl und am zweiten Tage ein Ball gegeben. Den letzten Tag füllte ein Picknick-Ausflug nach dem Kloster Chorin bei Eberswalde aus.

In London fiel vom 3.—8. Juli 1911 das 50jährige Jubiläum der Institution of Naval Architects, deren Einladung 25 Herren unserer Gesellschaft, zum Teil mit ihren Damen, nachgekommen waren. An den 21 Vorträgen, die aus diesem Anlaß gehalten wurden, waren auch unsere Mitglieder, die Herren Flamm und Schlick, beteiligt. Begleitet waren die Sitzungstage durch eine Reihe von Empfängen, Konzerten, Frühstücken und Festessen. Mit einem Besuch von Windsor fanden sie ihren Abschluß.

In Kiel hatten sich am 4.—8. Juni 1912 etwa 500 Herren und Damen eingefunden. Eine Fahrt in See zur Beiwohnung von Manövern der Torpedobootsflotte, ein Besuch des Kaiser-Wilhelm-Kanals und eine Dampferfahrt zu den Düppeler Schanzen und nach Glücksburg gaben dieser Tagung das äußere Gepräge.

In Stuttgart trafen am 26. Mai bis 2. Juni 1914 mit einem Sonderzug aus Berlin 244 norddeutsche Teilnehmer ein, die mit den süddeutschen dort bereits anwesenden Mitgliedern eine Versammlung von etwa 300 Personen bildeten.

Zur Eröffnungssitzung erschien der König von Württemberg. Am Nachmittag dieses ersten Tages besuchten die Herren das Ingenieur-Laboratorium der technischen Hochschule, die Damen fuhren nach Marbach. Der zweite Tag brachte die Gesellschaft nach Friedrichshafen zur Luftschiffwerft Zeppelin, von wo aus in 7 Fahrten mit einem großen Luftschiff der größte Teil der Herren und Damen auf einer Rundfahrt über den Bodensee geführt wurde. Der dritte Tag wurde zu einem Dampferausflug auf demselben See benutzt. In Rorschach verließ schon eine Anzahl von Damen und Herren das Schiff, um das bevorstehende Pfingstfest in der Schweiz zu verleben, andere blieben in Bregenz, der Rest verweilte in Friedrichshafen und kehrte am 2. Juni mit Sonderzug nach Berlin zurück.

Besichtigungen.

Die Tabelle über die Entwicklung der Schiffbautechnischen Gesellschaft auf Seite 3 läßt erkennen, daß der Vorstand bemüht war, die der Hauptversammlung alljährlich folgenden technischen Besichtigungen möglichst vielseitig und anregend zu gestalten. Wo es irgend angängig war, konnten die Damen an den Besichtigungen teilnehmen, nur in einzelnen teils sehr beengten, teils aber auch gefährlichen Betrieben mußte von dieser Gepflogenheit abgesehen werden. Dafür wurden sie aber in anderen Jahren durch ihrem Interessenkreise näherliegende Besuche, wie der Deutschen Bank, des Postscheckamtes, des Geschäftshauses Ullstein oder durch besondere Ausflüge, wie zu Pintsch in Fürstenwalde, zum Vulcan in Stettin, zu Goerz in Steglitz, Hirsch in Eberswalde usw., entschädigt. Nach der am Schlusse jeder einzelnen dieser Besichtigungen unter den Teilnehmern herrschenden Stimmung läßt sich der Schluß ziehen, daß sie allseitig befriedigend verlaufen sind.

Vorträge und Beiträge.

In den 25 Haupt- und 10 Sommerversammlungen sind 205 Vorträge gehalten worden, während die Arbeiten, die auf Wunsch ihrer Verfasser nicht für Vorträge bestimmt waren oder sich an den Versammlungstagen nicht mehr unterbringen ließen, in 38 Beiträgen vereinigt wurden. Es ist behandelt worden:

	in Vorträgen	Beiträgen
Schiffbau, Schiffsausrüstung, Werften	73	21
Schiffsmaschinen und Zubehör	44	2
Schiffahrt und Häfen	24	5
Elektrotechnik	15	3
Propeller	14	4
Stabilitätsverhältnisse	7	—
Artillerie und Waffen	6	—
Werkzeuge und Werkzeugmaschinen	6	—
Lohn- und Tariffragen	4	—
Volkswirtschaft, Statistik und Verschiedenes	12	3

Eine große Reihe dieser Vorträge ist die Frucht umfassender Versuche und sorgfältiger Forschungsarbeiten, viele andere gründen sich auf Erfahrungen, die in der Praxis gesammelt wurden, und nur verhältnismäßig wenige sind rein theoretischer Natur. Daneben finden sich so eingehende Bearbeitungen einzelner Gebiete, daß sie als Monographien angesprochen werden müssen.

Bei der Fülle des vorliegenden Stoffes lassen sich nur Vorträge streifen, die seinerzeit die Hörer in hervorragender Weise gefesselt haben, wobei ausdrücklich festgestellt werden muß, daß auch die anderen, nicht erwähnten, viele lehrreiche Einzelheiten enthielten.

Im Schiffbau treffen wir zuerst auf die zahlreichen Versuche, durch die K. Meldahl den Einfluß der Stegdicke auf die Tragfähigkeit der ⊏-Balken und die Materialspannungen in ausgeschnittenen und gedoppelten Platten nachweist. Beachtenswert erscheinen die Erprobungen an Ventilatoren, die O. Krell, sowie die Untersuchungen des Schiffswiderstandes in beschränkter Wassertiefe, die H. Weitbrecht ausgeführt hat. Zu den bedeutungsvollsten Vorträgen zählt der von H. Frahm gehaltene über seine Schlingertanks zur Abdämpfung der Schiffsrollbewegungen.

Außer diesen Forschungsarbeiten wurden vornehmlich die verschiedenen Schiffstypen, wie Unterseeboote von G. Berling, Fischdampfer von P. Knorr, Trunkdeckdampfer von W. Hök, Kabeldampfer von O. Weiß, Eisenbetonschiffe von F. W. Achenbach und H. Teubert, schnellaufende Motorboote von M. H. Bauer, dann Schwimmdocks von K. Roeser, Kräne von C. Michenfelder usw. behandelt.

Die Sicherheit der Schiffe besprachen O. Flamm in seinen Ausführungen über die Unsinkbarkeit moderner Seeschiffe, C. Pagel in dem Vortrage über Schottvorschriften und A. Wellin in der Aufstellung der Rettungsboote. — Mit der Schönheit der Schiffe beschäftigte sich O. Lienau in seinem bemerkenswerten Vortrage: Schiffbau als Kunst.

Der Kreisel ist in zweifacher Weise in den Kreis unserer Betrachtungen gezogen worden, einerseits von O. Schlick für die Bekämpfung der Schlingerbewegungen des Schiffes, andererseits von Dr. Anschütz als Richtungsweiser für Schiffe, wofür er sich seitdem (1908) im Laufe der Jahre mehr und mehr bewährt hat.

Endlich wurde auch der Schiffs-Ausrüstung gedacht, und zwar von R. Frick mit der Vorführung des Langston-Ankers, von A. Wellin mit seinen Quadrant-Davits und von W. Gütschow in der konstruktiven Behandlung der Lademasten.

Im Schiffsmaschinenbau sind die Forschungsarbeiten zahlreicher als im Schiffbau, weil sie sich mit der Maschine im Prüffelde leichter durchführen lassen als mit dem Schiffe im freien Wasser. Am stärksten ist hieran G. Bauer beteiligt, er hat nicht weniger als 7 Vorträge über seine Untersuchungen gehalten und 2 Beiträge darüber geschrieben, so daß er von allen unseren Mitgliedern weitaus am fleißigsten für unsere Gesellschaft gearbeitet hat. — Auch H. Föttinger gehört zu den berufensten Rednern. Erinnert sei nur an seine Vorträge über seinen Torsionsindikator und seine Schraubentheorie.

Recht umfangreiche Verhandlungen erfuhren die neueren Antriebsvorrichtungen der Schiffe, so hob W. Boveri die Verwendung der Parsons-Turbine als Schiffsmaschine hervor, wogegen H. Holzwarth mit seiner Gasturbine keine nennenswerte Fortschritte erzielt zu haben scheint. Dasselbe läßt sich von der Gasmaschine von E. Capitaine sagen, über die seit seinem Tode nicht mehr gesprochen wird. Auch die von J. Stumpf ausgebildete Gleichstromdampfmaschine konnte sich keinen bleibenden Platz im Schiffsbetriebe erringen.

Einer der bedeutungsvollsten Tage der Schiffbautechnischen Gesellschaft war der 21. November 1912, an dem Rudolf Diesel seinen Vortrag über die Entstehung des Dieselmotors hielt, der einen so anhaltenden und brausenden Beifall auslöste, wie er in unseren Versammlungen niemals wieder, weder vorher nach nachher, gehört worden ist.

Manches ist dann noch über Ölmotoren gesprochen worden, so von F. Romberg, der besonders ihre Verwendung im Seefischereibetriebe schilderte, von H. Junkers, der mit großer Offenherzigkeit seine mühevollen und kostspieligen Versuche für die Herstellung eines Großölmotors preisgab, und von O. Alt, der über die reichhaltigen und wertvollen Erfahrungen der Germaniawerft mit ihren während des Krieges erbauten Unterseebootsmotoren berichtete.

Schiffahrt und Häfen mußten in unserer Gesellschaft, die sich aus Schiffbauern und Reedern zusammensetzt, gebührend berücksichtigt werden. Die Schiffahrtsverhältnisse innerhalb begrenzter Gebiete behandelten: auf dem Rhein Frhr. v. Rolf, auf dem Bodensee W. Rollmann, auf der Donau H. Lübbert und auf den großen nordamerikanischen Seen F. Renner. Dazu gesellten sich Vorträge über den Kaiser-Wilhelm-Kanal von H. Schultz, den Mannheimer Hafen von A. Eisenlohr, das Hamburger Baggerwesen von W. Thele, über Hafengebühren von A. Sieveking und H. Herner, über Schiffsvermessung von A. Isakson und J. Albrecht, über die Tiefladelinie von R. Rosenstiel und A. Schmidt und über die Hebung gesunkener Schiffe von H. Dahlström.

Die Elektrotechnik, die an Bord in immer größer werdendem Umfange auftritt, sei es für die Beleuchtung, die Befehlsübertragung, das Nachrichtenwesen oder für den Antrieb der Schiffshilfsmaschinen, wurde dementsprechend gewürdigt. Bemerkenswert sind die beiden Vorträge von F. Braun und A. Kübler. Der erstere schilderte seine vergeblichen Versuche, die elektrischen Wellen nur nach einer Richtung auszusenden, der letztere bekämpfte 1905 die erst 3 Jahre später aufgegebenen Bestrebungen der Regierung, die elektrischen Anlagen wie die Dampfkessel unter eine gewisse polizeiliche Kontrolle zu stellen, in seinem zu diesem Zwecke besonders veranlaßten Vortrage: „Über die vermeintlichen Gefahren der elektrischen Betriebe".

Mit Propellern sind von R. Wagner und G. Bauer mit den Mitteln der Vulcan-Werften in Stettin und Hamburg umfangreiche und kostspielige Versuche angestellt worden, deren wertvolle praktische Ergebnisse sie in ihren ausgezeichneten Vorträgen mitgeteilt haben. Während Wagner mit Modellschrauben in einem Tank arbeitete, hat Bauer wirkliche Schiffsschrauben erprobt und wiederholt darauf hingewiesen, wie schwer es ist, für die Praxis greifbare Erfolge zu erzielen. Mit theoretischen Untersuchungen beteiligten sich L. Gümbel,

H. Föttinger und A. Pröll an der Aufhellung des Schraubenproblems, deren geistvolle Vorträge nicht wenig dazu beitrugen, das Ansehen unserer Gesellschaft zu fördern.

Die Schleppversuchsanstalten, in denen J. Schütte in Bremerhafen, F. Gebers in Dresden und K. Schaffran in Berlin ihre Arbeiten ausführten, müssen bei der Besprechung der Propelleruntersuchungen erwähnt werden, weil sie mit diesen in engster Verbindung stehen. Auch auf die photographischen Aufnahmen von Strömungen an Platten, Schiffsmodellen und Schiffsschrauben die F. Ahlborn gemacht hat, muß hierbei hingewiesen werden.

Die Stabilität der Schiffe ist in mehreren Hauptversammlungen sehr gründlich besprochen worden, wobei ihre Wichtigkeit für den Schiffbauer und den Reeder ausreichend beleuchtet wurde. Den Anstoß zu diesen Erörterungen gab L. Benjamin, der 1913 ein Minimum an Stabilität für alle Schiffe forderte. Mit diesem Vortrage war ein anderer von C. Commentz verknüpft worden, der in seinem Schlußwort bedauerte, daß die Bedeutung des Verhältnisses von Wellenimpuls zum Umfange der krängenden und aufrichtenden Arbeiten nicht angeschnitten worden wäre. Im folgenden Jahre sprach Benjamin nochmals über „Die Rollschwingungen der Schiffe und ihre Beziehungen zur Stabilität", und dann wurden im Jahre 1919 die Vorträge von J. Rudloff, G. Wrobbel und C. Commentz, die sich sämtlich mit Stabilitätsfragen beschäftigten, zusammen erörtert. Ein bleibender Erfolg dieser Aussprache war die Beruhigung der Öffentlichkeit, die durch den Verlust mehrerer Fischdampfer, des Erzdampfers „Narwik" und durch den Untergang der „Titanic" stark erregt worden war.

Die Artillerie und das Waffenwesen zu berücksichtigen lag insofern eine Notwendigkeit vor, als wir außer Kriegsschiffbauern auch Seeoffiziere in unseren Reihen zählten. Schon im dritten Jahre unseres Bestehens trug G. Brinkmann „Die Entwicklung der Geschützaufstellung an Bord der Linienschiffe" vor, in deren Besprechung der Kaiser zum ersten Male das Wort ergriff. Einige Jahre später zeigte C. Crantz in einem Vortrage über die „Bewegungserscheinungen beim Schuß" sehr lehrreiche und vortrefflich gelungene kinematographische Bilder, nach deren Vorführung der Kaiser zum zweiten Male Veranlassung nahm, sich an der Erörterung zu beteiligen. — Den letzten artilleristischen Vortrag hielt J. Rudloff auf der Sommerversammlung in Stuttgart (1914) in Gegenwart des Königs von Württemberg über „Schiffskanone und Schiffspanzer", in dem er lebhaft für die größten Kaliber eintrat.

Werkzeuge und Werkzeugmaschinen wurden in 6 Vorträgen behandelt, unter denen die „Werkzeuge für den Schiffbau auf der Düsseldorfer Ausstellung 1902" von G. Sachsenberg und „Neuzeitliche deutsche Werftmaschinen" von W. Loof (1910) die bedeutendsten sind.

Materialprüfungen und ihre Ergebnisse haben 3 Redner in den Kreis ihrer Besprechungen gezogen: E. Heyn über „Eigenspannungen und Reckspannungen und die dadurch bedingten Krankheitserscheinungen in Konstruktionen"; R. Baumann über „Versuche mit Einsatzmaterial" und C. Roth über „Materialuntersuchungen mit besonderer Berücksichtigung der Turbinenschaufeln".

Die Normung im Schiffbau und Schiffsmaschinenbau empfahlen G. Sütterlin und C. Regenbogen. Ihren Vorträgen folgte später eine Ausstellung genormter Schiffs- und Maschinenteile in der Aula der Technischen Hochschule in Charlottenburg, die sich eines regen Besuches von Ingenieuren und Fabrikanten zu erfreuen hatte.

Tarif- und Lohnfragen haben besonders W. Wiesinger und A. Strache angeschnitten. Ersterer trat für einen Akkordlohn ein, der auf allen Werften tarifmäßig durchgeführt werden sollte, letzterer äußerte sich zugunsten einer Arbeitsausführung in steigendem Zeitlohne. Diese in Amerika vielfach übliche Entlohnung der Arbeiter mit Zeitprämie hat aber bis jetzt in Deutschland keine Verbreitung gefunden.

Volkswirtschaft, Statistik, Verschiedenes umfassen Vorträge von E. Schrödter „Eisenindustrie und Schiffbau in Deutschland"; E. v. Halle „Die wirtschaftliche Entwicklung des Schiffbaues in Deutschland"; A. Isakson „Vergleichs-Statistik der Handelsflotten"; W. Laas „der Weltschiffbau und seine Verschiebungen durch den Krieg" usw.

Monographien müssen, wie schon erwähnt, mehrere umfangreiche und fleißige Arbeiten mit vollem Recht bezeichnet werden, von denen hier nur genannt sein sollen: „Die Steuervorrichtungen" von F. Middendorff; „Die Segelyachten" von M. Oertz, „Die großen Segelschiffe" von W. Laas, „Die Schiffsgasmaschine und der Ölmotor" von F. Romberg. Wenn auch nicht als Monographien lassen sich hier noch anführen die bedeutsamen Vorträge von W. Weber „Die Grundlagen der Ähnlichkeits-Mechanik" und von L. Gümbel „Einfluß der Schmierung auf die Konstruktion". Gerade diese monumentalen Arbeiten haben zu der allgemeinen Wertschätzung unserer Jahrbücher wesentlich beigetragen.

Die Beiträge beschäftigen sich meistens nicht mit den vorliegenden Tagesfragen, wie sie in den Vorträgen mehr oder minder in die Erscheinung traten und sind auch gewöhnlich etwas kürzer gehalten. Wenn sie sich deshalb weniger für die Hauptversammlungen eigneten, so bieten sie doch so viele wertvolle Anregungen, daß sie den Vorträgen durchaus nicht nachstehen. Sie eröffnen vielfach engere Ausblicke auf einzelne Gebiete des Schiffbaues, der Schiffsausrüstung und der Werftanlagen, einige enthalten geschichtliche Darstellungen und mehrere erörtern die Bewegungserscheinungen der Schiffe in See, den Schiffswiderstand und die Schleppversuche.

Schlußwort.

Der schnelle und glänzende Aufstieg der Schiffbautechnischen Gesellschaft bleibt in erster Reihe ein Verdienst unseres allerhöchsten Schirmherrn und unseres hohen Ehrenvorsitzenden. Die wiederholten Besuche des Kaisers und sein Eingreifen in die Besprechung der Vorträge gaben unseren Sitzungen ebenso wie ihre Leitung durch den Großherzog Friedrich August eine Aufsehen erregende Bedeutung, die uns viele Mitglieder zuführte. Beiden hohen Herren sind wir deshalb zu tiefster Dankbarkeit verpflichtet. Aber selbst diese fürstliche Gunst hätte keine dauernden Erfolge für unsere Gesellschaft zeitigen können, wenn sich die Vorträge nicht auf einer achtunggebietenden Höhe gehalten hätten. Erst die nicht hoch genug einzuschätzende Preisgabe wertvoller praktischer Erfahrungen und kostspieliger Versuchs- und Betriebsergebnisse seitens unserer großen Werften und weltbekannten Reedereien drückten den Vorträgen ihr überragendes Gepräge auf. Sie machten auch die ihnen folgenden Erörterungen so bedeutungsvoll, daß unsere Jahrbücher mit denen unserer fremdländischen Schwestergesellschaften mindestens auf gleicher Stufe stehen. Nichts spricht lauter für ihren Wert als die Tatsache, daß schon seit längerer Zeit mehrere Jahrgänge vergriffen sind, trotzdem alljährlich Hunderte von Exemplaren mehr gedruckt wurden, als unsere Mitgliederzahl erforderlich machte und trotzdem für diese der doppelte Preis gezahlt werden mußte. Unseren Werften und Reedereien sowie allen Rednern in unseren Versammlungen, die ausnahmslos unsere Bestrebungen zu fördern suchten, sei unser wärmster Dank ausgesprochen.

Solange uneigennützige und selbstlose Mitglieder in begeisterter Hingabe an ihren Beruf bereit sind, für die Ausarbeitung wichtiger Fachvorträge große persönliche Opfer an Arbeitskraft und Zeit zu bringen, solange wird sich die Schiffbautechnische Gesellschaft auf ihrer Höhe halten, denn in unserem engen Kreise gilt wie im weiten Weltgetriebe das wahre Wort:

Nur Männer machen die Geschichte!

VII. Der Schiffbau-Unterricht im Rahmen der Hochschulreform.

Von Professor **W. Laas**, Charlottenburg.

Die Hochschulreform ist kein Kind der Revolution. Schon im Jahre 1908 begann der auf Veranlassung des Vereins deutscher Ingenieure gegründete „Deutsche Ausschuß für Technisches Schulwesen" (D. A. T. Sch.) die Frage zu prüfen, ob das technische Unterrichtswesen in Deutschland den Bedürfnissen der Zeit entspräche. In den ersten Jahren hat sich dieser Ausschuß vorwiegend mit den mittleren und niederen technischen Schulen für die mechanische Industrie beschäftigt[1]). Seit 1911 hat er dann auch der Ausgestaltung der Technischen Hochschulen seine Aufmerksamkeit gewidmet und zunächst eine Reihe von Berichten veranlaßt, die in Bd. IV der „Abhandlungen und Berichte über Technisches Schulwesen" der Öffentlichkeit übergeben worden sind. In diesem Band ist bereits ein Aufsatz des Professors Aumund-Danzig enthalten über „Die technische Fachausbildung auf den Technischen Hochschulen". Es wurde dann im März 1912 eine sorgfältig ausgearbeitete Umfrage veranstaltet und deren Ergebnis in mehreren Ausschüssen verarbeitet. Aus allen diesen Vorarbeiten ergaben sich bestimmte Leitsätze, die schließlich in der 5. Gesamtsitzung des D. A. T. Sch. am 6. und 7. Dezember 1913 unter Teilnahme von 115 Herren — Vertretern der Bundesregierungen, sämtlicher Technischen Hochschulen und vieler hervorragenden Männer der Praxis — durchberaten und im Anschluß daran im V. Bericht der Öffentlichkeit übergeben wurden; die Leitsätze wurden noch besonders den Ministerien und den Technischen Hochschulen übersandt, und das Preußische Kultusministerium hat die ihm unterstehenden Technischen Hochschulen zur Stellungnahme hierzu aufgefordert. So ist also in Preußen bereits im Jahre 1914 eine Reform der Technischen Hochschulen offiziell eingeleitet worden. Rektor und Senat der hiesigen Hochschule haben die Weiterbehandlung damals einem besonderen Professorenausschuß übergeben, dessen Arbeiten aber durch den Krieg unterbrochen wurden.

Es ist nun außerordentlich interessant, diesen Bericht, im April 1914 herausgegeben unter dem Titel: „Ergebnis der Beratungen des Deutschen Ausschusses

---

[1]) Siehe Bd. I—III der „Abhandlungen und Berichte über Technisches Schulwesen". B. G. Teubner, Leipzig 1910, 1911 und 1912.

für Technisches Schulwesen über Hochschulfragen", heute nach 10 Jahren zu lesen, nachdem die Reform der Technischen Hochschulen zu einem gewissen Abschluß gebracht ist. Der Bericht enthält nahezu alles, was in neuerer Zeit über diese Fragen geschrieben und gesagt worden ist; kein neuer grundlegender Gedanke ist in den letzten Jahren hinzugekommen; ein Zeichen dafür, daß erstens damals wirklich hervorragende wissenschaftliche Arbeit von dem Ausschuß geleistet worden ist, dessen Geschäftsführer unter dem Vorsitz des Baurats Taaks die Herren Professor Matschoß und Dipl.-Ing. Frölich waren, und zweitens, daß die grundlegenden Gedanken über Kulturaufgaben gänzlich unberührt bleiben von Kriegswirren, Revolution und Staatsform. Wäre es anders, wäre die Reform der Technischen Hochschulen eine Folge der Revolution, so wäre sie in sich ungesund, wie manche andere derartige Reform; da sie aber veranlaßt ist durch die natürliche Entwicklung der deutschen Kultur, die bereits vor dem Kriege zu bestimmten Vorschlägen gekommen war, so hat sie eine gesunde Grundlage. Es lohnt, vor der weiteren Behandlung sich diese Grundlage, die Leitsätze des D. A. T. Sch. von 1914, etwas genauer anzusehen; ich will mich aber auf einen ganz kurzen Auszug beschränken.

Der I. Teil „Allgemeines" behandelt die Stellung der Technischen Hochschulen zu den Universitäten und verlangt für diese beiden höchsten Bildungsstätten volle Gleichberechtigung innerlich und äußerlich. Auf dieser Grundlage wird versucht, die besonderen Aufgaben der Technischen Hochschulen in Worte zu fassen; der Aufgabenkreis ist aber nach der heutigen Auffassung noch zu eng gesteckt. Als Ziel des Studiums wird gefordert „grundlegende Bildung, kein Spezialistentum", ferner „Charakterpflege" und „Entwicklung der körperlichen Leistungsfähigkeit". Eine Studiendauer von höchstens 4 Jahren soll festgehalten werden.

Teil II „Organisation" verlangt weitgehende „Selbstverwaltung" und „Freiheit des Studiums", ferner erstklassige Professoren und Hilfskräfte in ausreichender Zahl; auch Altersgrenze, Besoldung, Kolleggelder und Gebühren werden behandelt; die Heranziehung hervorragender Praktiker zu Einzelvorträgen wird gefordert. Für die Studierenden wird eine Beteiligung an der Selbstverwaltung gewünscht und die Frage der ausländischen Studierenden angeschnitten.

Teil III „Vorbildung" stellt Forderungen auf für die Mittelschulen als Vorbereitung für die Hochschulen und behandelt die praktische Arbeitszeit für die verschiedenen Fachrichtungen.

Teil IV „Studium der Diplom-Ingenieure" ist entsprechend der Vielseitigkeit der Fachausbildungen der umfangreichste; er ist unterteilt in „Mathematisch-naturwissenschaftliche Fächer", „Mechanik", „Technische Fächer", „Wirtschaftliche Fächer und Rechtskunde", „Allgemeinbildende Fächer"; ferner „Prüfungs- und Berechtigungswesen" und schließlich „Weiterbildung nach beendetem Studium".

In Teil V „Studium anderer Berufszweige" und VI „Zusammenfassender Ausblick auf die Fortentwicklung der Technischen Hochschulen" wird auf die Bedeutung der Technik für das öffentliche Leben und für das ganze Kulturleben hingewiesen, und es werden die entsprechenden Forderungen für Ausbildung anderer Berufszweige aufgestellt, besonders der Lehrer in Mathematik und Naturwissenschaften.

Mit diesem kurzen Auszug glaube ich den Nachweis erbracht zu haben, daß tatsächlich alle einschlägigen Fragen schon vor einem Jahrzehnt in ihrer Bedeutung erkannt und fast erschöpfend behandelt worden sind. Wie ist nun die weitere Entwicklung der Dinge?

Zunächst äußerlich: Nachdem in den ersten Kriegsjahren die Sache vollständig geruht hatte, wurde sie in Charlottenburg wieder aufgegriffen im Jahre 1917 von dem damaligen Rektor der Technischen Hochschule, dem Geheimen Oberbaurat Professor Dr.-Ing. ehr. Hüllmann. Er berief einen besonderen Ausschuß, der auf Grund der erwähnten Vorarbeiten zu positiven Vorschlägen zu kommen suchte. Diese Beratungen haben unter anderem auch eine Denkschrift der Abteilung für Schiff- und Schiffsmaschinenbau vom Juni 1918 hervorgebracht „Über die Notwendigkeit eines Laboratoriums für Unterricht und Forschung im Gebiete schiffbautechnischer Wissenschaft". Ferner wurde die Verbindung mit den anderen Hochschulen aufgenommen. Alle diese aussichtsreichen Beratungen wurden durch die Revolution unterbrochen.

Die Sache war aber wieder in Fluß gekommen. Eine Reihe wertvoller Abhandlungen wurde geschrieben, so unter anderem von Nägel-Dresden, Heidebroek-Darmstadt, Schulze-Pillot-Danzig, Schilling-Breslau. Diese Einzeläußerungen sind gesammelt unter dem Titel „Stimmen zur Hochschulreform", herausgegeben 1920 vom D. A. T. Sch. Auch der alte Kämpe Riedler trat mit einer Schrift hervor „Zerfall und Neubau der Technischen Hochschulen", die zweifellos, wie von solchem Mann nicht anders zu erwarten, eine Reihe guter Gedanken enthält, deren Wirkung aber durch die manchmal unverständliche Ausdrucksweise und besonders durch die allzu scharfe Polemik stark beeinträchtigt wird.

Inzwischen hatte die Schiffbauabteilung der hiesigen Technischen Hochschule aus den allgemeinen Beratungen die praktischen Folgerungen für den Unterricht in diesem Sonderfach gezogen und dem Ministerium im Januar 1920 eine Denkschrift „Neuordnung des Unterrichts" vorgelegt, die genehmigt wurde. Über diese Neuordnung habe ich, als der damalige Abteilungsvorsteher, in der Zeitschrift „Werft und Reederei" vom 15. Mai 1920 ausführlich berichtet und im Anschluß daran die weiteren Pläne besprochen, die noch in Vorbereitung waren, insbesondere die beabsichtigte neue Prüfungsordnung. Ich hatte an die Schiffbauindustrie die Bitte gerichtet, uns in unseren Bestrebungen durch Anregungen zu unterstützen, doch hat sich leider damals niemand zu diesen Fragen geäußert, weder öffentlich, noch brieflich, noch mündlich.

Wenn die Schiffbauabteilung als erste mit einem ganz bestimmten Unterrichtsprogramm herauskam, so konnte sie das, weil sie einen in sich abgeschlossenen Lehrkörper von einheitlicher Zielrichtung hat; sie war sich aber bewußt, daß sie aus sich allein, auch in ihrem beschränkten Wirkungskreis, nur einen kleinen Teil der Reform durchführen kann, weil sie in ihrem Unterricht, besonders dem vorbereitenden, aber auch in dem allgemein technischen, abhängig ist von dem Unterricht der anderen Abteilungen. Die 1920 durchgeführte Änderung umfaßte daher nur den ersten Abschnitt der Reform: nämlich die Änderungen des Fachunterrichts im Rahmen der Abteilung, während der zweite Abschnitt (Umgestaltung der grundlegenden Fächer) im Einvernehmen mit den anderen Abteilungen im Laufe des Jahres durchgeführt werden sollte, während die Durchführung des dritten Abschnitts (Ausbau der Hochschule, Umgestaltung des Lehrplanes der Mittelschulen), als abhängig von Faktoren außerhalb der Hochschule, mehrere Jahre erfordern sollte.

In ein neues Stadium kam die Bewegung in Preußen durch die Berufung des Professors Aumund als Referent für die Technischen Hochschulen in das Ministerium für Wissenschaft, Kunst und Volksbildung und durch seine zweite größere Arbeit „Die Hochschule für Technik und Wirtschaft", die 1921 zuerst in der Zeitschrift des Vereins deutscher Ingenieure erschien und dann als Sonderheft herausgegeben wurde mit dem „Entwurf einer Verfassung für die Hochschulen in Berlin (Aachen, Hannover, Breslau)". Hiermit wurde der Versuch gemacht, aus der Fülle der Anregungen einen einheitlichen Plan für die Gestaltung der Hochschulen aufzustellen. Diese ausdrücklich als Arbeit des Professors Aumund, nicht des Ministeriums, bezeichnete Denkschrift wurde vom Ministerium den Preußischen Technischen Hochschulen zur Äußerung überwiesen, leider zunächst mit einer sehr kurzen Frist, die dann doch verlängert werden mußte. In vielseitigen und eindringlichen Beratungen der Ausschüsse, Abteilungen und des Senats wurde dazu Stellung genommen. Es wurde bald erkannt, daß eine neue Verfassung allerdings wohl den Abschluß der Reform bilden müsse, daß es aber verfrüht sei, eine Verfassung aufzustellen, ehe die Grundlagen hierfür, die Ziele und Verfahren der Reform, geklärt seien. Die Stellungnahme der hiesigen Technischen Hochschule beschränkte sich daher auf diesen ersten Teil der Denkschrift Aumund. Im Anschluß daran hat dann noch der Geheime Regierungsrat Professor Romberg in der Zeitschrift „Schiffbau" am 3. August 1921 einen längeren Aufsatz veröffentlicht „Über die Reform der Technischen Hochschule", der sich besonders mit den Denkschriften Aumund und Riedler beschäftigt.

Wenn ich nun auf das Wesen der Reform eingehe, so ist es heute möglich, das mit wenigen Worten zu kennzeichnen: Der Sinn der Reform ist in technischwirtschaftlichem Geist gehalten, es wird erstrebt, in der zur Verfügung stehenden Studiendauer von 4 Jahren einen größtmöglichen Wirkungsgrad herauszuholen. Das soll erreicht werden durch entsprechende Auswahl der Personen, Lehrer und Lernenden, durch richtig bemessenen Lehrumfang und durch zweckmäßiges Lehrverfahren; oder rein technisch gesprochen: durch gutes Material und richtige Verarbeitung. Merkwürdigerweise ist nun bei diesen Verhandlungen die Grundfrage, die Materialfrage, zu kurz gekommen; fast alle Abhandlungen bemühen sich darum, ausgehend von einem gegebenen Schülermaterial, wie es uns aus Gymnasien, Realgymnasien und Oberrealschulen zufließt, Organisation und Verfahren ausfindig zu machen, wie dieses Material am besten zu verarbeiten sei. Und doch liegt der Schwerpunkt der ganzen Frage im Schülermaterial; man gebe den Hoch-

schulen gut veranlagte, sorgfältig ausgesuchte, richtig vorbereitete, hauptsächlich nicht verbildete Schüler, in nicht zu großer Zahl, so wollen wir schon gute Ingenieure und Tatmenschen daraus machen. Aus schlechtem Material ist auch mit einer best durchdachten Organisation, mit größter Sorgfalt und feinsten Arbeitsverfahren kein erstklassiges Werk zu schaffen. In der Arbeit von Romberg ist hierauf besonders hingewiesen; es sind da folgende erste Voraussetzungen einer wirklichen Reform aufgestellt:
1. Verbesserung und Vereinheitlichung der Vorbildung;
2. Verlegung jedes nicht hochschulmäßigen Unterrichts in die Vorschule;
3. Auslese der Studierenden nach technischer Begabung und Vorbildung.

Beschäftigen wir uns nun mit der Reform innerhalb der Hochschule. Die Denkschrift der Schiffbauabteilung vom Januar 1920 nennt als Ziel der Hochschulreform:
1. Vertiefung des Fachunterrichts;
2. Größere Freiheit für besondere Veranlagung;
3. Erweiterungen der allgemeinen Bildung.

Die Denkschrift Aumund aus dem Jahre 1921 stellt 10 Forderungen an den Anfang, „die von allen Seiten fast einmütig als berechtigt anerkannt worden sind":
1. Frühzeitige Einführung in die Fachgebiete;
2. Entlastung in den Pflichtfächern;
3. Vertiefung in den Grundfächern, Mathematik und Physik, in höheren Semestern bei entsprechender Veranlagung und Neigung;
4. Vertiefung in den Fachgebieten, besonders in den Wahlfächern,
5. Freie Gestaltung des Studiums durch Wahlfächer;
6. Vereinheitlichung in den Grundlagen für die verschiedenen Fachrichtungen, Verminderung der Abteilungen, jedenfalls Milderung der Grenzen;
7. Stärkere Pflege der Betriebs- und Wirtschaftswissenschaften;
8. Enger Anschluß des Studiums an die Forderungen des praktischen Lebens, Ausbildung von Führern;
9. Vervollkommnung der Professorenschaft;
10. Vereinigung der verschiedenen Universitäten und Hochschulen.

In der Denkschrift werden dann ausführlich die Wege zur Durchführung der Reform behandelt. Es ist aber hier nicht notwendig, im einzelnen darauf einzugehen.

Nachdem die Schiffbauabteilung bereits seit einem Jahr mit der Reform begonnen hatte, konnte sie in ihrer kurzen Stellungnahme zu der Denkschrift Aumund vor dem Senat und dem Ministerium darauf hinweisen, daß ein Teil der Forderungen in der Neuordnung berücksichtigt und ein Teil nur unter Mitwirkung anderer Abteilungen möglich sei. Im Anschluß daran wurde wiederholt schriftlich und mündlich versucht, eine Genehmigung der 1920 vorgelegten neuen Diplomprüfungsordnung für Schiffbau und Schiffsmaschinenbau zu erreichen. Die Genehmigung wurde hinausgeschoben, da für ganz Preußen eine gemeinsame

Diplomprüfungsordnung vorbereitet wurde. Ein Entwurf hierzu wurde im Februar 1922 den Hochschulen zur Äußerung übersandt, wieder mit einer kurzen Frist. Dieser Entwurf brachte eine Überraschung; er enthält die Fachrichtungen Architektur, Bau-Ingenieurwesen, Maschinen-Ingenieurwesen, Elektrotechnik, Schiffbau, Bergbau, Chemie, Hüttenkunde, Physik, Mathematik, aber die **Fachrichtung Schiffsmaschinenbau war verschwunden**. Die hierzu beigegebene Begründung stützte sich auf die Hochschule Danzig, doch hat eine spätere Anfrage unserer Abteilung bei der Abteilung in Danzig ergeben, daß das keineswegs der dortigen Stellungnahme entspricht. Die Schiffbauabteilung wandte sich schriftlich und in persönlichen Verhandlungen an das Ministerium mit sachlichen Gründen gegen diese Regelung, jedoch vergeblich; auch die Diplomprüfungsordnung für die Preußischen Technischen Hochschulen vom 1. Juli 1922 enthielt in den gedruckten Zusammenstellungen nicht die Fachrichtung Schiffsmaschinenbau. Der Anhang zur Diplomprüfungsordnung gab aber doch die Möglichkeit für eine Sonderprüfung in Schiffsmaschinenbau! Die Fakultäten sind ermächtigt, unter Berücksichtigung der besonderen Verhältnisse der einzelnen Hochschulen andere Prüfungspläne für die Hauptprüfung aufzustellen, die dem Minister nur zur Kenntnis zu bringen sind, wenn sie für den dauernden Gebrauch bestimmt sind. Von diesem Recht hätte die Abteilung im Einverständnis mit der Fakultät Gebrauch gemacht, wenn nicht weitere Verhandlungen unter Mitwirkung der Admiralität dazu geführt hätten, daß in der neuen Ausgabe der Diplomprüfungsordnung für die Preußischen Technischen Hochschulen vom 1. Juli 1924 wieder eine besondere Hauptprüfung für Schiffsmaschinenbau vorgesehen ist[1]).

Inzwischen war auch die organisatorische Neuordnung zu einem gewissen Abschluß gebracht durch Zusammenfassung verschiedener Abteilungen zu Fakultäten. Heute bestehen an der hiesigen Technischen Hochschule:

die Fakultät für **Allgemeine Wissenschaften** (früher Abteilung für Allgemeine Wissenschaften);

die Fakultät für **Bauwesen**, bestehend aus den bisherigen Abteilungen für Architektur und für Bau-Ingenieurwesen;

die Fakultät für **Maschinenwirtschaft**, bestehend aus den bisherigen Abteilungen für Maschinen-Ingenieurwesen und für Schiffbau und der neuen Abteilung für Elektrotechnik;

die Fakultät für **Stoffwirtschaft**, bestehend aus den bisherigen Abteilungen für Chemie und Hüttenkunde und für Bergbau.

Über Vorteile und Nachteile dieser Neuordnung gingen und gehen die Meinungen weit auseinander. Als Vorteile wurden bezeichnet: nach außen die Annäherung an die Verfassung der Universitäten, nach innen die engere Verbindung und gegenseitige Befruchtung verwandter Gebiete. Als Nachteile wurden gefürchtet: die Majorisierung kleiner Abteilungen und die Umständlichkeit der Verwaltung durch Zusammenfassung zu großer Gruppen von nicht einheitlichen Interessen. Nach den bisherigen Erfahrungen läßt sich mit den Fakultäten

---

[1]) Der Prüfungsplan ist im Anhang 1 beigegeben.

leben und arbeiten, jedenfalls sind für die Schiffbauabteilung diese gefürchteten Nachteile nicht eingetreten; im Gegenteil, an Stelle des früheren häufigen Gegeneinanderarbeitens ist ein freundschaftliches verständnisvolles Zusammenarbeiten getreten, und es ist innerhalb der Fakultät sogar möglich geworden, eine neu geschaffene außerordentliche Professur für Luftfahrt (Professor Dr.-Ing. Hoff) der Abteilung für Schiffbau zuzuführen, während früher bei verschiedenen Gelegenheiten über die Zugehörigkeit des Unterrichts in Luftschiffbau heftige Meinungsverschiedenheiten auftraten, die der Entwicklung des Unterrichts in diesem jungen Zweige der Technik keineswegs förderlich gewesen sind[1]). Innerhalb der Fakultät behandeln die einzelnen Abteilungen die Unterrichts- und Prüfungsfragen selbständig, Konflikte sind bisher nicht aufgetreten. Als Nachteil der Fakultätsverfassung wird es vorläufig empfunden, daß viele Fragen, die früher nur die Abteilungen und den Senat beschäftigten, nun auch noch in der Fakultät behandelt werden müssen. Doch wird sich mit der Zeit wohl eine Form finden lassen, um überflüssige Wiederholungen zu vermeiden.

Zeitlich zusammenfallend mit der Fakultätsbildung hat sich ferner leider auch für die Schiffbau-Studierenden ein Massenbetrieb in einigen grundlegenden Fächern, besonders in Maschinenelementen und neuerdings auch in Mechanik, ergeben, da wegen Überfüllung der Abteilung für Maschineningenieurwesen Studierende dieser Abteilung weit mehr als früher den in der Schiffbauabteilung für ihre Zwecke besonders eingerichteten Unterricht in den genannten Fächern besuchen. Dieser Nachteil ist aber mehr eine Folge der Überfüllung der Berliner Hochschule als eine Folge der Fakultätsverfassung. Sollte die Überfüllung von längerer Dauer sein, so werden Parallelprofessuren besonders für Maschinenelemente und Mechanik geschaffen werden müssen.

Über die erwarteten Vorteile der Fakultätsverfassung — gegenseitige Befruchtung verwandter Gebiete — zu urteilen, dürfte verfrüht sein; dafür ist der Zeitraum von zwei Jahren zu klein. Die Fakultäten sind kürzlich in die neue Verfassung der Technischen Hochschulen aufgenommen[2]).

In dieser Frage sind auch Verhandlungen neben der Hochschule geführt worden. Eine Gruppe von Mitgliedern der Schiffbautechnischen Gesellschaft hat ganz ohne Verbindung mit der Schiffbauabteilung Schriften veröffentlicht[3]) und im Ministerium Vorstellungen erhoben gegen eine Verschmelzung der Abteilung für Schiffbau mit der Abteilung für Maschineningenieurwesen, von der sie eine Beeinträchtigung der Selbständigkeit und damit eine Gefährdung des Schiffbauunterrichts befürchtete. Auch die Studenten haben in Verbindung mit Herren aus der Praxis, früheren Angehörigen der Schiffbauvereinigung „Latte", eine besondere Aktion eingeleitet. Ich hoffe, den Herren durch meine Ausführungen gezeigt zu haben, daß sie gegen Gespenster gekämpft haben.

---

[1]) Ein Prüfungsplan für die Hauptprüfung im Luftfahrzeugbau ist im Anhang 2 beigegeben.
[2]) Der Entwurf für die neue Verfassung ist im Juni d. J. den Technischen Hochschulen Preußens zur Stellungnahme zugegangen. Die Beratungen sind noch nicht abgeschlossen.
[3]) Zeitschrift „Schiffbau", 5. bis 19. Juli 1923, Laudahn: Zur Reform der technischen Hochschulen. Jahrb. d. Schiffb.-techn. Ges. 1923, S. 57 ff. Bericht. — Zeitschrift „Schiffbau", 25. April bis 2. Mai 1923, Zur Reform der technischen Hochschulen. — Zeitschrift „Schiffbau", 4. bis 11. Juli 1923, S. 642 ff. Zuschriften.

Fassen wir das Ergebnis der Reform zusammen, so ergibt sich folgendes Bild:

Geblieben ist die räumliche und inhaltliche Sonderstellung der Schiffbauabteilung, geblieben ist ihre tatsächliche Selbständigkeit in allen Unterrichts- und Prüfungsfragen. Auf dieser Grundlage hat die Schiffbauabteilung ihren Unterricht neu aufgebaut, entsprechend den als berechtigt anerkannten allgemeinen Forderungen.

Geist und Form dieser Neuordnung ist in meiner Veröffentlichung von 1920 ausführlich behandelt; ich kann mich daher auf eine kurze Wiedergabe beschränken: Bis zur Vorprüfung ist nicht viel geändert, einige Fächer, wie Darstellende Geometrie, sind stark eingeschränkt, und im ganzen geht das Bestreben dahin, die Stundenzahl der Vorträge zu vermindern und nach Möglichkeit auch schon in den ersten Semestern die Verarbeitung des Gehörten intensiver zu gestalten, und zwar durch Übungen und besonders durch Seminare, d. h. durch zwanglose gemeinsame Bearbeitung und Besprechung von Übungsbeispielen oder Sonderfragen im größeren Kreise von Studierenden unter Leitung des Professors. **Bis zur Vorprüfung** ist Unterricht (hauptsächlich Pflichtfächer) und Prüfung für die Fachrichtungen Schiffbau und Schiffsmaschinenbau äußerlich ganz gleich, immerhin ist schon ein gewisser Spielraum gegeben für persönliche Veranlagung und Neigung, indem ein Ausgleich möglich ist in der Bewertung der mehr schiffbaulichen und der mehr maschinenbaulichen Übungsergebnisse. **Nach der Vorprüfung** nimmt der Umfang der Pflichtfächer von Semester zu Semester ab, es wird also hier den reiferen Studierenden, die sich selbst ein Urteil bilden konnten über ihre Veranlagung und Neigung, weiter Spielraum gelassen, nicht bloß zwischen der Fachrichtung Schiffbau und Schiffsmaschinenbau, sondern auch innerhalb dieser Fächer und auch darüber hinaus. Nach der neuen Diplomprüfungsordnung ist es jedem Studierenden gestattet, ein Jahr vor der beabsichtigten Hauptprüfung einen selbst aufgestellten Prüfungsplan, d. h. die Fächer, in denen er geprüft zu werden wünscht, ganz nach eigenem Ermessen, ohne Rücksicht auf den gedruckten Plan des Ministeriums oder die Dauerpläne der Abteilungen, formell der **Fakultät**, tatsächlich der **Abteilung**, zur Genehmigung vorzulegen. Hiermit ist die denkbar größte Studienfreiheit gegeben; es ist daher z. B. möglich, daß ein Schiffbauer oder Schiffsmaschinenbauer nach der Vorprüfung sich besonders mit höherer Mathematik, Mechanik oder Statik befaßt, oder, wenn er mag, mit Elektrotechnik oder irgendeinem sonstigen Zweig des Maschinenbaues oder mit irgendeinem naturwissenschaftlichen, technischen, wirtschaftlichen, oder auch mit einem künstlerischen, auf der Hochschule gelehrten Sonderfach, von dem er glaubt, daß es ihm für seine besondere Veranlagung oder seinen Lebensweg nützlich sein könnte. — In bezug auf das Lehrverfahren gilt noch mehr als für die ersten Semester möglichste Beschränkung der Zeit der Vorlesungen, Verarbeitung und Vertiefung des Gehörten durch Übungen und Seminare. Leider ist die Vertiefung durch Laboratoriumsarbeit nur in sehr beschränktem Maße durch Mitbenutzung außerhalb der Abteilung oder außerhalb der Hochschule stehender Einrichtungen möglich, da die Abteilung keine eigenen Forschungsstätten hat.

Nach dem Rückblick auf die bisherige Entwicklung komme ich nun zu der Frage, durch welche Maßnahmen der Hochschule kann der Wirkungsgrad in der Ausbildung der Schiffbauer und Schiffsmaschinenbauer noch weiter verbessert werden, und was kann die Schiffbauindustrie dazu beitragen? Da darf ich zurückgreifen auf die Punkte, die ich bereits als Wesen der Reform bezeichnet habe: Auswahl der Personen, Lehrer und Lernenden, richtig bemessenen Lehrumfang und zweckmäßiges Lehrverfahren.

Auf die Auswahl der Studierenden hat die Hochschule, da es keine Aufnahmeprüfungen gibt, nur einen sehr beschränkten Einfluß durch die Berufsberatung. Für einige technische Fächer, auch für den Schiffbau[1]), sind Merkblätter herausgegeben, welche die Anforderungen an die Veranlagung, ferner den Studiengang und die Formen der Berufsbetätigung enthalten.

Vielleicht wird nach Jahrzehnten der Einfluß der Technischen Hochschulen auch auf die Schüler der Gymnasien usw. sich mehr geltend machen können, wenn eine große Zahl von Lehrern, auf Technischen Hochschulen ausgebildet, wie es neuerdings auch in Preußen möglich ist (in Sachsen war es längst der Fall), mit etwas mehr Verständnis für die Technik unsere heranwachsende Jugend in die Hand bekommt[2]).

Wichtig ist die Auswahl der Professoren und sonstigen Lehrer; es ist noch in den letzten Jahren gelungen, für Sondergebiete, wie z. B. für Statik des Eisenbaues und für Flugwesen, Lehraufträge und besonders tüchtige Herren hierzu zu gewinnen. Doch sind neue ordentliche Professuren, wie sie auch in verschiedenen Veröffentlichungen zum Ausbau der Abteilung für notwendig gehalten werden, infolge der Finanznot des Staates in absehbarer Zeit kaum zu erhalten; ebenso ist aus gleichen Gründen die Schaffung von Forschungsstätten aus Staatsmitteln ausgeschlossen. Damit ist auch vorläufig einer Erweiterung des Lehrumfanges eine Grenze gesteckt in der Leistungsfähigkeit des Einzelnen. Immerhin ist nach dieser Richtung durch die Einführung der Wahlfächer die Möglichkeit geschaffen, alle in der Hochschule vorhandenen Kräfte auszunutzen.

Über das Lehrverfahren ist im Rahmen der Hochschule nichts mehr zu sagen, an dieser Stelle aber bitten wir um intensive Mitarbeit der Industrie: aus der praktischen Arbeitszeit ist nach unserer Ansicht noch viel mehr herauszuholen. Unsere Wünsche nach dieser Richtung gehen auf Betreuung der Praktikanten durch besonders geeignete Ingenieure, auf geregelten Lehrgang, auf Ergänzungsunterricht neben der praktischen Arbeitszeit und auf ausreichende Bezahlung bei guten Leistungen.

Die Verhandlungen, die wir mit gewählten Vertretern der Praxis pflegen, werden hoffentlich zu einem besseren Wirkungsgrad auch in diesem Teil der Ausbildung führen. Hier bitten wir auch um die verständnisvolle Hilfe aller Reedereien durch Schaffung von Seefahrtsmöglichkeiten, die für Schiffbauer und Schiffs-

---

[1]) Merkblätter für Berufsberatung. „Der Schiffbau-Ingenieur und der Schiffsmaschinenbau-Ingenieur", herausgegeben von der deutschen Zentralstelle für Berufsberatung der Akademiker, Berlin.
[2]) Zu der vom Ministerium geplanten Reform der höheren Schulen hat die Technische Hochschule Charlottenburg im Einvernehmen mit den anderen Technischen Hochschulen des Reichs in einer besonderen Eingabe ausführlich Stellung genommen.

maschinenbauer von großer fachlicher Bedeutung ist — einige Reedereien sind schon mit gutem Beispiel vorangegangen. Ganz allgemein bitten wir um ständige Mitarbeit der Praxis an allen Fragen der Reform des Unterrichts, die wir mit den bisherigen Maßnahmen keineswegs für abgeschlossen halten; hierzu bestimmte Vorschläge zu machen, muß späteren Zeiten vorbehalten bleiben, doch will ich eine wichtige Grundlage für alle Zukunft auch hier von neuem betonen:

Ein hochwertiger Unterricht in Schiffbau und Schiffsmaschinenbau soll den Studierenden nicht nur das geben, was augenblicklich notwendig ist, sondern soll ihm auch Zeit und Gelegenheit schaffen, Umschau zu halten auf allen Gebieten der Wissenschaft, deren Fortschritte für die Zukunft des Schiffbaues von Bedeutung werden können. **Das kann nur geschehen im Rahmen einer vollen Technischen Hochschule.** Für alle technischen Fächer war die erste Forderung der Richtlinien von 1914, wie sie einmütig von allen weitschauenden Männern der Wissenschaft und Praxis erhoben worden ist, „Grundlegende Bildung, kein Spezialistentum". Damit sind alle Bestrebungen, die den Hochschulunterricht im Schiffbau wegen äußerer Vorzüge oder unter dem Schlagwort: „Verbindung mit der Praxis" aus Berlin z. B. nach Hamburg verlegen wollen, von vornherein als von Grund aus abwegig verurteilt, solange dort nicht eine volle Technische Hochschule geschaffen wird, die wirklich wissenschaftlich-technischen Unterricht auf allen Gebieten verbürgt, die für den Schiffbau von Bedeutung werden können.

Anhang 1.

Auszug aus den Prüfungsplänen der Diplomprüfungsordnung für die Preußischen Technischen Hochschulen, gültig vom 1. Juli 1924.

Fachrichtung Schiffbau und Schiffsmaschinenbau.

A. Vorprüfung.

Übungsergebnisse.

1. Höhere Mathematik.
2. Darstellende Geometrie.
3. Physik.
4. Mechanik und graphische Statik.
5. Materialienkunde und Herstellungsverfahren.
6. Maschinenzeichnen und Maschinenelemente.
7. Schiffselemente.
8. Linienrisse mit Kurvenblatt und Übungsaufgaben aus der Theorie des Schiffes.
9. Maschinenlaboratorium.

Mündliche Prüfung.

1. Höhere Mathematik.
2. Darstellende Geometrie.
3. Mechanik und graphische Statik.
4. Materialienkunde und Herstellungsverfahren einschließlich Grundzüge der Eisenhüttenkunde.
5. Maschinenelemente.
6. Grundzüge der Wärmelehre.
7. Schiffselemente.
8. Allgemeine Physik und Chemie.
9. Grundzüge der Volkswirtschaftslehre und der Privatwirtschaftslehre.

Anhang.

B. Hauptprüfung.

a) Für Schiffbau.

Übungsergebnisse.

I. Pflichtfächer:
1. Maschinen- oder elektrotechnisches Laboratorium.
2. Statik des Schiffsbaus (Berechnung von Verbänden).
3. Entwurf eines Linienrisses. Vollständiger Entwurf eines Handelsschiffes mit sämtlichen Berechnungen.
4. Entwurfskizze eines Handels- oder Kriegsschiffes.
5. Schiffsmaschinenbau.
6. Werkstatts- oder wirtschaftstechnische Arbeiten.

II. Wahlfächer:
7. u. 8. Studienarbeiten aus den Wahlfächern.

Mündliche Prüfung.

I. Pflichtfächer:
1. Theorie und Entwerfen von Handels- und von Kriegsschiffen.
2. Grundzüge des Schiffsmaschinenbaus.
3. Grundzüge der Elektrotechnik.
4. Werftorganisation und -betrieb.
5. Besprechung der Diplomarbeit.

II. Wahlfächer:
6. u. 7. Mindestens zwei Fächer, z. B.
   Sondergebiete des Handelsschiffsbaus.
   Kriegsschiffbau.
   Schiffsmaschinenbau.
   Werftanlagen.
   Höhere Theorie des Schiffes.
   Höhere Statik des Schiffbaues.
   Höhere technische Mechanik.
   Elektrotechnik.
   Wärme- und Kraftwirtschaft.
   Arbeitsmaschinen einschließlich Grundlagen der Hebezeuge.
   Fabrikations- und Wirtschaftslehre.
   Technisches Prüfungswesen einschließlich Materialprüfung.

b) Für Schiffsmaschinenbau.

Übungsergebnisse:

I. Pflichtfächer:
1. Maschinen- und elektrotechnisches Laboratorium.
2. Schiffsdampfmaschinenbau.
3. Schiffsölmaschinenbau.
4. Schiffskesselbau und Schiffshilfsmaschinenbau.
5. Entwürfe von Schiffen.
6. Werkstatts- oder wirtschaftstechnische Arbeiten.

II. Wahlfächer:
7. u. 8. Studienarbeiten aus den Wahlfächern.

Mündliche Prüfung.

I. Pflichtfächer:
1. Wärme- und Kraftwirtschaft.
2. Schiffsmaschinenbau.
3. Grundzüge des Schiffsbaus.
4. Fabrikationslehre.
5. Besprechung der Diplomarbeit.

II. Wahlfächer:
6. u. 7. Mindestens zwei Fächer, z. B.
   Sondergebiete des Schiffsdampfmaschinenbaus.
   Sondergebiete des Schiffsölmaschinenbaus.
   Schiffshilfsmaschinenbau.
   Schiffbau.
   Elektrotechnik oder Schiffselektrotechnik (ist zu wählen, wenn in der Vorprüfung Elektrotechnik nicht erledigt wurde).
   Hebe- und Förderanlagen.
   Arbeitsmaschinen.
   Höhere technische Mechanik.
   Technisches Prüfungswesen einschließlich Materialprüfung.

Anhang 2.

In Verfolg der D. P. O. vom 1. Juli 1924 S. 12, Abs. 3 ist von der Fakultät für Maschinenwirtschaft (Abteilung für Schiffbau) folgender allgemein anerkannter Prüfungsplan herausgegeben worden.

c) Für Luftfahrzeugbau.
A. Vorprüfung wie für Fachrichtung Schiffbau und Schiffsmaschinenbau.
B. Hauptprüfung.
Übungsergebnisse.

I. Pflichtfächer:
1. Laboratorium für Luftfahrt.
2. Maschinen- und elektrotechnisches Laboratorium.
3. Entwurf einer Antriebsmaschine des Luftfahrzeugbaus.
4. Entwurf eines Luftfahrzeugs.
5. Theoretische Arbeit aus dem Luftfahrzeugbau (aerodynamische oder statische Untersuchungen).
6. Werkstatts- oder wirtschaftstechnische Arbeiten.

II. Wahlfächer:
7. u. 8. Studienarbeiten aus den Wahlfächern.

Diplomarbeit.
Mündliche Prüfung.

I. Pflichtfächer:
1. Luftfahrzeugbau.
2. Luftfahrzeugmaschinenbau.
3. Fabrikationslehre.
4. Grundzüge des Schiffsbaus.
5. Besprechung der Diplomarbeit.

II. Wahlfächer:
6. u. 7. Mindestens zwei Fächer, z. B.:
Sondergebiete des Luftfahrzeugbaus.
Sondergebiete des Luftfahrzeugmaschinenbaus.
Höhere Statik des Luftfahrzeugbaus.
Schiffbau.
Schiffsmaschinenbau.
Höhere Mechanik (Allgemeine technische oder Aeromechanik).
Elektrotechnik (ist zu wählen, wenn in der Vorprüfung nicht erledigt).
Arbeitsmaschinen.
Fabrikations- und Wirtschaftslehre.
Höhere Physik.
Meteorologie.
Meßkunde.

Erörterung.

Herr cand. arch. nav. Ogilvie:

Hochverehrte Anwesende! Im Anschluß an den Vortrag Seiner Magnifizenz erlaube ich mir, in kurzen Worten der hohen Versammlung den Standpunkt klarzulegen, den die Studierenden der Abteilung für Schiff- und Schiffmaschinenbau dem Hochschulstudium gegenüber einnehmen.

Die Studierenden unserer Abteilung empfanden es stets als außerordentlich fördernd, daß den Herren Dozenten durch die geringere Zahl von etwa 30 Vorlesungsbesuchern die Möglichkeit gegeben war, mit den Studierenden in persönliche Berührung zu treten, die ein tieferes Eindringen in die Materie zur Folge hatte. Unter der Anleitung der Herren Dozenten fanden Übungsarbeiten und auftretende Probleme eine die Studierenden wesentlich bereichernde Lösung.

Hierin trat nach Eingliederung der Abteilung für Schiff- und Schiffmaschinenbau in die Fakultät für Maschinenwirtschaft eine Änderung ein. Die Herren Dozenten halten jetzt Vorlesungen vor 1000 und mehr Studierenden. Dadurch ist eine persönliche Fühlungnahme des einzelnen mit dem Dozenten nahezu zur Unmöglichkeit geworden. Auch die Herren Assistenten müssen sich lediglich auf die Beurteilung der Übungsarbeiten beschränken, ohne auf naheliegende Grenzgebiete eingehen zu können.

Infolgedessen lassen sich die Wünsche der Studierenden unserer Abteilung dahingehend zusammenfassen, daß durch Einrichtung von Parallel-Professuren für Mechanik, Maschinenelemente und auch Mathematik mit verkleinertem Hörerkreis die persönliche Zusammenarbeit der Herren Dozenten mit den Studierenden wieder ermöglicht wird.

Der Wunsch nach einer gründlichen und möglichst den Anforderungen der Praxis entsprechenden Ausbildung hat die Studierenden der Abteilung für Schiff- und Schiffmaschinenbau veranlaßt, das Interesse dieser hochansehnlichen Versammlung in Anspruch zu nehmen. (Beifall.)

Herr Professor Laas verzichtete auf ein Schlußwort.

VIII. Zahnradgetriebe für Turbinen- und Motorschiffe der Werft Blohm & Voß.

Von Dr.-Ing. eh. Herm. Frahm, Hamburg.

Zu den bedeutendsten in den letzten 12 bis 15 Jahren gemachten Fortschritten in der Entwicklung der Antriebe von Schiffen gehört, soweit Schiffe mit Dampfturbinen in Frage kommen, die Einführung von Zahnradgetrieben zur Übersetzung der schnellen Turbinendrehzahlen ins Langsame. Durch diese wurde erreicht, daß das Anwendungsgebiet der Dampfturbinen, das geraume Zeit auf schnellaufende Schiffe großer Leistungen beschränkt blieb, auch auf Schiffe mittlerer und kleiner Geschwindigkeiten ausgedehnt wird.

Bei der Dampfkolbenmaschine, die von Natur nicht zum Schnelläufer geeignet ist, bot die Einführung von Übersetzungsgetrieben keinen Vorteil und wurde daher m. W. auch nicht versucht, wohl aber ist bei Ölmaschinenantrieb in besonderen Fällen eine Zahnradübersetzung am Platze, um die in Gewichts- und Raumersparnis bestehenden bedeutenden Vorteile nutzbar zu machen. Die Ölmaschinen eignen sich vermöge ihrer Bauart als geschlossene Maschinen mit zwangläufiger Schmierung viel mehr zum Schnelläufer als die Dampfkolbenmaschine. Auch wirkt sich bei ihnen die erzielbare Gewichtsverminderung für die Pferdekraft aus dem Grunde wesentlich mehr aus, als die Verminderung prozentual einen bedeutend größeren Teil des Gesamtgewichts der Maschinenanlage beeinflußt als bei der Dampfanlage, bei der die Kessel ja ganz unberührt bleiben.

Aus diesen Gründen ist von Blohm & Voß neben der Ausbildung der Zahnradgetriebe für Turbinenschiffe auch der Ausbildung von Zahnradantrieben für Motorschiffe erhöhte Aufmerksamkeit gewidmet worden. Damit soll nicht gesagt sein, daß die Zahnradübersetzung ausschließlich zur Verwendung kommen soll, es muß vielmehr vorbehalten bleiben, jeden Einzelfall mit Rücksicht auf den günstigsten Propellerantrieb daraufhin zu untersuchen, ob der direkte oder indirekte Antrieb am Platze ist.

Besonders durch die neuerdings erfolgte Einführung des doppeltwirkenden Zweitaktmotors der M. A. N. ist die Entwicklung des Motorantriebes derart verschoben worden, daß der direkte Antrieb für große Leistungen (über 5000 PSe der Schraubenwelle) wohl ausschließlich und für kleinere und mittlere Leistungen in vielen Fällen in Frage kommt.

Im folgenden mögen die bei Blohm & Voß in den letzten Jahren für die Herstellung und den Entwurf von Zahnradgetrieben geleisteten, zum Teil grundlegenden Vorarbeiten, soweit sie allgemein von Interesse sein könnten, im Zusammenhang dargestellt werden.

Allgemeines über Art und Weise der Verzahnung.

Für die im Schiffsmaschinenbau in Betracht kommende Übersetzung großer Leistungen durch Zahnräder kann mit Rücksicht auf gleichmäßige Übertragung des Zahndruckes und auf Erreichung geräuschlosen Laufes nur ein Getriebe verwendet werden, das in bezug auf Genauigkeit der Herstellung den höchsten Anforderungen genügt.

Es kommen durchweg Pfeilradgetriebe mit Zähnen kleiner Teilung und Evolventenverzahnung, die nach dem Abwälzverfahren hergestellt wird, zur Anwendung. Die Gründe hierfür sind bekannt und brauchen daher nur ganz kurz angedeutet zu werden.

Die Ausbildung der Getriebe als Pfeilräder gewährleistet bei axialer Bewegungsfreiheit des einen Rades eine gleichmäßige Verteilung des Zahndruckes auf beide Flankenhälften.

Die schräge Stellung der Zahnflanken, gewöhnlich unter einem Winkel von 30—45°, sowie die Wahl einer kleinen Teilung gestattet den gleichzeitigen Eingriff vieler Zähne, der mit Rücksicht auf den ruhigen Lauf und die Möglichkeit des Ausgleiches geringfügiger Fehler der einzelnen Zähne erwünscht ist. Insbesondere werden bei einem Rad mit schrägen Zähnen die während der Eingriffsdauer nach Lage, Größe und Richtung wechselnden Resultanten aus Zahndruck und Zahnreibung, die notwendigerweise Schwankungen in der Gleichförmigkeit hervorbringen müssen, besser ausgeglichen als bei einem Stirnrade. An jedem einzelnen Zahn sind nämlich infolge seiner Schrägstellung Zahnkräfte verschiedener Richtung gleichzeitig wirksam und können sich mithin wenigstens teilweise ausgleichen.

Die Wahl der Evolventenverzahnung gründet sich darauf, daß bei ihr die Eingriffsverhältnisse bei Vergrößerung oder Verkleinerung des Achsenabstandes der beiden Räder richtig bleiben, und ist geboten, bei Anwendung des Abwälzverfahrens, weil zur maschinellen Herstellung des Evolventen-Schneckenfräsers nur rotierende und geradlinige Bewegungen am Werkstück und Werkzeug erforderlich sind.

Das Abwälzverfahren selber bietet endlich die großen Vorteile, daß im Gegensatz zu dem mittelbaren Verfahren unter Verwendung eines auf zeichnerischer Grundlage hergestellten Profilwerkzeuges die richtige Zahnform unmittelbar durch Abwälzen des Werkzeuges erreicht wird, und daß für alle Zähnezahlen gleicher Teilung ein und derselbe Fräser benutzt werden kann. Da die Zähne ferner nicht einer nach dem anderen gefräst, sondern alle gleichzeitig angefangen und fertiggestellt werden, wird auch eine unzulässige ungleichmäßige Erwärmung des Rades vermieden. Ein Mittel, das besonders geeignet ist, einen Ausgleich geringer Unebenheiten der Verzahnung herbeizuführen, besteht darin, daß man als Zähnezahlen Primzahlen wählt, wodurch erreicht wird, daß jeder Zahn des Ritzels fortlaufend mit jedem Zahn des Rades in Eingriff gelangt.

Es verdient besonders hervorgehoben zu werden, daß Sir Charles A. Parsons, dem der Schiffsmaschinenbau so viel zu verdanken hat, schon bei dem ersten Turbinenschiff, das er mit Räderübersetzung ausrüstete, ein Getriebe der vorbeschriebenen Art verwandte, und die Tatsache, daß die modernsten Getriebe grundsätzliche Verschiedenheiten gegenüber seiner Erstausführung nicht aufweisen, zeigt deutlich, mit wie sicherem Blick Parsons sogleich das Richtige getroffen hat.

Herstellung der Verzahnung.
Fräsmaschinen.

Als die Werft von Blohm & Voß im Jahre 1914 den ersten Auftrag auf ein Triebturbinenschiff erhielt, entschloß sie sich sogleich, die Anfertigung der Zahnräder selbst zu übernehmen, und es wurde für diesen Zweck eine Spezial-Räderfräsmaschine von der Firma J. E. Reinecker Aktiengesellschaft, Chemnitz-Gablenz, bestellt. Später wurden von der gleichen Firma noch eine Ritzelfräsmaschine und eine zweite größere Räderfräsmaschine geliefert. Diese beiden Maschinen sind in den Abb. 1—4 dargestellt.

Abb. 1. Räderfräsmaschine. Gesamtansicht.

Abb. 2. Räderfräsmaschine. Support und Werkstück.

Die Räderfräsmaschinen haben senkrechten Aufspanndrehzapfen. Der durch Gegengewicht entlastete drehbare Frässupport und auch der Ständer können sowohl selbsttätig als auch von Hand bewegt werden. Der Frässupport hat eine Einrichtung (D.R.P. 303 656), die es gestattet, während des Arbeitsganges den Fräser in seiner Achsenrichtung selbsttätig zu verschieben, wodurch immer scharf geschliffene Fräserzähne zum Arbeiten gebracht werden und dadurch das Werkzeug länger gut arbeitsfähig erhalten bleibt.

Der Drehantrieb des Tisches erfolgt durch zwei unter 180° versetzte Schnecken, die in ein mit dem Tisch zentrisch verbundenes Mutterrad eingreifen und von denen die eine zur Erzielung gleichmäßigen Tragens beider Schnecken axial nachstellbar ist. Der Antriebsmechanismus ist so ausgebildet, daß zwischen Motor und jeder Schnecke genau gleiche Elastizitätsverhältnisse hinsichtlich der Wellenverdrehungen vorliegen. Die Elastizität darf nicht so groß sein, daß der von der Schnecke zu überwindende Reibungswiderstand des Drehtisches, der infolge der sehr langsamen Bewegung recht hohe Werte annimmt (vgl. Abb. 10), ruckweise die Übertragungswellen verdreht. Die

Abb. 3. Ritzelfräsmaschine. Gesamtansicht.

Schnecken müssen, zur Verhinderung solcher Ruckbewegungen des Tisches, „durchziehen". Da ferner Tisch und Fräser von demselben Elektromotor angetrieben werden, muß die Drehelastizität beider Antriebe so zueinander abgestimmt sein, daß Ungenauigkeiten beim Schnitt des Werkstückes, hervorgerufen durch Nachgiebigkeit der Antriebe, vermieden werden.

Die Genauigkeit der Tischbewegung ist von ausschlaggebender Bedeutung für die Güte der auf der Maschine hergestellten Räder. Jede Ungenauigkeit der Zahnteilung des Mutterrades verursacht einen Fehler an dem zu schneidenden Rad, der bei jeder Umdrehung des Tisches wiederkehrt und sich daher auf allen Zähnen findet, die an dieser Stelle des Umfanges betroffen werden.

Zum Ausgleich derartiger Fehler hat Parsons eine zweite zusätzliche Drehbewegung eingeführt, durch welche dem nicht mehr fest mit dem Tisch verbundenen Werkstück eine Relativbewegung zum Tisch erteilt und wodurch eine spiralförmige Verteilung der durch die Tischbewegung verursachten Fehler auf den Radumfang bewirkt werden soll (Creeping System).

Bei der ersten Reineckerschen Räderfräsmaschine war probeweise eine derartige Fehlerverschleppungsvorrichtung vorgesehen. Die Prüfung von Rädern, die mit und ohne diese Vorrichtung gefräst waren, zeigte, daß

Abb. 4. Ritzelfräsmaschine. Support und Werkstück.

die Räder, die unter Verwendung der Verschleppung geschnitten waren, größere Ungenauigkeiten aufwiesen als die anderen. Der Grund dürfte darin zu suchen sein, daß jede Bewegungsmöglichkeit in der Maschine eine Quelle von neuen, wenn auch noch so geringen Fehlern ist, und es erscheint daher zweckmäßig, jede Komplikation zu vermeiden und alles daranzusetzen, das für die Tischbewegung erforderliche Getriebe so genau wie irgend möglich zu machen. Die zweite neuere Räderfräsmaschine hat daher auch keine Verschleppungsvorrichtung mehr erhalten.

Der Aufspanntisch wird außer durch eine Spindel noch durch eine zweite Führung großen Durchmessers sicher geführt, die gleichzeitig das Gewicht des Tisches und Werkstückes aufnimmt. Zur Entlastung dieser Führung ist am unteren Ende der Spindel ein Kugeldrucklager angebracht, das von unten vermittels in Schneiden gelagerter Hebel durch einen Streckstab regulierbar belastet ist und das Eigengewicht mehr oder weniger aufhebt.

Die Ritzelfräsmaschine ist nach den gleichen Grundsätzen gebaut wie die Räderfräsmaschine, mit dem Unterschied, daß die Achse des Werkstückes wagerecht angeordnet ist (Abb. 3 u. 4).

Die Firma Reinecker hat bei der Konstruktion ihrer Fräsmaschinen den zahlreichen, vorstehend teilweise nur angedeuteten Aufgaben die größte Sorgfalt gewidmet, und es muß anerkannt werden, daß die gelieferten Maschinen sehr hohen Anforderungen an Genauigkeit genügen.

Ein besonders wichtiger Punkt, dem bei der Herstellung der Fräsmaschinen höchste Aufmerksamkeit geschenkt werden muß, ist das

Verfahren zur Herstellung eines genauen Mutterrades.

Das Verfahren, das bei der Firma Reinecker zur Erzeugung eines genauen Mutterrades für den Tischantrieb dient, ist folgendes:

Nach allen bisherigen Erfahrungen sind die Versuche, auf rein mechanischem Wege genaue Teilräder herzustellen, vergeblich. Es muß eine Nacharbeit von Hand stattfinden.

Die Ermittlung der Stellen, an denen nachgearbeitet werden muß, bedingt ein Nachmessen der Zahngenauigkeit. Nimmt man eine solche Messung mit Meßapparaten von Zahn zu Zahn vor, so addieren sich die bei jeder Einzelmessung unvermeidlichen minimalen Fehler und das Resultat bleibt unbefriedigend. Man muß daher damit beginnen, die großen Winkel zu prüfen, und zwar zunächst 180°, dann 90°, dann 45° usw. Ein Meßfehler wird bei diesem Verfahren in immer kleinere Winkel zerlegt.

Das Teilrad, das bei größeren Fräsmaschinen bis zu etwa 4 m Durchmesser hat, ist in der auf der Abb. 5 ersichtlichen Weise um eine senkrechte Achse drehbar gelagert und wird durch die zugehörige Schnecke vermittels eines zusätzlichen Hilfsschneckengetriebes von Hand gedreht. Nach einer Einstellnadel kann die Schnecke von einer Umdrehung zur anderen genau eingestellt werden. Auf dem Teilrad befindet sich ein Lineal mit starkem Fernrohr.

Die Messungen werden folgendermaßen vorgenommen: Zunächst werden nach einem Verfahren, dessen Beschreibung hier zu weit führen würde, zwei mit Skalen versehene Tafeln in einem Abstand von etwa 100 m einander genau diametral gegenüber angebracht. Sodann wird das Fernrohr auf die Nullstellung der einen Tafel eingestellt und nun das Teilrad vermittels des Schneckenantriebes um die Hälfte seiner Zähnezahl geschaltet. Ein Blick durch das Fernrohr läßt auf der zweiten Tafel den vorhandenen Fehler erkennen, der durch Nachschaben einer Zahnflanke beseitigt wird. Nachdem so die Zahneinteilung von 0—180° derjenigen von 180—360° genau gleichgemacht worden ist, werden nach demselben Verfahren zunächst die Halbkreise in Viertelkreise zerlegt und die Zähne bei 90° und 270° nachgeschabt. Die Fortsetzung des Verfahrens läßt schließlich die Messung von Zahn zu Zahn zu. Mit einem so bearbeiteten Teilrad wurde ein zweites bedeutend genaueres Rad gefräst, dieses wieder korrigiert und dann ein drittes gefräst, bei dem nur noch unbedeutende Fehler zu beseitigen waren. Das endgültige Rad diente dann zur Erzeugung der Teilräder für die von der Firma Reinecker hergestellten Fräsmaschinen, von denen jedes ebenfalls vor dem Einbau sorgfältig nachgeschabt wird.

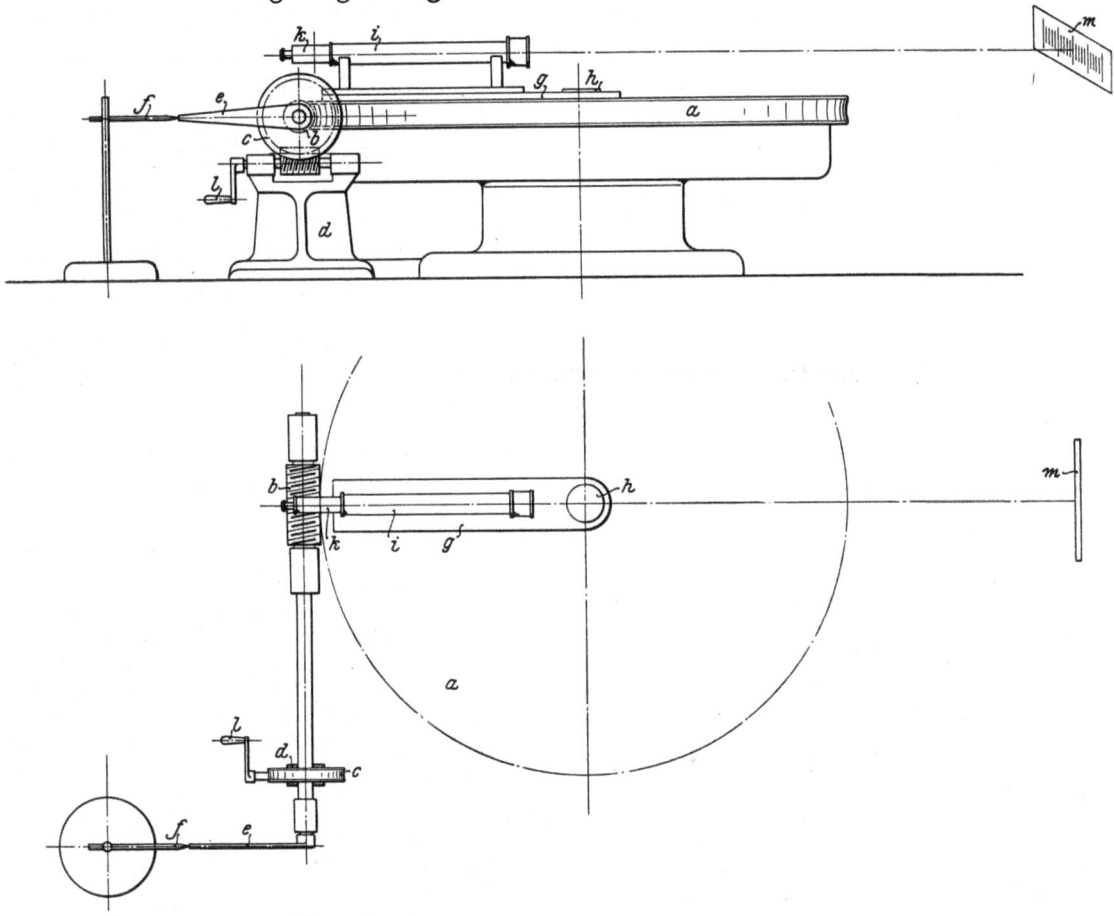

Abb. 5. Anordnung zur Prüfung von Teilgenauigkeit von Reinecker.

Bezeichnungen:

a zu prüfender Zahnkranz.
b Teilschnecke.
c, d, l Schneckengetriebe mit Kurbel zum Drehen der Teilschnecke.
e Zeiger auf Teilschneckenwelle befestigt.
f Einstellnadel, nach welcher „e" genau auf 1 Umdrehung eingestellt wird.
g Platte mit Drehzapfen: h.
i Fernrohr mit Fadenkreuz bei k.
m Skala.

Es versteht sich von selbst, daß die gleiche Sorgfalt, die bei der Herstellung des Teilrades aufzuwenden ist, auch bei allen übrigen Konstruktionselementen, insbesondere bei der Spindel für den Transport des Supports und bei den zahlreichen Zahnradübersetzungen beobachtet werden muß.

Ausbildung der Fräser.

Von großer Bedeutung ist die Konstruktion der Fräser. Zuerst wurden aus dem Vollen gearbeitete Wälzfräser (Abb. 6 A) verwendet. Diese Fräser haben den Nachteil, daß das Material nicht überall gleichmäßig ist, weil es nicht genügend durchgeschmiedet werden kann. Es ist daher besser, einen Fräser nach Abb. 6 B zu benutzen, der einzelne eingesetzte Messer hat, die aus bestem durchgearbeiteten Material hergestellt werden können.

Beide Fräser A und B haben die Eigenschaft gemein, daß sie nur geringen Hinterschliff zulassen, daher leichter stumpf werden und bei dem langen ununterbrochenen Arbeitsgang, der bei großen Rädern bis zu 200 Stunden be-

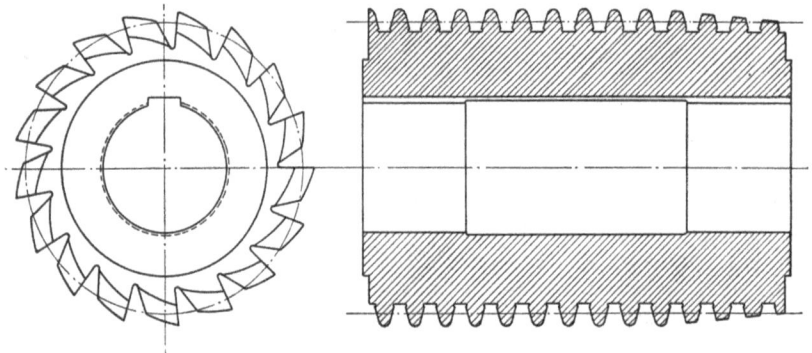

A. Massiver schneckenförmiger Wälzfräser.

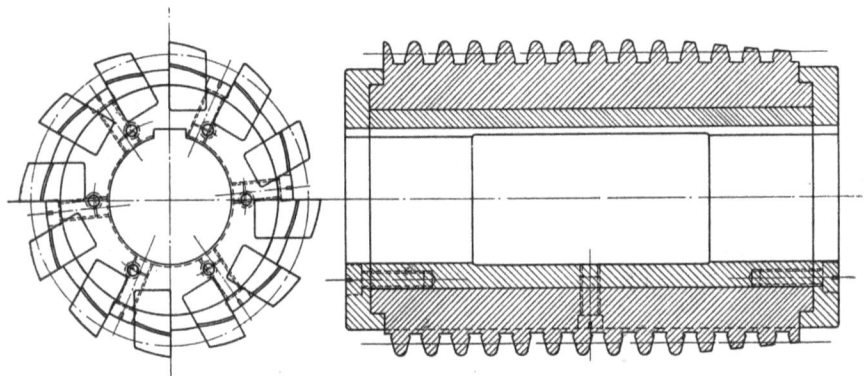

B. Schneckenförmiger Wälzfräser mit festeingesetzten Messern.

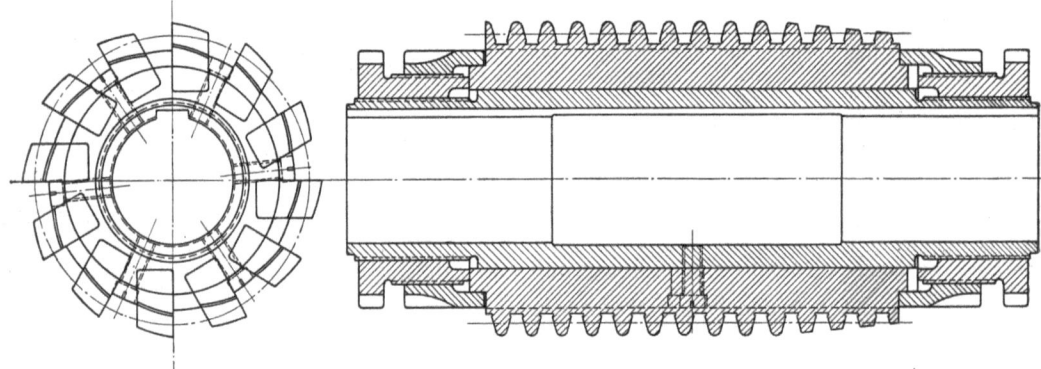

C. Schneckenförmiger Wälzfräser mit verstellbaren Messern.
Abb. 6. Fräser.

ansprucht, schließlich durch das Material hindurchgewürgt werden. Ein solches Arbeiten bringt ein Abdrängen des Supports und daher eine Ungenauigkeit der geschnittenen Zähne mit sich. Außerdem verlangt ein auf solche Weise abgenutzter Fräser ein starkes Nachschleifen an den Stirnflächen, worunter die Lebensdauer des Werkzeuges leidet.

Diesen Nachteilen wurde durch die Konstruktion des in Abb. 6 C dargestellten Fräsers begegnet. Die eingesetzten Messer dieses Fräsers sind durch Muttern an den beiden Enden so gehalten, daß die Hälfte aller Messer axial gegen die andere Hälfte eingestellt werden kann. Ein solcher Fräser läßt einen kräftigen axialen Hinterschliff zu, weil eine Verkleinerung des Zahnprofiles infolge Nachschleifens durch Neueinstellung der Messer ausgeglichen werden kann. Er hat außerdem den großen Vorteil, daß von je zwei aufeinanderfolgenden Zähnen der eine nur mit der einen, der nächste mit der anderen Flanke schneidet, wodurch das Würgen des Zahnes im Material vermieden und ein glatter Schnitt erzielt wird. Seine Lebensdauer wird durch die Nachstellbarkeit verlängert.

Es sei noch erwähnt, daß auch Versuche mit dem in Abb. 7 D abgebildeten Fräser gemacht wurden. Bei diesem Fräser ist in jeder axialen Zahnreihe die

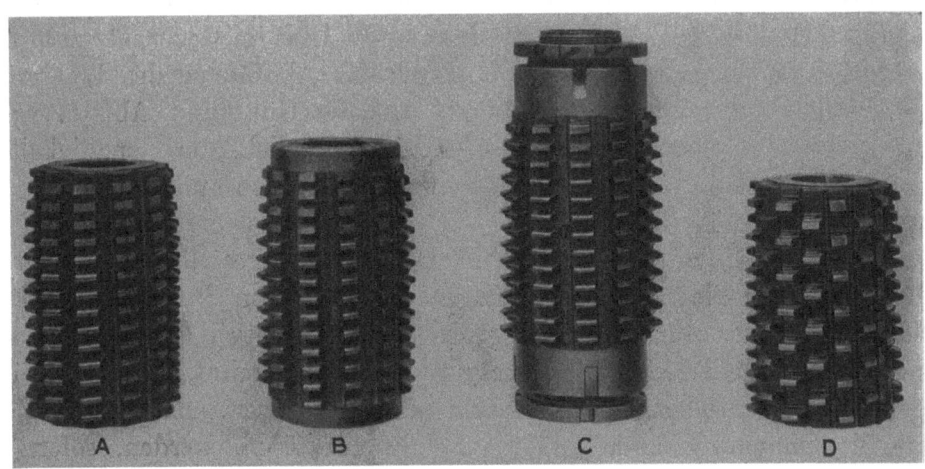

Abb. 7. Ansicht der Fräser.

Hälfte aller Zähne entfernt, wodurch ein genaueres Schleifen der übrigen Zähne ermöglicht und mehr Platz für das Entweichen der Späne geschaffen werden soll. Die leichtere Bearbeitung des Fräsers ist zweifellos ein Vorteil, bei der Arbeit am Werkstück macht sich jedoch die geringere Zähnezahl dadurch bemerkbar, daß bei gleichem Vorschub gröbere Späne abgehoben werden als bei den Fräsern nach A bis C, und die gefräste Fläche daher nicht so glatt wird. Der leichtere Abgang der Späne spielt keine erhebliche Rolle, da auch bei den Fräsern mit normaler Zähnezahl ein Verstopfen durch Späne nie störend in Erscheinung getreten ist.

In allen Fällen werden die Räder in zwei Arbeitsgängen fertiggestellt. Nachdem die Zahnlücke mit einem Vorfräser roh eingearbeitet ist, wird ein Schlichtspan abgenommen. Der Fräser C wird lediglich zum Nachfräsen benutzt.

Prüfung der fertig geschnittenen Räder.

Alle bisher besprochenen Maßnahmen dienten dazu, Werkzeugmaschine und Werkzeug so auszubilden, daß die Vorbedingungen für die Herstellung eines den höchsten Anforderungen genügenden Getriebes soweit wie irgend möglich geschaffen werden. Die nächste Aufgabe besteht dann darin, die fertigen Getriebe auf ihre Güte zu prüfen.

Untersuchung der Einzelräder auf dem Frästisch.

Diese Untersuchung wird so vorgenommen, daß das fertige Werkstück auf der Fräsbank bleibt und mit Hilfe des Fräserantriebes auf Genauigkeit geprüft wird. An Stelle des Werkzeuges wird eine sogenannte Meßuhr mit hundertfacher Vergrößerung am Fräsersupport befestigt, und nach Ingangsetzung der Maschine werden einzelne Zähne über ihre ganze Länge abgetastet. Das Meßergebnis gibt Aufschluß über die Genauigkeit der mittleren Steigung des schraubenförmigen Zahnes sowie über die Richtigkeit jedes einzelnen Zahnes auf der ganzen Flankenlänge.

Selbstverständlich können hierbei nur solche Fehler entdeckt werden, deren Ursache in dem Arbeiten der Fräsmaschine unter Last im Gegensatz zum Leerlauf liegen, z. B. Ungenauigkeiten, die durch das Abdrängen des Fräsers entstehen. Außerdem können Rückschlüsse auf die Güte und Abnutzung des Fräsers gezogen werden. Dagegen ist es nicht möglich, die Genauigkeit der Maschine selbst, die hierbei als gegeben betrachtet werden muß, auf diese Weise zu ermitteln.

Es hat sich in der Praxis bei Blohm & Voß herausgestellt, daß Räder und Ritzel, bei denen die Summe der Ungenauigkeiten von Steigung und Zahnoberfläche bei einer solchen Prüfung den Wert von etwa 0,05 mm bei etwa 500 mm axialer Breite der Zahnflanke nicht überschreitet, den Ansprüchen genügen, die an die Genauigkeit gestellt werden müssen. Ritzel und Räder, die aus irgendeinem Grunde größere Fehler aufweisen, werden, sofern dies noch angängig ist, nachgefräst, sonst verworfen.

Einlaufen der Zahnräder.

Als wesentliches Kriterium für die Güte eines Getriebes kann auch die Untersuchung darüber betrachtet werden, ob nach einem zwei- bis dreitägigen Einlaufen des Getriebes mit geringer, etwa ein Achtel der Betriebslast betragender Belastung und unter Verwendung von Öl mit etwas Graphit als Schmiermittel ein gleichmäßiges Tragen der Zähne über die ganzen Flankenlängen erreicht werden kann.

Für dieses Einlaufen der Zähne werden bei Blohm & Voß zwei verschiedene Einrichtungen benutzt.

Bei der ersten Anordnung, die bereits bei den später zu erwähnenden Versuchen mit den Rädergetrieben des Gr. Kreuzers „Mackensen" verwendet wurden, können zwei Getriebe gleichzeitig einlaufen. Die Wellen der großen Räder werden, wie auf Abb. 13 dargestellt ist, durch eine kräftige Welle fest miteinander verbunden, während ein oder beide Ritzelpaare mit Hilfe von elastischen Wellen „a" gekuppelt werden. Schraubt man die Kupplung der Ritzelwellen zusammen, nachdem man vorher eine Verdrehung der elastischen Welle vorgenommen hat, so hat man zwischen Rad und Ritzel einen Zahndruck hergestellt, der dem Verdrehungswinkel der dünnen Welle direkt proportional ist und durch Veränderung dieses Winkels auf beliebige Größe eingestellt werden kann. Wird nun mit Hilfe einer Turbine oder eines Elektromotors das Aggregat gedreht, so hat die Antriebsmaschine nur die Reibungsarbeit zu leisten, während die Zahnräder und auch die Zahnradwellen in den Lagern tatsächlich unter der jeweils gewählten Belastung laufen.

Das zweite Verfahren, das sich in denjenigen Fällen empfiehlt, in denen jeweils nur ein einzelnes Getriebe mit zwei Ritzeln einlaufen soll, besteht darin, daß man mit jedem Ritzel einen Elektromotor kuppelt, von denen der eine Energie abgibt und der andere, gewissermaßen als Bremse, Energie aufnimmt. Auch hierbei läßt sich der Zahndruck auf einen gewünschten Wert einstellen.

Zum Einlaufen wird lediglich eine Mischung von Öl und Graphit, keinesfalls Schmirgel oder Glas verwendet. Der Zahndruck wird je nach Bedarf auf etwa 10—25% des bei der späteren Normalleistung des Getriebes in Frage kommenden eingestellt. Die Umdrehungszahl wird allmählich gesteigert, aber nicht so hoch gewählt, daß ein Abspritzen des Öles eintritt. Das Einlaufen muß selbstverständlich nacheinander in beiden Drehrichtungen erfolgen.

Untersuchung der Zahnräder im Eingriff bei stufenweiser Weiterschaltung.

Es liegt nahe, daß man nach vollständiger Fertigstellung eines Getriebes durch möglichst vollkommene Apparate die absolute Genauigkeit der Zahnräder zu untersuchen bestrebt ist, ganz unabhängig von den Fehlern der Fräsmaschine, die bei der oben beschriebenen Prüfung als gegeben vorausgesetzt werden.

Eine Methode, die zwar nicht zu ganz einwandfreien Ergebnissen führte, immerhin aber verläßliche Anhalte für die Genauigkeit der Teilung ergab, ist in Abb. 8 dargestellt. Das zu prüfende Rad a ist um einen senkrechten Zapfen drehbar gelagert und trägt auf seiner Achse ein Fernrohr b, das mittels eines Schneckentriebes c geschwenkt werden kann. Durch ein Hilfsritzel d mit fest aufgesetztem Fernrohr kann das große Rad unter Verwendung des Schneckentriebes e von Hand gedreht werden.

Bei dem Versuch werden zunächst beide Fernrohre auf die Nullmarke der in gehöriger Entfernung aufgestellten Tafel f eingestellt. Nunmehr wird das Ritzel d einmal um seine Achse gedreht und die genaue Ausführung dieser Bewegung daran ermittelt, daß die Nullmarke wieder auf dem Fadenkreuz des Fernrohres erscheint. Nunmehr wird die zweite Skala g, in derselben radialen Entfernung wie f, so aufgestellt, daß die Nullinie genau im Fernrohr b erscheint, und dann dieses Fernrohr durch die Schnecke c soweit zurückgedreht, bis es wieder auf die Nullmarke f gerichtet ist. Wiederholt man diesen Vorgang, so wird man finden, daß in den meisten Fällen nach jeder weiteren Umdrehung von b die Ablesung auf der Tafel g einen anderen Wert ergibt.

Ist das Übersetzungsverhältnis des Getriebes keine ganze Zahl, so kann man das Verfahren über mehrere Umdrehungen des großen Rades wiederholen und erhält dadurch immer neue Meßpunkte. Die zu jeder Ritzelumdrehung gehörenden, vom Fernrohr *b* zurückgelegten und auf den Teilkreis bezogenen Wege werden über dem Radumfang als Abszisse aufgetragen und zum Vergleich als gerade Linie der bei genau gleicher Teilung theoretisch sich ergebende Weg pro Ritzelumdrehung in das Diagramm aufgenommen.

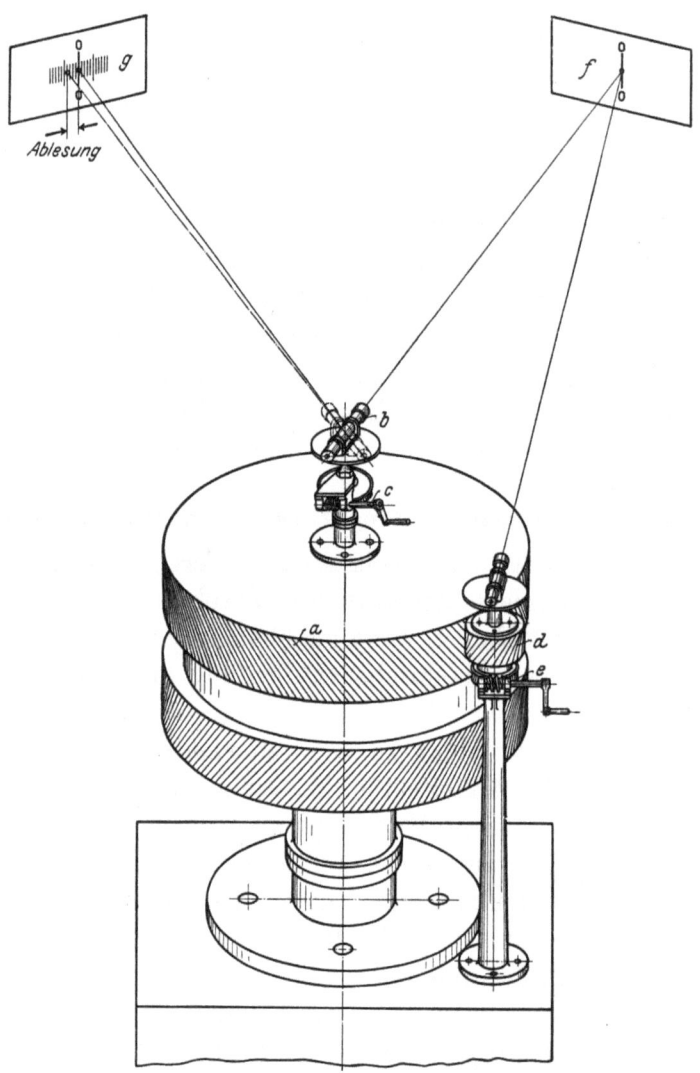

Abb. 8. Einrichtung zur Prüfung der Zahnteilung von großen Triebrädern.

Bezeichnung:

a zu prüfendes Rad.
b mit dem Rad verbundenes Fernrohr.
c Schneckengetriebe zum Drehen des Fernrohrs um die Radachse.
d Ritzel mit festem Fernrohr.
e Schneckengetriebe zum Drehen des Ritzels.
f Nullmarke.
g Ableseskala.

Solche Diagramme sind in Abb. 9 dargestellt, und zwar stammt das erste von einem o h n e, das zweite von einem m i t Verschleppungsgetriebe geschnittenen Rade. Man erkennt ohne weiteres, daß, wie schon erwähnt, das erste im ganzen eine wesentlich genauere Teilung aufweist.

Die Mängel, die einer solchen Prüfung anhaften, haben ihre Quelle in dem Umstande, daß das große Rad von Messung zu Messung zur Ruhe kommt und

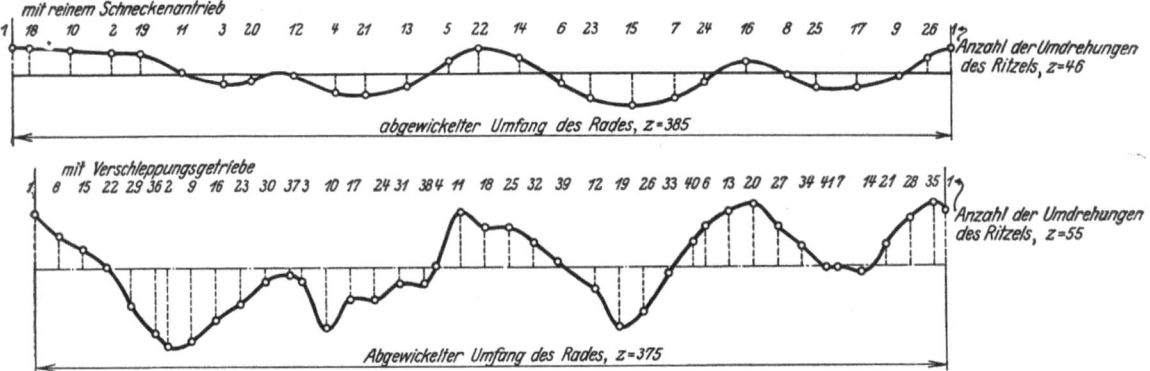

Abb. 9. Diagramme aufgenommen mit der Einrichtung nach Abb. 8.
Die Ordinaten geben die Versetzungen der Zähne des wirklichen Rades gegenüber einem ideellen Rade von theoretisch richtiger Teilung in 33¹/₃ facher Vergrößerung an.

jeweils wieder unter Überwindung der ruhenden Reibung neu in Gang gesetzt werden muß.

Die von Stribeck stammende Abb. 10 zeigt, wie stark der Reibungskoeffizient in der Nähe der Ruhelage mit den geringfügigsten Änderungen der Geschwindigkeit schwankt. Daraus ergibt sich, daß in diesem Gebiet die Antriebskräfte sehr schwer regulierbar sind, und daher die Weiterschaltung des großen Rades entsprechend einer Umdrehung des Ritzels mehr oder weniger ungenau ist.

Untersuchung der Zahnräder im Eingriff während des Laufes.

Um diese Quelle der Ungenauigkeit bei der Kontrolle der Zahnteilung aus dem Wege zu räumen, wurde der Gedanke gefaßt, während des Laufes des Getriebes eine Aufzeichnung der Abweichungen der ausgeführten Verzahnung gegenüber der theoretisch richtigen vorzunehmen. Diese Aufgabe ist naturgemäß nicht einfach zu lösen und stellt große Anforderungen an die Geschicklichkeit des Versuchsingenieurs. Es wurde beschlossen, den Versuch an einem in der Werkstatt zum Einlaufen der Zähne aufgebauten Turbinenrädergetriebe für ca. 4000 PSe

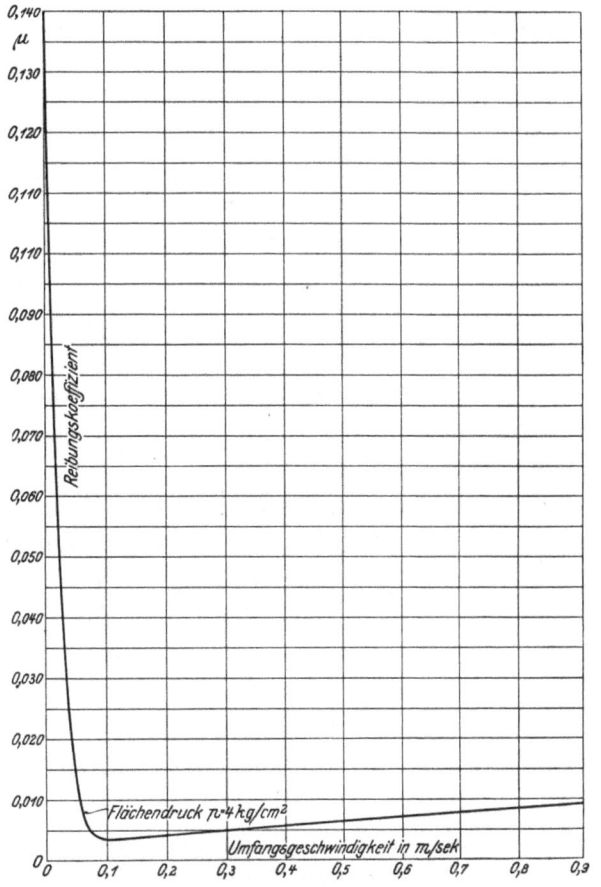

Abb. 10. Abhängigkeit des Reibungskoeffizienten von der Umfangsgeschwindigkeit.

vorzunehmen, das aus einem großen Zahnrad mit zwei Ritzeln besteht. Dieses Getriebe wurde mit Hilfe der durch lange elastische Wellen mit den Ritzeln verbundenen Elektromotoren mit etwa 350 Umdrehungen pro Minute für das Ritzel gleichmäßig in Betrieb gehalten.

Bei der verhältnismäßig geringen Masse des Ritzels im Vergleich zur Masse des großen Rades, konnte angenommen werden, daß das große Rad fast theoretisch gleichmäßig umläuft, und alle Ungenauigkeiten der Verzahnung sich in der Ungleichmäßigkeit der Ritzeldrehung wiederspiegeln. Dies ist natürlich nur gültig, wenn die Verbindungswellen zwischen den Elektromotoren und den Ritzeln so elastisch sind, daß die Anker der Elektromotoren die Ungleichmäßigkeit der Ritzelbewegung, soweit kurze Perioden in Frage kommen, nicht mitmachen.

Beim Entwurf der Versuchseinrichtung war grundlegend, mit dem Ritzel eine vollkommen gleichmäßig umlaufende Masse zu kuppeln und die Relativbewegungen zwischen dem Ritzel und dieser Masse genau aufzuzeichnen.

In Abb. 11 ist die Versuchseinrichtung dargestellt. Am Endflansch der Ritzelwelle sitzt ein Zapfen a, an dessen freiem Ende das Schwungrad b mittels Kugellager drehbar gelagert ist. Ein an dem Zapfen a befestigtes Rohr c ist am freien Ende durch eine weiche Blattfeder d mit dem Schwungrad b gekuppelt. Die Ungleichförmigkeiten im Gang der Ritzelwelle stellen sich demnach als kleine relative periodische Verschiebungen zwischen dem Rohrende und dem mit gleichförmiger Winkelgeschwindigkeit sich drehenden Schwungrad dar. Diese Verschiebungen werden in die Winkelbewegungen eines Hohlspiegels e übergeleitet, der am Rohrende in einer radial gerichteten Achse gelagert ist und durch einen kleinen Hebelarm mit einem am Schwungrad befestigten Arm f in Verbindung steht. Der Glühfaden einer am Rohr befestigten Glühlampe g wirft sein Licht auf den Hohlspiegel und zurück auf den Öffnungsschlitz einer gleichfalls am Rohr befestigten Kamera c, die einen aufgerollten Streifen photographischen Papieres enthält, das bei rotierendem Ritzel nach Bedarf vermittels eines Differentialgetriebes k an dem Öffnungsschlitz vorbeigeführt werden kann. Die Stromzuführung zu der mitrotierenden Glühlampe geschieht durch einen festen Arm l und das Schleifringpaar m. Das in Form eines Punktes auf das Papier fallende Lichtbild des Glühfadens schreibt dann in sehr starker Vergrößerung (1 : 100) die Abweichungen der Drehbewegung der Ritzelwelle vom theoretisch gleichmäßigen Gang in Form eines zusammenhängenden Linienzuges auf, der während jeder Umdrehung einmal, wenn nämlich der Lichtstrahl durch den Stromzuführungsarm abgedeckt wird, eine kleine Lücke aufweist, die damit zugleich jede einzelne Umdrehung markiert.

Die Ungleichförmigkeiten im Gang des Ritzels entstehen durch das Zusammenwirken zweier Ursachen, nämlich der Zahnteilungsfehler des Ritzels und des Rades. Die Diagramme der Ungleichförmigkeit werden demnach im allgemeinen von Umdrehung zu Umdrehung verschieden sein. Wenn aber nach Ablauf einer gewissen Reihe von Umdrehungen wieder dieselben Zähne des Rades und des Ritzels wie zu Beginn der Reihe in Eingriff gelangen, muß auch der Verlauf der Ungleichförmigkeiten denselben oder einen ähnlichen Gang nehmen, wie beim Anfang der Reihe. Dies wird durch die mit dem oben beschriebenen Apparate genommenen Diagramme gut bestätigt und dadurch die Brauchbarkeit des Meßverfahrens erwiesen. Bei den Versuchen hatte das Ritzel 23, das große Rad 561 Zähne, so daß nach 561 Ritzelumdrehungen wieder die-

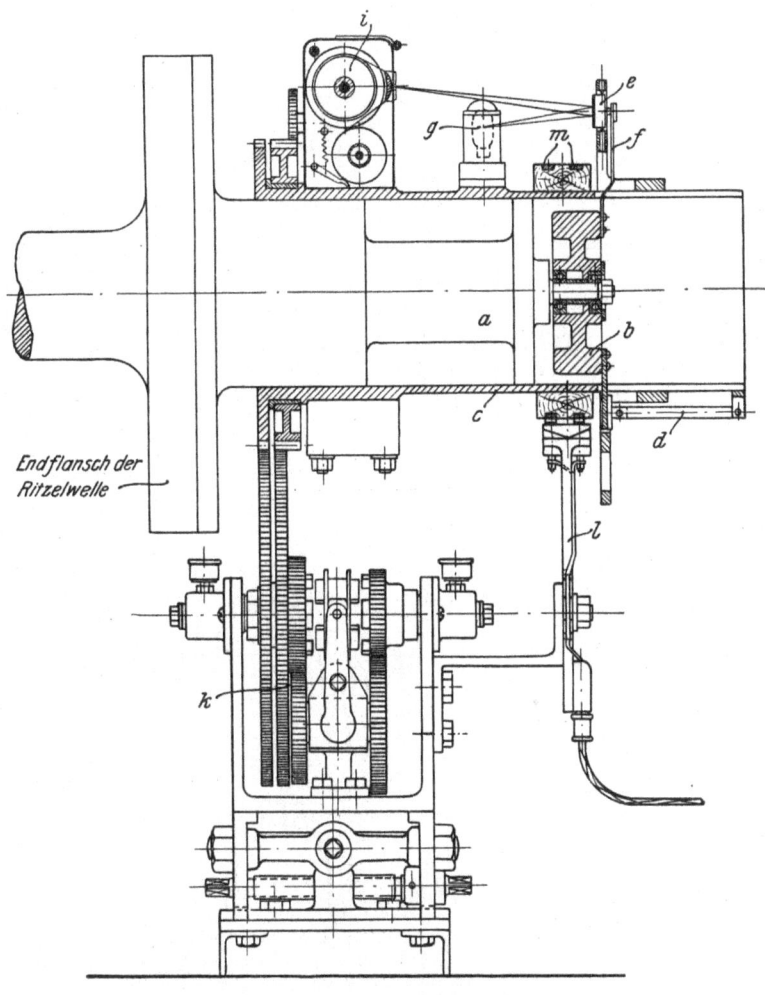

Abb. 11. Apparat zur Messung der Drehschwingungen in Ritzelwellen.

Bezeichnungen:

a Zapfen.
b Schwungrad.
c Rohr.
d Blattfeder.
e Hohlspiegel.
f Arm am Schwungrad.
g Glühlampe.
i Kamera.
k Differentialgetriebe.
l Stromzuführungsarm.
m Schleifringe.

selben Zähne miteinander in Eingriff stehen. In Abb. 12 sind aus einem Diagramm zwei Stücke herausgenommen, die einen Abstand von 561 Umdrehungen gegeneinander haben, und in einem solchen Maßstabe wiedergegeben, daß sie die 300 fach vergrößerte ungleichförmige Bewegung des Endflansches der Ritzelwelle darstellen.

Die Diagramme der Figuren A und B sind insofern von besonderem Interesse, als sie ein Bild geben, wie bei gutgeschnittenen Zahnrädern die tatsächlichen

96 Zahnradgetriebe für Turbinen- und Motorschiffe der Werft Blohm & Voß.

Ungenauigkeiten in Hinsicht auf Größe und Verteilung auf den Ritzelumfang verlaufen können. Für den guten Lauf der Räder kommt es darauf an, daß die Beschleunigungskräfte, die durch die Ungenauigkeiten der Verzahnung auf die in Drehbewegung befindlichen Massen ausgeübt werden, möglichst gering sind. Zur Bestimmung dieser Beschleunigungskräfte ist es erforderlich, das Ungenauigkeitsdiagramm nach dem Gesetz der harmonischen Analyse in die ein-

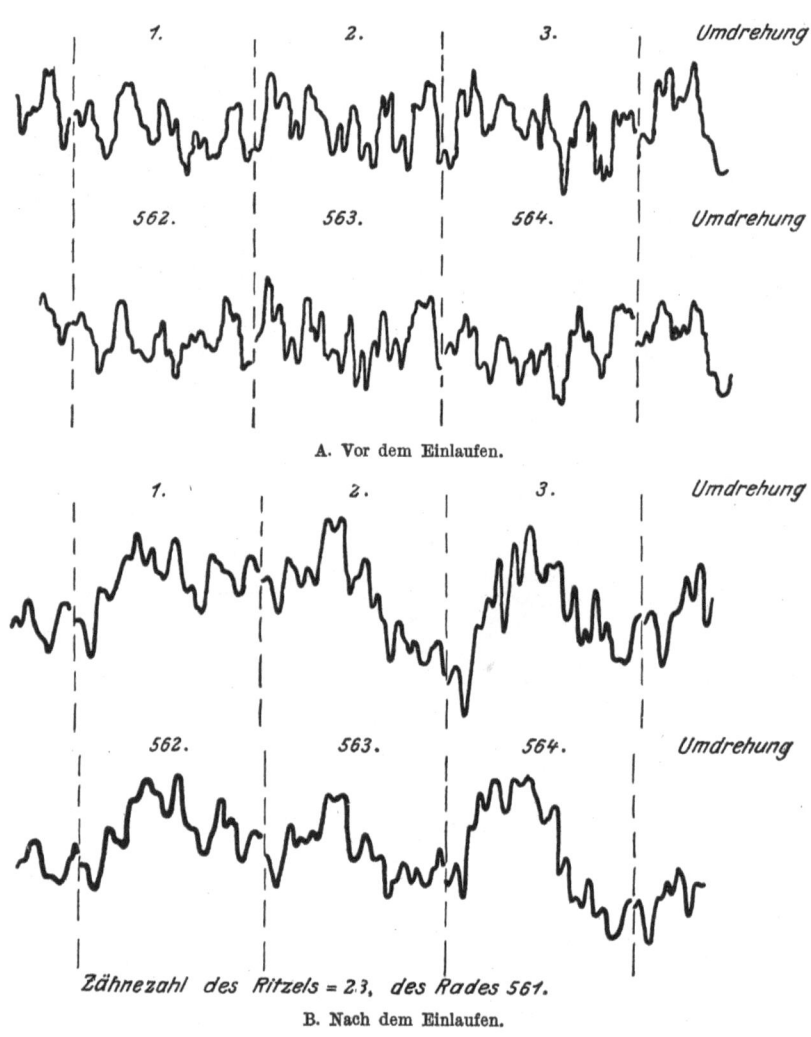

Abb. 12. Ungleichförmigkeitsdiagramm eines Ritzels bei 350 Umdr. pro Min. bezogen auf den Teilkreis in 300facher Vergrößerung.

zelnen sinusförmigen Grundkurven zu zerlegen, und zwar würde die kürzeste Periode einer Zahnteilung, im vorliegenden Fall also $1/_{23}$ des Ritzelumfanges, und die längste einem vollen Ritzelumfang entsprechen. Dazwischen würde jede Teilperiode wohl möglich sein. Es ist aber nicht gesagt, daß sie alle wesentliche Amplituden haben. Die Beschleunigungskräfte stehen in direktem Verhältnis zu diesen Amplituden, und außerdem sind sie dem Quadrat der jeweils zugehörigen sekundlichen Periodenzahl proportional. Die für die Ermittlung der Beschleunigungsdrücke einzusetzende Masse ist einmal die Masse des Ritzels (immer reduziert auf den Teilkreis) oder, falls diese starr mit einer anderen rotierenden Masse (z. B. Turbinenrotor) gekuppelt ist, die so vergrößerte Masse unter gleichzeitiger Berücksichtigung des großen Rades.

Aus den Diagrammen können nach ungefährer Schätzung folgende Amplituden festgestellt werden:

1 Periode pro Ritzelumdrehung, Amplitude = $1/133$ mm,
5 Perioden „ „ „ = $1/70$ „
23 „ „ „ „ = $1/200$ „

Diese sehr geringen Amplituden der Ungenauigkeiten legen Zeugnis ab von dem guten Schnitt der Verzahnung. Die Folge ist, daß auch die Beschleunigungsdrücke entsprechend klein sind und das Getriebe daher sehr ruhig laufen wird.

Bei genauerer Analysierung könnten auch Perioden anderer Häufigkeit mit kleinen Amplituden erkannt werden.

Bei der Auswertung der Diagramme ist zu beachten, daß bei der vorliegenden Messung zwischen dem Ritzel und dem großen Rad einerseits und dem Anker des Elektromotors andererseits Resonanzschwingungen aufgetreten sind, die fünf Perioden während einer Ritzelumdrehung zeigen. Diese Resonanz fand nachträglich durch die Rechnung ihre Bestätigung, die als Eigenschwingungszahl für das System die Zahl 1800 ergab, entsprechend einer kritischen Drehzahl für das Ritzel von 360. Bei 350 Umdrehungen des Versuches war also angenähert Resonanz vorhanden. Die Diagramme müssen mithin als über eine sinusförmige Grundschwingung fünfter Ordnung übergelagert betrachtet werden.

Die Diagramme bieten ferner ein Mittel dar, um den Einfluß des Einlaufens der Zähne auf den ruhigen Gang zu beurteilen. Zu diesem Zweck wurden die Kurven der Abb. A vor dem Einlaufen, ein weiteres Diagramm mit den Kurven der Abb. B nach dem Einlaufen der Zähne eines und desselben Getriebes aufgenommen. Die äußerlich große Verschiedenheit zwischen den Kurven der Abb. A und B rührt zunächst davon her, daß bei ihnen nicht dieselben Zähne in Eingriff standen, sodann daß, im Falle der Abb. B, durch eine kleine Störung in der Auswuchtung des Schwungrades b am Apparat die Grundkurven erster Ordnung mit größerer Amplitude erscheinen, als sie der Wirklichkeit entsprechen. Die Wirksamkeit des Einlaufens ist aber in erster Linie nach den kleinen von jedem Einzelzahn herrührenden Ungenauigkeiten zu beurteilen, die in Abb. A noch deutlich erkennbar sind, indem sie sich 23 mal pro Ritzelumdrehung wiederholen, während sie in Abb. B schon mehr ausgeglichen erscheinen und jedenfalls ein 23 maliges Wiederkehren pro Umdrehung nicht mehr stattfindet.

Versuche mit verschiedenen Zahnbelastungen und Umfangsgeschwindigkeiten.

Für die Bemessungen eines Rädergetriebes zur Übertragung einer gegebenen Leistung sind die Fragen des zulässigen Zahndruckes und der Umfangsgeschwindigkeit von ausschlaggebender Bedeutung. Zum Studium dieser Fragen wurden in den Jahren 1917/19 mit Genehmigung und unter Mitwirkung des Reichs-Marineamts eine große Reihe von Versuchen mit den Rädergetrieben der Marschturbinen des Großen Kreuzers „Mackensen" von der Firma Blohm & Voß durchgeführt, die gleichzeitig zu einer Klärung der wichtigen Schmierölfrage führten.

Es handelte sich um Getriebe, die die Leistung einer Hoch- und Niederdruckmarschturbine von normal $2360 + 885 = 3245$ PSe und maximal von $2 \times 3000 = 6000$ PSe mit Hilfe zweier Ritzel auf die Hauptwelle zu übertragen hatten. Die Umdrehungszahlen beider Ritzel betrugen dabei 1543 bzw. 2360 pro Minute, doch war die Bedingung gestellt, daß die Marschturbinen, wenn sie eingekuppelt bleiben, auch die höchste Umdrehungszahl der Turbinen aushalten. Dabei machen die Ritzel 3600 Umdrehungen.

Das große Rad hatte einen Durchmesser von 2909 mm, beide Ritzel einen solchen von 264 mm. Die Zahnbreite betrug 2×450 mm. Die Zähnezahlen waren 441 bzw. 40, was einer Übersetzung von etwa 1 : 11 entspricht. Der größte Zahndruck pro 1 cm axialer Zahnflankenlänge betrug demnach bei der Normalfahrt 92 kg, bei der Maximalfahrt 77 kg, die zugehörigen Umfangs-

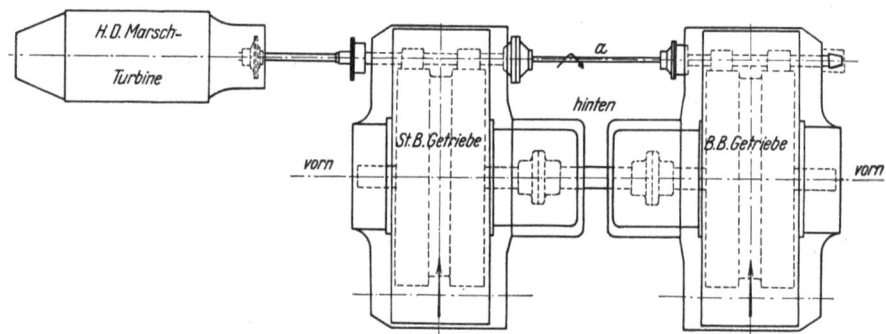

Abb. 13. Aufstellung der Rädergetriebe von „Mackensen" auf dem Prüfstand.
Welle a ist entsprechend dem gewünschten Zahndruck verdreht.

geschwindigkeiten 21,3 bzw. 33 m pro Sekunde, während bei Leerlauf der Marschturbinen eine höchste Umfangsgeschwindigkeit von 50 m pro Sekunde auftreten konnte.

Als Material der Ritzel wurde ein Nickelstahl von $3^1/_4$—$3^3/_4$% Nickelgehalt mit einer Zugfestigkeit von 63 kg pro Quadratmillimeter und einer Dehnung von 15—18%, bezogen auf 200 mm Meßlänge, verwendet. Die auf gußeiserne Radkörper aufgeschrumpften Reifen des großen Rades dagegen bestanden aus einem Siemens-Martin-Stahl von 49—55 kg pro Quadratmillimeter Festigkeit bei mindestens 18% Dehnung, bezogen auf 200 mm Meßlänge.

Es mag gleich an dieser Stelle erwähnt sein, daß die Erfahrungen, die mit einer großen Reihe von Getrieben mit diesen Materialien gemacht wurden, so gut waren, daß bisher sämtliche von Blohm & Voß hergestellten Getriebe aus den gleichen Materialien angefertigt worden sind, und keinerlei Veranlassung dafür vorliegt, davon abzugehen.

Die erste Versuchsreihe wurde mit zwei Getrieben dieser Art in der auf Abb. 13 und 14 dargestellten, bei Besprechung des Einlaufens bereits geschilderten Weise durchgeführt. Jedoch waren dabei beide Ritzelpaare gekuppelt und die

Zahnflankenlänge von Rad und Ritzel hatte gleiche Größe. Die Versuche wurden bei einer konstanten Umfangsgeschwindigkeit von 33 m/sec. vorgenommen, während der Zahndruck von Versuch zu Versuch gesteigert wurde. Die Getriebe waren vor dem Versuch sorgfältig eingelaufen, so daß eine befriedigende Anlage der Zähne über die ganze Zahnbreite gegeben war. Als Schmieröl diente ein dünnes Öl von 0,871 spez. Gewicht, 136° Flammpunkt und einer Viskosität von 1,98 Engler-Graden bei 50°, das durch Düsen an die Eingriffsstelle von Rad und Ritzel gespritzt wurde.

Es wurden nacheinander je 72 Stunden lang mit Zahndrücken von 77, 96, 140 und 160 kg/cm gefahren, ohne daß die nach jedem Versuch vorgenommene

Abb. 14. Zahnradgetriebe des Gr. Kreuzers „Mackensen" auf dem Prüfstande.

Besichtigung irgendwelche Anhalte für eine beginnende Zerstörung der Zahnoberfläche ergaben. Als jedoch auf eine Belastung von 180 kg/cm übergegangen und hiermit 44 Stunden lang gefahren war, zeigten sich auf den Zahnflanken einiger Ritzel eine größere Anzahl milchweißer Flecke in Abmessungen bis zu 3 mm Durchmesser. Es wurde hierauf beschlossen, den Versuch mit dieser Belastung auf 148 Stunden auszudehnen. Die von 24 zu 24 Stunden vorgenommenen Besichtigungen ergaben, daß die anfangs scharf umgrenzten Flecke nach und nach in ihrer Abgrenzung sich mehr verwischten. Auch gingen die ursprünglich mehr oder weniger kreisrunden Formen in solche von länglicher Gestalt über, wobei die Längsrichtung in die Richtung der Abwälzung der Zahnflanken fiel. Bemerkenswert ist, daß die Flecke auf der ganzen Länge der Ritzel gleichmäßig zerstreut lagen, daß also eine Verdrehung der Ritzel und die dadurch hervorgerufene ungleichmäßige Flächenbelastung nicht zum Ausdruck kam.

Nach 148 stündiger Dauer wurde der Versuch abgebrochen und die Getriebe auseinandergenommen. Die Untersuchung ergab, daß sämtliche vier Radreifen mit zahlreichen Vertiefungen versehen waren. Die Tiefe der Löcher betrug wenige Zehntelteile eines Millimeters. Außerdem zeigte das eine Ritzel einige Löcher, die anderen jedoch nichts. Von den Flecken, die eine bei Rädergetrieben in der Fachliteratur häufig erwähnte Erscheinung darstellen (Pitting), sind leider keine guten Aufnahmen vorhanden, sie waren jedoch ähnlich den auf Abb. 15 dargestellten.

Wie die weiteren Versuche ergaben und wie es sich auch in der Praxis des Schiffsbetriebes häufig gezeigt hat, sind diese geringen muldenförmigen Vertiefungen in den Zahnflanken, sofern sie ein gewisses Maß nicht überschreiten,

Abb. 15. Fleckenbildung auf einem Ritzel.

für das einwandfreie Laufen des Getriebes ohne Bedeutung. Getriebe mit Pittings auf den Zähnen haben oft jahrelang einwandfrei Dienst getan, ohne daß der Betrieb darunter litt.

Bei der nächsten Versuchsreihe, die mit demselben Getriebe durchgeführt wurde, galt es, mit einer höheren Umfangsgeschwindigkeit, und zwar mit 55 m/sec. zu fahren. Als der erste Versuch mit 90 kg Zahndruck vorgenommen wurde, trat infolge der hohen Umfangsgeschwindigkeit eine derartige Zerstäubung des Schmieröles ein, daß es aus allen Fugen drang und durch die Entlüftungsrohre der Gehäuse eimerweise ins Freie trat. Außerdem zeigte sich, daß die Ritzelwellenlager den hohen Gleitgeschwindigkeiten bei gleichzeitigen großen Lagerdrücken nicht gewachsen waren. Es stand durch die örtliche Erwärmung der Lager Entzündung der Öldämpfe zu befürchten, und daher wurden zunächst Zwischenversuche mit verschiedenen Ölsorten gemacht, um ein besser geeignetes Öl ausfindig zu machen.

Hierbei waren die Kriegsverhältnisse besonders störend, weil es unter dem Einfluß der Rohstoffbewirtschaftung schwer hielt, die gewünschten Ölsorten in ausreichender Menge zu erhalten. Schließlich wurde das Kompressoröl Nr. 6 mit einem spez. Gewicht von 0,917, 202° Flammpunkt und einer Viskosität von 6,51 Engler-Graden bei 50° als geeignet herausgefunden. Dieses Öl wurde gleichzeitig zur Lagerschmierung benutzt. Dem auch hierbei noch auftretenden Qualmen wurde durch Blindflanschen der Entlüftungsrohre begegnet, später wurden in den Gehäusen noch Sicherheits-Reißplatten zum Schutze gegen Ölexplosionen eingebaut.

Ferner wurde zur Entlastung der Antriebsturbine das eine Ritzelpaar entfernt. Außerdem wurden zur Verbesserung der Lagerverhältnisse die beiden verbleibenden Ritzel auf eine Zahnflankenlänge von 300 mm verkürzt und die Ritzelwellenlager entsprechend verlängert. Die Versuchsanordnung entsprach nunmehr genau der Abb. 13.

Es wurden nun nacheinander Versuche mit Zahndrücken von 120, 140, 160, 180, 200, 220, 240 und 260 kg/cm bei unveränderter Umfangsgeschwindigkeit von 50 m/sec. durchgeführt. Die Dauer des einzelnen Versuches schwankte zwischen 36 und 217 Stunden. Irgendwelche wesentliche Veränderung an den Zahnflanken konnte im Verlauf dieser Versuche nicht festgestellt werden. Man war jedoch bei der Belastung von 260 kg/cm mit den Lagern wieder an der Grenze angelangt, so daß die Versuchsreihe abgebrochen werden mußte.

Nachdem so erwiesen war, daß sehr hohe Zahndrücke zugelassen werden können, sofern nur ein geeignetes Schmieröl von hoher Viskosität benutzt wird, das die Aufrechterhaltung einer Ölschicht zwischen den einzelnen Zähnen und damit die Vermeidung metallischer Berührung gewährleistet, war die Frage zu untersuchen, ob nicht auch gewöhnliches Turbinenöl den gestellten Anforderungen genügt. Diese Untersuchung hat insofern Bedeutung, als es bei einer Getriebeanlage wünschenswert erscheint, dasselbe Öl für die Schmierung der Zähne und der Traglager von Getriebe und Antriebsmaschine zu benutzen. Das Kompressoröl Nr. 6 wurde hierfür wegen seiner großen Zähflüssigkeit nicht als geeignet betrachtet.

Es wurden daher noch Versuche mit einem Turbinenöl von 0,906 spez. Gewicht, 151° Flammpunkt und 3,14 Engler-Graden Viskosität bei 50° durchgeführt, und zwar ein 36stündiger mit 160 kg Zahndruck und ein zweiter 20stündiger mit 200 kg, beide bei einer Umfangsgeschwindigkeit von 50 m/sec. Die Untersuchung ergab, daß keine Anhaltspunkte zuungunsten des dünneren Öles vorlagen, daß vielmehr die vorhandenen Anfressungen sogar überpoliert erschienen. Es konnte danach also bei den für den Betrieb in Aussicht genommenen wesentlich geringeren Zahndrücken ohne weiteres mit befriedigenden Ergebnissen der Schmierung mit Turbinenöl gerechnet werden.

Nach Abschluß dieser Versuche tauchte die Frage auf, ob es notwendig ist, die Räder einlaufen zu lassen, oder ob sich im Betriebe von selbst allmählich eine gute Anlage der Flanken ergibt. Zur Klärung dieser Frage wurden neu fertiggestellte Ritzel und Räder gleicher Abmessung, die für den Großen Kreuzer

„Ersatz Freya" bestimmt waren, so wie sie von der Fräsbank kamen, in die vorhandenen Gehäuse eingebaut, sorgfältig in parallele Lage gebracht, und die Lager eingeschabt. An den Zähnen wurde außer der Entfernung des Fräsgrates nichts gemacht.

Mit diesen Getrieben wurde zunächst etwa drei Tage lang mit 80 kg Zahnbelastung und 25 m Umfangsgeschwindigkeit unter Benutzung einer Mischung von Kompressoröl Nr. 6 und Turbinenöl gefahren. Es zeigte sich, daß, wie schon in den ersten Stunden des Versuches durch die Schaulöcher beobachtet war, nur eine Ritzelhälfte ganz, die anderen drei nur teilweise anlagen. Das Bild war ein ähnliches wie bei den Getrieben von „Mackensen" vor dem Einlaufen. Im übrigen waren die Zahnflanken glatt. Um nun zu sehen, ob nicht doch noch ohne Anwendung von Graphit eine bessere Anlage der Zähne zu erzielen war, wurde nochmals 75 Stunden lang weitergefahren. Hiernach wurden die Getriebe geöffnet und es ergab sich, daß aus dem der Antriebsturbine zunächstliegenden Ritzel zwei Zähne ausgebrochen und einer eingebrochen war. Die Zähne waren auf eine Länge von 40—50 mm bis auf den Grund, offensichtlich durch Überlastung durch den Zahndruck, weggebrochen.

Dieser hatte unter der Annahme, daß er gleichmäßig auf die tatsächlich tragende Länge der Zahnflanken verteilt war, 360 kg/sec betragen, jedoch dürfte diese Annahme nicht zutreffend sein, so daß der Druck an gewissen Stellen sicher noch größer war. Im übrigen waren die Zähne, wo sie getragen hatten, blank und wiesen keinerlei Zerstörungen auf. Der Versuch lehrte, daß ein neues Getriebe nicht auf Last gebracht werden sollte, bevor nicht ein gutes Tragen der Zähne erzielt ist, und daß dieses nicht durch längeres Laufen allein, sondern nur durch Anwendung eines, wenn auch milden Schleifmittels, zu erreichen ist.

Aus dem blanken Befund der tragenden Zahnflanken konnte bei diesem Versuch der Schluß gezogen werden, daß die Höhe des Zahndruckes allein kein Grund für das Auftreten der Fleckenbildung ist. Derartige Erscheinungen treten vielmehr nur dann ein, wenn durch Ablösen der Zahnflanken eine hämmernde Wirkung entsteht. Das Ablösen selbst erfolgt in dem Augenblick, wo infolge von Ungleichmäßigkeiten der Zahnteilung Beschleunigungsdrücke auftreten, die größer sind, als der mittlere Betriebszahndruck, oder aber, wenn das eingeleitete Drehmoment durch Schwingungsvorgänge im ganzen System negative Werte aufweist.

Was das Geräusch der Getriebe betrifft, so ist festzustellen, daß es bei allen Versuchen in erträglichen Grenzen blieb und auch bei den Erprobungen mit den rohen Rädern nicht stärker war als bei den geschliffenen.

Bei der Beurteilung der Versuchsergebnisse ist natürlich zu beachten, daß die zulässigen Zahndrücke nicht als absolute Werte für alle Fälle richtig sind, sondern daß sie eine Funktion des Ritzeldurchmessers sind. Über die Gesetzmäßigkeit, die zwischen Durchmesser und Belastung besteht, werden im allgemeinen zwei Ansichten vertreten, und zwar erstens, daß die zulässigen Zahndrücke dem Ritzeldurchmesser direkt, oder zweitens, daß sie der Wurzel des Ritzeldurchmessers proportional sind. Theoretisch zu begründen ist die direkte

Abhängigkeit vom Ritzeldurchmesser, dagegen hat sich gezeigt, daß man in der Praxis besser tut, mit der Wurzel aus dem Durchmesser zu rechnen.

Zu erwähnen ist ferner, daß die axiale Länge der Zahnflanken durch die Bedingung begrenzt ist, die durch Biegung und Verdrehung hervorgerufenen Formänderungen des Ritzels in zulässigen Grenzen zu halten.

Feststellung des Wirkungsgrades der Getriebe.

Die zu den beschriebenen Hauptversuchen benutzte Versuchsanordnung wurde auch zur Feststellung des Wirkungsgrades der Getriebe benutzt. Wie bereits erwähnt, hat bei dieser Anordnung die Antriebsmaschine nur die Verlustarbeit der Zahn- und Lagerreibung zu überwinden, und es lag daher nahe, zur Bestimmung der Größe dieser Verluste die Leistung der Maschine zu messen. Da ein passender Elektromotor, dessen Leistung leicht festzustellen gewesen wäre, nicht zur Verfügung stand, wurde eine Dampfturbine verwendet und zu deren Leistungsmessung zwischen Turbine und Ritzel ein optischer Torsionsindikator eingeschaltet. Die Messungen, die mit diesem Apparat vorgenommen wurden, waren unbefriedigend, weil er bei den hohen Umdrehungszahlen nicht einwandfrei arbeitete.

Es wurden daher in bekannter Weise Auslaufversuche vorgenommen, und zwar einmal mit dem gesamten Aggregat und ein zweites Mal mit der Turbine allein, wobei sorgfältig darauf geachtet wurde, daß das Vakuum in der Turbine beide Male das gleiche war. Die Differenz beider Messungen ergibt die Verlustarbeit

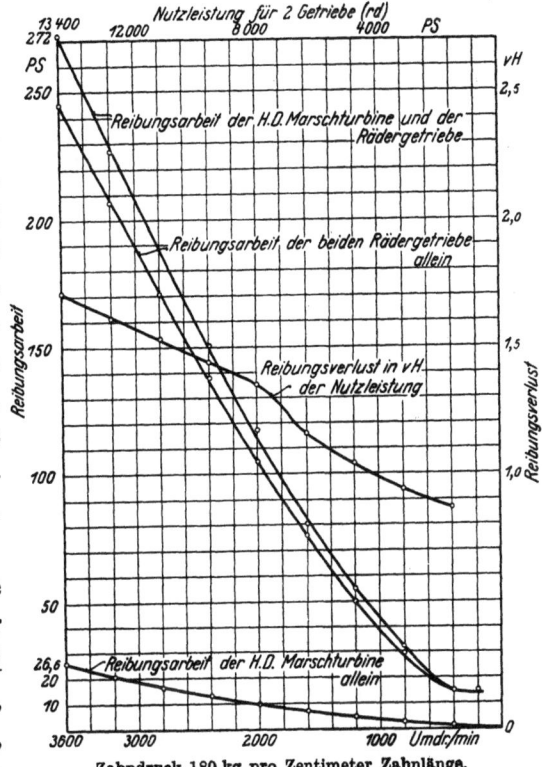

Abb. 16. Auslaufversuche mit Rädergetrieben von „Mackensen". Anordnung siehe Abb. 13.

der beiden Getriebe. Aus der Abb. 16 ist ersichtlich, daß bei der Normalleistung beider Getriebe von 6490 PS der Gesamtverlust etwa 1,1%, bei der Maximalleistung von 12 000 PS etwa 1,6% beträgt. Diese Werte sind in guter Übereinstimmung mit auch sonst mehrfach ausgeführten und veröffentlichten Versuchen mit Getrieben ähnlicher Art.

Verwendung der Zahnradgetriebe für Turbinenschiffe.

Als Ende 1913 mit der Ausarbeitung der ersten Triebturbinenanlage für ein Handelsschiff begonnen wurde, lehnte sich die Konstruktion an die in England bereits gebauten Anlagen an. Es handelte sich um einen italienischen Schnelldampfer mit einer Zweiwellenanlage von insgesamt 15 000 PS. Jedes Maschinenaggregat bestand aus einem Rädergetriebe mit einfacher Übersetzung und zwei Ritzeln, die unter Einschaltung axial nachgiebiger Kupplungen durch je eine Hoch- und eine Niederdruckturbine angetrieben wurden. Die Herstellung des Schiffes und seiner Maschinen wurde durch den Krieg unterbrochen und ist auch später nicht zu Ende geführt worden.

Der Bau von Triebturbinenanlagen für Handelsschiffe ruhte nach Kriegsausbruch zunächst vollständig, dagegen gab die bereits erwähnte Ausführung und Erprobung der Marschturbinenanlagen der großen Kreuzer reichliche Gelegenheit, Erfahrungen mit Rädergetrieben zu sammeln.

Als nun während des Krieges die Vorbereitungen für den Wiederaufbau der Handelsflotte begannen, war zu prüfen, welche Art von Maschinenanlagen den Reedern für ihre neuen Handelsschiffe vorzuschlagen war. Blohm & Voß hielten die Entwicklung der Triebturbinen für so weit fortgeschritten, daß sie ihren Auftraggebern gegenüber den Standpunkt vertraten, für die in Betracht kommenden Dampfanlagen mittlerer und größerer Leistung die Kolbenmaschine endgültig aufzugeben und alle Neubauten mit Triebturbinen auszurüsten. Es gelang auch, die Reeder von der Richtigkeit dieses Standpunktes zu überzeugen, und sämtliche nach dem Kriege von Blohm & Voß gebauten Handelsdampfschiffe sind mit Triebturbinenanlagen versehen.

Allgemeine Gesichtspunkte für die konstruktive Durchbildung der Getriebe.

Bei dem Entwurf dieser Maschinen war zunächst die Frage zu entscheiden, ob einfache oder doppelte Übersetzung zu wählen ist. Es war bekannt geworden, daß man besonders in Amerika beim Bau zahlreicher Serienschiffe, dann aber auch in steigendem Maße in England zur doppelten Übersetzung übergegangen war, die mit Rücksicht auf guten Wirkungsgrad von Propeller und Turbinen sowie auf geringes Maschinengewicht bestehende Vorteile zu bieten schien. Es mehrten sich jedoch bald die Nachrichten über unbefriedigende Ergebnisse dieser Anlagen, die in starker Geräuschbildung, Zerstörung der Zahnoberflächen und Zahnbrüchen bestanden.

Die Ursachen hierfür wurden zunächst meist in ungeeignetem Material, in ungenügender Genauigkeit der Zähne und ungenauer Ausrichtung der Getriebewellen zueinander gesucht. Später erst wurde allmählich erkannt, daß der Hauptgrund in mangelnder Elastizität zwischen Turbine und Getriebe sowie zwischen den beiden hintereinander geschalteten Übersetzungen liegt, die um so höhere Bedeutung hat, je mehr die Genauigkeit der Zähne zu wünschen übrig läßt.

Die ungünstigen Ergebnisse sowie die größere Komplikation der doppelten Übersetzungsgetriebe ließen es im Interesse der Betriebssicherheit und Einfachheit angezeigt erscheinen, an der einfachen Übersetzung festzuhalten. Sollte nun aber die Anlage mit einfacher Übersetzung erfolgreich die Konkurrenz der doppelten Übersetzung bestehen, so mußte alles darangesetzt werden, größte Wirtschaftlichkeit bei niedrigstem Raum- und Gewichtsbedarf zu erzielen.

Zu diesem Zwecke war zunächst die Übersetzung von Ritzel auf Rad so groß als irgend möglich zu machen. Da nun der Durchmesser des großen Rades nicht ins Ungemessene gesteigert werden kann, so kam es darauf an, den Ritzeldurchmesser auf das geringste zulässige Maß herabzudrücken. Diese Maßnahme findet ihre natürliche Grenze darin, daß das in das Ritzel eingeleitete Drehmoment das Ritzel nicht unzulässig verdrehen darf. Das gute Tragen der Zähne würde sonst gefährdet werden.

Anordnung der Turbinen zum Getriebe.

Man entschloß sich daher, zur Herabsetzung der Verdrehung dem Ritzel die Leistung von beiden Enden zuzuführen, und ordnete zwei in der horizontalen Mittelebene des großen Rades angreifende Ritzel mit je zwei Turbinen an. Bei den in Betracht kommenden Leistungen, die sich zwischen 3000 und 7000 PS_e pro Aggregat bewegen, war auf diese Weise mit Ritzeldurchmessern von 145 bis 180 mm auszukommen. Das Übersetzungsverhältnis schwankte bei den ausgeführten Anlagen etwa zwischen 1 : 20 und 1 : 25.

Die vier Turbinen sind in Serie hintereinander geschaltet, und zwar arbeiten Hoch- und Mitteldruck-I-Turbine auf das eine, Mitteldruck-II- und Niederdruckturbine auf das andere Ritzel. Auf diese Weise ist es möglich, den Dampf durch eine verhältnismäßig große Zahl von Schaufelreihen zu führen und dadurch einen vorzüglichen Dampfverbrauch zu erzielen.

Die Unterteilung in vier Turbinen bringt ferner den Vorteil geringer Wärmegefälle pro Turbine und daher mäßiger Ausdehnungen mit sich.

Die Anlagen arbeiten mit Heißdampf.

Die Hochdruckturbine besteht aus einem zweikränzigen Aktionsrad und kurzer Trommel mit Reaktionsbeschaufelung, während die Mitteldruck-I-Turbine ein einkränziges Aktionsrad hat, dem ebenfalls ein Überdruckteil angeschlossen ist. Mitteldruck-II- und Niederdruckturbine sind reine Reaktionsturbinen.

Zur Erreichung einer möglichst gedrungenen und daher leichten Bauart wurde der außergewöhnliche Weg beschritten, die Turbinenrotore unter Fortlassung der üblichen Dehnungskupplung starr mit den Ritzeln zu verbinden und die Dampfschübe der beiden auf dasselbe Ritzel wirkenden Turbinen gegeneinander auszugleichen. Dadurch wurden mit einem Schlage die langen Dehnungskupplungen sowie Entlastungskolben und Turbinendrucklager vermieden. Die Rotore werden durch die schräg stehenden Zähne des Getriebes in ihrer axialen Lage festgehalten und etwaige geringe Überdrücke des Dampfschubes nach der einen oder anderen Richtung von den Zähnen aufgenommen. Durch den Fortfall der Entlastungskolben wurden die bei Verwendung solcher Entlastung unvermeidlichen Dampfverluste vermieden.

Am Hinterende jedes Ritzels befindet sich eine Rückwärtsturbine, und zwar sind je eine Hoch- und eine Niederdruck-Rückwärtsturbine in den Gehäusen der entsprechenden Vorwärtsturbinen angeordnet. Zur Vermeidung axialer Dampfschübe sind sie als reine Aktionsturbinen ausgebildet.

Die Turbinen sind klein, handlich, betriebssicher und leicht zu überholen.

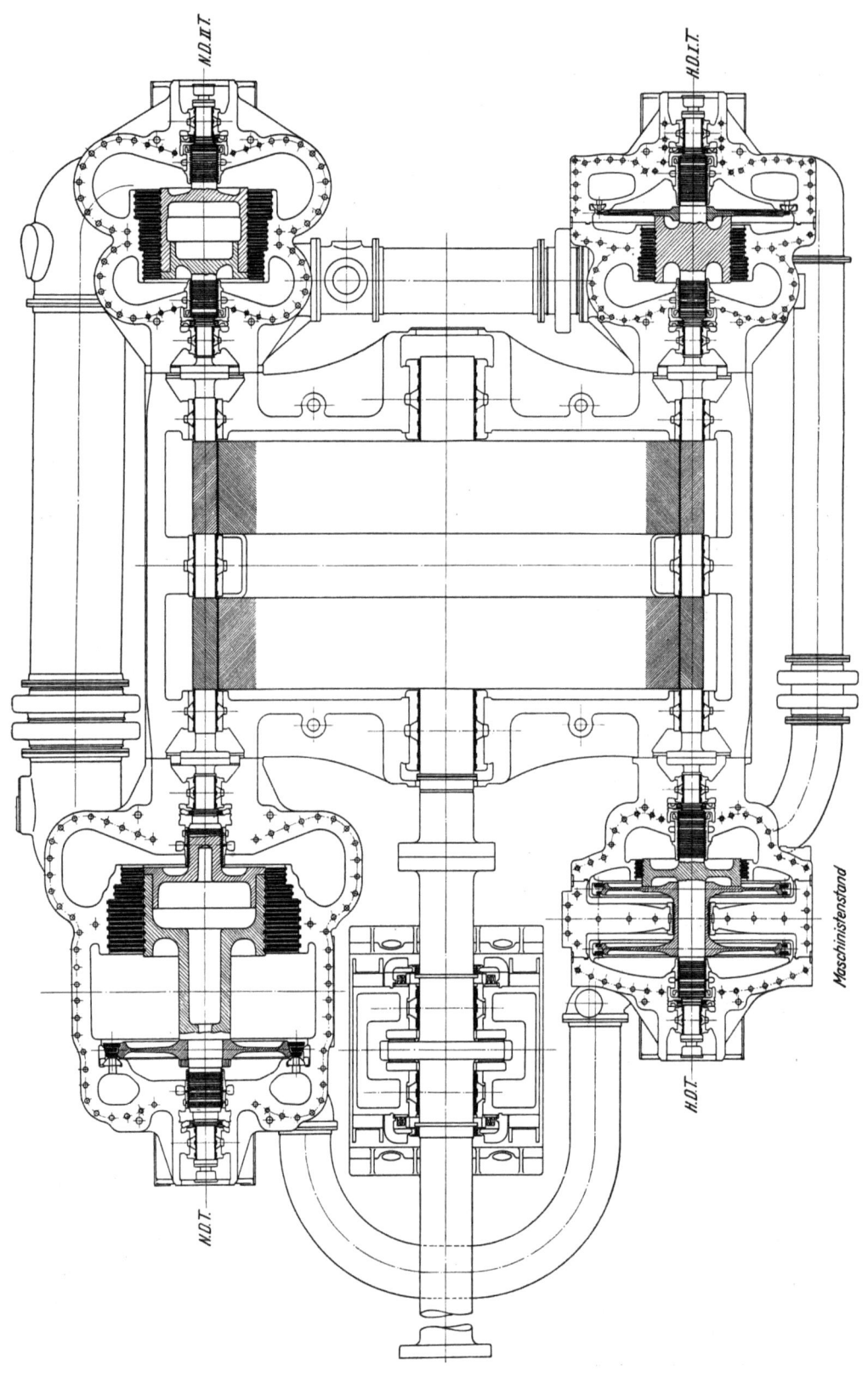

Abb. 18. Triebturbinensatz von „Adolph Woermann".

Der Schraubenschub wird durch ein Einscheibendrucklager aufgenommen, das unmittelbar hinter dem Rädergehäuse untergebracht ist.

Die Gesamtanordnung eines Turbinensatzes geht aus Abb. 17 u. 18 hervor.

Bewährung der Triebturbinendampfer.

Mit den vorstehend beschriebenen Triebturbinenanlagen sind nach dem Kriege 20 große Schiffe für die Hamburg-Amerika-Linie, die Deutsch-Australische Dampfschiffahrts-Gesellschaft und die Deutsche Ostafrika- und Woermann-Linien erbaut worden, von denen die ersten Schiffe schon seit vier Jahren Dienst tun.

Die Betriebsergebnisse dieser Schiffe sind durchweg sehr befriedigend, und zwar sowohl mit Bezug auf das einwandfreie Arbeiten der Anlagen als auch auf die erzielte Wirtschaftlichkeit. Insbesondere haben die Getriebe in jeder Beziehung den an sie gestellten Anforderungen voll entsprochen.

Hinsichtlich des Brennstoffverbrauches sei erwähnt, daß die beiden Doppelschrauben-Fahrgastdampfer „Albert Ballin" und „Deutschland" der Hamburg-Amerika-Linie einen Heizölverbrauch für sämtliche Zwecke von Schiff und Maschine von etwa 0,41—0,42 kg bezogen auf 1 Wellenpferdestärke der Hauptmaschinen aufweisen. Für die Hauptmaschinen allein mit den zugehörigen Hilfsmaschinen beträgt der Ölverbrauch 0,37—0,38 kg, bei einem Öl von 9600 Cal.

Bemerkenswert ist ferner die Feststellung einer großen Reederei, die neun von Blohm & Voß gebaute Triebturbinen-Frachtschiffe mit Kohlefeuerung in Betrieb hat, daß diese Schiffe im Durchschnitt einen um 10% besseren Kohlenverbrauch haben als die gleich großen, ebenso alten und im gleichen Dienst fahrenden Kolbenmaschinenschiffe derselben Reederei. Derartige Ermittelungen haben für die Beurteilung der vergleichsweisen Wirtschaftlichkeit naturgemäß einen erheblich größeren Wert als Angaben über einzelne Rekordreisen.

Verwendung der Getriebe für Motorschiffe.

Blohm & Voß waren in der Lage, auf Grund sorgfältiger Vorversuche und gestützt auf Beherrschung der damit verbundenen Probleme den Ölmaschinenantrieb mit Zahnradübersetzung erstmalig in die Großschiffahrt einzuführen.

Den Anlaß dazu bot im Jahre 1919 die Gelegenheit, eine Reihe von neuen, ursprünglich für U-Boote bestimmte Ölmaschinen zu erwerben und der Handelsschiffahrt nutzbar zu machen. Die Maschinen waren von der M. A. N. für eine Höchstleistung von 3000 PS_e bei 390 Umdrehungen konstruiert und haben zehn Zylinder von 530 mm Durchmesser bei 530 mm Hub.

Es war natürlich nicht daran zu denken, sie mit der angegebenen Höchstleistung als Dauerleistung auf einem Handelsschiff laufen zu lassen. Nahm man eine hierfür geeignete Kolbengeschwindigkeit und einen zulässigen mittleren Druck an, so ergab sich für die Maschine eine Dauerleistung von 1650 PS_e bei 230 Umdrehungen. Zwei solche Maschinen zusammen hatten demnach gerade die erforderliche Leistung für ein 10 000-t-Frachtschiff mit 12 Knoten Geschwindigkeit, von denen sich eine Reihe im Neubauprogramm von Blohm & Voß befanden.

Allgemeine Gesichtspunkte.

Der direkte Antrieb konnte wegen der immer noch viel zu hohen Umdrehungszahl mit Rücksicht auf die Erreichung eines guten Propellerwirkungsgrades nicht in Betracht gezogen werden, und es war daher zu untersuchen, welche Art der Übersetzung zu wählen war.

An bekannten Mitteln dazu standen zur Verfügung: das Zahnradgetriebe, der hydraulische Transformator und die elektrische Übersetzung.

Der hydraulische Transformator sowohl wie die elektrische Übersetzung boten der technischen Ausführung gegenüber die geringsten Schwierigkeiten, wurden aber beide zurückgestellt, weil es darauf ankam, eine Übersetzung von denkbar höchstem Wirkungsgrad zu wählen. Es wurde zielbewußt auf die Übertragung mit Zahnradgetrieben hingearbeitet, weil diese bei den in Frage kommenden Umfangsgeschwindigkeiten und Zahndrücken einen sonst nicht angenähert erreichbaren Wirkungsgrad von 99% versprachen. Die Bedenken, die einer Verbindung von Ölmaschinen und Zahnradvorgelegen entgegenzustehen scheinen und von zahlreichen Autoritäten in der technischen Literatur zum Ausdruck gebracht worden sind, gründen sich auf die Tatsache, daß die Ölmaschine im Gegensatz zu der gleichförmig laufenden Turbine ein während jeder Umdrehung heftig schwankendes Drehmoment hat.

Dieser Umstand allein wäre noch nicht gefährlich, solange das Drehmoment stets positiv bleibt, und würde sich insoweit nur durch Wechsel in der Größe des Zahndruckes äußern, dem durch Bemessung des Getriebes nach den Spitzendrücken begegnet werden könnte. Die Gefahr für das Getriebe tritt jedoch in dem Augenblick ein, in dem das Drehmoment negativ wird. Die Zähne des Getriebes würden dann in fortgesetztem, während jeder Umdrehung mehrfach wechselndem Spiel zur Anlage kommen und sich wieder voneinander lösen. Ein derartiges „Klappern" der Zähne würde unzulässige Geräusche mit sich bringen und die Lebensdauer des Getriebes ungünstig beeinflussen.

Wie sich die Drehmomente in normalen Dieselmaschinenanlagen ohne Räderübersetzung gestalten, möge an zwei Beispielen gezeigt werden:

Gemessene Drehmomentschwankungen in der Welle einer Dieseldynamo.

Auf Tafel I ist ein aus einer sechszylinderigen Ölmaschine und einer Doppelanker-Dynamomaschine bestehendes Aggregat dargestellt, das auf dem Prüfstande mit Hilfe des selbstschreibenden Torsionsindikators untersucht worden ist.

Darunter ist das Massenbild aufgezeichnet, das sämtliche auf einheitlichen Radius reduzierten schwingenden Massen enthält. Die Entfernung der Angriffspunkte der einzelnen Massen verhalten sich in dem Bilde genau wie die auf einheitlichen Durchmesser reduzierten Wellenlängen.

Unterhalb des Massenbildes sind die in Betracht kommenden Schwingungsformen verzeichnet und daneben in einer Tabelle die für diese Schwingungsformen errechneten Eigenschwingungszahlen n_e sowie die unter Beachtung der Ordnung der einzelnen Schwingungsgrade sich ergebenden kritischen Umdrehungszahlen angegeben.

Auf der linken Seite der Tafel sind für verschiedene Umdrehungszahlen die Torsiogramme zusammengestellt. Daneben befinden sich noch die Konstanten, mit deren Hilfe aus den Torsiogrammen die Wellenbeanspruchung, das Drehmoment und die Leistung berechnet werden können.

Wie bereits vorher rechnungsmäßig festgestellt, machten sich nur kritische Schwingungen I. Grades, mit einem zwischen Ölmotor und Dynamo liegenden Knoten, jedoch von verschiedenen Ordnungen, d. h. Zahl der Impulse pro Umdrehung, bemerkbar.

Die gefährlichste Umdrehungszahl ist die kritische I. Grades 6. Ordnung von 356, bei welcher das Drehmoment während jeder Umdrehung sechsmal ein positives und sechsmal ein negatives Maximum erreicht. Die dabei von der Welle nach beiden Seiten auszuhaltenden Beanspruchungen steigen auf etwa den elffachen Betrag des Wertes an, der dem zu übertragenden mittleren Drehmoment entspricht.

Es leuchtet ein, daß eine Welle derartige Beanspruchungen nicht lange aushalten kann. Wird die Anlage mit einer solchen kritischen Umdrehungszahl längere Zeit betrieben, so können leicht Wellenbrüche entstehen. Abb. 19 zeigt einen solchen besonders typischen Torsionsbruch, der sich auf einer ähnlichen

Anlage an Bord eines nicht von Blohm & Voß gebauten U-Bootes während des Krieges ereignete[1]).

Neben den ausgesprochenen kritischen Umdrehungen sieht man, daß auch bei den zwischen ihnen liegenden Umdrehungszahlen in allen Fällen negative Drehmomente auftreten, wobei es sich vielfach um die Ausläufer der kritischen Umdrehungen handelt; z. B. erkennt man bei $n = 341$ bereits den Beginn der rechnungsmäßig bei $n = 356$ liegenden kritischen Drehzahl I. Grades 6. Ordnung.

Die Versuche wurden absichtlich ohne Schwungrad zwischen Ölmotor und Dynamo ausgeführt, um die Verhältnisse recht deutlich zu machen. Durch ein geeignetes Schwungrad hätten selbstverständlich ruhigere Drehmomentkurven erzielt werden können.

Gemessene Drehmomentschwankungen in der Wellenleitung einer direkt wirkenden Schiffsölmaschine.

Als zweites Beispiel sind auf Tafel II die Ergebnisse der Rechnung und Messung für das Motorschiff „Rheinland" der Hamburg-Amerika-Linie zusammengestellt. Es handelt sich um eine Zweiwellenanlage mit zwei sechszylindrigen, einfach wirkenden Viertaktölmaschinen von je 1750 PS$_e$ bei 95 Umdrehungen.

Die Darstellung der Massenbilder, der Schwingungsformen usw. ist die gleiche wie bei dem vorigen Beispiel.

Abb. 19. Torsionsbruch einer U-Bootwelle.

Besonders zu erwähnen ist, daß zur Vermeidung einer kritischen Drehzahl II. Grades 12. Ordnung das Schwungrad ungewöhnlich klein gehalten worden ist. Es wurde dadurch, wie aus der Schwingungsform II. Grades erkennbar, erreicht, daß der eine Knoten dieser Schwingung ziemlich genau in die Mitte der Maschine fällt, wodurch ein Ausgleich der harmonischen Kräfte innerhalb der Maschine erzielt wurde.

Es blieb als einzige kritische Umdrehungszahl von Bedeutung die Schwingung I. Grades 3. Ordnung bestehen, die bei Bemessung der Wellenleitung nach den Vorschriften des Germanischen Lloyd bei 75 Umdrehungen liegen würde. Da die Erregung dieser Schwingung sehr stark ist, war ein großer Ausdehnungsbereich und damit eine störende Wirkung bei voller und halber Fahrt zu erwarten. Mit Genehmigung des Germanischen Lloyd wurde die Wellenleitung 40 mm dünner gemacht, als es der Vorschrift entspricht, wodurch die kritische Drehzahl auf 57 herabgedrückt wurde.

---

[1]) Die auf der Abbildung erkennbare wagerechte Abtrennung des oberen Teiles ist nachträglich durch Absägen vorgenommen worden.

Das allmähliche Auf- und Abschwellen dieser Schwingung ist aus den Torsiogrammen klar zu ersehen. Im ganzen Bereich dieser kritischen Drehzahl treten negative Drehmomente auf, die jedoch keinen Schaden verursachen, weil die durch sie hervorgerufenen Wellenbeanspruchungen sich noch in zulässigen Grenzen halten. Das Schiff kann ohne Schaden bei kleiner Fahrt längere Zeit mit einer solchen Umdrehungszahl fahren. Ein Rädergetriebe könnte dagegen derartige Verhältnisse nicht vertragen.

Grundlegende Erwägungen für die Durchbildung einer Ölmaschinenanlage mit Getriebe.

Aus den angeführten Beispielen geht hervor, daß unbedingt mit dem Auftreten negativer Drehmomente gerechnet werden muß, wenn man ohne klare Einsicht in die sich in den Wellen abspielenden Vorgänge und ohne deren Berücksichtigung bei der Konstruktion einen schnellaufenden Ölmotor durch Zahnradgetriebe mit der Propellerwelle verbindet. Der Konstrukteur muß also Mittel und Wege suchen, die Anlage so zu gestalten, daß dem Zahnradgetriebe bei allen in Frage kommenden Tourenzahlen ein dauernd positives Drehmoment zugeführt wird.

Diese Aufgabe wurde im Interesse einer möglichst vollkommenen wirtschaftlichen Lösung folgendermaßen formuliert: Ist es möglich, unter Ausschaltung jedweden kraftverzehrenden Zwischenmittels das aus Antriebsmaschine, Rädergetriebe, Wellenleitung und Propeller bestehende System lediglich durch geeignete Bemessung und Anordnung der schwingenden Massen sowie durch richtige Wahl der Elastizität der Übertragungswellen so zu gestalten, daß die Rädergetriebe bei allen Betriebstourenzahlen nur positive Drehmomente zu übertragen haben?

Da sich Blohm & Voß seit ca. 20 Jahren eingehend mit der Frage der Drehschwingungen in Wellenleitungen beschäftigt hatten, und daher ein großes Material an Rechnungs- und Versuchsergebnissen, besonders auch von schnellaufenden Ölmaschinen zur Verfügung stand, waren die Vorbedingungen für die rechnungsmäßige Lösung dieser Aufgabe gegeben. Die angestellten Berechnungen ergaben, daß die ins Auge gefaßte Konstruktion durchführbar ist.

Damit begnügte man sich jedoch nicht, sondern ging zur praktischen Untersuchung der Frage über.

Vorversuche.

Zu diesem Zweck wurden zunächst Versuche mit der auf Tafel III dargestellten Versuchsanordnung gemacht. Die zehnzylindrige U-Bootölmaschine ist mit einem Schwungrad versehen, um von vornherein die Drehmomente möglichst gleichmäßig zu gestalten. Unmittelbar dahinter befindet sich an Stelle des beabsichtigten Rädergetriebes, dessen Herstellung eigens für den Versuch zu teuer gewesen wäre, eine Klauenkupplung, die infolge des Spieles zwischen den Klauen sich genau wie ein Zahnradgetriebe benimmt. Sie fängt bei negativen Drehmomenten an zu klappern. An die Klauenkupplung schließt sich eine dünne Welle an, die die Verbindung mit einer Wasserbremse herstellt.

Unmittelbar vor und hinter der Klauenkupplung war ein Torsionsindikator angebracht, wie auch aus Abb. 20 zu ersehen ist. Die Torsiogramme auf Tafel III sind so angeordnet, daß je zwei gleichzeitige Messungen der beiden Torsionsindikatoren übereinander liegen.

Die Maschinenleistung wurde allmählich bis auf die für den Bordbetrieb vorgesehene Leistung von 1650 PS_e bei 230 Umdrehungen gesteigert.

Die Berechnung hatte ergeben, daß zwei starke kritische Umdrehungszahlen, und zwar eine Schwingung I. Grades 5. Ordnung bei 102 und eine weitere II. Grades 10. Ordnung bei 142 Umdrehungen im Bereiche der zu durchfahrenden Tourenzahlen zu erwarten waren. Beide sind in den Diagrammen deutlich zu erkennen. Die kleinen scharfen Spitzen der Torsiogramme an diesen Stellen zeigen, daß ein Ablösen der Zähne stattgefunden hat und kurze harte Schläge erfolgten, die beim Versuch selbstverständlich auch deutlich zu hören waren.

Abb. 20. Vorversuche für die „Havelland"-Anlage. Wasserbremse und Klauenkupplung.

Diese Erscheinung tritt jedoch nur da auf, wo das Drehmoment negativ wird. Sobald eine kritische dagegen bei dauernd positivem Drehmoment durchfahren wird, zeigt das Torsiogramm nicht die kleinen, den Grundschwingungen überlagerten Zacken, sondern bleibt sanft und abgerundet, wie die kritische Drehzahl II. Grades, 7,5. Ordnung bei 190 Umdrehungen erkennen läßt.

Mit dieser Versuchsanordnung wurden außerdem noch Versuche mit neun und mit acht arbeitenden Zylindern der Ölmaschine durchgeführt, um zu untersuchen, wie sich im Bordbetrieb die Verhältnisse gestalten, wenn ein oder zwei Zylinder ausfallen. Das Gesamtbild der Schwingung blieb dadurch aber ziemlich unverändert.

Es mag bei dieser Gelegenheit erwähnt werden, daß das Versuchsmaterial aller hier besprochenen Anlagen und Versuchsanordnungen selbstverständlich ein sehr viel umfangreicheres ist, als im Rahmen dieses Vortrages bekanntgegeben werden kann.

Als Ergebnis der ersten Versuchsreihe wurde festgestellt, daß die Vermeidung negativer Drehmomente im Betriebsbereich entweder durch größere Elastizität in der Wellenleitung zwischen Ölmaschine und Klauenkupplung oder durch Veränderung der Massen unter Berücksichtigung der inneren kritischen Schwingungen der Maschine zu erreichen war. Es wurde beschlossen, den ersteren Weg einzuschlagen, und die nächsten Versuche wurden daher mit der Anordnung auf Tafel IV vorgenommen.

Bevor mit diesem Versuch begonnen wurde, war die Ölmaschine zur Erzeugung elektrischen Stromes für andere Zwecke mit einer Dynamomaschine gekuppelt worden. Die Dynamomaschine hat daher auch mit den vorliegenden Versuchen nichts zu tun und mag als Vergrößerung des Schwungrades betrachtet werden. Aus dem Massenbild ist ersichtlich, daß der Angriffspunkt der Generatormasse dicht bei dem des Schwungrades liegt, während zwischen Dynamo und Klauenkupplung eine gegenüber dem Vorversuch erheblich elastischere Welle eingeschaltet worden ist. Auch zwischen Klauenkupplung und Wasserbremse ist die Elastizität der Welle vergrößert worden und damit besser den Bordverhältnissen angepaßt.

Der günstige Einfluß der größeren Wellenelastizität geht aus den Werten für die Eigenschwingungszahlen und für die kritischen Drehzahlen aller Schwingungsgrade hervor, die sämtlich bedeutend tiefer liegen als bei dem vorhergehenden Versuch.

Demgemäß zeigen auch die aufgenommenen Diagramme kaum noch negative Drehmomente. Wo solche noch auftreten, wie z. B. bei der Schwingung II. Grades 5. Ordnung bei 80 Umdrehungen, sind die kurzen harten Schläge verschwunden, die ganze Anlage arbeitet weicher. Von hervorragender Gleichmäßigkeit ist das Drehmoment der sekundären Welle bei den höchsten Umdrehungszahlen, die dem ins Auge gefaßten Bordbetrieb bei Volleistung entsprechen.

Ausführung auf den Motorschiffen „Havelland" und „Münsterland".

Auf Grund des günstigen Ausfalles dieser Versuche gab die Hamburg-Amerika-Linie, die schon so oft der praktischen Ausführung technischer Neuerungen ihre Förderung hat zuteil werden lassen, ihre endgültige Zustimmung dazu, zwei 10 000-t-Frachtschiffe ihres Neubauprogramms, die eigentlich Triebturbinen erhalten sollten, mit U-Bootmaschinen und Rädergetrieben auszurüsten. Diese beiden Schiffe erhielten später die Namen „Havelland" und „Münsterland".

Es wurde eine Zweiwellenanlage gewählt. Jede der beiden Ölmaschinen arbeitet unter Einschaltung eines Rädergetriebes auf eine eigene Schraube, die für 85 Umdrehungen konstruiert wurde. Da die Ölmaschinen selbst bei Dauerleistung 230 Umdrehungen machen sollten, so erhielt das Rädergetriebe eine Übersetzung von etwa 1 : 2,7. Die Durchmesser von Ritzel und Rad betragen 805 bzw. 2164 mm, die Verzahnung ist zweimal 600 mm breit.

Da die konstruktive Lösung durch Anwendung einer genügend elastischen Verbindung zwischen Rädergetriebe und Schwungrad angestrebt wurde, lag es nahe, eine Anordnung in Erwägung zu ziehen, bei der das Rädergetriebe durch eine lange dünne Welle angetrieben achtern im Schiff untergebracht wird. Es wurde jedoch entscheidender Wert darauf gelegt, das Getriebe unter ständiger Aufsicht des Maschinenpersonals, also im Maschinenraum möglichst nahe den Hauptmaschinen anzuordnen. Daher wurde der Ausweg gewählt, das hohlgebohrte Ritzel von der der Maschine abgewendeten Seite aus mittels einer durch das Ritzel und eine daran anschließenden Hohlwelle hindurchgeführten Übertragungswelle anzutreiben. Die Konstruktion geht aus der Anordnung auf Tafel V hervor und ist auch deutlich aus Abb. 21 zu erkennen.

Zum Auffangen des Schwungmomentes beim Umsteuern sind an den Schwungrädern der beiden Maschinen pneumatische Bremsen vorgesehen, die mit dem Umsteuermechanismus verbunden sind und beim Umsteuern automatisch in Wirksamkeit treten.

Erwähnenswert ist ferner, daß auf Grund der bisher angeführten Versuche der Germanische Lloyd seine Genehmigung dazu gab, die Wellenleitung mit Rücksicht auf das gleichmäßige Drehmoment nach den Vorschriften für Turbinenschiffe mit 275 mm Durchmesser auszuführen, während sie nach den Vorschriften

Abb. 21. „Havelland"-Rädergetriebe und elastische Welle an Bord.

für Motorschiffe 320 mm Durchmesser hätte haben müssen. Es wurde jedoch die Bedingung gestellt, daß bei der Probefahrt die Gleichmäßigkeit des Drehmomentes nachgewiesen wird.

Nachdem das erste Getriebe fertiggestellt war, wurde in der Werkstatt ein neuer Versuch vorgenommen, bei dem die Bordverhältnisse bereits nahezu vollkommen hergestellt waren. Die Ergebnisse finden sich auf Tafel V.

Von der Maschine bis zum Drucklager wurde der endgültige einbaufertige Maschinensatz benutzt. Anschließend daran wurde durch eine elastische Welle die Verbindung mit der Wasserbremse hergestellt, und da die Masse dieser Bremse im Verhältnis zu der an Bord in Frage kommenden Masse von Propeller und mitgerissenem Wasser ziemlich klein war, wurde hinter der Bremse noch ein Schwungrad angebracht.

Das Massenbild ist so entworfen, daß alle Massen und elastischen Längen der langsam laufenden Welle proportional dem Quadrate des Übersetzungsverhältnisses auf die raschlaufende Welle reduziert worden sind.

Die Wasserbremse war nicht imstande, bei der nunmehr in Betracht kommenden Umdrehungszahl die volle Leistung aufzunehmen. Es wurde daher zwar mit allen Betriebstourenzahlen gefahren, nicht aber mit den diesen Umdrehungszahlen im Bordbetrieb entsprechenden Leistungen. Da jedoch die Schwingungsbilder bei gleichen Umdrehungen die gleichen bleiben, so kann in die Torsiogramme neben der von den Torsionsindikatoren aufgezeichneten Versuchsnullinien ohne weiteres auch die im Bordbetriebe zu erwartende Nullinie eingetragen werden.

Aus dem Diagramm der Schwingungsformen sind nunmehr deutlich die drei beim Bordbetrieb besonders wichtigen Hauptschwingungen erkennbar, und zwar beim ersten Grade die Schwingung des Propellers gegen Getriebe und Maschine, beim zweiten Grade die Schwingung der Maschine gegen das Getriebe und beim dritten Grade die Schwingung des Schwungrades gegen die Maschine.

Die rechnungsmäßigen kritischen Drehzahlen lassen den für den Bordbetrieb in Betracht kommenden Bereich von 40—85 Umdrehungen der Schraube frei. Demgemäß finden sich in den Torsiogrammen dieses Bereiches auch keine negativen Drehmomente an, das Drehmoment zeigt vielmehr, besonders in der Schraubenwelle, einen hervorragend glatten Verlauf. Die einzige kritische Umdrehung mit Schwingungen vom II. Grade 5. Ordnung liegt so tief, daß sie stets rasch durchfahren wird, und ist daher bedeutungslos. Das Ausklingen dieser Schwingung ist in dem ersten Torsiogramm der Tafel V noch erkennbar.

Die bei der Probefahrt des Motorschiffes „Havelland" gewonnenen Messungen sind endlich auf der Tafel VI mit den endgültigen Massen- und Schwingungsbildern zusammengestellt. Die ganzen Verhältnisse sind denen des Werkstattversuches so ähnlich, daß nichts weiter dazu zu bemerken ist, als daß die Messungen der Probefahrt, die nach den Berechnungen und Vorversuchen erwarteten Ergebnisse durchaus bestätigten. Insbesondere zeigt der Verlauf des Drehmomentes in der Schraubenwelle, daß der dem Germanischen Lloyd zugesagte Nachweis der Gleichförmigkeit im vollen Umfange erbracht wurde.

Die Auswertung der Torsiogramme bestätigte ferner den hervorragenden Wirkungsgrad des Zahnradgetriebes. Der Unterschied der an den beiden Torsionsindikatoren gemessenen Leistungen beträgt nämlich bei der Betriebstourenzahl weniger als 1%.

Die Gesamtanordnung der Maschinenanlage von „Havelland" und „Münsterland" zeigt Abb. 22. Am auffallendsten gegenüber Anlagen mit direkt wirkenden Maschinen treten die geringen Abmessungen der Hauptmaschinen hervor, die sich besonders durch außergewöhnlich kleine Bauhöhe auszeichnen.

Im übrigen unterscheidet sich die Anlage in keinen wesentlichen Punkten von denen anderer Motorschiffe mit elektrisch betriebenen Hilfsmaschinen, es sei denn durch die Schiffsheizung, für die die Wärme der Abgase nutzbar gemacht wird.

Die beiden Schiffe befinden sich seit ihrer Indienststellung im August 1921 bzw. Januar 1922 ununterbrochen im Dienst und haben bis zum 1. Oktober

116 Zahnradgetriebe für Turbinen- und Motorschiffe der Werft Blohm & Voß.

1924 etwa 140 000 Sm. bzw. 125 000 Sm. zurückgelegt. Das System des indirekten Antriebes hat sich dabei in jeder Weise bewährt. Die Getriebe zeigen keine Spuren irgendwelcher Abnutzung, ebensowenig die gesamten Getriebe-

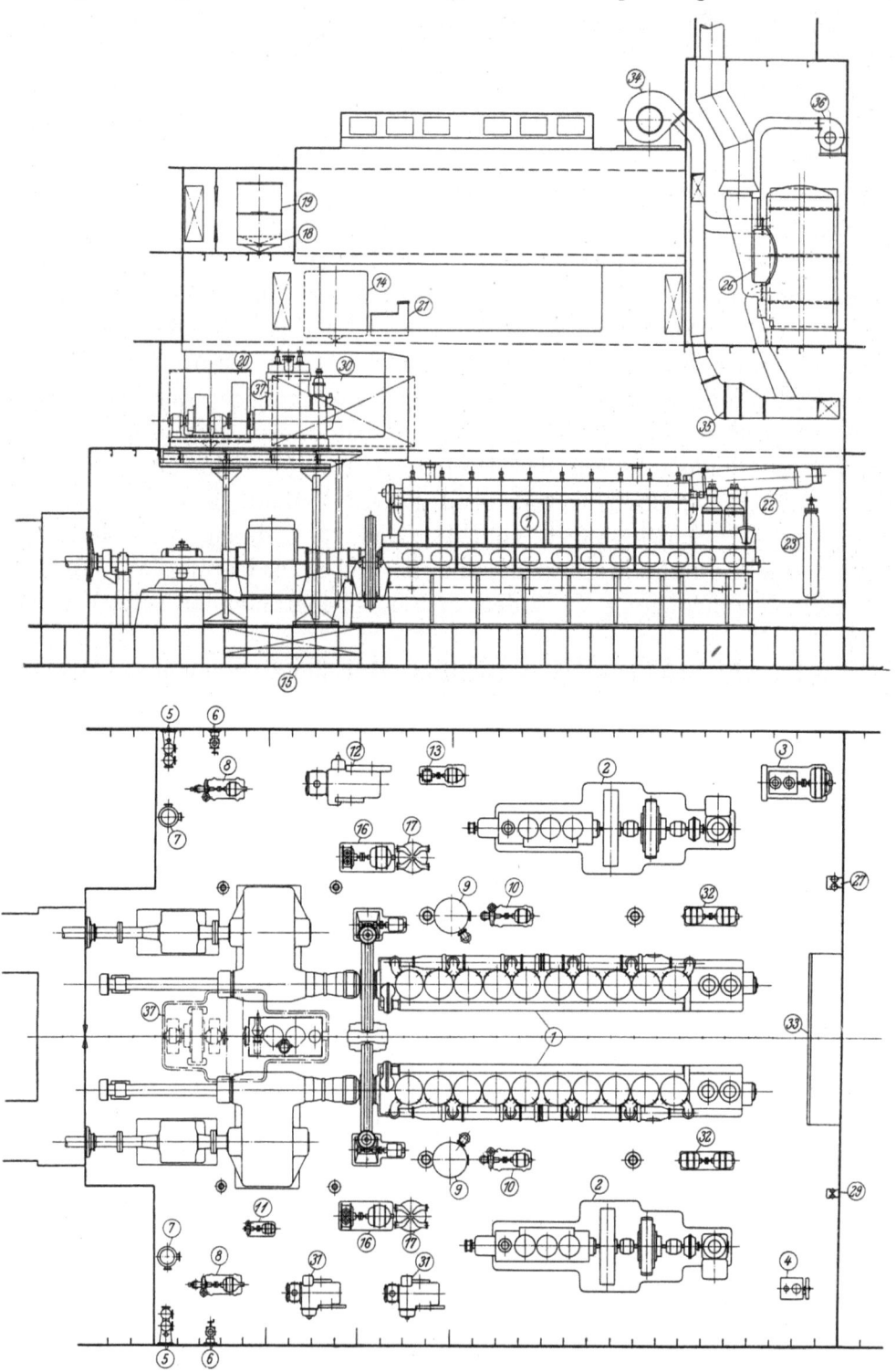

Abb. 22. Maschinenanlage des Zweischrauben-Motorschiffes

teile der Maschinen. Auch die Zylinder der Ölmaschinen sind noch in bestem Stand, so daß bisher die Auswechslung irgendeiner Laufbuchse nicht erforderlich gewesen ist. Dieses Ergebnis beweist, daß keinerlei Anlaß zu der Annahme vorliegt, daß die schnellaufende Maschine etwa schneller verschleißt als eine normale, langsam laufende Schiffsölmaschine. Die Umsteuerung, die in der üblichen Form durch Preßluft bewirkt wird, hat stets zuverlässig und einwandfrei gearbeitet.

Nachdem von den beiden Schiffen Betriebsergebnisse vorlagen, bestellte die Hamburg-Amerika-Linie ein drittes Schiff mit dem gleichen Antriebe, das jetzt unter dem Namen „Vogtland" auch schon im Fracht- und Passagierdienst der Reederei nach Ostasien fährt.

Wenn auch der unmittelbare Anlaß für die Einführung des indirekten Ölmaschinenantriebes in die Großschiffahrt dadurch gegeben wurde, daß vorhandene U-Bootsmaschinen für die Handelsschiffahrt verwendbar gemacht werden sollten, so ergaben sich doch schon bei der Ausarbeitung dieser ersten Anlage so erhebliche Vorteile gegenüber dem direkten Antrieb, soweit einfach wirkende Viertaktmaschinen in Frage kommen, daß die Verwendung des neuen Systems auch weiterhin für Neubauten ernstlich ins Auge gefaßt wurde.

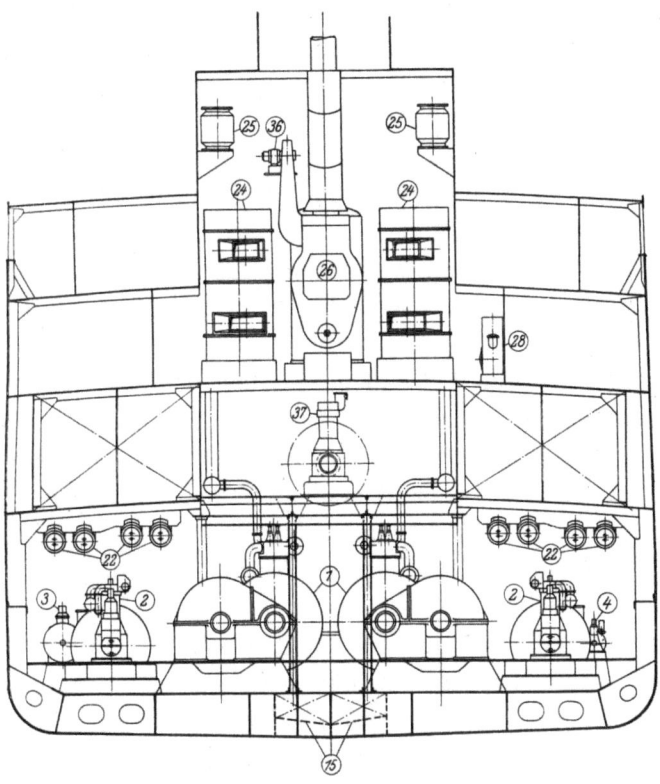

Bez.	Stück	Gegenstand
1	2	Hauptmaschine mit Rädergetriebe
2	2	Öldynamo mit Hilfskompressor
3	1	Lichtmaschine
4	1	Notkompressor
5	2	Unteres Seeventil
6	2	Oberes Seeventil
7	2	Seewasserreiniger
8	2	Hauptkühlwasserpumpe
9	2	Kühlwasser-Überlauftank
10	2	Kühlwasserauswurfpumpe
11	1	Kühlwasserpumpe für Öldynamo
12	1	Ölübernahme- und Ballastpumpe
13	1	Brennstofftagespumpe
14	4	Brennstofftagestank
15	2	Schmierölsammeltank
16	2	Schmierölpumpe
17	2	Ölkühler für Hauptmaschine
18	2	Schmierölarbeitstank
19	2	Schmierölsetztank
20	2	Schmierölvorratstank
21	2	Schmierölreiniger
22	8	Anfahrflaschen
23	2	Einblaseflasche
24	2	Auspufftopf für Hauptmaschine
25	2	Auspufftopf für Öldynamo
26	1	Hilfskessel
27	1	Kesselspeisepumpe
28	1	Verdampfer
29	1	Trinkwasserpumpe
30	2	Trinkwassertank
31	2	Bilge-Feuerlösch- und Klosettpumpe
32	2	Motorgenerator
33	1	Schalttafel
34	2	Heizungslüfter
35	2	Dampflufterhitzer
36	1	Gebläsemaschine
37	1	Öldynamo

„Havelland" der Hamburg-Amerika-Linie.

Der indirekte Antrieb im Vergleich mit dem direkten.

Die Vorteile, die der indirekte Antrieb bietet, sollen an Hand des auf Abb. 23 dargestellten Beispieles erläutert werden. Auf dieser Abbildung sind verschiedene Motorantriebe für ein Einschraubenfrachtschiff von 2000 PSe-Maschinenleistung nebeneinandergestellt, und zwar eine direkt gekuppelte einfachwirkende Viertakt-, eine Viertakt-Getriebe- und zwei direkt gekuppelte Zweitaktanlagen, von denen die eine einfach-, die andere doppeltwirkend ist.

Dabei ist besonders zu beachten, daß die doppeltwirkende Zweitaktmaschine der M. A. N. erst seit kurzer Zeit reif für den Bordbetrieb ist, und daß in erster Linie die Unterschiede zwischen dem indirekten Antrieb und dem bislang allgemein üblichen direkten Antrieb mit einfach wirkenden Maschinen ins Auge zu fassen sind, wenn man den Fortschritt sehen will, der in der Einführung der Getriebeanlagen liegt.

Die Gewichts- und Preisangaben in der Abb. 23 gelten jeweils für das dargestellte Gesamtaggregat einschließlich Drucklager. Für einen einwandfreien Vergleich muß also beachtet werden, daß sich je nach der gewählten, dem einzelnen Maschinentyp angepaßten Umdrehungszahl noch geringe Abweichungen bei der Hauptwellenleitung und dem Propeller ergeben. Da diese Abweichungen aber unbedeutend sind, sind sie in den nachfolgenden Vergleichen nicht mit bewertet worden.

Ferner ist zu berücksichtigen, daß bei den Zweitaktmaschinen die Spülgebläse außer Ansatz geblieben sind. Nimmt man den bei modernen Anlagen üblichen Fall, daß die Gebläse von der Hauptmaschine abgetrennt und durch Elektromotoren angetrieben werden, und erfüllt ferner die Bedingung, daß unter allen Betriebsbedingungen eine genügende Reserve bei den Dieselgeneratoren vorhanden ist, so ergibt sich, daß für die Spüler und die Vergrößerung der Dieselgeneratorenanlage bei beiden Zweitaktanlagen noch 22 t Gewicht und 70 000 M. Baukosten hinzuzusetzen sind.

Das Gesamtbild sieht dann folgendermaßen aus:

	A Einf. wirk. Viertakt direkt	B Einf. wirk. Viertakt indirekt	C Einf. wirk. Zweitakt direkt	D Doppelt wirk. Zweitakt direkt
Gewicht . . .	438 t	218 t	326 t	202 t
Preis	418 000 Mk.	291 400 Mk.	402 000 Mk.	285 000 Mk.

Die Preise stellen etwa die Vorkriegskosten dar und sind für alle vier Fälle auf der gleichen Basis kalkuliert.

Das Ergebnis des Vergleiches ist folgendes:

1. Gewicht.

Die Ersparnisse an Gewicht, die durch kleine schnellaufende Ölmaschinen mit Rädergetriebe erzielt werden können, sind sehr beträchtliche und gelten sowohl der direkt wirkenden Viertakt- wie der Zweitaktmaschine gegenüber. Es zeigt sich, daß in dem Beispiel die direkt wirkende Viertaktmaschine „A"

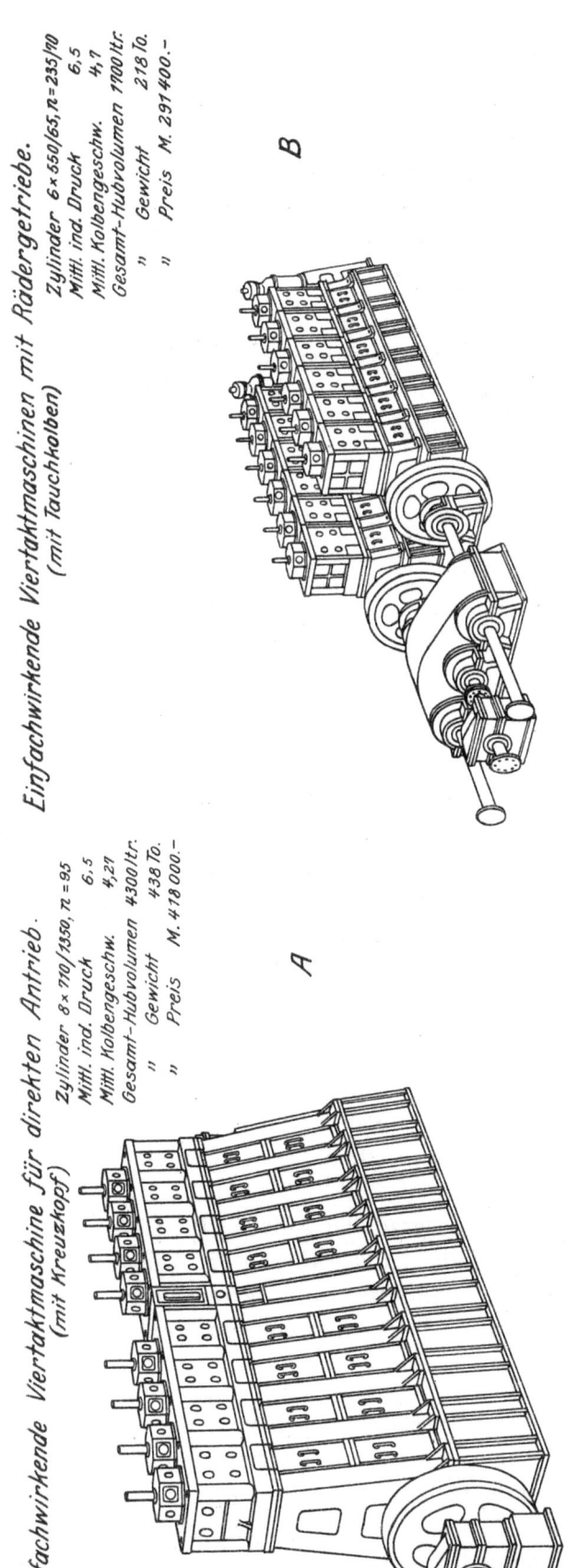

Abb. 23. Vergleich von Ölmaschinenanlagen für ein Einschrauben-Frachtschiff von 2000 PSe-Leistung.

101%, die einfach wirkende Zweitaktmaschine „C" 49% schwerer ist als die Getriebeanlage „B". Der Gewichtsunterschied gegenüber der doppeltwirkenden Zweitaktmaschine „D" ist nicht so bedeutend und beträgt in diesem Falle 7% zugunsten der letzteren. Die Ausarbeitung zahlreicher Projekte hat jedoch ergeben, daß im großen und ganzen eine Anlage mit Viertaktschnelläufern und Getriebe ungefähr das gleiche Gewicht erfordert wie eine entsprechende doppeltwirkende Zweitaktmaschinenanlage.

Eine nicht berücksichtigte Gewichtsersparnis zugunsten des indirekten Antriebes liegt darin, daß bei dem gleichmäßigen, durch Messungen an Bord nachgewiesenen Drehmoment in der Wellenleitung diese schwächer ausgeführt werden kann, als sonst bei Motorschiffen vorgeschrieben ist.

2. Baukosten.

Bei den Kosten ergibt sich ein ähnliches Bild. Die direkt wirkende Viertaktanlage „A" kostet 43%, die direkt wirkende Zweitaktanlage „C" 38% mehr als die Getriebeanlage „B", während auch in bezug auf den Preis die doppelt wirkende Zweitaktanlage „B" der Getriebeanlage ziemlich gleichwertig ist.

3. Raumbedarf.

Der besonders geringe Raumbedarf der indirekten Anlage geht aus der Abb. 23 ohne weiteres hervor. Er kommt insbesondere durch die geringe Bauhöhe des ganzen Aggregates zur Auswirkung, die im Bereiche der Maschinenräume eine wesentlich bessere Ausnutzung der unteren Decks zuläßt. In solchen Fällen, in denen die Bauhöhe ausschlaggebenden Einfluß auf die Wahl des Maschinenantriebes hat, kann der Vorteil der geringen Höhe bei den Getriebeanlagen auch gegenüber der doppeltwirkenden Zweitaktmaschine so groß sein, daß er allein ausschlaggebend für die Wahl einer Getriebeanlage sein kann.

4. Verbesserung des Schraubenwirkungsgrades.

In den meisten Fällen liegt bei direktem Ölmaschinenantrieb die Umdrehungszahl mit Rücksicht auf die Maschine über der für die Schiffsschraube günstigsten Tourenzahl. Beim indirekten Antrieb entfällt eine solche Rücksichtnahme. Die Umdrehungszahl der Schraube kann ohne weiteres dem besten Propellerwirkungsgrad angepaßt werden.

In unserem Beispiel liegt der Schraubenwirkungsgrad der Anlage „B" etwa $5^1/_2$% höher als bei „A" und etwa $3^1/_2$% höher als bei „C", während die Anlage „D" wieder etwa gleichwertig ist, da der geringe Gewinn im Schraubenwirkungsgrad von „B" gegenüber „D" durch den etwa $1—1^1/_2$% betragenden Verlust im Getriebe ausgeglichen wird.

Indirekter Einschrauben- statt direkter Zweischraubenantrieb.

Besonders gut lassen sich die Vorteile des indirekten Antriebes in denjenigen Fällen ausnutzen, in denen man statt des von vielen Reedereien auch heute noch bevorzugten Zweischraubenantriebes mit direkt wirkenden Ölmaschinen einen Einschraubenantrieb mit zwei raschlaufenden Ölmaschinen, die auf ein gemeinsames Zahnradgetriebe arbeiten, anwenden kann. Dieser Fall ist bei den weitaus meisten Frachtmotorschiffen gegeben.

Hierbei treten natürlich die Vorteile in bezug auf Gewicht und Baukosten noch viel stärker in die Erscheinung, weil das Gewicht der beiden Schnelläufer einschließlich Getriebe erheblich niedriger ist als das zweier direkt wirkender Maschinen und außerdem noch die eine Wellenleitung ganz gespart wird. Ferner wird durch den Fortfall eines Wellentunnels und durch die einfachere Hinterschiffskonstruktion das Schiff leichter und billiger, und es wird Laderaum gewonnen. Zudem ist die Propulsion bei Einschraubern günstiger als bei Doppelschraubern.

Die Einschrauben-Getriebeanlage mit zwei Motoren vereinigt insofern die Vorteile des Einschrauben- mit denen des Doppelschraubenschiffes, als auf der einen Seite Gewicht, Raum und Brennstoff gespart und auf der anderen Seite der Vorteil, der in der größeren Betriebsreserve von zwei Antriebsmaschinen liegt, gewonnen wird.

Um diese Betriebsreserve ausnutzen zu können, muß dafür gesorgt werden, daß jede der beiden auf ein und dasselbe Rädergetriebe arbeitenden Ölmaschinen im Notfalle schnell abgekuppelt werden kann. Zu diesem Zwecke werden bei der Anordnung von Blohm & Voß Spezialkupplungen verwendet, die in kürzester Zeit gelöst werden können. Die Schiffsschraube kann dann durch die andere Maschine allein, wenn auch mit verminderter Leistung, weitergetrieben werden.

Ein Punkt, dem bei Verwendung mehrerer auf ein gemeinsames Rädergetriebe arbeitender Ölmaschinen besondere Beachtung geschenkt werden muß, ist die Forderung, daß die Maschinen beim Anlassen und Umsteuern gleichzeitig anspringen. Dieses wird dadurch erreicht, daß die Anlaß- und Umsteuerungsorgane der Maschinen mechanisch miteinander gekuppelt werden, derart, daß der Maschinist für jeden solchen Vorgang einen gemeinsamen Hebel für beide Maschinen zu bedienen hat. Die Einzelmaschinen verschmelzen auf diese Weise zu einer einzigen mit der Summe der Zylinderzahlen.

Weitere Motorschiffe mit Rädergetrieben.

Als Beispiel der ersten Anlage mit neu konstruierten und hergestellten Viertaktschnelläufern ist in Abb. 24 die Maschinenanlage des bei Blohm & Voß erbauten Fracht- und Fahrgastmotorschiffes „Monte Sarmiento" der Hamburg-Südamerikanischen Dampfschifffahrts-Gesellschaft dargestellt, des zur Zeit größten und schnellsten Motorschiffes der deutschen Handelsflotte.

Der Antrieb erfolgt durch vier sechszylindrige einfach wirkende Viertaktmaschinen mit 215 Umdrehungen, die ihre Leistung paarweise durch Rädergetriebe auf zwei mit 76 Umdrehungen laufende Schraubenwellen übertragen. Die Gesamtleistung beträgt etwa 7000 PSe. Die Maschinen arbeiten mit vorverdichteter Luft, die von drei Turbogebläsen geliefert wird, von denen eines zur Reserve dient.

Bei dieser Anlage waren ursprünglich elastische Wellen vorgesehen, die jedoch bei der endgültigen Ausführung durch starre, als ausrückbare Kupplungen ausgebildete Verbindungen zwischen Schwungrad und Ritzel ersetzt wurden.

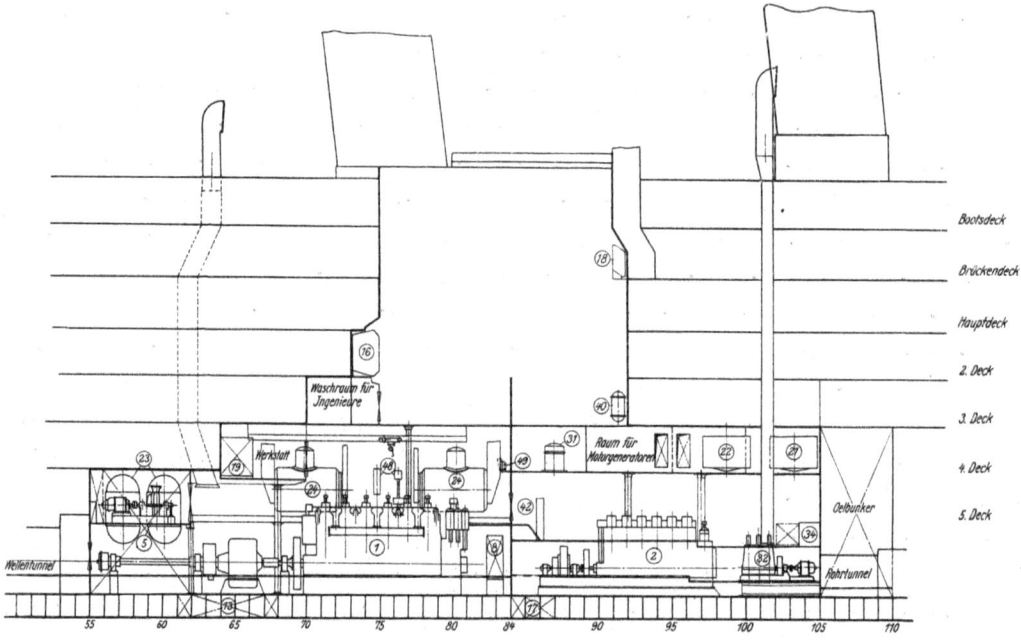

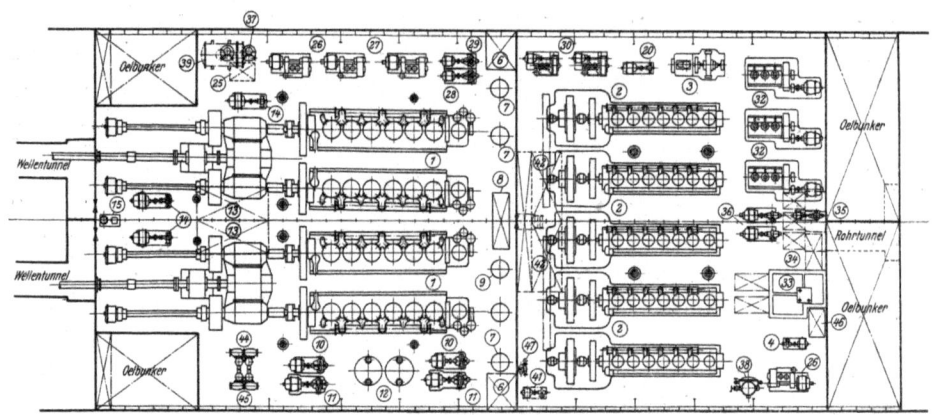

Abb. 24. Maschinenanlage des Zweischrauben-Motorschiffes „Monte Sarmiento"

Wie schon angedeutet, sind nach den „Havelland"-Versuchen beide Wege gangbar, und bei Bemessung der Massen und Wellen war von vornherein auf beide Möglichkeiten Rücksicht genommen.

Die Abgaswärme wird zur Dampferzeugung in vier Abgaskesseln benutzt. Der erzeugte Dampf findet außer für Heiz- und Kochzwecke noch zum Betriebe der Kühlwasserpumpen und der zum Betriebe der Kessel gehörigen Speise- und Brennstoffpumpen Verwendung.

Ein Schwesterschiff „Monte Olivia" erhält den gleichen Antrieb mit dem Unterschiede, daß die Hilfsmaschinen für Deck und Maschine mit Dampf angetrieben werden. Die Reederei wird also so Gelegenheit zu einem interessanten Vergleich in bezug auf die noch immer viel umstrittene Frage des günstigsten Hilfsmaschinenantriebes haben.

Zahnradgetriebe für Turbinen- und Motorschiffe der Werft Blohm & Voß.

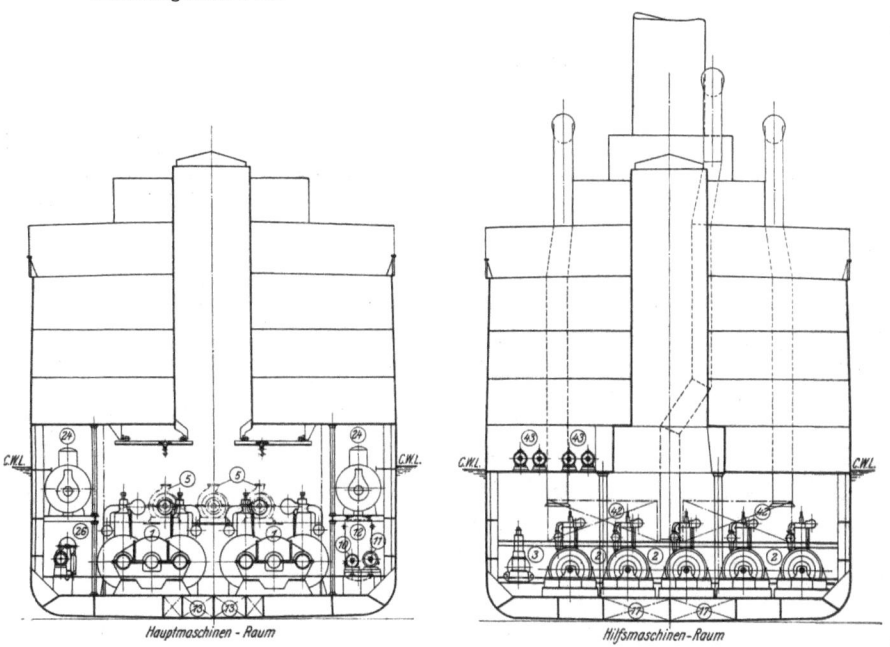

Bez.	Stück	Gegenstand	Bez.	Stück	Gegenstand
1	2	Hauptmaschinengruppe mit Getriebe	26	2	Lenz und Feuerlöschpumpe
2	5	Dieseldynamo	27	2	Ballast und Feuerlöschpumpe
3	1	Anfahrluftkompressor	28	1	Badepumpe
4	1	Notkompressor	29	1	Klosettpumpe
5	3	Aufladegebläse	30	2	Trinkwasserpumpe
6	2	Seewasserkasten	31	1	Bollmann-Filter
7	4	Seewasserreiniger	32	3	Kühlmaschinen-Kompressor
8	1	Kühlwassersammeltank	33	1	Refrigerator 3 teilig
9	1	Frischwasserreiniger	34	1	Kondensator 3 teilig
10	2	Seewasser-Kühlpumpe	35	1	Kühlwasserpumpe
11	2	Frischwasser-Kühlpumpe	36	2	Solepumpe
12	2	Frischwasser-Rückkühler	37	2	Kesselspeisepumpe
13	2	Schmierölsammeltank für Hauptmaschinen	38	1	Seewasser-Verdampfer
14	3	Schmierölpumpe	39	1	Hilfs-Kondensator
15	1	Schmieröl-Separator	40	1	Destillierapparat mit Trinkwasser-Filter
16	3	Schmieröl-Hochtank für Hauptmaschinen	41	1	Frischwasser-Umwälzpumpe
17	2	Schmieröl-Sammeltank für Dieseldynamo	42	2	Schalttafel
18	1	Schmieröl-Hochtank für Dieseldynamo	43	4	Motorgenerator
19	2	Schmieröl-Vorratstank	44	1	Seewasser-Kühlpumpe (Duplex-Dampfpumpe)
20	1	Brennstofftagespumpe	45	1	Frischwasser-Kühlpumpe (Duplex-Dampfpumpe)
21	4	Brennstofftagestank für Hauptmaschinen	46	1	Sole-Auflösegefäß
22	2	Brennstofftagestank für Dieseldynamo	47	1	Ölübernahmepumpe
23	4	Anfahrluftbehälter	48	2	Heizölbetriebspumpe mit Filter und Vorwärmer
24	4	Abgaskessel	49	1	Kesselgebläsemaschine
25	1	Speisewassersammeltank			

der Hamburg-Südamerikanischen Dampfschifffahrts-Gesellschaft.

Anwendungsgebiet des indirekten Ölmaschinenantriebes unter Berücksichtigung der neuesten Entwicklung des doppeltwirkenden Zweitaktmotors.

Das Anwendungsgebiet des indirekten Antriebes umfaßt in erster Linie sämtliche Frachtmotorschiffe von den kleinsten bis zu den größten Leistungen, und zwar ist es auf solchen Fahrzeugen durchweg möglich, mit Einschraubenantrieb auszukommen. Ferner kommen Fahrgastschiffe kleinerer und mittlerer Leistung in Betracht, wobei man allerdings bei zunehmender Leistung genötigt ist, zum Mehrschraubenantrieb überzugehen.

Wie jedoch schon mehrfach angedeutet wurde, ist inzwischen die Entwicklung des doppeltwirkenden Zweitaktmotors so weit gefördert, daß dieses Maschinensystem durchaus reif für den Bordbetrieb ist. Da diese Maschine bei direktem Antrieb in bezug auf Gewicht und Kosten dem indirekten Antrieb durch Viertaktschnelläufer bei kleinen Leistungen etwa gleichwertig, bei großen Leistungen sogar überlegen ist, und weil die größere Einfachheit der ganzen Anlage zugunsten der direktwirkenden Maschine spricht, wird meiner Ansicht nach ein wesentlicher Teil des obengenannten Anwendungsgebietes des indirekten Antriebes durch den direkten Antrieb mit doppeltwirkenden Zweitaktmaschinen erobert werden.

Die doppeltwirkende Viertaktmaschine lasse ich bei diesen Betrachtungen aus dem Spiel, weil ich, trotzdem sie zur Zeit von einer Reihe bedeutender Firmen gebaut wird, davon überzeugt bin, daß das Viertaktprinzip seinem Wesen nach nicht für Doppelwirkung geeignet ist und sich daher auch nicht dafür durchsetzen wird. Die Unterbringung der bei Viertakt erforderlichen Ein- und Auslaßventile macht nämlich, insbesondere an der Bodenseite, sehr bedeutende Schwierigkeiten und führt zu ungesunden Konstruktionen und zu schlechter Verbrennung. Außerdem muß sich gerade bei den höchsten in Betracht kommenden Leistungen der Vorteil, den der Zweitakt in bezug auf Raum und Gewicht dem Viertakt gegenüber bietet, entscheidend auswirken.

Für Einschraubenfrachtschiffe, die früher durchweg mit einer Drei- oder Vierfachexpansionsmaschine ausgerüstet wurden, dürfte voraussichtlich im allgemeinen der doppeltwirkende Zweitaktmotor mit Schlitzspülung seiner großen konstruktiven Einfachheit wegen das gegebene sein. Der indirekte Antrieb wird bei diesen Schiffen auf solche Fälle beschränkt bleiben, in denen entweder aus irgendwelchen Gründen eine besonders geringe Bauhöhe der Maschine gefordert werden muß oder wo erheblicher Wert auf die bei Anordnung zweier Maschinen vorhandene größere Reserve gelegt wird.

Auf Fahrgastschiffen, bei denen auch früher schon die Erreichung einer größeren Reserve ein wichtiger Grund für die Anwendung der Doppelschraubenanordnung war, wird man in Zukunft wohl in vielen Fällen den direkten Antrieb mit doppeltwirkenden Zweitaktmaschinen ebenfalls bevorzugen, doch kann bei kleinen und mittleren Leistungen sehr wohl auch der indirekte Antrieb mit Vorteil verwendet werden, weil er gerade die in den beiden Maschinen liegende größere Reserve mit den Vorzügen des Einschraubenantriebes (bessere Propulsion, geringeres Gewicht, Fortfall eines Wellentunnels) vereinigt.

Für Fahrgastschiffe großer Maschinenleistung muß ohnehin mit Rücksicht auf die Abmessungen der Einzelmaschinen ein Mehrschraubenantrieb gewählt werden, und dann wird man als Antriebsmaschine direkt auf den Propeller arbeitende doppeltwirkende Zweitaktmaschinen verwenden, sofern nicht etwa ausschlaggebende räumliche Gründe für den Einbau möglichst niedriger Maschinen sprechen. (Ein Beispiel für den letzteren Fall bildet „Monte Sarmiento".)

Bei Schiffen ganz großer Maschinenleistung wird man den direkten Antrieb um so eher wählen, als bei steigender Leistung die Gewichtsverhältnisse sich stark zugunsten dieses Antriebes verschieben. Die Durcharbeitung eines Zweischrauben-Motorschiff-Projektes mit insgesamt 30 000 PSe ergab z. B., daß die Antriebsmaschinenanlage mit Zahnradgetrieben und Viertaktschnelläufern etwa

30% schwerer ist als die mit direktgekuppelten doppeltwirkenden Zweitaktmaschinen. Es ist allerdings möglich, annähernd das gleiche Gewicht auch bei indirektem Antrieb zu erreichen, wenn man die schnellaufenden Ölmaschinen nicht als einfachwirkende Viertakt-, sondern als doppeltwirkende Zweitaktmaschinen ausbildet. Da die Anlage dann aber selbst bei gleichem Gewicht teurer und vor allem wesentlich komplizierter wird als bei unmittelbarem Antrieb durch doppeltwirkende Zweitaktmaschinen, so ist diesem der Vorzug einzuräumen.

Als Beweis dafür, daß dieser Ausblick in die zukünftige Entwicklung des Motorschiffantriebes, insbesondere auch hinsichtlich der erwähnten hohen Maschinenleistungen nicht etwa rein spekulativ ist, mag erwähnt werden, daß sich zur Zeit bei Blohm & Voß eine doppeltwirkende Zweitaktölmaschine von 15 000 PSe im Bau befindet. Dieser Motor ist allerdings als Stationärmaschine für ein Kraftwerk der Hamburgischen Elektrizitätswerke bestimmt, ist aber so konstruiert, daß dieser Typ unter Hinzufügung einer Umsteuerung ohne weiteres für den Schiffsantrieb verwendet werden kann.

Schlußbemerkungen.

Die vorstehenden Ausführungen mit den Ergänzungen im Anhang machen nicht Anspruch auf eine erschöpfende Darlegung der behandelten Fachgebiete. Sie geben lediglich die Behandlung der fraglichen Probleme durch eine Werft wieder, die es sich zur Aufgabe gemacht hat, unter Ausnutzung ihrer Kräfte und unter Benutzung entwickelter wissenschaftlicher Versuchsmethoden die besten Lösungen zu finden. Als erstes und letztes Ziel wurde stets die Schaffung wirklich betriebsbrauchbarer und dabei wirtschaftlicher Antriebe betrachtet. Es soll nicht behauptet werden, daß die entstandenen Ausführungen die allein möglichen bzw. richtigen sind. Es führen gewiß mehrere Wege zum gleichen Ziel, aber uns sind sie jedenfalls als die zur Zeit besten Lösungen für die fraglichen Anwendungsgebiete erschienen.

Bei der Behandlung der gestellten Aufgaben wurde von Anfang an als wichtig erkannt und zeigte sich unerläßlich, die in mannigfacher Form auftretenden Resonanzschwingungen in den rotierenden Systemen zu bekämpfen.

Die schwingungserregenden Ursachen liegen bei Turbinenanlagen im Propeller, bei Ölmaschinenanlagen sowohl im Propeller wie in den oszillierenden Kräften der Maschine. Bei beiden Antriebssystemen, sofern sie mit Zahnradübersetzung arbeiten, kommen als weitere Quelle der Erregung etwaige Ungenauigkeiten der Zahnteilung hinzu. Würde es möglich sein, Zahnräder theoretisch genau zu schneiden, so würde diese letzte schwingungserregende Ursache vollkommen fortfallen, woraus zu sehen ist, wie bedeutungsvoll alle auf dieses Ziel gerichteten Bemühungen sind.

Die Resonanzschwingungen werden häufig bei geschlossenen Systemen (keine Lose in den Verbindungswellen) nicht beachtet, weil sie nicht sichtbar sind und auch nicht gehört werden. Erst bei Zahngetrieben machen sie sich wegen des Zahnspieles durch klappernde oder ähnliche Geräusche und Hand in Hand damit durch Zerstörung der Zahnflanken bemerkbar.

Mehr und mehr verbreitet sich die Einsicht, wie wichtig es ist, diese schädlichen Schwingungen zu bekämpfen. Dafür ist es eine unerläßliche Vorbedingung, die Ursache zu erkennen. Erst dann ist es möglich, ihnen durch konstruktive Maßnahmen aus dem Wege zu gehen bzw. sie unschädlich zu machen. In dasselbe Gebiet fallen beispielsweise auch die Resonanzschwingungen innerhalb der Turbinenbeschaufelung, die zwar im vorstehenden nicht behandelt wurden, die aber ebenfalls von großer Wichtigkeit sind.

Es sei noch hervorgehoben, daß der Zweck dieses Vortrages weniger darin besteht, das eine oder andere Antriebssystem zu empfehlen, sondern es sollte an Beispielen ausgeführter und im Betrieb bewährter Anlagen gezeigt werden, daß es für den Konstrukteur erforderlich ist, sich aller wissenschaftlichen Hilfsmittel und der modernsten Versuchstechnik zu bedienen, um Klarheit in die verwickelten Vorgänge zu bringen, deren Beherrschung bei der Lösung der gestellten Aufgabe unerläßlich ist.

Zum Schluß drängt es mich, mit Dank meiner Mitarbeiter zu gedenken. Es sind dies für die Durchbildung der Turbinen und Rädergetriebe Herr Oberingenieur Willi Fischer, für das Gebiet der Ölmotoren und die damit in Verbindung stehenden Schwingungsrechnungen Herr Oberingenieur Rudolf Dreves, für die Ausbildung der Versuchsapparate und die Durchführung der verschiedenartigen Versuchsmessungen Herr Ingenieur Gustav Krüger, die alle mit großem Geschick und gleicher Hingabe seit über 25 Jahren ihre Dienste der Werft gewidmet haben.

Herrn Oberingenieur Hermann Berendt danke ich besonders für die tatkräftige Mitarbeit und Unterstützung bei der Zusammenstellung und Durcharbeitung dieses Vortrages.

Anhang.

Schwingungserscheinungen in den Wellenleitungen von Triebturbinenanlagen.

Wider Erwarten spielen auch bei Zahngetrieben mit Turbinenantrieb Schwingungserscheinungen eine erhebliche Rolle. Man kann sagen, daß häufig das Versagen von Zahngetrieben lediglich auf solche Schwingungen zurückzuführen ist.

Es können zwei Arten von Schwingungen auftreten, nämlich solche, bei denen die rotierenden Massen unter Verdrehung der verbindenden Wellenstücke gegeneinander schwingen, die kurz mit Torsionsschwingungen bezeichnet werden, und solche, die in einem achsialen Hin- und Herschwingen der Massen bestehen, wobei die Verbindungswellen abwechselnd Zug- und Druckbeanspruchungen erleiden. Es sollen zunächst die Torsionsschwingungen einer Betrachtung unterzogen werden.

Torsionsschwingungen der rotierenden Massen.

Als schwingungserregende Ursache kommen bei den Triebturbinen zwei Ursachen in Frage, nämlich

1. der während jeder Wellenumdrehung in einer oder mehreren Perioden wechselnde Propellerwiderstand,

2. kleine Unregelmäßigkeiten in der Ausführung der Getriebeverzahnung.

Beide Ursachen führen bei gewissen, den sog. „kritischen Umdrehungszahlen" zu Resonanzschwingungen in der Propellerwellenleitung oder in den elastischen Wellenstücken zwischen Turbinenrotoren und Ritzeln, wodurch am Zahngetriebe abwechselnd positiv und negativ gerichtete zusätzliche Zahndrücke hervorgerufen werden, die unter ungünstigen Umständen den mittleren Zahndruck überschreiten und damit ein Abheben der Zähne und klapperndes Geräusch hervorrufen können. Es ist deshalb unumgänglich nötig, die Betriebsdrehzahl so zu legen, daß sie nicht mit einer kritischen Drehzahl zusammenfällt, und daher die Vorausbestimmung der letzteren von entscheidender Bedeutung.

In der bekannten Formel

$$\text{Kritische Drehzahl pro Min.} = \frac{\text{Eigenschwingungszahl pro Min.}}{\text{Zahl der Kraftimpulse pro Umdrehung}} \quad \text{oder} \quad n_k = \frac{z}{a}$$

bietet die Berechnung des Zählers, nämlich der Eigenschwingungszahl des Massensystems keine grundsätzlichen Schwierigkeiten. Sind die Größen der Massen und die Abmessungen der sie verbindenden Wellenstücke bekannt, so gibt es eine Reihe brauchbarer Methoden[1]), um die betreffenden Eigenschwingungszahlen zu ermitteln. Dagegen ist der Nenner a eine im allgemeinen noch sehr unbestimmte Zahl. Am einfachsten ist dieselbe bei den vom Propeller herrührenden Impulsen zu bestimmen. Denn es ist ohne weiteres klar, daß bei schlecht ausbalanciertem Propeller auf eine Wellenumdrehung ein Impuls entfällt, ferner, daß wegen des Arbeitens der einzelnen Flügel im schräg zur Achse gerichteten Nachstromgebiet der Propellerwiderstand sich soviel mal pro Umdrehung ändert, als Flügel vorhanden sind. Die Impulszahl a wäre also in dem einen Falle gleich 1, in dem anderen Falle gleich der Flügelzahl zu setzen.

Zieht man das Zahngetriebe als schwingungserregende Ursache in Betracht, so ist hier die Kenntnis des Charakters der Unregelmäßigkeiten in der Getriebeverzahnung zur Beurteilung der durch sie hervorgerufenen Torsionsschwingungen nötig. Zunächst ist klar, daß die Größe der Schwingungsamplituden direkt proportional diesen Unregelmäßigkeiten ist, und daß beim Fehlen der letzteren, also bei mathematisch genauer Verzahnung, auch die Schwingungen nicht entstehen können. Über die Perioden dieser Unregelmäßigkeiten lassen sich von vornherein noch gar keine zutreffenden Annahmen machen, da sie ganz von der Ausführung, also zum großen Teil von Zufälligkeiten, abhängen. Um nun ein klares Bild über diese Verhältnisse zu gewinnen, wurden bei fast allen von Blohm & Voß gebauten Schiffen mit Triebturbinenanlagen gelegentlich der Probefahrten eingehende Beobachtungen mit dem für diese Zwecke sehr geeigneten photographisch registrierenden Torsionsindikator angestellt, der in der Z. d. V. D. I. 1918, S. 177 u. f. ausführlich beschrieben ist. Die Abb. 25 zeigt schematisch einen Schnitt durch den Apparat, der im wesentlichen aus einer mit der Welle rotierenden Lichtquelle besteht, die ihr Licht auf einen ebenfalls mitrotierenden Spiegel und zurück auf eine gleichfalls mitumlaufende Kamera wirft, die eine Rolle photo-

---

[1]) Frahm, Z. d. V. D. I. 1902; Drewes, Z. d. V. D. I. 1918; Gümbel, Z. d. V. D. I. 1912; Holzer, Berechnung der Drehschwingungen, Berlin 1921.

graphisches Papier enthält. Die Wellenverdrehung überträgt sich als Winkelablenkung auf den Spiegel und zeigt sich in vergrößertem Maßstabe als eine Verschiebung des Lichtbildes auf einem Öffnungsschlitz der Kamera an. Mit der Kamera ist noch eine selbsttätig arbeitende Zeitregistrierung in Form einer

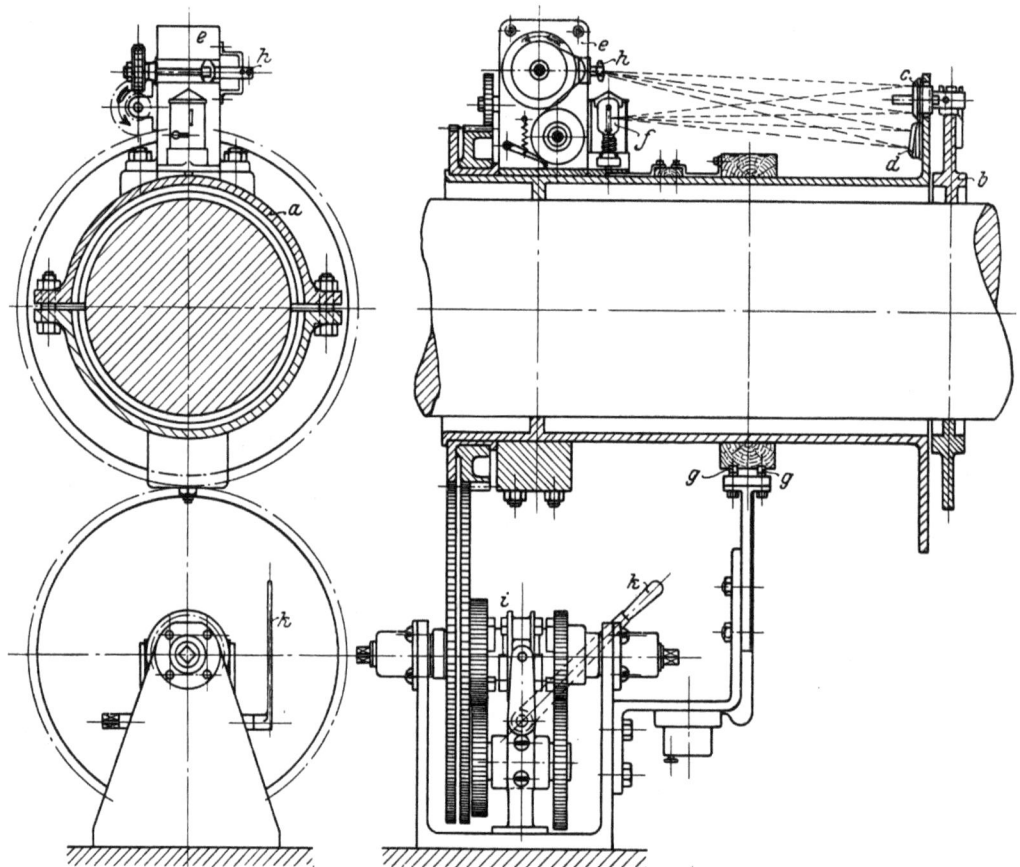

Abb. 25. Frahms optischer Torsionsindikator mit photographischer Registrierung.

Bezeichnung:

a Meßrohr.
b Ring.
c Drehbarer Hohlspiegel.
d Fester Hohlspiegel.
e Kamera.
f Glühlampe.
g Schleifringe für Stromzuführung.
h Zeitregistrierfeder.
i Differentialgetriebe.
k Hebel zum Einrücken der Kupplungen des Getriebes.

von Zeit zu Zeit ausschwingenden Feder verbunden, die auf dem lichtempfindlichen Papier wellenförmige Linien von bekannter Periode markiert.

Dieser Apparat war im Wellentunnel an der Propellerwelle angebracht, und es wurden nun bei passenden Gelegenheiten fortlaufende Diagramme der Wellenverdrehungen genommen, besonders dann, wenn die Maschine von der niedrigsten bis zur höchsten Umdrehungszahl ansteigend oder in umgekehrter Richtung alle kritischen Gebiete durchfahren konnte. Dabei zeigte sich bei fast allen Umdrehungszahlen keine nennenswerten periodischen Schwankungen des Drehmomentes bis auf einige wenige Drehzahlen, bei denen oder in deren Nähe scharf ausgeprägte Torsionsschwingungen in den photographischen Diagrammen zu bemerken waren. In Abb. 26 sind die an der Propellerwelle von S. S. „Deutsch-

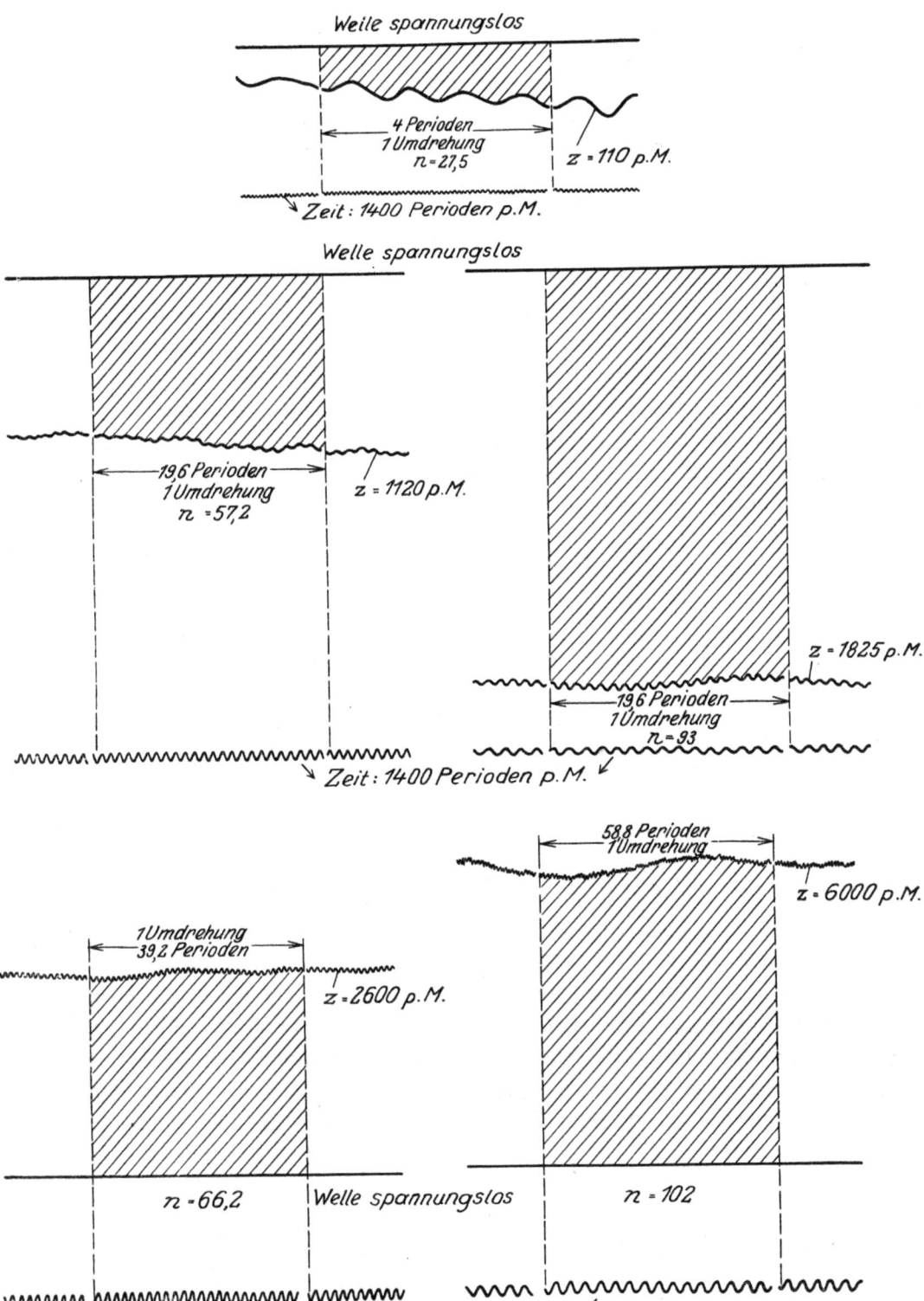

Abb. 26. „Albert Ballin" und „Deutschland". Torsionsdiagramme der Propellerwellenleitung.
Wellenverdrehungen im Radius 337,5 mm bei 137,8 facher Vergrößerung auf einer Meßlänge von 439 mm.

land" bei diesen kritischen Umdrehungszahlen erhaltenen Torsionsdiagramme dargestellt. Davon zeigt Nr. 1 4 Perioden pro Umdrehung, die offenbar vom vierflügeligen Propeller herrühren. Dagegen lassen die äußerst kleinen regelmäßigen Schwankungen, von denen die Verdrehungsdiagramme Nr. 2—5 durchsetzt sind, eine Abhängigkeit von dem Rädergetriebe sehr scharf erkennen. Es ist nämlich die Anzahl der Perioden pro Umdrehung in den Diagrammen Nr. 2 und Nr. 3 gleich einer Zahl (19,6), die genau übereinstimmt mit der Zahl der Umdrehungen, die das Ritzel während einer Umdrehung des großen Rades macht, in den Diagrammen Nr. 4 und 5 das 2- bzw. 3fache davon; bei einigen Triebturbinenanlagen wurden außerdem noch 4 und 5 Vielfache beobachtet. Es ist daher als sicher anzunehmen, daß diese Resonanzschwingungen in der Propellerwelle durch kleine Unregelmäßigkeiten in der Verzahnung des Ritzels erregt werden, die in gleicher Häufigkeit, also 1—5mal, auf den Teilkreisumfang des letzteren verteilt sind. Die Ursachen dieser Unregelmäßigkeiten von allerdings minimaler Größe sind in der Herstellungsart der Verzahnung des Ritzels zu suchen. Sie müßten daher, da alle Ritzel der verschiedenen Getriebe mit derselben Maschine geschnitten sind, auch überall denselben Charakter tragen. Dies ist in der Tat bei allen untersuchten Triebturbinenanlagen in mehr oder weniger ausgeprägter Weise festgestellt worden. Wie in dem Hauptteil des Vortrages ausgeführt, handelt es sich bei gut geschnittenen Zahnrädern nur um Ungenauigkeitsamplituden von weniger als $1/_{100}$ mm, die aber im Falle der Resonanz schon mehr oder weniger schädlich wirken können.

Die aus den Torsionsdiagrammen 1—5 sich ergebenden 5 verschiedenen Eigenschwingungszahlen der Wellenleitung stehen in sehr guter Übereinstimmung mit den errechneten Werten. Die letzteren, sowie die zugehörigen Schwingungsformen, sind in Abb. 27 zusammengestellt. Die Schwingungsform I mit der Periodenzahl 110 pro Min. wird erregt bei 27,5 minutlichen Umdrehungen der Propellerwelle von dem 4mal pro Umdrehung wechselnden Widerstand des vierflügeligen Propellers und besteht in einem Gegeneinanderschwingen der Propellermasse einerseits und der gesamten Masse der Turbinenrotoren mit dem großen Getrieberad andererseits um einen in der Nähe des letzteren gelegenen Knotenpunkt. Negative Drehmomente und damit verbundenes Abheben der Getriebezähne voneinander und klappernde Geräusche können bei dieser Schwingungsform beim Anfahren vorkommen und sind auch schon verschiedentlich wahrgenommen worden. Da aber alle in Betracht kommenden Drehzahlen weit oberhalb der kritischen 27,5 liegen, sind diese Resonanzschwingungen **bedeutungslos**.

Die **Schwingungsformen II—V** haben das gemeinsame Kennzeichen, daß die rotierenden Massen der Maschine und des Propellers fast zu Knotenpunkten werden, während die eigentlichen Schwingungen nur in der zwischenliegenden Wellenmasse mit den Flanschen und Kupplungen in Form von Schwingungsbäuchen und Knoten stattfinden. Auf den ruhigen Gang des Rädergetriebes haben diese Schwingungen aber **keinen Einfluß**, da, wie ein Blick auf die Torsionsdiagramme 2—5 zeigt, die Schwingungsamplituden im Verhältnis zum mittleren Drehmoment und damit auch die durch sie hervorgebrachten zusätzlichen Zahndrücke nur äußerst klein sind.

Es sollen jetzt die Schwingungsvorgänge in der Maschine selbst einer Betrachtung unterzogen werden. Eine experimentelle Untersuchung derselben, wie dies an der Propellerwelle durchgeführt werden konnte, ist hier wegen der Unzugänglichkeit der Ritzelwellen für Verdrehungsmessungen nicht möglich. Messungen der absoluten Ungleichförmigkeit in der Drehbewegung an den Wellenenden, wie sie im Hauptteil des Vortrages beschrieben sind, sind an Bord nicht ausführbar und würden auch wegen der Kleinheit der Schwingungsamplituden und der Schwierigkeiten, die in der hohen Umdrehungszahl der Ritzelwelle liegen,

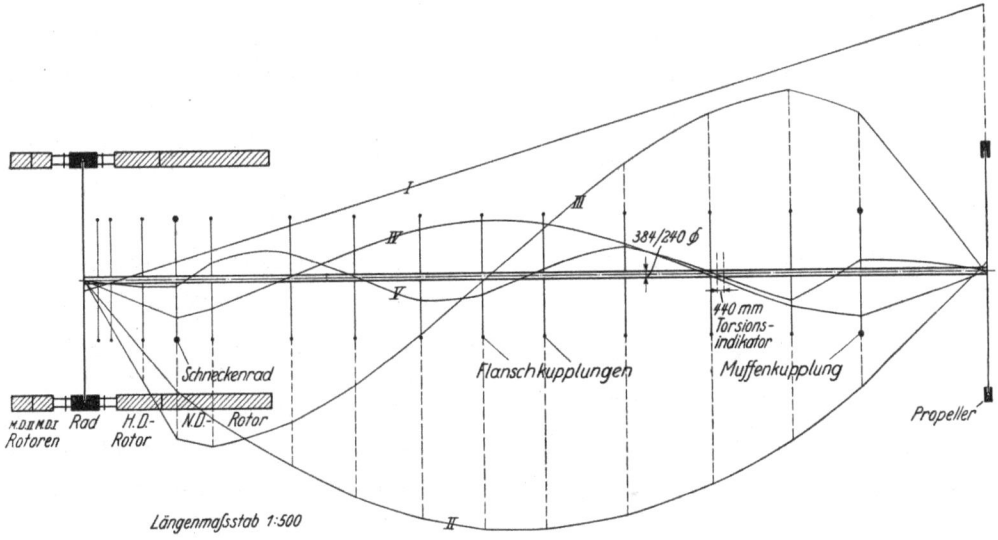

Abb. 27. „Albert Ballin" und „Deutschland". Torsionsschwingungsformen der Wellenleitung.

Eigenschwingungszahlen;

	berechnet:		gemessen:	
I:	$z = 109{,}5$ pro Min.		$z = 110$ pro Min.	
II:	$z = 1175$	,,	$z = 1120$	,,
III:	$z = 1825$	,,	$z = 1825$	,,
IV:	$z = 2630$	,,	$z = 2600$	,,
V:	$z = 6150$	,,	$z = 6000$	,,

zu keinem Resultat führen. Dagegen lassen sich jetzt auf Grund der vorangegangenen Feststellungen über die Periode der von der Ritzelwelle ausgehenden Kraftimpulse die in der Maschine auftretenden kritischen Drehzahlen berechnen.

Bei dem gewählten Ausführungsbeispiel setzt sich das schwingende Massensystem zusammen aus den 4 Turbinenrotoren, den 4 Flanschkupplungen in den Ritzelwellen und dem großen Rad, während als elastische Bindeglieder die Ritzelwellen anzusehen sind. Für diese Massen ergeben sich durch Rechnung 5 verschiedene Schwingungsformen (Abb. 28), von denen die ersten drei mit den Schwingungszahlen 948, 1305 und 3110 hauptsächlich die Massen der Turbinenrotoren und des großen Rades betreffen, während die beiden letzten mit den Periodenzahlen 29 200 und 32 200 fast nur in Schwingungsbewegungen der Flanschkupplungen bestehen, wobei die großen Massen der Turbinenrotoren und des großen Rades angenähert in Ruhe bleiben. Bei der Berechnung dieser Schwin-

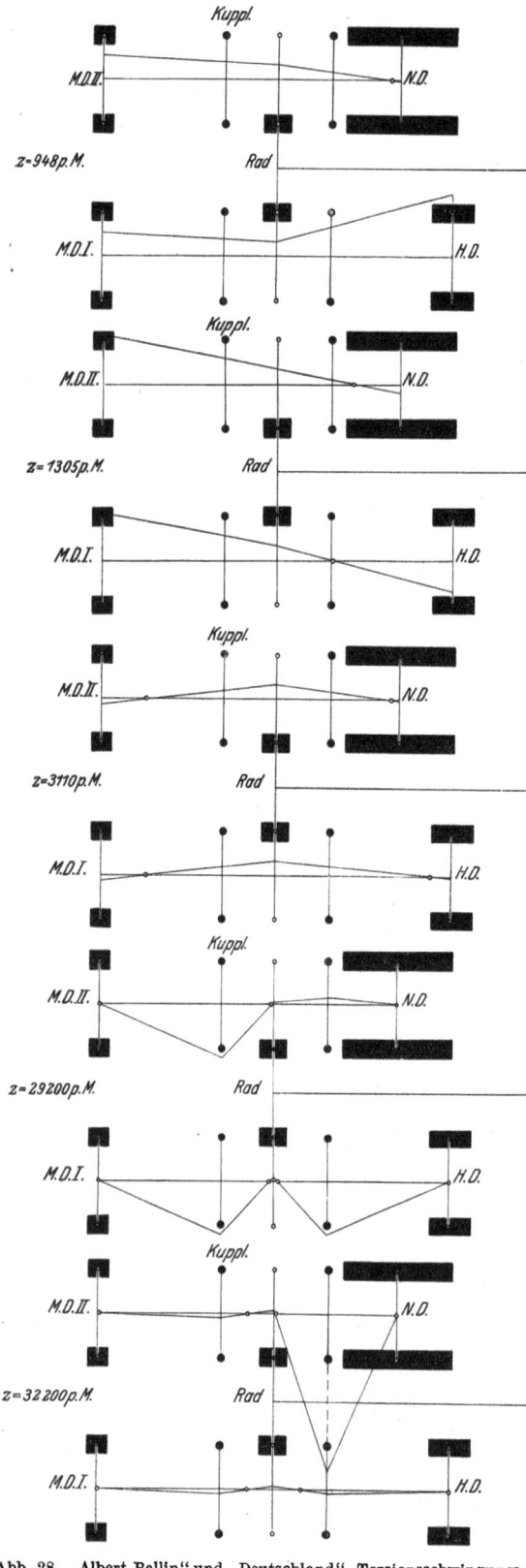

Abb. 28. „Albert Ballin" und „Deutschland". Torsionsschwingungsformen zwischen Turbinenrotoren, Flanschkupplungen und Rad.

gungsformen können der Einfachheit halber die Massen der Propellerwellenleitung unberücksichtigt bleiben, was seine Berechtigung hat wegen der verhältnismäßigen Kleinheit derselben gegenüber den Massen in der Maschine. Komplizierter liegen die Verhältnisse, wenn zufällig eine Eigenschwingungszahl der rotierenden Maschinenmassen mit einer in der Propellerwellenleitung zusammenfallen sollte. In diesem Falle wirkt die letztere als dämpfende federnde Zusatzmasse von verhältnismäßig geringer Größe, und es treten die Erscheinungen der sekundären Resonanz auf, die im allgemeinen eine Verminderung der Schwingungsausschläge der Hauptmasse bewirken. Die kritischen Drehzahlen für die Massen innerhalb der Maschine findet man nun durch Division der eben gefundenen Eigenschwingungszahlen 948, 1305, 3110, 29 200 und 32 200 durch die oben gefundenen Zahlen 1—5.

In Abb. 29 sind diese kritischen Drehzahlen als Abszissen, die Impulse pro Ritzelumdrehung als Ordinaten aufgetragen. Die hierdurch bestimmten Kurvenpunkte sind für die Impulszahlen 1—5 als kleine Kreise auf den ausgezogenen Teilen der Kurven a—e besonders markiert und geben ein anschauliches Bild aller möglichen kritischen Drehzahlen. Von diesen sind diejenigen, welche zu den Kurven a—c gehören, als ohne Einfluß auf den ruhigen Gang des Getriebes bei der Betriebsdrehzahl anzusehen, da keine von ihnen mit derselben zusammenfällt. Bei niedrigeren Umdrehungszahlen, wie sie beim Manövrieren und bei reduzierter Fahrt vorkommen, sind diese durch Rechnung ermittelten kritischen Drehzahlen zwar verschiedentlich durch das Gehör bestätigt worden, indem bei scharfer Aufmerksamkeit gewisse Geräusche am Zahngetriebe wahrzunehmen waren; es haben sich aber in keinem Falle nachteilige Folgen für die Zähne gezeigt, was nur so zu erklären ist, daß die Unregelmäßigkeiten in der Ritzelverzahnung, durch welche die Schwingungen erregt werden, wie schon erwähnt, äußerst klein und daher die Amplituden der letzteren nur von geringer Größe sind.

Die durch die Kurven d und e dargestellten kritischen Drehzahlen sind insofern von Interesse, als sie zeigen, daß eine Erregung durch die einzelnen Zähne (23 pro Umdrehung) innerhalb des Drehzahlbereiches der Anlage möglich ist. Wie schon angedeutet, handelt es sich hier um Torsionsschwingungen der Flanschkupplungen. Sie sind in Wirklichkeit wiederholt beobachtet worden.

Axialschwingungen der rotierenden Massen.

Elastische Schwingungen in der Längsrichtung der einzelnen Wellenstücke werden ebenso wie

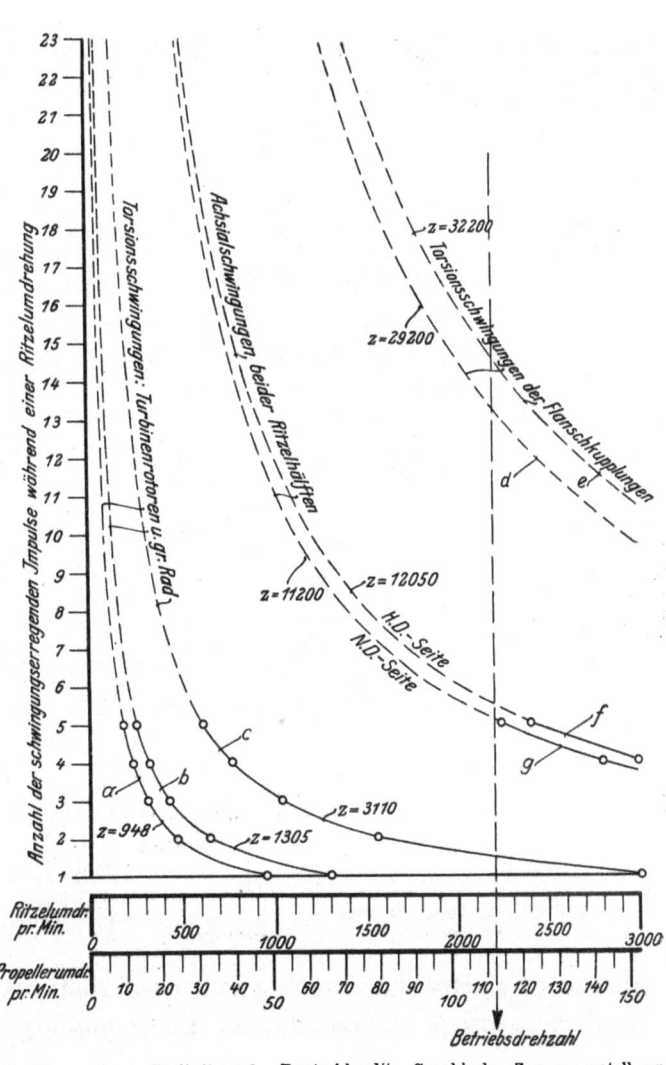

Abb. 29. „Albert Ballin" und „Deutschland". Graphische Zusammenstellung der Schwingungsmöglichkeiten innerhalb der Maschine.

die Torsionsschwingungen entweder durch den periodisch wechselnden Propellerwiderstand oder durch Ungleichmäßigkeiten in der Getriebeverzahnung erregt. In ersterem Falle hat man es mit einem Gegeneinanderschwingen der Propellermasse einerseits und der gesamten Maschinenmasse andererseits zu tun, wobei die Propellerwellenleitung als elastisches Mittel wirkt. Im Gegensatz zu den entsprechenden Torsionsschwingungen ergibt die Rechnung hier wegen des hohen Elastizitätsmoduls für Zug und Druck eine weit oberhalb der normalen Betriebsdrehzahl liegende kritische Drehzahl. Beispielsweise ist für „Albert Ballin" die Eigenschwingungszahl der Wellenleitung für

Längsschwingungen 1350 pro Min. und die kritische Drehzahl demnach bei 4 Propellerimpulsen pro Umdrehung $=\frac{1350}{4}=337,5$, während die höchste Betriebsdrehzahl nur 112 pro Min. beträgt.

Von größerer Bedeutung ist der zweite Fall, wo die Getriebeverzahnung die Ursache von Längsschwingungen bildet. Wir haben bei der Betrachtung der Torsionsschwingungen gesehen, daß dieselben durch ein oder mehrere Male

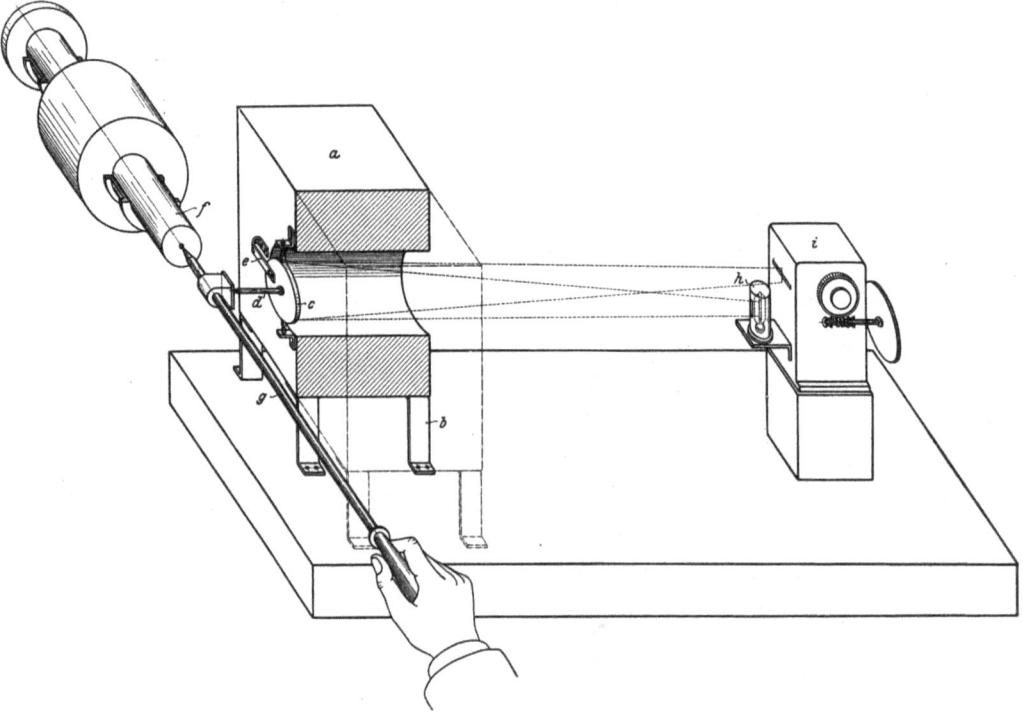

Abb. 30. Apparat zur photographischen Aufzeichnung von kleinen Axialbewegungen.

Bezeichnung:

a Schwere Masse.
b Federnde Verbindung mit dem Fundament.
c Hohlspiegel.
d Arm mit Schneide am Hohlspiegel.
e Feder zur Fixierung der Mittellage des Hohlspiegels.
f Zu prüfende Welle, verkleinert gezeichnet.
g Stange zur Übertragung der Axialbewegung auf den Hohlspiegel.
h Kohlenfadenglühlampe.
i Kamera mit Öffnungsschlitz.

während einer Ritzelumdrehung sich wiederholende Ungleichmäßigkeiten in der Verzahnung erregt werden können. Es ist nun als sicher anzunehmen, daß diese Ungleichmäßigkeiten bei beiden Ritzelhälften nicht genau gleich sind, sondern eine Verschiedenheit sowohl in bezug auf ihre Amplitude als auch ihre Phase aufweisen werden. Wenn dies der Fall ist, werden beiden Ritzelhälften periodische Verdrehungen gegeneinander aufgezwungen, die notwendigerweise entsprechende Kräftepaare im Ritzel zur Folge haben müssen. Dadurch wird abwechselnd der Zahndruck in der einen Zahnkranzhälfte um einen gewissen Betrag vermehrt, in der anderen um denselben Wert vermindert; er kann jedoch bei normalen Verhältnissen auf keiner Seite Null oder negativ werden, wenn der mittlere Zahndruck zwischen Ritzel und Rad genügend groß ist. Wegen der Schräglage der Zähne bringen diese relativen Verdrehungen der beiden Ritzelhälften entsprechende Längsverschiebungen des ganzen Ritzels, die erzeugten Kräftepaare entsprechende Axialkräfte in der Ritzelwelle hervor, die schwingungserregend auf die aus Turbinenrotoren und elastischer Ritzelwelle gebildete Anordnung einwirken. Dabei sind wieder Resonanzfälle möglich, die denselben schädlichen Einfluß auf das Getriebe haben können, wie dies bei den Torsionsschwingungen schon erläutert wurde.

Zum experimentellen Nachweis dieser Schwingungen wurde der in den Abb. 30 und 31 dargestellte Apparat verwendet.

Er besteht aus einer schweren Masse a, die durch federnde Verbindungen b auf einem Fundament befestigt ist und einen um eine senkrechte Achse drehbaren, in seiner Mittellage durch die Feder e festgehaltenen Hohlspiegel c trägt. Auf dem Rücken des Hohlspiegels ist ein mit einer Schneide versehener Arm d befestigt. Durch einen senkrechten Schlitz der Kohlenfadenlampe h fällt ein Lichtstrahl auf den Spiegel und wird auf einen wagerechten Schlitz der Kamera i

Abb. 31. Ansicht des Apparates zur photographischen Aufzeichnung von kleinen Axialbewegungen.

reflektiert, hinter dem ein Streifen lichtempfindliches Papier durch eine Vorschubeinrichtung vorbeibewegt wird. Sobald nun mittels des Stabes g eine Verbindung zwischen dem Ende der Ritzelwelle f und dem Arm d hergestellt wird, wird der Hohlspiegel entsprechend den axialen Ritzelbewegungen Drehbewegungen ausführen und der Lichtstrahl auf dem lichtempfindlichen Papier ein Diagramm aufzeichnen.

Mit diesem Apparat wurden bei den Triebturbinen vieler Schiffe sowohl auf dem Prüfstand, als auch auf Probefahrten photographische Aufzeichnungen der Axialschwingungen der Turbinenrotoren vorgenommen. Bei allen Versuchen handelte es sich um Ritzel, deren beide Enden durch verhältnismäßig elastische Wellenstücke und feste Kupplungen mit je einem Turbinenrotor verbunden waren. Am freien Ende des letzteren wurde öldicht durch das Turbinenlagergehäuse ein kleiner Zapfen geführt, und feine Längsbewegungen mit dem Apparat aufgezeichnet. Die erhaltenen Diagramme zeigen durchweg neben größeren, schon mit bloßem Auge am Zapfen erkennbaren Schwingungen, die die Periode einer Umdrehung des großen Rades aufweisen, vornehmlich solche, die bei jeder Ritzelumdrehung wiederkehren, also erster Ordnung sind, sowie kleinere mit 2—5 Perioden pro Ritzelumdrehung. Diese Schwingungen trugen alle den

Charakter der erzwungenen Schwingungen, während eigentliche Resonanzschwingungen nur in der Gegend von 2000 Ritzelumdrehungen vorkamen. Abb. 32 zeigt diesen Fall in sehr ausgeprägter Weise an der Maschine des Dampfers „Wangoni", wo Längsschwingungsdiagramme des H.-D.-Rotors in 36facher Vergrößerung bei den Umdrehungszahlen 1950, 2000 und 2050 dargestellt sind. Die Kurven zeigen eine Übereinanderlagerung von Schwingungen verschiedener Ord-

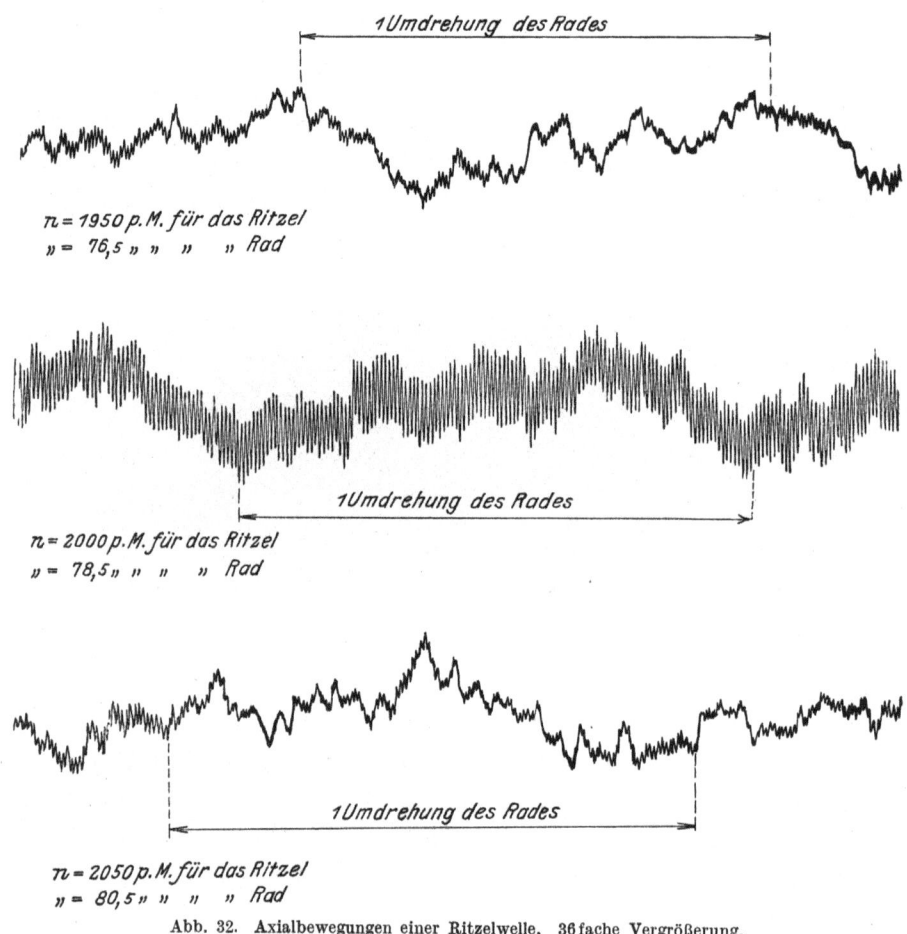

Abb. 32. Axialbewegungen einer Ritzelwelle. 36fache Vergrößerung.

nung, nämlich solche von der Periode einer Radumdrehung, einer Ritzelumdrehung und $1/_5$ Ritzelumdrehung bzw. $\frac{1}{127,5}$ Radumdrehung. — Die letzteren lassen sehr deutlich eine Resonanz erkennen, da sie bei 2000 Ritzelumdrehungen oder 78,5 Radumdrehungen ein Maximum der Amplitude erreichen. Die Längseigenschwingungszahl der Ritzelwelle beträgt hiernach $78,5 \cdot 127,5 = 10\,000$ pro Min. Die Berechnung dieser Zahl aus den Massen der Turbinenrotoren und den Abmessungen der Ritzelwelle ergibt hierfür den Wert 10 530 und ist nach folgenden Gesichtspunkten durchgeführt. Es wird jede der beiden Rotormassen durch ein Wellenstück als in der Längsrichtung elastisch gekuppelt mit dem Ritzel angesehen. Für beide gemeinschaftlich kommt noch hinzu eine elastische Verbindung mit dem Getrieberad als Folge der gegenseitigen Verdrehung der beiden Ritzelhälften und der dadurch bewirkten Längsverschiebung des Ritzels bei gleichzeitigem Auftreten einer axialen Kraftkomponente.

Wendet man dieselbe Rechnung auf die Ritzelwellen der Schiffe „Albert Ballin" und „Deutschland" an, so erhält man als Längseigenschwingungszahl der H.-D.-Ritzelwelle 11 200, der N.-D.-Ritzelwelle 12 050. Diese Zahlen durch die Anzahl der vom Ritzel ausgehenden Kraftimpulse, also durch 1—5, dividiert, geben die kritischen Drehzahlen für Längsschwingungen, die in Abb. 29 auf den Kurven f und g liegend dargestellt sind. Die einzigen hier in Betracht kommenden Zahlen fünfter Ordnung liegen oberhalb der normalen Betriebsdrehzahl und sind deshalb von keiner Bedeutung für den ruhigen Gang des Getriebes.

Wie aus der Abb. 32 ersichtlich, nehmen die axialen Schwingungsamplituden des Turbinenrotors unter Umständen recht erhebliche Werte an, und es ergeben sich Massendrücke, die von den im Eingriff stehenden Zähnen aufgenommen werden müssen und den mittleren Zahndruck im schnellen Wechsel vergrößern und verkleinern. Hiermit kann leicht ein Loslösen der Zahnflanken auftreten, womit dann Geräuschbildung und, falls die kritische Drehzahl längere Zeit beibehalten wird, eine allmählich zunehmende Zerstörung der Zahnoberflächen verbunden ist. Das gleiche gilt natürlich auch für die Auswirkung der früher behandelten Torsionsschwingungen.

Ungleichförmigkeitsmesser zur Untersuchung von Wellenschwingungen.

Wenn auch bei allen genaueren Untersuchungen über Torsionsschwingungen in umlaufenden Wellenleitungen die Verwendung eines selbstschreibenden Torsionsindikators, wie er bereits beschrieben ist, unerläßlich ist, weil durch ihn die wirklichen Werte der Wellenverdrehungen ermittelt werden, so können doch häufig sog. Ungleichförmigkeitsmesser nützlich verwendet werden, sobald es sich darum handelt, kritische Drehzahlen innerhalb eines bestimmten Drehzahlbereiches schnell festzustellen.

Sie beruhen auf dem Prinzip, die Relativbewegung des ungleichförmig rotierenden Wellenquerschnittes zu einer mit gleichförmiger Winkelgeschwindigkeit sich drehenden Masse durch irgendeine Übertragungseinrichtung in vergrößertem Maßstabe sichtbar zu machen oder aufzuzeichnen. Diese Apparate liefern also ein Bild der Winkelgeschwindigkeitsschwankungen und sind, falls sie richtig arbeiten, wohl auch geeignet, bei Kenntnis der Schwingungsformen ein ungefähres Bild über die durch die Drehschwingungen verursachten zusätzlichen Wellenbeanspruchungen zu geben.

In der letzten Zeit ist bei Blohm & Voß ein Ungleichförmigkeitsmesser mit einem eigenartigen Übertragungsmechanismus unter gleichzeitiger Benutzung der photographischen Aufzeichnungsmethode entwickelt worden, um die Torsionsmessungen an zusammengesetzten Wellensystemen durch Aufzeichnungen der Drehschwingungen einzelner Wellenquerschnitte zu ergänzen.

Er ist in Abb. 33 schematisch und in Abb. 34 links in fertiger Ausführung, an der Welle einer Ölmaschine auf dem Prüfstand montiert, dargestellt. Die Antriebsscheibe a des Apparates wird entweder unmittelbar durch die Reibung oder unter Zwischenschaltung eines Bandantriebes von der zu untersuchenden Welle mitgenommen, so daß sie alle Schwankungen der Drehbewegung mitmacht. Die Achse dieser Scheibe überträgt durch ein Stirnräderpaar ihre Drehung in

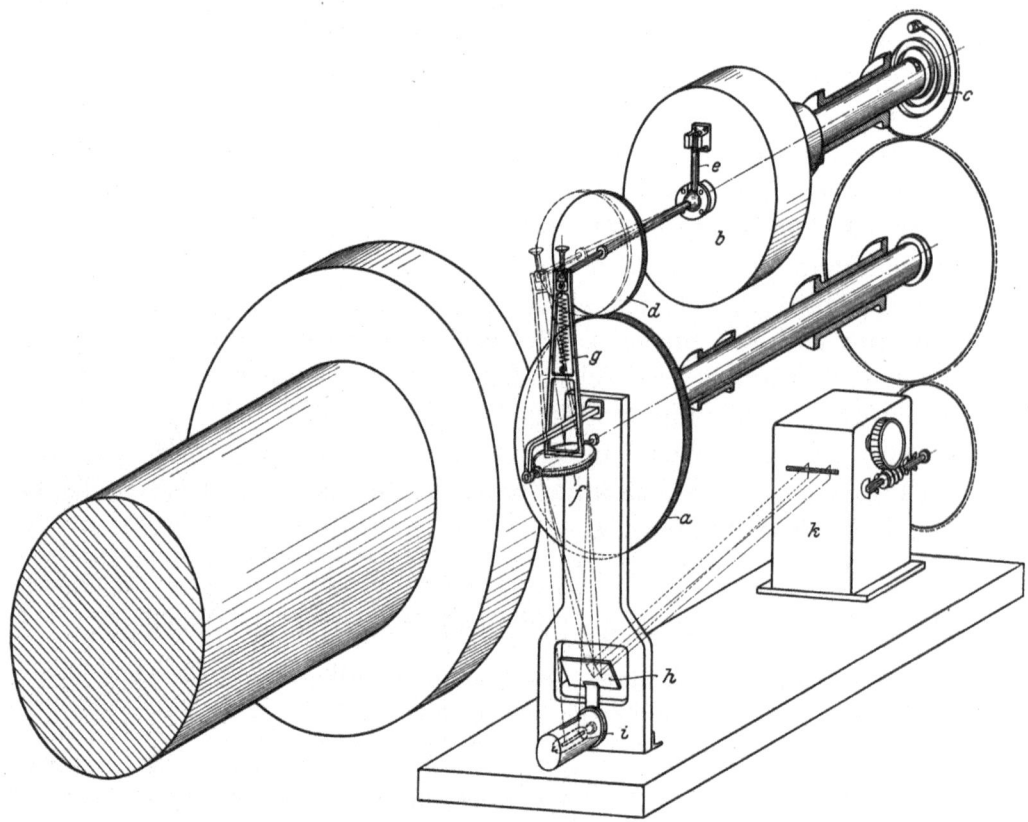

Abb. 33. Frahms Ungleichförmigkeitsmesser in schematischer Darstellung.

Bezeichnung:

a Antriebsscheibe mit Zahnrad.
b Schwungrad.
c Federnde Kupplung zwischen Schwungrad und Antriebsscheibe.
d Pendelscheibe.
e Kugelgelenkkupplung zwischen Schwungrad und Antriebsscheibe.
f Hohlspiegel.
g Schwinghebel.
h Planspiegel.
i Kohlenfadenglühlampe.
k Kamera mit Öffnungsschlitz.

einem gewissen Übersetzungsverhältnis auf eine zweite, ihr parallele und ein Schwungrad b tragende Achse, jedoch nicht zwangsläufig, sondern vermittels einer Federkupplung c, so daß das Schwungrad sich an den Schwankungen der angetriebenen Scheibe nicht beteiligen kann und eine gleichförmige Drehung ausführt. Die Verlängerung dieser zweiten Achse bildet eine Welle, die mit dem Schwungrad durch ein Kugelgelenk und einen Mitnehmerstift so gekuppelt ist, daß sie jede beliebige geneigte Lage gegen die Achse des Schwungrades annehmen kann, ohne daß sich die Winkelgeschwindigkeit ändert. Das andere Ende dieser beweglichen Welle trägt eine leichte Scheibe d, die mittels Federdruck leicht gegen den Umfang der Antriebsscheibe a gedrückt und mit dem Übersetzungsverhältnis des Stirnräderpaares auch von dieser mitgenommen wird. Die Folge dieses doppelten Antriebes der beweglichen Welle von dem sich gleichförmig drehenden Schwungrad und der ungleichförmig rotierenden Antriebsscheibe a ist ein seitliches Ausweichen des freien Endes der Welle genau im Sinne der periodischen Ungleichförmigkeiten, die in der Drehbewegung der Antriebsscheibe enthalten sind. Die seitlichen Ausweichungen werden auf einen Hebel g übertragen, an dem ein Hohlspiegel befestigt ist. Dieser wirft das Licht eines leuch-

Abb. 34. Frahms optischer Torsionsindikator und Ungleichförmigkeitsmesser.

tenden Kohlenfadens auf den Öffnungsschlitz einer mit einem Streifen Bromsilberpapier beschickten Kamera und markiert dort die Drehschwingungen in starker Vergrößerung als Hin- und Herbewegungen eines Lichtpunktes, der beim Transport des Papieres eine Kurve aufzeichnet. Der Papiertransport geschieht unter Vermittlung eines besonderen Zahnradgetriebes von der Antriebsscheibe a aus. Eine Zeitregistrierfeder, wie beim selbstschreibenden Torsionsindikator, ist auch hier vorgesehen.

Die Brauchbarkeit des Apparates ist an einer Prüfeinrichtung erwiesen, mittels welcher an einer rotierenden Scheibe künstlich sinusförmige Drehschwingungen von bestimmter Amplitude erzeugt werden können. Abb. 35 gibt eine schematische Darstellung dieser Einrichtung. Dieselbe besteht aus einem schweren, mit gleichförmiger Winkelgeschwindigkeit sich drehenden Elektromotor a, der durch eine Kurbel mit Kurbelschleife b eine besondere Welle antreibt, deren freies Ende die zur Messung bestimmte Scheibe c trägt und die gegen die Motorwelle bei sonst paralleler Lage zu derselben um ein gewisses Stück v versetzt ist. Dieser Welle und der mit ihr verbundenen Meßscheibe werden dadurch Drehschwingungen aufgezwungen, deren Amplitude aus der Größe der Wellenverlagerung v berechenbar und deren Periode gleich einer Motorumdrehung ist. Durch Antrieb des zu prüfenden Apparates von dieser Meßscheibe erhält man sinusförmige Kurven von Drehschwingungen, deren Amplitude im Vergleich zu der berechneten ein Maß für die Genauigkeit des Apparates gibt. Abb. 36 zeigt zwei derartige mit dem Apparat erhaltene

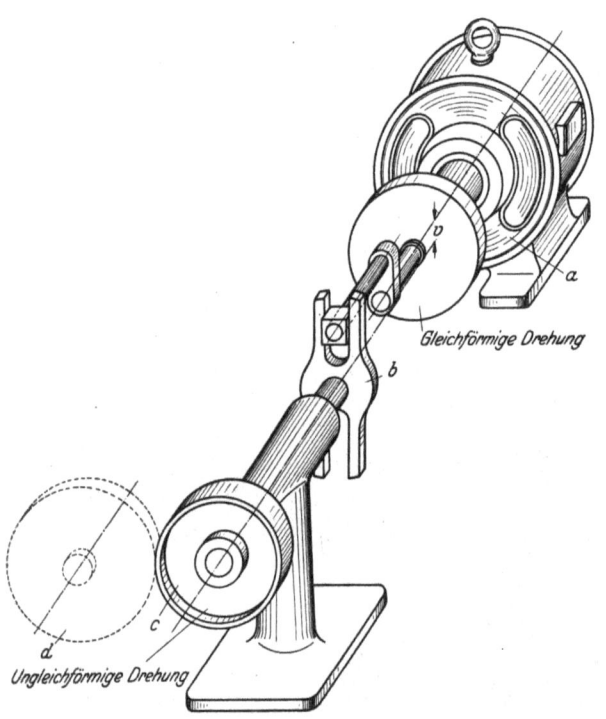

Abb. 35. Vorrichtung zur Prüfung von Ungleichförmigkeitsmessern.

Bezeichnung:
a Elektromotor mit Schwungrad und Kurbel.
b Kurbelschleife.
c Angetriebene Meßscheibe.
v Verlagerung zwischen den Achsen des Elektromotors „a" und der Meßscheibe „c".
d Antriebsscheibe des zu prüfenden Apparates.

Kurven bei 1000 und 500 Wellenumdrehungen pro Min. und zwei verschiedenen Scheibendurchmessern. Das Verhältnis der beiden letzteren zueinander

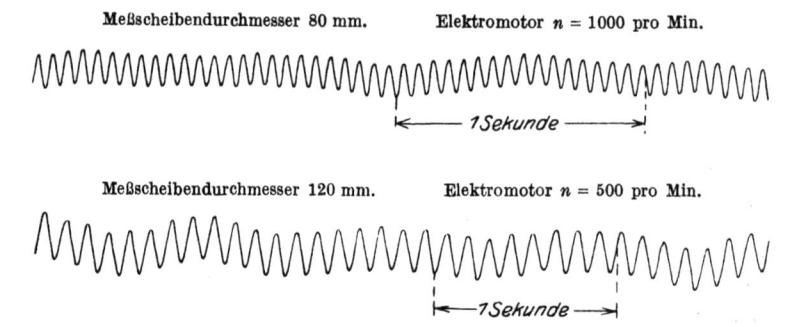

Abb. 36. Aufzeichnungen mit dem Ungleichförmigkeitsmesser an der Prüfvorrichtung auf $^1/_2$ verkleinert.

muß dann gleich dem Verhältnis der entsprechenden Amplituden im Diagramm sein, was hier auch fast genau zutrifft.

Erörterung.

Herr Direktor Goos, Hamburg:

Königliche Hoheit! Meine sehr geehrten Herren! Die ebenso erschöpfenden wie interessanten Ausführungen von Herrn Dr. Frahm über die Verwendung des Zahnradgetriebes und des Zusammenkuppelns von mehreren schnellaufenden Dieselmotoren auf einer Welle sind nicht nur fachwissenschaftlich, sondern für die Reedereien auch praktisch von größter Bedeutung. Was zunächst die Herstellung von Getrieben anbetrifft, so erinnere ich noch an die Zeit von ungefähr vor 1912, als die ersten Getriebe in England auftauchten, die so außerordentlich starke Geräusche verursachten, daß man glaubte, diese Getriebe seien für Fahrgastschiffe gar nicht zu verwenden. Wenn man jetzt die Getriebe hört, so muß gesagt werden, daß inzwischen ein ganz außerordentlich weitgehender Fortschritt erzielt worden ist. Wir haben jetzt auf 15 Schiffen Getriebe mit einfacher und doppelter Übersetzung von Blohm & Voß, von Brown, Boveri & Co. und von der A. E. G. in Betrieb. Alle haben bisher zur größten Zufriedenheit gearbeitet.

Bei der Bearbeitung von neuen Neubauprojekten tritt natürlich zunächst die Frage auf, welches Maschinensystem für diesen Neubau gewählt werden muß, denn hiervon hängt unter Umständen der Erfolg des Schiffes ab. Es tauchen da in diesem Zusammenhang drei Fragen auf, und zwar zunächst die: Ist eine Dampfmaschine oder Dieselanlage zu wählen? Zweitens: Soll bei Dampfmaschinenanlage Triebturbine oder Dampfkolbenmaschine gewählt werden? Und drittens: Ist bei der Dieselmaschine direkter oder indirekter Antrieb zu wählen?

Zu 1. möchte ich sagen, daß in der Nord- und Ostseefahrt der Dieselantrieb wohl eine so große Bedeutung nicht hat. Bei den kurzen Reisen und den relativ langen Hafenliegezeiten kommen die Vorzüge der Dieselmotore nicht so recht zur Geltung. Es ist mir dies auch noch kürzlich von einer Ostseereederei bestätigt worden, die zwei Dieselmotorschiffe im Betrieb hatte. Sie sagte, daß sie mit diesen Schiffen keinerlei Geschäft machen könnte.

Eine Triebturbinenanlage bringt gegenüber der Kolbenmaschine keine Vorteile bei kleineren Schiffen. Wir haben eine Anzahl kleinerer Schiffe im Betrieb, und zwar solche von 1500 t, 2000 t und darüber hinaus, die teils Kolbenmaschinen und teils Triebturbinenanlagen haben. Wir haben hier Vergleiche anstellen können, die ergeben haben, daß die Triebturbinenanlage in keiner Weise den Kolbenmaschinenanlagen überlegen ist. Wenn die Firma Blohm & Voß hierüber keine Zahlen hat, so liegt das wohl daran, daß sie als typische Vertreterin des Groß- und Größtschiffbaues wohl keine Gelegenheit hatte, derartige kleine Schiffe zu bauen. Die Vorteile der Triebturbinenanlage fangen meines Erachtens erst bei Maschinenanlagen von vielleicht 2000 PS an.

Auch für große Fahrgast- und Frachtschiffe können nur auf langen Reisen wie nach Südamerika, Australien und Ostasien vorteilhaft Dieselmotore angewendet werden. Bei der Fahrt nach Neuyork ist gerade die Grenze erreicht, bei der in bezug auf Wirtschaftlichkeit Triebturbinen- und Dieselmotorschiff sich das Gleichgewicht halten. Zu berücksichtigen ist natürlich hierbei, daß Heizöl billiger ist als Dieselöl, und daß es heute noch sehr gewagt erscheint, Heizöl für Dieselmotore zu gebrauchen. Nur auf der ostasiatischen Route sind Qualität und Preis für Heizöl und Dieselöl gleich. Und auf dieser Route wäre eine Verbrennung von Öl unter den Kesseln allerdings Verschwendung.

Was nun die Frage: Dieselschnell- oder -Langsamläufer anlangt, so stimme ich hier durchaus mit den Ausführungen von Herrn Dr. Frahm überein. Jeder Fall muß einzeln untersucht werden. Ich glaube aber, daß für große Leistungen der Doppel- und Zweitaktmotor die gegebene Maschine ist. Das Umsteuern macht heute keinerlei Schwierigkeiten. In schwierigen Gewässern haben die Dieselmotoren allen Anforderungen genügt, die an ihre Manövrierfähigkeit gestellt wurden.

Das Zusammenkuppeln mehrerer Motoren auf einer Welle wird bekanntlich auch von den Engländern durchweg abgelehnt. Es erscheint auch mir richtiger, als Antriebsmaschine für große und schnelle Schiffe den doppeltwirkenden Zweitaktmotor auszubilden.

Ich möchte hoffen, daß bald Gelegenheit gegeben wird, ein Schiff mit einem derartigen Motor zu versehen. Es würde sich ja dann in der Praxis ergeben, auf welcher Seite die größeren Vorteile liegen.

Der Firma Blohm & Voß aber, die auf diesem Gebiete, auf dem Gebiete der Schaffung von derartigen Antriebsmotoren, sich so große Verdienste erworben hat, gebührt — und ich glaube, darin sind Sie alle mit mir einig — unser aller Dank und in erster Linie der Dank der Schiffahrtskreise. (Lebhafter Beifall.)

Herr Dr. Frahm verzichtet auf ein Schlußwort.

Vorsitzender Herr Geheimrat Prof. Dr.-Ing. Busley:

Meine Herren! Sie haben selbst aus dem Vortrage des Herrn Dr. Frahm herausgehört, daß er viele Jahre umfangreiche Versuche angestellt hat, was er allerdings bei seiner großen persönlichen Bescheidenheit nicht weiter ausführte. Wir wissen aber, daß diese Versuche außerordentlich kostspielig und sehr zeitraubend waren. Herr Dr. Frahm hat versucht, die Ursachen der Schwingungen zu entdecken, die in den Propellerwellen bei den verschiedenen Antriebsarten wie Turbinen oder Dieselmaschinen auftreten, und er war auch bestrebt, Mittel ausfindig zu machen, um sie zu vermeiden oder möglichst einzudämmen. Er hat auch die Zahnräder und die Zahnradübersetzungen einer genauen Untersuchung unterzogen und uns darüber wertvolle Aufschlüsse vorgetragen. Meine Herren, wenn sich die Firma Blohm & Voß und ihr Direktor Dr. Frahm dazu entschlossen, diese teueren Untersuchungen der Allgemeinheit preiszugeben, dann gebührt ihnen wirklich unsere vollste Anerkennung und unser aufrichtigster Dank, der ihnen hiermit ausgesprochen sei. (Anhaltender lebhafter Beifall.)

IX. Die Lichtbogenschweißung und ihre praktische Verwendung im Schiffbau.

Von Dipl.-Ing. W. Strelow, Hamburg.

Mit dem Bestreben, im Schiffbau an Stelle der Nietung die Verschweißung der einzelnen Bauteile anzuwenden, ist ein neuer Weg der Entwicklung auf diesem Gebiete beschritten, deren Bedeutung dem Anteil entspricht, den die Nietung beim Bau des Schiffskörpers bisher eingenommen hat.

Unter den verschiedenen Schweißverfahren besitzt die elektrische Lichtbogenschweißung nach dem Slavianoff-Verfahren praktische Vorzüge, die sie für die Anwendung im Schiffbau besonders geeignet macht. Sie kann vor allem in jeder Lage und Stellung der zu verschweißenden Stücke angewendet werden, wie es ein so großes und umfangreiches, ortsfestes Werkstück, als welches der Schiffsneubau auf der Helling anzusehen ist, erfordert.

Der Nietung gegenüber hat die Schmelzschweißung den sichtbaren Vorzug, daß ihre Verbindung eine unmittelbare ist, die von solcher Vollkommenheit sein kann, daß z. B. bei stumpfer Verschweißung von Kanten nach einer Bearbeitung der Oberflächen die Schweißung ohne Anwendung besonderer Hilfsmittel nicht mehr erkennbar ist, die Verbindung zweier Teile also tatsächlich zu einem einzigen Teil durch Kohäsion des angrenzenden Materials mit dem Schweißmaterial erfolgt ist.

Die Zerreißfestigkeit dieser Verbindung kann daher praktisch die Festigkeit der verbundenen Materialquerschnitte erreichen oder sogar noch durch Stärkerhalten des Schweißquerschnittes überschreiten, wie durch zahlreiche Zerreißversuche an Schweißproben festgestellt ist, wohingegen die Nietverbindung infolge der Schwächung des Materials durch die Nietlöcher diesen Wert niemals erreichen kann. Bei den im Schiffbau üblichen Bauweisen, Bearbeitungsvorgängen des Materials und der Herstellungsweise der Nietung kann höchstens mit einer Festigkeit der Nietverbindung von annähernd 70% derjenigen des in Betracht kommenden vollen Materialquerschnitts gerechnet werden.

Auch ein Vergleich der Herstellung der beiden Verbindungsarten vom Standpunkt der Wirtschaftlichkeit aus zeigt eine wesentliche Überlegenheit der Lichtbogenschweißung durch Ersparnis an Material und Herstellungskosten. Gegenüber der Nietung fallen hierbei fort: die Kosten für das Anzeichnen, Bohren und Lochen und erforderlichenfalls auch Aufreiben und Versenken der Nietlöcher. Für die Nietung selbst sind bei Handnietung 4 Mann erforderlich, bei pneumatischer Nietung 3 Mann, bei welcher aber für den Fortfall des einen Mannes ein höherer Betriebskostenanteil hinzukommt. Die Schweißung hingegen kann nur 1 Mann vornehmen, für die weiter keine Vorbereitung an dem zu verschweißenden Material als höchstens ein Abschrägen der zu verschweißenden Kanten bei größeren Materialquerschnitten notwendig ist. Da nun zur Herstellung einer Naht, z. B. an 10-mm-Blechen, für beide Verbindungsarten ausschließlich der vorbereitenden Arbeiten ungefähr die gleiche Zeit erforderlich ist, so ergibt sich nach überschläglicher Rechnung unter Außerachtlassung von Lohnunterschieden ein Unterschied der Lohnkosten des Schweißens und Nietens von 1:4.

Ferner hat die Schweißung ganz erhebliche Materialersparnisse gegenüber der Nietung zur Folge. Bei dem vorgenannten Beispiel sind für die Schweißung nur ungefähr 0,8 kg Elektroden, für die Nietung hingegen bei $3^1/_2$ d Nietentfernung und 3facher Nietung 44 Stück 19-mm-Nieten erforderlich, deren Gewicht 7,7 kg, also beinahe das 10fache beträgt. Außerdem fällt bei der Schweißung der zur Nietverbindung erforderliche breite Überlappungsstreifen bzw. fallen die Stoßbleche oder Laschen fort, deren Gewicht noch ein Vielfaches des der Nieten beträgt.

Augenscheinlich fällt ein derartiger Vergleich der beiden Verbindungsarten sehr zugunsten der Lichtbogenschweißung aus, und diese erscheint gegenüber der Nietung als ein bedeutender technischer Fortschritt, da mit einem erheblich geringerem Aufwand an Arbeit und sachlichen Mitteln mindestens die gleiche Leistung erzielt werden kann. Es ist daher die außerordentliche Begeisterung verständlich, mit der man besonders im Auslande und vor allem in Amerika und England heranging, sich die Vorteile der Lichtbogenschweißung zunutze zu machen, die im Schiffbau in Anbetracht der bisherigen sehr umfangreichen Vernietung sehr groß zu werden versprachen. Es fehlte hier nicht an Stimmen, die der Vernietung eine baldige vollkommene Verdrängung durch die Schweißung prophezeiten.

Aber die Entwicklung in der Anwendung der elektrischen Schweißung hat bisher ein Bild gezeigt, wie es bei so mancher anderen sehr wertvollen technischen Neuerung auch anfangs beobachtet werden konnte, und man kann wohl diese Beobachtung sogar dahin verallgemeinern, daß anfängliche Mißerfolge und Rückschläge nun einmal ganz natürlich im Gefolge einer Neuerung stehen, da im ersten Eifer nur zu häufig übersehen wird, daß sich Verfahren, Arbeits- und Bauweisen, wie sie bis dahin üblich waren, im Zusammenhang mit der Neuerung nicht eignen und sogar die Vorteile derselben vernichten können.

Man darf sich daher nicht wundern, daß Urteile über die elektrische Lichtbogenschweißung laut wurden, die bezüglich ihres Wertes für den Schiffbau geradezu vernichtend waren. Teils gingen diese von Leuten aus, die grundsätzlich jeder Neuerung mit Zweifeln begegnen und die mit einem Gefühl der Genugtuung die geringen bisherigen Erfolge und teilweisen Mißerfolge in der Anwendung im Schiffbau zu einem Versagen der Schweißung an sich ausbauten. Tatsache ist jedenfalls, daß seit den ersten verheißungsvollen Anfängen der Anwendung der Lichtbogenschweißung im Schiffbau in Amerika und England während des letzten Krieges eine geraume Zeit verflossen ist, ohne daß man über die rein versuchsmäßige Anwendung der Schweißung hinausgekommen ist, und daß es bisher bei vereinzelten Versuchsbauten von Schiffen geblieben ist. Wenn die Ergebnisse mit diesen auch nicht derart gewesen sind, daß sie zu einer häufigeren Anwendung im Bau von Schiffen ermunterten, indem noch Erfahrungen und ein Stamm geübter Schweißer fehlten, so wird aber auch nicht in letzter Hinsicht das Daniederliegen der Schiffbauindustrien in der ganzen Welt dazu beigetragen haben, daß es bisher bei den Anfängen geblieben ist.

In Anbetracht der unsicheren Beurteilung des Wertes der Lichtbogenschweißung für den Schiffbau habe ich es mir zur Aufgabe gestellt, einen Beitrag zur Klärung dieser Frage zu liefern. Das Material hierzu geben mir Erfahrungen, die ich durch Versuche und in mehrjähriger Ausübung der Lichtbogenschweißung gesammelt habe. Ausgehend von der Schweißung selbst sollen anschließend die Anwendungsmöglichkeiten im Schiffbau unter besonderer Berücksichtigung der wirtschaftlichen Fragen erörtert werden.

Das Wesen der Lichtbogenschweißung.

Die elektrische Schweißung ist ein Schmelzprozeß, bei dem der Lichtbogen als Wärmequelle dient, durch welche die zu verschweißenden Stellen in Weißfluß gebracht werden. Der Lichtbogen spielt also eine ähnliche Rolle wie die Schmelzflamme, in welcher, wie z. B. bei der autogenen Schweißung, das Material in Schmelzhitze gerät. Die Lichtbogenschweißung mit Metallelektroden ist eine besondere Art der elektrischen Schweißung (Slavianoff-Verfahren), bei der die Elektrode aus Schweißmaterial besteht, so bei Flußeisenschweißungen aus Flußeisen gewisser Zusammensetzung.

Der Vorgang des Schweißens spielt sich folgendermaßen ab: Nach Berührung des an den einen Pol angeschlossenen Werkstückes mit der Elektrodenspitze als zweitem Pol läßt sich durch Abheben der Elektrode von der Materialoberfläche ein Lichtbogen ziehen, dessen Länge je nach Höhe der Spannung mehrere Millimeter betragen kann. Nach Herstellung des Lichtbogens beginnt das Material an beiden Polen zu fließen, und zwar bei dem Gleichstromlichtbogen am Pluspol infolge größerer Wärmeentwicklung stärker. Aus diesem Grunde wird in den meisten Fällen das Werkstück an die Plusleitung angeschlossen, da es infolge seiner größeren Masse die größere Wärmemenge nötig hat, aber auch weil nur bei dieser Stromrichtung das geschmolzene Elektrodenmaterial mit größerer Stärke zum Werkstück hin angezogen wird, und zwar in um so stärkerem Maße, je mehr eine sog. Schweißkraterbildung in Erscheinung tritt. Dieser Vorgang beim Gleichstromlichtbogen ermöglicht es, auch Vertikal- und

Überkopfschweißungen auszuführen, also das Elektrodenmaterial auch von unten nach oben an das Werkstück zu bringen, und hierbei ist besonders deutlich die Anziehung zu beobachten, da die Schwerkraft der Anziehung entgegenwirkt, so daß bei nicht genügender Stärke der letzteren das Elektrodenmaterial abtropft oder an der Elektrode herabläuft.

Bei umgekehrter Stromrichtung, also mit dem Werkstück als Minuspol und der Elektrode als Pluspol, tritt weder die Kraterbildung auf, noch findet die Anziehung in der eben geschilderten Weise statt, sondern es tropft bei Schweißungen von oben nach unten das Elektrodenmaterial ab und lagert sich in schwülstiger Form auf die Schweißstelle.

Nach der Elektronentheorie treten sowohl aus der Anode wie auch aus der Kathode Elektronen aus. Auf sie wirkt das elektrische Feld, das seine Richtung von der Anode zur Kathode hat. Ihr entgegengesetzt ist die Kraft, die die Elektronen infolge ihrer negativen Ladung erhalten und diejenigen Elektronen, die aus der Kathode hervorgehen, zur Anode treiben, während die Elektronen der Anode nicht in die Strombahn kommen. Wie nun eben geschildert, wird das schmelzende Elektrodenmaterial von der Elektrode als Kathode zum Werkstück als Anode angezogen. Es nimmt also denselben Verlauf wie die Elektronen der Kathode.

Daß der Übergang des schmelzenden Elektrodenmaterials Gasexplosionen zuzuschreiben ist, welche die Metallteilchen der Elektrode zur Schweißstelle hinüberschnellen, erscheint mir nicht wahrscheinlich, da die Anziehung merklich durch die die Elektrode haltende Hand spürbar ist, besonders bei langem Lichtbogen, wenn das Material in größeren Tropfen angezogen wird, weniger bei kurzem Lichtbogen, da hier der Übergang mehr in fein verteiltem Zustande vor sich geht. Im übrigen scheint auch die Größe der Materialmasse an der Anode und der Grad ihrer Erwärmung von Einfluß auf die Stärke der Anziehung zu sein.

Bei dem Wechselstromlichtbogen fehlt die Anziehungserscheinung eben als Folge des periodischen Wechsels der Pole. Es lassen sich daher mit ihm auch keine Vertikal- oder Überkopfschweißungen ausführen.

Die Wärmeentwicklung des Lichtbogens ist abhängig von der zugeführten Energie aus Stromstärke × Spannung, nicht daß die Temperatur des Lichtbogens bei zunehmender Energie steigt — sie ist konstant und wird auf ungefähr 3500° angegeben —, sondern mit der Stromstärke steigt die Stärke des Lichtbogens. Infolge der gleichbleibenden Temperatur des Lichtbogens ist es erklärlich, daß auch mit einem Lichtbogen geringer Stärke unter Verwendung einer dünnen Elektrode eine Schmelzung an der Oberfläche auch der größten Materialmasse bewirkt wird, die jedoch von geringerem Umfange ist als diejenige, die durch einen Lichtbogen höherer Stromstärke hervorgerufen wird, wobei Voraussetzung ist, daß die Zeit, während der die Stelle dem Lichtbogen ausgesetzt ist, die gleiche ist.

Infolge der in dem Lichtbogen entwickelten außerordentlich hohen Temperatur ist die Schmelzung der von dem Lichtbogen getroffenen Materialoberfläche eine augenblickliche. Daraus folgt aber auch, daß der Zeitraum, während dessen die Schweißstelle dem Lichtbogen ausgesetzt werden darf, nur begrenzt ist, wenn nicht ein Material, wie z. B. das des Flußeisens, dessen Schmelztemperatur bedeutend unter der Temperatur des Lichtbogens liegt, verbrannt werden soll. Die in dem Lichtbogen auftretende Spannung beeinflußt die Wirkung der Stromstärke noch dahin, daß die Wärmewirkung in die Tiefe des Materials von ihr abhängig ist. Ich möchte den Lichtbogen mit einem aus einer Öffnung austretenden Flüssigkeitsstrahl vergleichen. Die Stromstärke gleicht hierbei der Stärke des Strahls, die Spannung dem Druck, unter welchem die Flüssigkeit die Öffnung verläßt. Und ähnlich der Wirkung des aus einer Öffnung unter bestimmtem Druck austretenden Wasserstrahls auf eine wasserdurchlässige

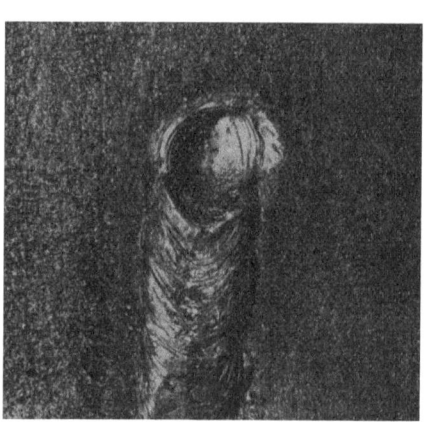
Abb. 1. Wirkung eines Lichtbogens von 170 Amp. und 18 Volt auf Flußeisenblech von 10 mm Stärke.

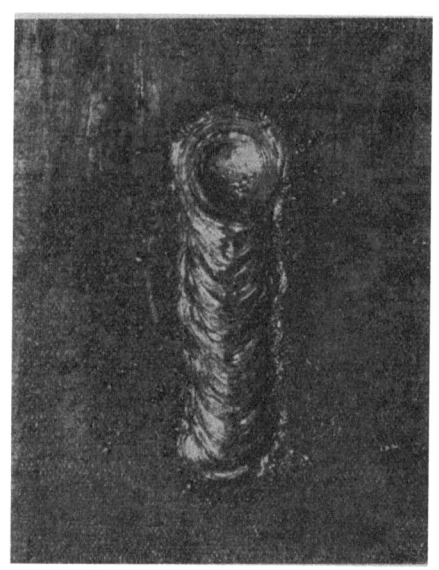
Abb. 2. Wirkung eines Lichtbogens von 170 Amp. und 18 Volt auf Flußeisenblech von 15 mm Stärke.

Masse ist die Wirkung des Lichtbogens auf Flußeisenmaterial, indem die Erwärmung einer vom Lichtbogen getroffenen Materialstelle um so umfangreicher und tiefgehender ist, je höher Stromstärke und Spannung sind. Die Spannung im Lichtbogen ist im wesentlichen abhängig von seiner Länge, da die Länge seines Weges durch den Luftraum einen Widerstand von bestimmter Größe bildet.

Die Wirkungen des Lichtbogens auf Flußeisenmaterial sind auf den Abb. 1—3 erkenntlich. In Abb. 1 und 2 sind die Wirkungen des Lichtbogens gleicher Stromstärke und Spannung (170 Amp. und 18 Volt) auf zwei verschieden starke Bleche von 10 und 15 mm Stärke ersichtlich. Man ersieht aus den beiden Schmelzproben, daß die Stärke des Materials bzw. die Größe der Masse desselben einen starken Einfluß auf die Schmelzwirkung des Lichtbogens hat. Die Schweißraupe des 15 mm starken Bleches (Abb. 2) ist schmaler als diejenige des 10-mm-Blechstückes (Abb. 1). Besonders auffallend ist aber, daß der Schmelzkrater, der sich bei der Unterbrechung des Lichtbogens bildet, bei dem stärkeren Blech flach ausgebildet ist und eine blanke Oberfläche zeigt. Bei dem schwächeren Blech ist der Schweißkrater bedeutend umfangreicher und tiefer und von poröser

Oberfläche und weist auf seinem Grunde wiederum kleine kraterähnliche Vertiefungen auf.

Die größere und mehr in die Tiefe gehende Wirkung des Lichtbogens von gleicher Stromstärke bei dem schwächeren Blech muß darauf zurückgeführt werden, daß hier die erzeugte Wärmemenge infolge des geringeren Blechquerschnittes langsamer abgeleitet wird, daß sich also die Wärmeströmung mehr staut. Noch auffallender ist diese Wirkung auf Abb. 3. Die Stromstärke war hier bei derselben Blechstärke von 10 mm auf 210 Amp. erhöht worden. Der Schweißkrater hat noch an Umfang zugenommen, seine Oberfläche ist nach der Raupe zu noch poröser, und die Vertiefungen im Grunde sind bedeutend stärker. Die poröse Oberfläche trägt offensichtlich Kennzeichen von Überhitzung des Materials, da unschwer Schlackenbildung erkennbar ist. Die Vertiefungen könnten dadurch eine Erklärung finden, daß sich in dem stark erhitzten und flüssigen Material Gasblasen bilden, und daß dieselben im Augenblick des Austritts infolge der augenblicklichen Erstarrung des Materials beim Abreißen des Lichtbogens diese Vertiefungen hinterlassen. Diesem widerspricht aber anscheinend die Tatsache, daß auch zu gleicher Zeit in dem abschmelzenden Ende der Elektrode derartige Vertiefungen zu finden sind, die wohl nicht auf die genannte Weise entstehen können, da hier keine Überhitzung des Materials stattfinden kann. Sie treten an der Elek-

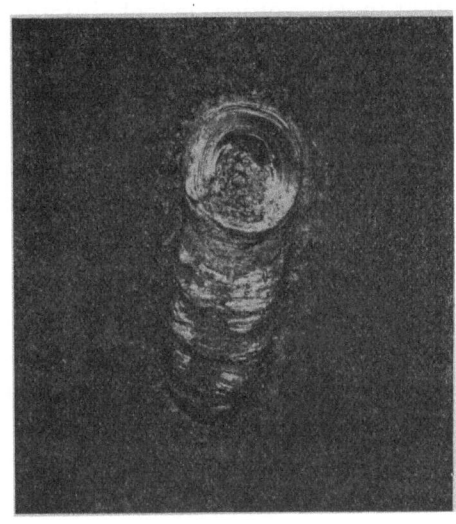

Abb. 3. Wirkung eines Lichtbogens von zu hoher Stromstärke.

trode auch trotz großer Stromstärke nicht auf, wenn sich an dem Materialstück von größerem Querschnitt, wie es das Blechstück in Abb. 2 ist, ein Schmelzkrater von blanker und glatter Oberfläche bildet. Diese Beobachtungen lassen wohl eher die Vermutung zu, daß sich bei dem Fließen des elektrischen Stromes Vorgänge abspielen, die vielleicht nicht unähnlich den Strömungsvorgängen in Rohrleitungen sind, und daß im Lichtbogen selbst Spannungsunterschiede auftreten.

Aus den gezeigten Schweißproben ist ersichtlich, daß eine richtige Wahl der Stromstärke, je nach Stärke des Materialstückes oder auch je nachdem die Schmelzung an der Kante oder in der Mitte des Bleches vor sich geht und infolgedessen eine verschiedene Wärmeableitung stattfindet, von wesentlicher Bedeutung für den Ausfall der Schweißung ist. Hierbei ist natürlich Voraussetzung, daß die Stromstärke möglichst konstant ist oder, äußerlich betrachtet, der Lichtbogen ruhig und gleichmäßig fließt. Dies sind aber Vorbedingungen, die nicht so leicht erfüllbar sind und von der Handhabung und Führung der Elektrode, von der Art und Beschaffenheit der Stromquelle und von magnetischen Einflüssen, die ihre Ursache in dem Unterstromstehen des Materialstückes haben, abhängig sind.

Bei einer bestimmten Leistung der Stromquelle ist die Stromstärke abhängig von der Spannung, unter der der Lichtbogen steht, bzw. von dem Widerstand, den der Lichtbogen in seiner Weglänge durch den Luftstrom zu überwinden hat. Die Stromstärke ist also abhängig von der Länge des Lichtbogens zwischen der Elektrode, welche von Hand gehalten wird, und dem Materialstück. Die Haltung der Elektrode von Hand gewährleistet aber nur bis zu einem gewissen Grade je nach Geschicklichkeit des Schweißers eine stetige Entfernung der Elektrodenspitze vom Materialstück, die noch dadurch erschwert wird, daß das Elektrodenende abschmilzt und eine Verkürzung erfährt. Es liegt daher nahe, das Vorwärtsbewegen und Nachstellen der Elektrode automatisch durch eine maschinelle Vorrichtung erfolgen zu lassen. Derartige Vorrichtungen werden jedoch infolge der magnetischen Einflüsse auf den Lichtbogen, die eine Änderung der Richtung der Elektrodenstabachse erfordern und auch eine fortlaufende Schweißung nicht zulassen, geringen Erfolg haben oder nur auf wenige Spezialfälle beschränkt sein; jedenfalls scheiden sie unter den vorhandenen Einrichtungen für die Verwendung im Schiffbau aus.

Der Vorgang der Schmelzung im Lichtbogen muß vor allem wärmetechnisch betrachtet werden. Derselbe würde sich in einfacher Weise abspielen, wenn die Wärmequelle von gleichbleibender Stärke wäre, d. h. in diesem Falle, wenn die Energie gleichbleibend wäre. Das ist aber nicht der Fall, da sich bei den für die Schweißung in Betracht kommenden Stromquellen mit der Spannung auch die Energie ändert. Spannungsschwankungen werden aber, wie oben erwähnt, hervorgerufen durch das Halten der Elektroden von Hand, durch das Abtropfen des Elektrodenmaterials, durch die Oberflächenform der Schweißstelle und den etwaigen Ablenkungen des Lichtbogens. Wieweit nun infolge der auftretenden Spannungsschwankungen die Energie und damit der Lichtbogen stabil oder labil ist und durch seine Wärmewirkung der Schmelzfluß der Schweißstelle und der Elektrode gleichförmig oder unregelmäßig ist oder sogar Unterbrechungen erleidet, die mangelhaftes, unhomogenes Gefüge zur Folge haben, hängt im wesentlichen von der Stromspannungscharakteristik der Stromquelle ab. In Abb. 4 sind Energie- und Spannungskurve eines Schweißumformers aufgetragen. Durchschneidet die Spannungskurve die schraffierte Fläche, die dem Bereich der üblichen Stromstärke von 150 bis 180 Amp. entspricht, bei 18 bis 20 Volt, und ist die Energiefläche ungefähr gleichmäßig zu dieser Fläche verteilt, so werden die Vorbedingungen bei der Stromquelle geschaffen sein, die einen günstigen Schweißvorgang gewährleisten.

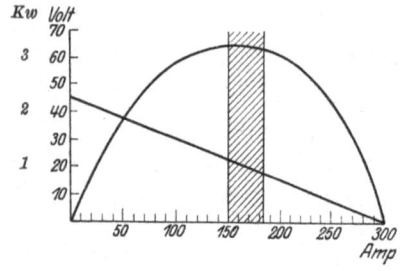

Abb. 4. Stromspannungs-Charakteristik eines Schweißumformers.

In dieser Hinsicht bot anfangs der Wechselstromlichtbogen infolge seines periodischen Spannungswechsels große Schwierigkeiten. Die Stromunterbrechungen verursachten, soweit sie das Halten des Lichtbogens nicht überhaupt unmöglich machten, unverbundene Stellen in der Schweißung. Man hat aber in neuerer Zeit durch starke Streuungen Charakteristiken der Stromspannungskurven erreicht, die einen ruhigen Lichtbogen und infolgedessen auch bessere Schweißung zur Folge hatten. Wie bereits erwähnt, fehlen bei dem Wechselstromlichtbogen die Anziehungserscheinungen, da infolge des periodischen Wechsels der Stromrichtung keine ausgesprochene Anode vorhanden ist. Es ist daher eine Überkopf- oder Vertikalschweißung nicht wie bei dem Gleichstromlichtbogen möglich.

Für einen guten Erfolg der Schweißung ist Voraussetzung, daß in der Stromquelle und in der Zu- und Ableitung alle Ursachen vermieden werden, die Stromstöße hervorrufen, welche zu einer Beunruhigung des Lichtbogens beitragen und Grund zu seinem Abreißen sein können. Stromstärke und Spannung müssen in einem bestimmten Verhältnis zueinander abgestimmt sein, um einen weich fließenden Lichtbogen zu ergeben. Es sind deshalb nur Stromquellen mit Spannung bis zu einer bestimmten Höhe geeignet, wenn man nicht erhebliche Verluste durch Vorschalten von Widerständen zur Herabminderung der Spannung in Kauf nehmen will.

Eine Erscheinung, die sich bei der Führung des Lichtbogens nachteilig bemerkbar macht, ist die Ablenkung des Lichtbogens, die in verschiedenem

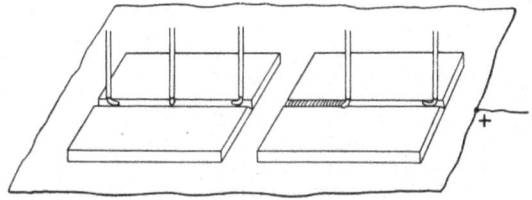

Abb. 5. Ablenkung des Lichtbogens zwischen zwei Platten in der Schweißfuge.

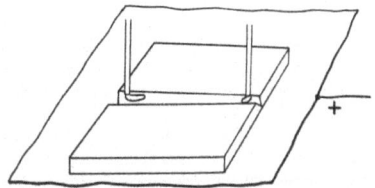

Abb. 6 Einfluß des ungleichen Abstandes der Plattenkanten auf Ablenkung des Lichtbogens.

Maße und Umfang auftritt. Über der Schweißfuge zwischen 2 Platten schlägt an den Enden der Lichtbogen stark nach der Mitte hin aus und verliert den Ausschlag wieder bei Bewegung der Elektrode nach der Mitte hin, wie in Abb. 5 links gezeigt wird. Diese Ausschläge ändern sich aber, sobald ein Teil der Schweißfuge ausgefüllt ist, wie aus Abb. 5 rechts ersichtlich ist. Der Lichtbogen schlägt dann in Richtung der ausgefüllten Schweißfuge hin aus, und dieser Ausschlag nimmt zu, je mehr die Elektrode dem entgegengesetzten Ende der Schweißfuge zu bewegt wird, so daß der Lichtbogen am Ende derselben in noch weit stärkerem Maße wie vorher abgelenkt wird. Einen sehr starken Einfluß auf den Ausschlag übt auch ein ungleicher Abstand der Plattenkanten in der Schweißfuge aus, so daß an dem Ende, an dem sich die Schweißfuge erweitert, der Lichtbogen scharf nach der Mitte hin abgelenkt wird (Abb. 6). Eine am Ende der Schweißfuge aufgestellte Vertikalplatte bewirkt Ablenkung zu ihr hin, die sich in ihrer unmittelbaren Nähe zu einer Blaswirkung ausbildet, indem der Lichtbogen dort in breiter, sich verteilender Flamme an der Platte emporbläst (Abb. 7 links). Diese Wirkung kann abgeschwächt werden durch Ansetzen der Schweißung vom entgegengesetzten Ende der Schweißfuge aus (Abb. 7 rechts).

Ablenkungen des Lichtbogens sind ebenfalls in Ecken zu verzeichnen, die durch 3 senkrecht zueinanderstehende Platten gebildet werden, und zwar wird der Lichtbogen nach den Ecken hin abgelenkt (Abb. 8 links unten). Verstärkt oder vermindert werden diese Ablenkungen noch durch die Vornahme von Kehlschweißungen zwischen den einzelnen Stücken, wie die übrigen Beispiele der Abb. 8 zeigen.

Die eben geschilderten Erscheinungen arten in bestimmten Fällen so aus, daß der Lichtbogen unter Bildung einer langgestreckten, fächerförmigen Flamme über die Flächen hinwegbläst, ähnlich einer Kerzenflamme, die ein Luftzug trifft, wobei keinerlei Schmelzung von Material an der Oberfläche erfolgt. Daß diese Wirkungen im Zusammenhang mit den die Schweißstelle begrenzenden Flächen stehen, scheint dadurch bestätigt zu sein, daß sich die Ablenkung mit der durch die Verschweißung eintretenden Änderung der Flächenverteilung bzw. durch die neu entstehenden Flächen ändert. Ein weiterer Beweis dafür scheint der Fall in Abb. 8 rechts unten zu sein,

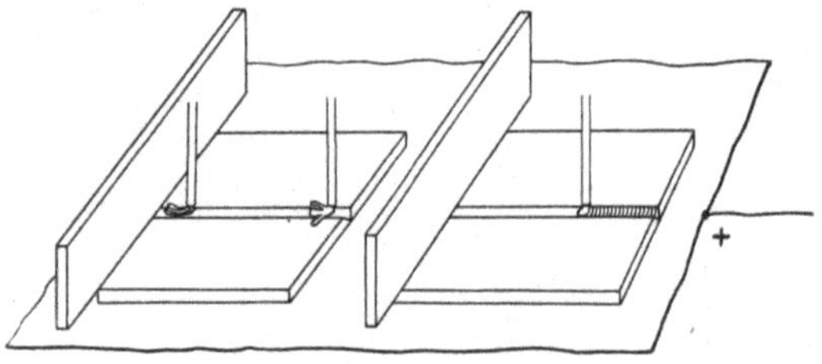

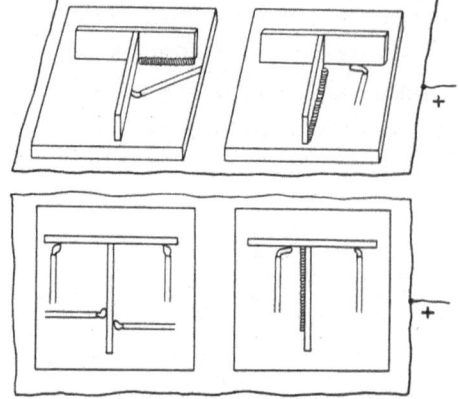

Abb. 7. Einfluß einer Vertikalplatte auf den Lichtbogen in der Schweißfuge.

Abb. 8. Ablenkung des Lichtbogens in Ecken, die durch 3 Plattenflächen gebildet werden.

wo an der Seite der Vertikalplatte, an welcher die Kehle aufgeschweißt ist, der Lichtbogen bedeutend schärfer abgelenkt wird als auf der anderen Seite derselben Vertikalplatte, wo noch keine Kehlnaht geschweißt ist. Schließlich spricht noch für die Annahme eine Beobachtung, die gemacht werden kann, wenn man versucht, außen an der Kante zweier im Winkel zueinanderstehender Flächen eines Materialstückes einen Lichtbogen zu ziehen. Dieser bläst, je nachdem die Elektrodenspitze über der Kante nach der einen oder anderen Fläche hin abweicht, über eine von den beiden Flächen hinweg.

Die Stromquellen für die Lichtbogenschweißung.

Als Stromquellen kommen für die Lichtbogenschweißung nur solche Stromerzeuger in Betracht, die bei der Schweißung einen gleichbleibenden Strom von ca. 17 bis 35 Volt Spannung liefern, je nachdem Flußeisen oder Gußeisen zu schweißen ist. In diesen Grenzen zeigt der Lichtbogen je nach Stromstärke seine günstigsten Eigenschaften bezüglich ruhigen Fließens. Aus diesem Grunde ist eine Regulierbarkeit der Stromstärke und Spannung zu einem bestimmten Abstimmungsverhältnis erforderlich. Die Notwendigkeit einer niedrigen Spannung schließt in den meisten Fällen eine direkte Entnahme des Schweißstromes aus einem Leitungsnetz aus wirtschaftlichen Gründen aus, da selbst bei einer Netzspannung von 110 Volt ungefähr 80% der Stromleistung durch Vorschaltwiderstände vernichtet werden müßten. Man ist deshalb zu dem Bau besonderer Schweißdynamos geschritten, die den Strom in der erforderlichen niedrigen Spannung direkt liefern.

Aus Gründen, die bereits im vorigen Abschnitt auseinandergesetzt wurden, hat der Gleichstrom als Schweißstrom für alle Zwecke den Vorzug. Zu seiner Erzeugung sind also Umformer notwendig, die für den Schweißzweck noch derart konstruiert sein müssen, daß die beim Schweißen unvermeidlichen Kurzschlüsse infolge Ziehens des Lichtbogens oder Berührens des Werkstückes mit der Elektrode unschädlich für sie sind. Außerdem ist noch eine feinstufige Regulierbarkeit der Stromstärke und der Spannung erforderlich, eine Bedingung, die für den Schiffbau mit Rücksicht auf die Vielseitigkeit der Anwendungsart unerläßlich ist.

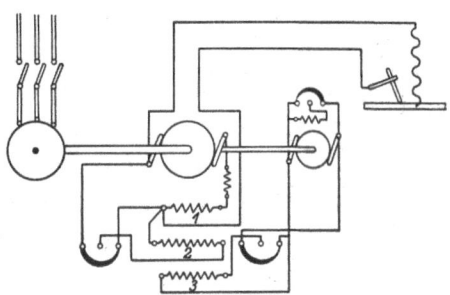

Abb. 9. Schaltungsschema einer Lichtbogenschweißmaschine in Krämerschaltung.

Die für die Schweißung notwendigen Eigenschaften lassen sich durch verschiedenartige Wicklungen und Schaltungen erreichen. Die bezüglich des Kurzschlusses notwendige Forderung kann durch entsprechende Wicklungsanordnungen so gelöst werden, daß erhöhte Stromstärke die Erregung schwächt, so daß bei einer bestimmten oberen Grenze der Stromstärke die Spannung Null wird. Bei dem Entwurf eines Schweißumformers sind, wie im vorigen Abschnitt hervorgehoben wurde, bestimmte Richtlinien für den Verlauf der Stromspannungscharakteristik zu beachten, damit der Lichtbogen die für eine Schweißung erforderlichen Eigenschaften besitzt. Es soll hier nur kurz die Ausführung eines Schweißumformers in Krämerschaltung berührt werden. Dieser besitzt den besonderen Vorzug einer guten Regulierbarkeit der Stromstärke und Spannung.

Abb. 10. AEG-Schweißumformer.

Das Schaltungsschema ist aus Abb. 9 ersichtlich. Die Dynamo besitzt 3 verschiedene Erregerwicklungen, eine fremderregte, eine eigenerregte und eine Gegenhauptstromwicklung. Durch in die Stromkreise eingeschaltete Regler können Stromstärke und Spannung auf die gewünschte Höhe eingestellt werden.

Die äußere Ausführung und Bauart eines solchen Schweißumformers für Schiffbauzwecke, wie ihn die AEG. baut, der eine Leistung von 150 Amp. bei 35 Volt besitzt, zeigt Abb. 10. Die kurze gedrungene Bauart erleichtert den Transport des Aggregats, wie er im Schiffsbau oft nötig wird, und ermöglicht die Aufstellung innerhalb des Schiffes auch in beengten Räumen, da es im

Interesse einer guten Schweißausführung liegt, daß die Schweißmaschine möglichst nahe der Schweißstelle ihre Aufstellung findet. Dadurch wird eine sorgfältige Einregulierung der Stromstärke und Spannung begünstigt, die für eine einwandfreie Ausführung der Schweißung je nach Materialstärke, Lage usw. unbedingt notwendig ist. Außerdem ist eine geringere Schweißkabellänge erforderlich, wodurch Spannungsverluste vermieden werden, die sonst bei feuchter Witterung eine derart beträchtliche Höhe erreichen können, daß eine gute Schweißung zur Unmöglichkeit wird. Der Gebrauch kürzerer Kabellängen hat natürlich auch einen geringeren Verschleiß an den kostspieligen Kabeln zur Folge, der bei dem auf einem Neubau üblichen regen Arbeiterverkehr und Materialtransport, aber auch wegen der vielen scharfen Ecken und Kanten recht groß werden kann.

Hinsichtlich der Ausführung des mechanischen und elektrischen Teils der Schweißumformer muß noch betont werden, daß sie nicht sorgfältig genug sein kann, und daß Fehler unvermeidlich in der Minderwertigkeit der Schweißung zum Ausdruck kommen. Als Beispiel sei hier nur eine Erfahrung angeführt, die mit Maschinen mit schlecht ausbalanciertem Rotor gemacht wurden, die sich durch unruhigen, vibrierenden Gang kennzeichneten. Die mit diesen Maschinen ausgeführten Schweißungen zeigten kein homogenes Gefüge, sondern waren mit zahllosen kleinen Hohlräumen durchsetzt, wie aus Schliffen der Schweißgefügequerschnitte deutlich erkennbar war.

Die Schweißtransformatoren zur Erzeugung des Wechselstromlichtbogens haben den Vorzug, daß sie infolge ihres geringen Gewichts und der geringen Abmessungen sehr handlich sind. Auf die Nachteile des Wechselstromlichtbogens wurde bereits im vorigen Abschnitt hingewiesen.

Die Hilfsmittel der Lichtbogenschweißung.

Von großem Einfluß auf die Güte der Schweißung ist die Auswahl des Elektrodenmaterials, da dieses Bestandteil der Schweißung wird. Vor allem muß der dazu benutzte Schweißdraht von vollkommen homogenem Gefüge, also frei von Gasblasen, Lunkern, Saigerungen und Schlackeneinschlüssen sein. Im übrigen läßt sich am besten aus einer Probeschweißung erkennen, ob ein Draht zum Schweißen geeignet ist oder nicht. Jedenfalls führt eine Analyse auf gewisse Bestandteile nicht mit Bestimmtheit zum Ziele, da die Brauchbarkeit zum Schweißen von zu vielen Umständen abhängig ist. Es sind mit ganz gewöhnlichem, handelsüblichem Eisendraht einwandfreie Schweißungen ausgeführt worden, wie Schliffe der Schweißquerschnitte ergaben, wohingegen es vorgekommen ist, daß sich ganz weicher, biegsamer, als bester Holzkohlendraht gelieferter Schweißdraht als unbrauchbar erwies. Auch eine Behandlung mit Säure kann einen vorher guten Schweißdraht vollkommen unbrauchbar machen, was in einem Falle festgestellt wurde, als sonst guter Schweißdraht von einem Rostüberzug durch Abbeizen in einem Schwefelsäurebad gereinigt worden war. Mit diesem Draht konnte überhaupt keine Schmelzablage mehr erzielt werden, da der Draht sich im Lichtbogen aufrollte und verspritzte. Ein Ausglühen besserte nicht wieder seine Eigenschaften.

Draht aus reinem Eisen besitzt nicht die besten Eigenschaften zum Schweißen. Es sollen geringe Bestandteile an Kohlenstoff und Mangan vorhanden sein, von ersterem bis zu 0,18%, von letzterem bis zu 0,55%, da sie die Eigenschaften der Schweißung bessern, wenn auch ein großer Teil der Bestandteile beim Durchgang durch den Lichtbogen verbrennt. Der für die Schweißung schädliche Gehalt an Phosphor, Schwefel und Silizium soll so gering wie möglich sein.

Infolge mangelhafter Ergebnisse von Schweißungen hat man Elektroden hergestellt, die mit einer Umhüllungsmasse von besonderer Zusammensetzung umgeben sind. Man geht dabei von der Feststellung aus, daß die Schweißung infolge Verbrennung zuviel Oxyde enthält, deren Entstehung man damit erklärt, daß das Eisen der Elektrode bei dem Übergang zur Schweißstelle auf seinem Wege im Lichtbogen durch den Luftraum Gelegenheit hat, sich mit dem Sauerstoff zu verbinden. Ebenfalls reißt er bei dieser Zersetzung der Luft infolge der auftretenden hohen Temperatur die Stickstoffatome mit sich fort. Die Bestandteile der Umhüllung der Elektrode sollen nun beim Abschmelzen eine gasförmige Schutzhülle um den Lichtbogen bilden, den Zutritt der Luft verhindern und mithin die Möglichkeit der Aufnahme von Sauerstoff und Stickstoff in das Schweißmaterial herabsetzen. Eine derartige Wirkung der Umhüllung habe ich weder bei zahlreichen Untersuchungen der Schmelzablagen feststellen können, noch ist es wahrscheinlich, daß die infolge der hohen Temperatur entstehenden Luftströmungen und die infolge der auftretenden kleinen Explosionen erzeugten Luftwirbel die Bildung einer derartigen Umhüllung zulassen. Ferner sollen Bestandteile der Umhüllungsmasse als Desoxydationsmittel dienen und ähnlich wie bei den Desoxydierungsvorgängen im Stahlwerk wirken, indem sie nach Übergang in die flüssige Schweißstelle die entstandenen Oxydverbindungen lösen. Derartige Zusatzmittel müssen aber ihre Wirksamkeit beim Durchgang durch den Lichtbogen verlieren. Ich habe in keinem Falle unter den zahlreichen Untersuchungen von Schweißungen feststellen können, daß die Güte der Schweißungen durch den Gebrauch von umhüllten gegenüber blanken Elektroden gehoben wurde. Ich habe im Gegenteil festgestellt, daß eine Eigenschaft, die der Umhüllung zugute geschrieben wird, nämlich daß die durch sie hervorgerufene Schlackenschicht über der Schweißung den Wärmeübergang zur Luft herabsetzt, für die Schweißung verderblich wirken kann, wenn sie in mehreren Schichten aufgetragen werden muß, wie es wohl bei den meisten Schweißungen der Fall ist. Diese Schlackenüberzüge waren infolge der beigemengten Bindemittel so zäh, daß sie nur unter großer Schwierigkeit und mit großer Sorgfalt entfernt werden konnten, die man aber nicht bei fabrikmäßiger Ausführung der Schweißarbeiten, wie sie im Schiffbau zur Anwendung kommen würden, voraussetzen darf, da die Entfernung der Schlacke aus den Schweißrillen zuviel Zeit in Anspruch nehmen würde. Die Folge davon ist, daß die Gefahr besteht, daß die Schlacke in der Schweißung eingeschlossen bleibt und die Festigkeit in ganz bedenklicher Weise herabsetzt.

Eine Wahrnehmung kann man jedoch bei den umhüllten Elektroden machen, nämlich daß sich mit ihnen der Lichtbogen leichter halten läßt. Es mag das eine Folge davon sein, daß der Lichtbogen weniger streut als bei der blanken Elektrode, so daß die erstere bei gleichem Abstande unter größerer Spannung arbeitet. Auf eine größere Streuung läßt bei der blanken Elektrode auch die Ausbildung der Spitze schließen, die eine kugelige Form annimmt, während die Spitze der umhüllten Elektrode flach ist, die noch bei schwer schmelzbarer Umhüllungsmasse von derselben überragt wird. Daß die umhüllte Elektrode weitere Verbreitung gefunden hat, ist wohl hauptsächlich dem Umstande zuzuschreiben, daß auch weniger geübte Schweißer imstande sind, mit ihr eine brauchbare Schweißung auszuführen, da der Lichtbogen weniger häufig abreißt und dadurch Unterbrechungen vermieden werden, die Ursachen poröser und unverbundener Stellen und infolgedessen ungenügender Festigkeit sind. Solange also noch keine geübten Schweißer zur Verfügung standen, war es nur möglich, mit umhüllten Elektroden eine brauchbare Schweißung zu erzielen. Aus demselben Grunde sind auch die schwierigen Überkopfschweißungen, die ein Arbeiten mit höherer Spannung erfordern, mit umhüllten Elektroden leichter auszuführen.

Unter den Hilfsmitteln für die Schweißung hat die Beschaffenheit des Elektrodenhalters mit dem Handkabel einen wesentlichen Einfluß auf die Güte der Ausführung. Vor allem ist eine Konstruktion des Elektrodenhalters erforderlich, die einen guten und festen Kontakt mit der eingesetzten Elektrode gewährleistet. Die Elektrode muß in der Klemme eine so große Auflagefläche haben, daß der Strom durch sie ohne großen Widerstand übertragen wird, da sonst ein erheblicher Spannungsverlust eintritt, der das Halten des Lichtbogens erschwert. Ungenügende Kontakte sind in der Stromleitung auch insofern schädlich, als sie Unterbrechungen und Stromstöße hervorrufen, wodurch das Ziehen und Halten des Lichtbogens zur Unmöglichkeit werden kann. Mängel dieser Art an dem Elektrodenhalter machen sich durch starke Erhitzung desselben bemerkbar.

Der Elektrodenhalter ist an Gewicht möglichst leicht und auch handlich auszuführen. Dasselbe gilt von dem anschließenden Kabel, dem Handkabel, welches recht biegsam sein muß, damit es der leichten Führung durch die Hand keinen Widerstand leistet. Nur unter diesen Voraussetzungen wird dem Schweißer eine leichte und sichere Führung der Elektrode ermöglicht.

Sehr wichtig ist eine gute Beobachtung des Schweißvorganges durch den Schweißer, die aber nur unter Zuhilfenahme geeigneter Schutzgläser möglich ist. Gegen 3 Arten von Lichtstrahlen, die von dem Lichtbogen ausgehen, muß das Auge geschützt werden: gegen die ultravioletten, die ultraroten und die hellen Strahlen. Durch Versuche ist festgestellt, daß die ultravioletten als die gefährlichsten Strahlen, die sogar Erblindung herbeiführen können, hinreichend durch dunkelgrünes Glas gebrochen und unschädlich gemacht werden. Als zusätzliches Glas eignet sich am besten rotes mit gelblichem Schein, das auch die beiden anderen Strahlenarten bricht bzw. abschwächt, so daß durch diese Zusammenstellung das Auge ohne Schädigung beobachten kann. Da die

Sehkraft der Augen verschieden ist, muß die Farbentönung der Sehkraft jedes Schweißers angepaßt werden. Es werden auch Gläser auf den Markt gebracht, die die Schutzfarben in einem Glase vereinigen, jedoch ist bei diesen die Geeignetheit und Schutzfähigkeit nicht so sicher festzustellen. Eine sorgfältige Auswahl der Gläser ist auch schon im Interesse einer größeren Leistungsfähigkeit des Schweißers angebracht.

Die Eigenschaften der Lichtbogenschweißung.

Die Anforderungen an die Eigenschaften der Schweißung werden sich in den meisten Fällen nach denen des Materials des Werkstückes selbst richten. Für die Bewertung des Schiffbaumaterials ist Festigkeit und Dehnungsfähigkeit ausschlaggebend. Es soll also im vorliegenden Falle eine Untersuchung von Schweißungen an Flußeisenmaterial auf diese Eigenschaften hin vorgenommen werden.

Festigkeit und Dehnung des Eisens sind abhängig von der Art und Menge der Nebenbestandteile und stehen auch unter sich insofern in Abhängigkeit, als durch Veränderung der Menge eines Bestandteils die eine Eigenschaft auf Kosten der anderen sich ändert. Vor allem übt der Gehalt an Kohlenstoff in dieser Hinsicht einen weitgehendsten Einfluß aus, indem bei geringem Kohlenstoffgehalt (0,06%) die Festigkeit gering und die Dehnung sehr groß ist (bis 35%), bei hohem Kohlenstoffgehalt hingegen (0,8%) die Festigkeit sehr groß und die Dehnung sehr gering ist (2%).

Während man es nun bei der Erzeugung des Eisenmaterials vollkommen in der Hand hat, den Kohlenstoffgehalt durch Zusätze zu bestimmen, sind bei der Schweißung Versuche in dieser Richtung ohne Erfolg gewesen, da der Kohlenstoffgehalt der Elektrode zum größten Teil beim Durchgang durch den Lichtbogen verbrennt, es also wenig Zweck hat, Elektroden mit hohem Kohlenstoffgehalt aus diesem Grunde zu verwenden, eine Beimengung von Kohlenstoff in eine Umhüllungsmasse der Elektrode ebensowenig Erfolg hat und ein Zusatz von Kohlenstoff in die Schmelze aus Gründen, die in der Art des Vorganges der Schmelzung durch den Lichtbogen liegen, nicht angängig ist.

Man könnte nun den Schluß ziehen, daß die Schweißung infolge des geringen Kohlenstoffgehalts zwar eine geringere Festigkeit, dafür aber eine um so höhere Dehnung besitzt. Dieses ist jedoch nicht der Fall. Der große Vorzug der Lichtbogenschweißung, der auf augenblicklicher Schmelzung der von dem Lichtbogen getroffenen Schweißstelle beruht, hat auch einen Nachteil: nämlich die ebenfalls augenblickliche Erkaltung der Schweißstelle, die durch die starke Wärmeableitung des umgebenden kalten Materials verursacht wird, hat Härte und Sprödigkeit und daher geringere Dehnungsfähigkeit zur Folge, die nur durch ein Ausglühen der Schweißstelle beseitigt werden kann, eine Vornahme, die im Schiffbau in den meisten Fällen nicht angebracht ist. Ferner ist in der Schmelze ein Gehalt an Stickstoff und Sauerstoff vorhanden, deren Verbindung mit dem Eisen sich während des Schweißvorgangs infolge der auftretenden großen Wärme und des Luftzutritts nicht verhüten läßt. Das Vorhandensein von Stickstoff bewirkt Härte und

Sprödigkeit und eine sehr erhebliche Herabsetzung der Dehnung. Die gleiche Wirkung in bezug auf Dehnung hat das Auftreten von Sauerstoff, dessen Vorkommen z. B. in Schmiedestücken und Kesselblechen die gefürchtete Rotbrüchigkeit zur Folge hat. Eine Desoxydation des Schmelzsatzes, wie sie beim Siemens-Martinverfahren vor sich geht, wird beim Schweißen infolge der fast augenblicklichen Erstarrung verhindert. Wohl ist es möglich, durch eine entsprechende Ausführung der Schweißung die Erstarrung zu verzögern, indem die Schmelze nicht in mehreren Lagen aufgetragen wird, wie es in Abb. 16, 19 u. 21 dargestellt ist, sondern durch ständig kreisende Bewegung des Lichtbogens auf einer Stelle die Schmelze zur vollen Stärke aufgetürmt wird, wodurch natürlich der Schmelzsatz um so länger in Fluß gehalten wird. Außer der großen Gefahr aber, daß auf diese Weise mehr Oxyde durch Verbrennung in die Schmelze gelangen als entweichen, hat diese Schweißart noch den Nachteil, daß sie den bedeutendsten Vorzug der Lichtbogenschweißung mindert, der sie gerade für die Verwendung im Schiffbau so geeignet macht, nämlich daß durch die augenblickliche Verschmelzung das umgebende Material nur in geringem Maße erwärmt wird und daher fast keine Verspannungen und nach dem Erkalten ebensowenig Eigenspannungen auftreten.

Der Gehalt der Schweißung an Stickstoff und Sauerstoff ist natürlich abhängig von der Art der Schweißausführung. Wie schon gesagt, scheinen Stickstoff und Sauerstoff durch das geschmolzene Elektrodenmaterial auf seinem Wege durch den Luftraum mitgerissen zu werden. Um festzustellen, ob die Länge des Lichtbogens und damit die Länge des Weges des Elektrodenmaterials durch den Luftraum einen Einfluß auf den Oxydgehalt der Schweißung hat, habe ich Schweißungen mit kurzem und möglichst langem Lichtbogen ausgeführt. Die Schweißungen mit langem Lichtbogen zeigten bei den metallographischen Untersuchungen keine Vermehrung der Oxydeinschlüsse. Dieses mag darin seine Erklärung finden, daß bei kurzem Lichtbogen das Elektrodenmaterial in fein verteiltem Zustande auf die Schweißstelle übergeht, und daß bei Verlängerung des Lichtbogens der Übergang mehr tropfenförmig vor sich geht, der schließlich bei größtmöglicher Lichtbogenlänge in regelmäßiger Ablösung eines einzelnen Tropfens von der Elektrode erfolgt. Wenn sich also jedes Tröpfchen beim Übergang mit einem Oxydmantel umgibt, so müßte die Oxydbildung bei kürzerem Lichtbogen größer sein, da die Gesamtoberfläche der vielen kleinen Tropfen größer ist als die eines einzelnen Tropfens gleichen Gewichts, also auch die Oxydmengen unter Voraussetzung von Oxydhäutchen gleicher Stärke größer sein.

Auch eine Erhöhung der Stromstärke bis zu 280 Amp., wobei jedoch auch die Schweißgeschwindigkeit bzw. die Elektrodenbewegung entsprechend der Erhöhung der Stromstärke vergrößert wurde, hatte keine Vermehrung der Oxydeinschlüsse zur Folge. Dagegen erfolgte offensichtlich eine stärkere Oxydbildung, wenn der Lichtbogen zu lange Zeit auf dieselbe Stelle eingewirkt hatte. Die Schmelze in der Schweißstelle geriet dann in eine stärkere kochende Bewegung, und da hierbei der schützende Schlackenüberzug fehlt, hat die Luft

Zutritt zur Oberfläche, womit eine weitere Sauerstoff- und auch Stickstoffverbindung mit dem Eisen nicht ausgeschlossen ist.

Abb. 11 zeigt den Übergang von gewalztem Flußeisen (a) zur Schweißung (b) in 150facher Vergrößerung. Die Dichte des Schmelzsatzes der Schweißung ist mindestens ebenso groß, die Homogenität bedeutend größer als die des Materials des Flußeisens, das stark mit Lunkern durchsetzt ist. Soweit also die Festigkeit von der Dichte und Homogenität abhängig ist, kann die Schweißung in dieser Beziehung von guter Eigenschaft sein.

Als Fehler, die die Festigkeit der Schweißung herabsetzen, kommen vor: Schlacken oder Oxydeinschlüsse, Lunker und unverschweißte Stellen. Eine Verschlackung tritt infolge Verbrennung ein und hauptsächlich dann, wenn eine Wärmeableitung in nicht genügendem Maße stattfindet. Das ist der Fall, wenn Teile des Schmelzsatzes oder Schmelztropfen keine innige Verbindungen mit dem unterliegenden Material eingegangen sind, sei es, daß diese nicht in Fluß geraten ist, oder daß eine Schlacken- oder Rostschicht isolierend wirkt. Die von dem Lichtbogen entwickelte Wärme, deren Grad weit über der Schmelztemperatur des Eisens liegt, staut sich in diesem Teile derartig, daß seine vollkommene Verbrennung erfolgt. Durch Überschweißen gerät diese Schlacke dann in das Innere der Schweißung. Die oft in einer Schweißung zu beobachtenden mit einem Oxydhäutchen umgebenen Tröpfchen scheinen weniger die Folge eines zu langen Lichtbogens als einer zu geringen Stromstärke zu sein, die die Schmelze nicht so flüssig hält, daß sich das Oxydhäutchen auflöst und aufschwimmt. Dagegen können Lunker infolge eines zu langen Lichtbogens hervorgerufen werden, indem die bei langem Lichtbogen sich bildenden großen Tropfen der Elektrode Poren, Gasblasenaustrittsöffnungen und -vertiefungen in der Schweißoberfläche abdecken. Die in der Schweiße befindliche Luft oder Gase kann dann nicht entweichen, wenn infolge zu geringer Stromstärke, die im Verhältnis der Verlängerung des Lichtbogens sinkt, die Tropfen sehr schnell erstarren, da auch die Schweißstelle selbst eine zu niedrige Temperatur aufweist. Dies scheint mir der treffende Grund zu sein, weshalb bei Gebrauch zu langer Lichtbogen die Schweißung eine geringe Festigkeit aufweist. Abb. 12 zeigt in 150facher Vergrößerung eine Gasblase mit Austrittsöffnung an der Oberfläche der Schweißung. Desgleichen zeigt Abb. 13 eine poröse Vertiefung mit Abschnürung einer Gasblase im Grunde. Es ist augenscheinlich, daß derartige Vertiefungen in der Schweißoberfläche bei Auftragung einer weiteren Schweißlage nur dann nicht als Hohlräume in der Schweißung zurückbleiben, wenn sowohl die Umgebung der Vertiefung wieder stark dünnflüssig wird als auch das Zusatzmaterial der Elektrode in fein verteiltem Zustande, der am ehesten Dünnflüssigkeit gewährleistet, zur Auftragung gelangt, also mit möglichst kurzem Lichtbogen und größerer Stromstärke geschweißt wird.

Auf dieselbe Art lassen sich auch nur Fehler in der Schweißoberfläche beseitigen, die infolge Unterbrechung des Lichtbogens entstehen können, wie Abb. 14 zeigt. Fortgesetzte Lichtbogenunterbrechungen sind auch Ursache unverbundener Schweißlagen, indem das abtropfende Elektrodenmaterial auf die

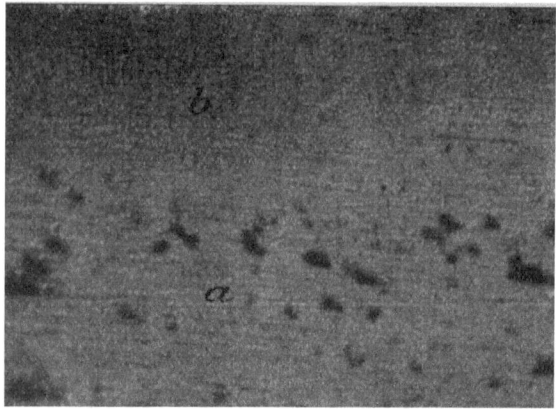

Abb. 11. Übergang vom gewalzten Flußeisenmaterial zum aufgetragenen Schweißmaterial.

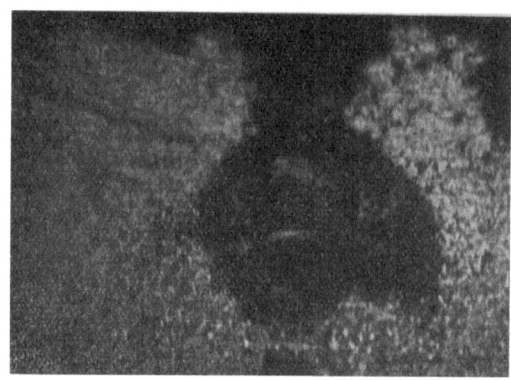

Abb. 12. Bildung einer Gasblase an der Oberfläche der Schweißung.

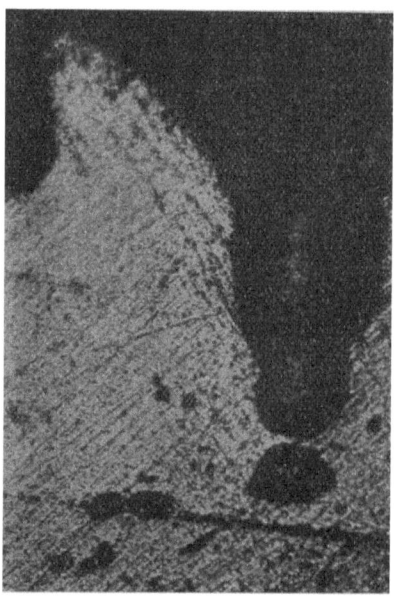

Abb. 13. Poröse Vertiefung mit Abschnürung einer Gasblase an der Oberfläche der Schweißung.

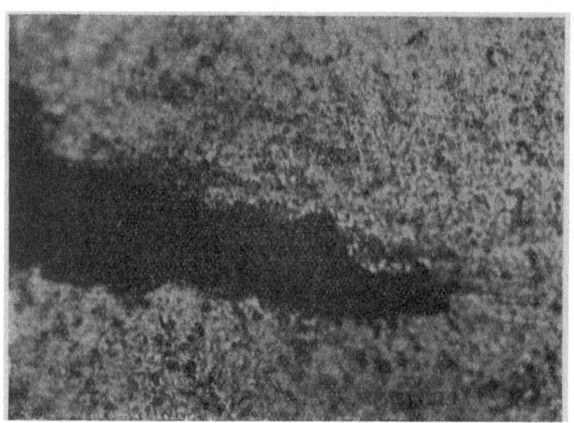

Abb. 14. Unvollkommene Verbindung der aufgetragenen Schweißlage bei Unterbrechung der Schweißung.

Abb. 15. Unverbundene Stelle in der Schweißung.

nicht in Fluß geratene Schweißstelle fällt. Dieselbe Wirkung wird hervorgerufen, wenn entweder durch Ablenkung oder durch Ungeschicklichkeit des Schweißers der Lichtbogen die Schweißstelle nicht trifft, so daß auch hier das abtropfende Material nur aufliegt (Abb. 15). Ferner können unverbundene Stellen die Folge zu geringer Elektrodenstärken sein bei zu hoher Stromstärke. In diesem Falle erhitzt sich infolge des Widerstandes die Elektrode, und die Abschmelzwirkung des Lichtbogens nimmt in stärkerem Maße zu, als die Schweißstelle in Fluß gerät, so daß die Schmelze auf die noch kalte Umgebung fließt und hier nur anhaftet. Außer dem Nachteil, daß unverbundene Stellen den Querschnitt verringern, können sie noch Kerbwirkung hervorrufen, die die Festigkeit sehr erheblich herabsetzt.

Festigkeitsergebnisse bei Zerreißproben und die bei diesen in den Bruchflächen zutage tretenden Strukturen lassen eine Abhängigkeit der Festigkeit von der Korngröße erkennen. Je geringer die Korngröße ist, desto größer ist im allgemeinen die Festigkeit. Die geringste Korngröße weist nun stets die unterste Schweißlage auf, und die Korngröße nimmt mit der Stärke des Querschnitts und der Zahl der Schweißlagen nach der Oberfläche hin zu. Es besteht nun die Ansicht, daß die geringe Korngröße der ersten Schicht einem Veredelungsprozeß durch erneute Erhitzung bei Auftragung der darüberliegenden Schichten zuzuschreiben ist. Dem widerspricht aber die Tatsache, die ich bei Zerreißproben feststellen konnte, daß dünne Schweißungsquerschnitte, die nur in einer Schicht hergestellt waren, die geringsten Korngrößen und dementsprechend auch die größten Festigkeiten aufwiesen. Stärkere Querschnitte, die in mehreren Schichten aufgetragen waren, aber derart, daß die nächste Schicht erst aufgetragen wurde, wenn die vorhergehende vollkommen abgekühlt war, zeigten durchgehend kleinere Korngrößen als Querschnitte, deren Schichten hintereinander ohne Abkühlung aufgetragen waren, und zeigten wesentlich höhere Festigkeiten. Nach diesen Beobachtungen möchte ich die Ansicht vertreten, daß die geringere Korngröße bei der ersten Schicht eine Folge der geringeren Überhitzung durch den Lichtbogen ist. Die im Grunde einer V-Nute abgelagerte Schmelze erfährt die schnellste Wärmeableitung, da sie im Verhältnis zu ihrem Volumen die größten Begrenzungsflächen hat, durch die die Wärme zum Blech abgeleitet wird. Es staut sich also in dem Schmelzsatz keine große Wärme auf, sondern findet schnelle Ableitung in das kalte Blechmaterial, so daß die Temperatur der Schmelze nicht über eine bestimmte Höhe steigt. Die zweite Schweißschicht hat keine so großen Übergangsflächen. Außerdem ist die erste Schicht noch warm, wenn die Auftragung der zweiten Schicht sofort hinterher erfolgt, so daß auch infolge des geringeren Wärmeunterschiedes die Wärmeableitung geringer ist, und dies vermindert sich mit der Zahl der Schichten, was zur Folge hat, daß der Wärmegrad der einzelnen Schweißlagen sich immer mehr steigert, zumal sich das die Schweißung umgebende Material ebenfalls stark erhitzt. Die Unterschiede in den Korngrößen der einzelnen Schichten sind so groß, daß die Grenzen der einzelnen Schichten im Bruch deutlich erkennbar sind. Diese Unterschiede können dadurch gemindert werden, daß die nächste Schicht erst nach Abkühlung der vorhergehenden aufgetragen wird. Doch lassen sich infolge der kleineren Wärmeübergangsflächen und infolge der Schlackenhaut auf der unteren Schicht, die sich schwerlich ganz entfernen läßt, und die isolierend wirkt, kaum Strukturen von derselben Korngröße wie in der ersten Schicht erzielen. Wie verderblich die Überhitzung durch den Lichtbogen ist, läßt sich an einem extremen Fall erkennen, wenn nämlich das Elektrodenmaterial auf eine Stelle abschmilzt, die mit einer starker Rost- oder Schlackenschicht überzogen ist und die eine starke Isolierung gegen Wärmeübergang bildet. Das Gefüge der Schmelze wird dann durch Wärme des Lichtbogens so zerstört, daß sie durchgehend nur noch eine schwammige und poröse Masse bildet.

Zerreißversuche an Schweißproben, die von mir ausgeführt wurden unter Beobachtung aller Richtlinien zur Vermeidung von Fehlern, wie sie im vorstehenden gekennzeichnet wurden, haben Zerreißfestigkeiten gegeben, die mit ganz geringem Unterschied denen gleichwertig sind, die an gutem Flußeisenmaterial festgestellt wurden, also unter Anforderungen, wie sie an Schiffbaumaterial gestellt werden.

Ein weniger günstiges Ergebnis hatte jedoch die Untersuchung auf Dehnung, die höchstens bis zu einem Betrage von 14% festgestellt werden konnte. Während also die Lichtbogenschweißung den Festigkeitsanforderungen in jeder Hinsicht genügen kann, läßt sie hinsichtlich der Dehnung einiges zu wünschen übrig, und sie wird deshalb von verschiedenen Seiten als minderwertig beurteilt. Da nun im Schiffbau ein besonderer Wert auf große Dehnungsfähigkeit des Materials gelegt wird, ist eine nähere Untersuchung notwendig, ob der genannte Nachteil der Lichtbogenschweißung dieselbe zur Verwendung im Schiffbau ungeeignet macht.

Die Lichtbogenschweißung an sich besitzt ohne Zweifel infolge ihrer geringeren Dehnungsfähigkeit ein kleineres Arbeitsvermögen als ein Flußeisenstück von denselben Abmessungen, von gleicher Festigkeit und größerer Dehnung. Oder um auf einen Vergleich einzugehen, der sehr häufig zwischen elektrischer und der autogenen Schweißung gemacht wird, so kann eine autogene Schweißung trotz ihrer geringeren Festigkeit infolge ihrer größeren Zähigkeit mehr Formänderungsarbeit aufnehmen als die elektrische Schweißung, d. h. die gleiche von einer äußeren Kraft geleistete Arbeit, z. B. der Schlag mit einem Hammer, wird an Versuchsstücken von gleichen Abmessungen als Formänderungsarbeit von der autogenen Schweißung in sich aufgenommen, während sie das Arbeitsvermögen der elektrischen Schweißung unter bestimmten Voraussetzungen übersteigt, diese dabei also zu Bruch geht.

Nun ist aber der Wert einer Verbindung nicht allein an dem Verbindungsmittel selbst zu messen, sondern der ganze Konstruktionsteil ist in Betracht zu ziehen, und zwar wie sich etwa auftretende Kräfte verteilen und in welcher Form der Arbeitsleistung sie auftreten. Es kann eine äußere Kraft in solcher Plötzlichkeit auftreten und so über den ganzen Konstruktionsteil verteilt sein — ich denke z. B. an eine sehr scharfe und plötzliche Explosion in einem Hohlkörper —, daß tatsächlich jeder Teil desselben ein bestimmtes Arbeitsvermögen aufnehmen muß, und daß dann ein Teil der Konstruktion, der dieses Arbeitsvermögen nicht besitzt, also die Schweißung vielleicht, zu Bruch gehen muß.

Im Schiffsbetrieb werden solche Beanspruchungen kaum auftreten, sondern sie werden hauptsächlich als Zug- und Druckbeanspruchungen, z. B. infolge des Arbeitens des Schiffes im Seegang oder als Stoß infolge einer Kollision, auftreten. Alle diese Beanspruchungen werden das Arbeitsvermögen des Schiffskörpers insgesamt oder eines ganzen Konstruktionsteiles in Anspruch nehmen, wobei sowohl Festigkeit als auch Dehnungsfähigkeit zur Geltung kommt, die Eigenschaften sich also gegenseitig ergänzen können. Zwar setzt eine Schweißverbindung mit ihrem geringeren Arbeitsvermögen das Gesamtarbeitsvermögen herab, jedoch im Verhältnis zum Gesamtarbeitsvermögen in so geringem Maße, daß es praktisch ohne Belang ist. Bei einer Arbeitsleistung, hervorgerufen durch Zug infolge Durchbiegens des Schiffskörpers, wird die höhere Dehnung des Materials des Schiffskörpers die notwendige Formänderungsarbeit aufnehmen, vorausgesetzt daß die Schweißung keine geringere Festigkeit besitzt, da der Zeitraum einer Zugperiode so groß ist, daß die Zugfortpflanzung über die ganze Länge erfolgen kann. Die Art der Beanspruchung der am meisten belasteten Faser gleicht also der eines Stabes in einer Zerreißmaschine, und derartige Versuche an einem mit einer Schweißnaht durchsetzten Stabe zeigen stets, daß die Formänderungsarbeit in überwiegendem Maße durch das Stabmaterial bis zu dessen Bruch erfolgt, wobei es nur notwendig ist, daß die Festigkeit der Schweißung um ein geringes die des Stabes übertrifft.

Eine sehr wichtige Rolle spielt die Dehnungsfähigkeit bei der Formänderungsarbeit, in die die äußere Stoßarbeit bei Kollision oder Wasserschlag umgesetzt wird. Die von dem Stoße hervorgerufene Beanspruchung ist örtlich und wird nicht von dem ganzen System, also in diesem Falle vom ganzen Schiffskörper, aufgenommen. Infolgedessen ist die erforderliche Dehnung bei der Formänderung, deren Ausdehnung am Schiffskörper sich je nach Konstruktion nur auf geringe Abmessungen erstreckt, bedeutend größer, und sie kann ohne Bruch nur erfolgen, wenn die Dehnung des Materials innerhalb des Bereichs der Formänderung genügend groß ist.

Welchen Anteil wird nun ein stumpf geschweißter Außenhautstoß, der von dem Steven eines rammenden Schiffes getroffen wird, an der dabei zu leistenden Formänderungsarbeit haben? Die Schweißung dürfte sich in diesem Falle ähnlich verhalten wie die Schweißnaht eines Blechstückes, welches, mit der Schweißnaht in der Mitte, zweifach eingespannt ist, und auf welche ein Hammerschlag trifft. Dementsprechende Versuche haben ergeben, daß, falls die Festigkeit der Schweißung die des Bleches um einen geringen Prozentsatz übersteigt, was durch Auftragung eines Schweißwulstes leicht erreicht wird, und falls die Entfernung zwischen den Einspannstellen ein Vielfaches der Breite der Schweißnaht ist, die Formänderungsarbeit von dem Material des Bleches aufgenommen wird. Das Blech biegt sich, da das Material durch die aus dem Schlag resultierende Kraft über die Elastizitätsgrenze hinaus beansprucht wird. Die Schweißung dagegen nimmt keine oder nur ganz geringe Formänderung an, da die Beanspruchung durch die Kraft infolge der größeren Gesamtfestigkeit der Schweißung die Elastizitätsgrenze nicht übersteigt, andererseits die Schweißung aber doch so viel Elastizität besitzt, daß sie die plötzliche Schlagwirkung ohne Bruch aufnimmt.

Aus diesem Versuche dürfte gefolgert werden, daß bei einer Kollision unter den bezeichneten Umständen die Schweißnaht wahrscheinlich nicht zu Bruche gehen würde, vorausgesetzt daß die als Einspannstellen zu betrachtenden Spanten, Rahmenspanten oder Schotten genügend von der Schweißnaht entfernt liegen. Der Ausgang einer Kollision des vollständig geschweißten Motorschiffes „Fullagar", bei der es eine Einbeulung der Außenhaut erhielt, die Schweißung aber keinen Bruch aufwies, bestätigt diese Folgerung. Wenn nun auch nicht mehr derartige Beispiele bekannt sind, da es noch zu wenig geschweißte Schiffe gibt, so liegen doch schon andere Fälle vor, in denen bei ähnlicher Beanspruchung geschweißte Einzelkonstruktionen ein entsprechendes Verhalten gezeigt haben, so z. B. daß durch überkommende See, also durch Wasserschlag, Konstruktionsteile auf Deck Brüche im Material, aber nicht in der Schweißung aufwiesen.

Der Mangel der geringen Dehnung der Lichtbogenschweißung kommt auch in den Vorschriften des Britischen Lloyd über Anwendung der elektrischen Lichtbogenschweißung im Schiffbau insofern zum Ausdruck, als nur überlappte Schweißungen bei Plattenstößen und Nähten zugelassen werden. Dadurch soll vermieden werden, daß in Verbänden, die wechselnden Beanspruchungen ausgesetzt sind, diese durch die Schweißung unmittelbar übertragen werden, weil befürchtet wird, daß die Schweißung eher ermüdet als das Blech und daher schneller zu Bruch kommt. Es wird dieses aus Versuchen geschlossen, bei denen eine Platte aufgeschnitten, durch eine V-Schweißnaht wieder verbunden und senkrecht zur Schweißnaht in Streifen geschnitten wurde. Die Streifen wurden dann zu Rundstäben abgedreht, und jeder Stab auf der Drehbank bei 1000 Umdrehungen in der Minute unter verschiedener Belastungsanordnung einem Biegungseinfluß unterworfen. Diese Versuche ergaben, daß ein geschweißter Stab bei 5 000 000 Umdrehungen nur ungefähr 60% der Belastung eines ungeschweißten Stabes aushält.

Ob diese Versuchsergebnisse einwandfrei sind und die z. B. in der Außenhaut auftretenden wechselnden Beanspruchungen wiedergeben, möchte ich aus dem Grunde bezweifeln, weil bei dem bezeichneten Versuche die Durchbiegung durch die Belastung bei dem geschweißten Stabe nicht so gleichförmig sein kann wie bei dem ungeschweißten. Bei ersterem ist das Zwischenstück der Schweißung kein Zylinder mit parallelen, sondern mit V-förmig zueinanderstehenden Schnittflächen. Infolgedessen nehmen bei gleicher Belastung und verschiedenen Drehungswinkeln die Durchbiegungen verschiedenes Maß an, wie sich bei Durchbiegungen an einem Blechstab mit V-Naht zeigt, die mit nach außen zeigender Schweißkerbe geringer sind als umgekehrt.

Die Ermüdung eines Materials hängt nach Versuchen von Wöhler ab von der Größe der auftretenden Spannung und dem Unterschied der größten und kleinsten Spannung, und zwar erfolgt der Bruch um so eher, je näher die größte Spannung an der Elastizitätsgrenze liegt. Durch Zerreißversuche ist nun festgestellt, daß die Elastizitätsgrenze bei der Schweißung zwischen 24 und 29 kg/mm^2 liegt, also in derselben Höhe wie bei Schiffbauflußeisen. Hieraus kann gefolgert werden, daß die Schweißung nicht eher ermüdet als das Flußeisenmaterial, vorausgesetzt daß die Elastizitätsgrenze nicht überschritten wird und die Schweißung dieselbe Festigkeit besitzt wie das Flußeisenmaterial. Als Sicherheit, daß das Schweißmaterial nicht höher als das Flußeisenmaterial beansprucht wird, kann die Naht mit dem Schweißwulst versehen werden, so daß dadurch der Materialquerschnitt vergrößert wird. Oder an Konstruktionsteilen, die die höchsten Durchbiegungsspannungen aufweisen, wie das oberste durchlaufende Deck, der Schergang und die Bodenbeplattung, und in diesen Fällen auch nur mittschiffs, könnten Laschen oder in kurzen Abständen über die Schweißung gesetzte Stege, die nur um ein geringes über die Schweißung greifen brauchen, dieselbe entlasten. Derartige Verstärkungen wären also nur an wenigen Stößen der Beplattung notwendig. Im übrigen kommt auch noch die Art des Zusammenbaues, daß die einzelnen Konstruktionsteile wie Platten usw. gegenseitig überschießen, etwaigen Schwächen der Schweißung zugute.

Die bestehende Vorschrift des Britischen Lloyd, nur überlappt zu schweißen, läßt gerade die Vorzüge der Schweißung in der Anwendung des stumpfen Stoßes nicht zur Geltung kommen, die vor allem in einer ganz erheblichen Materialersparnis durch Fortfall der Überlappungen und in einem glatten Verlaufe der Außenhaut liegen, wodurch ein leichterer An- und Aufbau der Versteifungsprofile usw. ermöglicht, aber auch der Schiffswiderstand verringert wird. Im übrigen weist die Stumpfschweißung bessere Vorbedingungen einer guten Ausführung auf, worauf ich aber noch später zurückkomme.

Die vorstehenden Ausführungen können also dahin kurz zusammengefaßt werden, daß der Mangel der geringeren Dehnung den Wert der elektrischen Schweißung für den Schiffbau nicht herabsetzt, da er durch entsprechende Ausführung der Schweißverbindung ausgeglichen werden kann.

Die Ausführung der Lichtbogenschweißarbeit mit besonderer Berücksichtigung der Schweißarbeit im Schiffbau.

Bei der Ausführung der Schweißung handelt es sich, abgesehen von Fällen der Reparatur und Ausbesserungsarbeiten, hauptsächlich darum, entweder Materialquerschnitte zu verbinden oder auch 2 Materialstücke dadurch zu vereinigen, daß das eine auf die Fläche des anderen aufgeschweißt wird. Die hierfür anzuwendenden Verbindungsarten sind: die Stumpfschweißung, die überlappte Schweißung und die Kehlschweißung.

Für die Schweißung müssen die zu verbindenden Materialstücke so vorbereitet sein, daß der Lichtbogen, dessen Richtung möglichst in die Verlängerung der Elektrodenstabachse fallen soll, mit jedem Flächenteil der beiden Materialstücke, soweit sie im Bereiche des Übergangs zum Schweißquerschnitt liegen, in Berührung kommen kann, und zwar in senkrechter Richtung zur Fläche, um so die beste Schmelz- und Schweißwirkung zu erzielen.

Bei der Stumpfschweißung müssen die Materialkanten abgeschrägt werden. Sollen also z. B. Blechkanten verschweißt werden, so müssen diese so abgeschrägt werden, daß die schrägen Kantenflächen in einem bestimmten Winkel zueinander stehen. Dieser Winkel ist möglichst klein zu nehmen, damit nur ein geringes Volumen der Schmelzablage erforderlich wird. Die Stumpfschweißung stärkerer Bleche kann auf zweierlei Weise erfolgen. Es kann entweder die Abschrägung von oben nach unten verlaufen zur V-Form, oder es werden Abschrägungen beider Kanten an jedem Blech vorgenommen, die zu der Mitte der Materialstärke auslaufen, so daß die X-Form entsteht. Für die Ausfüllung der X-Naht ist nur die Hälfte Elektrodenmaterial der V-Naht erforderlich, jedoch ist ihre Ausführung nur bei Vertikalschweißungen oder in Kopfschweißungen nur bei solchen Werkstücken angebracht, die umgelegt werden können, da an ortsfesten Werkstücken eine Überkopfschweißung eine sehr große Geschicklichkeit des Schweißers voraussetzt. Bei beiden Nähten müssen die Kanten der Abschrägungen je nach Tiefe der Nute 2—5 mm Abstand haben, damit auch eine gute Verschweißung der Kanten erzielt wird. Als günstigstes Winkelmaß zwischen den beiden Abschrägungen haben sich 60° herausgestellt. Bei Verschweißung von Blechen unter 4 mm kann von einer Abschrägung Abstand genommen werden, da der Lichtbogen bis zu dieser Stärke noch durchschweißt. Bei Blechstärken unter 3 mm wird die Ausführung wegen der zu starken Erhitzung schwierig.

Die durch die beiden Abschrägungen gebildete Schweißnute ist nun mit abschmelzendem Elektrodenmaterial auszufüllen. Diese Auffüllung kann entweder fortlaufend in voller Stärke oder schichtweise so geschehen, daß die Elektrodenschmelze in einzelnen Lagen aufgetragen wird. Die erste Ausführungsart hat den Nachteil, daß besonders bei sehr starken Querschnitten das Material zu stark erhitzt wird, wodurch der wesentliche Vorteil der Lichtbogenschweißung verlorengeht, da Verspannungen die Folge der zu starken örtlichen Erhitzung sein müssen. Sie ist allein aus diesem Grunde nicht bei Plattenlängen und -flächen anwendbar, wie sie im Schiffbau vorkommen. Hier kann nur eine Ausführungsart zur Geltung kommen, die die Fähigkeit des Lichtbogens, augenblicklich Material in Schmelzfluß zu bringen, ausnutzt. Dies ist bei schichtweiser Auffüllung möglich, wie es schematisch die Abb. 16 darstellt. Aus dieser Abbildung ist auch der Winkel der Abschrägung und der Abstand der unteren Kanten ersichtlich. Die einzelnen Schichten werden mit Unterbrechung der vorher ausgeführten Heftstellen, die bei starken Blechen tunlichst ebenfalls bis zur vollen Materialstärke schichtweise aufzutragen sind, durchlaufend geschweißt, so daß bei Auftragung der nächsten Schicht bei langen Nähten die darunterliegende bereits abgekühlt ist. Bei Ausführung der Schichten — und besonders

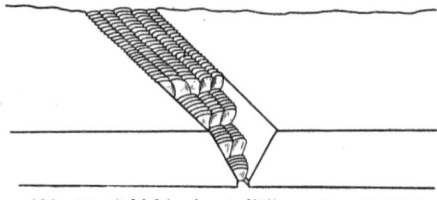

Abb. 16. Schichtweise Auffüllung einer V-Naht.

bei der ersten Schicht macht sich dies bemerkbar — tritt die Ablenkung des Lichtbogens in Erscheinung. Wird eine Schicht fortlaufend geschweißt, so nimmt mit der Länge der Schicht die Ablenkung des Lichtbogens aus der Richtung der Elektrodenstabachse zu, und zwar steht der Lichtbogen nach der abgelagerten Schmelze hin, so daß diese zuviel Hitze bekommt, während die Materialstellen nicht genügend zum Fluß vorgewärmt werden. Außerdem nimmt die Unbeständigkeit des Lichtbogens mit dem Grade der Ablenkung zu, und die Folge ist, daß die Vorbedingungen einer guten Schweißung, nämlich Auftreffen des Lichtbogens auf die Materialstelle, die in Fluß geraten soll, und regelmäßiger Übergang des Elektrodenmaterials auf die Schweißstelle, nicht erfüllt werden. Der schädigende Einfluß der Ablenkung

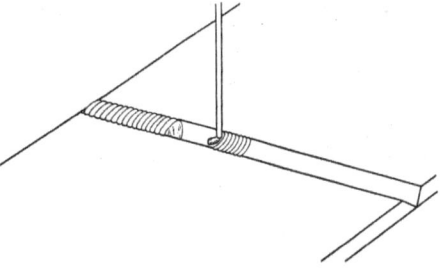

Abb. 17. Beeinflussung der Richtung des Lichtbogens durch rückwärtige Bewegung der Elektrode in der Schweißnaht.

kann nun dadurch vermieden werden, daß in bestimmter Entfernung vom Schichtende die Schicht in rückläufiger Bewegung der Elektrode geschweißt wird, wie Abb. 17 zeigt, wobei der Lichtbogen dann beständig vor dem Schmelzsatz auftrifft. Dieses veränderte Verhalten des Lichtbogens findet damit seine

Abb. 18. V-Naht an 6 mm starken Blechen mit einfacher Schmelzlage.

Abb. 19. V-Naht an 15 mm starken Blechen mit dreifacher Schmelzlage.

Erklärung, daß die Ablenkung mit der Entfernung von der abgelagerten Schmelzschicht abnimmt, und daß die neue nun rücklaufende Schicht regulierend auf den Lichtbogen einwirkt. Unter den Verbindungsarten nimmt die Ausführung der Stumpfschweißung das geringste Maß von Geschicklichkeit des Schweißers in Anspruch. Der Schmelzvorgang wickelt sich regelmäßig ab, da die beiden zu verschweißenden Kanten von gleichmäßiger Form sind, so daß die Wärmeableitung an beiden Teilen gleich ist und damit auch die Schmelzung gleichmäßig verläuft.

Die Zerreißfestigkeit der stumpfgeschweißten Naht kann bei bester Ausführung, wie gesagt, diejenige des Flußeisenmaterials erreichen. Eine Festigkeit von 90% derjenigen des Materials kann als Ergebnis einer Durchschnittsleistung angesehen werden. Bei Belassung der Schweißwulst an der Oberfläche kann natürlich eine dementsprechend höhere Gesamtfestigkeit erzielt werden, die diejenige des Materials erheblich übertrifft. Die Ergebnisse von Zerreißversuchen an einigen Schweißproben, bei denen nur blanke Elektroden verwendet wurden, ist in Tabelle 1 zusammengestellt. Der Querschnitt der Schweißung war nach Entfernung des Schweißwulstes derselbe wie der des Materials.

Tabelle 1.
Zerreißversuche an Probestäben mit V-Naht (Stumpfschweißung).

Stärke in mm	Breite in mm	Querschnitt in mm	Bruchlast kg	Festigkeit kg/cm²	Festigkeit in % des v. Bleches	Bemerkungen
11,0	30,0	330	14 200	4300	—	ungeschweißter Stab
10,8	30,0	324	12 900	4000	93,0	
10,7	30,1	322	13 500	4190	97,5	
19,4	30,0	582	21 100	3620	—	ungeschweißter Stab
19,4	30,3	588	21 400	3640	100,0	
19,6	30,1	590	21 100	3580	99,0	
19,0	30,3	575	21 400	3730	100,0	Bruch d. Stabes außerh. d. Schweißst.
19,4	30,0	582	21 200	3650	—	,, ,, ,, ,, ,, ,,
18,0	30,0	540	23 800	4400	—	ungeschweißter Stab
18,3	29,9	547	22 200	4060	92,5	
18,3	29,2	545	22 400	4115	93,5	

Bei der überlappten Schweißung ist die Wärmeableitung an beiden Blechteilen nicht gleichmäßig. Aus diesem Grunde braucht die Blechoberfläche zu ihrem Fluß mehr Wärme als die auf ihr liegende Blechkante. Es muß also bei dem Schweißer zur Ausführung dieser Verbindungsart mehr Geschicklichkeit und Sorgfalt vorausgesetzt werden, damit Fläche und Kante richtig verschmelzen, und es liegt hierbei größere Gefahr vor, daß entweder die Schmelze an der Blechfläche infolge zu geringer Erwärmung nicht bindet, oder aber daß die Kante verbrennt. Es ist deshalb ein Irrtum, anzunehmen, daß die überlappte Schweißung zuverlässiger sei. Im übrigen ist auch bei einwandfreier Schweißung die Zerreißfestigkeit dieser überlappten Verbindung nicht so groß wie die der stumpfen, da außer einer Zugspannung auch noch eine Biegespannung im Bereiche jeder der beiden Kehlschweißungen auftritt, durch die infolge der geringeren Dehnung des Schweißmaterials der Bruch in den Kehlnähten herbeigeführt werden kann. Wegen der auftretenden Biegespannung und der mangelnden Dehnung der Schweißung erscheint sogar diese Verbindungsart, falls sie voller Beanspruchung unterworfen ist, zur Ausführung durch Schweißung weniger geeignet zu sein. Jedenfalls tritt meines Erachtens bei wechselnden Beanspruchungen hier eher eine Ermüdung des Schweißmaterials ein als bei der stumpf geschweißten Naht.

Die Ausführung der Kehlschweißung erfolgt bei größeren Materialstärken, wie es auch bei der überlappten Schweißung der Fall ist, in mehreren Schichten.

Dieselbe Schwierigkeit der gleichmäßigen Verschweißung liegt auch bei der Kehlschweißung vor, wenn ein Blech hochkant auf ein zweites Blech aufgeschweißt wird. Bei dieser Verbindung sind je nach Größe der Beanspruchung verschiedene Ausführungsmöglichkeiten der Kehlschweißung vorhanden, nämlich: die volle Kehlschweißung, bei der die Länge der Schenkel des Winkels, den die Schweißung ausfüllt, gleich der Stärke des zu verbindenden Bleches ist; die leichte Kehlschweißung, deren Stärke durch einmalige Entlangbewegung der Elektrode an der Naht hergestellt wird, und bei der die Schenkellänge je nach Stärke der Elektrode ungefähr $2\sqrt{s}$ beträgt, wo s die Stärke des Bleches in Millimetern bedeutet; und die unterbrochene Kehlschweißung, bei der die Unterbrechungen

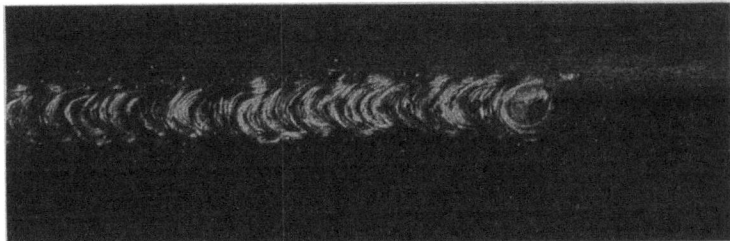

Abb. 20. Kehlnaht mit einfacher Schmelzlage.

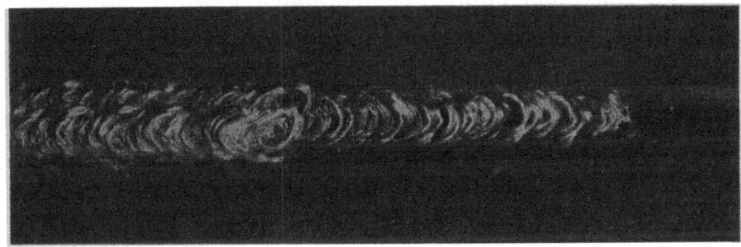

Abb. 21. Kehlnaht mit doppelter Schmelzlage.

der Schweißungen die zweifache Länge derselben zu betragen pflegen, und deren Stärke je nach Erfordernis die der vollen bis leichten Kehlschweißung beträgt.

Um die Festigkeit der Kehlschweißungen festzustellen, wurde eine Blechplatte von 15 mm Stärke auf eine zweite von 20 mm hochkant aufgeschweißt, und zwar auf der einen Seite mit einer vollen und auf der anderen Seite mit einer leichten Kehlschweißung. Darauf wurde die Platte nach der Seite der leichten Kehlnaht hin gebogen. Die Umbiegung gelang in 2 Fällen so vollkommen, daß die Platte scharf oberhalb der Kehlansätze in einem Krümmungsradius von annähernd Blechstärke und in einem Winkel von über 90° gebogen war. Im dritten Falle riß die Platte oberhalb des Kehlansatzes im Blechmaterial ein. Diese Versuche zeigen, daß die Verbindungen hinreichend stark sind, und sie entsprechen auch in ihrem konstruktiven Aufbau durch die Ausbildung der Hohlkehlen vollkommen den Gesetzen der Konstruktionslehre.

Die Herstellung der eben genannten Schweißverbindungen bieten nun keine Schwierigkeiten und können von jedem einigermaßen geübten Schweißer ausgeführt werden, wenn das Werkstück in horizontaler Lage vor ihm liegt, so daß die Schweißungen von oben nach unten in sog. Kopfschweißungen ausgeführt werden können.

Die Schwierigkeiten wachsen aber ganz erheblich und stellen ganz andere Anforderungen an die Geschicklichkeit des Schweißers, wenn es sich um Schweißungen an vertikalen oder über Kopf liegenden Flächen oder, wie sie kurz benannt werden, um Vertikal- und Überkopfschweißungen handelt. Die regelmäßige Abwicklung des Schmelzvorganges, nämlich die Verflüssigung der Materialoberfläche im Bereiche des Lichtbogens und die zu gleicher Zeit erfolgende Abschmelzung der Elektrode und die Ablagerung dieser Schmelze auf die in Weißfluß befindliche Stelle des Werkstücks, wird bei diesen Schweißungen durch Einflüsse behindert, die vor allem in der auftretenden Schwerkraft liegen, die der Anziehung der Schmelze zur Schweißstelle hin entgegenwirkt und besonders beim Überkopfschweißen zur Wirkung kommt, und welche aber noch durch die Ablenkung des Lichtbogens verstärkt werden kann. Es liegt also Gefahr vor, daß entweder die Elektrodenschmelze sich nicht auf die in Fluß befindliche Materialstelle lagert und dadurch unverbundene Stellen entstehen, oder das Material wird, da keine Ablagerung erfolgt und der Lichtbogen deswegen zu lange auf eine Stelle gehalten wird, verbrannt. Eine Verbrennung wirkt aber hier um so schädlicher, da infolge der Lage die Schlacke nicht durch Aufschwimmen an die Oberfläche der Schmelze kommt, sondern in derselben eingeschlossen wird und dadurch die Festigkeit bedenklich herabsetzt.

Sowohl beim Vertikal- als auch Überkopfschweißen muß mit einer höheren Spannung gearbeitet werden als beim Kopfschweißen. Die Spannungserhöhung, die beim Überkopfschweißen in stärkerem Maße vorgenommen werden muß als beim Vertikalschweißen, hat eine merklich stärkere Anziehung des Elektrodenmaterials zur Folge, wie sie auch bei der Schweißung von oben nach unten bei einem längeren Lichtbogen zu beobachten ist.

Im Schiffbau kommen nun bei der üblichen Bauweise sehr häufig derartige Schweißungen vor. Als Verbindung von Schiffsverbänden, die starken Beanspruchungen ausgesetzt sind, dürften sie nicht angewendet werden, wenn nicht erstklassige Schweißer zur Verfügung stehen, die möglichst nur derartige Schweißungen auszuführen hätten. Aber ich bezweifle, daß in Anbetracht der Häufigkeit solcher Schweißung genügend hierfür geeignete Schweißer vorläufig dafür zur Verfügung stehen, und man müßte zu einer Bauweise übergehen, die möglichst diese Schweißungen vermeidet. Doch darauf werde ich später noch besonders zurückkommen. Die geringeren Schwierigkeiten bieten noch die Kehlschweißungen in vertikaler Richtung, wie sie als Verbindung der Schotte mit der Außenhaut vorkommen. Zu beachten ist, daß die Schweißung hier in einem Verlaufe vorgenommen wird, daß Ablenkungen des Lichtbogens nicht oder nur in geringem Maße auftreten. Im übrigen liegen keine Bedenken für Anwendung der Vertikalschweißung vor, wenn es sich nur um Heftschweißungen handelt, wie sie als Verbindungen der Spanten mit der Außenhaut oder der Versteifungsprofile mit der Schottwand vorkommen. Für diesen Zweck dürften Schweißungen auch mittelmäßiger Ausführung immerhin noch genügen.

In dem Abschnitt über Eigenschaften der Lichtbogenschweißung wurde in diesem Zusammenhange schon eingehend die Bedeutung der richtigen Einstellung von Stromstärke und Spannung für die Güte der Schweißung behandelt, so daß hier nur noch einmal kurz wiederholt sei, daß die Stromstärke der Materialstärke entspricht, wobei aber auch noch ein Unterschied zu machen ist, ob die Schweißung an der Kante oder in der Mitte des Blechs erfolgt, da ersteres weniger, letzteres mehr Wärme zur Schmelzung benötigt. Die Stromstärke darf im Verhältnis zur Materialstärke nicht zu gering gewählt werden, damit eine genügende Dünnflüssigkeit zur innigen Verbindung vorhanden ist. Die Spannung hat wohl insofern Einfluß auf die Güte der Schweißung, als ein zu langer Lichtbogen Lunkerstellen zur Folge hat, im übrigen ist aber ein richtiges Verhältnis der Spannung zur Stromstärke von Einfluß auf einen stetigen und ruhigen Lichtbogen.

Bestimmend auf die Wahl der Elektrodenstärke wirkt in erster Linie die Stärke des zu schweißenden Materials. Das stärkere Material erfordert eine stärkere Wärmezuführung, die durch Erhöhung der Stromstärke erreicht wird. Diese ist jedoch durch den Querschnitt der Elektrode begrenzt, da sich bei zu großer Stromstärke die Elektrode geringerer Stärke als Leiter zu stark erhitzt, dieselbe also glühend wird und im Verhältnis zur Erhitzung der Schweißstelle zuviel Material ablagert. Bei zu geringer Stromstärke dagegen wird der Lichtbogen zu schwach. Die Stärke der Elektrode muß also mit der Stromstärke wachsen und in einem bestimmten Verhältnis zu derselben stehen. Andererseits ist es auch erwünscht, mit der Zunahme der Stärke des zu verschweißenden Materials die Menge der Schmelzablagerung für eine Zeiteinheit und damit die Schweißgeschwindigkeit zu vergrößern. Diese Möglichkeit ist aber dadurch begrenzt, daß bei zu starker Entwicklung des Schmelzmaterials die Beobachtung des Schweißvorganges schwierig wird und daher das Vorkommen unverbundener Stellen in der Schweißung die Folge ist. Jedenfalls erfordert das Schweißen mit stärkeren Elektroden große Übung und Sicherheit von seiten des Schweißers.

Die Menge des in einer Zeiteinheit zur Abschmelzung gelangenden Elektrodenmaterials ist bestimmt durch die zur Anwendung kommende Stromstärke. 1 Amp. schmilzt in 1 Minute 0,13 g Elektrodenmaterial ab. Die Abschmelzmengen bei den einzelnen Elektrodendurchmessern und den erforderlichen Stromstärken sind in Tabelle 2 zusammengestellt.

Tabelle 2.

Durchmesser der Elektrode in mm	Stromstärke in Amp.	Abschmelzmenge in kg/Std.
3	130	1,00
4	175	1,35
5	210	1,65
6	245	1,90

Vorbedingung für eine gute Schweißausführung ist eine geeignete Schweißstromerzeugungsanlage, und in dem Abschnitt über Stromquellen für die Lichtbogenschweißung ist bereits auseinandergesetzt, welche Gesichtspunkte für den Aufbau und die Eigenschaften einer solchen Anlage maßgebend sind. Hervorheben möchte ich hier nur nochmals, daß die Stromlieferung ohne Unterbrechung vor sich gehen muß, daß keine Stromstöße auftreten dürfen und Spannungsschwankungen, deren Ursache auch in der Leitung liegen können, möglichst vermieden werden müssen. Soweit sie eben bei der Stromerzeugung nicht zu vermeiden sind, muß ihr Vordringen durch besondere Vorrichtungen abgedrosselt werden und dafür Sorge getragen werden, daß sie keinen oszillatorischen Charakter annehmen. Unhomogenes Material von Schweißungen, das von kleinen Hohlräumen und Lunkern durchsetzt ist, kann die Folge von Stromstörungen und Unterbrechungen sein, die sich zum Teil der Beobachtung beim Schweißen entziehen, und die höchstens aus den die Schweißung begleitenden Geräuschen durch das Gehör vernehmbar sind, und deren Ursachen in einer fehlerhaften Wirkungsweise der Schweißanlage zu suchen sind. Auch die Ausbildung der Schmelzablage bei einer absichtlichen Unterbrechung des Lichtbogens (s. Abb. 1) kann den Schluß zulassen, daß Spannungsunterschiede im Lichtbogen bestehen, die vielleicht in turbulenten Strömungsvorgängen ihren Grund haben.

Der Erfolg einer Schweißung hängt natürlich auch von den Arbeitsbedingungen ab, unter welchen die Arbeit ausgeführt wird. Es ist ein Unterschied, ob die Schweißung in der Werkstatt ausgeführt wird oder im Freien, der Witterung ausgesetzt. Gerade unter letzterem hat die Ausführung der Schweißung im Schiffbau zu leiden, sei es, daß starker Luftzug den Lichtbogen ausbläst, oder daß Feuchtigkeit die Schmelzwirkung des Lichtbogens verhindert, indem sie ableitet und der Lichtbogen über die Feuchtigkeit hinwegbläst. Witterungsschutz ist daher für die Schweißung im Schiffbau Hauptbedingung, und bei einer ausschließlichen Anwendung derselben wären überdachte Hellinge angebracht.

Bei Inangriffnahme der Schweißung müssen die zu verbindenden Teile natürlich gut zusammenpassen und den Bedingungen für gute Schweißausführung entsprechen. In dieser Beziehung stößt man aber im Schiffbau auf Schwierigkeiten, da bei der üblichen Schiffbauweise die meisten angrenzenden Teile sich überlappen, ein sauberes Aneinanderpassen also nicht erforderlich ist. Besteht aber bei der Verschweißung ein zu großer Zwischenraum zwischen den zu verbindenden Teilen, so ist die Schwierigkeit sehr groß, denselben mit Schmelzmaterial auszufüllen, und die Folge ist, daß das Material zu häufig und zu stark dem Lichtbogen ausgesetzt wird, so daß es verbrennt, und in den meisten Fällen werden diese Schweißungen beim Erkalten wieder aufreißen. Dieselben Schwierigkeiten und Mißerfolge treten beim Verschweißen von Löchern, z. B. Nietlöchern, auf. Auch hier ist wieder eine zu starke örtliche Erhitzung die Ursache einer vollkommen porösen Schweißung. Zu einem einwandfreien Ergebnis kann man hier nur kommen, wenn entweder ein entsprechend kleinerer Lochputzen eingeschweißt wird oder die Schmelzmaterialschichten nach Erkalten der darunterliegenden aufgetragen werden. Leider können derart unsachgemäße Ausführungen von Schweißungen sehr häufig im Schiffbau beobachtet werden, und sie sind zum größten Teil Ursache des Mißtrauens, das der Lichtbogenschweißung entgegengebracht wird. Es ist nun aber keineswegs ein vollkommen sauberes Anliegen der Teile, wie z. B. eines Schottblechs an der Außenhaut, erforderlich, sondern es ist auch hier, wie bei der Stumpfschweißung bereits angegeben wurde, ein Zwischenraum je nach Stärke der Bleche erwünscht, damit auch eine gute Verschweißung der Kanten erzielt wird.

Sehr zum Vorteil der Schweißung wirkt das außerordentlich einfache Verfahren des Einbaues der Teile, das bedeutend weniger Arbeit erfordert als das Anbringen der Teile zur Vernietung, wo das Zusammenpassen der vielen Nietlöcher die Schwierigkeit bietet. Heftlöcher sind entgegen der Gepflogenheit im Schiffbau beim Anschweißen vollkommen entbehrlich. Wo Material zusammengeholt werden muß, können an die betreffenden Stellen Knacken oder kleine Winkelstücke mit leichter Schweißung angeheftet werden, vermittels deren man unter Verwendung entsprechender, ganz einfacher Vorrichtungen, die in vielen Fällen nur aus einem langen oder kurzen Gewindebolzen oder aus ein paar Laschen zu bestehen brauchen, Zug oder Druck ausüben kann. Auf Einzelheiten hier näher einzugehen, würde zu weit führen. Nur sei noch bemerkt, daß die Heftwinkel o. dgl. sich leicht bei richtiger Heftung durch ein paar Hammerschläge wieder abschlagen lassen. Am einfachsten ist natürlich das Anbringen, wenn der Bauteil nicht umfangreich und schwer ist, so daß er von Hand gehalten werden kann, da ein paar kurze Heftstellen schon den nötigen Halt geben. Auch das Anheften größerer Teile bringt keine größeren Schwierigkeiten mit sich als das Anschrauben von zur Nietung gelochten Teilen. Auf jeden Fall kann gesagt werden, daß der Einbau einfach und schnell vonstatten geht und allein aus diesem Grunde die Schweißung schon viel Gewinnendes für sich hat.

Solange aber die Schweißung die Nietung nur teilweise ersetzt, wird ihre Ausführung durch die übrigen Arbeitsvorgänge, wie durch das Vernieten, Verstemmen, Bohren usw., sehr beeinträchtigt, da auf sie nicht in genügender Weise Rücksicht genommen werden kann, und viele Mißerfolge sind auch diesem Umstande schon zuzuschreiben. Hauptsächlich sind es die Erschütterungen durch das Nieten und Stemmen, die das Halten des Lichtbogens erschweren und schuld an häufigen Unterbrechungen sind.

Ausschlaggebend für das Gelingen der Schweißungen sind letzten Endes die Fähigkeiten des Schweißers. Übung erfordert das Ziehen des Lichtbogens und eine ruhige, sichere Hand das Halten desselben, wobei die große Geschicklichkeit im Nachstellen der Elektrode liegt infolge ihres Abschmelzens. Ein gutes Auge erleichtert insofern dem Schweißer seine Aufgabe, als eine scharfe Beobachtung des Schweißvorgangs notwendig ist, vor allem, daß der Lichtbogen eine möglichst geringe Länge hat.

Gründliche und häufige Unterweisungen sind notwendig, daß der Schweißer die Vorbereitungen richtig trifft, daß er eintretende Störungen erkennt und beseitigt, was voraussetzt, daß er mit dem Wesen der Lichtbogenschweißung, mit der Schweißanlage, mit den Einrichtungen, Vorrichtungen und Hilfsmitteln vertraut ist. Der Einfluß der Ablenkung des Lichtbogens muß ihm bekannt sein, wo und wie er auftritt und wie er zu vermeiden oder auszugleichen ist. Da dieser Einfluß mit der Gestaltung wechselt, der Schiffskörper aber in dieser Hinsicht große Mannigfaltigkeit aufweist, ist es erklärlich, daß der Schweißer recht umfangreiche Kenntnisse aufweisen muß.

Eine sehr lange Übung setzt die richtige Beobachtung des Schweißvorganges voraus, indem sich das Auge erst an die Plötzlichkeit der Vorgänge im Lichtbogen gewöhnen muß, um sie richtig erkennen und danach hauptsächlich die erforderliche Stromstärke und Spannung einstellen zu können. Die Übung muß so weit gehen, daß der Schweißer den richtigen Schweißvorgang auf dreierlei Art empfindet: durch das Auge, durch das Gefühl in der Hand, die es verspürt, daß die Elektrode infolge des Übergangs der Schmelze unter einer bestimmten Kraftspannung der Anziehung steht, und durch das Gehör, da die Höhe der Stromstärke und Spannung durch explosionsartige Geräusche in bestimmter Stärke zum Ausdruck kommen. So ist es möglich, daß ein geübter Schweißer mit abgewendetem Gesicht ohne Unterbrechung des Lichtbogens einen Elektrodenstab auf einer Oberfläche in gleichförmiger Schweißung zum Abschmelzen bringt, allein also durch die Empfindung der Hand und durch das Gehör den richtigen Abstand der Elektrode beibehält. Erfahrungen, Kenntnisse und Überlegung müssen von dem Schweißer verlangt werden, daß er unter schwierigen Verhältnissen die Schweißungen so vornimmt, daß Verspannungen des Materials oder das Auftreten von Eigenspannungen in der Schweißnaht möglichst vermieden werden. Durch geschickte Anordnung der Heftstellen oder durch richtiges Ansetzen der Schweißung läßt sich in dieser Hinsicht viel oder sogar alles erreichen.

Es ist also nicht allein eine sorgfältige Auswahl der Leute zu treffen, die als Schweißer ausgebildet werden sollen, sondern ihre Ausbildung ist auch sehr gründlich und systematisch zu betreiben, wozu nicht Wochen, sondern Monate erforderlich sind, damit der Schweißer alles in sich aufnehmen kann. Und bis dieser sich eine gewisse Handfertigkeit erworben hat und so viel Erfahrung besitzt, daß ihm die Schweißungen automatisch ohne Unterbrechungen, ohne Störungen und Fehler in der Ausführung von der Hand gehen, sind Jahre vergangen, ebenso wie bei anderen Handwerken ein Lehrgang von Jahren verlangt wird, bis man dem Handwerker ein genügendes Maß von Handfertigkeit und Erfahrung zuerkennt. Ein voller Erfolg wird der Schweißung im Schiffbau in Anbetracht der Vielseitigkeit der Schweißausführungen nur bestimmt sein, wenn die vorkommenden Schweißarbeiten spezialisiert werden. Nur so kann das höchste Maß der Vollkommenheit hinsichtlich Leistung und Erfahrung erreicht werden.

Im Anschluß hieran möchte ich noch die Frage anschneiden, ob äußerlich die Güte der fertigen Schweißung erkannt werden kann. Man hört es so häufig als einen Nachteil der Lichtbogenschweißung hingestellt, daß es nicht möglich ist, sie an dem Werkstück auf ihre Haltbarkeit hin zu prüfen. Ich glaube nun, nicht zuviel zu sagen, daß ein solches Urteil nur von einem Nichtfachmann der Schweißung abgegeben werden kann. Ich behaupte im Gegenteil, daß die Lichtbogenschweißung eine von den Arbeitsausführungen ist, deren Güte man äußerlich bis zu einem gewissen Grade mit Bestimmtheit beurteilen kann. Bei einer Schweißung, die im Innern schlecht ausgeführt ist, kommt dieses auch im Äußern zum Vorschein. Denn angenommen den Fall, daß im Innern Schlackeneinschlüsse in größerer Menge infolge Verbrennung lagern, so hat sich dieser Fehler beim Schweißen auch auf die nächste Schicht übertragen, da an dieser Stelle der Lichtbogen das Material wieder verbrennt, und diese Fehler pflanzen sich bis zur obersten Schicht fort, wo die Stelle ein poröses Aussehen erhält. Oder befinden sich im Innern Hohlräume und unverbundene Stellen, so werden in den darüberliegenden Schichten ebenfalls wieder an diesen Stellen Lunker zum Vorschein kommen, da die im Innern befindliche Luft oder Gase beim Überschweißen infolge der starken Erhitzung und Ausdehnung immer wieder ihren Weg nach außen nehmen werden, der an der Schweißoberfläche erkenntlich ist. Außerdem werden diese Stellen auch wieder infolge geringerer Wärmeableitung Spuren der Verbrennung aufweisen. Daß im übrigen die richtige Stromstärke angewendet ist, so daß die Struktur des Eisens und damit die Festigkeit gut ist, läßt sich aus dem Gebilde der einzelnen Schweißraupen und aus ihrem metallischen Aussehen erkennen. Schließlich bietet aber vor allem ein sachkundiges Aufsichtspersonal die Gewähr einer einwandfreien Ausführung der Schweißung, da dieses, wenn es in genügender Zahl vorhanden ist, die Schweißungen im Entstehen beobachten kann.

Die Wirtschaftlichkeit der Lichtbogenschweißung.

Ein Vergleich der Anzahl der Arbeitsvorgänge, die für die Herstellung der Verbindung durch Lichtbogenschweißung und derjenigen durch Nietung erforderlich sind, läßt auf eine größere Einfachheit der ersteren schließen. Während z. B. bei einer Stumpfschweißung von Blechen bis zu 4 mm Stärke überhaupt keine vorbereitenden Arbeiten und darüber hinaus nur ein Abschrägen der Kanten notwendig ist, sind bei der Nietverbindung bis zur Vornahme der Vernietung selbst in einfachem Falle folgende Arbeiten notwendig: Anzeichnen der Löcher, Lochen oder Bohren der Löcher und Aufreiben der Nietlöcher, wozu noch bei wasserdichter Nietung Hobeln der Kanten, Versenken der Nietlöcher und Verstemmen der Kanten kommt. Außerdem sind noch Transportarbeiten von einer Bearbeitungsmaschine zur anderen erforderlich. Aus vorstehendem ergibt sich, daß die Kostenaufstellung bei Verwendung der Schweißung bedeutend einfacher ist als bei der Nietung. Die Kosten der Lichtbogenschweißung selbst setzen sich zusammen aus Kosten für Elektrodenmaterial, Lohnkosten, Stromkosten und Betriebsmittelkosten.

Der Verbrauch an Elektrodenmaterial setzt sich zusammen aus in der Schweißung abgelagertem Material, verbranntem und verspritztem Material und Restenden. Das abgelagerte Material der Schmelze läßt sich aus dem Querschnitt der Schweißnaht berechnen, der Verlust an verbranntem, verspritztem Material und Restenden ergibt sich fast gleichmäßig zu 20% der Schmelzablage. In

Abb. 22 sind für Blechmaterialstärken bis zu 30 mm Kurven der Querschnitte der einzelnen Schweißungsarten, die Schmelzablage und der entsprechende Elektrodenverbrauch zusammengestellt. Aus dem Kurvenblatt ist ersichtlich, daß bei einer Stumpfschweißung der Elektrodenverbrauch einer X-Naht bedeutend geringer ist als der einer V-Naht. Leider kann die erstere im Schiffbau in den meisten Fällen infolge der dafür notwendigen Überkopfschweißungen nicht ausgeführt werden, wenn es sich um eine Verbindung, die Beanspruchungen unterworfen ist, handelt.

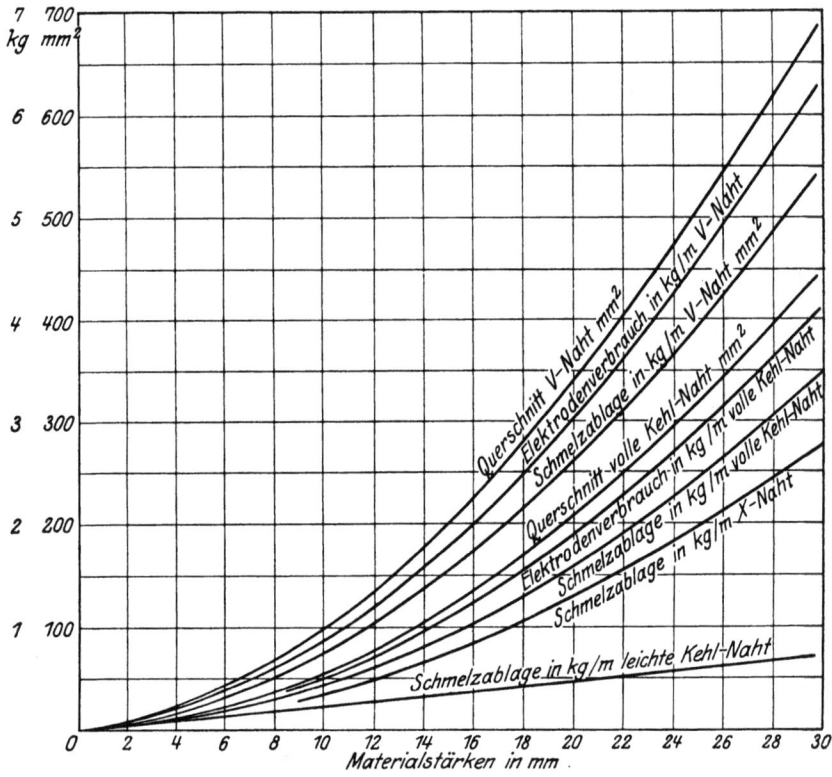

Abb. 22. Schmelzablage und Elektrodenverbrauch bei verschiedenen Materialstärken.

Die Lohnkosten einer Naht ergeben sich aus der Dauer der Schweißung. Diese ist abhängig von der Menge des abzulagernden Materials und der zur Anwendung kommenden Stromstärke und Elektrodendurchmesser. Bei einer guten Durchschnittsleistung lassen sich bei Verwendung einer 3-mm-Elektrode annähernd 0,55 kg ablagern, und diese Leistung steigert sich je nach Stärke der Elektrode bis 1,10 kg bei einer 6-mm-Elektrode. Daraus ergeben sich wieder die Schweißleistungen, die abhängig von der Blechmaterialstärke auf dem Kurvenblatt in Abb. 23 zusammengestellt sind, desgleichen die Schweißdauer pro Meter Schweißnaht.

Der Stromverbrauch richtet sich nach der zur Anwendung kommenden Stromstärke und der Spannung und nach den Stromverlusten der Anlage selbst. Der Stromverbrauch bei den verschiedenen Materialstärken unter Anwendung der jeweilig erforderlichen Stromstärken einschließlich Verlusten und des Stromverbrauchs durch Leerlauf während der Unterbrechungen der Schweißung ist ebenfalls in Abb. 23 zu einer Kurve aufgezeichnet. Der Kilowattverbrauch pro Meter Schweißnaht ergibt sich aus dieser Kurve und der Schweißdauer pro Meter Schweißnaht.

Die Kosten pro Meter V-Naht für Elektroden, Lohn, Strom und Betriebsmittel sind wieder in Abb. 24 zu Kurven zusammengestellt. Den Kosten sind Vorkriegspreise zugrunde gelegt, und zwar für den als Elektrode gebrauchten Draht (beste Handelsware) 0,21 M. pro Kilogramm, als Stundenlohn des Schwei-

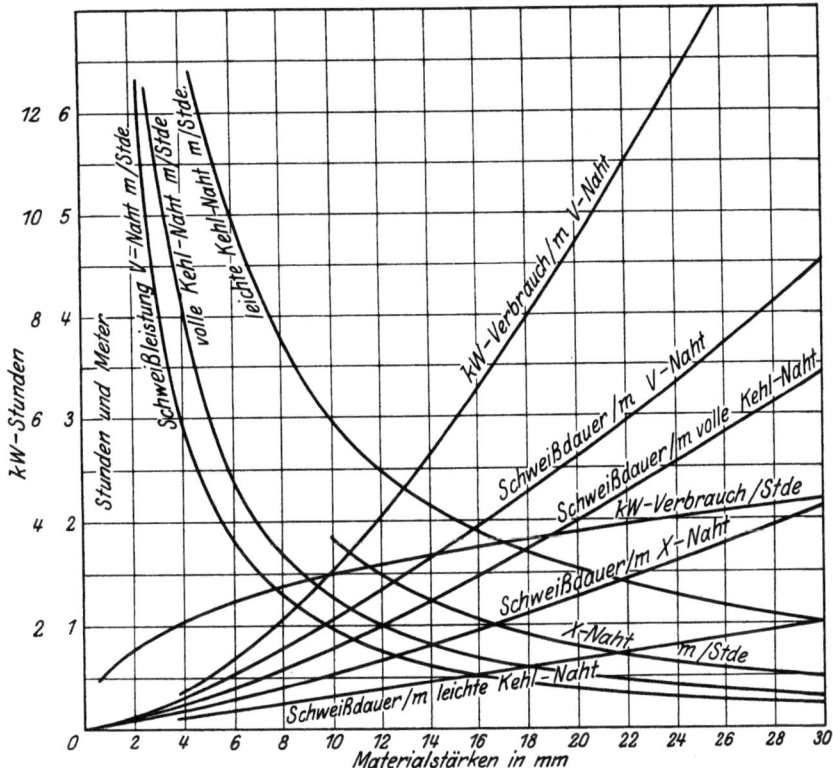

Abb. 23. Schweißleistungen und Stromverbrauch bei verschiedenen Materialstärken.

ßers 0,75 M. und als Kraftstrompreis 0,08 M. pro kW-Std. Den Betriebsmittelkosten ist folgende Berechnung zugrunde gelegt:

Anschaffungspreis der Schweißanlage einschließlich Zubehör 3800 M.

Abschreibung 20% . . . . 760 M.
Verzinsung 5% . . . . 190 „
Reparatur und Wartung . . . . 300 „
Kabelverschleiß . . . . 250 „
Steuern, Versicherung . . . . 76 „
                                    1576 M.

Bei 300 Arbeitstagen je 8 Stunden = 2400 Stunden pro Jahr ergibt sich ein Kostenanteil pro Stunde = $\frac{1576}{2400}$ = 0,65 M. Dieser Kostenanteil pro Stunde multipliziert mit der Schweißdauer pro laufenden Meter Naht ergibt den Kostenanteil des Betriebsmittels pro laufenden Meter Naht.

Zum Zwecke eines Kostenvergleichs von Schweißverbindungen mit entsprechenden Nietverbindungen von Blechen ist auch eine Kostenaufstellung der letzteren gemacht. Da sich die Kosten je nach Materialstärke ändern, ist diese Aufstellung für die Materialstärken bis 30 mm vorgenommen, und zwar sind die Vorschriften des Germ. Lloyd über Vernietung zugrunde gelegt. Die Kosten

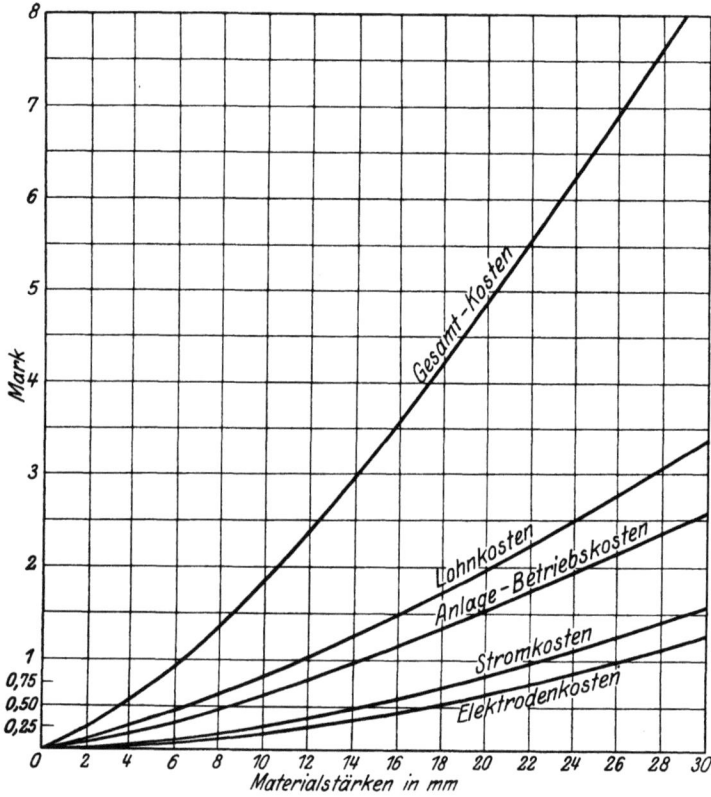

Abb. 24. Kostenzusammenstellung einer V-Naht/lfd. m.

sind wieder in Kurven abhängig von den Materialstärken aufgesetzt, bei denen also nicht zum Ausdruck kommt, daß nur Nieten von 3 mm Durchmesser Unterschied gebraucht werden. Es wurde dieses wegen der besseren Übersicht außer acht gelassen.

In der Kostenberechnung für die Nietung wurden die Betriebsmittelkosten mit eingeschlossen. Es ergaben sich als Jahreskosten der Stanze unter Einsetzung eines Anschaffungspreises von 5000 M.:

$$
\begin{array}{lr}
\text{Abschreibung } 10\% & 500 \text{ M.} \\
\text{Verzinsung } 5\% & 250 \text{ ,,} \\
\text{Steuern, Versicherung } 2\% & 100 \text{ ,,} \\
\text{Reparaturen, Wartung} & \underline{400 \text{ ,,}} \\
& 1250 \text{ M.}
\end{array}
$$

Bei 2400 Arbeitsstunden im Jahr ergibt sich ein Kostenanteil pro Arbeitsstunde von $\frac{1250}{2400}=0{,}52$ M. Bei einem durchschnittlichen Kraftbedarf von 6 KW ergeben sich bei einem Kilowattpreis von 0,08 M. als Kraftstromkosten pro Stunde 0,48 M. Gesamtkostenanteil pro Stunde demnach 1 M. Der Betriebsmittelkostenanteil % Löcher stellt sich bei den in Tabelle 3 vorgesehenen Abstufungen der Lochdurchmesser und Lochungen von 265, 240, 218 und 200 Lochungen pro Stunde auf 0,38, 0,42, 0,46 und 0,50 M.

Tabelle 3. Kosten der Vernietung in Mark.

Blech-stärke in mm	Niet-durchm. in mm	An-zeichnen	Lochen		Versenken		Aufbohren		Kohlen für Niet-feuer[2]	Nieten		Ges. Kosten für 100		Kosten für m Verstemmen	
			Lohn	Betrm.[1]	Lohn	Betrm.	Lohn	Betrm.		Lohn	Material[3]	Nietung	Nietung[4]	Lohn	Betrm.
3, 4, 5	10		} 0,45	0,38			} 0,66	0,37	0,08	} 3,3	0,5	6,14	6,65		
6, 7	13									} 3,9	1,02	7,26	7,77		
8	16									4,4	1,88	8,97	9,48		
9, 10, 11	19		} 0,50	0,42			} 0,80	0,45	0,14	} 4,8	3,52	11,01	11,52		
12, 13, 14, 15	22	} 0,40								} 5,2	5,6	13,93	14,44	} 0,28	0,10
16, 17			} 0,55	0,46	} 0,30	0,21	} 0,96	0,55	0,22						
18, 19, 20, 21, 22	25									} 5,6	8,76	17,49	18,00		
23, 24, 25, 26	28		} 0,60	0,50			} 1,20	0,68	0,32	} 6,0	13,5	23,20	23,71		
27, 28, 29, 30	31									} 6,4	20,0	30,10	30,61		

Die Jahreskosten einer Versenkbohrmaschine mit einem Anschaffungspreis von 2000 M. betragen:

Abschreibung 15% . . . . 300 M.
Verzinsung 5% . . . . 100 „
Steuern und Versicherung 2% . . . 40 „
Reparaturen, Wartung . . . . 175 „
                                      615 M.

Kostenanteil pro Arbeitsstunde $\frac{615}{2400}=0{,}26$ M.

Kraftbedarf 2 KW zu je 0,08 M. . . = 0,16 „

Betriebsmittelkosten pro Stunde . . 0,42 M.

---
[1] Betriebsmittelkosten.   [2] Kohlenpreis 27 M. pro t (Werftplatz).
[3] Nietenpreis 200 M. pro t.   [4] Versenkte Nieten.

Werden 200 Löcher pro Stunde versenkt, so kommen auf 100 Löcher $\frac{0,42}{2} = 0,21$ M. Kostenanteil.

Zur Feststellung des Kostenanteils der pneumatischen Bohrmaschinen zum Aufreiben der Löcher und der pneumatischen Meißelhämmer zum Verstemmen der Nähte wurde eine pneumatische Anlage von 12 cbm/min Leistung angenommen.

Anschaffungskosten der Anlage einschließlich Zubehör, aber ausschließlich pneumatischen Werkzeugs 15 000 M.:

Abschreibung 10 . . . . 1500 M.
Verzinsung 5% . . . . 750 „
Steuern, Versicherung 2% . . . . . 300 „
Reparaturen, Wartung . . . . 4000 „
_____
6550 M.

Kostenanteil pro Arbeitsstunde $\frac{6550}{2400}$ . . . . = 2,73 M.
Kraftstromkosten pro Stunde bei 55 KW Kraftbedarf = 4,40 „
Betriebsmittelkosten pro Stunde . . . . 7,13 M.

Hiervon kommt als Anteil auf eine Bohrmaschine von 0,4 cbm/min Luftverbrauch $\frac{7,13 \cdot 0,4}{12} = 0,24$ M., auf den Meißelhammer von 0,25 cbm/min Luftverbrauch $\frac{7,13 \cdot 0,25}{12} = 0,15$ M.

Anschaffungskosten der Bohrmaschine 500 M.:

Abschreibung 30% . . . . 150 M.
Verzinsung 5% . . . . 25 „
Steuern, Versicherung 2% . . . . . 10 „
Reparaturen, Wartung . . . . 75 „
_____
260 M.

Kostenanteil pro Arbeitsstunde $\frac{260}{2400} = 0,11$ M.

Anschaffungskosten des Meißelhammers 330 M.:

Abschreibung 30% . . . . 100 M.
Verzinsung 5% . . . . 16 „
Steuern, Versicherung 2% . . . . . 7 „
Reparaturen, Wartung . . . . 50 „
_____
173 M.

Kostenanteil pro Arbeitsstunde $\frac{173}{2400}$ . . . . = 0,07 M.

Betriebsmittelkosten einer Bohrmaschine 0,24 + 0,11 = 0,35 M. pro Stunde
eines Meißelhammers 0,15 + 0,07 = 0,22 M. pro Stunde.

100 Löcher aufreiben kosten demnach bei Leistungen von 90, 75, 62 und 50 Löchern pro Stunde 0,38, 0,47, 0,56 und 0,70 M.

Die Betriebsmittelkosten beim Stemmen betragen bei einer Stemmleistung von 2,15 m/st 0,10 M.

Die Kosten % der einzelnen Arbeitsvorgänge sind in Tabelle 3 aufgestellt.

In Tabelle 4 sind die Kosten für den laufenden Meter einfacher bis vierfacher überlappter Nietung bei Nietteilungen von $3^1/_2$ bis 8 d zusammengestellt und in Abb. 25 zusammen mit den Kosten von Schweißnähten abhängig von Materialstärken zu Kurven aufgetragen. (Die Kosten der unterbrochenen Kehlnähte liegen innerhalb der gestrichelten Fläche, je nachdem die Schweißkehle in voller oder leichter Form aufgetragen ist.) Diese Kurvenzusammenstellung

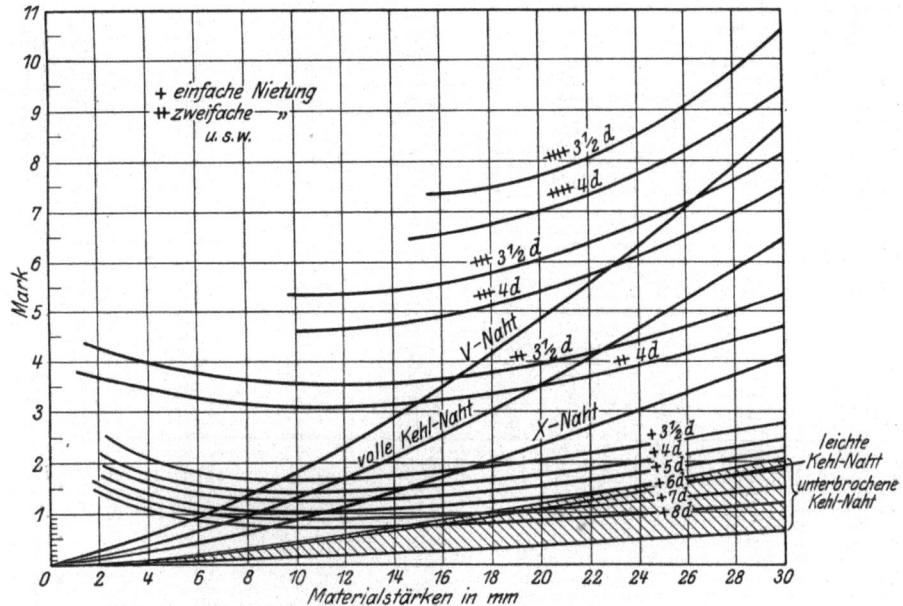

Abb. 25. Kosten von Schweiß- und Nietnähten/lfd. m.

zeigt in anschaulicher Weise, wann und in welchem Maße durch Schweißung anstatt Nietung Ersparnisse erzielt werden können. Da aber hierbei auch die entsprechenden Festigkeiten in Betracht zu ziehen sind, sind in Abb. 26 die Zerreißfestigkeiten von Schweiß- und Nietverbindungen abhängig von den Materialstärken in Kurven zusammengestellt. Die Festigkeiten sind in Prozent der Festigkeiten der durch die Schweißung oder Nietung verbundenen Blechstärken ausgedrückt. Die Festigkeiten von überlappten Nietverbindungen, die aus der Scherfestigkeit der Nietquerschnitte unter Außerachtlassung des Gleitwiderstandes, dessen Größe bei der Vernietung im Schiffbau sehr verschieden sein dürfte, berechnet wurden, sind der Tabelle 5 entnommen. Als Festigkeiten des Blechmaterials und der Niete sind die geringst zulässigen angenommen worden. Die tatsächlichen Festigkeiten von überlappten Nietverbindungen übersteigen aber infolge der Materialschwächung durch die Nietlöcher keine 70%.

Die beiden Kurvenblätter zeigen, daß, falls es sich um Verbindungen mit hoher Anforderung an die Festigkeit handelt, die Schweißverbindungen bedeutend billiger sind. Nehmen wir z. B. die Stoßverbindungen der Seiten-

Tabelle 4.

Gesamtkosten der Nietverbindung pro lfd. m Naht in Mark.

Blechstärke in mm	Niet-⌀ in mm	Nietabstand in mm bei Nietteilung in d						Anzahl der Nieten pro lfd. m								Kosten der Nietung pro lfd. m [1]									Kosten des Materials [2] der Überlappungen lfd. m			
								+		‡		‡‡		‡‡‡		+		‡			‡‡		‡‡‡		+	‡	‡‡	‡‡‡
		3½	4	5	6	8	3½	4	5	6	8	3½	4	3½	4	3½	4	5	6	8	3½	4	3½	4				
3 4 5	10	35	40	50	60	80	28,6	25	20	16,7	12,5	56,2	50	—	—	—	—	1,75 (2,28)	1,52 (1,98)	1,22 (1,73)	1,02 (1,49)	0,76 (1,21)	3,42 (3,12)	3,00 (3,63)	—	—	0,13	0,24	0,34	0,45
6 7	13	45,5	52	65	78	104	22	19,25	15,4	12,8	9,6	43	37,5	—	—	—	—	1,59 (2,08)	1,39 (1,92)	1,15 (1,57)	0,94 (1,37)	0,69 (1,13)	3,11 (3,71)	2,71 (3,28)	—	—	0,24	0,42	0,60	0,78
8	16	56	64	80	96	128	17,8	15,6	12,5	10,45	7,8	34,6	30,2	—	—	—	—	1,59 (2,08)	1,40 (1,86)	1,12 (1,56)	0,94 (1,36)	0,70 (1,12)	3,10 (3,66)	2,71 (2,24)	—	—	0,37	0,67	1,00	1,25
9 10 11 12 13	19	66,5	76	95	114	152	15	13,2	10,5	8,8	6,6	29	25,4	44	38,6	—	—	1,66 (2,11)	1,46 (1,93)	1,16 (1,59)	0,97 (1,40)	0,86 (1,14)	3,20 (3,73)	2,80 (3,31)	4,85 (5,46)	4,26 (4,83)	7,0	6,05	0,67	1,03	1,50	2,00
14 15 16	22	77	88	110	132	176	13	11,35	9,1	7,6	5,7	25	21,7	38	33	50	43,4	1,82 (2,26)	1,58 (2,02)	1,27 (1,69)	1,06 (1,48)	0,79 (1,20)	3,48 (3,99)	3,02 (3,52)	5,30 (5,88)	4,60 (5,15)	7,0 (7,60)	6,05 (6,64)	0,95	1,70	2,40	3,20
17 18 19 20 21 22	25	87,5	100	125	150	200	11,5	10,0	8	6,67	5	22	20	33,5	29	44	40	2,01 (2,45)	1,75 (2,18)	1,4 (1,82)	1,16 (1,60)	0,87 (1,28)	3,85 (4,34)	3,32 (3,80)	5,85 (6,42)	5,07 (5,60)	7,7 (8,30)	6,65 (7,23)	1,40	2,50	3,60	4,80
23 24 25 26 27	28	98	112	140	168	224	10,2	9	7,15	6	4,5	19,4	17	29,6	26	38,8	34	2,37 (2,80)	2,09 (2,52)	1,66 (2,08)	1,39 (1,80)	1,04 (1,44)	4,5 (4,98)	3,95 (44,1)	6,87 (7,38)	6,03 (6,54)	8,95 (9,58)	7,9 (8,43)	2,00	3,60	5,30	7,10
28 29 30	31	108,5	124	155	186	248	9,3	8,05	6,45	5,4	4	17,6	15,1	26,9	23,6	35,2	30,2	2,80 (3,22)	2,43 (2,84)	1,95 (2,36)	1,63 (2,03)	1,21 (1,60)	5,3 (5,78)	4,55 (5,01)	8,10 (8,63)	7,10 (7,63)	10,6 (10,45)	9,1 (9,63)	2,60	4,80	7,10	9,40

+ einfache Nietung.
‡ zweifache „
‡‡ dreifache „
‡‡‡ vierfache „

[1] Eingeklammerte Zahlen sind Preise für versenkte Nietung einschl. Verstemmen der Kante.
[2] Materialpreis 120 M. pro t.

gänge der Außenhaut an, so schreibt der Germ. Lloyd bei Plattenstärken bis zu 10 mm doppelte Nietung mit $3^1/_2$ d Nietentfernung vor. Die Kosten der Nietung ergeben sich aus dem Kurvenblatt zu etwa 4 M. bei 4 mm und 3,50 M.

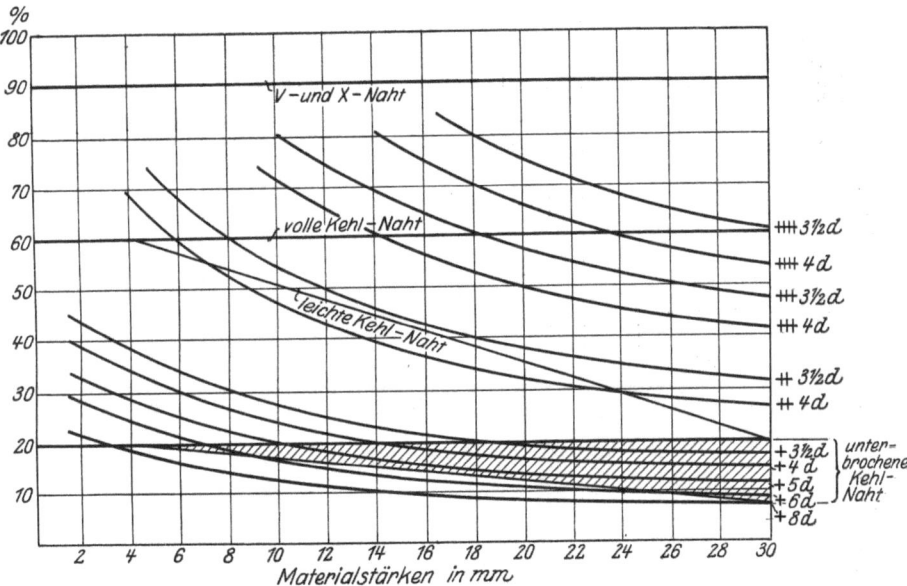

Abb. 26. Zerreißfestigkeiten von Schweiß- und Nietverbindungen in % der Festigkeiten der Materialien.

bei 10 mm Blech. Die entsprechenden Kosten für V-Nähte sind 0,60 M. bei 4 mm und 1,80 M. bei 10 mm Blech, so daß durch die Schweißung eine Ersparnis von 85 bis 48% erzielt wird. Wird noch die Materialersparnis durch Fortfall der Überlappungen berücksichtigt, die aus dem Kurvenblatt in Abb. 27 entnommen werden kann, so steigt die Ersparnis auf 86 bis 60%. Bei Blechstärken von 10 bis 17 mm und 3 facher Nietung ergeben sich Ersparnisse durch Schweißung gegenüber Nietung von 60 bis 31% oder mit Berücksichtigung der Überlappung von 70 bis 67%. Als entsprechende Werte ergeben sich bei Blechstärken von 17 mm ab und 4 facher Nietung 41 bis 17% bzw. 62 bis 57%.

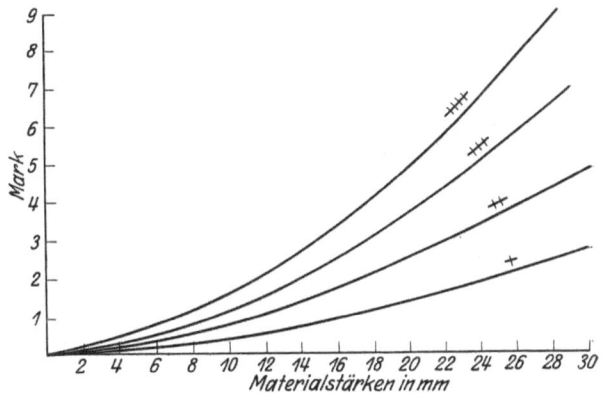

Abb. 27. Materialkosten der Überlappungen bei 1—4facher Nietung.

Bei den Längsnähten der Außenhaut, die nicht voll beansprucht werden und für die der Germ. Lloyd bis zu 10 mm Plattenstärke nur eine einfache und darüber hinaus eine doppelte Nietung vorschreibt, verschieben sich die Kosten nicht so sehr zugunsten der Schweißung, da durch sie eine Verbindung hergestellt wird, die an Festigkeit weit derjenigen der hier vorgeschriebenen Vernietung überlegen ist, also für den Zweck zu hochwertig ist. Es könnten

Tabelle 5.
Festigkeit der Vernietungen in % der entsprechenden Materialstärken.

Blech-stärke in mm	Niet-quer-schn. cm²	K_z[1]) des vollen Bleches kg/cm²	+ einfache Nietung 3½ d K_s[2]) kg/cm²	% von K_z	4 d K_s kg/cm²	% von K_z	5 d K_s kg/cm²	% von K_z	6 d K_s kg/cm²	% von K_z	8 d K_s kg/cm²	% von K_z	⧺ zweifache Nietung 3½ d K_s kg/cm²	% von K_z	4 d K_s kg/cm²	% von K_z	⧻ dreifache Nietung 3½ d K_s kg/cm²	% von K_z	4 d K_s kg/cm²	% von K_z	⧻ vierfache Nietung 3½ d K_s kg/cm²	% von K_z	4 d K_s kg/cm³	% von K_z
3 4 5	0,78	164000	62500	38	54500	33	43600	26	36400	22	27300	17	123000	75	107000	65	—	—	—	—	—	—	—	—
6 7	1,32	266000	81000	30	72000	27	57000	21	47000	18	35500	13	159000	60	139000	52	—	—	—	—	—	—	—	—
8 9	2,01	328000	100000	30	88000	27	70300	21	58800	18	43600	13	195000	60	170000	52	—	—	—	—	—	—	—	—
10 11	2,83	430000	120000	28	105000	24	83500	20	70000	16	52500	12	230000	53	202000	47	348000	80	306000	71	—	—	—	—
12 13 14	3,80	575000	139000	24	121000	21	97000	17	81000	14	60700	11	205000	46	231000	40	404000	70	350000	61	530000	92	460000	80
15 16 17	4,90	780000	158000	20	137000	17	110000	14	92000	12	68500	9	302000	39	257000	33	400000	59	398000	51	605000	77	520000	67
18 19 20 21 22	6,15	985000	177000	18	155000	16	123000	12,5	102500	10	77200	8	333000	34	292000	29	510000	52	448000	45	665000	67	585000	60
23 24 25 26 27	7,54	1170000	196000	17	170000	15	136000	12	114000	9	86000	7	370000	32	319000	27	567000	49	500000	43	740000	63	640000	55

[1]) $K_z = 4100$ kg/cm². [2]) $K_s = 2800$ kg/cm².

die Kosten der V-Naht — eine X-Naht, die nur die Hälfte einer V-Naht kostet, läßt sich infolge der auftretenden Schwierigkeiten nicht anwenden — durch Verringerung des Querschnitts der Schweißfuge herabgesetzt werden, und zwar so, daß dieselbe nicht voll ausgefüllt wird. Diese Schwächung würde aber eine Kerbwirkung hervorrufen, so daß bei einer verhältnismäßig geringen Beanspruchung ein Bruch der Naht eintreten würde. Nur bei der überlappten Schweißnaht läßt sich der Querschnitt der Schweißung nach Belieben verringern, dafür fordert aber die Überlappung ein Mehr an Materialkosten. Die Kosten einer V-Naht betragen bei 3-mm-Blech nur 18% derjenigen einer einfachen Nietung mit einer Nietteilung von $3^{1}/_{2}$ d, Ersparnis ist also 82%, und steigen mit Zunahme der Blechstärke, während diejenigen der Nietung fallen, bis sie bei 10 mm ungefähr für beide Verbindungsarten wieder gleich sind. Da nun von 10 mm Blechstärke ab doppelte Nietung mit einer Nietteilung von 4 d verlangt wird, bleiben die Kosten der Schweißnaht wieder bedeutend unter der der Nietung und betragen nur 57% derselben, erreichen die Kosten der Nietung bei 15 mm Blechstärke und übersteigen sie bei 30 mm um 87%. Das Bild ändert sich zugunsten der Schweißung bei Einrechnung der Materialkosten für die Überlappung. Die Ersparnis durch Schweißung beträgt dann bei 3 mm Blechstärke 83%, bei 10 mm 56% und bei 30 mm auch noch infolge der stark ansteigenden Materialkosten der Überlappung 7% der Kosten der Nietverbindung.

Da nun die Längsnähte einen großen Teil der Verbindungen ausmachen, ergibt sich aus dem eben geführten Vergleich, daß die ausschließliche Anwendung der Schweißung bei kleineren Schiffbauten ein günstigeres Ergebnis bezüglich Ersparnis hat als bei größeren.

Von ausschlaggebender Bedeutung für die größere Wirtschaftlichkeit der Schweißung ist der Fortfall aller Befestigungswinkel und -flanschen, zu welcher noch der große Vorteil kommt, daß die direkte Verbindung zweier im Winkel zueinander stehender Teile durch Kehlnaht eine viel innigere ist und eine vollkommene Starrheit aufweist. Die Ersparnis liegt in dem Ausfall der für die Vernietung nötigen Arbeitsvorgänge, deren Zahl doppelt so groß ist als diejenige bei der Überlappungsnietung, da die beiden Schenkel der Verbindungswinkel doppelte Vernietung notwendig machen. Außerdem fallen die Materialkosten der Winkel fort. Die Kosten einer Winkelverbindung können ebenfalls dem Kurvenblatt in Abb. 25 entnommen werden, indem die Kosten der betreffenden Nietverbindung doppelt gesetzt werden. Die Ersparnis z. B. bei der Befestigung einer Schottplatte von 8 mm Stärke an die Außenhaut durch eine volle und eine unterbrochene Kehlschweißung auf jeder Seite der Platte ergibt sich angenähert aus folgender Berechnung:

Kosten der Nietverbindung pro Meter mit $4^{1}/_{2}$ d Nietteilung = 2 · 1,4 = 2,80 M.
Kosten des Winkels . . . . 75 · 75 · 11 = 12,09 · 0,12 = 1,45 „
                                                                          4,25 M.

Kosten einer vollen und einer unterbrochenen Kehlnaht pro Meter 1,25 M. Ersparnis durch Schweißung also annähernd 70%. Die durchschnittliche

Ersparnis wird aber noch größer sein, da Kröpfungsarbeiten am Winkel, die sehr häufig erforderlich sind, und nachträgliches Bohren von Nietlöchern nicht berücksichtigt sind.

Die Befestigung eines Spantprofils z. B. 170 · 75 · 10,5 an die Außenhaut durch Vernietung mit einer Nietteilung von 7 d wird ungefähr kosten 0,90 M. pro Meter. Eine gleichwertige Befestigung durch Schweißung ist die unterbrochene Kehlnaht, deren Kosten 0,45 M. pro Meter beträgt. Durch Fortfall des Befestigungsflansches, der in Verbindung mit der Platte nur unbedeutend zur Versteifung beiträgt, werden 6,1 kg Material gespart in einem Werte von 0,73 M. Die Gesamtersparnis durch Schweißung beträgt demnach 1,18 M. oder 72% der Kosten der Nietverbindung. Bei dieser Gelegenheit sei auch noch auf den Vorteil verwiesen, den die Schweißung durch die Verwendungsmöglichkeit von symmetrischen Versteifungsprofilen mit sich bringt, deren Zweckmäßigkeit dadurch bedeutend gesteigert wird.

Schließlich ist noch in Tabelle 6 eine Vergleichsberechnung für die Anfertigung eines Maschinenoberlichts durch Anwendung der Nietung und der Schweißung aufgestellt. Es ergibt sich daraus eine Kostenersparnis durch Schweißung von etwa 50%.

Die aufgestellten Vergleiche lassen deutlich die größere Wirtschaftlichkeit der Schweißung erkennen. Weitere Folgen der Einführung der Schweißung, und zwar ausschließlich anstatt Nietung, würde eine ganz bedeutende Vereinfachung des Schiffbaubetriebes sein. Die Schiffbauwerkstätten, die infolge der für die Bearbeitungsmaschinen der großen Platten notwendigen ausgedehnten Arbeitsfelder ganz erhebliche Abmessungen angenommen haben, würden sehr beträchtlich zusammenschrumpfen. Dafür müßte zwar möglichst eine überdachte Helling angestrebt werden, die aber an sich schon den Vorteil der Unabhängigkeit von der Witterung bringen würde. Ebenso müßten gedeckte Werkstätten für den Zusammenbau großer Teile, die fertiggeschweißt in den Schiffskörper eingebaut werden, vorgesehen werden, wie sie jetzt bereits für die Zulage bestehen.

Die Materialersparnisse, die durch Fortfall der Überlappungen, der Verbindungswinkel und -flanschen und der Nieten erzielt werden, sind bereits in den oben ausgeführten Vergleichsberechnungen berücksichtigt worden. Eine sehr bedeutende Ersparnis an Materialkosten würde aber noch die Folge sein, wenn eine Querschnittsverringerung der Schiffsverbandteile vorgenommen würde, die bisher mit Rücksicht auf die Verschwächung durch die Nietlöcher im Verhältnis derselben stärker gehalten wurden. Da nun bei den tragenden Verbandteilen und bei der dort vorgeschriebenen Vernietung mindestens eine Schwächung durch Nietlöcher von 25% erfolgt, so könnte bei Anwendung der Schweißung der Materialquerschnitt dieser Teile auch um 25% verringert werden, und da diese Teile den größeren Anteil am Schiffseigengewicht haben wie Außenhaut, Doppelbodentankdecke, Doppelbodenlängsträger und obere Decks, so würde allein hieraus ein Nutzen von 12—15% der gesamten Eisenmaterialkosten gezogen werden können. Die Einwendung, daß eine Herabsetzung der Material-

Die Lichtbogenschweißung und ihre praktische Verwendung im Schiffbau.

Tabelle 6. Maschinenoberlicht 5,4×3,3 m.
Vergleich der Materialgewichte und Arbeitszeiten bei Nietung und Schweißung.

Material Teile	Abmessungen Nietung	Abmessungen Schweißg.	Lfd. m Niet.	Lfd. m Schw.	Gewicht lfd. m Niet.	Gewicht lfd. m Schw.	Blech m² Niet.	Blech m² Schw.	Gewicht m² Niet.	Gewicht m² Schw.	Gesamtgewicht Niet. kg	Gesamtgewicht Schw. kg
3 Firstwinkel	∠ 85×65×6	□ 80×7	12,0	12,0	6,48	4,4	—	—	—	—	78,0	53,0
2 Firstwinkel	„ 50×50×6	—	8,0	—	4,47	—	—	—	—	—	35,5	—
8 Winkel-Rahmen	„ 50×50×5	—	43,5	—	3,47	—	—	—	—	—	152,0	—
1 Aufsatz-Winkel-Rahmen	„ 65×50×6	—	18,0	—	5,15	—	—	—	—	—	93,0	—
10 Brückenbleche	—	—	—	—	—	—	2,2	3,3	} 39,0	39,0	82,0	130,0
1 Firstblech	—	—	—	—	—	—	2,4	2,9			94,0	113,0
2 Seitenbleche	—	—	—	—	—	—	4,4	4,9			172,0	190,0
2 Stirnwände	—	—	—	—	—	—	3,4	3,4			133,0	133,0
20 Laschen	—	—	—	—	—	—	0,4	—			15,0	—
6 Aufsatzstücke	—	—	—	—	—	—	—	—			40,0	12,0
1832 Nieten 3/8″	—	—	—	—	—	—	—	—			—	—
Elektroden	—	—	—	—	—	—	—	—			—	8,7
											894,5	639,7

13,2 m Stumpf-Schweißnaht . . . . . 3,2 kg Elektroden
6,2 „ volle Kehlschweißnaht . . . . . 1,0 „ „
36,0 „ unterbrochene Kehlschweißnaht . 4,5 „ „
                                      8,7 kg Elektroden.

Material Teile	Anzeichnen z. Schneiden Niet.	Anzeichnen z. Schneiden Schw.	Schneiden Niet.	Schneiden Schw.	Walzen richten Niet.	Walzen richten Schw.	Bearbeiten Niet.	Bearbeiten Schw.	Anzeichnen z. Bohren Niet.	Anzeichnen z. Bohren Schw.	Verpassen, Aufschrauben Niet.	Verpassen, Aufschrauben Schw.	Bohren Niet.	Bohren Schw.	Abkanten schmieden Niet.	Abkanten schmieden Schw.	Nieten	Schweißen
1 Firstblech	0,22	0,22	1,35	1,35	3,5	3,5	1,35	1,35	0,65	—	} 18	12	—	—	—	4,0	—	
2 Seitenbleche	0,45	0,45	2,7	2,7	7,0	7,0	2,7	2,7	1,30	—			—	—	—	—	—	
2 Stirnwände	1,60	1,60	3,0	3,0	4,0	4,0	2,25	2,25	1,0	—			—	—	—	2,0	—	
10 Brückenbleche	1,12	1,12	3,6	3,6	7,0	7,0	4,5	4,5	1,8	—			—	—	—	—	—	} 17,2
5 Firstwinkel	0,18	0,10	0,07	0,05	—	—	1,0	0,6	1,1	—			—	—	16,5	—	—	
8 Winkel-Rahmen	0,29	—	0,11	—	—	—	3,5	—	2,2	—			—	—	8,0	—	—	
1 Aufsatz-Winkel-Rahm.	0,04	—	0,03	—	—	—	0,9	—	0,8	—			—	—	—	—	—	
6 Aufsatzstücke	—	0,10	—	0,08	—	1,30	—	0,2	—	—			—	—	—	—	—	
20 Laschen	0,04	—	1,00	—	—	—	2,0	—	0,8	—			—	—	—	—	—	
Oberlicht bearbeiten	—	—	—	—	—	—	11,0	12,0	—	—	—	—	—	14,5	—	—	—	
2712 Löcher 3/8″ an Bohrm.	—	—	—	—	—	—	—	—	—	—	—	—	—	34,0	—	—	—	
952 Löcher 3/8″ an Preßl.-Bohrmaschine	—	—	—	—	—	—	—	—	—	—	—	—	—	—	—	—	—	
1832 Nieten	—	—	—	—	—	—	—	—	—	—	—	—	—	—	—	—	71,5	
Arbeitsstunden	3,94	3,59	11,86	10,78	22,8	21,5	29,20	23,60	9,65	—	18	12	48,5	—	24,5	6,0	71,5	17,2

Gesamt-Arbeitsstunden: Bei Nietung 239,95 Stunden, bei Schweißung 94,67 Stunden.

stärke mit Rücksicht auf Schwächung durch Rosten nicht ratsam ist, wird durch den Vorzug, den die Anwendung der Schweißung mit sich bringt, nichtig, daß bei der geschweißten Konstruktion alle Stellen fehlen, die nicht konserviert werden können und die infolgedessen schnell durch Rost zerfressen werden wie unter den Befestigungs- und Winkelflanschen und unter den Überlappungen. Dieser Vorzug der geschweißten Konstruktion, die sich durch eine glatte Oberfläche auszeichnet, die nur durch hochkant aufgeschweißte Stegeisen oder Platten unterbrochen wird, kann nicht hoch genug eingeschätzt werden.

Eine wesentliche Ersparnis an Lohnkosten und Brennstoff bringt auch noch die Verwendung von Profileisen ohne Befestigungsflansch mit sich. Dadurch wird das Biegen z. B. der Spanten bedeutend einfacher und könnte, wenn besondere symmetrische Stegeisen vorgesehen würden, sogar kalt geschehen. Auch das Schmiegen der Flanschen fällt fort. Schließlich darf nicht vergessen werden, daß durch den Fortfall der Befestigungs- und Dichtungswinkel auch die ganze Winkelschmiedearbeit sich erübrigt, auf deren Umfang im Schiffbau die Größe der bisher notwendigen Winkelschmiede schließen läßt.

Alle eben aufgeführten Vorteile der Ersparnis kommen aber nur voll zur Geltung, wenn die Schweißung ausschließlich angewendet wird. Soweit sind wir aber heute, wenigstens was Großschiffbau anbelangt, noch nicht fortgeschritten. Deshalb ist es vorläufig naheliegender, sich mit der Anwendung der Schweißung als teilweisem Ersatz der Nietung zu befassen.

Die Schweißung soll natürlich nur da Platz greifen, wo mit ihrer Anwendung wirkliche Vorteile verbunden sind. Wie schon hervorgehoben, ist dies der Fall, wenn der bei der Nietung notwendige Verbindungswinkel in Fortfall kommen kann. Als Beispiele seien hier angeführt: die Befestigung von Knieblechen an Decken und Wänden, von Stützen an Decks und Wänden wie die Schanzkleid-, Raum- und Deckstützen, die Befestigung von Schottwänden an Decks, und Außenhaut, von Motoren- und Windenfundamenten an Deck, das Aufschweißen von Versteifungen, und Rahmen auf Wände, Decken und Türen.

Ein weiteres Gebiet für die Anwendung der Schweißung ist die Schiffsausrüstung. Sie bietet hier oft den Vorzug, daß das recht kostspielige nachträgliche Bohren von Nietlöchern vermieden wird, wie es für das Anbringen von Haltern jeder Art, wie z. B. für Rohre, von Klammern, Klampen, Krampen sonst nötig war. Wichtig ist auch die Schweißung als Befestigung und Dichtung von Decksdurchführungen, wie hauptsächlich Lüfterrohre. Kleinere Aufbauten auf Deck, wie sämtliche Oberlichter, können mit großem Nutzen, wie auch schon der Vergleich an dem Maschinenoberlicht gezeigt hat, vollkommen geschweißt werden. Schließlich ist noch manches Gußstück in der Ausrüstung durch Zusammenbau und Verschweißung von Flußeisenmaterial zu ersetzen, soweit nicht Abnutzung ein Beibehalten der starkwandigeren Gußstücke empfiehlt. Die erzielte Gewichts- und Kostenersparnis kann teilweise recht erheblich sein und die zusammengebauten Stücke haben noch den Vorzug größerer Haltbarkeit gegenüber dem spröden Grauguß und dem Stahlguß mit seinen gefährlichen Eigenspannungen. Auch als Ausbesserungs- und Verschönerungsmittel muß die elektrische Schweißung sehr oft einspringen und hat schon häufig dadurch hohe Ersatzkosten erspart.

Bei ausschließlicher Verwendung der Lichtbogenschweißung im Schiffbau an Stelle Nietung muß es oberster Grundsatz sein, Überkopfschweißungen auf wenige Anwendungen zu beschränken, für die nur eine geringe Zahl sehr geübter Schweißer zur Verfügung stehen wird. Auch die Vertikalschweißungen sind bei den Verbandteilen zu vermeiden, die hohen Beanspruchungen ausgesetzt sind. Dementsprechend muß der Zusammenbau des Schiffskörpers geregelt werden, und zwar in anderer Weise, wie bisher üblich war. Es sind also alle Teile, die am Schiff selbst nicht durch Kopfschweißungen verbunden werden können, vorher zu großen Bauteilen auf einem besonderen Werkplatz (Zulage) zusammenzulegen und zu verschweißen, um dann fertiggeschweißt in das Schiff eingebaut zu werden. Bei den Schotten und Decksaufbauten bietet dieses Verfahren keine Schwierigkeiten und ist auch bei der Vernietung schon aus praktischen Gründen angewendet worden, sondern hauptsächlich bei der Seitenbeplattung der Außenhaut, die dem Gewicht, Umfang und der Form nach der schwierigste Bauteil des Schiffes und auch den stärksten Beanspruchungen ausgesetzt ist. Die Plattengänge in horizontaler Lage zusammenzuschweißen, um sie dann aufzurichten und an die Spanten anzulegen, scheitert an der üblichen Form des Schiffskörpers. Es könnte eine Lösung des Problems sein, daß man die Außenhaut des parallelen Mittelschiffs auf diese Art herstellt und diejenige des Vor- und Hinterschiffs in kleinen Abschnitten anbaute. Auf jeden Fall müßte aber auch eine einfachere Schiffsform gefunden werden. Doch derartige Versuche an einem Schiffsneubau mit größeren Abmessungen anzustellen, dürfte wenig ratsam sein. Nur die Entwicklung, beginnend mit dem Bau kleinerer Fahrzeuge, kann hier sicher zum Ziele führen.

Die soeben hervorgehobenen Gesichtspunkte für eine günstige Anwendung der elektrischen Schweißung waren maßgebend für den Bau eines Schiffskörpers von den Abmessungen: Länge ü. a. = 14,00 m, Breite = 3,30 m, mittlere Seitenhöhe = 1,20 m, der als Schlepper und Transportfahrzeug für Personen und Güter Verwendung finden kann.

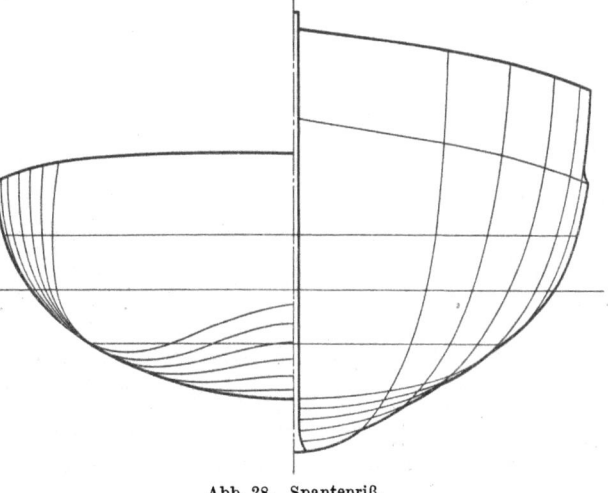

Abb. 28. Spantenriß.

Der Bau des Schiffskörpers wurde in folgender Weise vorgenommen: Nachdem eine Schiffsform entworfen war, deren Außenhaut mit Ausnahme des Hecks in einer Fläche abwickelbar ist und deren Spantenriß Abb. 28 zeigt, wurden die für die Außenhaut bestimmten Platten, die mit Ausnahme der Randplatten rechteckig waren, ausgelegt und stumpf miteinander verschweißt, so daß die ganze Außenhaut tatsächlich eine Platte bildete. Auf den beiden äußeren Längskanten dieser Platte, die entsprechend dem Sprung des Schiffes einen geschwungenen Verlauf nahmen, wurden die vorher aus zwei Winkeln und Riffelblech zusammengebauten und verschweißten Deckstringer, welche von achtern bis vorn durchlaufen, aufgesetzt und befestigt. Zwischen diese Deckstringer, die im Querschnitt im Hauptspant (Abb. 29) zu sehen sind, wurden

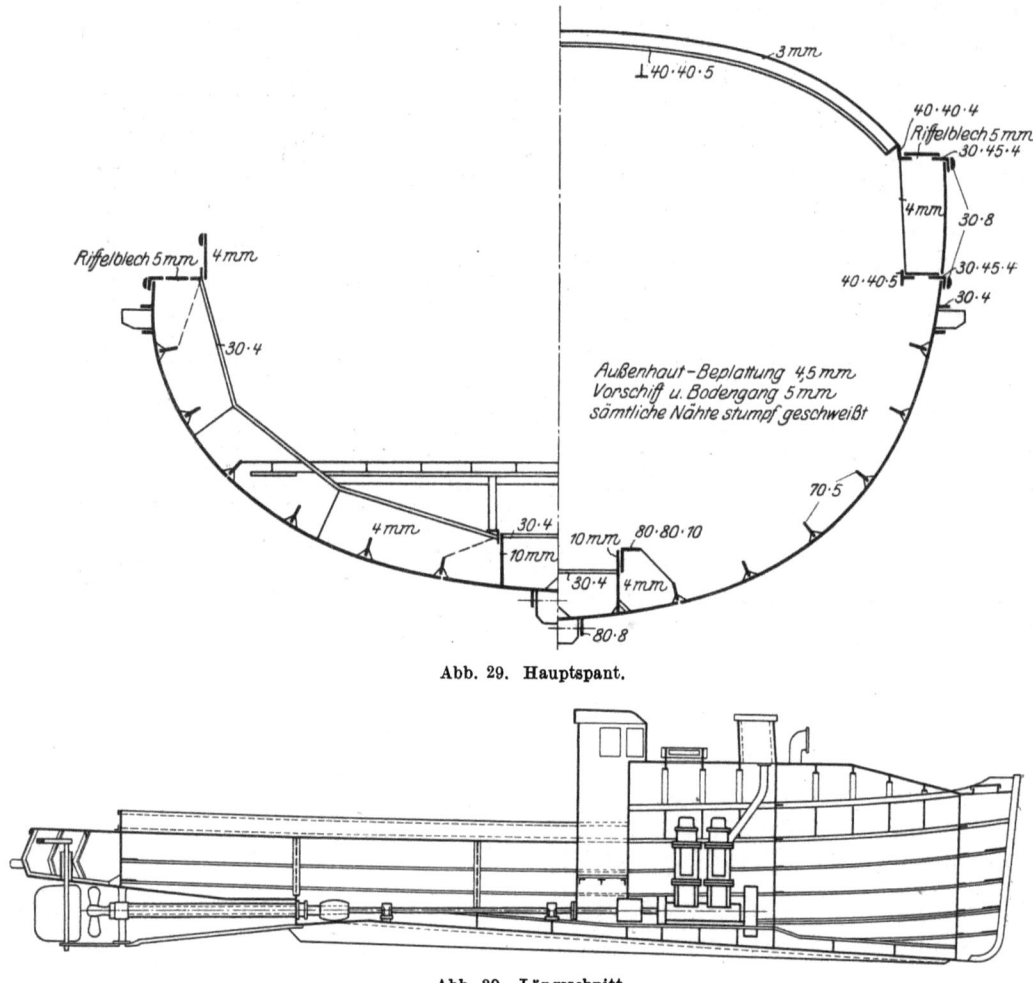

Abb. 29. Hauptspant.

Abb. 30. Längsschnitt.

dann im Abstand von 3 m Ketten mit Spannschrauben gespannt und mit ihnen die Außenhaut zusammengeholt. Die hierbei erzielte Schiffsform wurde bestimmt durch die Form der Decksstringer und einem im Hauptspant unterhalb der Stringer eingesetztem Distanzstück zur Innehaltung der Schiffsbreite. Eine nach dem Zusammenholen vorgenommene Aufmessung der Schiffsform ergab eine genaue Übereinstimmung der Aufmaße mit denen des Spantenrisses, nach dem die Außenhautbeplattung zugeschnitten wurde. Das Aufbiegen der $4^1/_2$ bis 5 mm starken Platte vollzog sich spielend und vollkommen symmetrisch. Es wurde eine Zugkraft an jeder Spannschraube von 200 kg nicht überschritten, trotzdem infolge der geringen Seitenhöhe kein großer Hebelarm zur Durchbiegung der Außenhaut in der Kimm zur Verfügung stand und Krümmungen bis zu einem Krümmungsradius von 425 mm hergestellt werden mußten. Nach dem Aufbiegen wurden die Schotten aufgestellt und die Rahmenspanten eingebaut, und nach Verschweißung derselben mit der Außenhaut, wobei die Bleche hochkant auf dieselbe geschweißt wurden, wurden die Spannschrauben gelöst.

Als Spantsystem wurde das der Längsspanten gewählt, weil es sich sowohl für die Schweißung als auch für die Schiffsform am besten eignet, da bei dieser die Längsspanten zum größten Teil einen geraden Verlauf haben und daher das Anpassen und Anschweißen ohne Schwierigkeiten vor sich gehen konnte. Das Heck wurde für sich zusammengebaut und dann an den Schiffskörper angeschweißt.

Die außerordentliche Einfachheit des Zusammenbaus tritt offensichtlich bei dem fertigen Schiffskörper in Erscheinung und läßt schon rein äußerlich einen bedeutend geringeren Kostenaufwand gegenüber einem gleichen genieteten Fahrzeug erkennen. Rechnerisch ist eine Materialersparnis von etwa 30% festzustellen. Der bei einem ersten Versuchsfahrzeug aufgewendete Lohn kann natürlich nicht als endgültig für den Bau derartiger Fahrzeuge angesehen werden, doch bleiben die bei diesem aufgewendeten 2000 Arbeitsstunden noch erheblich unter der für ein genietetes Fahrzeug gleicher Größe erforderlichen Anzahl. Bei eingearbeiteter Belegschaft kann mindestens mit einer Lohnkostenersparnis von 25% gegenüber dem gleichen genieteten Fahrzeug gerechnet werden.

Aber auch im Betriebe zeigt die auf so einfache Weise zustandegekommene Schiffsform, die eine Tetraederform darstellt, recht erhebliche Vorteile. Bei geringem Schiffswiderstand infolge der Form ist vor allem die äußerst ruhige, fast vibrationslose Fahrt hervorzuheben, trotzdem als Antriebsmaschinen ein schwerer 32-PS-AEG.-Rohölmotor eingebaut wurde. Diese Eigenschaft ist der starren Verbindung der Schiffsteile durch die Schweißung zuzuschreiben. Außerdem zeigt das Schiff im Betriebe eine große Manövrierfähigkeit und zeichnet sich durch Seetüchtigkeit aus.

Die mit diesem Fahrzeug sowohl im Bau als auch im Betrieb gemachten Erfahrungen würden mich ermutigen, an den Bau eines gleichartigen Schiffskörpers bis zu 40 m Länge heranzugehen. Leider setzen aber die eingetretenen wirtschaftlichen Verhältnisse dem Ausbau des Verfahrens erhebliche Schwierigkeiten entgegen. Jedenfalls hat aber der Bau des Fahrzeugs bewiesen, daß auf diese oder eine ähnliche Art die Schweißung mit Erfolg ausschließlich an Stelle Nietung im Schiffbau verwendet werden kann.

Zusammenfassend kann von der Lichtbogenschweißung gesagt werden, daß sie als Verbindungsmittel Eigenschaften besitzt, die sie für die Anwendung im Schiffbau anstatt Nietung geeignet machen. Schwierigkeiten in der Ausführung der Lichtbogenschweißung, die besonders im Schiffbau in mannigfaltiger Weise auftreten, haben zu häufigen Mißerfolgen geführt. Ihre Ursachen, die hauptsächlich in Vorgängen im Lichtbogen und in äußeren Einflüssen auf diesen zu suchen sind, sind bisher nicht erkannt oder genügend berücksichtigt.

Vorbedingung für die erfolgreiche Anwendung der Lichtbogenschweißung ist, daß die Schwierigkeiten, welche die einwandfreie Ausführung der Schweißung in Frage stellen, möglichst vermieden werden. Dem muß im Schiffbau eine besondere Bauart Rechnung tragen, die schon aus Gründen der Materialersparnis infolge Schweißung eine andere sein muß als die bisherige bei Nietung. Das Ziel einer günstigen Ausführungsmöglichkeit der Schweißung beim Bau des Schiffskörpers muß auf eine Schiffsform führen, die von der bisher üblichen, vom hölzernen Segelschiff übernommenen, abweicht. Eine allmähliche Entwicklung vom Klein- zum Großschiffbau kann nur sicher zum Erfolg führen. Im übrigen wird eine ausschließliche Anwendung der Lichtbogenschweißung anstatt Nietung im Großschiffbau schon deshalb heute noch nicht zu einem günstigen Ergebnis führen, weil der zurückliegende Zeitraum der Entwicklung noch viel zu kurz ist, so daß auch die dafür erforderliche Anzahl geübter und erfahrener Schweißer noch nicht vorhanden sein kann. Aber auch nur ausschließliche Anwendung der Lichtbogenschweißung kann durch Ausnutzung aller Vorteile derselben zu einem vollen wirtschaftlichen Erfolg führen.

Eine Hauptaufgabe zur Förderung der Lichtbogenschweißung besteht noch darin, einen Stamm gründlich und systematisch ausgebildeter Schweißer zu schaffen, wobei eine Spezialisierung der Schweißarbeiten wesentlich zur Erhöhung und Verbesserung der Leistungen beitragen kann. Ferner bedürfen noch der Erklärung oder Erforschung elektrische Vorgänge beim Schweißen. Werden auch noch weitere Verbesserungen und Vervollkommnungen der als Stromquellen dienenden Schweißanlagen getroffen, so wird sicher die Zeit nicht mehr fern sein, wo jedes Bedenken gegenüber der elektrischen Lichtbogenschweißung gefallen ist und ihr gegenüber die Vernietung als unvollkommenes und behelfsmäßiges Verbindungsmittel gelten wird.

Erörterung.

Herr Marinebaurat Lottmann, Wilhelmshaven.

Meine Herren! Für die Marine ist von jeher neben der Kostenfrage die Gewichtsfrage von wichtigster Bedeutung gewesen. Die Marine hat deswegen schon frühzeitig die Schmelzschweißungen, sowohl die autogenen wie auch die elektrischen aufgenommen und für ihre Anwendung Versuche angestellt.

Wir können aus unseren Erfahrungen heraus die Ergebnisse, die der Herr Vortragende in so übersichtlicher Form zusammengestellt hat, vollkommen bestätigen. Infolge der stetig gewachsenen Übung der Schweißer im Umgange mit den Apparaten und in der Handhabung der Elektroden hat sich die elektrische Schweißung fortschreitend gebessert. Sie hat nach unseren letzten Erprobungen uns durch ihre Güte überrascht, und zwar sind nicht nur die Schweißungen mit Gleichstrom, wie sie der Herr Vortragende ausgeführt hat, sondern auch die mit Wechselstrom in ihren Ergebnissen äußerst günstig gewesen. Der Herr Vortragende hat hier als einen Nachteil der Wechselstromschweißung denjenigen hingestellt, daß der Lichtbogen nicht ohne weiteres auf das Werkzeug hingezogen wird. Das ist auch richtig. Aber die umhüllten Elektroden wissen den Wechselstromlichtbogen doch so zu führen, daß man deswegen nicht ohne weiteres die Wechselstromschweißung beiseite werfen sollte. Gerade da, wo man die Bauteile zerlegen und vorher vorbereiten kann, also nicht angewiesen ist auf vertikale Schweißung oder Überkopfschweißung, scheint es durchaus angebracht, auch die Wechselstromschweißung zu fördern. Wir haben als Ergebnis von Zerreißversuchen, die auch Fachkreise überrascht haben, festgestellt, daß die Festigkeit der Wechselstromschweißung bei der handwerksmäßigen Ausführung im Betriebe durchaus gleich ist der Gleichstromschweißung. Sie differieren beide zwischen 32—38 kg/mm² und haben Durchschnittsergebnisse von etwa 36 kg/mm² Festigkeit. Auch die Dehnung erscheint nicht meßbar schlechter.

Als ein Nachteil bei der elektrischen Schweißung, den ich hier nicht als hervorgehoben gehört habe, ist nach meiner Ansicht noch der anzuführen, daß die Dichtigkeit sowohl gegen Wasser wie gegen Öl nicht unbedingt erzielt wird. Wir haben zwar auch Tanks ausgeführt, sowohl für Wasser wie auch für Öl, die durchaus dicht gehalten haben. Aber wir haben dann nur die besten Schweißer heranstellen können und haben dann meistens die Schweißnaht noch durch Nachhämmern gefestigt. Nur dann sind diese Schweißungen sicher wasserdicht oder öldicht geworden. Das Schweißmaterial bleibt sowohl bei Wechselstrom wie bei Gleichstrom porös und in dieser Hinsicht schlechter als die autogene Schweißung.

Am schwierigsten wird die Frage dann, wenn man einen Tank, der schon Öl enthalten hat, nachträglich dichten will. Bis jetzt haben sich da noch keine Mittel als brauchbar erwiesen, um das Eisen an der Stelle, an der man die Schweißung aufbringen will, so weit zu reinigen, daß sie die Schweißung mit Sicherheit annimmt. Es scheint so, als ob die zurückbleibenden Ölreste Dämpfe erzeugten, die die Schweißung nicht auf das Material binden lassen, daß die Ölreste Gase entwickeln, die das Schweißmaterial schwammig auftreiben und keine dichte Schweißschicht eintreten lassen.

Wir wären dankbar, wenn andere Herren, die in dieser Hinsicht etwas versucht haben, uns darin Ratschläge geben könnten.

Was im übrigen die Anbringung von Halterungen und Versteifungen anbetrifft, so sind wir auf dem Wege, den der Herr Vortragende uns vorgeschlagen hat. Wir bringen auch, ebenso wie es hier bei den Prähmen gezeigt worden ist, die Versteifungen an, indem wir also bei den Profilen den äußeren Flansch fortlassen und den Steg unmittelbar an den Schottblechen oder an der Außenhaut festschweißen.

Wir hoffen, dadurch fortab für einen kleinen Kreuzer eine Ersparnis zu erzielen, die uns das Gewicht von 1 oder 2 Geschützen gewinnen läßt.

Wie der Herr Vortragende mehrfach betont hat, hängt die Güte der Schweißung ganz wesentlich und fast nur allein von dem Handhabenden, von dem Schweißer ab. Darin ist noch sehr viel zu tun. Wir müssen deswegen dem Herrn Dipl.-Ing. Strelow dankbar sein, daß er all die Einflüsse, die auf die Güte der Schweißung von Wirkung sind, in so übersichtlicher Form und auch für die Betriebs- und Werkstattsbeamten klarer Weise dargestellt hat. Ich hoffe und glaube, daß durch das Studium und die Anwendung dieser Lehren die Schweißerei eine große Förderung erfahren wird. (Lebhafter Beifall.)

Herr Dipl.-Ing. W. Strelow, Hamburg (Schlußwort):

Meine Herren! Ich danke Herrn Baurat Lottmann für die anerkennenden Worte. Nur eins muß ich hierzu noch bemerken. Wir haben bisher mit der Wechselstromschweißung nicht die guten Erfahrungen gemacht wie mit der Gleichstromschweißung, d. h., wir sind noch bei den diesbezüglichen Versuchen. Diese Versuche, die ich im Zusammenarbeiten mit Herrn Oberbaurat Wundram vom Strom- und Hafenbau in Hamburg und Herrn Dr. Miers, dem Vorsteher des Festigkeits-Laboratoriums der Hamburger Technischen Staatslehranstalten mache, werden noch weitere Aufklärung geben.

Auf jeden Fall gibt es noch manche Aufgabe zu lösen. Mancher Vorgang beim Lichtbogenschweißen ist noch nicht geklärt. Leider läßt unsere traurige, bedrängte Lage wenig Mittel für derartige Untersuchungen übrig, so daß das Fortschreiten nur ein recht langsames ist. Hoffen wir aber auf bessere Zeiten! (Lebhafter Beifall.)

Vorsitzender Herr Geheimrat Prof. Dr.-Ing. Busley:

Meine Herren! Ich glaube, wir haben aus dem Vortrag von Herrn Dipl.-Ing. Strelow den Eindruck empfangen, daß die Hauptschwierigkeit, die der allgemeinen Einführung des Schweißverfahrens noch entgegensteht, in der mangelnden Ausbildung guter Schweißermannschaften besteht. Wenn wir erst gute Schweißermannschaften besitzen — und die werden sich mit der Zeit bilden —, dann wird sich die Schweißung durch die Wirtschaftlichkeit, die durch sie gegenüber der Nietung erzielt werden kann, sicherlich Bahn brechen, und zwar um so mehr, als uns die Not dazu zwingen wird. Ich denke, Sie werden mir zustimmen, wenn ich Herrn Strelow für seine gründliche Arbeit und für die Ausführungen, die er dazu gemacht hat, unseren verbindlichsten Dank ausspreche. (Lebhafter Beifall.)

X. Der Antrieb von Schiffen durch Ölmotoren mit hydraulisch-mechanischem Übersetzungsgetriebe.

Vorgetragen von Dr. G. Bauer, Hamburg.

Die Entwicklung der Kraftmaschinentechnik hat sich bisher immer derart vollzogen, daß zunächst langsamlaufende Maschinen konstruiert wurden, welche, dem Bedürfnis der Materialersparnis Rechnung tragend, nach und nach in immer rascher laufende umgewandelt worden sind. Um ein Schlagwort zu gebrauchen: bei der Entwicklung jeder Art von Kraftmaschinen war die Tendenz zum Übergang in den Schnellbetrieb wahrzunehmen.

Wenn ich Beispiele hierfür anführen darf, so möchte ich daran erinnern, daß die ersten Kolbenmaschinen für Kriegsschiffe — die Trunkmaschinen — eine Umdrehungszahl von etwa 50 pro Minute, die zuletzt gebauten Kreuzermaschinen eine solche von etwa 150 und die Torpedobootsmaschinen eine solche von 300 bis 400 aufwiesen, bis zum Schluß die Kolbenmaschine durch die um ein Vielfaches schneller laufende Dampfturbine ersetzt worden ist. Beim Turbinenantrieb der Schiffe selbst haben wir den Übergang von der relativ langsamlaufenden, direkt antreibenden Turbine zu der mit Übersetzung arbeitenden, schnelllaufenden Turbine erlebt. Wir sehen bei den Wasserkraftmaschinen das andauernde Bestreben, sog. Schnelläufer einzuführen, d. h. Wasserturbinen, welche für die gegebenen Umstände eine relativ möglichst hohe Umdrehungszahl besitzen. Im Kraftwagenbetrieb haben sich die Tourenzahlen seit mehreren Jahren bedeutend gesteigert — und so ließen sich noch viele Beispiele anführen.

Es liegt heute der Gedanke nahe: Wird beim Antrieb von Schiffen durch Ölmotoren sich eine ähnliche Entwicklung vollziehen müssen, d. h. also, wird der Schnellbetrieb schließlich zur Einführung kommen, oder sollte in diesem Falle die Endform der Entwicklung die schwere, langsamlaufende Maschine sein?

Bestrebungen, welche darauf abzielen, schnellaufende, mit Übersetzungsgetrieben verbundene Motoren in die Schiffsmaschinentechnik einzuführen, sind bereits teils verwirklicht, teils durch Versuche gefördert worden. Es ist bekannt, daß die Firma Blohm & Voß verschiedene Schiffe mit Motoranlagen dieser Art ausgerüstet hat, ebenso hat sich die Falk-Company in dieser Hinsicht bemüht.

Beide Firmen streben die Lösung des Problems durch Einschaltung elastischer Zwischenglieder (Wellen bzw. Kupplungen) zwischen Ölmaschinen und Getriebe an.

Meine Aufgabe ist es heute, Ihnen über Arbeiten meiner Firma, der Vulcan-Werke, zu berichten, welche eine weitere Vervollkommnung des Schiffsantriebes durch Motoren mit Übersetzungsgetriebe bezwecken.

Es handelt sich um das bereits vielfach veröffentlichte System des Motorantriebes von Schiffen unter Zwischenschaltung eines hydraulisch-mechanischen Übersetzungsgetriebes — von den Erbauern „Vulcan-Getriebe" genannt.

Da, wie bemerkt, bereits mehrere Veröffentlichungen dieses Systems in verschiedenen Zeitschriften erfolgt sind, darf ich Sie heute mit einer Beschreibung des Systems nicht ermüden. Kurz zusammenfassend handelt es sich um folgendes: Zwei oder mehrere mäßig schnellaufende, nicht umsteuerbare Öl-

Abb. 1.

maschinen treiben durch Ritzel Zahnräder an, welche auf der Propellerwelle des Schiffes befestigt sind. Der Antrieb der Ritzel erfolgt aber nicht direkt durch die Motorwelle, sondern für den Vorwärtsgang durch eine hydraulische Kupplung ohne Übersetzung, für den Rückwärtsgang durch einen hydraulischen Transformator, welcher unter kleiner Tourenherabsetzung die Drehrichtung umkehrt. Je nachdem die hydraulische Kupplung oder der Rückwärtstransformator durch geeignete Manövrierorgane mit Öl gefüllt werden, dreht sich die Propellerwelle vorwärts oder rückwärts, während die Maschine in unverändertem Drehsinn weiterläuft.

Sowohl die hydraulische Kupplung als auch der hydraulische Transformator für Rückwärtsgang sind Erfindungen des Herrn Professor Dr. Ing. Föttinger, Berlin, welche von demselben während seiner Tätigkeit bei den Vulcan-Werken gemacht worden sind, während die Ausgestaltung des in Rede stehenden Antriebssystems für Motorschiffe erst in den letzten Jahren seitens der Vulcan-Werke durchgeführt worden ist.

Zur Erprobung des neuartigen Antriebes haben die Vulcan-Werke auf eigene Kosten ein Motorschiff von 2000 t Tragfähigkeit gebaut, welches den Namen

194 Der Antrieb von Schiffen durch Ölmotoren mit hydraulisch-mechanischem Übersetzungsgetriebe.

„Vulcan" erhalten hat. Sie sehen das Schiff in der Photographie Abb. 1 dargestellt. Dieses Motorschiff wurde im Laufe des Juni d. J. in Deutschland einer großen Anzahl von Gästen vorgeführt und hat von Ende Juni ab bis heute dauernd Dienst auf See getan. In Abb. 2 sehen Sie die Wege, welche das Schiff bisher auf See durchlaufen hat, insgesamt etwa 30 000 Seemeilen[1]). Während dieser Zeit hat das Schiff annähernd ein halbes Hundert von Vorführungs-

Abb. 2. Fahrten des M. S. „Vulcan"

und Probefahrten erledigt, wobei unzählige Manöver ausgeführt wurden. Die Maschinenanlage des Schiffes hat sich dabei stets glänzend bewährt, niemals sind Versager vorgekommen, niemals mußte wegen Mängeln an den Maschinen auch nur einen Augenblick gestoppt werden, Reparaturen sind nicht erforderlich geworden und Abnutzungen haben sich weder an dem hydraulischen noch an dem mechanischen Getriebe gezeigt.

In Abb. 3 sehen Sie eine bisher noch nicht veröffentlichte Zeichnung des Getriebes dieses Schiffes. Sie sehen
bei A die von den Ölmaschinen angetriebenen Primärwellen,
bei B die hydraulischen Kupplungen für Vorwärtsgang,

[1]) Bis zum 22. Januar 1925.

bei C die Transformatoren für Rückwärtsgang,
bei D die Ritzel,
bei E das große Rad,
bei F und G die Manövrierschieber für Vor- und Rückwärtsgang,
bei H die Drucklager auf den Primärwellen,
bei I die Ritzeldrucklager,
bei K das Drucklager auf der Propellerwelle,
bei L den Auslaßring, welcher beim Übergang zu Stopp oder beim Umsteuern auf Rückwärtsgang das Öl aus der Vorwärtskupplung herausläßt,
bei M die Muffe für die Bewegung des Auslaßringes,
bei N die Kegelräder für den Pumpenantrieb,
bei O die direkt mit dem kleinen Kegelrad gekuppelte Leckölpumpe,
bei P die Manöverpumpe,
bei Q die zur Betätigung der Manöverpumpe dienende hydraulische Kupplung.

Die Durchschnittsergebnisse mehrerer längerer Strecken, welche von Hafen zu Hafen auf See zurückgelegt wurden, waren die folgenden:

Umdrehungszahl/Min. der Ölmaschinen 307
Umdrehungszahl/Min. der Propellerwelle 87,5
Übersetzung (total) 3,51
Schlupf in der Vorwärtskupplung 2,5%
Wirkungsgrad der Vorwärtskupplung 97,5
Leistung, gemessen an der Propellerwelle mittels Torsionsindikator 580 WPS
Öltemperatur im Getriebetank . . . . 43—47°
Größte Leistung bei Rückwärtsgang bei der dazu vorgesehenen Stellung des Brennstoffhebels. . . . . 470 WPS
Anzugsmoment bei Vorwärtsgang (maximal) . . . . 5600 mkg
Anzugsmoment bei Rückwärtsgang bei der hierfür vorgesehenen Stellung des Brennstoffhebels . . . . 4500 mkg.

Die vorzüglichen Resultate, welche mit diesem Versuchsschiff in gutem und schlechtestem Wetter auf See gezeitigt wurden, haben bisher zu den Aufträgen geführt, deren Hauptdaten Sie aus der beigefügten Tabelle ersehen wollen.

In Abb. 4 sehen Sie die Getriebeanlage für einen Seeschlepper, welcher vom Bremer Vulkan erbaut und als erstes Schleppfahrzeug mit einem derartigen Getriebe ausgerüstet wird.

In unserer Abbildung sind bezeichnet mit A die Antriebsmaschinen, mit B die Vorwärtskupplungen, mit C die Transformatoren für Rückwärtsfahrt. Zwischen den Vorwärtskupplungen und den Rückwärtstransformatoren sind ebenso wie bei dem vorher beschriebenen Getriebe für das Motorschiff „Vulcan" die Ritzel angeordnet, welche das große Rad D antreiben. Am hinteren Ende des Getriebes sehen wir bei E den Antrieb der Lecköl- und Manöverpumpen, bei F die Steuersäule, welche alle Handräder für die Bedienung der Anlage enthält. Mit G sind bezeichnet die Dieseldynamos, mit H die Anlaßluftbehälter, mit I die Ölkühler, mit K die Ölfilter, mit L die Treiböltanks und mit M die Kühlwasserpumpen, welche Einrichtungen alle in zweifacher Ausführung vorgesehen

196 Der Antrieb von Schiffen durch Ölmotoren mit hydraulisch-mechanischem Übersetzungsgetriebe.

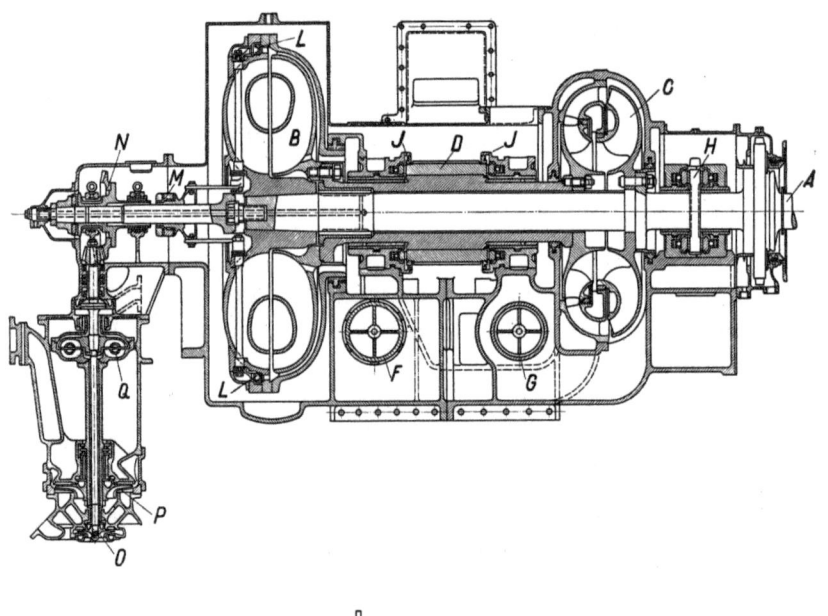

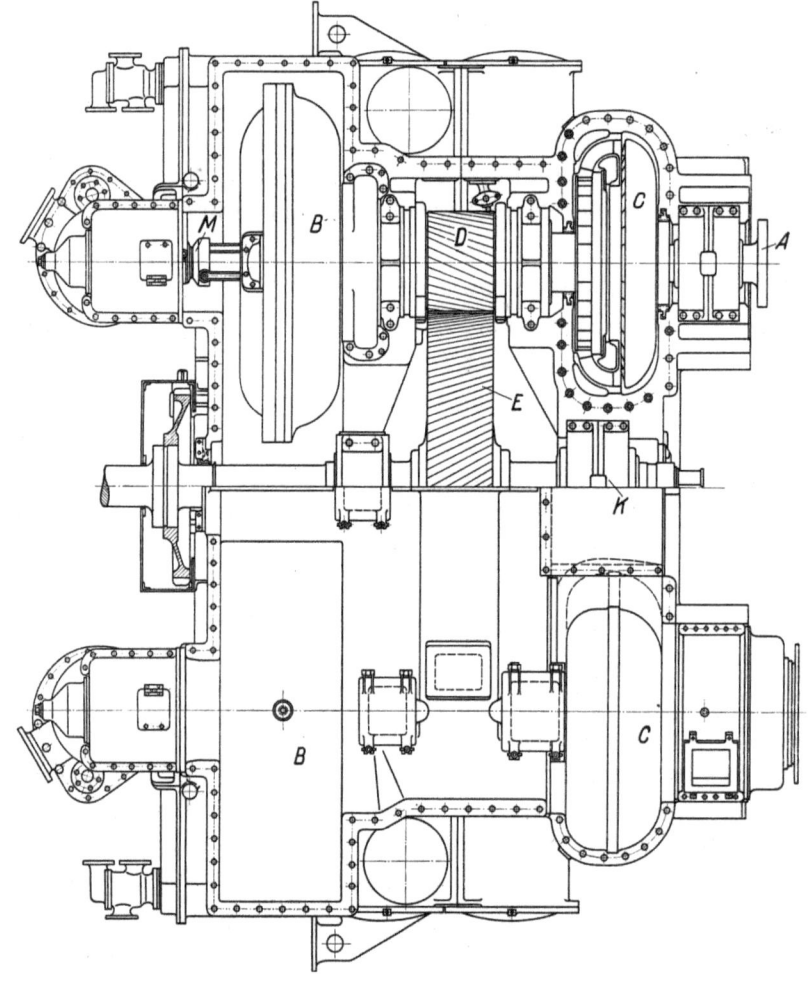

Abb. 3. Getriebe für M. S. „Vulkan".
Leistung an der Propellerwelle 620 WPS.   Drehzahl der Motoren 300/Min.   Drehzahl der Propellerwelle 85/Min.

sind. Bei N ist noch eine Reserve-Schmieröl- und Treibölpumpe und bei O ein Ölseparator zu sehen.

In Abb. 5 ist das für den in Spalte 3 der Tabelle genannten Auftrag vorgesehene Getriebe dargestellt. Sie sehen

bei A die von der Ölmaschine angetriebene Primärwelle,
bei B die hydraulische Kupplung für Vorwärtsgang,
bei C den Transformator für Rückwärtsgang,
bei D das Ritzel,
bei E und F die Manövrierschieber für Vor- und Rückwärtsgang,

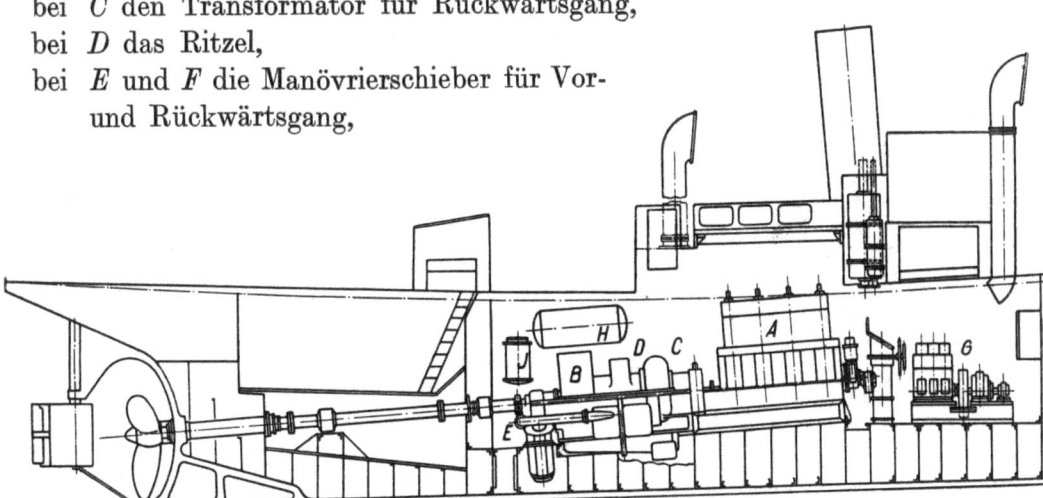

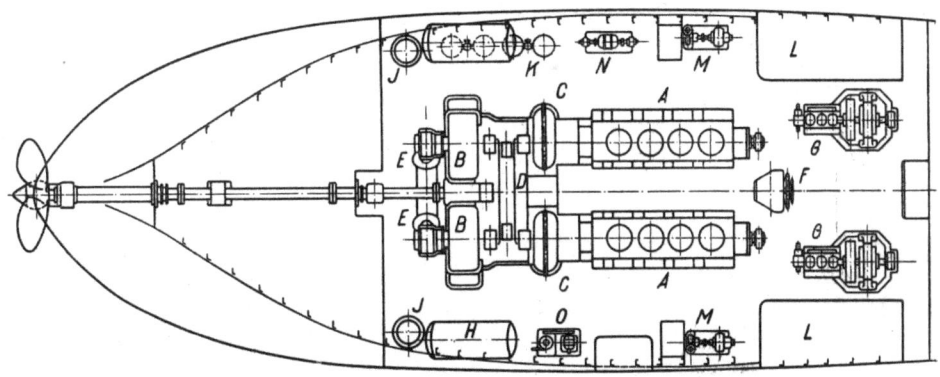

Abb. 4. Motor-Seeschlepper von 490 WPS-Leistung, erbaut vom „Bremer Vulkan".
Drehzahl der Motoren 300/Min. Drehzahl der Propellerwelle 100/Min.

bei G die Drucklager auf den Primärwellen,
bei H die Ritzeldrucklager,
bei I den Auslaßring,
bei K die Muffe zur Betätigung des Auslaßringes,
bei L den Manövrier- und Leckölpumpenantrieb,
bei M die ständig mitlaufende Leckölpumpe,
bei N die zum Auffüllen des betr. Kreislaufes beim Umsteuern erforderliche Manöverpumpe.
bei O die zur Betätigung der Manöverpumpe erforderliche hydraulische Kupplung.

Abb. 6 zeigt die Disposition der Maschinenanlage im Schiff. Wir haben bei A die beiden Ölmaschinen, System M.A.N.-Vulcan, bei B die Vorwärtskupplungen des Getriebes, bei C die Transformatoren für Rückwärtsgang, bei D das auf der Propellerwelle sitzende große Zahnrad und daneben die beiden Ritzel. Bemerkenswert ist der bei E ersichtliche Abgaskessel, welcher etwa 1600 kg/st Dampf von 7 at und 250° C liefern soll. Der erzeugte Dampf reicht aus, um sämtliche während der Reise in Betrieb befindlichen Hilfsmaschinen mit elektrischem Strom zu versorgen, welcher im Turbogenerator F erzeugt wird. Für Hafenbetrieb und als Reserve dienen die beiden Dieseldynamos G und H. Die Hilfsmaschinen und Winden sind sämtlich elektrisch angetrieben. Bei I ist die elek-

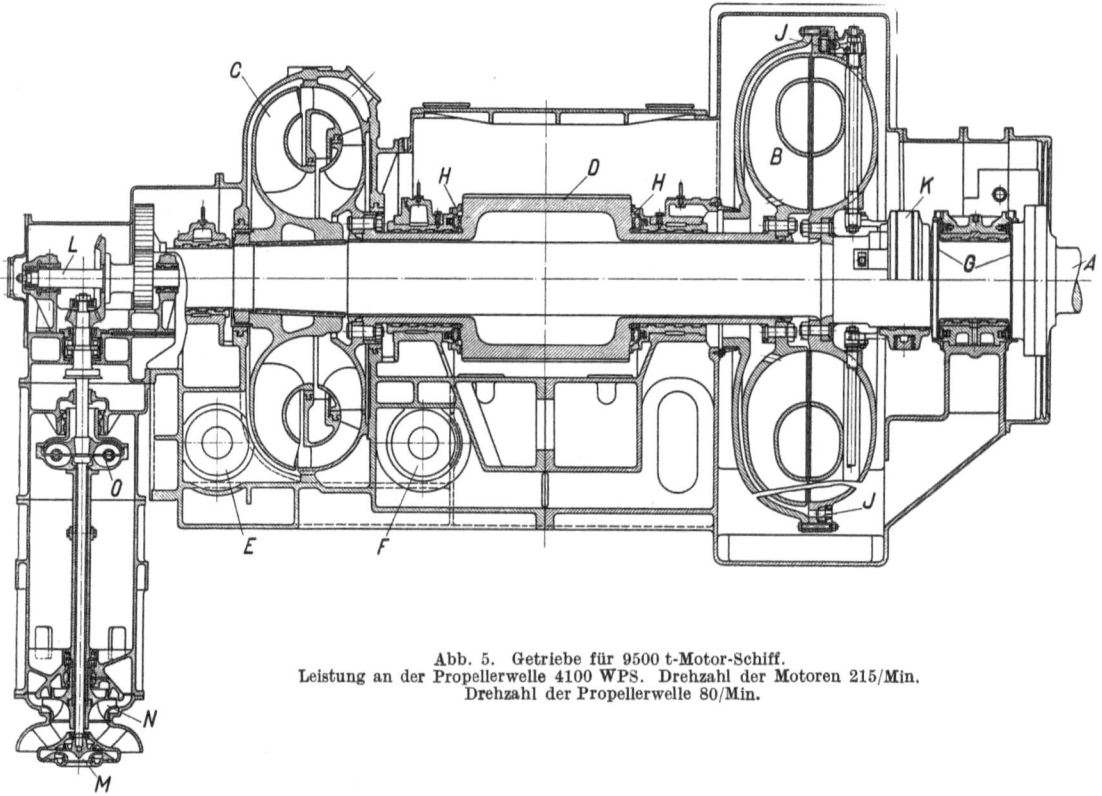

Abb. 5. Getriebe für 9500 t-Motor-Schiff.
Leistung an der Propellerwelle 4100 WPS. Drehzahl der Motoren 215/Min.
Drehzahl der Propellerwelle 80/Min.

trisch angetriebene Hauptkühlwasserpumpe und eine doppelte Schmierölpumpe, bei K die Ballastpumpe und eine doppelte Schmierölpumpe zu sehen. Bei L finden wir den für die Heizung im Hafen erforderlichen Hilfskessel, welcher im Bedarfsfalle auch Dampf für den Betrieb der Turbodynamo liefern kann, und bei M eine Notdynamo.

Das für den in Spalte 4 genannten Auftrag in Frage kommende Getriebe wird nach den gleichen Zeichnungen wie das vorstehend beschriebene Getriebe ausgeführt, während die Ausrüstung mit Hilfsmaschinen etwas abweichend davon erfolgt.

Die Frage des Wirkungsgrades der hydraulischen Kupplung für Vorwärtsgang bzw. die Abhängigkeit ihrer Leistungsaufnahme von Größe, Wirkungsgrad und Tourenzahl, die Frage der günstigsten Beschaufelung des Rückwärtskreislaufes, ferner die Tatsache der völligen Schwingungsdämpfung durch die hydraulischen Kreisläufe und endlich die Beherrschung der in der Treibflüssigkeit beim Manövrieren sich abspielenden Vorgänge waren Gegenstand teilweise jahrelanger, sorgfältigster wissenschaftlicher Untersuchung. Ich bedaure, heute auf diese Forschungsarbeiten aus Gründen der geschäftlichen Zurückhaltung noch nicht eingehen zu können, werde aber nicht ermangeln, bei späteren Anlässen dies nachzuholen.

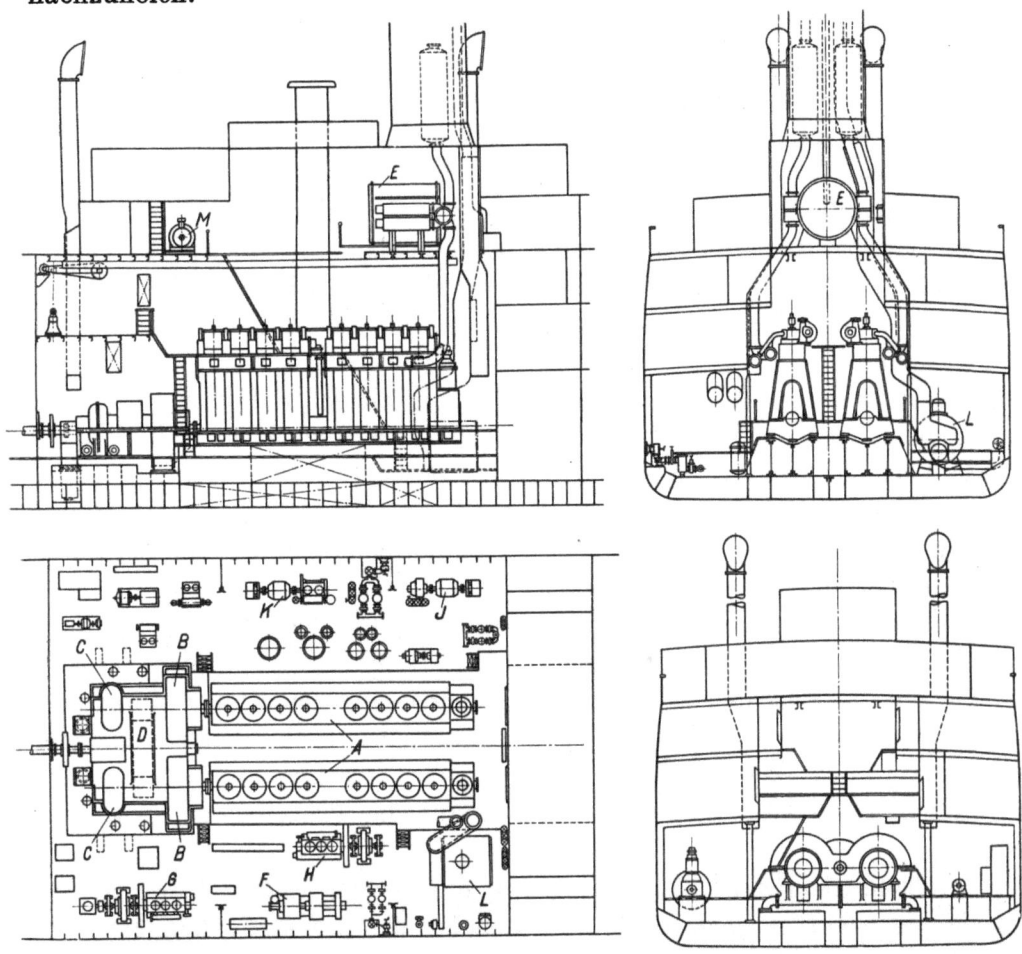

Abb. 6. Motor-Frachtschiff von 9500 t Tragfähigkeit für die Deutsch-Australische Dampfschiffahrts-Gesellschaft. Leistung an der Propellerwelle 4100 WPS. Drehzahl der Motoren 215/Min. Drehzahl der Propellerwelle 80/Min.

Soweit der Bericht über das bisher Ausgeführte; wenden wir uns nunmehr den Möglichkeiten zu, welche das in Rede stehende System für den Schiffsmaschinenantrieb schafft, welches seine Vorteile sind und was auf die gegen dasselbe vorgebrachten Bedenken zu erwidern ist. Über die Vorteile, welche das Getriebe bietet, ist selbstverständlich in Form von Propaganda und Reklame seitens meiner Firma bereits vieles veröffentlicht worden. Zweifelsfrei wurden von allen, welche ernstlich das System geprüft haben, die folgenden Vorzüge anerkannt:

1. Die Zwischenschaltung der hydraulischen Übertragung unterbricht das elastische System, welches der rotierende Teil einer Ölmaschinenanlage darstellt.

Schwankungen des Drehmomentes, welche von der Ölmaschine herrühren, werden auf den Sekundärteil nicht übertragen. Infolgedessen ergibt sich:

a) Es ist zulässig, die Propellerwellen nach den für Turbinenanlagen geltenden Formeln auszuführen und deshalb wesentlich dünner und leichter zu halten als bei direkt wirkenden Ölmaschinenanlagen, womit eine sehr nennenswerte Gewichtsersparnis verbunden ist,

b) Die Ölmaschinen können so konstruiert werden, daß die Eigenschwingungszahl der Primärwelle weit über der Betriebsdrehzahl liegt. Hieraus ergibt sich, daß die Ölmaschinen während ihrer ganzen Lebensdauer niemals die gefährliche kritische Drehzahl zu durchlaufen brauchen, wodurch eine der größten Gefahren für die dauernde Betriebssicherheit dieser Maschinen in Wegfall kommt. Ferner ist folgendes zu beachten:

Falls beim Manövrieren oder aus irgendeinem Grunde die Drehzahl der Maschine herabgesetzt werden muß, ist nicht zu befürchten, daß die gefährliche kritische Drehzahl hieran hindert, wie dies bei direkt wirkenden Anlagen, z. B. beim Reduzieren wegen schweren Wetters oder dergleichen, vorkommen kann.

2. Das System gestattet die Ausführung von Einwellenschiffen mit 2 Maschinen, deren jede nach Belieben einschaltbar und abschaltbar ist. Dies hat folgende Vorteile bzw. Annehmlichkeiten im Gefolge:

a) Im Falle der Beschädigung einer Maschine kann dieselbe, ohne die Anlage zu stoppen, stillgesetzt, repariert und ebenfalls, während die übrige Anlage weiterarbeitet, wieder eingeschaltet werden.

b) Falls es erwünscht ist, auf einer bestimmten Fahrtstrecke mit geringerer Geschwindigkeit zu fahren, kann eine Maschine abgeschaltet werden; es läuft dann die andere Maschine mit ihrer Maximalleistung und daher unter sehr ökonomischen Bedingungen weiter. Bei der Inbetriebsetzung derartiger Anlagen können die Ölmaschinen zunächst nach Belieben im Leerlauf arbeiten und ganz nach Wunsch einzeln oder zusammen auf die Propellerwelle geschaltet werden.

c) Revisionsarbeiten an den Maschinen können vor Ankunft des Schiffes im Revier ausgeführt werden, indem nach Belieben die eine oder andere Maschine stillgesetzt wird und Überholungsarbeiten an derselben vorgenommen werden.

3. Das Umsteuern mit Druckluft kommt in Wegfall.

a) Es verschwindet damit die Notwendigkeit, große Hilfskompressoren vorzusehen; die gewaltigen Batterien von Anlaßflaschen reduzieren sich auf etwa den fünften Teil gegenüber direktwirkenden Anlagen, die Reservebehälter für Druckluft (mit ihren 40 mm starken Wänden unter einem Druck von 70 bis 80 at stehend) kommen in Wegfall.

b) Die Gefahr, daß die Manövrierfähigkeit des Schiffes stark leidet oder geradezu dadurch verlorengeht, daß der Luftvorrat zusammenschmilzt, ist bei dem in Rede stehenden System beseitigt.

c) Die Schnelligkeit des Manövrierens übertrifft diejenige von direktwirkenden Anlagen.

d) Das Einlassen kalter Anlaßluft in die erhitzten Zylinder, welches einen Nachteil der direktwirkenden Maschinen bildet und welches gerade bei der heute notwendig werdenden Einführung doppeltwirkender Maschinen noch eher bedenklich wird als sonst, kommt in Wegfall.

4. Die mechanische Übersetzung gestattet eine niedrige Drehzahl der Propeller, wodurch ein erheblicher Ökonomiegewinn der Schraube erzielt wird. Im allgemeinen wird dieser Gewinn den Verlust im Getriebe überschreiten. Abb. 7 zeigt ein Kurvenblatt, aus welchem hervorgeht, welcher Ökonomiegewinn etwa durch Reduktion der Propellerdrehzahl erzielbar sein mag. Fasse ich z. B. ein Frachtschiff von 6500 t ins Auge, welches einmal durch eine direktwirkende Ölmaschine mit 100 Umdreh./Min., einmal durch ein hydromechanisches Getriebe mit 75 Touren angetrieben wird, so ergibt sich auf Grund von Fahrtresultaten für letzteren Fall ein Wirkungsgrad der Propulsion, der um etwa 12% besser ist als bei der direktwirkenden Anlage.

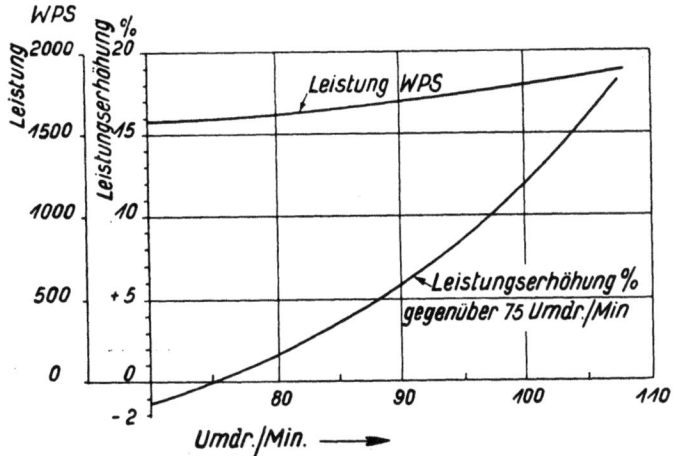

Abb. 7. Leistungskurve für ein Einwellen-Motorschiff von 6300 t Tragfähigkeit bei 10½ Kn.

Zu diesen Vorteilen, welche wohl nicht bestritten werden, gesellen sich nun noch eine Reihe von anderen, welche heute noch nicht allseitig anerkannt sind, und es würde mich sehr freuen, wenn durch die nachstehenden Ausführungen eine Debatte über diese Vorzüge angeregt würde. Es sind dies die folgenden:

5. Die Leistung der Ölmaschine wird in eine größere Anzahl von Zylindern unterteilt. Dies hat folgende Vorzüge:

a) Auch bei Maschinen mit kleineren und mittelgroßen Leistungen ist die Möglichkeit eines vollständigen Massenausgleiches gegeben.

b) Reparaturen kommen nur an kleinen Teilen vor, welche evtl. billig und rasch ersetzt werden können.

c) Die Reserveteile, welche gehalten werden müssen, sind leichte und billige Stücke.

d) Die Demontage einzelner Teile, die Ausführung von Revisionen usw. ist eine Arbeit, welche mit wenig Personal in kurzer Zeit ausgeführt werden kann, welche kleine Hebezeuge erfordert und bei weitem nicht die Anstrengung und Überlastung des Personals bedeutet, welche beim Hantieren mit wenigen Stücken von gewaltigen Abmessungen und Gewichten unvermeidlich ist.

e) Dieses leitet uns über zu den Vorteilen, welche die kleinen Zylinderdurchmesser für die Fabrikation der Maschinen bieten. Die Maschinen mit einer Vielzahl von kleinen Zylinderdurchmessern lassen sich sehr viel rascher herstellen als

202 Der Antrieb von Schiffen durch Ölmotoren mit hydraulisch-mechanischem Übersetzungsgetriebe.

die Maschinen mit wenigen großen Zylindern, da sich die Bearbeitung in eine Vielzahl gleichartiger Operationen aufteilt, deren jede relativ sehr kurze Zeit beansprucht. Dem Einwand, daß die Vielzahl kleiner Teile die Lohnausgaben erhöhen, begegne ich durch die Behauptung, daß die kostspieligen Transporte der großen Teile in Wegfall kommen, daß das Ausschußrisiko ein viel geringeres wird, daß sich die Vorteile der Serienfabrikation geltend machen und daß die weitgehendst angewandte Schablonenarbeit den Aufwand von Paßarbeit stark reduziert. Des ferneren werden zweifellos die Modelle billiger und ist eine viel häufigere Anwendung des gleichen Modells möglich als bei den großen Maschinen mit wenigen Zylindern.

f) Wenn einmal durch irgendeinen Material- oder Bedienungsfehler ein Zylinder ausfällt, so bedeutet dies für den Betrieb der Anlage keine merkbare Störung.

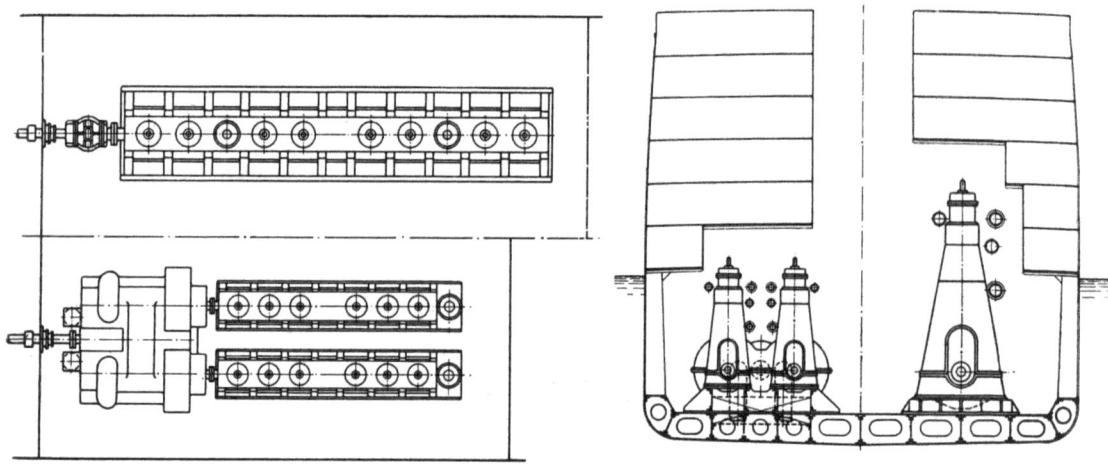

Abb. 8. Vergleich zwischen direktem und indirektem Motorantrieb. 12 000 WPS pro Welle.
Direkter Antrieb: 100 Umdr./Min. Indirekter Antrieb: Drehzahl der Motoren 200/Min. Drehzahl der Propellerwelle 100/Min.

Ich muß an dieser Stelle etwas weiter ausholen. Es wird von verschiedenen Seiten, welche warm für das Gegenteil, nämlich die Zusammenfassung der Gesamtleistung in eine möglichst geringe Anzahl Zylinder eintreten, geltend gemacht, die neuesten doppeltwirkenden Systeme gestatteten z. B. bei Frachtschiffen von 2—4000 PS die Verwendung von dreizylindrigen Maschinen. Es wird erklärt, diese Maschinen stellten dann den früheren Idealzustand des Betriebes dar, wie er dem Maschinenpersonal der Frachtschiffe von der altbewährten dreizylindrigen Dampfmaschine her vertraut und gewohnt ist. Ich bin auf Reisen im Auslande vielfach auf diese Art der Propaganda für die großen Maschinen gestoßen; dieselben werden dem Reeder und dem Maschinenpersonal recht große Enttäuschungen bereiten, sobald man einmal zur Ausführung schreitet. Wir haben bei dieser neuen dreizylindrigen Idealmaschine in den Zylindern nicht Drücke von 12—2 at, sondern Drücke von 30—40 at. Die maximale Belastung jedes Kurbellagers ist z. B. bei 2500 PS nicht etwa 33 t, sondern etwa 98 t, die Höchsttemperatur, welche in einem Zylinder vorkommt, ist nicht 300°, sondern

1500°. Wir haben bei einer solchen Ölmaschine schwere Anstrengungen des Materials durch hohe Drücke und hohe Temperaturen, welche bei der Dampfmaschine fehlen, wir haben hier nicht ein bequemes Umsteuern mit der Dampfumsteuermaschine, sondern wir brauchen zum Umsteuern mächtige Behälter, gefüllt mit Luft von 70—80 at. Wir haben eine um das Mehrfache gesteigerte Schwierigkeit der Beherrschung des Massenausgleiches. Wir haben die Frage häufiger Revisionen, wobei Zylinderdeckel, Kolben und Gestänge von großer Schwere zu heben sind.

Die beiden Systeme sind, nur äußerlich betrachtet, allerdings recht ähnlich, in ihrem inneren Wesen jedoch gänzlich verschieden.

g) Bei den direktwirkenden Maschinen leben alle Betriebsschwierigkeiten wieder auf, welche früher den alten Schnelldampferkolbenmaschinen eigen waren. Man stelle sich vor, es soll auf einer Welle eine Leistung von 12 000 PS untergebracht werden. In Abb. 8 sehen Sie eine direktwirkende Maschine mit doppeltwirkendem Viertakt und daneben die Anlage mit hydromechanischem Getriebe, welche wir in Vorschlag bringen.

Die Abmessungen direktwirkender Motoren dieser Leistung sind als gigantisch zu bezeichnen, wovon Sie sich durch Vergleich der Ansicht dieser 1200-PS-Ölmaschine mit den größten bisher gebauten Kolbendampfmaschinen, denjenigen der Schnelldampfer „Kaiser Wilhelm II" und „Kronprinzessin Cecilie" von 22000 PS_i in Abb. 9 überzeugen können. Die Höhe der Maschinen über dem Boden des Maschinenraumes wird etwa 13,5 m betragen. Der Durchmesser der Kurbelwelle wird sich auf etwa 700 mm, das Gesamtgewicht der Kurbelwelle eines Motors auf etwa 200 000 kg belaufen, während die entsprechenden Abmessungen und Gewichte bei einer Maschine des „Kaiser Wilhelm II" 530/635 mm und 109 000 kg betragen. Diejenigen, welche Bau und Betrieb dieser alten Schnelldampfermaschinen aus näherer Anschauung kannten, werden mit mir darin übereinstimmen, daß man sich hier nahe an der Grenze dessen befunden hat, was einer Kolbenmaschine bzw. einem Kurbelgetriebe an Größe der Abmessungen zugemutet werden kann. Es erscheint mir daher durchaus gerechtfertigt, Bedenken zu hegen, ob es gelingen wird, die Kurbelwellen solcher Maschinen in ihrer richtigen Lage zu erhalten bzw. das Abarbeiten der Grundlager zu verhindern. Des ferneren dürfte es Schwierigkeiten machen, die Kurbellager richtig anzuziehen, so daß sie weder warmlaufen noch schlagen, wie überhaupt bei direktwirkenden Ölmaschinen dieser Größe für Passagierschiffe zu befürchten ist, daß das Hämmern des Kurbelgetriebes die Bequemlichkeit der Passagiere in grober Weise stört. Es wird die Frage auftauchen, ob die Maschinenfundamente stark genug ausgeführt werden können, um die für den Massenausgleich erforderliche Steifigkeit des Fundaments zu gewährleisten. Große Gewichte werden aufgewendet werden müssen, um bei der mächtigen Höhe der Maschine dieser die nötige Steifigkeit zu geben, und schließlich wird die Revision solcher Maschinen dem Bedienungspersonal schwere Mühen und Sorgen verursachen und wahrscheinlich häufig einen längeren Aufenthalt des Schiffes im Hafen erforderlich machen und damit Verluste für den Reeder bringen.

Weiterhin zeigt unsere Abbildung deutlich, welche Nachteile für die Unterbringung der Passagiere durch die große Höhe einer solchen Anlage entstehen. Ein erheblicher Teil der drei untersten Decks muß der Höhe der Maschinen über deren ganze Länge geopfert werden, während bei der äquivalenten Anlage mit Getriebe nur das unterste Deck und zwar auf viel geringere Länge ausgeschnitten werden muß.

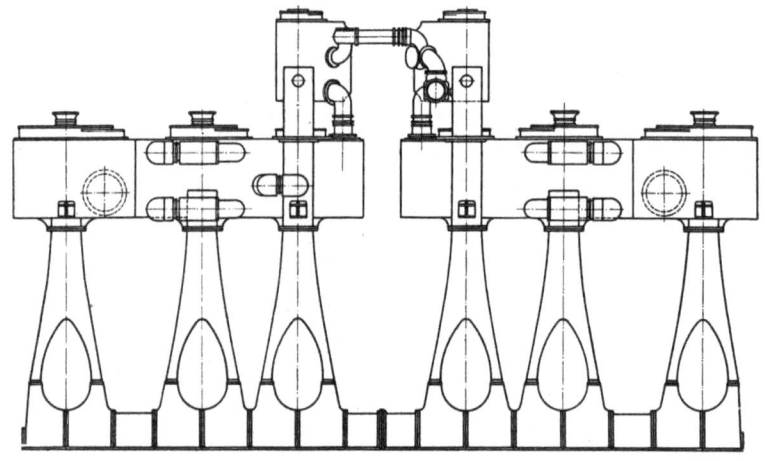

Abb. 9a. Kolbendampfmaschine, 22 000 PS_i, 80 Umdrehungen/Min.

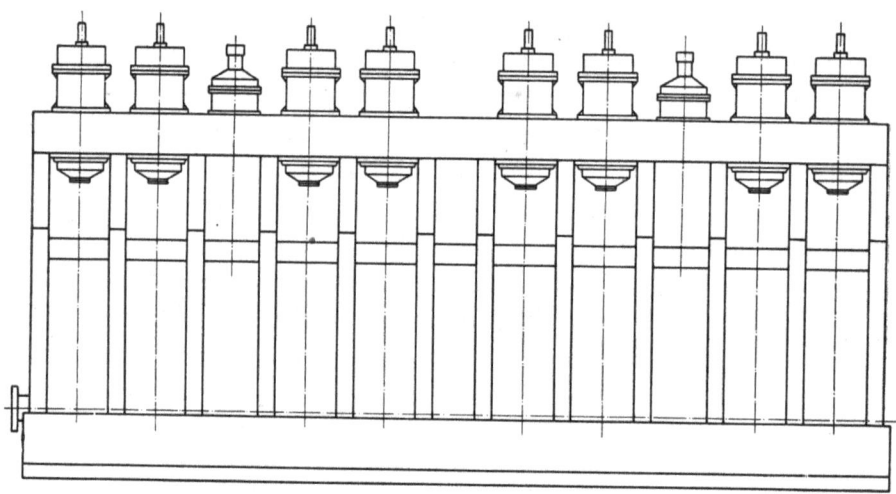

Abb. 9b. Doppeltw. Viertakt-Ölmaschine, 12 000 PS_e, 100 Umdrehungen/Min.

h) Die Gefahr der Wärmespannungen in den heißesten Teilen der Zylinder und Zylinderdeckel ist bei kleinen Zylindern wesentlich geringer als bei großen. Ohne Zweifel wächst die Schwierigkeit der betriebssicheren Herstellung von Ölmaschinenzylindern ganz erheblich mit dem Zylinderdurchmesser.

i) Das gleiche gilt von den Absolutwerten der Druckkräfte, welche die Zylinderdeckelschrauben und die Verbindung der Zylinder mit dem Gestell beanspruchen. Mit der Größe der Zylinder werden die erforderlichen Konstruktionen immer schwieriger und unbeholfener und verlieren immer mehr an Betriebssicherheit. Man wird mir Recht geben, daß über ein gewisses Maß, welches nicht sehr weit von 1 m entfernt ist, hinaus eine Vergrößerung der Zylinderdurchmesser praktisch unmöglich ist.

k) Für die Verwirklichung der auf die Ausnützung der Abgaswärme und der Kühlmantelwärme gerichteten Bestrebungen eignet sich der nicht umsteuerbare schnellaufende Motor besonders gut. Bei den kleinen Abmessungen der Zylinder lassen sich die Kühlräume im Mantel und Deckel leichter für höheren Druck ausbilden, während andererseits das „Heißverfahren" der nicht umsteuerbaren Maschinen im Betriebe sich viel leichter bewerkstelligen läßt als bei den direktwirkenden umsteuerbaren Maschinen.

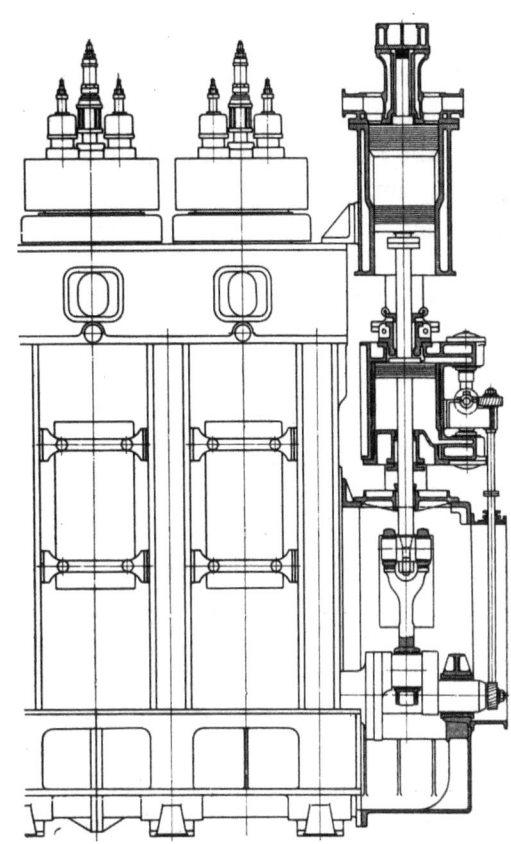

Abb. 10. Hilfsdampfzylinder.

Oben ist bereits darauf hingewiesen worden, daß für die Maschinenanlage des Frachtdampfers für die Deutsch-Australische Dampfschiffs-Gesellschaft Abgasausnutzung in einer Turbodynamo vorgesehen ist. In Abb. 10 sehen Sie einen Vorschlag für die Ausnutzung der Abgaswärme zum Antrieb des Kompressors dargestellt. Der Dampfzylinder ist unterhalb des Kompressors angeordnet, dessen Leistung auf diese Weise beinahe ganz durch Dampf bestritten wird, welcher in einem Abgaskessel gewonnen ist. Da die Maschine immer nur in einem Sinne umläuft, bedeutet der angehängte Dampfzylinder keinerlei Komplikation.

Soweit die Aufstellung der Vorzüge unseres Systems. Es sei nun noch gestattet, eine kurze allgemeine Bemerkung über die Dauerhaftigkeit und Wirtschaftlichkeit, sowie den Schmierölverbrauch relativ schnellaufender Ölmotoren einzuschieben.

Was die erstere betrifft, habe ich mich bei einer Anzahl von Stellen, welche Ölmotoren mit Tourenzahlen von etwa 200—300 pro Minute seit längerer Zeit im Betrieb haben, erkundigt und dabei festgestellt, daß man mit dem Dauerbetrieb solcher Maschinen dort sehr zufrieden ist. Das Nachpassen von Kurbel- und Grundlagern, Ausbüchsen von Gestängeteilen usw. sei seit einer Reihe von Jahren nicht notwendig gewesen. Ich gestatte mir die gleiche Anfrage an die Herren, welche seit längerer Zeit Automobile besitzen, wie sich die mit 1800 bis

2400 Umdrehungen arbeitenden Motoren derselben bewährt haben. Die Herren werden mir bestätigen, daß trotz Fahrens auf schlechten Straßen, trotz Ausführung von weiten Reisen mit hoher Geschwindigkeit und dauernder Volleistung jahrelang keine Überholungsarbeiten an den Motoren vorgekommen sind. Es liegt auch gar kein Grund vor, warum ein relativ schnell laufender, ja sogar ein sehr schnell laufender Motor, wenn nur die Abmessungen der Gestänge richtig sind, größere Nacharbeiten im Betrieb erfordern sollte als ein langsam laufender Motor. Die Montage einer kleinen Maschine kann viel leichter mit der erforderlichen Genauigkeit ausgeführt werden, die Absolutwerte der zu übertragenden Kräfte sind geringer, der Einfluß von Wärmedehnungen verschwindet bei der Verkleinerung der Dimensionen immer mehr und mehr, eine sorgfältige Schmierung läßt sich bei kleinen Flächen sehr viel leichter durchführen usw.

Was ferner die Wirtschaftlichkeit schnellaufender Motoren anbelangt, gestatte ich mir beispielsweise anzuführen:

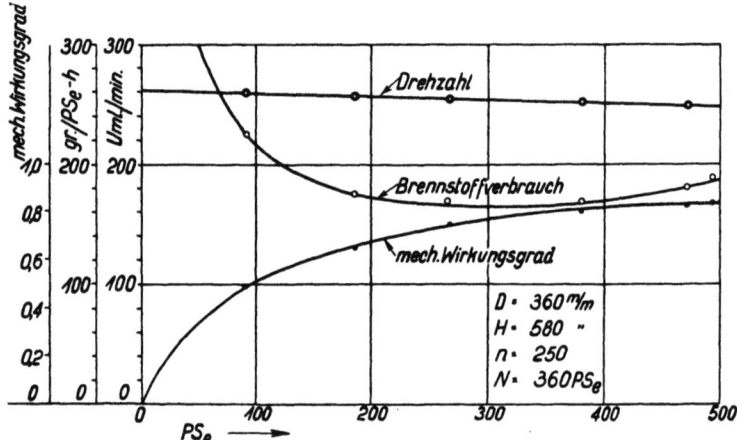

Abb. 11. Kompressorloser Vierzylinder-Dieselmotor der Motorenfabrik Deutz A.-G.

1. Die Versuche, welche Herr Prof. Maier an einer kompressorlosen Maschine der Motorenfabrik Deutz A.-G. ausgeführt hat und deren Resultate mir in entgegenkommender Weise von dieser Firma zur Verfügung gestellt wurden. Es handelt sich hier um eine vierzylindrige, kompressorlose, einfachwirkende Maschine mit einer Konstruktionsleistung von 360 PS_e, also 90 PS_e pro Zylinder, bei einer Umdrehungszahl von etwa 250. Der Zylinderdurchmesser beträgt 360, der Hub 580 mm. In dem Kurvenblatt Abb. 11 sehen Sie die von Herrn Prof. Maier festgestellten Erprobungsresultate veranschaulicht, woraus zu entnehmen ist, daß der Ölverbrauch dieser kompressorlosen Maschine pro PS_e und Stunde bis auf einen Wert von 167 g herabgedrückt worden ist. Die Kolbengeschwindigkeit beträgt bei dieser Maschine 4,84 m/sek, der mittlere effektive Druck 5,45 kg/cm².

2. In der Britischen Reichsausstellung zu Wembley hat die Firma Beardmore einen schnellaufenden Beardmore-Tosi-Motor ausgestellt von folgenden Dimensionen: 2 Zylinder, Zylinderdurchmesser 345 mm, Hub 480 mm, Konstruktionsleistung 130 PS_e bei 250 Uml./min. Die Kolbengeschwindigkeit beträgt somit

4,0 m/sek, der mittlere effektive Druck 5,26 kg/cm². Die Maschine ist als einfachwirkende Tauchkolbenmaschine konstruiert. Eingehende Messungen an derselben haben einen Treibölverbrauch von 186 g/PS_e und Stunde ergeben.

3. Von Fraser & Chalmers wurden Versuche an einer vierzylindrigen Tauchkolbenmaschine veröffentlicht, welche bei 300 Umdr./min. eine Konstruktions-

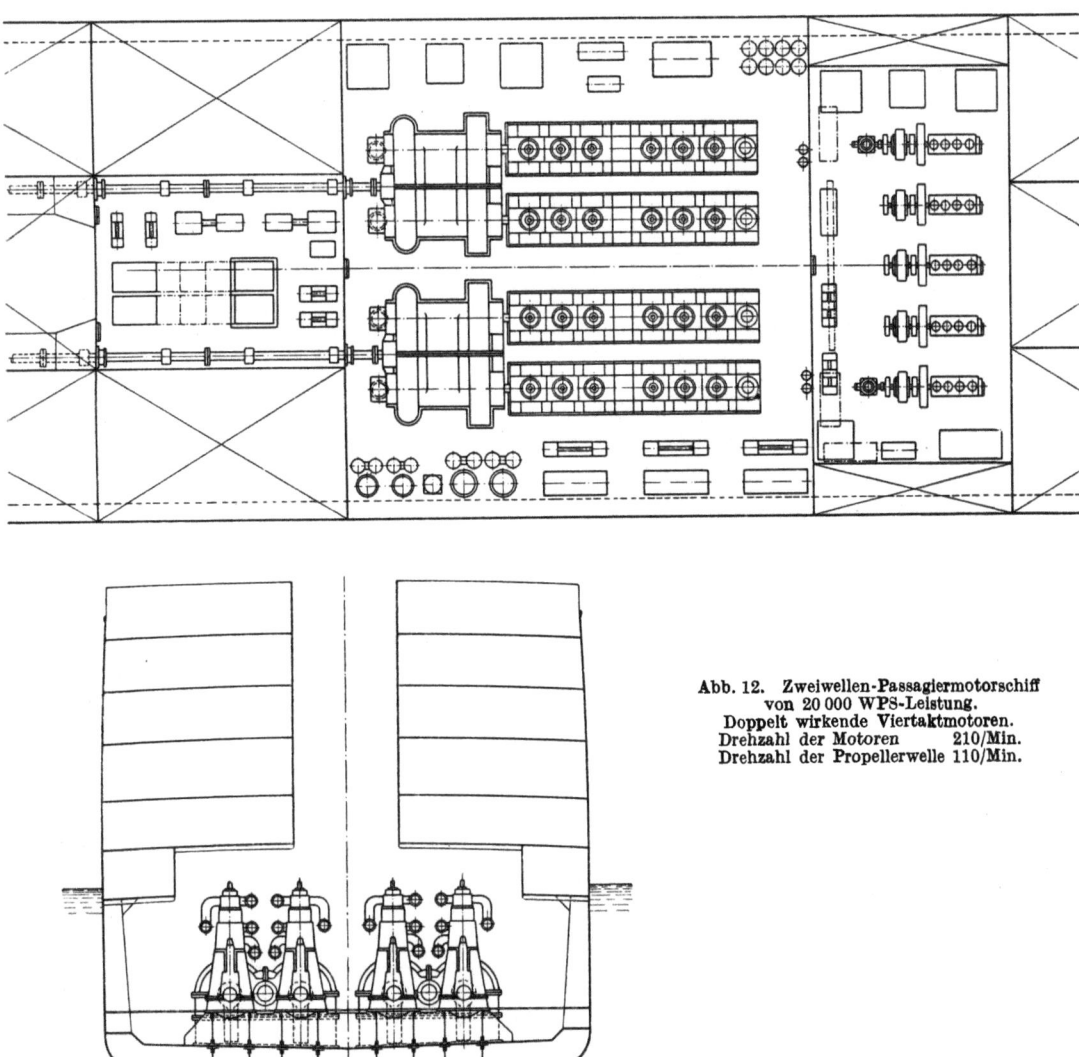

Abb. 12. Zweiwellen-Passagiermotorschiff
von 20 000 WPS-Leistung.
Doppelt wirkende Viertaktmotoren.
Drehzahl der Motoren   210/Min.
Drehzahl der Propellerwelle 110/Min.

leistung von 1000 PS hat. Der Zylinderdurchmesser dieser Maschine beträgt 546 mm, der Hub 558 mm. Die Kolbengeschwindigkeit erreicht bei dieser Maschine somit 5,58 m und der mittlere effektive Druck beträgt bei der Konstruktionsleistung etwa 5,8 kg/cm². Die Maschine ist bis 1150 PS belastet worden und scheint den Erwartungen vollständig entsprochen zu haben. Der Treibölverbrauch betrug 179 g/PS_e und Stunde, ist also als günstig zu bezeichnen.

Ich bezweifle nicht, daß es gelingen wird, die schnellaufenden Dieselmotoren noch ganz wesentlich in ihrer Ökonomie zu verbessern, und dies wird ganz von selbst eintreten, wenn sich diese Technik mehr und mehr entwickelt.

Der Schmierölverbrauch endlich, welcher bei schnellaufenden Motoren zu erwarten ist, wird sich bei geschickter Konstruktion mindestens in den Grenzen halten, welche für große, langsamlaufende Motoren üblich ist.

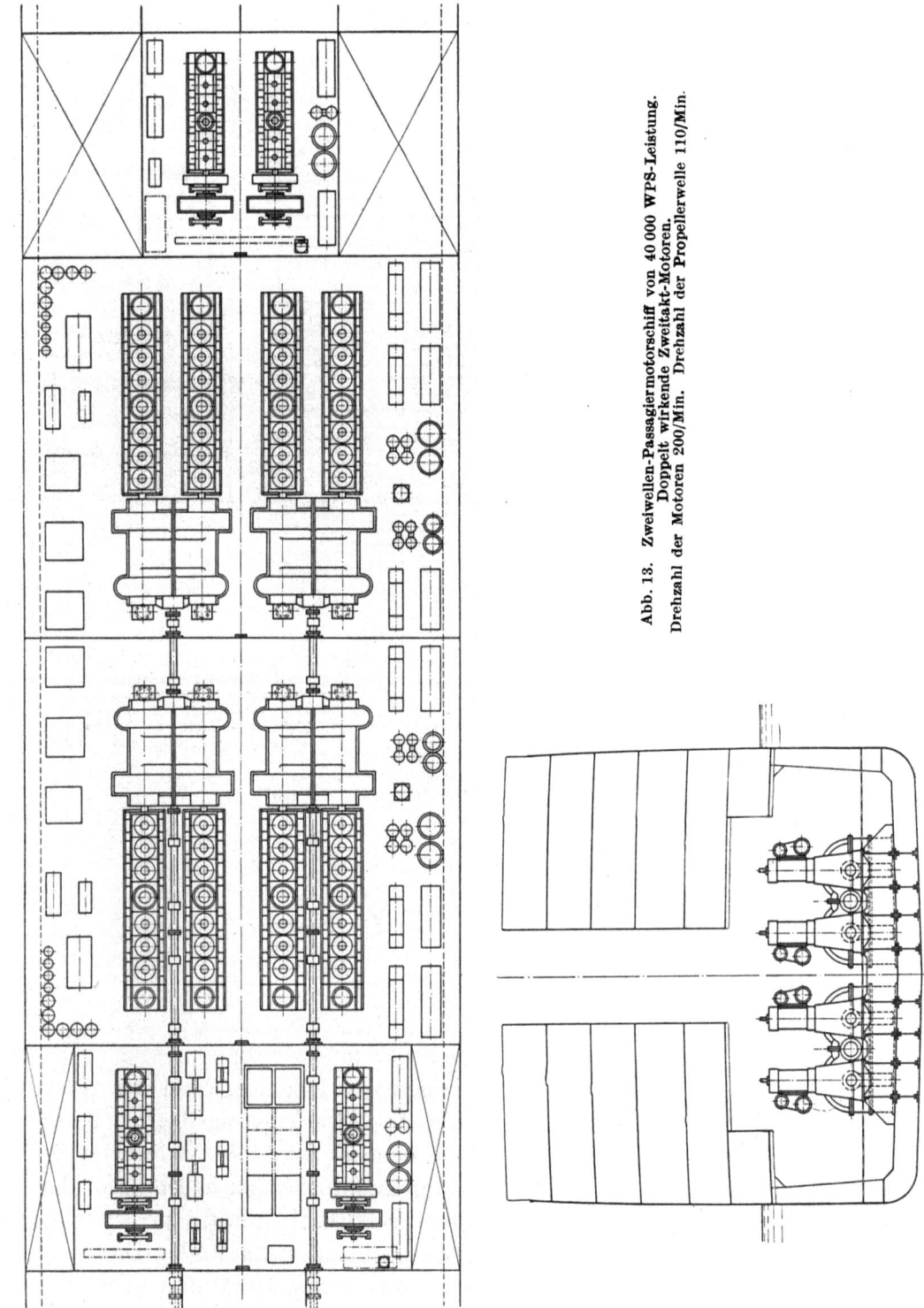

Abb. 13. Zweiwellen-Passagiermotorschiff von 40 000 WPS-Leistung. Doppelt wirkende Zweitakt-Motoren. Drehzahl der Motoren 200/Min. Drehzahl der Propellerwelle 110/Min.

Der Antrieb von Schiffen durch Ölmotoren mit hydraulisch-mechanischem Übersetzungsgetriebe. 209

Selbstverständlich können als Schiffsmotoren, es sei denn in Ausnahmefällen, von einer gewissen Größe ab, nur sog. Kreuzkopfmotoren in Frage kommen, d. h. also Motoren, welche nicht Tauchkolben besitzen, oder es müssen geschickte Konstruktionen angewendet werden, welche das Eindringen von Schmieröl in die Zylinder verhindern. Werden Tauchkolben ohne solche Vorsichtsmaßregeln verwendet, so besteht natürlich die Gefahr, daß das Öl aus dem Kurbelkasten an die Zylinderwände gespritzt wird und dort verbrennt. Ferner muß die Ein-

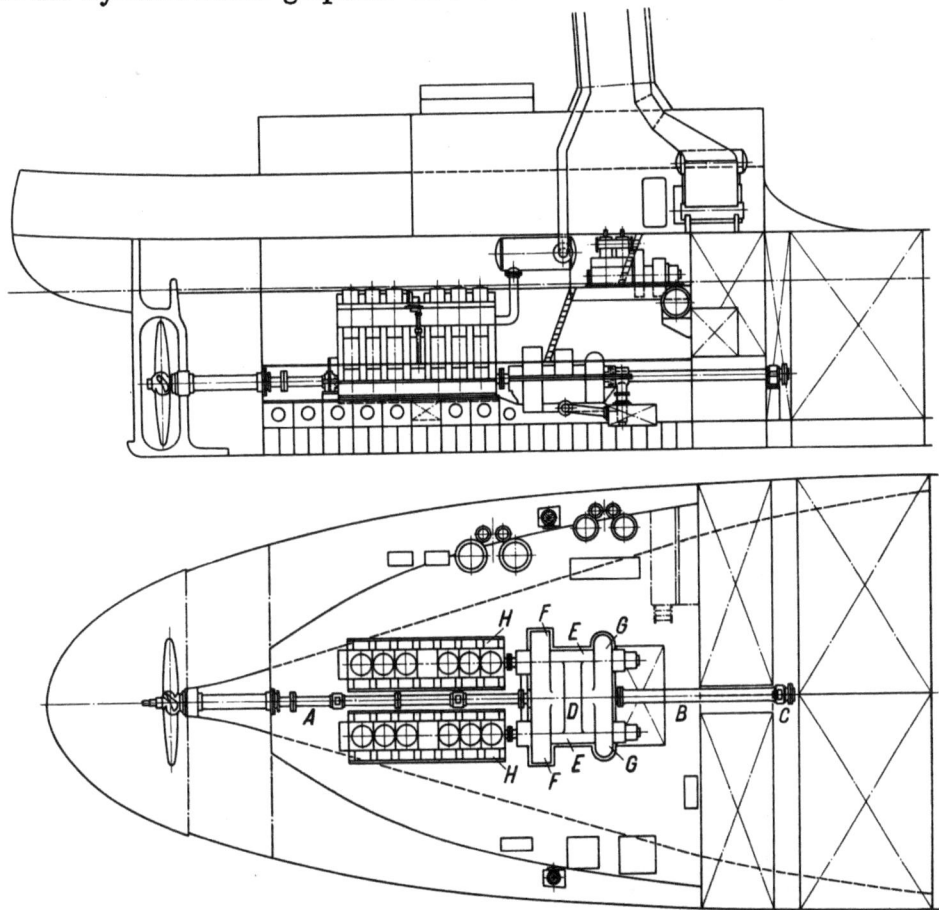

Abb. 14. Motoranlage für ein Petroleum-Tankschiff von 7500 t Tragfähigkeit.
Antrieb durch zwei kompressorlose Ölmaschinen mit Vulcangetriebe.
Hauptabmessungen: Leistung an der Propellerwelle 1900 WPS; Umdrehung an der Propellerwelle 80/Min.; Umdrehung an den Hauptmaschinen 280/Min.; Ölverbrauch der Hauptmaschinen gemessen an der Propellerwelle 178 g/WPS-Std.

kapselung in sorgfältigster Weise geschehen, damit keine Leckagen nach außen hin auftreten. Sind diese beiden Erfordernisse aber erfüllt, so ist meiner Ansicht nach beim schnellaufenden Motor wegen der kleineren Dimensionen ein kleinerer Schmierölverbrauch zu erwarten, aus dem rein praktischen Grunde, weil es bei kleinen Maschinen leichter ist, allen Leckagen und Verlusten nachzuforschen als bei großen, und weil sie sich besser dichthalten lassen als große.

Ich möchte Ihnen nunmehr noch einige Projekte von Maschinenanlagen vorführen, wozu ich ausdrücklich bemerke, daß ich nichts vorzeigen werde, für dessen Ausführung meine Firma nicht die volle Verantwortung übernehmen würde.

210 Der Antrieb von Schiffen durch Ölmotoren mit hydraulisch-mechanischem Übersetzungsgetriebe.

In Abb. 12 sehen Sie die Anlage eines Schiffes für Fracht und Passagiere von 20 000 WPS mit 2 Wellen. Auf jede Welle wirkt ein Getriebe, welches durch zwei 5000 pferdige Maschinen, die im doppeltwirkenden Viertakt arbeiten, angetrieben wird.

Abb. 13 zeigt das Projekt eines schnellen Passagierschiffes von 40 000 WPS. Es sind 2 Wellen mit je 2 Getrieben vorgesehen, die sich von den im vorigen Projekt dargestellten nicht unterscheiden, während die Motoren doppeltwirkende Zweitaktmotoren (System MAN-Vulcan) von je 5000 PS sind.

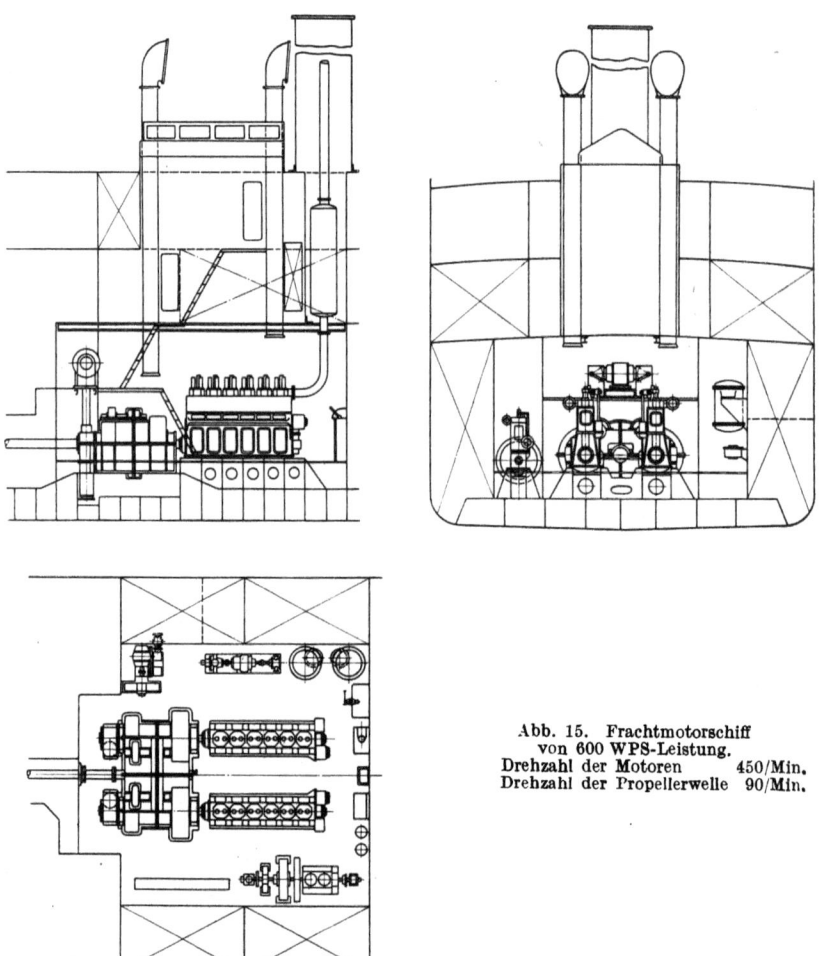

Abb. 15. Frachtmotorschiff
von 600 WPS-Leistung.
Drehzahl der Motoren   450/Min.
Drehzahl der Propellerwelle 90/Min.

In Abb. 14 finden Sie das Projekt der Maschinenanlage für ein Tankschiff. Der Antrieb erfolgt durch 2 kompressorlose Ölmaschinen H, welche mit 280 Umdr./min. laufen. Die Drehzahl der Propellerwelle A ist mit 80 pro Minute und die Gesamtleistung mit 1900 WPS vorgesehen. Die Leistung der Ölmaschinen wird in bekannter Weise durch hydraulische Kupplungen F und G auf die Ritzel E und von diesen auf das große Zahnrad D übertragen. Von dem letzteren wird aber die Leistung nicht direkt auf die Propellerwelle A geleitet, sondern zunächst auf eine Hohlwelle B, welche bis zum vorderen Ende des Maschinenraumes oder noch besser durch einen kurzen Tunnel zum Kofferdamm zwischen Treiböltank und Laderaum geführt wird. Die Propellerwelle erstreckt sich vom Propeller durch das Stevenrohr, das große Rad und die Hohlwelle hindurch bis zum vorderen Ende der Hohlwelle, wo sie mit derselben bei C fest verbunden ist. Die in solcher Weise stark verlängerte und sehr elastische Propellerwelle kann auch, wenn Stöße auf die Schraube ausgeübt werden oder wenn eine Verlagerung der Welle im Stevenrohr eintritt, den ruhigen Gang der Ölmaschinen und des Ge-

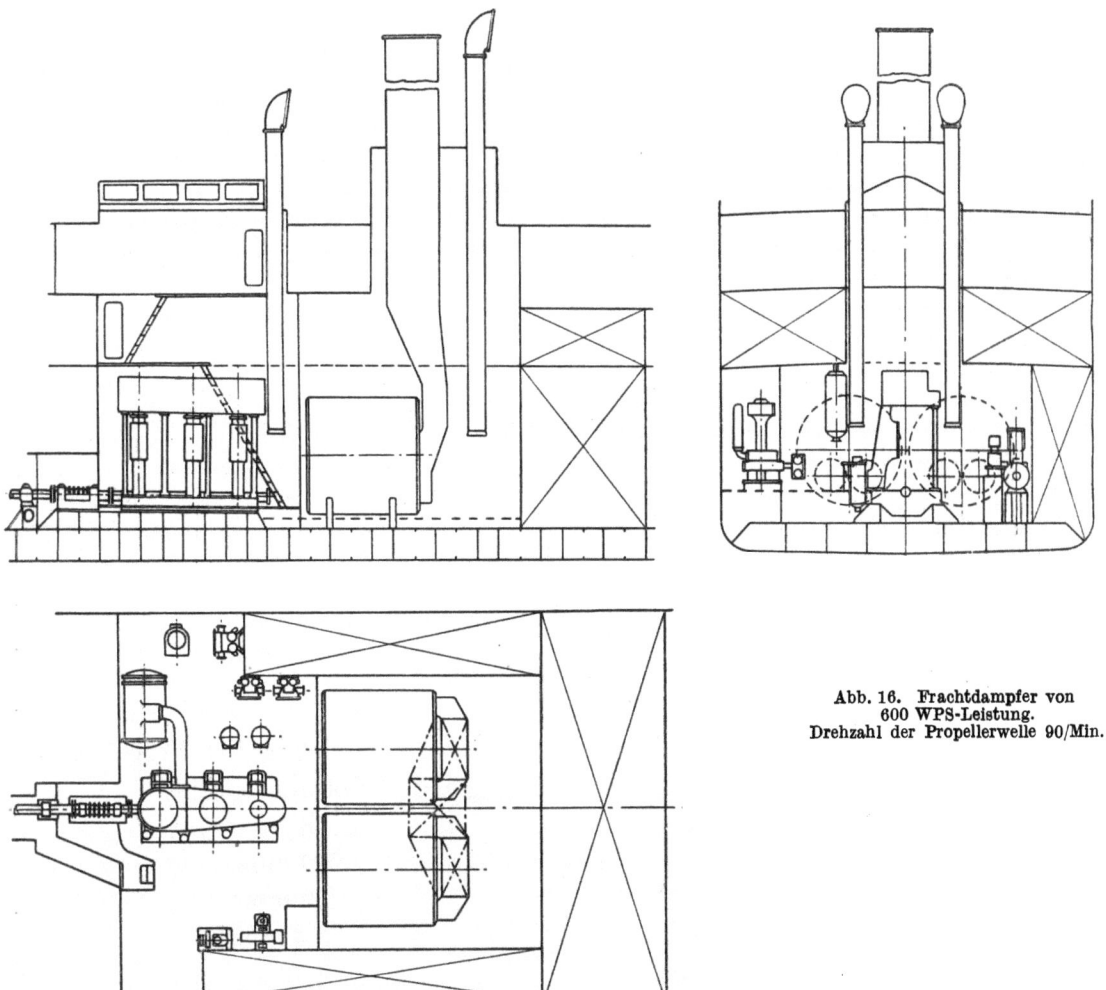

Abb. 16. Frachtdampfer von 600 WPS-Leistung. Drehzahl der Propellerwelle 90/Min.

triebes nicht störend beeinflussen, und es ist somit sicherer Dauerbetrieb von Motoren und Getriebe gewährleistet.

Ein Problem, welches in der nächsten Zeit akut werden dürfte, ist dasjenige des „kleinen Dieselschiffes". Die Reedereien, welche Schiffe von etwa 1200 bis 2400 t benützen, haben sich wegen der relativ hohen Beschaffungskosten der Motorenanlage sowie wegen des von ihnen beanspruchten großen Raumes und Gewichtes bisher noch nicht entschließen können, den Dampfmaschinenbetrieb mit Motorbetrieb zu vertauschen. Ein gangbarer Weg auch für solche Fahrzeuge, die Vorteile des Motorbetriebes zur Geltung zu bringen, ist die Verwendung schnellaufender Motoren mit hydromechanischem Getriebe. Da derartige kleine Schiffe häufig in engen Fahrwassern verkehren, relativ kurze Reisen zurücklegen und viel manövrieren müssen, ist eine solche Anlage hier besonders am Platze.

Abb. 15 zeigt Ihnen den Grundriß und Querschnitt der Anlage eines solchen Schiffes. Die Leistung der Anlage beträgt 600 WPS und wird von 2 Motoren

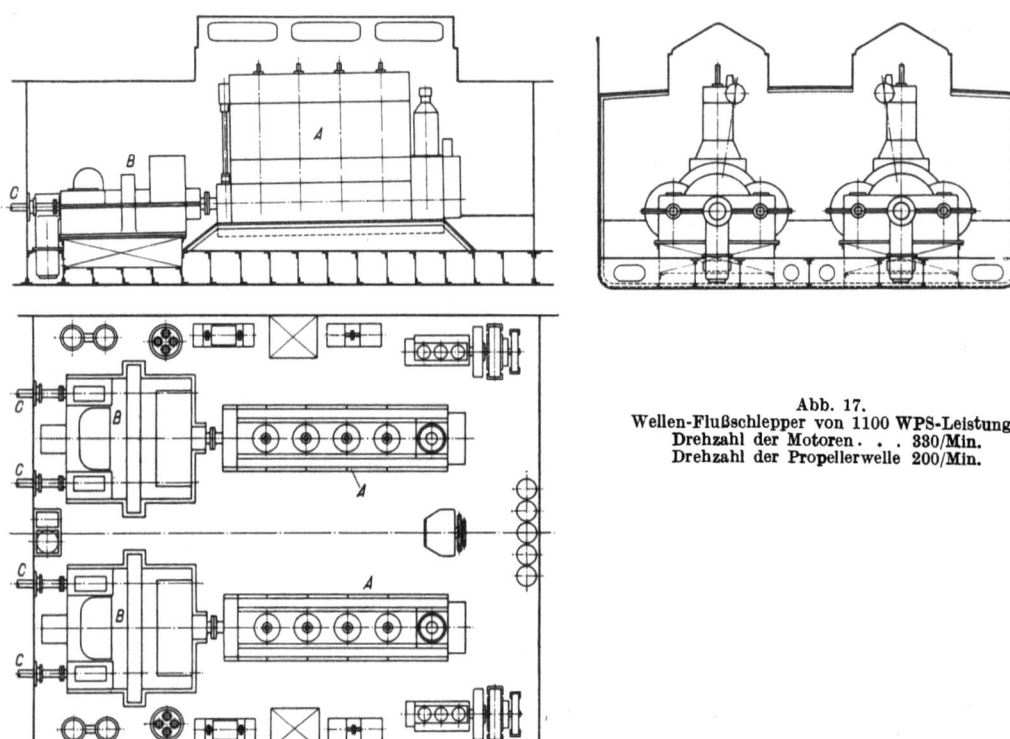

Abb. 17.
Wellen-Flußschlepper von 1100 WPS-Leistung
Drehzahl der Motoren . . . 330/Min.
Drehzahl der Propellerwelle 200/Min.

geliefert, welche mit 450 Umdrehungen laufen. Die Drehzahl der Propellerwelle ist 90 pro Minute. Die Hauptabmessungen der Motoren sind:

Anzahl der Zylinder 6
Zylinderdurchmesser . . . . 280 mm
Hub . . . . 360 mm
Kolbengeschwindigkeit . . . . 5,4 m/sek
Mittlerer effektiver Druck . . . . 4,73 kg/cm².

Sie sehen, daß diese beiden letzteren Werte durchaus innerhalb der Grenzen bleiben, welche für Dauerbetrieb z. B. bei Hilfsdieseldynamos schon heute als zulässig angesehen werden. Das Gewicht einer solchen Maschinenanlage beträgt betriebsfertig an Bord eingebaut 116 t, das äquivalente Gewicht einer Heißdampfmaschinenanlage 183 t (Abb. 16), die Grundfläche des Maschinenraumes 58 qm, die der äquivalenten Dampfmaschinenanlage nebst Kessel 101 qm.

Das in der Projektskizze dargestellte hydromechanische Getriebe weist eine Bauart auf, welche von der im vorstehenden beschriebenen etwas abweicht. In diesem Falle wird sowohl für den Vorwärts- wie für den Rückwärtsgang eine hydraulische Kupplung benützt. Die Umkehr des Drehsinnes erfolgt durch ein einfaches Zahnradvorgelege. Da je nach Lage des Falles für den Rückwärtsgang eine Leistung von 60—75% der Vorwärtsleistung vollauf genügt, ist die Kupplung für den Rückwärtsgang etwas kleiner als die Vorwärtskupplung ausgeführt.

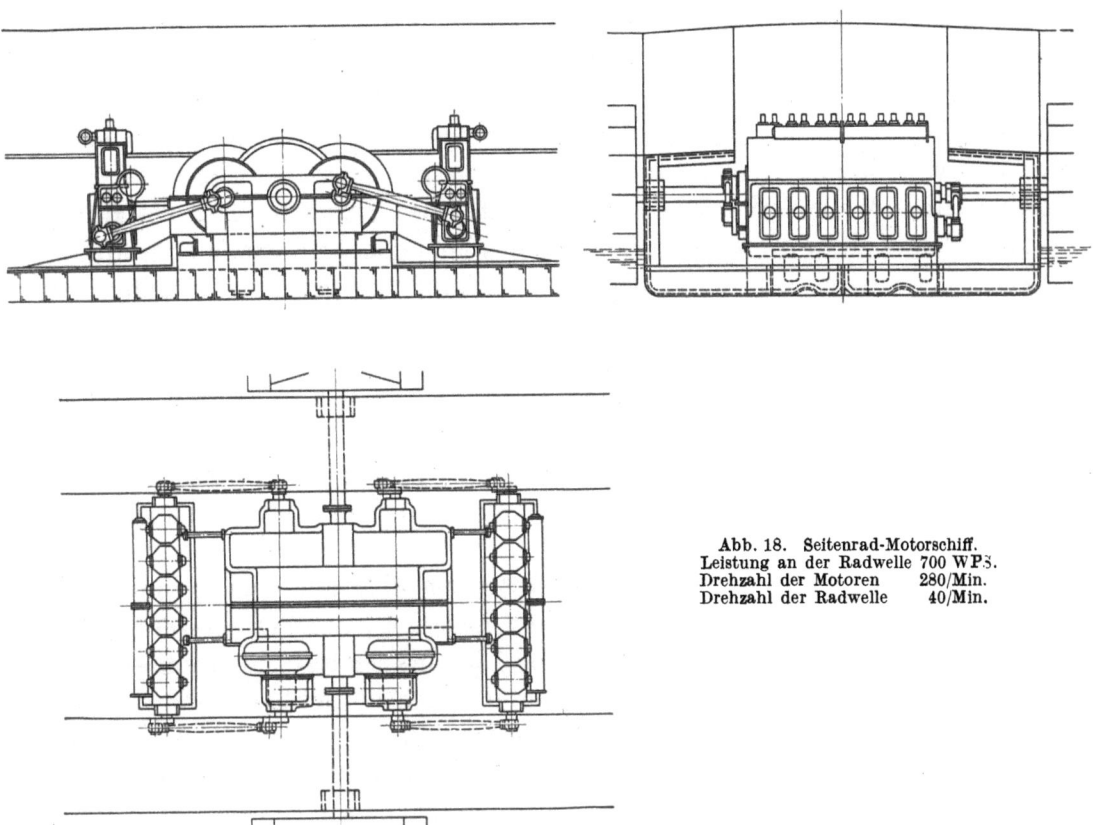

Abb. 18. Seitenrad-Motorschiff.
Leistung an der Radwelle 700 WPS.
Drehzahl der Motoren 280/Min.
Drehzahl der Radwelle 40/Min.

Dieses System stellt, um mich so auszudrücken, das Nonplusultra der Manövrierfähigkeit dar, da die Vorwärtskupplungen die Eigenschaft haben, mit größter Schnelligkeit ein sehr großes Moment aufzunehmen, sobald ihnen Flüssigkeit zugeführt wird.

Bemerkenswert ist bei diesem Projekt, daß die Dynamomaschine, welche den Strom für den Betrieb der Winden im Hafen liefern soll, durch ein ausrückbares Gestänge von den Hauptmotoren angetrieben wird, und zwar wahlweise von einem derselben. Auf diese Weise wird eine teuere Hilfsdieselmaschine gespart. Ein Abkuppeln der Hauptmaschinen von der Propellerwelle ist nicht erforderlich, da ja im Hafen sowieso die hydraulischen Kupplungen geleert sind.

Auch bei flachgehenden Fahrzeugen wird die Einführung des Motorantriebes durch das hydromechanische Getriebe erleichtert.

In Abb. 17 sehen Sie die Motoranlage für einen flachgehenden Flußschlepper mit einer Leistung von 1100 WPS, verteilt auf 4 Wellen. Dieselben müssen mit der relativ hohen Drehzahl von 200 Umdr./Min. betrieben werden, da der geringere Tiefgang sehr kleine Propellerdurchmesser erfordert. Die Motoren arbeiten mit

330 Touren und sind wegen der geringen zur Verfügung stehenden Deckshöhe als einfachwirkende Viertaktmaschinen entworfen.

Je 2 Wellen C werden gemeinsam von einem Motor A angetrieben, dessen Leistung mittels des Getriebes B auf die beiden Wellen übertragen wird. Das Antriebsmaterial ist in der Mitte zwischen den auf den beiden seitlichen Wellen sitzenden großen Rädern angeordnet; wie im vorher beschriebenen Falle dient zum Rückwärtsgang ebenfalls eine hydraulische Kupplung mit Zahnradvorgelege.

Für Seitenrad und Heckradschiffe bildet das hydromechanische Getriebe geradezu die Lösung des Motorproblems. Die Antriebsmaschinen werden querschiffs aufgestellt und treiben mittels Kuppelstangen eine ebenfalls querschiffs liegende blinde Welle, auf welcher der Primärteil des Vorwärts- bzw. des Rückwärtskreislaufes sitzt. Zwischen beiden ist das hohl gebohrte Ritzel angeordnet, an welches auf der einen Seite die Sekundärkupplung für Vorwärtsgang, auf der anderen Seite diejenige für Rückwärtsgang angeflanscht ist. Das Ritzel treibt das auf der Radachse aufgekeilte große Zahnrad an. Eine solche Anlage ist in Abb. 18 dargestellt, welche hiernach ohne weiteres verständlich ist. Die Leistung an der Radachse beträgt 700 PS bei 40 Umdr./min., für 280 Umdrehungen der Dieselmaschinen. Wird eine größere Leistung verlangt, so lassen sich auch 2 Maschinen hintereinander aufstellen, die miteinander ebenfalls durch Kuppelstangen verbunden sind.

Ich habe mir gestattet, Ihnen im vorstehenden über die Vorzüge und Entwicklungsmöglichkeiten, welche ich unserem neuen Antriebssystem zuschreibe, zu berichten. Heute, wo der schnellaufende Dieselmotor erst am Anfang seiner Entwicklung steht, wird es noch Fälle geben, in welchen direktwirkende Anlagen aus dem einen oder anderen Grunde dem indirekten Antrieb gleichwertig sind, und ich räume gern ein, daß heute noch in jedem einzelnen Falle sorgfältig geprüft werden muß, welche der beiden Antriebsarten sich besser eignet.

Sobald man indessen gelernt haben wird, schnellaufende Dieselmaschinen mit hoher Ökonomie und ebenso betriebssicher, wie z. B. die Automobilmotoren es sind, zu bauen, wird sich das Bild ändern und der indirekte Antrieb allgemein berufen sein, ebenso wie dies bei der Turbine geschehen, den direktwirkenden Motor zu überflügeln.

Aus den vielen Diskussionen, welche ich bereits mit Fachgenossen verschiedener Länder über unser System geführt habe, weiß ich, daß dasselbe von der Mehrzahl als äußerst entwicklungsfähig angesehen wird, daß aber auch manche die Einführung von schnellaufenden Ölmaschinen als eine Utopie ansehen, welche an allen möglichen technischen Schwierigkeiten zu scheitern verurteilt ist. Demgegenüber möchte ich hier der Ansicht Ausdruck geben, daß, wenn die Schiffsmaschinenindustrie den Antrieb durch schnellaufende Dieselmotoren nicht verwirklicht, die Flugzeug- und Luftschiffindustrie dies ganz bestimmt tun wird. Niemand von Ihnen wird glauben, daß der Fortschritt des Luftverkehrs aufzuhalten ist. Dann aber wird eine der ersten Forderungen sein, daß der Betrieb der Motoren nicht mehr durch das teure feuergefährliche Benzin, sondern durch billige und ungefährliche Dieselöle erfolgt. Der Preis der letzteren ist heute etwa $1/5$ von dem des ersteren. Aber auch dies wird nicht genügen; die Konstrukteure von Flugzeugen und Luftschiffen werden darauf dringen müssen, daß auch der schnellaufende Dieselmotor, wenn einmal eingeführt, immer ökonomischer gestaltet wird, da die Reduktion des mitzuführenden Brennstoffgewichts ja zweifellos eine der wichtigsten Fragen für die Luftfahrt ist. Ich meine also: der ökonomische, betriebssichere, schnellaufende Dieselmotor wird unter allen Umständen kommen; warum soll die Schiffahrt nicht rechtzeitig sich hierauf einstellen?

Tabelle.

	Frachtschiff von 2000 t Tragfähigkeit	Seeschlepper	Frachtschiff von 9500 t Tragfähigkeit	Frachtschiff von 11 300 t Tragfähigkeit	Frachtschiff von 6300 t Tragfähigkeit	Frachtschiff von 9000 t Tragfähigkeit	Frachtschiff von 9000 t Tragfähigkeit	Frachtschiff v. 9500 t Tragf. (Duplikat)
Schiffstyp								
Besteller des Schiffes	Vulcan-Werke Hamburg u. Stettin A.-G.	Bremer Vulkan, Bremen	Deutsch-Australische Dampfschiffs-Ges.	Deutsche Dampfschiffahrts-Ges. „Hansa"	Umbau für England	Hugo Stinnes-Linien, Hamburg	Hugo Stinnes-Linien, Hamburg	Deutsch-Australische Dampfschiffs-Gesellschaft
Erbauer des Schiffes	Vulcan-Werke Hamburg u. Stettin A.-G.	Bremer Vulkan, Bremen	Vulcan-Werke Hamburg u. Stettin A.-G.	Vulcan-Werke Hamburg u. Stettin A.-G.	Umbau des Schiffes durch Vulcan-Werke Hamburg	A.-G. Weser, Bremen	Bremer Vulkan, Bremen	Vulcan-Werke Hamburg-Stettin A.-G
Anzahl der Propellerwellen	1	1	1	1	1	1	1	1
Anzahl und Art der Ölmaschinen	2 einfachwirkende 6 zylindrige Viertaktmotoren Syst. MAN-Vulcan	2 einfachwirkende 4 zylindrige kompressorlose Dieselmotoren	2 einfachwirkende 8 zylindrige Viertaktmotoren Syst. MAN-Vulcan	2 einfachwirkende 8 zylindrige Viertaktmotoren Syst. MAN-Vulcan	2 doppeltwirkende 3 zylindrige Viertaktmotoren	2 einfachwirkende 8 zylindrige Viertaktmotoren	2 einfachwirkende 8 zylindrige Viertaktmotoren	2 einfachwirkende 8 zylindrige Viertaktmotoren Syst. MAN-Vulcan
Erbauer der Motoren	Vulcan-Werke Hamburg u. Stettin A.-G.	Bremer Vulkan, Bremen	Vulcan-Werke Hamburg u. Stettin A.-G.	Vulcan-Werke Hamburg u. Stettin A.-G.	Vulcan-Werke Hamburg u. Stettin A.-G.	A.-G. Weser, Bremen	Bremer Vulkan, Bremen	Vulcan-Werke Hamburg u. Stettin
Drehzahl der Ölmaschinen	300	300	215	210	240	245	245	215
Drehzahl der Propellerwelle	85	100	80	78	90	80	80	80
Gesamtleistung a. d. Propellerwelle WPS	620	490	4100	3800	1600	3050	3050	4100

Erörterung.

Herr Prof. H. Kluge, Karlsruhe:

Königliche Hoheit! Meine Herren! Die Entwicklung des Dieselmaschinenbaues für den Schiffsantrieb scheint mir heute an einem Punkte angelangt zu sein, an dem wir uns tatsächlich entscheiden sollten, ob wir auch hier den Weg einschlagen wollen, der auf so vielen Gebieten des Maschinenbaues in den letzten Jahrzehnten beschritten wurde, nämlich den des Schnellbetriebs. Dabei wird vor allem die Frage gestellt werden müssen, ob es möglich ist, ein brauchbares Übersetzungsgetriebe für Dieselmaschinen zu schaffen, was ja, wie insbesondere die gestrigen Ausführungen von Herrn Direktor Frahm gezeigt haben, wegen der vorliegenden Schwingungsprobleme usw. eine wesentlich schwierigere Aufgabe als für Turbinenantrieb ist.

Ich glaube nun sagen zu können, daß diese Aufgabe durch das Vulkangetriebe, das Sie heute kennengelernt haben, gelöst ist. Ich stehe auf diesem Standpunkt nicht nur auf Grund der naturgemäß kurzen Ausführungen, die Herr Dr. Bauer Ihnen heute gegeben hat, sondern auf Grund eigener, sehr genauer Kenntnis des Getriebes und seiner Eigenschaften aus meiner früheren Tätigkeit bei den Vulkanwerken. Das Getriebe besitzt in der Tat eine, man kann wohl sagen, verblüffende Häufung von günstigen Eigenschaften für den Dieselmaschinenantrieb von Schiffen. Seine Betriebssicherheit ist durch die Fahrten des Motorschiffes Vulkan, über welche Sie heute Näheres gehört haben, erwiesen. Übrigens kann das bezüglich der Zahnräder keine Überraschung für diejenigen sein, die sich einmal überlegt haben, unter welchen Bedingungen diese Zahnräder arbeiten. Zunächst liegt gegenüber dem Turbinenantrieb ein großer Vorteil darin, daß das Ritzel infolge der kleinen Übersetzung einen verhältnismäßig großen Durchmesser erhält, so daß Deformationen, die infolge von Biegungs- oder Torsionsbeanspruchungen entstehen, überhaupt keine Rolle spielen, während das beim Turbinengetriebe in recht erheblichem Maße der Fall sein kann. Der große Ritzeldurchmesser hat ferner zur Folge, daß eine erhebliche Zahl von Zähnen gleichzeitig im Eingriff ist und die Zahnflanken geringere Krümmung, also eine günstigere Form als bei kleineren Ritzeldurchmessern erhalten. Dazu kommt, daß die Umfangsgeschwindigkeit der Räder nur $1/4$—$1/3$ der bei Turbinengetrieben vorhandenen ist; schließlich zweifle ich nicht daran, daß die Verhältnisse für den Zahneingriff dieser Getriebe auch deshalb günstiger liegen als auf vielen Turbinenschiffen, weil durch die Einschaltung der nachgiebigen hydraulischen Kupplungen in schwingungstechnischer Hinsicht ja eine vollständige Trennung der Antriebsdieselmaschinen vom Getriebe bewirkt wird, während bei Turbinenanlagen die laufenden Massen der Turbinen des Zahnradgetriebes und des Propellers immer mehr oder weniger starr verbunden sind.

Aber, meine Herren, das Getriebe ist nicht nur an sich eine einwandfreie, robuste und allen Betriebszufälligkeiten gewachsene Maschine, sondern — und das ist für den Gesichtswinkel, unter dem wir das ganze Problem zu betrachten haben, das Wichtigste — es verändert die an die Antriebsmaschinen zu stellenden Anforderungen von Grund auf: Aus den direkten Maschinen mit ihren großen Abmessungen werden nicht nur kleine Maschinen, sondern aus Maschinen, die bei Tourenrückgang oder beim Manövrieren in kritische Drehzahlgebiete gelangen, in deren heiße Zylinder beim Umsteuern, ich möchte fast sagen, in brutalster Weise kalte Luft eingelassen wird, werden Maschinen, die dauernd im gleichen Sinne umlaufen, die beim Umsteuern unter der Einwirkung ihres Reglers kaum ihre Drehzahl ändern, für die es keine kritischen Sperrgebiete mehr gibt und die beim Manövrieren zwar schnell, aber äußerst sanft durch das einfache Auffüllen und Entleeren der hydraulischen Kupplungen belastet oder entlastet werden.

Wir haben es hier also mit Dieselmaschinen zu tun, an welche nur Anforderungen wie etwa an gewöhnliche stationäre Maschinen gestellt werden. Und hierin scheint mir auch der wesentliche Unterschied des Vulcangetriebes gegenüber dem Antriebe der Firma Blohm & Voß zu liegen; denn bei diesem sind die Dieselmaschinen nach wie vor mit den Schwierigkeiten des Schiffmaschinenantriebes belastet, die ja bei schnellaufenden Maschinen unter Umständen noch schwerer ins Gewicht fallen als bei langsam laufenden. ich erinnere nur an das notwendig werdende Abbremsen der Schwungräder.

Meines Erachtens kann die Lösung der Firma Blohm & Voß nicht als eine ganz vollkommene betrachtet werden, obwohl sie ja zweifellos von dem hohen technischen Können der Firma Zeugnis ablegt. Würde das Vulcangetriebe nicht gekommen sein, so glaube ich trotzdem, daß auch der Antrieb von Blohm & Voß erhebliche Verbreitung gefunden haben würde, und zwar wegen der Vorzüge, welche dem Schnellbetrieb an sich bzw. den sich dabei ergebenden kleinen Maschinen anhaften. Ich darf Ihnen kurz einige davon anführen:

Man beachte z. B. zugunsten der kleinen Maschinen, daß die verschiedenen Größen von Maschinen gleicher Type nicht einfach treue Ebenbilder im verschiedenen Maßstabe sind, sondern daß Aufbau und Ausrüstung um so einfacher werden, je kleiner die Ausführung ist, ohne daß dadurch für die vergleichsweise Leistungsfähigkeit der kleineren Maschine irgendein Nachteil entsteht. Dazu kommt nun im vorliegenden Falle für den Schiffantrieb bei der kleineren Maschine, sobald sie mit dem Vulcangetriebe gekuppelt ist, der Wegfall der gesamten Umsteuerungsvorrichtungen. Ferner gibt es bei allen Maschinen eine von der Ausführungsgenauigkeit und den auftretenden Deformationen usw. abhängige Beanspruchungs- und Drehzahlgrenze, unter welcher dieselben jahrelang ohne Störung und Reparatur laufen können, bei deren geringster Überschreitung aber dauernd Nacharbeiten und Überholungen notwendig sind. Diese Grenze liegt zweifellos bei kleinen Maschinen wesentlich höher als bei großen. In bin der Ansicht, daß die schnell laufende Maschine gerade beim Vulcanantrieb wegen ihrer Kleinheit, der Möglichkeit genauer Herstellung, ihrer günstigen Betriebsverhältnisse sich unter dieser Grenze befindet, während die gleichwertigen direkten Maschinen nicht nur infolge ihrer großen Abmessungen, sondern auch wegen der ungünstigen Beanspruchung beim Umsteuern, des Durchfahrens von kritischen Drehzahlen und der Unmöglichkeit, sie im Leerlauf anzulassen, sich sehr häufig über dieser Grenzzahl befinden werden.

Und wenn dies der Fall ist — ich zweifle nicht daran — so sind die kleinen Maschinen trotz ihrer höheren Drehzahl, und ihrer größeren Zylinderzahl betriebssicherer als die großen. Dazu kommt als weiterer Vorzug, daß fast alle Überholungen der kleinen Maschinen — Herr Dr. Bauer hat ja schon darauf hingewiesen — vom Bordpersonal ausgeführt werden können, und daß jede Maschine bei Störungen irgendwelcher Art sofort außer Betrieb genommen werden kann, ehe diese Störungen einen größeren Umfang angenommen haben.

Aus diesen Überlegungen heraus bin ich sogar der Meinung, daß der Antrieb durch schnellaufende Maschinen mit hydro-mechanischem Getriebe selbst dann in ernsthaften Wettbewerb mit dem direkten Antrieb würde treten können, wenn dabei weder Gewichts-, noch Kosten-, noch Raumersparnisse herausspringen würden. Da dies aber, wie wir aus verschiedenen Veröffentlichungen der Vulcanwerke wissen, vielfach in hohem, oft überraschendem Maße der Fall ist, da der Antrieb ferner, wie die vorgeführten Bilder gezeigt haben, eine überraschende Anpassungsmöglichkeit an die Betriebsbedingungen ganz verschieden gearteter Schiffe besitzt, so glaube ich, daß an dem Erfolg dieser Art des Antriebs kaum gezweifelt werden kann.

Ich bin der Meinung, daß die schnellaufende Maschine auch für sehr große Leistungen vorzuziehen ist, denn ich kann mir nun einmal nicht vorstellen, daß der doppeltwirkende Zweitaktmotor mit seinen ungeheuren Abmessungen — Maschinen von 12000 PS bis 14000 PS erhalten z. B. eine Höhe von 10—12 m — eine endgültige Lösung bedeutet. Ich glaube vielmehr, daß die Entwicklung der Technik hierüber ebenso wie über die Riesenturbinen der Schiffe der Imperatorklasse hinwegschreiten wird. Es ist selbstverständlich, daß man beim Schnellbetrieb nicht sogleich zu extremen Drehzahlen gehen sollte. Man kann aber annehmen, daß die schnellaufenden Dieselmaschinen sich ebenso wie alle Maschinen, die einmal den Weg zur Schnelläufigkeit beschritten haben, in ihren Drehzahlen immer weiter nach der hohen Seite hin entwickeln werden, so daß mit der Zeit der Antrieb durch Schnelläufer dem durch Langsamläufer immer mehr überlegen wird.

Deshalb meine ich, meine Herren, sollten wir in Deutschland, die wir immer bestrebt gewesen sind, sparsam zu arbeiten, und die wir das heute bei den schlechten wirtschaftlichen und politischen Verhältnissen ganz besonders nötig haben, sobald wie möglich zum Antrieb durch schnellaufende Maschinen übergehen. (Beifall.)

Herr Marine-Oberingenieur a. D. Gerhards, Kiel:

Eure Königliche Hoheit! Meine sehr verehrten Herren! Die Vorteile, die die schnellaufenden Dieselmaschinen in Verbindung mit Umsetzungsgetriebe zur Erreichung eines guten Propellerwirkungsgrades haben, sind uns ja gestern und heute aus berufenem Munde erläutert worden, so daß wir sie wohl als be-

Der Antrieb von Schiffen durch Ölmotoren mit hydraulisch-mechanischem Übersetzungsgetriebe. 217

stehend betrachten können. Wohlverstanden ist bei allen Anwendungen dieser Maschinen von Fall zu Fall zu untersuchen — und das haben auch alle Redner mit anerkennenswerter Deutlichkeit hier betont — ob für den vorliegenden Fall schnellaufende Maschinen mit Umsetzungsgetriebe auch am Platze sind.

Es lohnt sich, auf einige Punkte des praktischen Bordbetriebes, welche Herr Dr. Bauer soeben betont hat, näher einzugehen.

Was zunächst die Betriebssicherheit und Lebensdauer der schnellaufenden Maschine anbetrifft, so haben wir gestern schon von Herrn Dr. Frahm gehört, daß der befürchtete rasche Verschleiß der schnelllaufenden Maschine bisher nicht eingetreten ist. Ergänzend dazu möchte ich hier die Tatsache feststellen, daß z. B. Unterseeboots-Dieselmaschinen des Werkes Augsburg der M.A.N. bei der ersten Klassifikation genau so wieder zusammengesetzt werden konnten, wie sie auseinandergebaut worden waren. An den wesentlichen Teilen war kein Verschleiß festzustellen.

Was nun die Betriebssicherheit einer Maschinenanlage allgemein anbetrifft, so habe ich schon einmal an einer anderen Stelle in der Öffentlichkeit den Satz vertreten, daß die Betriebssicherheit einer Maschinenanlage mit der Zahl der gleichartigen Betriebseinheiten wächst. Dieser Satz ist m. E. in den Grenzen, in denen sich die hier erläuterten Projekte halten, mit allen Folgerungen, die Herr Dr. Bauer daran geknüpft hat, voll anwendbar. Als einfaches Beispiel sei nur erwähnt, daß bei Ausfall eines von 10 Einender-Kesseln 10 vH der Betriebskraft ausfallen, während dies schon 20 vH wären, wenn die Anlage statt der 10 Einender 5 Doppelendkessel hätte.

Naturgemäß geht nun der Vortrag auf den Vergleich der unmittelbar umsteuernden Schiffsdieselmaschine mit der durch Umsteuergetriebe manövierenden ein. Meine sehr verehrten Herren, wir tun gut, aus diesem Vergleich keine Streitfrage entstehen zu lassen, sondern ihn zu einer Zweckmäßigkeitsfrage zu machen; es war daher erfreulich, daß wir gestern sowohl wie auch heute diese Absicht deutlich erkennen konnten.

Auf einige Punkte des Vortrages, die diesen Vergleich behandeln, sei nochmals kurz eingegangen. Das Einlassen kalter Anlaßluft in die erhitzten Zylinder, welches besonders erwähnt wurde, ist fraglos kein Vorteil, der ganze Umsteuervorgang ist nicht gesund, das steht außer Frage. Ich bin darin vollkommen auch mit meinem Herrn Vorredner, Herrn Prof. Kluge, einig. Ich habe aber in einem Vortrag vor dem Verein Deutscher Ingenieure anläßlich der letzten Jahresversammlung auf die angestrengte und unermüdliche Arbeit hingewiesen, welche die Schiffsölmaschinenindustrie mit dem glänzendsten Erfolge aufgewendet hat, um die unmittelbare Umsteuerung der Schiffsdieselmaschinen zu verbessern. Ich möchte aus diesem Vortrage, um Mißverständnisse zu vermeiden, wiederholen, daß die unmittelbare Umsteuerung mit Druckluft an und für sich eine Sicherheit erlangt hat, die den Anforderungen des Bordbetriebes voll genügt. Es war erfreulich, daß wir dies auch gestern von einem so berufenen Vertreter des praktischen Bordbetriebes, wie Herrn Direktor Goos, in ähnlicher Deutlichkeit hören durften.

Im Gegensatz zu dem Vortrage können wir sogar darauf hinweisen, daß die mit einer Zylinderseite manövierenden doppelt wirkenden Maschinen doch eher eine Verbesserung darstellen, insofern als die unteren Seiten sofort zünden können. Vielleicht will Herr Dr. Bauer auf den komplizierten Gußkörper des doppelt wirkenden Zylinders hinweisen. Aber allgemein läßt sich doch sagen, daß das Preßluftmanöver mit einem doppelt wirkenden Motor fraglos sicherer und daher einfach wirkenden ist.

Ferner wird in dem Vortrage ein Vorteil der indirekten Umsteuerung genannt, der leicht mißverstanden werden kann: das ist die Schnelligkeit des Manövers. Es wäre m. E. treffender gewesen, gerade auf das sanftere Angehen der Schraube bei Anwendung von Zwischengetrieben hinzuweisen, denn das Motorschiff mit unmittelbarer Umsteuerung manövriert eher zu schnell als zu langsam, die Schraube springt zu heftig an und daher ergeben sich im praktischen Bordbetriebe bei Fahrten im Revier oft Hunderte von Manövern.

Wenn die Schiffsölmaschine diese Beanspruchungen aushält, so erhärtet dies ja nur, daß die Manövrierfähigkeit der Maschine an und für sich gut ist. Was aber Sorge macht, das ist die Luftbeschaffung und der Luftersatz beim Manöver. Nicht auf den Luftvorrat in Behältern kommt es an, sondern auf genügend betriebsbereite und vor allen Dingen leistungsfähige Manöverkompressoren. Die Vorschriften der Klassifikationsgesellschaften über den Luftvorrat in Behältern haben es nicht verhindert, daß den Motorschiffen nicht selten tatsächlich die Luft ausgeht. Es ist erfreulich, daß die neuen Vorschriften des Germanischen Lloyd dieser Erkenntnis mehr Rechnung tragen. Wer die Sorgen des Luftersatzes beim Manöver kennt, wird jedes Verfahren begrüßen, welches die Manöverluft überflüssig macht. Für Schiffe, welche viel manövrieren sind daher schnell laufende Motoren mit Umsteuergetriebe angebracht.

Unter den von Herrn Dr. Bauer vorgeführten Projekten sind einige, für die die Forderung nach guter Manövrierfähigkeit und die Möglichkeit eines Betriebes mit wirtschaftlicher Teilleistung von ausschlaggebender Bedeutung sind. Besonders trifft dies auch für das Nordostsee-Schiff zu. Würde man in diesem Falle auf den geringen Umsetzungsverlust in der Flüssigkeitskupplung hinweisen, so wäre dies ein Fall, auf den das zutrifft, was Herr Prof. Dr. Föttinger gestern mit herzquickender Offenheit betonte, daß wir uns nämlich bei der Maschinenanlage oft um geringe Prozentsätze sorgen, während man an anderer Seite viel mehr gewinnen kann. Was machen schließlich bei den kurzen Fahrtstrecken in der Nord-Ostsee-Fahrt 3 vH Verlust im Zwischengetriebe gegenüber den Vorzüge im Betriebe, wenn man dazu noch durch günstige Ladeeinrichtung und geschickte Ausnutzung des Schiffes das Vielfache gewinnen kann?

Über die Bedeutung des so oft betonten Umsetzungsverlustes habe ich für ein Nord-Ostsee-Schiff eine Berechnung angestellt, deren Ergebnis ich hier mitteilen möchte. Es handelt sich dabei um ein Schiff mit 2000 t Ladung und 9 kn Geschwindigkeit, welches jährlich 15 Rundreisen von Finnland nach England mit Holz, von England mit Kohle nach Südschweden und von dort in Ballast nach Finnland zurück macht. Der Verlust in der Flüssigkeitskupplung macht in Geld ausgedrückt und auf die Ausgaben für Maschinenbetriebsmittel, Heuer und Verpflegung bezogen, 1,6 vH aus und verringert sich auf geringe Bruchteile eines T. vH., wenn man Amortisation, Verzinsung, Versicherung und Hafenabgaben mit berücksichtigt.

Ich möchte zum Schluß noch auf eine interessante Tatsache hinweisen, die darin liegt, daß bei dem von Herrn Dr. Bauer gezeigten Projekt eines Schleppers die Motoren nicht nur ohne Preßluft manövrieren, sondern auch ohne Einblaseluft arbeiten. Das legt doch den Gedanken nahe, auch das erstmalige Anlassen ohne Preßluft auszuführen, zumal dieses Anlassen bei abgekuppelter Maschine erfolgt. Da das Anlassen mit Preßluft nicht die einzige Möglichkeit ist, einen Motor in Gang zu setzen, so haben wir vielleicht hier den Ansatz zu einer Entwicklung, die zu einem Motorschiff ohne Preßluft führen wird. (Lebhafter Beifall.)

Prof. Dr.-Ing. Hoff, Berlin-Adlershof:

Königliche Hoheit! Sehr verehrte Herren! Ich habe schon vor 3 Jahren[1]), wo der Herr Vortragende ein Gebiet anschnitt, das auch mit dem Flugzeugbau Berührung hatte — er berichtete damals über die Ergebnisse von Zugmessungen an Schrauben — das Wort ergriffen. Heute sehe ich mich wieder hierzu veranlaßt, da eben viel Verwandtschaft zwischen dem Schiffbau und dem Flugzeugbau besteht. Ich fühle mich auch besonders dazu berechtigt, da ich als junges Mitglied der Schiffbauabteilung der hiesigen Hochschule dem Schiffbau nähergetreten bin.

Meine Herren, wenn man die Lichtbilder, die Herr Dr. Bauer gezeigt hat, aus der Entfernung gesehen und sich bemüht hat, die Beschriftung dieser Lichtbilder zu übersehen, so konnten diese Lichtbilder wie Maschinenanordnungen von ehemaligen deutschen Riesenflugzeugen anmuten. Der Herr Vortragende hat ja auch in seinen letzten Ausführungen auf den Flugzeugbau hingewiesen. Leider verbieten die Begriffsbestimmungen heute in Deutschland, solche Riesenflugzeuge weiterzuentwickeln; die derartig große Maschinenanlagen besitzen. Ich kann deshalb nur an die Ausführungen erinnern, die 1918 bis zu 2000 PS in Konstruktion und teilweise auch schon in Ausführung bestanden haben.

Der Herr Vortragende sprach weiter davon, daß wir immer schneller laufende Maschinen bekommen werden, und daß auch im Flugzeugbau der Wunsch nach einem Ölmotor auftreten wird. In England ist man schon soweit. Dort hat das große Werk Beardmore einen Motor „Thyshoon" entworfen und gebaut, der etwa 800 PS mit Benzin und Benzol oder nach einer kleinen Umänderung mit Treiböl betrieben, etwa 600 PS leistet. Von seiten des Luftfahrzeugbaues muß die Forerung gestellt werden, daß diese Antriebsmaschinen größere Drehzahlen besitzen als Schiffsmaschinen. Auch müssen diese Motore wesentlich leichter sein. Einschließlich eines Betriebsstoffgewichtes für etwa 6 Stunden dürfen diese Motore nicht mehr als 2—3 kg je PS wiegen.

Noch ein Letztes. Es wurden hier hydraulische Getriebe geschildert, die in dem Luftfahrzeugbau noch nicht versucht worden sind. Das Interesse der sehr zahlreichen, in diesem Kreise anwesenden Flugzeugbauer ist für diese Getriebe erregt, da die Getriebefrage im Luftfahrzeugbau dieselbe Bedeutung wie im Schiffbau besitzt. Ich möchte daran erinnern, daß das Zeppelin-Luftschiff LZ 126, das jetzt nach Amerika hinübergefahren ist, kein Getriebe hat. Ich habe Gelegenheit gehabt, mit dem Konstrukteur der Motoren, Herrn Dr.-Ing. e. h. Maybach, über diese Frage zu sprechen. Er konnte sich nicht entschließen, bei der hohen Aufgabe, die der LZ 126 auszuführen hatte, Getriebe einzubauen. Das Schiff besitzt unmittelbaren Luftschraubenantrieb. Wenn es gelingen könnte, auch für Luftschiff- und Flugzeugmotoren solche zuverlässigen Getriebe, wie wir sie eben hier kennengelernt haben, zu bauen, dann wäre das ein großer Fortschritt.

Ich möchte noch zum Schluß erwähnen, daß auch das Zeppelin-Luftschiff Preßluft zum Manövrieren mitgeführt hatte. Wer das Zeppelin-Luftschiff mit dieser Preßluft hat manövrieren sehen, wie in wenigen Sekunden die Motoren herumgeworfen werden konnten, der hat seine wahre Freude daran gehabt.

Ich möchte mit dem Wunsche schließen, daß der Luftfahrzeugbau, wie es heute auch geschehen ist, weiter von der älteren Schwester, dem Schiffbau, lernen kann. (Lebhafter Beifall.)

Herr Oberingenieur Berendt, Hamburg:

Königliche Hoheit! Meine sehr geehrten Herren! Da Herr Dr. Frahm leider heute am Erscheinen verhindert ist, und ich annehme, daß er zu den Ausführungen, die wir heute gehört haben, einiges zu sagen hätte, so möchte ich versuchen, in seinem Sinne einige Bemerkungen zu machen.

In den Ausführungen von Herrn Dr. Bauer zeigt sich — und ich möchte gerade das Gemeinsame voranstellen, was in technischen Diskussionen ja häufig nicht geschieht — daß die beiden Firmen Blohm & Voß und Vulcan-Werke bei ihren Ausführungen in vieler Beziehung ähnliche Wege gegangen sind. Bei beiden ist der schnellaufende Ölmotor unter Einschaltung eines Zahnradgetriebes mit der Propellerwelle verbunden, und es handelt sich in dem, was bei beiden Firmen verschieden ausgeführt wird, hauptsächlich um die Verbindung zwischen den Maschinen und den Zahnradgetrieben. Gleichzeitig wird bei dem Vulcan-Getriebe die Möglichkeit der Verlegung der Umsteuerung in die hydraulische Kupplung dazu benutzt, die Umsteuerung der Ölmaschinen fortfallen zu lassen.

Es wäre also einerseits nach der Richtung der Schwingungsvorgänge und andererseits nach der Richtung der Umsteuerung hin zu untersuchen, ob es möglich ist, eine direkte Kupplung von Ölmaschine und Getriebe vorzunehmen, denn in dem Augenblick, in dem die direkte Kupplung ohne weiteres als zulässig betrachtet werden kann, wird jeder Fachmann zugeben, daß der immerhin umständlichere, schwerere und teurere Weg des Einschaltens von hydraulischen Kupplungen unnötig sein würde.

Gestern hat Herr Dr. Frahm schon ausgeführt, daß bei der endgültigen Ausführung auf dem Motorschiff „Monte Sarmiento", abweichend von der ursprünglichen Absicht, elastische Wellen einzubauen, schließlich zur starren Kupplung übergegangen worden ist. In dem gedruckten Vortrag ist das noch nicht erwähnt, aber aufmerksame Zuhörer werden gestern die Bemerkung von Herrn Dr. Frahm gehört haben.

Wenn eine solche Schaltung in allen Fällen möglich ist, so würde der Vorteil der unmittelbaren Verbindung von Motor und Getriebe gegenüber dem Vulcan-Getriebe noch viel größer sein, weil dann die bisher benutzten Hohlwellen und elastischen Wellen noch fortfallen können.

Ich möchte von der Probefahrt von „Monte Sarmiento", die erst vor einer Woche stattfand, Ihnen ein Lichtbild vorführen, aus dem Sie den Verlauf des Drehmomentes bei einem Anfahrvorgang sehen

---

[1]) Jahrbuch der Schiffbautechnischen Gesellschaft 1922, S. 148.

können. Es ist ein lückenloses Diagramm, das einen ganzen Anfahrvorgang von Stopp bis zur Vollleistung enthält. Sie sehen dabei, daß, ganz ähnlich wie gestern, schon bei dem Diagramm von „Havelland" ausgeführt worden ist, ganz am Anfang eine kritische Tourenzahl durchfahren wird. Sie liegt aber unterhalb der niedrigsten Betriebstourenzahl, die in diesem Falle bei langsamer Fahrt etwa 35 Umdrehungen beträgt.

Das Durchfahren einer solchen kritischen Tourenzahl hat auf „Havelland" niemals zu irgendwelchen Anständen Anlaß gegeben. Das Schiff hat schon 140 000 Meilen zurückgelegt, und die Getriebe zeigen keinerlei Folgen irgendwelcher Schläge.

Ich möchte dabei noch besonders erwähnen, daß, wie Sie aus dem Lichtbild sehen, das Maximum des Drehmoments in dem kritischen Bereich nach der positiven sowie nach der negativen Seite bedeutend

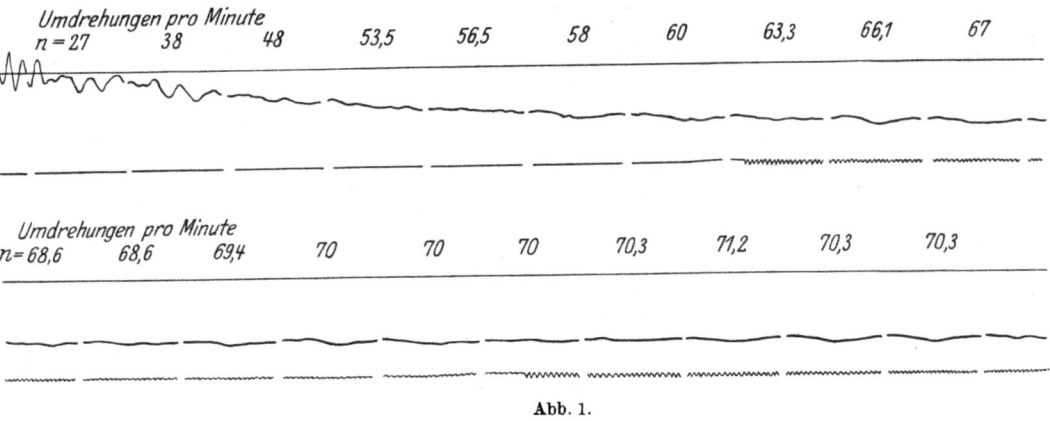

Abb. 1.

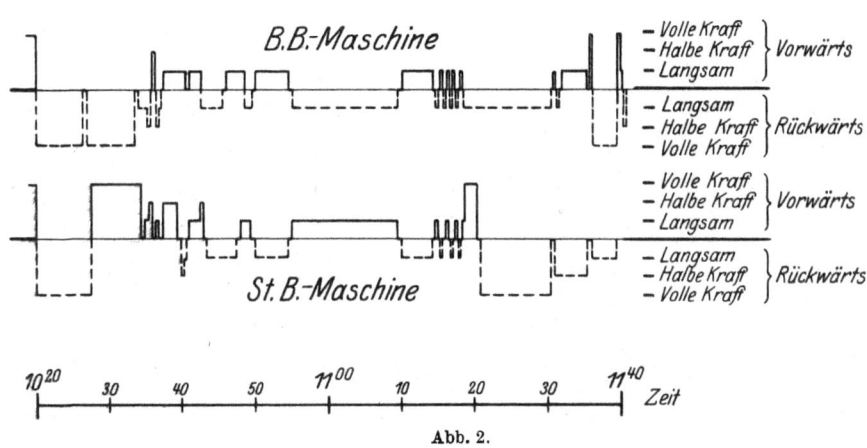

Abb. 2.

kleiner ist als das Drehmoment bei der Vollfahrt, daß also die Wellenbeanspruchung dabei erheblich hinter derjenigen zurückbleibt, die die Welle aufnehmen muß, wenn das Schiff voll voraus fährt.

Im übrigen sehen Sie, daß gleich nach dem Durchfahren der kritischen Drehzahl das Drehmoment positiv ist und bei allen weiteren Tourenzahlen auch bleibt. Der Verlauf des Drehmoments wird allmählich fast schnurgerade und ist so gut, wie er, glaube ich, selten auf irgendeinem Schiff auch bei Turbinenantrieb aufgewiesen wird.

Es würde sich weiter noch um die Frage handeln: wie sieht es mit der Umsteuerung aus? Es ist natürlich zuzugeben, daß, wie auch von Herrn Oberingenieur Gerhardts und von Herrn Prof. Kluge erwähnt worden ist, ein gewisser Vorteil in dem allmählichen Anfahren mit der hydraulischen Kupplung liegt. Das soll auch gar nicht bestritten werden. Es fragt sich nur: was steht dem entgegen? Sind die Kosten, Gewicht und Raumbedarf der hydraulischen Kupplung zu rechtfertigen, wenn der Umsteuerungsvorgang bei der üblichen Preßluftumsteuerung mit Sicherheit beherrscht wird? Ich glaube, das Urteil, das eben aus dem Munde des fachkundigen Herrn Gerhardts gekommen ist, beweist uns, daß diese Umsteuerung so durchgebildet ist, daß sie in allen Fällen und unter allen Umständen mit Sicherheit funktioniert. Man muß sich dabei auch vor Augen halten, daß mindestens 99 vH aller Motorschiffe mit Preßluftumsteuerung arbeiten.

Hierzu möchte ich noch ein zweites Lichtbild zeigen, auf dem die Manöver auf der Probefahrt von „Monte Sarmiento" dargestellt sind. Wir haben in Hamburg eine sehr gestrenge Baupolizeibehörde, und diese hat sich auf der Probefahrt die Manöver vorführen lassen. Sie sehen, daß von 10 Uhr 20 bis 11 Uhr 40 allerlei gemacht worden ist. Besonders wurde etwa um 11 Uhr 20 außerordentlich lebhaft manövriert. Die Maschinen haben jedes Manöver sofort befolgt und exakt und zur Zufriedenheit ausgeführt.

Als Ergebnis dieser beiden Betrachtungen möchte ich sagen, daß die Häufung verblüffender Vorteile, von denen Herr Prof. Kluge gesprochen hat, doch etwas zusammenschrumpft, wenn man überlegt, daß eine Anlage ohne hydraulisches Getriebe, besonders in der letzten Ausführung von „Monte Sarmiento" d. h. die glatte Schaltung der Maschinen auf das Getriebe, natürlich sehr viel leichter und billiger ist, und daß ferner im Betriebe der Verlust, der in dem hydraulischen Getriebe auftritt, in Fortfall kommt.

Wenige Worte möchte ich noch zu den Aussichten auf die weitere Entwicklung in der Motorschiffahrt sagen. Darin weichen ja die Ideen, die gestern von Herrn Dr. Frahm vorgetragen worden sind, immerhin einigermaßen von denen von Herrn Dr. Bauer ab. Beide Herren haben ausgeführt, daß, besonders in dem jetzigen Stadium der Entwicklung, jeder Fall nach seinem Verdienst gewürdigt werden muß, und daß von Fall zu Fall zu überlegen ist, ob man direkten oder indirekten Antrieb anwenden soll. Immerhin ist aber eine Verschiedenheit insofern vorhanden, als Herr Dr. Frahm der Ansicht ist, daß, besonders für große und größte Anlagen, schon die Entwicklung sich mehr nach der direkt wirkenden Maschine hin bewegt.

Es ist ja zweifellos richtig, wenn Herr Dr. Bauer sagt, daß ein Monteur lieber 5 Zylinder von 250 mm Durchmesser demontiert, als einen von 1 m Durchmesser. Diese Vergleichszahlen sind aber wohl doch etwas zu weit auseinandergerückt. Ein Durchmesser von 250 mm entspricht etwa dem der kleinsten U-Bootsmaschine, und auf der anderen Seite ist ein Zylinderdurchmesser von 1 m bis jetzt noch in keiner Dieselmaschine der Welt ausgeführt worden. Die Maschinen von „Monte Sarmiento" haben 600 mm Durchmesser und die große 15 000 pferdige doppeltwirkende Zweitaktmaschine, die zur Zeit bei uns in Bau ist, hat 860 mm Durchmesser. Sie sehen, daß die Differenzen in der Größe der Zylinder nicht ganz so groß sind, wie sie nach den Worten von Herrn Dr. Bauer erscheinen.

Herr Dr. Bauer führte außerdem einen Vergleich zwischen einer Dampfkolbenmaschine und einer doppeltwirkenden Viertaktmaschine an. Es ist ja zweifelhaft, wie auch Herr Dr. Bauer sagte, welche Zukunft dem doppeltwirkenden Viertakt noch beschert ist. Das wissen wir noch nicht. Aber für den Vergleich wäre es doch interessant gewesen, wenn auch eine doppeltwirkende Zweitaktmaschine daneben berücksichtigt worden wäre. Es wurde gesagt, daß das Gewicht der Kurbelwelle des doppeltwirkenden Viertaktmotors 200 t beträgt, während die Kurbelwelle der darüber gezeichneten Dampfmaschine nur 100 t wiegt. Der 15 000-PS-Motor mit doppeltwirkendem Zweitakt, der bei uns in Bau ist, und dessen Leistung etwa die gleiche Größenordnung aufweist, hat eine Kurbelwelle, die 135 t wiegt. Man sieht also, daß da schon eine sehr viel größere Annäherung stattfindet. Außerdem kann man die gezeichnete doppeltwirkende Viertaktmaschine bei gleichen Dimensionen etwa für doppelte Leistung bauen, wenn man sie als doppeltwirkende Zweitaktmaschine ausführt. (Lebhafter Beifall.)

Herr Marinebaurat Mohr, Altona:

Königliche Hoheit! Meine Herren! Den Ausführungen der Herren Vorredner möchte ich nur noch ganz kurz ein paar Worte hinzufügen, und zwar anschließend an die Worte des Herrn Oberingenieur Gerhardts über den Mehrverbrauch an Treiböl, der durch den Wirkungsgradverlust von 2,5%, welcher in dem Getriebe liegt, hervorgerufen wird. Dieser Verlust ist, wie eingehende Nachprüfungen gezeigt haben, tatsächlich so minimal, daß er gegenüber den großen Vorteilen, die die Verwendung des Getriebes bietet, absolut nicht in die Wagschale fällt. Die Feststellung, daß es sich dabei nur um einen Verlust an Wirkungsgrad und dementsprechend einen Mehrverbrauch an Betriebsstoff von 2,5% handelt, ist durch mehrwöchentliche Fahrten des Vulkanschiffes erhärtet, bei denen in der ganzen Zeit des Betriebes stets die Drehzahlen der Maschine in Verhältnis gesetzt worden sind zu den Drehzahlen des Propellers, wodurch einwandfrei nachgewiesen ist, daß es sich tatsächlich nur um einen Verlust von 2,5% handelt.

Ferner möchte ich zu den Ausführungen über das Manövrieren ohne Preßluft noch hinzufügen, daß das, was Herr Gerhardts über das druckluftlose Dieselschiff andeutete, beinahe schon erreicht ist, denn bei einem Schiff mit Vulkangetriebe tritt bei einer ganzen Reise nur einmal ein Preßluftverbrauch auf, und zwar bei der erstmaligen Inbetriebsetzung der einen Maschine, da die zweite Maschine durch das Getriebe ohne Verwendung von Preßluft mit in Fahrt gesetzt wird, indem man die durch Preßluft angesetzte Maschine auf das Getriebe schaltet und dann durch Füllung der Kuppelung der anderen Seite die zweite Maschine in Fahrt bringt. Und was noch ganz besonders hervorzuheben ist, ist die Tatsache, daß dieses einmalige für die ganze Fahrtdauer erforderliche Anlassen bei kalter Maschine erfolgt, und daß alle übrigen Manöver, die beim Ein- und Auslaufen in den Hafen erfolgen, stets dadurch ausgeführt werden, daß die Vorwärtskupplungen oder die Rückwärtstransformatoren mit Öl gefüllt werden, also ein Manövrieren mit kalter Preßluft in die warme Maschine hinein überhaupt gar nicht vorkommt; ich bin fest überzeugt, daß hierdurch eine ganz erhebliche Schonung der Maschinen gegenüber denen, bei welchen man gezwungen ist, bei jedem einzelnen Manöver kalte Preßluft verwenden zu müssen, hervorgerufen wird, daß also eine Verlängerung der Lebensdauer dieser Maschine gegenüber den mit Preßluft umgesteuerten unter allen Umständen gesichert ist. (Lebhafter Beifall.)

Herr Dr. phil. G. Bauer, Hamburg (Schlußwort):

Eure Königliche Hoheit! Meine Herren! Herrn Prof. Kluge danke ich bestens für seine anerkennenden Worte über unser System. Herr Prof. Kluge hat eine Anzahl von Punkten vorgebracht, welche ich aus Zeitmangel nicht erwähnen konnte und welche das Bild über die neue Antriebsart vorteilhaft ergänzen.

Ebenso danke ich Herrn Oberingenieur Gerhards für seine Feststellungen über die Betriebssicherheit der Schnelläufer, welche mir natürlich sehr wertvoll waren. Ich stimme mit ihm darin überein, daß sich doppelt wirkende Maschinen im allgemeinen besser umsteuern lassen. Was die Schnelligkeit der Manöver bei den Anlagen unseres Systems betrifft, so hängt sie natürlich in erster Linie von der Ausgestaltung unseres Manövrier-Pumpenaggregats ab. Wir können diese so ausgestalten, daß das Manövrieren sogar stoßweise erfolgt. Namentlich hat der Vorwärtskreislauf die Eigenschaft, sofort, wenn er nur mit wenig Flüssigkeit gefüllt ist, anzuspringen, so daß man bei der Bemessung der Manövrierorgane eher vorsichtig sein muß, daß von RW auf VW nicht zu schnell manövriert wird. Man kann, wie gesagt, durch die konstruktive Ausgestaltung der Manövrierpumpen jeden Grad von Manövrierfähigkeit von vornherein bestimmen.

Interessant waren auch die Ausführungen von Herrn Oberingenieur Gerhards über die aus mangelndem Luftvorrat bei direkt wirkenden Anlagen nicht selten entstehenden Schwierigkeiten und sein Ausblick auf die Frage, ob wir demnächst eine Motorenanlage ohne Preßluft zu erwarten haben. Es wird dazu kommen, daß man zu kompressorlosen Motoren übergeht; die Konstruktion solcher Motoren ist schon sehr weit vorgeschritten. Sind diese Motoren erst eingeführt und verwendet man Anlagen unseres Systems, so wird man die Kompressoren ganz weglassen und mit irgendeiner mechanischen Vorrichtung die Hauptmotoren anlassen können. Man kann sich vorstellen, daß man zunächst mit einem Handanlasser einen kleinen Dieselmotor andreht, der dann den Hauptmotor in Gang setzt oder dergleichen. Die Frage scheint mir allerdings nicht von ausschlaggebender Bedeutung zu sein, denn auch die Preßluftanlage, welche man in solchem Falle zum Anlassen brauchen würde, wäre ja nur eine kleine Installation.

Herr Dr. Hoff hat die Frage des hydromechanischen Getriebes vom Standpunkte des Luftschiffbaues behandelt. Ich möchte dazu bemerken, daß bei uns schon sehr ernste Anfragen solcher Art vorliegen und wir mit dem Auslande in Verhandlungen wegen solcher Getriebe für Luftfahrzeuge stehen. Auch bei solchen Fahrzeugen kommt es häufig vor, daß die Luftpropeller langsamläufiger sind als gute schnellaufende Motoren, so daß auch hier schon das Vereinigen von mehreren Motoren auf einer Welle mittels des Getriebes sich empfiehlt.

Herr Oberingenieur Berendt hat die Anlage der „Monte Sarmiento" erwähnt und die Anfahrdiagramme dieser Anlage vorgeführt. Es liegt hier allerdings, was ja zweifellos sehr günstig ist, die kritische Tourenzahl sehr tief und sind die absoluten Schwankungen im Drehmoment anscheinend nicht sehr groß. Ich möchte aber bemerken, daß bei einer solchen Manöverserie, wie Herr Berendt sie uns gezeigt hat, natürlich diese kritische Drehzahl bei jedem Durchgang durch die Drehzahl Null, also bei jeder Umsteuerung zweimal durchlaufen werden muß, so daß also in dem kurzen, auf dem Diagramm gezeigten Zeitraum dieses Vibrieren der Welle sehr häufig vorkommt. Und wenn man einmal bei derartigen starr gekuppelten Anlagen nicht das Glück haben sollte, daß sich alles gerade so günstig trifft, dann werden so starke Schwingungen auftreten, daß man an der Ausführung der Manöver ernstlich behindert ist. Man wird sehr vorsichtig sein müssen bei der Berechnung von derartigen Anlagen und sich nicht der Hoffnung hingeben dürfen, daß es ohne weiteres angeht, ein großes Zahnrad direkt durch zwei starr mit den Ölmotoren gekuppelte Ritzel anzutreiben. Wenn das so ohne weiteres möglich wäre, dann stünden wir vor neuen Tatsachen, und müßte diese Möglichkeit sehr sorgfältig überlegt werden. Ich würde allerdings dann noch viel stärker als bisher auf den Übergang zum schnellaufenden Ölmotor dringen; denn wenn man die hydraulische Kupplung weglassen kann, ohne kritische Drehzahlen befürchten zu müssen, ist natürlich der schnellaufende Ölmotor erst recht am Platze.

Was das Gewicht der Kurbelwelle bei großen direktwirkenden Motoren betrifft, sind meine Angaben sicher im Prinzip richtig. Für 15 000 PS wiegt die Kurbelwelle bei der Blohm & Voß-Maschine 130 t und für 22 000 PS bei „Kaiser Wilhelm II." wiegt sie 100 t, d. h. bei einer anderthalbmal so starken Dampfmaschine wiegt sie ca. 25% weniger als beim Ölmotor.

Herrn Baurat Mohr danke ich ebenfalls für seine interessanten Ausführungen, welche sich in der Richtung der meinigen bewegt haben.

Ich darf dieses Schlußwort ohne weitere allgemeine Betrachtungen beenden mit dem Dank für das Interesse, welches die Herren Diskussionsredner für meine Arbeit gezeigt haben. (Lebhafter Beifall.)

Vorsitzender Herr Geheimrat Prof. Dr.-Ing. Busley:

Meine Herren! Ich nehme an, daß manche hier im Saale sind, die ebenso wie ich schon im Sommer Gelegenheit gehabt haben, die Probefahrten mit dem Dampfer „Vulcan", der die neue Kupplung an seinen Dieselmaschinen besitzt, mitzumachen. Wir haben uns dabei überzeugt, daß die Dieselmaschinen mit der neuen Kupplung sehr gut manövrieren. Der gute Eindruck, den sie auf uns machten, muß sich jetzt noch verstärken, wenn wir hören, daß das Schiff schon 12 000 Meilen ohne Anstände irgendwelcher Art zurückgelegt hat. Wir wünschen dem „Vulcan" für seine neue Kupplung vollen Erfolg. Vor allem haben wir Herrn Direktor Dr. Bauer für seinen lehrreichen Vortrag wärmstens zu danken, namentlich aber dafür, daß er sich trotz seiner Unpäßlichkeit dazu entschlossen hat, heute zu uns zu sprechen. (Lebhafter Beifall.)

XI. Die Anwendung der Erkenntnisse der Aerodynamik zum Windantrieb von Schiffen.

Von **Anton Flettner**, Direktor der N. V. Instituut voor Aero- en Hydro-Dynamiek, Amsterdam und der Flettner-Schiffsruder-Gesellschaften.

Nachdem die praktische Durchbildung meines Ruders für Flugzeuge und für die Schiffahrt beendet war, beschäftigte ich mich mit der Entwicklung meines Prinzips der Steuerung einer großen Fläche durch eine kleine für die Zwecke des Windantriebes von Schiffen.

Ich hatte zunächst die Absicht, die Leinwandsegel durch Metallsegel, die ungefähr wie die Flügel eines modernen Metallflugzeuges gebaut werden sollten, zu ersetzen. Diese Metallflügel sollten genau wie mein Ruder frei wie eine Wetterfahne angeordnet und durch ein Hilfsruder gesteuert werden.

Die theoretischen Kenntnisse des Schiffbaues über die Frage des Segelproblems waren sehr primitiv, in vieler Hinsicht waren sogar falsche Anschauungen verbreitet. Da ich eine Verbesserung des bisherigen Segels anstrebte, sah ich zunächst meine Aufgabe darin, die Wirkungsweise des Windes auf das alte Segel eingehend zu erforschen. Ich ließ in der Aerodynamischen Versuchsanstalt Göttingen daher vor meinen Versuchen mit starren Metallflächen Untersuchungen sowohl an Leinwandsegelmodellen als auch an Segelschiffmodellen anstellen.

Abb. 1 zeigt den Versuchsraum mit einem Leinwandsegelmodell bei 25 m/sek Windgeschwindigkeit. Die Wölbung der Segelfläche ist deutlich erkennbar. Im Vordergrund des Bildes befindet sich eine Meßwage, die zur Bestimmung der auftretenden Druck- nnd Unterdruckverhältnisse dient.

Abb. 2 zeigt die Art der Aufhängung eines Segels im Windkanal. Diese Aufnahme wurde ohne Wind gemacht.

Abb. 3 veranschaulicht die Ablenkung eines Rauchfadens durch die Fernwirkung des Segels.

Abb. 4 stellt das Modell einer vollständig getakelten Schonerbrigg, also eines Schiffes mit Rahe und Gaffelsegel dar. Dieses Modell wurde auf den verschiedenen Kursen zum Winde gemessen und die Veränderlichkeit der Kräfte abhängig von der verschiedenen Einstellung der Segel auf den einzelnen Kursen bestimmt.

Die Anwendung der Erkenntnisse der Aerodynamik zum Windantrieb von Schiffen. 223

Abb. 1.

An Stelle der Wasseroberfläche ist nach bewährter Methode ein Brett im Versuchskanal eingebaut, über dem das Schiff frei beweglich aufgehängt ist.

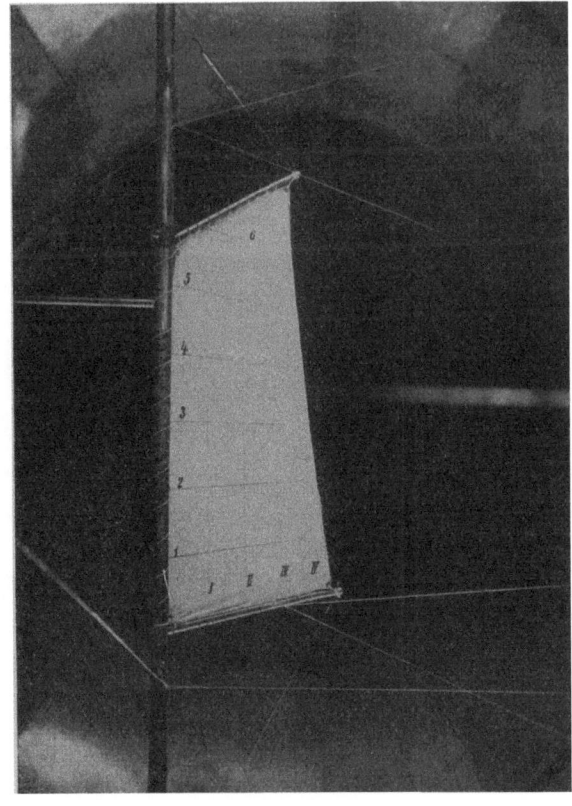

Abb. 2.

Die starren Segelprofile selbst waren im Gegensatz zum Flugzeugflügel als symmetrische Profile durchgebildet. Aus den systematischen Untersuchungen mit den Göttinger symmetrischen Profilen Nr. 1757—1760 und 409 bis 411 (s. Ergebnisse der Aerodynamischen Versuchsanstalt zu Göttingen, 1. Lieferung) ergab sich, daß bei richtiger Wahl des Verhältnisses Profiltiefe zu Profildicke und richtiger Formgebung ein verhältnismäßig guter Auftrieb bei gleichzeitig günstigem Verhältnis von Widerstand zu Auftrieb zu erzielen ist. Allerdings blieb der Wert noch unter dem eines asymmetrischen Flügels zurück. Um einen asymmetrischen Flügel zu erreichen, schlug ich daher Segelprofile mit verstellbarem Ende vor; durch Verstellung des Endstückes konnte annähernd ein asymmetrisches Profil von der Form eines Flugzeugtragdecks erreicht werden. Abb. 5.

Zunächst wurde bei 0° Anstellung zum Winde das Profil angeblasen und dabei der Verstellschwanz von 5° zu 5° verstellt.

Abb. 3.

Das Ergebnis dieser Versuche sehen Sie in Abb. 6 in der üblichen Art des Göttinger Polardiagramms dargestellt. Die dimensionslosen Werte C_a und C_w sind in der Weise aufgetragen, daß für die C_w-Werte der fünffache Maßstab der C_a-Werte angewandt wird, um einen deutlichen Verlauf der Kurven zu geben. Außerdem ist der Momentenbeiwert C_m, der die Druckpunktswanderung zu errechnen gestattet, in einer gestrichelten Kurve ebenfalls als Funktion des C_a-Wertes aufgetragen.

Eine Erklärung dieser dimensionslosen Beiwerte ist in den bereits obenerwähnten Göttinger Veröffentlichungen (Ergebnisse der Aerodynamischen Versuchsanstalt zu Göttingen, 1. Lieferung enthalten).

Man sieht, daß beim Ausschlag über 15° hinaus mit einer relativ geringen Auftriebserhöhung der Widerstand sehr stark wächst, so daß es also günstiger ist, am Winde mit geringeren Ausschlägen des Verstellschwanzes zu fahren und auf raumeren Kursen diesen Ausschlag allmählich zu erhöhen.

Abb. 4.

Das Ergebnis der Messungen bei 10° und 15° Ausschlag des Verstellschwanzes und bei verschiedenen Einstellungen des Profiles zum Winde zeigt Ihnen Abb. 7, ebenfalls wieder in der üblichen Darstellung des Göttinger Diagramms.

Bei 10° Anstellung des Verstellschwanzes wird das Auftriebsmaximum $C_a = 120$ bei 14,6° erreicht, während bei 15° Anstellung des Verstellschwanzes dieser Wert erst bei 20,6° und einem schon etwas größeren C_w-Beiwert erzielt wird. Trotz der rohen Ausführung dieses ersten, aus Blech zusammengelöteten Modells zeigt

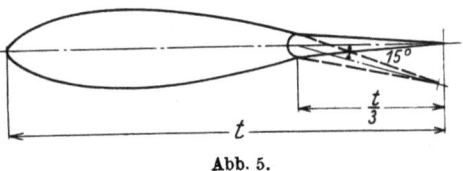

Abb. 5.

es sich, daß dieser Weg, systematisch weiter verfolgt, zu recht guten Auftriebswerten geführt hätte, welche dem Wert der guten Flugzeugprofile, die ungefähr 140 erreichen, gleichgekommen wären.

Abb. 8 zeigt ein Polardiagramm, auf dem die Komponenten des dimensionslosen Beiwertes C_r auf den einzelnen Kurven zum scheinbaren oder relativen Winde jeweils in Bewegungsrichtung des Schiffes aufgetragen sind, analog der schon erwähnten Göttinger Darstellungsart der Polarkurve, nach der die Kräfteresultierende $R = C_r \cdot F \cdot q$ ist, wobei F die projizierte Segelfläche und q den Staudruck $= \dfrac{\varrho}{2} \cdot v^2$ bedeutet.

$$\varrho = \frac{\gamma}{g}$$

$\gamma =$ spez. Gewicht,

$g =$ Erdbeschleunigung $= 9,81$.

Die erzielten Kräfte schwanken auf den einzelnen Kursen je nach mehr oder weniger günstiger Einstellung der Segel in dem zwischen den beiden ausgezogenen Kurven liegenden schraffierten Bereich. Wir sehen hier sinn-

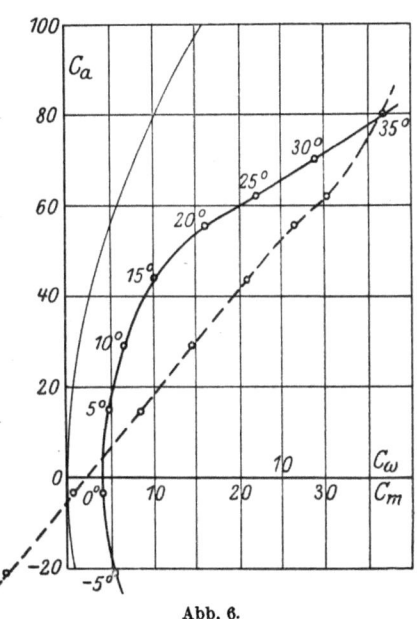

Abb. 6.

fällig, wie sehr die Erzielung guter Fahrtergebnisse von der Geschicklichkeit und Aufmerksamkeit des Führers eines Segelschiffes abhängt. Die äußere Kurve (Profil 432) zeigt die Leistung, die bei Verwendung eines guten Profiles zu erreichen ist. Die Versuche haben ergeben, daß man bei Anwendung gut geformter formfester Profile wahrscheinlich eine Mehrleistung von 50 bis 60% gegenüber einem Leinwandsegel erzielt hätte.

Abb. 9 zeigt die Anordnung eines Dreideckers, die ich aus verschiedenen konstruktiven Gründen gewählt hatte. Die Steuerung dieses Dreideckers sollte durch ein Hilfsruder, welches am Ende des Steuerschwanzes angebracht war, erfolgen. Abb. 10 zeigt eine Konstruktion eines Dreideckers dar, bei der rein symmetrische Profile vorgesehen waren.

226 Die Anwendung der Erkenntnisse der Aerodynamik zum Windantrieb von Schiffen.

Abb. 11 veranschaulicht ein Segelmodell mit Hilfssteuerung im Versuchskanal.
Abb. 12 und 13 zeigen die praktischen Versuche, welche ich bei der Germaniawerft auf einem kleinen Boot durchführen ließ.

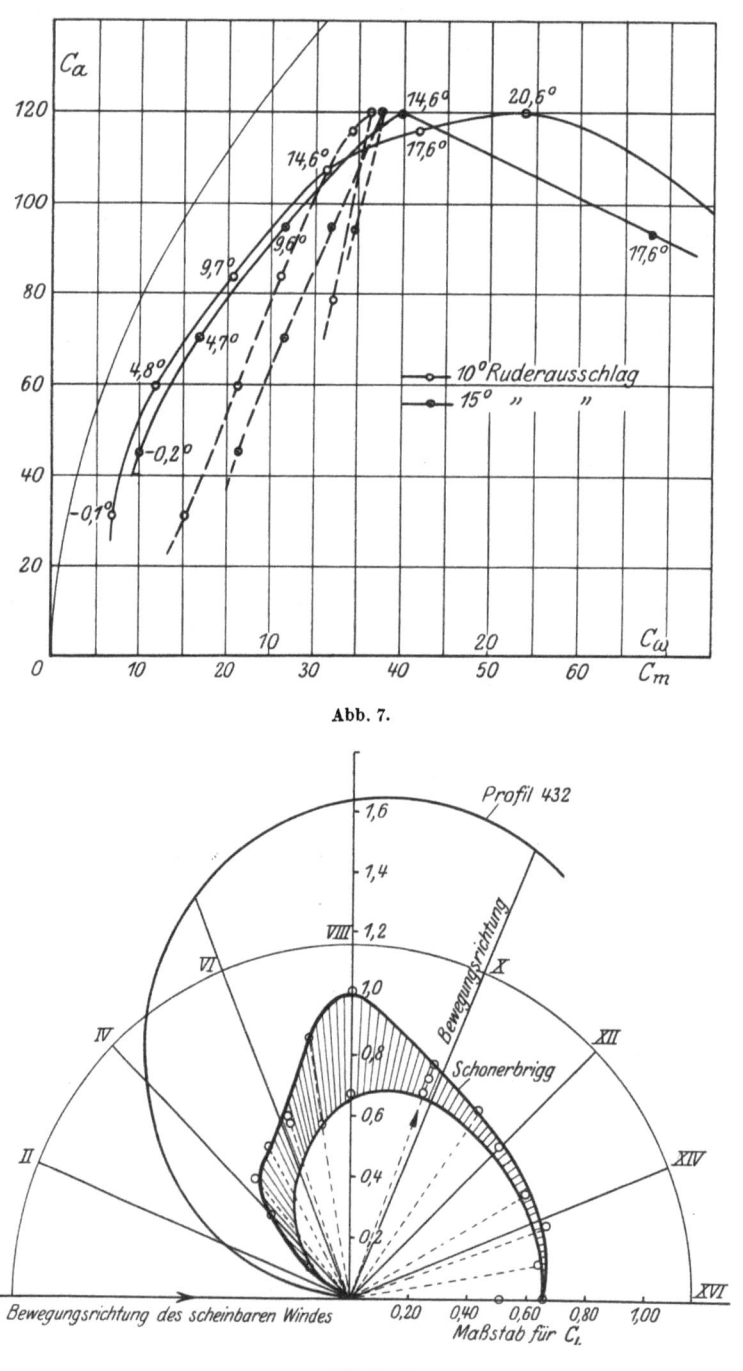

Abb. 7.

Abb. 8.

Aus dem Vorhergehenden ersehen Sie, daß durch die Verwendung von starren Metallsegeln, die durch eine Hilfsfläche gesteuert wurden, schon ein beträchtlicher Fortschritt möglich gewesen wäre. Immerhin verlangte die geplante Anordnung noch ein sehr großes Metallflächenareal, das zu verschiedenen Schwierigkeiten führen mußte. Ich gab mich deswegen mit dem Erreichten nicht zufrieden und hielt Umschau nach anderen Möglichkeiten. So wurde u. a. die Möglichkeit der Verwendung einer Windturbine, deren Drehflügel nach meinem System gesteuert werden sollten, ins Auge gefaßt.

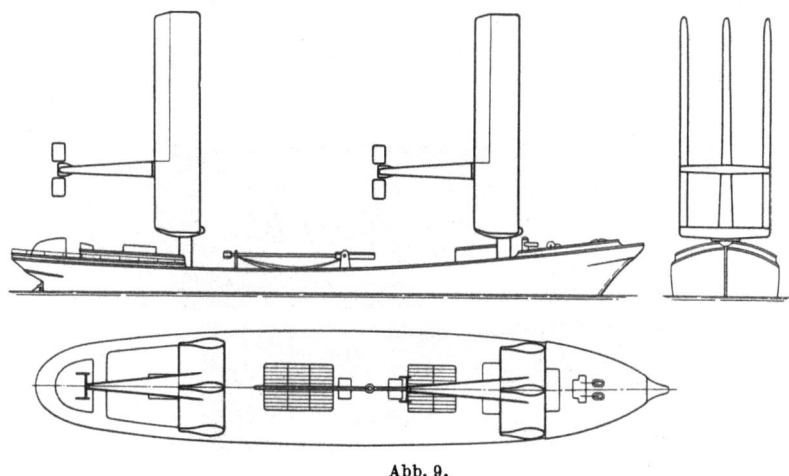

Abb. 9.

Von den Leitern der Aerodynamischen Versuchsanstalt der Universität Göttingen, den Herren Dr. Betz und Dipl.-Ing. Ackeret, wurde die praktische Anwendung einer Prandtlschen Idee vorgeschlagen, bei welcher durch Beeinflus-

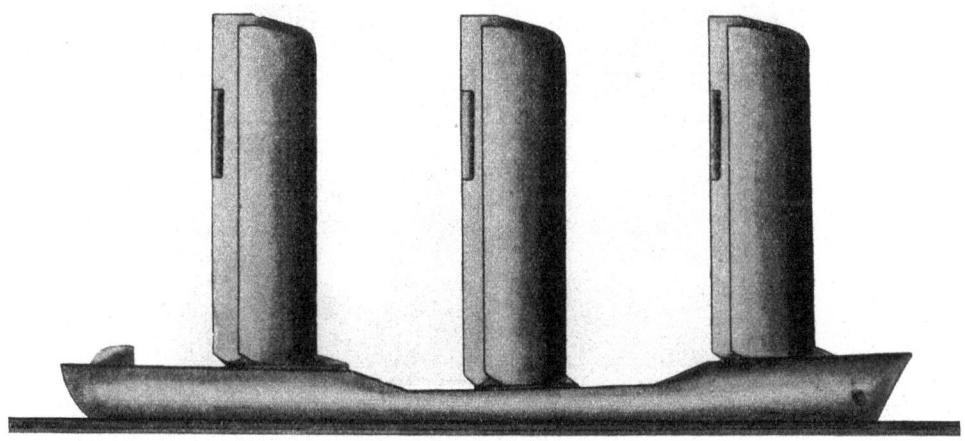

Abb. 10.

sung der Grenzschicht, und zwar durch Absaugen eines Teiles derselben, die Wirkung der Triebkörper erhöht werden sollte. Auch auf diesem Gebiete ließ ich eingehende Versuche und Messungen anstellen, die jedoch in ihrer Durchbildung im damaligen Stadium für die Anwendung des Segels auf dem Gebiete des Schiffsantriebes zunächst größere Schwierigkeiten machten. Die Schwierigkeiten, welche bei der Durchkonstruktion von steuerbaren großen Flügeln sich besonders mit Hinsicht auf ihr Verhalten im Orkan ergaben, stellten mir die Aufgabe, eine möglichst primitive, im Sturm unempfindliche Einrichtung zu schaffen.

Schon zu Anfang des Jahres 1922 beschäftigte ich mich mit dem Gedanken, in der Strömung auf künstliche Weise Zirkulationsströmung um eine zum Schiff feste und unbeweglich angeordnete symmetrische Profilfläche zu erzeugen. Durch beliebige Wahl des Drehsinnes der künstlich erzeugten Zirkulation soll die Steuerung des Schiffes erfolgen. Ich meldete am 17. September 1922 das diesbezügliche Patent in Deutschland an.

Bei den Arbeiten auf diesem Gebiet kam ich auf die Idee, feste Flächen, um die eine Haut rotiert, als Segel anzuwenden. Zuerst hatte ich an zwei Walzen

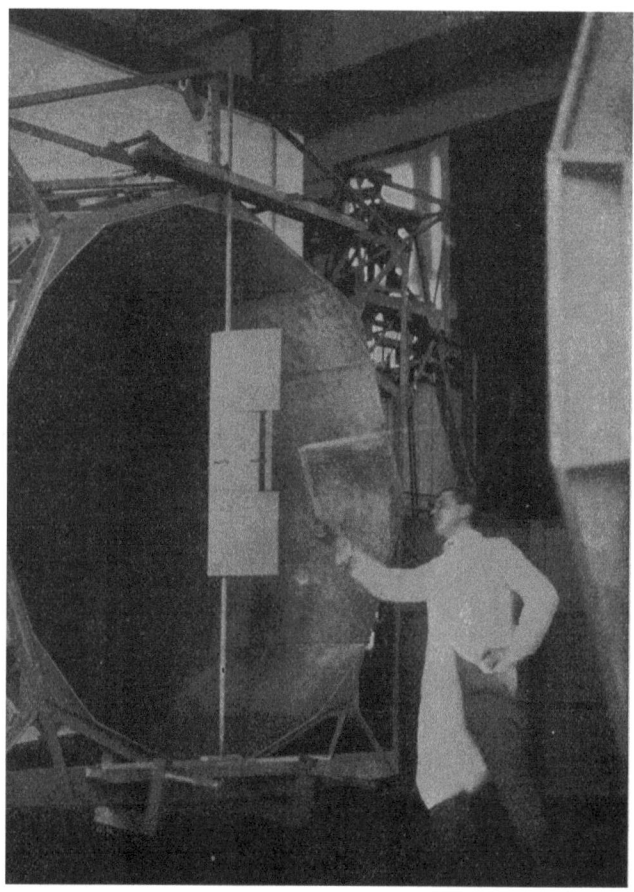

Abb. 11.

gedacht, die mit einer rotierenden Haut verbunden sein sollten, später an den einzelnen Zylinder. Bestärkt wurde ich in meiner Ansicht, als mir Ende 1922 die Arbeit von Prof. Föttinger, „Neue Grundlagen für die theoretische und experimentelle Behandlung des Propeller-Problems" bekannt wurde. Die Erwägung, daß besondere Maschinen notwendig sind, um die Rotation zu bewirken, hat mich zunächst von einer Anwendung und Patentanmeldung zurückgehalten.

Im Jahre 1852 veröffentlichte der hervorragende Experimentalphysiker Magnus in Berlin in Poggendorfs Annalen seine Entdeckung unter dem Titel:

„Über die Abweichung der Geschosse". Magnus hatte seine Untersuchungen der Luftströmung am geschoßähnlichen Körper hauptsächlich mit Rücksicht

Abb. 12.

Abb. 13.

auf die Ballistik vorgenommen. Ein Geschoß, das durch den gezogenen Lauf in Rotation versetzt wird, erhält, sobald seine Achse nicht ganz mit der Tangentenrichtung an die Flugbahn übereinstimmt, einen Seitenwind. Durch die Wirkung der Rotation übt dieser Seitenwind eine Quertriebskraft senkrecht zur Flugbahn aus, welche dem Artilleristen natürlich sehr unangenehm wird. Magnus stellte bei seinen Untersuchungen fest, daß ein rotierender, zylindrischer Körper, der senkrecht zu seiner Achse vom Winde beströmt wird, nicht nur den gewöhn-

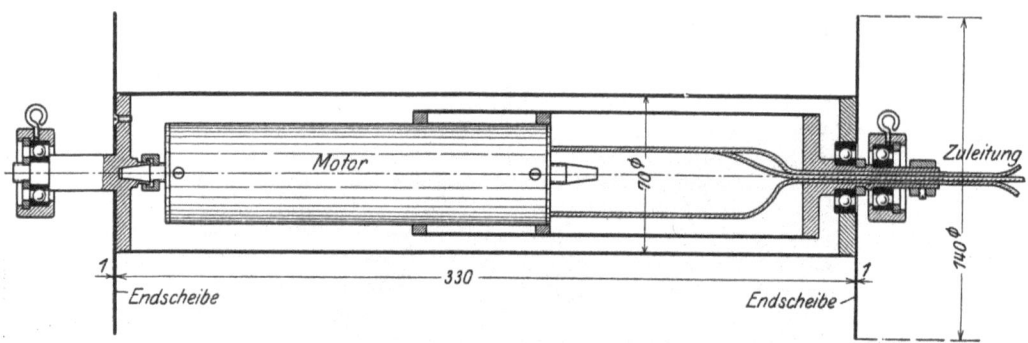

Abb. 14.

lichen Widerstand erfährt, sondern auch eine Seitenkraft nach jener Seite hin, auf der die relative Windgeschwindigkeit und die Drehgeschwindigkeit gleichgerichtet sind. Später hat Lord Rayleigh in einer kurzen Arbeit „The irregular flight of a tennis-ball" über ähnliche Erscheinungen an Tennisbällen

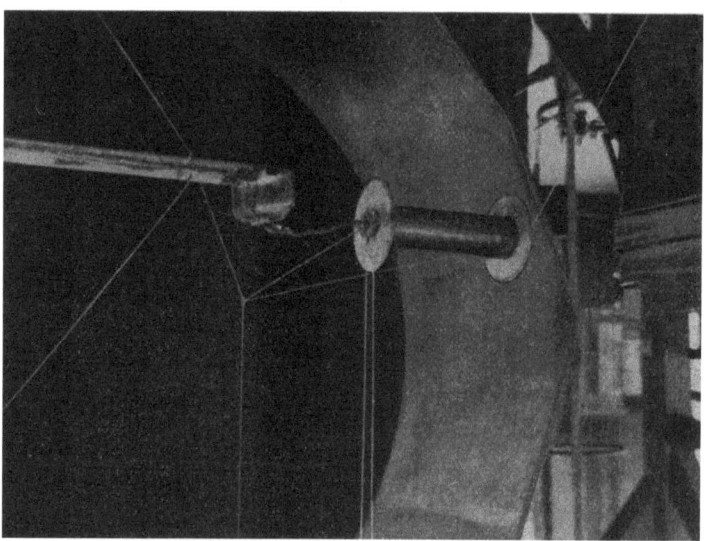

Abb. 15.

gesprochen. Er erwähnt, daß um den Ball eine Zirkulationsströmung herrschen muß, ohne über die Entstehung der Zirkulation Näheres auszusagen. Vor etwa 10 Jahren hatte Lafay die Messungen von Magnus in Paris fortgesetzt.

Die Göttinger Versuchsanstalt hatte auf Vorschlag eines ihrer Abteilungsleiter, des Herrn Dipl.-Ing. Ackeret, Ende April 1923 aus rein theoretischen Erwägungen die Messungen von Lafay wiederholt, da die von ihr angewandten Klein-Drehstrommotoren sich für eine solche Versuchsreihe besonders eigneten.

Die Herren der Anstalt dachten in keiner Weise daran, den Effekt praktisch anzuwenden. Sie sahen von einer Bekanntgabe ihrer Meßergebnisse zunächst ab, um den Effekt mit besseren Mitteln später genau zu studieren. Als ich hörte, daß über die Göttinger Versuche gesprochen wurde, bestand für mich die Gefahr, daß jemand vor mir meine Idee zum Patent anmeldete, besonders, da ich in Göttingen auf anderen Gebieten zur Zeit Versuche für die Zwecke des Segelns anstellen ließ. Ich meldete deshalb meinen Gedanken sofort zum Patent an und machte auf dem Wannsee bei Berlin mit einem kleinen Modellschiff, welches einen von Uhrwerk angetriebenen Papierzylinder von 15 cm Durchmesser und 40 cm Höhe trug, die ersten Versuche auf dem Wasser. Erst nachdem diese Versuche günstige Ergebnisse gezeigt hatten, machte ich die Göt-

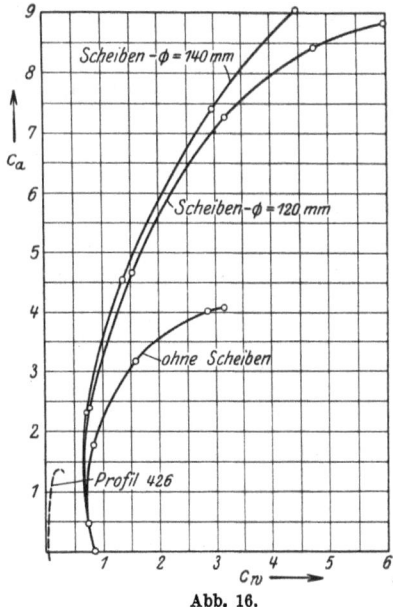

Abb. 16.

tinger Herren mit der Absicht bekannt, und es wurde vereinbart, daß die weiteren Untersuchungen auf dem Rotorgebiet, besonders soweit sie das Segel betreffen, auf unsere Kosten durchgeführt werden sollen. Ich möchte hier betonen, daß die

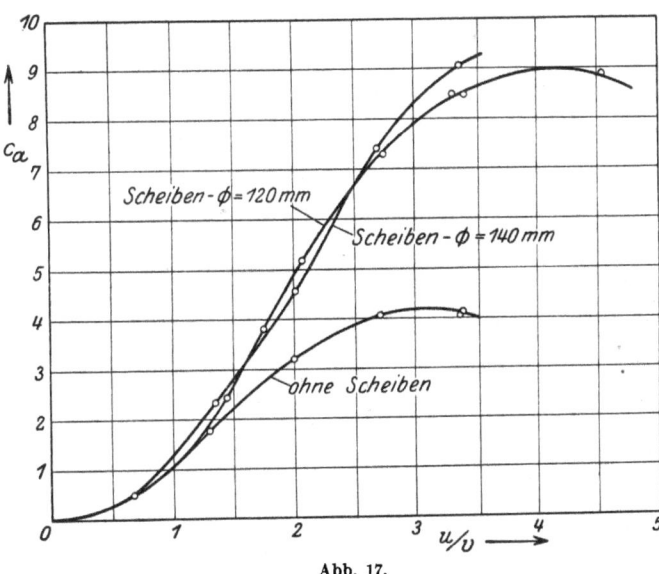

Abb. 17.

ersten Wiederholungen der Lafayschen Versuche, die den Magnuseffekt betreffen, unabhängig von uns vorgenommen worden sind, daß die Anwendung auf das Segelschiff jedoch nur mein Gedanke war und daß in meinem Auftrag und auf Kosten meiner Gesellschaft das Gebiet der Anwendung auf das Segelschiff weiter studiert worden ist. Wie mir von Göttingen später mitgeteilt wurde, waren schon, bevor wir uns aus praktischen Gründen an den Versuchen beteiligten, viel höhere Werte gefunden worden als bei Lafay. Ich möchte hier erwähnen, daß auch für die Herren, welche sich schon vorher mit dem Magnus-Effekt und mit Messungen auf diesem Gebiet beschäftigt haben, meine Ideen zunächst befremdend waren. Man darf nicht vergessen, daß über die Höhe der Leistung, welche notwendig ist, um

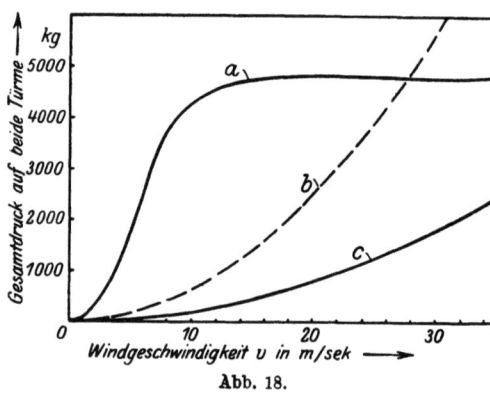
Abb. 18.

die Türme in Umdrehung zu versetzen, über das Gewicht der hohen Türme selbst, über die beim Rotieren der großen Körper entstehenden Schwingungserscheinungen und die Art und Weise, wie diese sich auf das Schiff übertragen, über das Verhalten der ruhenden Türme im Orkan und dergleichen noch kein klares Urteil möglich war. Sehr stark in Zweifel gezogen wurde die Möglichkeit der Anwendung besonders von den Schiffbauspezialisten. Bis in die letzten

Wochen hinein waren selbst meine Mitarbeiter über den Ausgang der Versuche im großen sehr skeptisch und warnten mich immer wieder, die Teilerfolge, die wir bei den Werftproben hatten, nicht zu überschätzen. Auch von

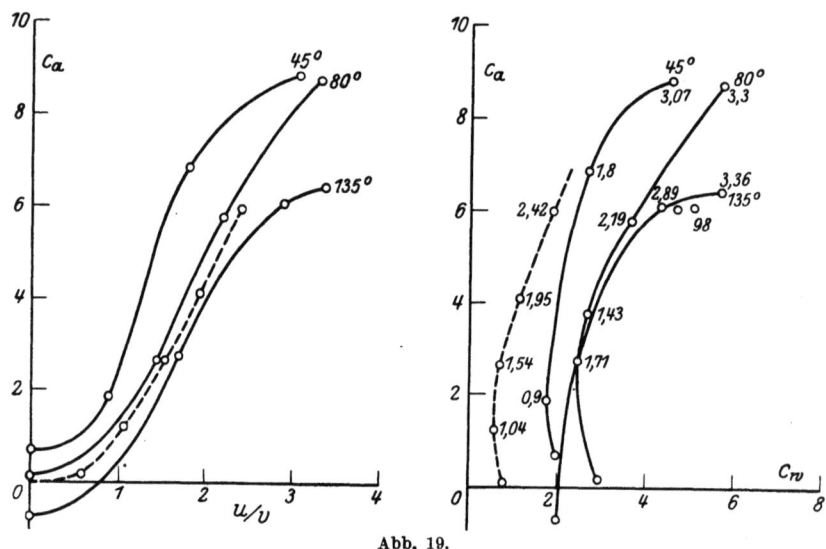
Abb. 19.

seiten der Aerodynamiker war es durchaus nicht selbstverständlich, daß die Versuche mit kleinen Modellen sich ohne weiteres auf die große praktische Anwendungsform der im Vergleich zu dem Modell sehr großen Zylinder übertragen ließen.

Mit unserem Einverständnis hat bereits Herr Dipl.-Ing. Ackeret von der Aerodynamischen Versuchsanstalt der Universität Göttingen gelegentlich der Tagung der Wissenschaftlichen Gesellschaft für Luftfahrt zu Frankfurt a. M., welche im September dieses Jahres stattfand, einige Versuchsergebnisse mit einem rotierenden Zylinder mitgeteilt. Ein Teil der folgenden Ausführungen, soweit sie sich auf einen einzigen rotierenden Zylinder beziehen, stellt eine Wiederholung des Inhaltes dieses Vortrages dar. Über die Messungen von zwei auf einem Schiff angeordneten Rotoren, die ich nachher bringen werde, ist bisher noch nichts veröffentlicht worden.

In der Abb. 14 sehen Sie einen der untersuchten rotierenden Zylinder im Schnitt mit eingebautem Motor. Die Länge des Zylinders beträgt 33 cm, der Durchmesser 7 cm; er ist aus Messingrohr hergestellt. Der Rotor des Motors ist mit den Zylinderwänden fest verbunden. Der Stator, der durch ein Kugellager vom Zylinder getrennt ist, ist um seine Achse drehbar aufgehängt, um

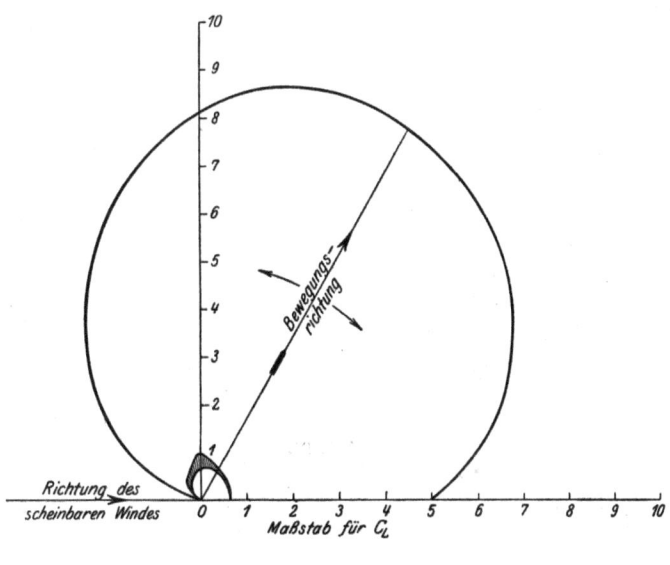

Abb. 20.

das Drehmoment, welches für die Rotation nötig ist, messen zu können. Durch drei Drähte, die durch die hohle Achse gehen, wird der Strom zugeführt. Die freie Beweglichkeit ist durch Quecksilberkontakte gewährleistet. An den Enden des Zylinders sind zwei Endscheiben angebracht. Prof. Prandtl hatte dieselben in Göttingen vorgeschlagen, um das Strömungsbild dem theoretisch zu erwartenden nach Möglichkeit zu nähern, während ich unabhängig davon und ohne von diesen Vorschlägen etwas zu wissen, sie bei meinen Patentanmeldungen für die praktische Ausführung des Rotorschiffes vorgesehen hatte, um die Randverluste zu vermeiden.

Die Abb. 15 zeigt die Aufhängung des Zylinders. Man erkennt den Quecksilberkontakt, den Zylinder selbst mit seinen Endscheiben.

Die Abb. 16 bringt einige Ergebnisse. Bei den Kurven, die ich hier zeige, ist der Maßstab für die Auftriebs- und Widerstandszahl als gleich angenommen. Die C_a-Beiwerte beziehen sich auf den Staudruck und die Projektionsfläche des Zylinders. Zum Vergleich wurde in das Bild die Kurve eines gewöhnlichen, sehr guten Flugzeugflügels eingezeichnet, der weit höhere Werte erreicht, als das günstigste Segel. Bei Betrachtung dieser Kurve erkennt man sofort den auffallenden Unterschied in dem Wert der Auftriebs- und Widerstandsgröße zwischen dem gewöhnlichen Profil und dem Rotor. Die voll ausgezogenen Kurven entsprechen zwei verschiedenen Endscheibendurchmessern bzw. dem Zylinder ohne Endscheiben. Die starke Wirkung der Endscheiben ist deutlich sichtbar, und die Tatsache wird verständlich, daß Lafay, der die Endscheiben noch nicht kannte, nur Auftriebszahlen bis ungefähr 2 gemessen hat. Aus einem Vergleich der Kurven kann man leicht feststellen, daß der sehr hohe induzierte Widerstand durch die Endscheiben stark vermindert wurde.

Die Kurven Abb. 17, die bisher nicht veröffentlicht sind, zeigen den Einfluß, welchen das Verhältnis von Umdrehungsgeschwindigkeit zu Windgeschwindigkeit auf den Auftriebswert hat. Beim Verhältnis 1 : 1 erreicht man

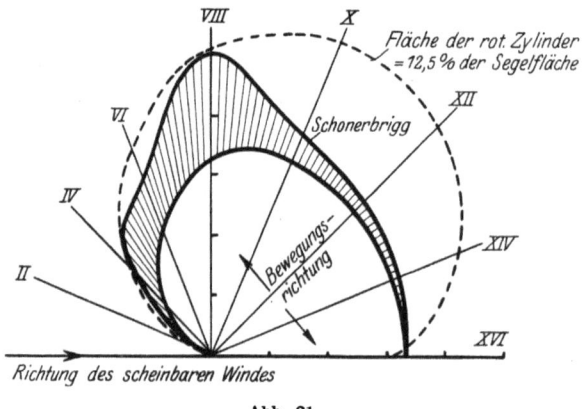

Abb. 21.

schon mehr als mit einem gewöhnlichen Segel, das etwa 0,8 leistet. Beim Verhältnis 3,5 : 1 erreichen wir schon mehr als das Zehnfache der Leistungen eines Segels. Auch bei diesen Kurven erkennt man deutlich den Einfluß der Endscheiben.

Die Kurve Abb. 18 zeigt deutlich das verschiedenartige Anwachsen der Kräfte beim rotierenden und ruhenden Zylinder in ihrem Verhältnis zum Anwachsen des Widerstandes der gewöhnlichen Takelage. Kurve a zeigt das Anwachsen des Druckes auf beide Türme bei einer Umdrehungsgeschwindigkeit von 24 m/sek. Kurve b zeigt das Anwachsen des Takelagewiderstandes, c den Widerstand des nicht rotierenden Zylinders. Es ist deutlich zu erkennen, wie die auf den rotierenden Zylinder wirkenden Kräfte von einer Windstärke von 12 m/sek ab praktisch zunächst nicht mehr anwachsen. Hierin liegt ein außerordentlich großer praktischer Vorteil. Selbst aus dem stärksten Winde werden nicht mehr Kräfte entnommen, als durch die Umfangsgeschwindigkeit vorgeschrieben sind. Diese Vorteile kann man für die praktische Ausnutzung beim Segeln nicht stark genug hervorheben. Man wird auch bei der größten Windstärke, selbst im schwersten Orkan, in der Lage sein, falls nicht nautische Gründe, z. B. zu hoher Seegang, dagegen sprechen, dauernd Windkraft zu entnehmen. Sollte aus irgendeinem Grunde der Rotor stillgesetzt werden, dann ist, wie die Kurve c zeigt, der Widerstand des nicht rotierenden Zylinders bedeutend kleiner als der reine Takelagewiderstand b. Man hat es in der Hand, die Druckfläche nach den gegebenen Verhältnissen in dem Gebiet, das zwischen a und c liegt, zu regulieren.

Die Abb. 19 zeigt ebenfalls Messungen eines vollständigen Modells der „Buckau" mit zwei rotierenden Zylindern. Dieses Modell wurde hergestellt, um die Wirkung der gegenseitigen Beeinflussung der beiden Zylinder und die Beeinflussung des Schiffkörpers festzustellen. Sie sehen hier in Beziehung zu dem Verhältnis $u:v$ die Auftriebswerte (C_a) aufgetragen, wobei u die Umdrehungsgeschwindigkeit des Zylinders, v die Windgeschwindigkeit darstellen. Die verschiedenen Kurven zeigen sehr anschaulich die wechselnde Wirkung des Schiffskörpers und die Einwirkung der gegenseitigen Lage der Zylinder zum Wind. Auf der rechten Seite des Bildes ist der Auftrieb in Beziehung zum Widerstand gebracht.

In Abb. 20 sind die Werte des Schonerbriggmodells „Buckau" in gleichem Maßstab aufgetragen wie die Werte für das Buckau-Modell mit den beiden Türmen. Die Darstellung zeigt sinnfällig noch einmal die gewaltige Überlegenheit des rotierenden Zylinders für die Flächeneinheit. Während man mit der Schonerbrigg Werte von dem Mittel 0,8 erzielt, werden von dem „Buckau"-Modell mit rotierenden Zylindern Werte erreicht, die je nach der Größe der Endscheiben zwischen 8 und 10 liegen. Es ist also mit dem rotierenden Zylinder gegenüber einem gewöhnlichen Segel bei gleicher Flächengröße im Durchschnitt mehr als die 10fache Kraft zu erzielen, wie dies auch durch die bisherigen Fahrten der „Buckau" bestätigt worden ist. Nach der Darstellung (Abb. 20) ist ohne weiteres das Verhalten der Kräfte auf den verschiedenen Kurswinkeln zum scheinbaren Wind zu erkennen. Jeder auf den verschiedenen Winkeln zum Wind eingezeichnete Strahl von dem Punkte bei 0 bis zum Schnittpunkt der Kurve zeigt den Wert der in dieser (Bewegungs-)Richtung des Schiffes auftretenden Kraft.

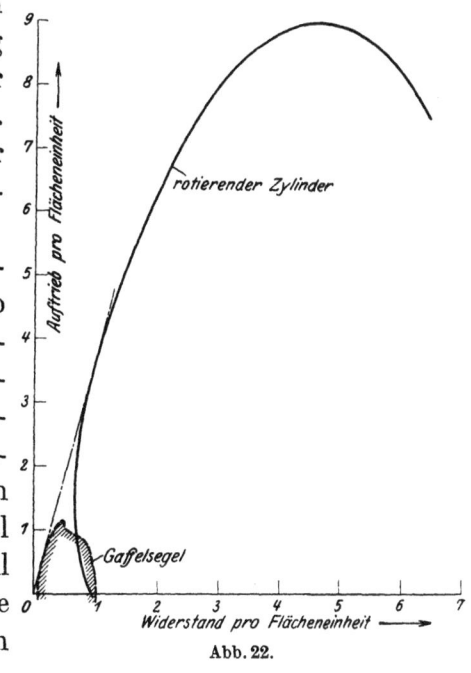

Abb. 22.

In nebenstehender Abb. 21 sind die Kurven der Schonerbrigg und des Modells „Buckau" mit rotierenden Zylindern derartig aufgetragen, daß das Verhältnis der Kräfte auf den einzelnen Kursen zu ersehen ist unter der Voraussetzung, daß die Projektion der rotierenden Zylinder nur noch $1/8$ der Segelfläche beträgt. Die untere Kurve zeigt den Verlauf der Werte bei ungünstiger Anstellung des Segels, die obere Kurve bei günstiger Anstellung desselben. Die tatsächliche Kurve dürfte in der Mitte zwischen beiden verlaufen.

Abb. 22 bringt einen Vergleich zwischen der Leistung eines sehr günstigen Gaffelsegels und der eines rotierenden Zylinders von gleicher Projektion. Die Kurve des Zylinders ist nicht weitergeführt, da die Messungen nicht fortgesetzt wurden.

Abb. 23.

Eine Aufnahme des Modells während des Versuches gibt Ihnen Abb. 23. Der Verlauf der Strömung ist dadurch sichtbar gemacht, daß an senkrecht gespannten schwarzen Fäden weiße Seidenfäden befestigt sind. Man erkennt deutlich die Ablenkung der Strömung durch die Rotation der Zylinder.

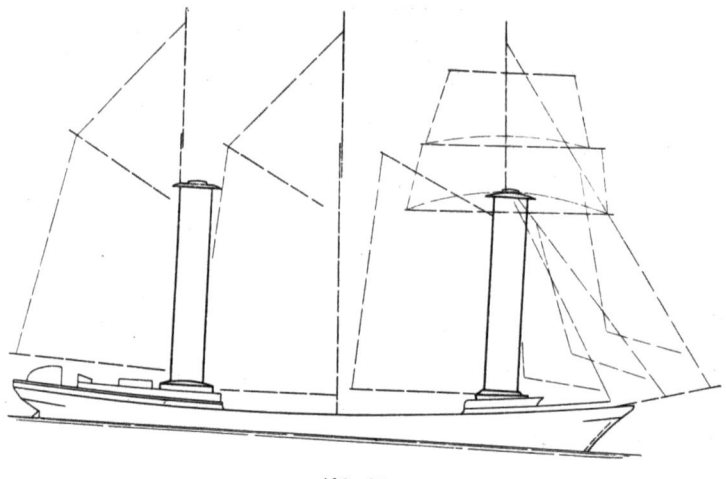

Abb. 24.

Die Abb. 24 gibt einen Vergleich der Größenordnung zwischen Zylinder und Segel beider in Göttingen gemessenen Modelle; Abb. 25 zeigt die beiden Modelle im Meßraum des Göttinger Windkanals. Die Segelfläche der Schonerbrigg betrug etwa 4000 cm², während die Projektionsfläche der rotierenden Zylinder nur 400 cm² groß war.

Der Vollständigkeit halber erwähne ich noch einen Versuch mit einem rotierenden Zylinder mit gewellter Außenhaut. Die Höhe betrug 800 mm, Durchmesser der Endscheiben 280 mm. Der Rotor wurde zunächst mit glatter Oberfläche gemessen. Die Ergebnisse standen ungefähr mit den früheren

Abb. 25.

im Einklang. Man sah jedoch, daß das Seitenverhältnis von 1 : 4 schon recht ungünstig auf die Gleitzahl einwirkt; auch hätte in diesem Falle der Durchmesser der Endscheiben größer sein müssen. Nachdem in den Zylinder Wellen gezogen waren, und zwar mit einer Wellenlänge von 10 mm und Wellenhöhe von 3,5 mm, wurden die Messungen fortgesetzt. Die Auftriebswerte waren im allgemeinen als gut zu bezeichnen. Jedoch erwies sich der Widerstand beim Stillstand des Zylinders, verglichen mit demjenigen des glatten Zylinders, als ziemlich groß, und vor allem ist zu bemerken, daß auch bei Anwendung der höchsten Geschwindigkeiten kein Absinken des Widerstandes bei größeren Reynoldschen Zahlen beobachtet werden konnte. Der Widerstand des gewellten Zylinders ist bei großen Reynoldschen Zahlen nicht etwa 0,3, sondern 0,7. Aus diesem Grunde sahen wir von der Verwendung eines gewellten Zylinders für unsere Zwecke zunächst ab.

Bevor ich nun zu den praktischen Versuchen und zur Konstruktion der „Buckau" übergehe, möchte ich auf die Theorie des Magnus-Effektes eingehen.

Es ist noch nicht möglich, eine genaue Beschreibung der sich tatsächlich abspielenden Strömungsvorgänge zu liefern. Jedoch gibt die Grenzschichttheorie

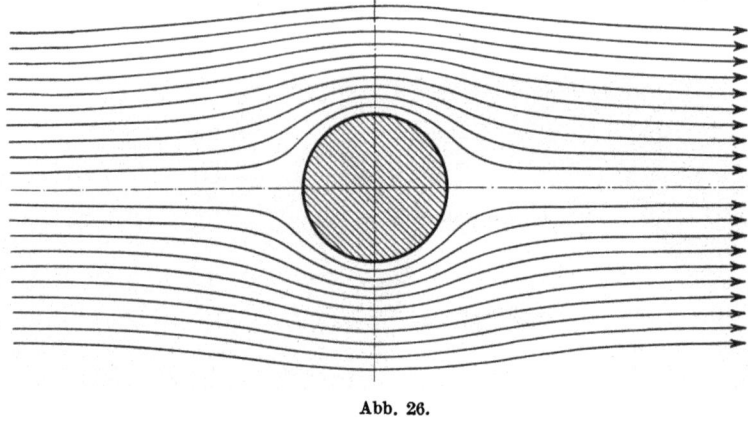

Abb. 26.

Prof. Prandtls zunächst eine Erklärung für die Vorgänge. Prof. Prandtl hat schon vor 20 Jahren ausgesagt, daß sich die Reibungswirkung einer Flüssigkeit hauptsächlich auf eine verhältnismäßig dünne Schicht in der Nähe der Körper

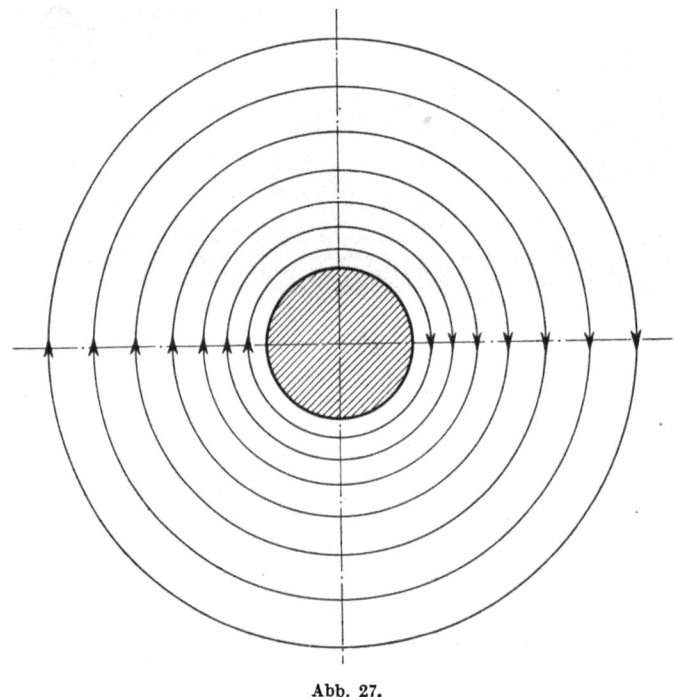

Abb. 27.

beschränkt, nämlich auf die sog. Grenzschicht, welche in den meisten Fällen das Zustandekommen der idealen Strömung nach der Potentialtheorie verhindert.

Abb. 26 gibt eine Darstellung der reinen Potentialströmung.

Abb. 27 stellt die Zirkulationsströmung dar, welche wir uns der Potentialströmung übergelagert vorstellen können. In diesem Falle würde sich eine Potentialströmung mit Zirkulation — Abb. 28 — ergeben. Alle diese Dinge sind bereits öfter ausführlich entwickelt und dargestellt.

Abb. 29 zeigt theoretisch das Bild einer reinen Potentialströmung, der eine Zirkulationsströmung von sehr großer Geschwindigkeit übergelagert ist. Erstaunlich bei dem Strömungsvorgang um den rotierenden Zylinder ist die Tatsache des plötzlichen Druckanstieges. Unter dem vollen Einfluß der Grenzschicht wäre nur ein ganz allmählicher Druckanstieg möglich. Bei geeignetem Verhältnis $u:v$ wird auf der einen Seite des Zylinders die Geschwindigkeit der Rotorwand gleich oder größer sein als die der Massenteilchen der Luft. Es ist nun anzunehmen, daß besonders an den Stellen, an denen die Geschwindig-

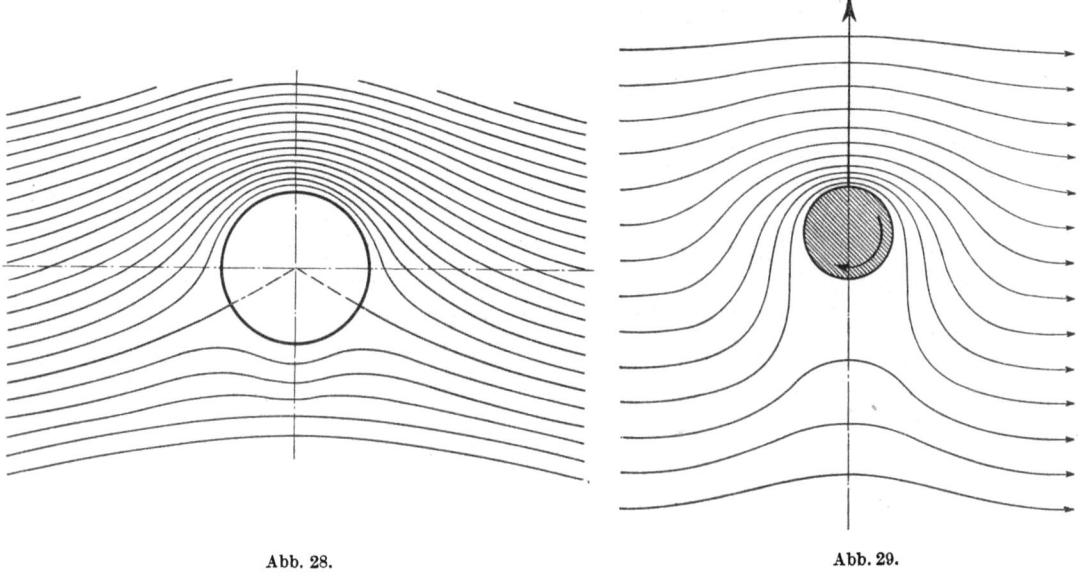

Abb. 28.   Abb. 29.

keit der rotierenden Wand und die der Massenteilchen ungefähr gleich ist, keine oder nur eine sehr schwache Reibung erfolgt, und dadurch eine träge Grenzschicht sich in dieser Zone nicht oder nur sehr schwach bildet. Hierdurch wäre die Möglichkeit eines plötzlichen Druckanstieges ohne Abreißen der Strömung zu erklären. Beim ruhenden Zylinder wissen wir, daß die Grenzschicht sich mehr oder weniger symmetrisch zur Strömungsrichtung kurz nach Überschreitung der Zone tiefsten Unterdruckes ablöst. Bei Rotation ergibt sich eine starke Unsymmetrie der Ablösung, eine Unsymmetrie der Strömung und damit eine Auftriebskraft. Je stärker die Rotation wird, um so größer wird die Verschiebung der Ablösungspunkte. Die Ansicht, daß die Luft in weitem Umkreis um den Zylinder in Zirkulationsströmung versetzt wird, wird man nach eingehendem Studium der Verhältnisse ablehnen.

Abb. 29 zeigt schematisch, wie weit die unter dem Profil auf der Druckseite ankommenden Fäden auf die Unterdruckseite herübergezogen werden. Auch dem Laien wird es klar sein, daß die Luft lieber den Weg an der Unterdruckseite vorbeinimmt, als den Weg auf der Druckseite, wo der Luftströmung fortwährend die rotierende Wand mit mehrfacher Geschwindigkeit entgegenstrebt und einen Druckanstieg bis zur Höhe des Staudrucks erzeugt.

Abb. 30 zeigt schematisch die Verteilung des Druckes bzw. Unterdruckes um den ruhenden Zylinder, wie sie in ähnlicher Form schon von Lafay und

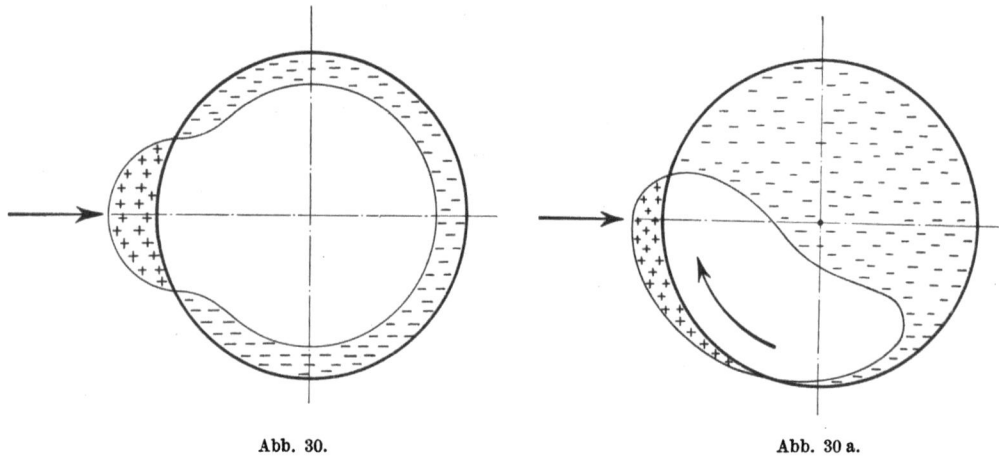

Abb. 30. Abb. 30a.

anderen veröffentlicht worden ist. Ich habe die Stelle des Druckes mit Pluszeichen, die des Unterdruckes mit Minuszeichen versehen.

Abb. 30a zeigt schematisch die Druckverteilung bei einem rotierenden Zylinder, dessen Umfangsgeschwindigkeit ungefähr drei- bis viermal so schnell

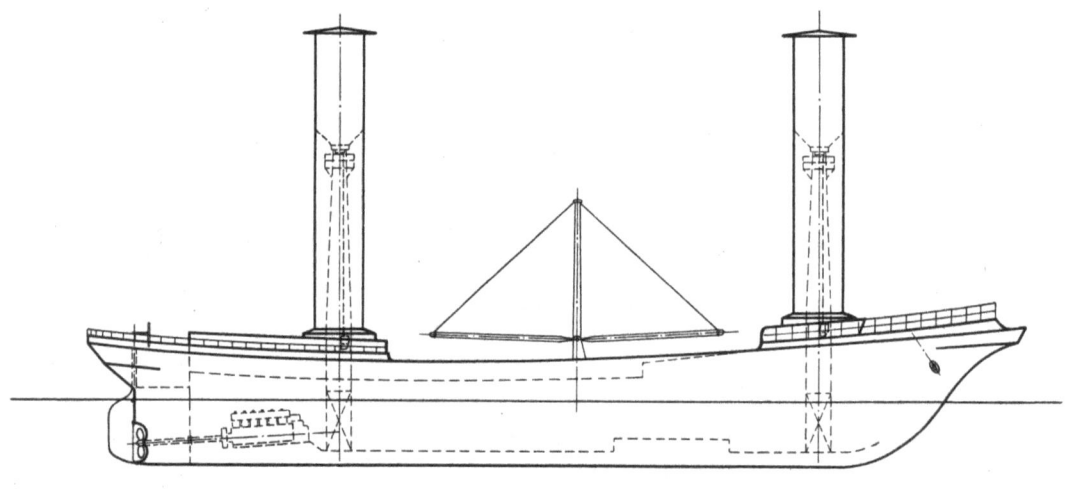

Abb. 31.

ist wie die Windgeschwindigkeit. Bei dieser Darstellung lag mir daran, Ihnen ein anschauliches Bild zu geben, wie auf der Unterdruckseite ein Gebiet von verhältnismäßig geringem Druck und ungefähr auf der gegenüberliegenden Seite ein Gebiet von außerordentlich hohem Unterdruck entsteht. Bei meinen verschiedenen Ausführungen über das strombetätigte Ruder habe ich immer wieder darauf hingewiesen, daß bei allen Vorgängen der Strömungstechnik die Unterdruckseite die wichtigere ist, und daß bei den Anordnungen, mit denen man die Strömungskräfte ausnutzen will, vor allen Dingen die Unterdruckseite und die Möglichkeit der Bildung eines hohen Unterdruckes berücksichtigt werden muß. Im Flugzeugbau war diese Erkenntnis bei fast jedem Ingenieur Allgemeingut geworden, während im Schiffbau in den Kreisen der Praxis diese Erkenntnis nur eine geringe Verbreitung gefunden hatte. Aus der Druckverteilung kann man hier schon ungefähr die Lage der Resultierenden erkennen. Unsere Aufgabe war es, einen rotierenden Zylinder, dessen Verhältnisse es ermöglichen, daß die Lage der Resultierenden sich möglichst der Senkrechten zur Windrichtung näherte, zu konstruieren. Im allgemeinen kann man sagen, daß bei sehr hohem Verhältnis von $u:v$ die Lage der Resultierenden von der Senkrechten von 90 bis 130° abwandert. Bei günstigem Verhältnis von Durchmesser zu Höhe des Zylinders und geeigneter Wahl der Endscheiben erreicht man eine starke Annäherung des Winkels zu der Senkrechten. Bei geeigneter Wahl kann man eine Lage der Hauptresultierenden bis zu ungefähr 100 bis 120° zur Strömungsrichtung erreichen. Diese Tatsache erklärt auch den Umstand, der sich bei den Fahrten der „Buckau" gezeigt hat, daß man trotz des ungünstigen Einflusses des Schiffskörpers mit kaum drei Strich, also ungefähr 30°, in den Wind hineinsegeln konnte.

Im folgenden möchte ich die praktische Durchführung des ersten Versuches nur ganz kurz streifen. Die Friedr. Krupp Germaniawerft Aktiengesellschaft, Kiel, hatte sich schon vor zwei Jahren für die praktische Durchführung meiner Ideen interessiert, und für die Durchführung des ersten Versuches von der Hanseatischen Motorschiffahrts-A.-G., Hamburg, den Dreimasttopsegelschoner „Buckau", also ein Motorsegelschiff, gechartert. Die Herren von der Germaniawerft haben mit vieler Liebe und Sorgfalt die Umsetzung meiner Konstruktionsidee in die Praxis durchgeführt.

Es wurden zwei freiragende verspannungslose Pivots von 1,5 m Durchmesser im Hauptdeck und etwa 13 m Höhe über dem Hauptdeck eingebaut. Um die Pivots ordnete ich aus 1 mm Stahlblech gebaute, durch Längs- und Querverbände ausgesteifte Zylinder in zwei Lagern drehbar an. Die Zylinder haben einen Durchmesser von 2,8 m und sind zunächst 15,6 m hoch gebaut worden, was nicht ganz $1/10$ der alten Segelfläche mit Topsegel entspricht. Eine Erhöhung auf 18,5 m ist nach den ersten größeren Fahrten vorgesehen. Das obere Lager soll im wesentlichen Seitendruck aufnehmen, ist jedoch gleichzeitig als Drucklager ausgebildet, um das Eigengewicht des Zylinders zu tragen. Das untere Lager übernimmt nur geringere Kräfte. Bei dieser ersten Ausführung sind sämtliche Lager als Gleitlager ausgebildet.

Zum Antrieb dienen zwei umkehrbare Gleichstrom-Nebenschlußmotoren von 11 kW, 220 Volt, 750 Umdrehungen, die im Pivotinnern über Hauptdeck angeordnet sind und durch eine hochgeführte Welle mittels Übersetzungsgetriebes 1:6 die Zylinder im oberen Lager drehen. Die Stromquelle bildet ein Zweizylinder-Germaniawerft-Dieselmotor, 45 PS_e Leistung.

Im folgenden will ich die Frage des praktischen Betriebes kurz streifen.

Die Stabilität des Schiffes ist durch den Umbau außerordentlich erhöht worden. Während die alte Takelage ein Gewicht von 35 t aufwies und eine Gesamthöhe von 28 m hatte, haben beide Pivots mit rotierenden Zylindern ein Gesamtgewicht von etwa 7 t und eine Höhe von 15,6 m.

Da das Ansteigen der Druckkräfte von dem Verhältnis Umfangsgeschwindigkeit zu Windgeschwindigkeit abhängig ist, die Umfangsgeschwindigkeit aber konstant gehalten werden kann und eine Höchstgrenze nicht überschreitet, kann auch der Winddruck trotz starken Ansteigens der Windgeschwindigkeit beim rotierenden Zylinder nur bis zu einer gewissen Grenze steigen, so daß auch bei sehr starken Winden die Rotoren in Tätigkeit bleiben. Deshalb äußern auch sehr starke Böen nur eine geringe Wirkung auf das Schiff und gehen fast spurlos vorüber.

Wenn z. B. bei einer Windgeschwindigkeit von 8 m/sek der Turm sich mit 24 m Umfangsgeschwindigkeit dreht und durch eine Böe die Windgeschwindigkeit von 8 auf 12 m wächst, dann ist das Verhältnis von $u:v$, welches zuerst 3 war, jetzt viel ungünstiger, nämlich 2 geworden; trotzdem also der Wind an und für sich viel stärker geworden ist, ist die Entnahmeeinrichtung automatisch relativ schwächer geworden, so daß kaum eine Zunahme des Druckes festzustellen ist. Diese Feststellung, die man auch schon nach den theoretischen Berechnungen auf Grund der Versuche voraussehen konnte, sind durch die ersten Fahrten vollkommen bestätigt worden. In dieser Tatsache liegt ein ganz gewaltiger Vorteil in der Ausnutzung der Windkraft gegenüber dem alten Segelschiff. Durch beliebige Einstellung der Drehzahl der Zylinder beherrscht man vollständig die Winddruckkräfte auf das Schiff, und zwar, im Gegensatz zum alten Segel, fast augenblicklich. Man braucht also nicht, wie bisher, bei herannahendem Unwetter schon stundenlang vorher Segel zu bergen. Auch bei stillgelegtem Rotor ist, wie schon vorher gezeigt, der Widerstand im Verhältnis zur alten Takelage klein. Bei der Untersuchung von zylindrischen Körpern hat man gefunden, daß die Widerstandszahl nicht nur von der Form und Stellung des bewegten Körpers abhängt, sondern daß auch eine geometrische Ähnlichkeit der Strömungsform vorhanden sein muß. Diese Ähnlichkeit tritt nur unter ganz bestimmten Bedingungen ein, die zuerst Reynolds bei seinen Ähnlichkeitsbetrachtungen festgelegt hat. Es wurde festgestellt, daß der Widerstand zylindrischer Körper von einem gewissen Durchmesser ab mit zunehmender Windstärke pro Flächeneinheit nicht weiter wächst, sondern daß je nach den gegebenen Verhältnissen ein plötzlicher Abfall der Widerstandskurve eintritt.

Nach den Ergebnissen der Göttinger Aerodynamischen Versuchsanstalt (s. 2. Lieferung, S. 24) ist für unsere etwa 3 m dicken Zylinder bei den in Frage kommenden Windgeschwindigkeiten mit einem Widerstandswert von ungefähr 0,3 zu rechnen, da die entsprechenden Reynoldsschen Zahlen jenseits des kritischen Wertes liegen. Bei überschlägiger Berechnung kann angenommen werden, daß die bei Sturm stehenbleibende Fläche, d. h. Masten, Stängen, Rahen, stehendes und laufendes Gut, etwa 12 bis 15% der Gesamtfläche beträgt, wobei, da diese Körper eine sehr ungünstige Widerstandsform haben, mit einem Widerstandswert von 1 bis 1,2 zu rechnen ist.

Ich weise nochmals auf die oben gebrachte Kurve hin, welche zeigt, daß der Gesamtwiderstand der Zylinder bedeutend geringer ist als der Widerstand der alten Takelage bei gerefften Segeln.

Die Kreiselbewegung, die durch das Schlingern und Stampfen des Schiffes entsteht, wurde auf Grund sorgfältiger Berechnungen als außerordentlich gering bestimmt und erreicht überhaupt keine für die Praxis in Betracht zu ziehenden Werte. Die Schwingungszahlen, die durch Exzentrizität der Zylinder im Be-

Abb. 32.

triebe auftreten können, liegen nach sorgfältiger Berechnung derartig, daß eine gefährliche Resonanzwirkung nicht zu erwarten ist. Die bisherigen Fahrten des Schiffes haben auch in diesem Punkte gezeigt, daß jede Befürchtung in dieser Hinsicht unbegründet war. Eine Beschädigung der Zylinder durch Seeschlag ist kaum zu befürchten. Trotzdem ist für die unteren Teile der Beplattung des Zylinders eine größere Blechstärke verwandt worden.

Die nautische Handhabung ist außerordentlich einfach. Ein einziger Mann ist in der Lage, den Rotor auf elektrischem Wege zu bedienen. Auftretende Luv- oder Leegierigkeit kann durch Wahl der Drehzahlen in einfachster Weise kompensiert werden. Das Halsen und Wenden wird durch Umsteuerung des vorderen oder hinteren Zylinders in wirksamster Weise unterstützt. Es hat sich bei den

16*

Fahrten gezeigt, daß das Schiff beim Wechseln der Windseite nicht stehenbleibt, sondern wie eine Yacht sehr schnell durch den Wind geht. Durch Umkehrung

Abb. 33.

Abb. 34.

der Drehrichtung beider Zylinder ist es sogar möglich, mit voller Kraft rückwärts zu segeln.

Die Betriebssicherheit ist infolge der doppelten Maschinenanlage außerordentlich groß. Die Betriebsbereitschaft ist eine sehr schnelle. Die Operation, welche dem Segelsetzen und Segelbergen entspricht, dauert nicht Stunden, sondern ist innerhalb weniger Sekunden ausgeführt. Die nautische Leitung eines Schiffes hat in Zukunft nicht ängstlich das Barometer und die Wettermeldungen zu beobachten, um stundenlang vorher Dispositionen zu treffen, sondern die Schiffsführer sind in der Lage, jedem plötzlichen Umschlag in der Witterung und des Windes in kürzester Frist Rechnung zu tragen. Selbst große Kursänderungen des Windes brauchen nicht beachtet zu werden, da durch die Eigenart des Rotors keine Einstellung erforderlich ist. Im allgemeinen wird nur der Drehsinn umgekehrt, wenn die Windseite gewechselt wird. Abgesehen von kleinen Änderungen der Tourenzahlen bei starken Änderungen der Windgeschwindigkeit, ist kaum eine Überwachung der Arbeitsweise des Rotors erforderlich. Beim In-den-Wind-Gehen wird das Verhältnis von $u:v$ etwas verringert und beim Vor-dem-Wind-Fahren etwas verstärkt.

Die weiteren Abbildungen stellen einige Baustadien des Flettner-Rotorschiffes dar.

Auf Abb. 33 ist insbesondere der obere Rundgang an dem Pivot deutlich sichtbar, der gestattet, daß auch während des Betriebes die obere Lagerung und die Schmierung desselben eingehend beobachtet werden kann.

Wie schon öfter erwähnt, haben die Fahrten gezeigt, daß alle Erwartungen, welche wir auf Grund der Göttinger Untersuchungen auf die neue Einrichtung setzen konnten, sich voll und ganz erfüllt haben. Die Anwendungsform der Türme läßt sich in ihren einzelnen Möglichkeiten jetzt noch nicht voll und ganz übersehen.

Es war mir von vornherein klar, daß die neue Einrichtung nicht etwa das moderne Dampf- oder Motorschiff verdrängen, sondern daß sie als hochwertiges Supplement zu der hochentwickelten Schiffsmaschine hinzutreten, die Großausnutzung der Windkraft auf dem Meere ermöglichen und durch eine sehr hohe Brennstoffersparnis die Wirtschaftlichkeit der Seeschiffahrt außerordentlich erhöhen wird.

Ich will meine Ausführungen nicht beenden, ohne vorher meinen Mitarbeitern, die mich bei meinen Bestrebungen in dankenswerter Weise unterstützt haben, meine Anerkennung und meinen Dank auszusprechen:

Von der Aerodynamischen Versuchsanstalt in Göttingen waren es Herr Professor Prandtl, Herr Dr. Betz und Herr Dipl.-Ing. Ackeret, die mich bei meinen Versuchen unterstützten.

Von der Germaniawerft danke ich Herrn Direktor Tradt, Herrn Direktor Regenbogen, Herrn Dr. Techel und Herrn Dipl.-Ing. Heberling, die in zielbewußter Arbeit sich für meine Ideen einsetzten und meine Konstruktionsideen durchführten.

Von der Hamburg-Amerika-Linie unterstützten mich Herr Direktor Zetzmann und Herr Dr.-Ing. Foerster.

Von der Hanseatischen Motorschiffahrt Aktiengesellschaft war mit der Überwachung des Umbaus der „Buckau" Herr Marine-Oberingenieur Dipl.-Ing. Gerhards betraut.

Von unserer Gesellschaft erwähne ich Herrn Dipl.-Ing. Croseck, der die Versuchs- und Konstruktionsarbeiten mit durchführte.

Erörterung.

Herr Marinebaurat Schulthes, Berlin:

Königliche Hoheit! Meine Herren! Wenn ich mir erlaube, hier im Anschluß an diesen ungeheuer interessanten Vortrag einige Worte zu sagen, so geschieht es nicht, um hier Kritik zu üben, denn die Kritik wird die Praxis fällen und, wie wir alle hoffen, im guten Sinne, zum Segen unseres Vaterlandes, damit es diese Erfindung zu seinem Nutzen verwerten kann.

Es handelte sich hier um den Versuch, Segel zu verbessern. Das, was wir bisher segeln nannten, scheint in andere Formen zu kommen. Ich selbst habe auch vor Jahren schon den Versuch gemacht, Segel verbessern zu wollen, und bin, ähnlich wie Flettner, damals darauf gekommen, feste Metallsegel als Hohlkörper auszubilden, und habe solche auch zur Auswahl der besten Formen in der aerodynamischen Versuchs-

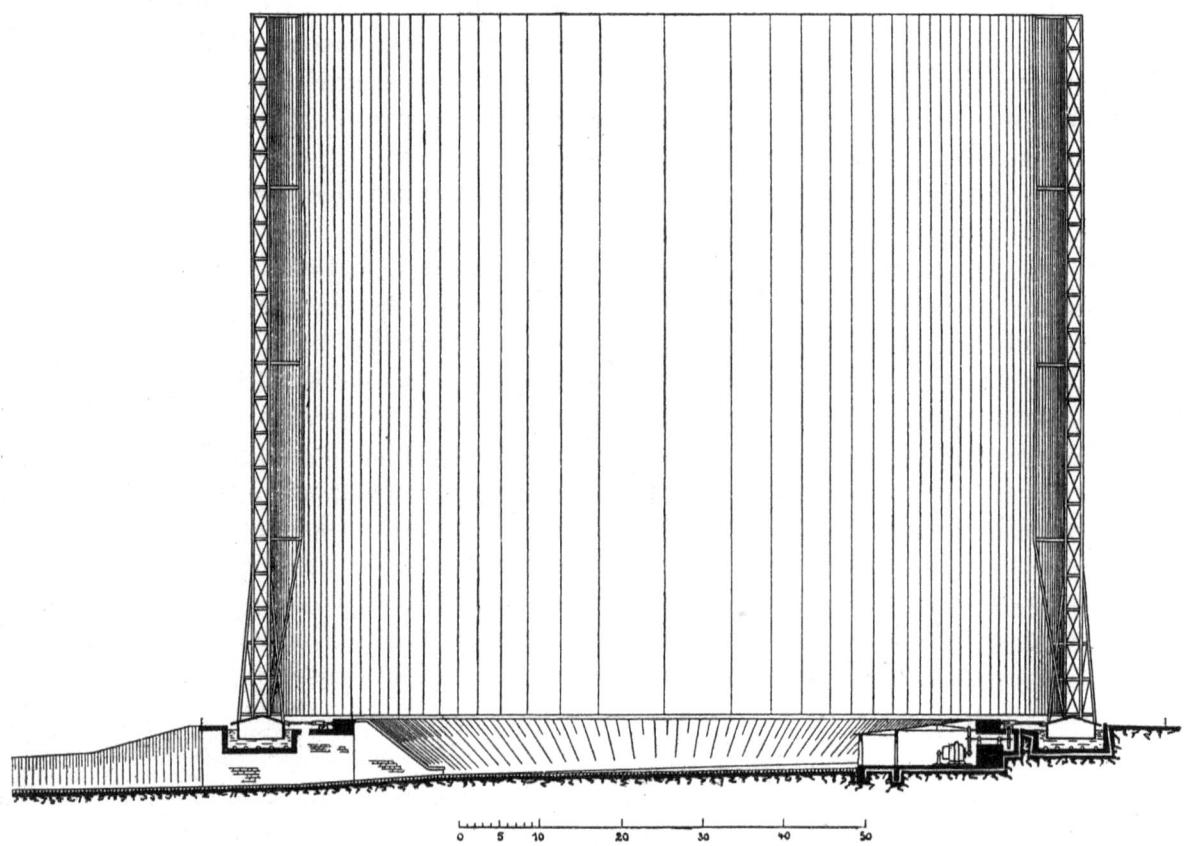

Abb. 1. Querschnitt eines Windkraftwerkes für große Leistungen.

anstalt in Göttingen untersuchen lassen. Die Aufgabe, die ich mir seinerzeit stellte, war rein schiffbautechnischer Natur, obwohl der Zweck nicht auf dem Gebiete des Schiffbaues liegt. Der Idee eines Kapitäns Mora folgend, wollten wir die Kraft des Segelns benutzen, um Segelschlepper zu bauen. Ein Schlepper ist bekanntlich, genau genommen, auch nur eine Maschine, die in der Lage ist, überschüssige Kraft für andere Zwecke zu gewinnen. Wie man nachher die gewonnene Kraft verwendet, kann uns hier im Augenblick gleichgültig sein. Diese Segelschlepper dachten wir uns dann derartig, daß mehrere Segelschiffe hintereinander segelnd Karussell fahren. Ich konstruierte nun ein sehr langes Schiff, daß ich krumm bog und sich gewissermaßen in den Schwanz beißen ließ. Es entstand dadurch ein ringförmiger Schwimmkörper.

Ich konstruierte also, wie ich schon sagte, einen ringförmigen Schwimmkörper und mußte für ihn dann eine Schwimmbasis finden. Für diesen ringförmigen Schwimmkörper mußte ich also auch einen ringförmigen Kanal schaffen und konnte nun den Schwimmkörper mit Masten versehen. Diese Masten konnten sehr erhebliche Höhe haben. Es war in der Folge möglich, auf diesem Schwimmkörper sehr große Segelflächen unterzubringen.

Es entstand auf diese Weise ein gasometerartig aussehender Gitterkörper, der auf einem Schwimmponton ruht und nun durch den Wind in Drehung gesetzt werden kann, weil der Gitterträger mit vielen Segeln (Segelklappen) belegt ist. Das Bild läßt den Ringkanal im Querschnitt zu beiden Seiten erkennen. In dem Ringkanal schwimmt der ringförmige Ponton, auf welchem der Gitterkranz als Segelträger (Masten des Schiffes) aufgebaut ist. Unten, an den Innenseiten des Pontons, sind Druckstangen angebracht, welche mit Hilfe kleiner Wagen, die auf Schienen laufen, den Seitenschub, den der Wind auf das ganze große Gerüst ausübt, aufnehmen. Das ganze Drehwerk wird vom Winde außerdem etwas schief gelegt. Da aber der Stützpunkt immer unten an der Luv-Innenseite liegt, kann es nicht umkippen, sondern sich nur schief stellen, indem der Ringponton luvwärts etwas austaucht, und leewärts tiefer taucht. Die Stabilität ist somit ungeheuer groß; die bei den Druckstangen erwähnten Wagen tragen auch die Kraftübertragung, die uns hier nicht interessiert.

Abb. 2 zeigt die Theorie des Werkes. An dem Gitterkranz befinden sich in vielen Etagen übereinander die vielen einzelnen Segel. Auf dem Bild b sind 16 Segel am Kreisumfang angenommen. Die Segelstellungen XI—XV sind unwirksam. Dieses ist die Wendeperiode der Karussellsegler. Stellung XVI liegt hart am Wind, Segel I—V segeln mit immer raumerem Winde bis bei V und VI das Segel halst;

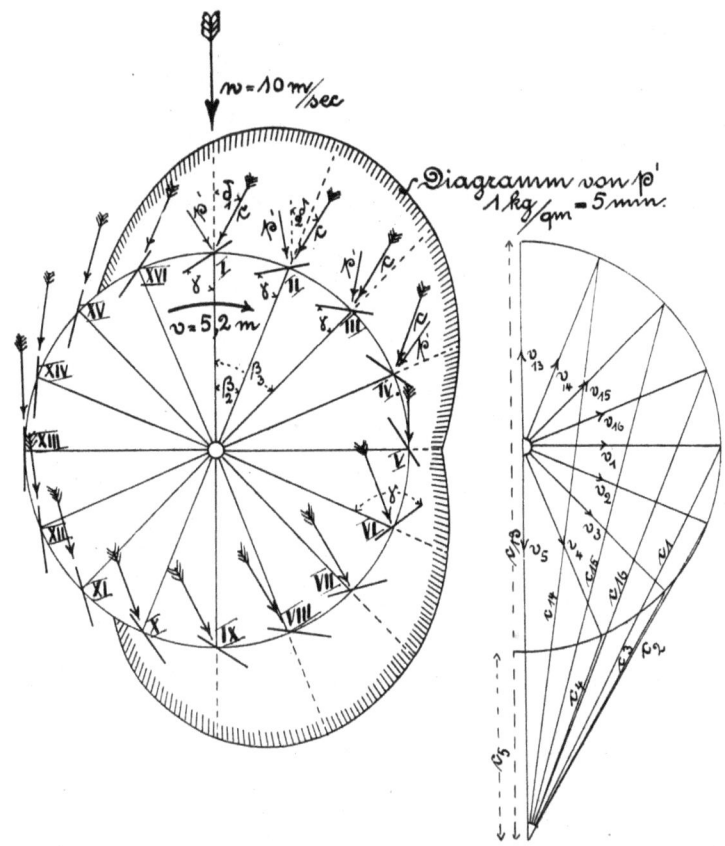

Abb. 2. Schema und Kraftdiagramm bezogen auf 1 m Segelfläche.
Hierzu Berechnungstabelle I.

dann kommt wieder eine Periode des raumen Segelns bis zum In-den-Wind-Gehen. (Für die Kraftberechnung füge ich nachträglich die Tabelle I hier ein, aus dieser Tabelle errechnet sich die Leistungskurve.)

Die schraffierte Grenzlinie gibt das theoretisch errechnete Kraftdiagramm an. Es ist auf der Leeseite geringer, weil dem durch das Werk streifenden Winde bereits Arbeit entzogen ist. Man sieht, daß bei weitem der größte Teil der Umfangsfläche nutzbringende Arbeit ergibt und nur ein kleiner Teil unwirksam bleibt.

Die Abmessungen des geplanten großen Werkes sind recht erheblich: Der Durchmesser von Mitte zu Mitte Ponton ist 100 m bei 84 m Höhe. Das Gitterwerk trägt 4000 Stück Segelklappen mit 17 600 qm Gesamtsegelfläche, die Breite des Pontons 6 m. Das Gewicht der schwimmenden Teile beträgt für dieses große Werk ca. 2000 t.

Natürlich kann man auch kleinere Werke bauen. Die Untersuchungen ergaben den Schluß, daß es möglich ist, für jede passende Gegend Werke, die sich rentieren, zu bauen, wenn man sie mit Überlandzentralen zusammenkuppelt. In windarmen Gegenden ganz große Werke, in windreichen Gegenden entsprechend kleinere. Das Werk ist, weil es sich eben um ein Schiff handelt, während des Betriebes in allen Teilen begehbar und somit bedienbar. Es können während des Betriebes überall, wo Schäden auftreten, diese beseitigt werden, ohne die Leistung zu schmälern. Es braucht, mit Ausnahme von großen Reparaturen am Schwimmponton, niemals still zu stehen.

Wenn ich die einzelnen Segel durch Flettnerrotoren ersetze, so ist nur eine neue Aufgabe zu lösen, denn ich habe nur notwendig, die Rotoren jedesmal bei einer Umdrehung des großen Körpers von Null

Tabelle I.
Berechnung eines Windkraftwerkes für große Leistungen.

$w = 10$ m, $v = 5$ m.

Stellung	v_x m	v_y m	v_c m	p kg	$\dfrac{v_x}{w-v_y} =$	tg δ	$\sphericalangle \delta$	$(\beta+\gamma)$	$(\beta+\gamma-\delta)$	sin $(\beta+\gamma-\delta)$	p' kg
I	5,0	0	11,1	14,7	$\dfrac{5}{10}$	0,500	26°30′	50°	23°30′	0,399	5,87
II	4,62	−1,92	9,3	10,4	$\dfrac{4,62}{10-1,92}$	0,573	29°50′	72°30′	42°40′	0,678	7,05
III	3,53	−3,53	7,5	6,8	$\dfrac{3,53}{10-3,53}$	0,547	28°40′	95°	66°20′	0,916	6,23
IV	1,92	−4,62	5,7	4,0	$\dfrac{1,92}{10-4,62}$	0,357	19°40′	117°30′	97°50′	0,991	3,96
V	0	−5,00	5,0	3,0	0	0	0	140°	140°	0,643	1,93
VI	−1,92	−4,62	5,7	4,0	$\dfrac{-1,92}{10-4,62}$	−0,357	−19°40′	62°30′	82°10′	0,991	3,96
VII	−3,53	−3,53	7,5	6,8	$\dfrac{-3,53}{10-3,53}$	−0,547	−28°40′	85°	113°40′	0,916	6,23
VIII	−4,62	−1,92	9,3	10,4	$\dfrac{-4,62}{10-1,92}$	−0,573	−29°50′	107°30′	137°20′	0,678	7,05
IX	−5,00	0	11,1	14,7	$\dfrac{-5}{10}$	−0,500	−26°30′	130°	156°30′	0,399	5,87
X	−4,62	1,92	12,7	19,5	$\dfrac{-4,62}{10+1,92}$	−0,388	−21°10′	152°30′	173°40′	0,110	2,15
XI—XV unwirksam	—	—	—	—	—	—	—	—	—	—	—
XVI	4,62	1,92	12,7	19,5	$\dfrac{4,62}{10+1,92}$	0,388	21°10′	27°30′	6°20′	0,110	2,15
										$\sum p'$	52,45

$\sphericalangle \gamma = 50°$ bzw. $130°$; $\quad c = \sqrt{(w+v_y)^2 + v_x^2}$; $\quad p' = p \cdot \sin(\beta+\gamma-\delta)$; $\quad \operatorname{tg}\delta = \dfrac{v_x}{w-v_y}$.

Leistung für 100 qm Segelfläche in Pferdestärken: $L_{100} = \sum p' \cdot \dfrac{100}{16} \cdot \cos\gamma \cdot \dfrac{v}{75}$.

auf hohe Tourenzahlen zu bringen und wieder abfallen zu lassen. An der zweiten Hälfte der Drehung habe ich die Drehrichtung der Rotoren zu ändern, dann wiederum die Drehzahlen anwachsen zu lassen und wieder abfallen zu lassen.

Nach meinen Rechnungen ist diese Aufgabe ebenso lösbar wie bisher alle diejenigen Aufgaben, die an diesem Projekt aufgetaucht sind. Es ist das Ganze lediglich eine Kombination von solchen technischen Aufgaben, die bereits bemeistert worden sind.

Nach Flettners Angaben ist nun anzunehmen, daß sich die Leistungskurve, die ich hier (Abb. 2) gezeichnet habe, ungefähr versechsfachen läßt. Ich muß hierbei darauf hinweisen, daß ich es nicht notwendig habe, wie bei den Segelschiffen mit begrenzten Stabilitätsverhältnissen zu rechnen. Ich habe dadurch, daß der schwimmende Ringkörper schwingt, eine ungeheure Stabilität und kann also eine kolossale Menge Segel oder Rotoren daraufsetzen. In einem solchen Körper (Abb. 1) würden über 200 Flettnerrotore arbeiten. Das Gewicht, das dadurch hinzutritt, ist leicht durch den Schwimmkörper zu bewältigen. Es wird im übrigen auch nicht so sehr groß sein, ich schätze es nur auf 200 t.

Meine Herren! Ich habe die Berechnungen auf Grund der theoretischen Segelfläche aufstellen müssen, weil man mit den Angaben über die Flettnerrotoren noch nicht so rechnen kann. Die Rechnungen führten mich dazu, daß als theoretische Leistung ungefähr 24 vH der Windkräfte ausgenutzt werden, die im Luftstrom vorhanden sind. Ich habe dann ein Modell anfertigen lassen und dieses in dem aerodynamischen Institut in Göttingen von Herrn Prof. Prandtl und Herrn Dr. Betz eingehend durchprüfen lassen. Die Herren haben auf Grund ihrer Versuche festgestellt, daß unbedingt damit zu rechnen ist, daß mindestens 10—12 vH der Arbeitsleistung, die im Luftstrom liegt, nutzbar gemacht werden kann. Wenn ich nach Flettner annehme, daß ich mindestens das Sechsfache erreiche — Flettner gibt ja noch höhere Zahlen —, so erhalte ich ungefähr folgende Zahlen: Das Werk gibt mir bei einer Windstärke von 10 m pro Sekunde nach der theoretischen Berechnung etwas über 2000 PS_e, nach den Versuchen bei Prandtl etwa 1000 PS, nach mit Flettnerrotoren dann 6000 PS_e.

Für die Bewegung der Rotore brauche ich viel mehr Kraft, als dies auf der „Buckau" der Fall ist. Ich rechne daher, sehr erheblich, mit einem Viertel der erzeugten Leistung. Es bleibt mir somit eine nutzbare Kraft, bei 10 m Windgeschwindigkeit, von mindestens 4000 PS_e.

Die genauesten Rechnungen, die ich habe anstellen lassen auf Grund der Jahresdurchschnitts-Windstärken, die z. B. auf Borkum herrschen (Tab. II), haben ergeben, daß die theoretische Arbeitsleistung

Tabelle II.
Windstunden und Windgeschwindigkeiten der Beobachtungsstation in Borkum.
Jahr 1907.

Monat	0 bis 1	1 bis 2	2 bis 3	3 bis 4	4 bis 5	5 bis 6	6 bis 7	7 bis 8	8 bis 9	9 bis 10	10 bis 11	11 bis 12	12 bis 13	13 bis 14	14 bis 15	15 bis 16	16 bis 17	17 bis 18	18 bis 19	über 19 m/sec
Januar . . .	2	6	15	41	59	54	83	99	58	71	73	62	46	32	19	10	6	7	1	7
Februar . .	31	17	18	19	32	44	84	103	94	49	40	36	34	18	14	12	9	6	5	1
März	11	27	52	70	66	58	61	53	62	48	53	55	53	38	19	6	5	4	2	—
April	3	3	10	15	12	38	63	107	117	126	88	72	46	13	4	1	2	—	—	4
Mai	22	25	31	65	94	64	81	77	96	66	50	20	12	18	4	4	6	2	3	—
Juni	4	10	10	37	85	75	90	102	80	69	53	31	27	14	17	7	7	2	—	—
Juli	9	9	20	38	83	97	100	87	96	86	55	41	18	3	2	—	—	—	—	—
August . . .	4	12	20	28	80	66	84	97	80	78	85	48	32	13	13	2	2	—	—	—
September .	48	39	36	84	126	112	76	74	47	34	24	13	5	—	2	—	—	—	—	—
Oktober . .	12	15	25	63	134	110	96	84	72	42	48	20	13	6	4	—	—	—	—	—
November .	2	16	29	65	136	109	73	57	48	51	48	41	21	13	5	4	—	2	—	—
Dezember . .	9	8	18	50	67	73	86	98	105	94	70	22	14	15	14	1	—	—	—	—
Summe der Windstunden	157	187	284	575	974	900	977	1038	955	814	687	461	321	183	117	47	37	23	11	12

pro Jahr von diesem Werk (Abb. 1) in Borkum 10 000 000 PS$_e$ sein würde, nach den Versuchen in der aerodynamischen Anstalt von Herrn Prof. Prandtl nur die Hälfte, nach Flettner dann wieder wesentlich mehr, so daß ich auf eine Leistung von ca. 20 000 000 PS$_e$ im Jahre komme, die man mit einem solchen Werke in einer etwas windreichen Gegend erzielen und nutzbar verwerten kann.

Welche Vorteile hieraus für die Ausnutzung der Flettnerrotore und welche Perspektiven sich allein aus diesem einen kleinen Beispiel für die Entwicklung ergibt, das wollte ich mir erlauben, Ihnen hier vorzuführen. Es wird vielleicht mancher unter Ihnen sein, der sagt: der Mann, der das spricht, ist noch in den Zahlen der Inflation hängen geblieben. (Heiterkeit.) Nein, meine Herren, ich habe alle diese Zahlen sehr real durchgerechnet. Ich habe an den Zahlen, die ich zuerst über Flettners Erfolge hörte, weidlich herumgestrichen. Ich glaube an das Resultat, das ich hier mitgeteilt habe und bin sicher, es kann erreicht werden. Wenn es erreicht wird, so dürfte auch eine solche Lösung der Windausnutzung, die wir dann auch Herrn Flettner und seiner Erfindung zu verdanken haben, eine Hilfe für das Emporkommen unseres gequälten Vaterlandes sein. (Lebhafter Beifall.)

Herr Ingenieur Ludwig Benjamin, Hamburg:
Königliche Hoheit! Sehr geehrte Herren! Es ist kaum nötig, zu betonen, daß wir hier einen Vortrag gehört haben, dessen Inhalt epochemachend sein wird und der den deutschen Namen von neuem weit verbreiten wird. Das darf uns aber nicht daran hindern, die wichtigen Punkte der Sache ernsthaft zu betrachten, auch wenn der Herr Vortragende solche Punkte nur gestreift oder nur nebenbei erwähnt hat.

Ein solcher Punkt, auf den ich kurz zu sprechen kommen möchte, ist die Stabilität. Der Herr Vortragende hat uns mitgeteilt, daß sich die Stabilität wesentlich erhöhen wird; er hat uns auch Stabilitätskurven gezeigt, die das beweisen sollen. Ich muß vorweg sagen, meine Herren, als ich zuerst von dem Flettner-Rotor hörte und die Abbildungen in den Zeitungen sah, so neigte ich dazu, denjenigen recht zu geben, die sagten, daß das Schiff im Orkan nicht bestehen könne. Nachdem ich den Vortrag im Druck vor mir hatte, der allerdings erst sehr spät verteilt wurde, habe ich die Stabilität überschläglich durchgerechnet, und da bin ich vollständig von dieser Ansicht zurückgekommen und habe eingesehen, daß vom Stabilitätsstandpunkt aus durchaus keine Gefahr mit den Rotoren verbunden ist. Allerdings kann ich dabei nicht ganz den Zahlen folgen, die der Herr Vortragende gebracht hat, und zwar deshalb nicht: Der Herr Vortragende vergleicht in seinen Ausführungen die Eigenschaften seines Rotorschiffes mit den früheren Eigenschaften der „Buckau". Das ist ja an sich richtig. Wir dürfen aber nicht vergessen, daß die „Buckau" ein Schiff ist, welches für seine Größe außergewöhnlich hoch und groß getakelt gewesen ist. Vergleichen wir ein normales Segelschiff, etwa einen reinen Dreimastschoner, der normal getakelt ist, mit dem Rotorschiff „Buckau", wie es jetzt ist, so ändern sich die Zahlen, die der Herr Vortragende gebracht hat, etwas. Ich kann auf die Einzelheiten nicht eingehen, möchte aber erwähnen, daß die Projektionsfläche der Rotoren ungefähr 10% der Segelfläche eines normalen Segelschiffes beträgt, was übrigens, wenn ich nicht irre, der Vortragende auch gesagt hat.

Das normale Segelschiff wird seine gesamten Segel aber nur bis etwa zur Windstärke 6 führen. Sobald der Wind stärker wird, wird das Segelschiff zuerst die Toppsegel fieren, dann wird es die unteren Segel reffen, bis es zuletzt im Orkan, also im kritischen Stadium, alle Segel bergen kann und dem Winde nur noch die Takelung darbietet. Jetzt steht also die Takelung des gewöhnlichen Seglers der Fläche der Rotoren gegenüber, die Fläche der normalen Takelung beträgt aber nicht wie bei der „Buckau" 12—15% der Segelfläche, sondern nur 8—9%; sie ist also etwas geringer als die der Rotoren; der Druckmittelpunkt liegt bei beiden etwa in der gleichen Höhe. Nun hat uns der Herr Vortragende belehrt, daß die Takelung einen ganz bedeutend höheren Widerstand gegenüber dem Wind ausübt als die Rotoren. Meine Herren, ich bezweifle durchaus nicht, daß dies richtig sein wird mit Bezug auf die Ausnutzung der dynamischen Kraftwirkungen. Bei der Stabilität aber kommen, selbst wenn es sich um die plötzliche Einwirkung einer Böe handelt, nicht nur dynamische Einwirkungen, sondern auch rein statische Auswirkungen in Frage.

Die Anschauungen, die über diesen Punkt herrschen, sind noch nicht geklärt. Ich bemerke nebenbei, daß ich die Absicht hatte, zu dieser Versammlung einen Vortrag über die Stabilität der Segelschiffe zu liefern, mit dem ich aber zu spät fertig wurde, und daß derselbe jetzt in der Zeitschrift „Werft, Reederei, Hafen" veröffentlicht wird. Ich muß auf diesen Aufsatz mit Bezug auf das Verhältnis zwischen Windwirkung und Stabilität verweisen, ohne auf Einzelheiten einzugehen. Aber ich möchte dies sagen: Wenn der Orkan, der losgefesselte Wind, der keinerlei Gesetzen mehr gehorcht, als Windstoß auftritt, so glaube ich nicht, daß es bewiesen ist, daß die großen Zylinder der Rotorschiffe sich günstiger verhalten als die Masten und die Takelungsteile, die bei den anderen Schiffen in Betracht kommen. Ich glaube, dieser Windstoß nimmt alle Flächen in gleicher Weise mit sich und drückt sie nach der Seite.

Vorsitzender Herr Geheimrat Prof. Dr.-Ing. Busley: Das wollen wir doch erst abwarten, Herr Benjamin! (Sehr richtig! und Heiterkeit.)

Herr Vorsitzender, ich bin der Ansicht, man sollte das nicht abwarten (Heiterkeit), denn dieses Abwarten heißt ein Schiff in Gefahr bringen, und das sollte man vermeiden. Geht man von diesem Grundsatz aus, so liegt die Sache so: Wie der Herr Vortragende auseinandergesetzt hat, gewinnt das Schiff an metazentrischer Höhe dadurch, daß der Schwerpunkt tiefer zu liegen kommt, wenn auch die Zahlen, die er gebracht hat, etwas modifiziert werden müssen, weil eben die normale Takelung nicht so schwer ist wie die der „Buckau". Dagegen wird die Stabilität bei höheren Windstärken durch die Rotoren stärker beansprucht als bei anderen Schiffen; das Rotorschiff braucht also bei höheren Windstärken eine größere Stabilität als andere Schiffe. Diese größere Stabilität wird ihm dadurch geliefert, daß der Schwerpunkt tiefer liegt, die ganze Kurve also höher ansteigt, und es wird bei Schiffen dieser Größe ungefähr darauf hinauslaufen, daß das Rotorschiff im großen und ganzen bei der Einwirkung eines Orkans ebenso günstig oder ungünstig dasteht wie das gleich große Segelschiff. Deshalb wäre es unvorsichtig, wenn man daraufhin, daß der Schwerpunkt beim Rotorschiff tiefer liegt, was ja zweifellos der Fall ist, etwa die Breite verringern wollte, sondern solange nicht bewiesen ist, daß die Rotoren auch im Orkan weniger Windfang bieten als die bisherige Takelung, solange halte ich es für erforderlich, den Rotorschiffen genau dieselbe Stabilität zu geben, die man ihnen als normal getakelten Segelschiffen gegeben haben müßte. Ich glaube, daß diese Bemerkungen immerhin nicht ohne Wichtigkeit sind, und habe sie deshalb gemacht. (Beifall.)

Herr Marine-Oberbaurat Goecke, Erlangen:

Verehrte Anwesende! Dieser geradezu phänomenale Vortrag des Herrn Direktors Flettner wird große Folgen haben, namentlich wenn die Erfindung in Verbindung mit der vereinfachten Schiffsform, wie ich sie im Jahre 1921, Heft 16 der Zeitschrift Werft und Reederei, veröffentlicht, etwa nach Abb. 24 vorgeschlagen habe, zur Ausführung gebracht wird und nicht etwa nach der sog. normalen Form. Es ist oft davon schon als gegensätzliche Schiffsformen gesprochen worden: „normale Schiffsform oder mathematische Schiffsform." Ich möchte nebenbei nur kurz dazu erwähnen, daß es nach 50jähriger Untersuchung eine normale Schiffsform überhaupt nicht gibt, sondern jede Schiffsform eine mathematische ist, sie kann sein wie sie will, mag's ein Hicksschlitten, Gleitboot, formstabiles Schiff oder sonst ein Schiff gewöhnlicher Form sein. Ich möchte auf die vorerwähnte ganz einfache Form zurückgreifen.

Vorsitzender Herr Geheimrat Prof. Dr.-Ing. Busley: Darf ich den Herrn Redner unterbrechen? Wir sprechen hier über das Flettnersche Rotorschiff, nicht über allgemeine Schiffsformen.

Ja, darauf komme ich jetzt hinaus. Durch die Anwendung dieser Form können sehr billige Schiffe bei überlegener Wirtschaftlichkeit, wie auch Herr Dr.-Ing. Foerster festgestellt hat, hergestellt werden. — Wenn wir also solche einfache Schiffsformen mit Antrieb durch Flettnersche Apparate haben, werden wir wirtschaftlich enorm vorwärts kommen; denn es ist ganz klar, daß uns das Ausland kommen muß. Wir werden dann derartige Werte einheimsen, daß wir, vorausgesetzt, daß die Erfindung in deutschen Händen bleibt, alles das, was das Ausland uns genommen hat, mit Leichtigkeit wieder einbringen können, und zwar zum Heile unserer Industrie und zum Segen des Vaterlandes.

Herr Geheimer Oberbaurat Presse, Berlin:

Ich möchte nur eine ganz kurze Anfrage an Herrn Flettner richten. Es fällt jedem ohne weiteres auf, daß die Rotoren außerordentlich hoch über das Schiff hervorragen. Ich denke daran: wenn man z. B. solche Rotoren auf einem Kreuzer, einem Hilfskreuzer anbringen würde, der lange Zeit draußen kreuzt und dabei außerordentlich viel Kohlen braucht. Wenn man eine Ersparnis durch Rotoren erreichen könnte, dann wäre es aber sehr unerwünscht, eine derartig charakteristische Silhouette als Kriegsschiff zu haben. Es werden wahrscheinlich Gründe für die große Höhe vorhanden gewesen sein, trotz der Rücksicht auf die Stabilität, vielleicht die absolute Höhe, die notwendig ist, um überhaupt genügend Wind zu fangen, dann die Umfangsgeschwindigkeit usw. Maßgebend für die Wirkung der Rotoren ist ihre Fläche, d. h. also ihre Länge und ihr Durchmesser zusammen mit der Umfangsgeschwindigkeit. Man könnte daher den Durchmesser größer machen und die Länge verringern. Beim Kriegsschiff haben wir schon eine ganze Anzahl hoher Aufbauten, Brücken usw., über die doch wahrscheinlich dieser Rotor frei hervorragen soll, um einen gewissen Windfang zu bilden. Hier würde man gezwungen sein, diese Rotore wesentlich kürzer, aber entsprechend dicker auszuführen. Ich nehme an, daß von Herrn Flettner bereits bestimmte Versuche gemacht worden sind, um das günstigste Verhältnis der Länge eines solchen Rotors zum Durchmesser festzustellen. Es wäre sehr erwünscht, wenn Herr Flettner darüber einige Angaben machen könnte. (Beifall.)

Direktor Flettner, A.-Berlin:

Zunächst möchte ich noch einiges zur Widerstandsfrage sagen.

Einer der Herren Vorredner glaubt, daß für den Fall eines Orkans die Verhältnisse sich so ändern würden, daß man die in Göttingen gemachten Messungen nicht ohne weiteres übertragen dürfe, und daß der Orkan nicht nach den Messungen fragen werde. Dieser Ansicht war man solange, als man noch nicht die Ähnlichkeitsuntersuchungen des englischen Physikers Reynold und die vielen Meßergebnisse kannte, die Göttingen und andere Institute im Laufe der letzten 2 Jahrzehnte gesammelt haben. Schon in den letzten Jahren des Krieges war man über diese Dinge genau unterrichtet und hatte Gelegenheit, die Messungen der Versuchsanstalten mit den sich tatsächlich ergebenden Werten beim wirklichen Flugzeug zu vergleichen. Es hat sich herausgestellt, daß die Messungen, die am Modell gemacht wurden, auch bei den im großen ausgeführten Körpern, z. B. einem dicken Riesenflugzeugflügel, fast genau übereinstimmen. Beim Riesenflugzeug treten besonders beim Gleitflug und beim Landen Geschwindigkeiten und Beanspruchungen auf, welche ungefähr der Orkangeschwindigkeit und den entsprechenden Drücken gleichkommen.

Wir haben die Messungen mit aller Vorsicht durchgeführt und vor allen Dingen die Stabilität des Schiffes in Rechnung gestellt. Heute schon wissen wir genau, wie sich das Schiff verhalten wird, wenn es sich demnächst auf seiner ersten Sturmfahrt befindet.

Auf die Fragen des letzten Herrn Vorredners, ob wir uns überlegt hätten, was beim Kriegsschiff in Frage komme, welches Längen- und Breitenverhältnis dort richtig sein werde, möchte ich kurz folgendes sagen: von diesem Verhältnis hängt die Größe des induzierten Widerstandes ab, d. h. je niedriger und dicker wir einen solchen Körper bauen, je mehr wir also das Verhältnis Länge zu Breite verkleinern, desto ungünstiger wird das Verhältnis $C_a : C_w$ (Auftrieb zu Widerstand). Wenn wir bei der „Buckau" die Türme ca. 3—4 m niedriger bauen würden, dann würde dies Verhältnis (Gleitzahl) nicht viel ungünstiger werden, weil für den Einfluß des induzierten Widerstandes hier auch die Schiffsform und die Drücke auf den Schiffskörper selbst in Frage kommen. Kleine Änderungen in dieser Hinsicht würden also an der Gleitzahl des ganzen Schiffes wenig ändern.

Wenn man beim Kriegsschiff solche Türme anwendet, dann wird man einmal mit dem erwähnten Verhältnis heruntergehen und, wie dies auch schon in meinen Patentanmeldungen vorgeschlagen ist, die Türme, ähnlich wie dies beim Teleskop geschieht, zusammenschieben. Wir sind nicht gezwungen, das Pivot in den Turm zu bauen, wir können dasselbe auch als Fortsetzung des Rotorkörpers anordnen und in das Schiff hineinragen lassen, so daß alle Lagergewichte unter Deck kommen, und daß über Deck nur noch der nach Art des Flugzeugbaues leicht konstruierte Rotorkörper bleibt. Bei dieser Anordnung ist es möglich, mit einfachen Mitteln die Frage der Konstruktion des Teleskoprotors zu lösen.

Zum Schluß darf ich Ihnen nochmals für Ihre freundliche Aufmerksamkeit meinen verbindlichsten Dank sagen. (Allseitiger stürmischer, langanhaltender Beifall.)

Vorsitzender Herr Geheimrat Prof. Dr.-Ing. Busley:

Meine Herren! Ich möchte Herrn Flettner zunächst unseren wärmsten Dank dafür aussprechen, daß er trotz seiner außerordentlich in Anspruch genommenen Zeit bereitwillig den vorher gehaltenen Vortrag übernommen hat. (Lebhafter Beifall.)

Gestern abend habe ich schon ausgeführt, daß es von Anton Flettner eine geniale Tat war, den seit 70 Jahren bekannten Magnus-Effekt zu nutzbarer Arbeit anzuhalten. Meine Herren! Wir können nur wünschen, schon aus nationalen Gründen, daß die Erwartungen, die Herr Flettner an seine Erfindung knüpft, sich voll und ganz erfüllen mögen. (Stürmischer Beifall.)

XII. Die Auswuchtung rotierender Massen.
Von Dr.-Ing. Hans Heymann, Darmstadt.

Das Auswuchtproblem beschäftigt sich mit der Beseitigung von Schwingungserregern an rasch umlaufenden Maschinenteilen. Seine Bedeutung wächst auch im Schiffsmaschinenbau in dem Maße, in dem zwecks Erreichung eines Maximums an Leistung bei einem geringsten Aufwand an Material und Raum eine Erhöhung der Drehzahl angestrebt wird.

Der Vorläufer des Problems ist die bekannte statische Balancierung, die bis etwa gegen das Jahr 1890 allein das Feld behauptete. Spärliche Hinweise aus der Fachliteratur lassen vermuten, daß um das Jahr 1890 an verschiedenen Stellen in Deutschland, England und Amerika gleichzeitig Bestrebungen im Gange waren, den auszuwuchtenden Rotor im rotierenden Zustand, also auf dynamischem Weg, auf Massenverlagerung hin nachzuprüfen. Von wem die heute noch allen dynamischen Auswuchtmaschinen eigentümliche elastische Abstützung der Lager stammt, läßt sich leider nicht mit Bestimmtheit feststellen. Jedenfalls ist die aus der Werkstatt hervorgegangene Erfindung auch in der Werkstatt weiterentwickelt worden. In Folge hiervon blieben die mit den empirisch arbeitenden Vorrichtungen gewonnenen Erfahrungen Alleingut von Spezialisten, welche die Methode mit geringfügigen Änderungen von einer Werkstatt zur anderen fortpflanzten und das größte Interesse hatten, ihre Erfahrungen geheimzuhalten. Nur so konnte es kommen, daß noch heute das Auswuchtproblem vielfach als ein dunkles Gebiet des Maschinenbaues angesehen wird, das zu betreten nur in besonderen Fällen lohnt. Wenn man hört, daß die Auswuchtung großer Rotore von Schiffsturbinen, Dynamos und dergleichen mittels solcher empirischer Methoden Wochen oder gar Monate benötigte, so kann man die Scheu vieler Betriebsingenieure vor der dynamischen Balancierung wohl begreifen.

Im Jahre 1908 fand Dr. Lawaczeck, der bekannte Turbinenfachmann, in Amerika den Schlüssel zu einer mathematisch exakten Auswuchtmethode Nach seinen Angaben wurde von der Firma Carl Schenck, Eisengießerei und

Maschinenfabrik, G. m. b. H., Darmstadt, unter Mithilfe der Technischen Hochschule Darmstadt eine Versuchsmaschine gebaut, deren Ergebnisse Dr. Lawaczeck in einem grundlegenden Aufsatz in der Zeitschr. f. d. ges. Turbinenwesen, Jg. 1911, Heft 28/32, betitelt „Das Auswuchten raschumlaufender Massen" veröffentlicht hat. Die verbesserte zweite Versuchsmaschine gelangte im Jahre 1914 in das Laboratorium von Prof. Dr. Heidebroek an der Technischen Hochschule in Darmstadt, wo sie vom Verfasser eingehend ausprobiert und dazu benutzt wurde, noch offene, schwingungstechnische Fragen zu klären. Die Ergebnisse dieser etwa einjährigen Untersuchung sind in der Dissertation des Verfassers, betitelt „Schwingungsvorgänge beim Auswuchten raschumlaufender Massen", Darmstadt 1916, niedergelegt und veranlaßten die Firma Carl Schenck, die Maschine im Jahre 1915 in ihr Arbeitsprogramm aufzunehmen. In ihrer ursprünglichen Form verkörperte die Maschine eine laboratoriumsmäßige Methode, denn die Auswuchtung war mit Rechenoperationen verknüpft. Im Jahre 1916 gelang es dem Verfasser, diesen Übelstand zu beheben und das Verfahren rein werkstattmäßig zu gestalten. In den folgenden Jahren wurden im Zusammenhang mit dem Bau der Maschine fortlaufend wissenschaftliche Untersuchungen über alle das Problem berührende Fragen vorgenommen, deren Ergebnisse von großem Einfluß auf die konstruktive Ausgestaltung der Maschine gewesen sind. Heute kann man von einem gewissen Abschluß in der Untersuchung der prinzipiellen Fragen sprechen. Für etwa 95—98% aller Prüfkörpergattungen kann das Auswuchtproblem als technisch vollständig gelöst angesehen werden.

In dem wissenschaftlichen Ausbau des Problems trat nur Amerika als Wettbewerber mit auf den Plan, und zwar war es hier vor allem Akimoff, welcher 1916 erstmalig eine theoretisch richtige Maschine auf den Markt brachte. Im Gegensatz zu Dr. Lawaczeck und dem Verfasser vertrat Akimoff bis vor etwa einem Jahre die Ansicht, daß die statische und dynamische Unbalance, auf die wir im nachfolgenden zu sprechen kommen, getrennt zu behandeln sei. Er brachte also eine Maschine heraus, die nur nach voraufgegangener statischer Balancierung des Körpers einwandfrei arbeitete. Seit etwa Jahresfrist ist es ihm gelungen, nach dem Vorbild der Auswuchtmethode Lawaczeck-Heymann eine Lösung zu finden, bei der beide Unbalancearten in einem Arbeitsgang behoben werden, die also die statische Vorbalancierung ausschaltet. (Vgl. Aufsatz in der „Machinery" vom 25. Januar 1923, Nr. 539, betitelt „The Olsen-Carwen Static-Dynamic Balancing Machine".) Die Akimoff-Auswuchtmaschine ist verhältnismäßig kompliziert und schwer in der Konstruktion. Der Hauptnachteil besteht darin, daß die mit der Maschine ermittelten Ergebnisse zwecks Umwertung an ein Berechnungsbureau gehen müssen. Wir haben es also hier mit einer Laboratoriumsmethode in werkstattmäßiger Aufmachung zu tun.

Trotz der technischen Unterlegenheit der amerikanischen Auswuchtmaschinen hat sich technischen Berichten zufolge das Auswuchtproblem in Amerika ganz anders als in Deutschland und anderen Ländern durchgesetzt. Der Grund dürfte darin liegen, daß man sich in Amerika wegen der enormen Betriebsunkosten den

Luxus, die dynamische Balancierung teuren und unwirtschaftlich arbeitenden Spezialisten zu überlassen, nicht mehr erlauben kann.

Der Vollständigkeit halber sei noch darauf hingewiesen, daß sich seit etwa 2 Jahren auch die Firma Friedr. Krupp, A.-G., Essen, auf das Gebiet des Auswuchtproblems begeben hat. In ihren Veröffentlichungen stützt sie sich auf das amerikanische Vorbild von Akimoff und propagiert die nach obigem überholte, getrennte Behandlung der statischen und dynamischen Unbalance. Zur Zeit bringt sie eine Schwerpunktwage, also eine statische Balanciervorrichtung heraus, die sich im Prinzip nicht nennenswert von anderen Schwerpunktwagen, z. B. der von der Firma Carl Schenck im Jahre 1908 gebauten Wage oder von der Schwerpunktwage des Holländers Martin unterscheidet. Die dynamische Nachwuchtmaschine, Wuchtwage genannt, auf welche in Prospekten und Vorträgen hingewiesen wird, scheint noch immer in Vorbereitung zu sein.

Schließlich sei erwähnt, daß neuerdings auch von verschiedenen anderen Fabriken in Deutschland Versuche gemacht werden, die Lawaczeck-Heymann-Methode zu überholen. So begrüßenswert jede belebende Konkurrenz ist, so verfrüht ist es, über diese Versuche, die sich mehr oder weniger als Anlehnung an die Lawaczeck-Heymann-Methode entpuppen, zu sprechen.

Um die Notwendigkeit der Auswuchtung zu erkennen, genügt es, irgendeine unausgewuchtete Turbomaschine beim Anfahren und während ihres Ganges zu beobachten. Zunächst wird man feststellen, daß die Störungserscheinungen mit Änderung der Drehzahl wechseln. In gewissen Drehzahlengebieten herrscht Ruhe des Ganges, in anderen Drehzahlengebieten wiederum kann man Schwingungen des Fundaments, Klirren einzelner Gehäuseteile, Klopfen der Lager und andere bekannte Störungserscheinungen beobachten. All diese Erscheinungen sind von verschiedenartigen, lästigen Geräuschen begleitet. Unter diesen kritischen Drehzahlengebieten zeichnen sich solche aus, bei denen die Störungen bis zu einem mitunter verhängnisvollen Maß anwachsen. Es sind dies die bekannten und mit Recht gefürchteten kritischen Drehzahlen erster und höherer Ordnung. Sofern es überhaupt gelingt, diese kritischen Drehzahlen ohne Maschinenbruch zu durchlaufen, wird man weiterhin die Beobachtung machen, daß der Wirkungsgrad in diesen gefährlichen Zonen beträchtlich zurückgeht, daß der Ölverbrauch wächst und daß es nicht gelingt, die Drehzahl konstant zu halten. Stellt man nach einiger Zeit die Maschine ab, so kann man in der Regel einen abnormalen Verschleiß der Lager feststellen. Schließlich erkennt man bei einer Serie gleichartiger Maschinen, daß die Intensität der Störungserscheinungen ganz verschieden ist.

Um das Zustandekommen dieser Störungserscheinungen zu verstehen, muß man von der Überlegung ausgehen, daß der oder die Schwingungserreger doch offenbar in der rotierenden Masse der Maschinen zu suchen sind, und daß es sich hierbei um periodisch wirkende Kräfte und Momente handeln muß, die von Fliehkräften herrühren. Durch diese Erreger kann erstmalig der eigentliche Rotor selbst in Schwingungen geraten, denn Rotor samt Welle sind, für sich genommen, ein schwingungsfähiges Gebilde. Hierbei ist die Masse vertreten durch die Masse des eigentlichen Rotors und der Welle, das Elastikum dagegen durch die Welle, welche ganz bestimmte Eigenschwingungszahlen erster und höherer Ordnung hat. Sobald die Periode, mit der die Erreger das System angreifen, mit der Periode einer Eigenschwingungszahl der Welle zusammenfällt, muß sich unweigerlich Resonanz einstellen. Aber auch wenn der Rotor außerkritisch in bezug auf die Eigenschwingungszahlen seiner Welle läuft, kann er Schwingungen des Gehäuses oder des Fundaments induzieren. Denn Rotor samt Welle + Gehäuse, oder Rotor samt Welle + Fundament sind, für sich genommen, wieder schwingungsfähige Gebilde. Auch hier treten Resonanzen auf, wenn die Periode des Erregers mit einer der freien Eigenschwingungszahlen des Gehäuses bzw. des Fundaments zusammentrifft.

Zwecks Vermeidung der Störungserscheinungen sind 4 Wege gangbar, nämlich:
1. Verlegung der Betriebsdrehzahl,
2. Konstruktionsabänderung,
3. Auswuchtung,
4. Auswuchtung in Verbindung mit Konstruktionsabänderung.

Wie eingangs bemerkt, liegen zwischen kritischen Drehzahlengebieten Zonen, in denen praktisch Ruhe des Ganges vorhanden ist. Diese Drehzahlengebiete kann man rechnerisch oder experimentell, z. B. mittels eines Geigerschen Vibrographen, feststellen. Man hat dann die Aufgabe, die Betriebsdrehzahl der Maschine nach einer derartigen ruhigen Zone hin zu verlegen. In den meisten Fällen wird eine Verschiebung der Drehzahl überhaupt nicht möglich sein. Dieser erste Weg bringt also keine Behebung des Übels, sondern nur eine Erleichterung des Betriebszustandes. Er ist auf keinen Fall zu empfehlen, denn einmal bleiben die Gefahren für den An- und Auslauf der Maschine bestehen, und zum anderen kann durch äußere Einflüsse, z. B. beim Anwurf, eine Verschiebung der Eigenschwingungszahlen eintreten, so daß die Betriebsdrehzahl doch wieder in den Bereich einer kritischen Zone hineinrückt.

Auch der zweite Weg über die Konstruktionsänderung beseitigt in keiner Weise die Gefahr, sondern schafft nur für die Betriebsdrehzahl Abhilfe. Wenn die Verschiebung der Betriebsdrehzahl nicht mehr möglich ist, dann kann man umgekehrt ja auch die Eigenschwingungszahl der Welle oder des Gehäuses oder des Fundaments durch Konstruktionsänderung so verschieben, daß die Betriebsdrehzahl in eine außerkritische, ruhige Zone fällt. Man kann z. B. die Welle des Rotors verstärken oder schwächen, oder man kann in das Gehäuse Versteifungen einbauen, oder man kann einen Einschnitt in das Fundament vornehmen u. a. m. All diese operativen Eingriffe können mit Erfolg nur von Fachleuten ausgeführt werden.

Der einzige erfolgversprechende Weg ist die Auswuchtung, denn diese beseitigt die Schwingungserreger, faßt also das Übel an der Wurzel an. Je nachdem die Betriebsdrehzahl nahe oder weit von einer kritischen Drehzahl entfernt ist, wird man die Auswuchtung mehr oder weniger empfindlich durchführen müssen.

Nur in verhältnismäßig seltenen Fällen ist neben der Auswuchtung eine Konstruktionsänderung zu empfehlen, dann nämlich, wenn zufällig die Betriebsdrehzahl genau mit einer kritischen Drehzahl zusammenfällt oder wenn der Rotor in die Klasse der gestaltsveränderlichen Körper rangiert, die im nachfolgenden kurz besprochen werden.

Fällt die Betriebsdrehzahl mit einer kritischen Drehzahl zufällig zusammen und gelingt es, mit Hilfe einer hochempfindlichen Auswuchtmaschine die Erreger restlos zu beseitigen, so befindet sich das System im Zustand des labilen Gleichgewichts. Während des Krieges sind von der Firma Carl Schenck nach dieser Richtung hin interessante Versuche an Schiffskreiseln vorgenommen worden. Nachdem die Empfindlichkeit der benutzten Auswuchtmaschine so weit gesteigert worden war, daß es gelang, mit Ausgleichsmassen von 0,005 g am Radius von 30 mm zu arbeiten, konnte man bei dem an Fäden aufgehängten Kreisel zwischen $n = 30000$-minutlich und $n = 0$-minutlich keine Resonanzerscheinungen mehr feststellen, obwohl die höchste Drehzahl von $n = 30000$-minutlich über der kritischen Drehzahl sechster Ordnung lag. Berücksichtigt man, daß durch die geringfügigsten äußeren Einflüsse, z. B. durch einen Temperaturabfall, Unbalancen kleinster Ordnung eintreten können, welche für außerkritisch liegende Betriebsdrehzahlen vollkommen belanglos, in der kritischen Drehzahl dagegen von Einfluß sind, so empfiehlt es sich, bei derartigen Zufällen der Sicherheit halber, z. B. durch Verstärkung der Welle, die kritische Drehzahl etwas zu verschieben.

Über die Definition der Schwingungserreger können wir im Hinblick auf die umfangreiche Literatur[1]) schnell hinweggehen.

Wenn eine rotierende Masse frei von Fliehkräften und Momenten, also im statischen und dynamischen Gleichgewicht sein soll, so müssen 2 Bedingungen erfüllt sein:

1. Der Schwerpunkt der Masse muß auf die Drehachse fallen,
2. eine Trägheitsachse muß mit der Drehachse zusammenfallen.

Beide Forderungen sind im allgemeinen an einem noch so sorgfältig hergestellten Drehkörper nicht erfüllt. Undichte Stellen, oder Lunkerbildungen von Material, kleine Bearbeitungsfehler, unbearbeitet gelassene Flächen, mitunter auch kleinere Konstruktionsfehler, wie z. B. einseitig angeordnete Schmierlöcher oder Keile, können als natürliche Ursache der normalen Unbalance gelten. Es erscheint notwendig, an dieser Stelle darauf hinzuweisen, daß es in der Schwingungstheorie auf die Größe dieser Fehler weniger ankommt als auf die Periode, mit der diese Fehler den Rotor beeinflussen. Um für diese dynamische Erscheinung das richtige Gefühl zu erhalten, lege man ein starkes Brett, welches im Ruhezustand den Druck von etwa 6 Personen aushält, auf 2 Stützen. Wippt man mit dem Körper in der Mitte des Brettes im Takt der Eigenschwingungszahl desselben auf und nieder, so wird man bereits nach wenigen Wippungen den

---

[1]) Vgl. u. a. 1. Heymann: Die Unbalance und ihre Folgen. Betrieb H. 6. 1919. Selbstverlag des V. D. I. — 2. Lehr: Die umlaufenden Massen als Schwingungserreger. Masch.-Bau H. 10. 1922 und H. 5/6. 1923.

Bruch des Brettes herbeiführen. Daneben vergegenwärtige man sich das Wesen der Fliehkraft, um zu erkennen, daß die für den ersten Augenblick bedeutungslos erscheinenden Massenverlagerungen doch ganz respektable Fliehkräfte erzeugen. In nachstehender Tabelle sind die Fliehkräfte ausgerechnet, welche sich bei einem Turbinenlaufrad im Gewicht von 100 kg bei verschiedenen Drehzahlen ergeben.

Drehzahl	Schwerpunktexzentrizität in mm						
	5	2	1	0,5	0,2	0,1	0,05
500	125 kg	50 kg	25 kg	12,5 kg	5 kg	2,5 kg	1,25 kg
2000	2000 ,,	800 ,,	400 ,,	200 ,,	80 ,,	40 ,,	20 ,,
3000	4500 ,,	1800 ,,	900 ,,	450 ,,	180 ,,	90 ,,	45 ,,
4000	8000 ,,	3200 ,,	1600 ,,	800 ,,	320 ,,	160 ,,	80 ,,

Die durch Fehler in der Massenverteilung bedingte Unbalance kann in folgenden 3 Formen auftreten:

a) **Statische Unbalance oder Unbalance der Ruhe** (vgl. Abb. 1). Der Schwerpunkt S liegt um das Maß e exzentrisch gegenüber der Drehachse z—z.

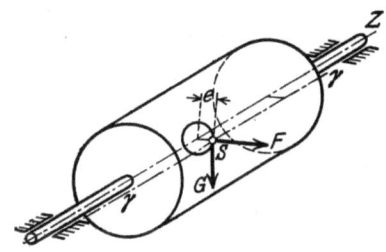
Abb. 1. Statische Unbalance.

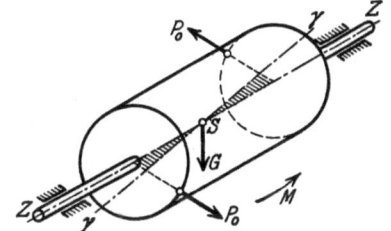
Abb. 2. Dynamische Unbalance.

Die Trägheitsachse γ—γ läuft parallel zur Drehachse z—z. Dieser Fall wird immer ein Zufallsprodukt sein. Theoretisch ist er bei drei dimensionalen Körpern unmöglich.

Würde man diesen Rotor an seinen Lagerstellen auf horizontale Lineale oder in eine Schwerpunktwage legen, würde man ihn also möglichst reibungsfrei lagern, so wird die Schwerkraft G ein Moment $G \cdot e$ ausüben. Um dieses Moment zu eliminieren, den Schwerpunkt also in die Drehachse hereinzuziehen, hat man nur nötig, an einer gewissen Stelle ein Gegenmoment gleicher Größe einzuführen. Es ist in diesem Fall also gar nicht notwendig, den Körper der Rotation zu unterwerfen, weshalb man von Unbalance der Ruhe oder statischer Unbalance spricht. Selbstverständlich kann die statische Unbalance auch bei Rotation des Körpers, also auf dynamischem Wege, aufgedeckt und behoben werden.

b) **Dynamische Unbalance oder Unbalance der Bewegung** (vgl. Abb. 2). Der Zufall kann es auch fügen, daß der Schwerpunkt S auf der Drehachse z—z liegt und daß die Trägheitsachse γ—γ die Drehachse schneidet. Das Moment $G \cdot e$ wird dann zu Null. Es ist also nicht möglich, im Ruhezustand überhaupt eine Massenverlagerung festzustellen, vielmehr muß man den Körper in Rotation versetzen. Es entsteht dann ein von Fliehkräften P_0 gebildetes

Moment M, und die Aufgabe läuft darauf hinaus, das Unbalancemoment M durch ein gleichgroßes Gegenmoment zu eliminieren. Man spricht in diesem Fall von Unbalance der Bewegung oder dynamischer Unbalance.

c) **Allgemeine oder überlagerte Unbalance** (vgl. Abb. 3). In jedem Drehkörper wird im allgemeinen statische und dynamische Unbalance gleichzeitig auftreten, d. h. der Schwerpunkt S wird exzentrisch liegen, und die Trägheitsachse $\gamma-\gamma$ wird windschief gegenüber der Drehachse $z-z$ gerichtet sein. Bei Rotation wird also eine Fliehkraft F und ein durch Fliehkräfte P_0 gebildetes Moment M auftreten. Beide Erreger kann man auch lt. Abb. 3 durch ein von Fliehkräften P_1 und P_2 gebildetes Kraftkreuz ersetzt denken, so daß im allgemeinen Fall die Aufgabe darauf hinausläuft, die Unbalance entweder durch eine Einzelkraft und ein Moment oder durch ein Kraftkreuz zu eliminieren.

Die Aufgabe des Auswuchters läuft also darauf hinaus, in geeigneter Weise am Körper entweder eine Fliehkraft oder ein Moment oder beides künstlich zu erzeugen. Dies geschieht heute allgemein durch Zugabe oder Wegnahme von Material. Die von v. Brauchitsch vorgeschlagene Lösung, die Drehachse $z-z$ entsprechend zu verschieben, scheidet infolge großer technischer Schwierigkeiten aus und sei hier nur der Vollständigkeit halber erwähnt.

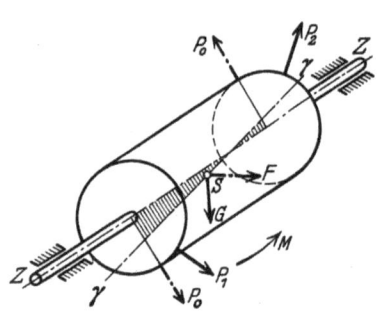

Abb. 3. Überlagerte Unbalance.

Den eigentlichen Massenausgleich, d. i. die Zugabe oder Wegnahme von Material, kann man nun, wie bereits oben erwähnt, auf zweierlei Weise vornehmen: Man kann einmal die statische und dynamische Unbalance getrennt behandeln, also statisch vor- und dynamisch nachwuchten, oder man kann zum andern in einem einzigen dynamischen Prozeß beide Unbalancen gemeinsam beheben. Sofern man überhaupt bestrebt ist, die Auswuchtung exakt durchzuführen, wird man immer dem zweiten Weg aus rein wirtschaftlichen Erwägungen heraus den Vorzug geben. Denn die gleichzeitige Behandlung beider Erreger verlangt nur eine Auswuchtvorrichtung, einen Arbeiter und eine kleinere Gesamtzeit. Von den Anhängern des ersten Weges, beide Erreger nacheinander in wesensverschiedenen Vorrichtungen zu behandeln, wird u. a. geltend gemacht, daß eine dynamische Nachwuchtung in vielen Fällen nicht nötig ist. Die Entscheidung hierüber bleibt dem subjektiven Empfinden des einzelnen überlassen, denn sie hängt davon ab, welchen Maßstab man überhaupt an die Güte des Laufes zu legen gewohnt ist. Bei einem großen Prozentsatz von Drehkörpern des Maschinenbaues genügt die statische Balancierung ohne Zweifel, dann nämlich, wenn es sich um ausgesprochen scheibenförmige Körper, deren Umfangsgeschwindigkeit außerdem etwa 20 m/sec nicht überschreitet, handelt, wie z. B. Schwungräder von Dampf- und Gasmaschinen, Zahnräder, langsam laufende Riemenscheiben, Kupplungen usw. Wenn aber der Prüfkörper mehr in die Trommelform übergeht und wenn die Umfangsgeschwindigkeit 20 m/sec überschreitet, dann bleibt es unter allen Umständen fraglich, ob eine noch so sorgfältige statische Balancierung allein genügt. Man muß dann bei einem mehr oder weniger großen Prozentsatz mit der unbedingten Notwendigkeit rechnen, eine dynamische Nachwuchtung vorzunehmen. Auch wenn dieser Prozentsatz verhältnismäßig gering ist, so wird doch die Wirtschaftlichkeit einer dynamischen Nachwuchtmaschine hinter derjenigen einer dynamischen Universalmaschine zurückbleiben. Denn die Frage, ob die dynamische Unbalance vernachlässigbar ist oder nicht, entscheidet sich erst auf dem Prüffeld. Man muß deshalb bei Veranschlagung der Wirtschaftlichkeit einer dynamischen Nachwuchtmaschine die Laufzeiten des Rotors vom Prüffeld zurück zur Fabrikation und die verlorengegangene Montagezeit mit berücksichtigen. Die Entwicklung der Verhältnisse in Amerika läßt erwarten, daß auch in Deutschland und den anderen Ländern die dynamische Universalmaschine die dynamische Nachwuchtmaschine aus dem Feld schlägt, sofern überhaupt die Möglichkeit vorliegt, daß eine dynamische Wuchtung erforderlich ist.

Zur Illustration des Gesagten erscheint es ratsam, ein praktisches Erfahrungsbeispiel einzuflechten:

Eine süddeutsche Turbinenfabrik stellte einen Turbinenläufer lt. Abb. 4 zur dynamischen Nach-

Abb. 4. Turbinenläufer von 5000 kg Gewicht auf Zwilling B IV.

prüfung zur Verfügung. Der Rotor hatte ein Gewicht von etwa 5 Tonnen und eine Drehzahl von $n = 3000/\text{min}$. Er war längere Zeit in Betrieb gewesen und es wurde vor dem Versuch so sorgfältig als nur möglich Scheibe für Scheibe balanciert. Bei der Nachprüfung dieses angeblich musterhaft balancierten Rotors wurde überlagerte Unbalance festgestellt, welche durch Materialabnahme am Umfang der beiden äußersten Scheiben behoben wurde. Auf der einen Seite mußten etwa 160 g, auf der anderen etwa 400 g Material entfernt werden. Dies bedeutet ein Unbalance-Kraftkreuz bei voller Drehzahl, von dem die eine Kraft etwa 1 Tonne, die andere Kraft zwischen 2 und 3 Tonnen beträgt. Die Wirkungslinien beider Kräfte lagen um etwa 90° gegeneinander versetzt.

Mit diesem einen Beispiel, das durch Hunderte gleicher Art ergänzt werden könnte, dürfte zur Genüge bewiesen sein, daß auch bei aus Scheiben zusammengesetzten Rotoren höherer Drehzahl von einem durchgreifenden Erfolg der statischen Balancierung nicht die Rede sein kann. Im vorliegenden Beispiel konnte die Meßungenauigkeit der statischen Balanziervorrichtung allenfalls wenige Gramm betragen. Die recht beträchtliche statische und dynamische Rest-Unbalance ist durch unvermeidliche Ungenauigkeiten beim Aufziehen der

Scheiben auf die Welle und durch Summation der dynamischen Unbalancen der einzelnen Scheiben und der Welle entstanden.

Der Auswuchtfachmann unterscheidet 3 Klassen von Prüfkörpern, nämlich:
Klasse A: Starre oder normale Drehkörper,
Klasse B: Gestaltsveränderliche oder abnormale Drehkörper,
Klasse C: Körper mit de Laval-Wellen.

Maßgebend für die Trennung der beiden ersten Klassen ist das Verhalten des eigentlichen Rotors (also nicht der Welle). Von den unvermeidlichen kleinsten Deformationen, z. B. infolge Temperaturveränderung, kann man, wie die praktische Erfahrung im Laufe der Jahre bewiesen hat, bei Drehzahlen bis hinauf auf etwa 3000—4000/min absehen. Es handelt sich lediglich um die Frage, ob bei Unbalancen normaler Größe der Prüfkörper beim Durchlaufen einer kritischen Drehzahl nicht nur Biegungsschwingungen seiner Welle, sondern auch des eigentlichen Rotors zeigt, ob also der Rotor deutlich wahrnehmbaren Flatterbewegungen unterworfen ist oder nicht. Glücklicherweise fallen etwa 95—97% aller Drehkörper des Maschinenbaues in die Klasse der normalen Körper. Man ist dann in der angenehmen Lage, zwei für den Massenausgleich passende Querschnittsebenen senkrecht zur Drehachse, also beispielsweise die beiden Stirnflächen des Rotors, zu wählen, um in diesen Ebenen durch Materialzu- oder -wegnahme eine Gegenkraft, ein Gegenmoment oder ein Gegenkraftkreuz zu erzeugen, und man kann weiterhin die Auswuchtung bei beliebig tiefer Drehzahl vornehmen. Für die Klasse A ist das Auswuchtproblem ohne Einschränkung gelöst.

Die Auswuchtung der Körper nach Klasse B zerfällt nach dem heutigen Stand der Technik in einen Vor- und einen Schlußprozeß. Letzterer bewegt sich in den für normale Körper vorgeschriebenen Bahnen. Für den Vorprozeß dagegen ist es notwendig, den Massenausgleich an ganz bestimmten Stellen längs der Drehachse vorzunehmen und außerdem den Rotor im Betriebszustand, also ohne die elastische Abfederung der Auswuchtmaschine, in eine kritische Drehzahl seiner Welle zu fahren. Durch diesen Vorprozeß wird also die Auswuchtung wesentlich schwieriger und zeitraubender. Sofern die Konstruktion des Rotors die Zu- oder Wegnahme von Material an den gefundenen Stellen überhaupt zuläßt, hat sich die angedeutete Lösung bewährt. Ob sie allgemein brauchbar ist, bleibt abzuwarten. Näher auf diese Spezialfrage, welche ebenfalls von der Firma Carl Schenck seit einer Reihe von Jahren eingehend untersucht wird, an dieser Stelle einzugehen, würde aus dem Rahmen dieser Abhandlung, welche ja nur einen Überblick über das Problem geben soll, herausfallen. Für den Schiffsmaschinenbau ist diese Spezialfrage kaum von Interesse, da mit Ausnahme der Propeller keine Körper der Klasse B vertreten sein dürften, und da Propeller infolge ihrer relativ geringen Drehzahl noch ohne weiteres befriedigend nach dem Normalprozeß ausgewuchtet werden können.

Die Klasse C ist im Schiffsmaschinenbau durch den Kompaßkreisel vertreten, für den nach jahrelangen Bemühungen ebenfalls ein Spezialverfahren zustande gekommen ist. Die Messungen erfolgen hierbei auf optischem Weg und werden bei voller Betriebsdrehzahl vorgenommen, wobei der Rotor unter eigenem

Strom läuft. Der Prozeß ist ein Mittelding zwischen dem Normalprozeß für starre Körper und dem oben erwähnten Vorprozeß für gestaltsveränderliche Körper. Eine derartige Spezialmaschine wird in Abb. 5 gezeigt.

Die Sichtbarmachung der Unbalanz kann auf zweierlei Weise erfolgen:

Entweder fährt man den Prüfkörper in eine seiner eigenen kritischen Drehzahlen oder man erzeugt auf künstlichem Weg eine kritische Drehzahl mittels elastischer Abstützung der Lager. Der erste Weg ist und bleibt ein Notbehelf, der mit Lebensgefahr verbunden ist, zuverlässige Fachleute verlangt und zu glückhaftem Probieren zwingt. Er verdient hier also nur der Vollständigkeit halber erwähnt zu werden.

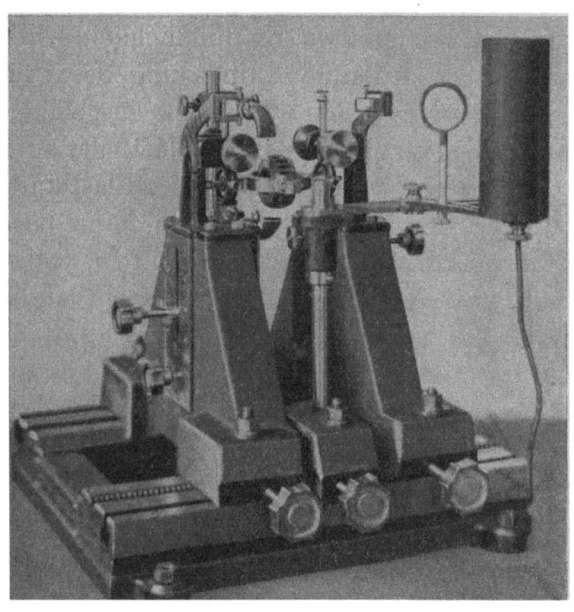

Abb. 5. Spezialauswuchtmaschine für Kompaßkreisel.

Die elastische Abstützung der Lager des rotierenden Prüfkörpers dagegen hat den Vorteil, daß die erzeugten kritischen Pendelbewegungen für den Arbeiter sowohl als auch für den Prüfkörper selbst ungefährlich sind, sofern, was immer geschieht, die Eigenschwingungszahlen der Auswuchtvorrichtungen weit unterhalb der Eigenschwingungszahlen der Welle des Prüfkörpers liegen. Der Verlauf der Pendelbewegung innerhalb einer kritischen Zone erfolgt nach dem gleichen physikalischen Gesetz wie die Schwingung des in ortsfeste Lager gelegten, kritisch laufenden Rotors. In einer kritischen Zone der Auswuchtmaschine werden wir also für die Amplitude der Pendelbewegung eine Charakteristik, etwa nach dem Muster der Abb. 6, erhalten. Das ebenso einfache wie geniale Hilfsmittel, auf künstlichem Weg Resonanz zu erzeugen, bietet die Möglichkeit, auch bei kleinsten Unbalancen denkbar bequeme und deutliche Messungen der Massenverlagerung vorzunehmen. Für die konstruktive Durchbildung der federnden Aufhängung des Prüfkörpers sind zwei Forderungen von ganz besonderem Interesse, nämlich:

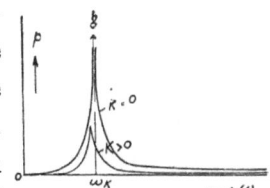

Abb. 6. Schwingungsausschlag in Abhängigkeit von der Erregertaktzahl

1. Das System darf nur Pendelbewegungen in einer Ebene ausführen, wobei Gelenkreibungen möglichst zu vermeiden sind;

2. die Pendelbewegung muß um ein im Raum stillstehendes Zentrum erfolgen.

Als Elastikum werden Gummipuffer, Spiralfedern, Blattfedern allein und in Verbindung mit Lenkerkonstruktionen[1]) verwendet. Die Art des Elastikums

---

[1]) Vgl. des Verfassers Aufsatz in der ETZ H. 21—23: Über die dynamische Auswuchtung von raschumlaufenden Maschinenteilen. Berlin: Julius Springer. 1919.

ist nebensächlich, Hauptsache ist die Vermeidung aller Reibungen. Hierzu zählt auch die bekannte Kreiselwirkung, welche die Pendelbewegung dämpft, sobald man dem Prüfkörper eine unebene Bewegung gestattet. Zwecks Erreichung der größten Empfindlichkeit wird von der Firma Carl Schenck eine eigenartige, federnde Aufhängung des Prüfkörpers verwendet. Hierbei liegt der Körper in einem als Gelenk ausgebildeten Lager, dessen Gehäuse auf den Kopf einer vertikal gestellten Blattfeder aufgesetzt ist.

Viel wichtiger als die Wahl des Elastikums ist die Frage, ob das Schwingungszentrum der Maschine wandern kann oder festliegt. Maschinen mit freiem Zentrum arbeiten empirisch, wenn rein statische oder überlagerte Unbalance vorliegt, und sind unter gewissem Vorbehalt nur für rein dynamische Unbalance brauchbar. Nehmen wir lt. Abb. 7 an, daß ein mit allgemeiner Unbalance behafteter Körper Pendelschwingungen um ein freies Zentrum O_1 ausführen kann, so können wir für dieses Zentrum die Unbalance als Moment M und Einzelkraft P anschreiben. Unzweifelhaft hängt die Lage von O_1 ab von

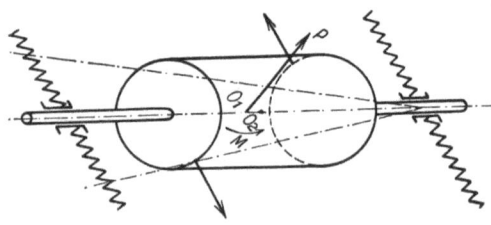

Abb. 7. Auswuchtmaschine mit freiem Schwingungszentrum.

1. der Verteilung der Unbalance längs der Drehachse,
2. der Verteilung der äußeren Reibung längs der Drehachse,
3. der Verteilung der Schwungmasse längs der Drehachse.

Wichtig ist vor allem die Unbalanceverteilung. Wenn z. B. bei einem Elektromotorenanker der Kollektor nur wenig, das andere Rotorende zusammen mit der Riemenscheibe dagegen viel Unbalance besitzt, so wird dies letztere Ende heftige Schwingungen ausüben, d. h. das Zentrum wird sich nach dem Kollektor hin verschieben. Wenn man nun zum Zweck des Massenausgleichs an verschiedenen Stellen des Körpers der Abb. 7 Material zu- oder wegnimmt, so wird jedenfalls die Unbalanzverteilung längs der Drehachse verändert, also wird nach obigem auch die Lage des Zentrums O_1 verschoben, etwa nach O_2 hin. Für O_2 geht aber die ursprünglich vorliegende Unbalance über in eine nach Richtung und Größe übereinstimmende Einzelkraft P und in ein nach Ebene und Größe verschieden großes Moment M_1. Infolgedessen kann man aus der Abname oder Zunahme der Pendelbewegung keine mathematisch exakten Rückschlüsse auf den Fortgang der Auswuchtung ziehen.

Daneben kann bei Maschinen mit freiem Zentrum der Fall eintreten, daß der in der Maschine erzielte Gleichgewichtszustand eine Täuschung ist. Es ist jedenfalls denkbar, daß eine gewisse Unbalance in bezug auf die Resonanzdrehzahl der Auswuchtmaschine mit der Dämpfung des Systems im Gleichgewicht steht. Um dies zu erkennen, braucht man nur nach erfolgter Wuchtung mit einem veränderten Elastikum die Kontrolle zu machen. In vielen Fällen wird dabei die Pendelbewegung aufs neue einsetzen. Um derartige Täuschungen wenigstens für den Betriebszustand unschädlich zu machen, hat sich bei Maschinen mit freiem Zentrum die Auswuchtung bei voller Betriebsdrehzahl eingebürgert. Es erscheint hiernach auch wenig ratsam, derartige Maschinen zum Nachwuchten rein dynamischer Unbalance zu verwenden. Der Amerikaner Akimoff hat jedenfalls, als er noch statisch vor- und dynamisch nachwuchtete, für die zweite Operation eine Einpendelmaschine, d. i. eine Maschine mit festliegendem Zentrum, vorgeschrieben.

Die vorerwähnten Schwierigkeiten fallen in nichts zusammen, wenn man sich die ebene Pendelbewegung um ein festes Zentrum vollziehen läßt. Die Kraft P und das Moment M der Abb. 7 bleiben dann unverrückt bestehen und man kann während der Zugabe oder Wegnahme von Material durch Vergleich der Pendelausschläge exakte Rückschlüsse auf den Fortgang der Auswuchtung ziehen. Geht man dann noch einen Schritt weiter und vollzieht die Auswuchtung nacheinander um 2 feste Zentren, so hat man damit den Schlüssel zur exakten, werkstattmäßigen Methode gefunden. Wenn nämlich die Wuchtung um ein Zentrum beendet ist, so besteht noch immer die Möglichkeit, daß im Zentrum eine Einzelkraft verbleibt, welche in der Auswuchtmaschine nicht momentbildend auftritt, also auch nicht aufgedeckt und beseitigt werden kann. Wenn man aber nach der Wuchtung um das erste Zentrum eine Wuchtung um ein beliebiges zweites, wiederum festliegendes Zentrum anschließt, so tritt auch die Restkraft momentbildend auf und kann auf irgendeine Art behoben werden. Man hat danach die Gewißheit, daß der Körper tatsächlich „kräftefrei" ist und sich nicht nur scheinbar im Gleichgewicht befindet. Man erkennt weiterhin, daß man bei derartigen Doppelpendelmaschinen ohne weiteres mit beliebig tiefliegender Drehzahl arbeiten kann.

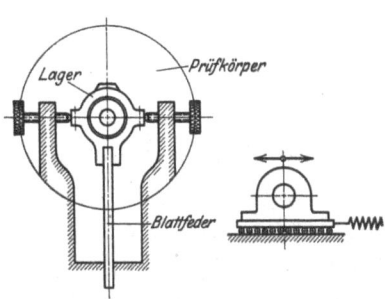

Abb. 8. Konstruktionsprinzip des Lagerbocks der Doppelpendelmaschine.

Mit Hilfe des Doppelpendelprinzips, wie wir das Auswuchten um 2 feste Zentren nennen wollen, läßt sich das eigentliche Verfahren auf die mannigfaltigste Weise bewerkstelligen. Unter Hinweis auf die zahlreiche Literatur möge hier nur ein Weg gestreift werden, der sich heute vermöge seiner Einfachheit allgemeiner Benutzung erfreut. Hierbei wird das Zentrum abwechselnd in eines der beiden Lager des Prüfkörpers gelegt, welche zu diesem Zweck als Gelenklager ausgebildet sind. Gemäß Abb. 8 ist der Außenteil des Lagers an eine vertikal gestellte Blattfeder angeschlossen, welche durch eine einfache Blockiervorrichtung nach Belieben blockiert oder freigegeben werden kann. Für die erste Lagereinstellung kann man gemäß Abb. 9 die Unbalance am Zentrum anschreiben als Moment M und Kraft P. M erzwingt die Schwingung des Systems, P dagegen hat an der Schwingung keinen Anteil, sondern ist lediglich als periodischer Druck auf die Führung anzusehen. Man kann nun durch Zugabe einer Masse m_1 in der Ebene des Moments M eine Kraft K erzeugen, deren Moment $K \cdot (l-a)$ in bezug auf das Zentrum entgegengesetzt gleich M ist, und hat damit die Auswuchtung um das erste Zentrum vollzogen. Durch Reduktion der Kraft K nach dem Zentrum hin erkennen wir, daß nach diesem ersten Prozeß eine erste Restkraft R_1 zurückbleibt, die sich als Resultante aus P und der versetzten

Einzelkraft K erweist. Um diese erste Restkraft aufzudecken und zu beseitigen, verlegt man das Zentrum in das zweite Lager. Man blockiert also das ehemals schwingende Lager und gibt das ehemals blockierte Lager frei. R_1 übt jetzt ein Moment auf das System aus, welches in analoger Weise wie oben gemäß Abb. 10 durch ein Gegenmoment $K_2 \cdot (l - b)$ aufgehoben werden kann. Am Ende dieses

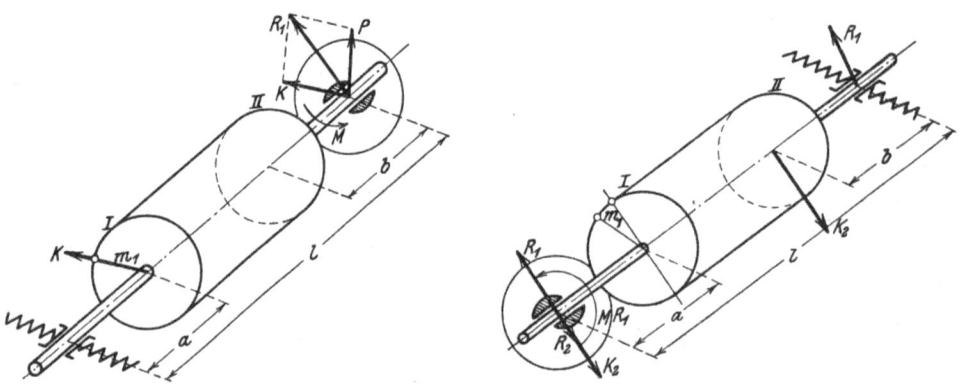

Abb. 9. Abb. 10.
Kraftverhältnisse bei der Auswuchtmaschine System Lawaczeck-Heymann (Doppelpendelmaschine).

zweiten Prozesses bleibt wiederum im Zentrum eine Restkraft R_2 zurück, welche sich als Resultante aus R_1 und K_2 erweist, in der gleichen Ebene wie R_1 liegt und entgegengesetzt gerichtet ist. In dieser Weise kann man fortfahren. Man erhält dann weitere Restkräfte, welche sprunghaft nach O hin abfallen. Aus Abb. 10 erkennt man, daß R_2 um so kleiner ausfällt, je kleiner man b wählt. Besonders sei darauf hingewiesen, daß alle Restkräfte in einer Ebene liegen,

Abb. 11. Markierindikator im Betrieb.

daß man also nur für die erste und zweite Lagereinstellung die sog. Unbalanceebene zu bestimmen braucht.

Die Aufgabe des Arbeiters läuft also bei jedem Unterprozeß darauf hinaus, Lage und Größe des sog. Balanciergewichts zu finden. Auch hier wieder kann man grundsätzlich 2 Wege gehen, indem man entweder die beiden Unbekannten nacheinander oder gleichzeitig in vergleichender Messung, also schrittweise, bestimmt, oder indem man sie nacheinander oder gleichzeitig während eines einzigen Laufes ermittelt.

Die schrittweise Bestimmung von Lage und Größe des Balanciergewichts wird verschieden gehandhabt. An dieser Stelle wollen wir uns begnügen, den einfachsten Weg herauszugreifen, bei dem Lage und Größe des Balanciergewichts getrennt ermittelt werden.

Die Bestimmung der Lage erfolgt gemäß Abb. 11 durch einen Indikator, welcher die Schwingungen des Systems auf die Wellenoberfläche projiziert, die zu diesem Zweck mit einer Schreibmasse bestrichen wird. Die Nadel des Indikators ist gemäß Abb. 12 an ein Gelenkviereck angeschlossen, welches sich während des Betriebes selbsttätig öffnet. Bei beiderseits blockierten Lagern wird der Prüfkörper auf eine Drehzahl angeworfen, welche etwas oberhalb der kritischen Drehzahl liegt. Danach wird die Kupplung mit der Antriebsmaschine

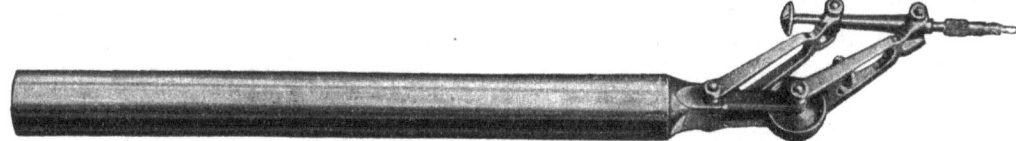

Abb. 12. Schreibzeug des Markierindikators.

ausgerückt und das eine der beiden Lager freigegeben, so daß nach obigem der auslaufende Prüfkörper ebene Pendelbewegungen um ein festes Zentrum ausführen kann. Mittels leichten Fingerdrucks führt man die Nadel des Indikators an die Welle heran, welche zunächst schnelle, aber kleine Pendelbewegungen vollführt, nach und nach aber bei Durchlaufen der Resonanzzone in langsamere, dafür aber größere Pendelbewegungen gerät. Bei jeder neuen Schwingung streift die Welle an der Nadel vorbei. Diese hinterläßt eine Strichmarke und rückt gleichzeitig selbsttätig nach der Seite hin weiter, so daß die nächste Marke

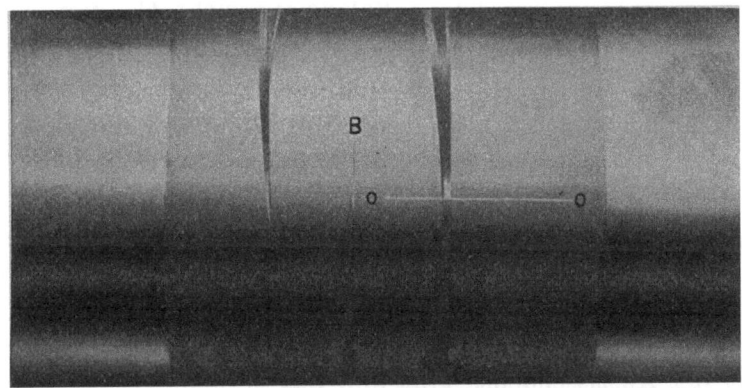

Abb. 13. Markierdiagramm.

neben der voraufgegangenen zu liegen kommt. In dieser Weise setzt sich das Spiel bis zur Überwindung des größten Ausschlags fort, worauf die Nadel im Raume still stehenbleibt. Auf Grund des bekannten Gesetzes von der Phasenverschiebung zwischen Impuls und Ausschlag zeigt es sich, daß die Marken untereinander auch in Richtung des Wellenumfanges versetzt liegen. Insgesamt entsteht gemäß Abb. 13 auf der Wellenoberfläche eine keilartige Figur. Wiederholt man den Vorgang für die entgegengesetzte Drehrichtung, so erhält man gemäß Abb. 13 eine zweite, gleiche Figur, welche zur ersteren Figur symmetrisch liegt. Normalerweise läßt man den Indikator für Links- und Rechtsgang an der gleichen Stelle schreiben, so daß sich die beiden Figuren gemäß Abb. 13 überlagern. Die Symmetrielinie a—a ist die gesuchte Unbalance-Ebene.

Ebenso einfach ist die Bestimmung der Größe des Balanciergewichtes. Neben dem gewöhnlichen Auswiegeprozeß mittels vergleichender Messungen, bei dem mit 3 bis 4 Läufen das Ziel erreicht wird, gibt es unter anderm auch einen sehr einfachen graphischen Weg, welchen man auch dem Arbeiter anvertrauen kann. Mit dem Schwingungsmesser, einer Schreibtafel, auf welcher ein mit dem schwingenden Lager gekuppelter Hebel die Amplitude aufzeichnet, erhält der Arbeiter während der oben erwähnten Indizierung den Resonanzausschlag des Pendels für ein Balanciergewicht von der Größe Null. Diesen Ausschlag notiert er sich gemäß Abb. 14 auf eine Schreibtafel, in welche ein Achsenkreuz eingerissen ist, bei dem die Ordinate die Ausschläge in stark vergrößertem Maßstab, die Abszisse dagegen die Balanciergewichte G in stark verkleinertem Maßstab anzeigt.

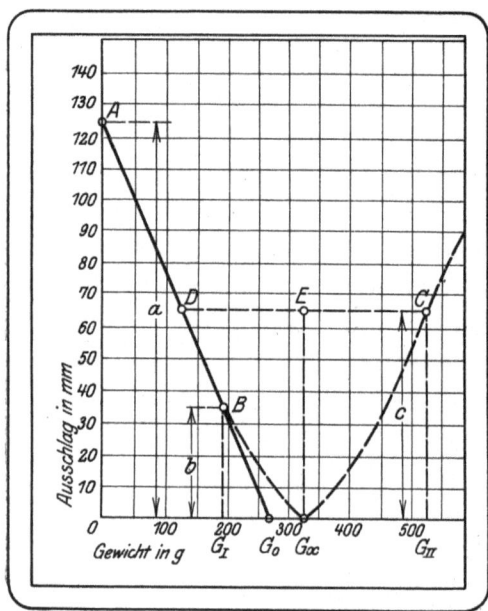

Abb. 14. Dreipunktverfahren.

Für $G = 0$ möge Punkt A notiert sein. Der Arbeiter führt dann an der durch den Indikator gefundenen Stelle ein Balanciergewicht G_1 ein, von welchem er positiv weiß, daß es viel zu klein ist, läßt die Maschine laufen und erhält einen etwas kleineren Ausschlag und somit auf der Schiefertafel den Punkt B. Jetzt wiederholt er die Messung mit einem zweiten Balanciergewicht G_2, von welchem er positiv weiß, daß es viel zu groß ist, und erhält damit etwa Punkt C. Mit diesen 3 Punkten kann er das gesuchte Balanciergewicht G_x finden; er braucht nur durch A und B eine Gerade zu legen und durch C zur Abszissenachse eine Parallele zu ziehen, welche die Gerade $A—B$ im Punkte D schneidet. Die Gerade $C—D$ muß er halbieren und muß dann den Halbierungspunkt E auf die Abszissenachse herunterloten. Der Schnittpunkt des Lotes mit der Abszissenachse gibt ihm das gesuchte Balanciergewicht G_x.

Dieses einfache Interpolationsverfahren berücksichtigt die Tatsache, daß die Charakteristik des Ausschlags als Funktion des Balanciergewichts eine symmetrisch verlaufende Kurve ist, welche in der Abb. 14 punktiert eingezeichnet ist und deren Äste näherungsweise durch Gerade ersetzt werden können, wenn man nach obiger Vorschrift den Maßstab für die Ordinate verhältnismäßig groß wählt.

Die Auswuchtmaschine System Lawaczeck-Heymann wird in 6 Größen für Prüfkörper im Gewicht von 100 g bis 100 000 kg gebaut. Abb. 15 zeigt Maschinengröße IV, welche für ein Prüfkörpergewicht von 1 bis 15 Tonnen bestimmt ist. Einzelheiten der Konstruktion sind aus Abb. 16 zu ersehen. Die Maschine besteht in der Hauptsache aus 2 Lagerböcken mit Zubehör, einem Antriebsvorgelege, einem Antriebsbock und einer Bettung. Der Antrieb erfolgt gewöhnlich durch Elektromotor, kann aber natürlich auch durch jede andere Antriebsmaschine bewerkstelligt werden. Um zunächst den Einbau des Prüfkörpers in die Maschine möglichst einfach zu gestalten, werden die beiden Lagerböcke Pos. 1 an einer Leitspindel Pos. 4 mittels eines kleinen Hilfsmotors Pos. 2 verfahren, welcher während des Betriebs auf eine Ölpumpe Pos. 12 für die Schmierung der Lager umgeschaltet wird. Daneben ist noch eine Nachregulierung von Hand, Pos. 5, vorgesehen, und außerdem ist der Oberteil Pos. 11 des Antriebsbockes Pos. 3 als fahrbarer Support ausgebildet. Als Lager kommen im Großmaschinenbau nur Gleitlager nach dem Sellersprinzip vor, deren Kugelflächen sauber geschliffen sind und ebenfalls unter Drucköl stehen, um die Gelenkreibung zu vermindern. Das Außenlager Pos. 13 sitzt auf dem Kopf einer Blattfeder Pos. 14, deren Fuß im Lagerbock fest verspannt ist, jedoch mit wenigen Handgriffen gelöst werden kann.

Abb. 15. Auswuchtanlage mit Maschinengröße D IV.

Für den vollen Gewichtsmeßbereich der Maschine sind 4 austauschfähige Blattfedern verschiedener Stärke notwendig. Von besonderem Interesse dürfte es sein, zu erfahren, daß die Federn bei dieser Maschinengröße einen Querschnitt von 90×180 mm bei einer freien Federlänge von ca. 200 mm haben. Bei der größten Maschine Nr. VI geht der Querschnitt auf 150×450 mm bei einer freien Länge von ca. 450 mm hinauf.

Die wechselweise Arretierung der Lager erfolgt von der Bedienungsseite aus mittels einer Blockiervorrichtung Pos. 6. Indikator Pos. 7 und Schwingungsmesser Pos. 23 liegen vor dem Kranhaken geschützt und bequem zugänglich. Ein wertvolles Organ ist die Elektromagnetkupplung Pos. 9; sie gestattet nicht nur ein einfaches Entkuppeln, sondern gleichzeitig, was von größtem Einfluß auf die Wirtschaftlichkeit der Maschine ist, ein rasches und sicheres Abbremsen. Mit Hilfe von 2 Tachometern wird die Anwurfdrehzahl, die Resonanzdrehzahl und die Bremsdrehzahl kontrolliert. Die Motorkupplung Pos. 10 ist als Hülse ausgebildet, läßt also die Verstellung des Supports Pos. 11 ohne weiteres zu.

Die Maschine spricht je nach Größe und Ventilatorwiderstand des Prüfkörpers auf ein kleinstes Balanciergewicht von 1 bis 5 g einwandfrei an, das wäre also bei der zulässigen Höchstbelastung der Maschine der dreimillionste Teil des Prüfkörpergewichts. Die Zeit zur Bestimmung von Lage und Größe der Balanciergewichte, also die eigentliche Meßzeit, erfordert bei der Auswuchtung einer größeren Anzahl gleichartiger Körper, also bei Serienauswuchtung, etwa 10 Läufe, bei stets wechselnden Dimensionen der Prüfkörper dagegen etwa 15 bis 18 Läufe, wobei ein Lauf im Hinblick auf die Elektromagnetkupplung auf etwa 3 bis 5 Minuten je nach Größe des Rotors veranschlagt werden kann. Die Meßzeit beträgt also bei Serienauswuch-

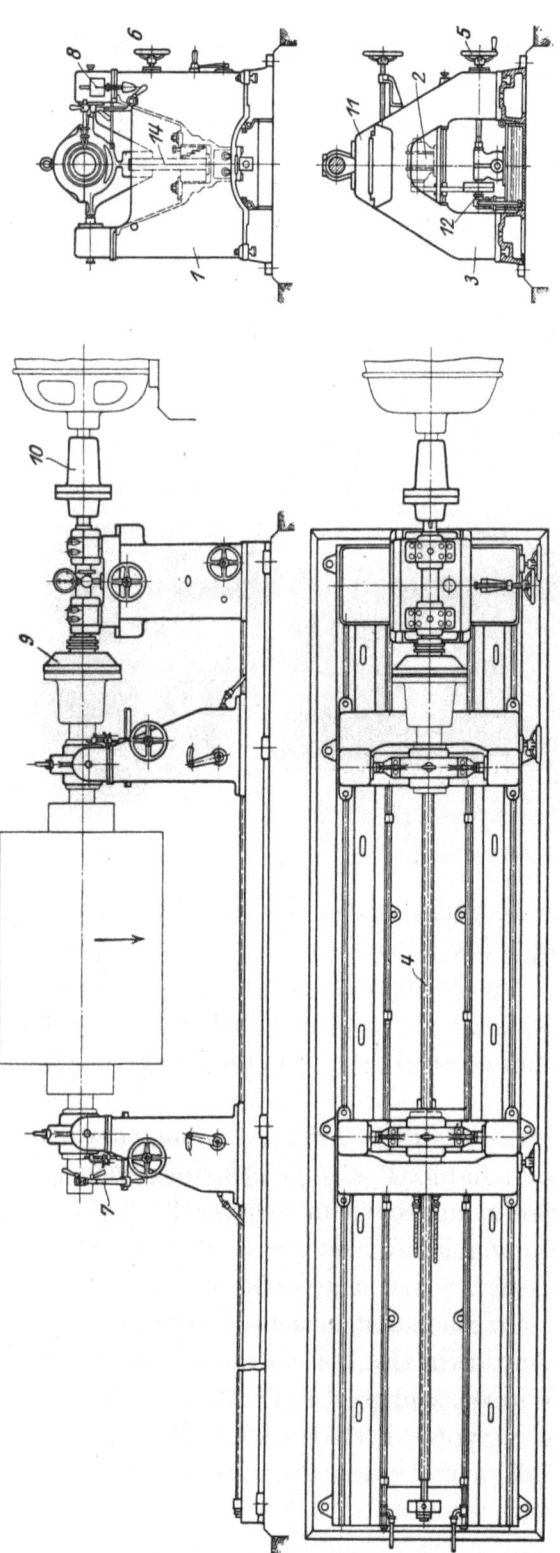

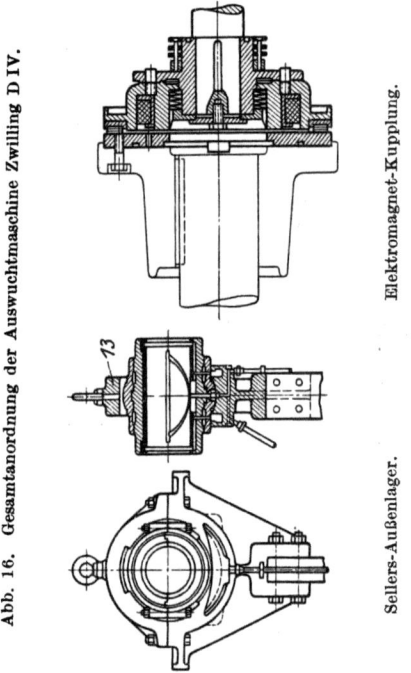

Abb. 16. Gesamtanordnung der Auswuchtmaschine Zwilling D IV.

Elektromagnet-Kupplung.

Sellers-Außenlager.

tung 30 bis 50 Minuten, bei wechselndem Betrieb dagegen 45 bis 90 Minuten. Hierzu kommt die Zeit für den Ein- und Ausbau mit ungefähr 20 bis 30 Minuten und die Zeit für die Befestigung der Balanciergewichte. Diese ist heute gewöhnlich ausschlaggebend für die Berechnung der Wirtschaftlichkeit der Maschine. Hat der Konstrukteur Nuten oder Bohrlöcher an dem Rotor vorgesehen, in denen die

Balanciergewichte bequem befestigt werden können, so stellt sich bei mittelmäßiger Organisation die Gesamtzeit für Serienauswuchtung auf etwa 1¼ bis 2 Stunden, für wechselnden Betrieb auf etwa 1½ bis 3 Stunden. Sind dagegen derartige, billige, konstruktive Maßnahmen nicht getroffen worden, so kann leicht die Auswuchtzeit auf das Doppelte und Dreifache ansteigen[1]).

Die neuerdings gerade im Großmaschinenbau erzielten Zeiten lassen es zweifelhaft erscheinen, ob die halbselbsttätige Auswuchtung, bei der Lage und Größe des Balanciergewichts in einem einzigen Gang der Maschine ermittelt werden, allgemeine Bedeutung gewinnen wird. Vorläufig hat das aus rein kaufmännischen Erwägungen heraus nicht den Anschein. Obwohl von verschiedenen Seiten aus die größten Anstrengungen zur Lösung dieser Aufgabe gemacht werden, kann zur Zeit von einem Abschluß des Prinzips noch nicht gesprochen werden. Die von Lawaczeck, dem Verf., Akimoff sowie Punga bisher gegebenen Lösungen kranken alle daran, daß sie eine konstante Meßdrehzahl vorschreiben. Durch die Dissertation des Verf. ist es zur Genüge bewiesen, daß ein in Resonanz laufendes System einen äußerst labilen Charakter besitzt und deshalb theoretisch nicht auf konstanter Drehzahl gehalten werden kann. Eine praktisch brauchbare, konstante Meßdrehzahl kann also nur mit Hilfe umständlicher und kostspieliger Vorschaltwiderstände u. dgl. erreicht werden. Jedenfalls kommt gegenüber der heutigen Wirtschaftlichkeit der Auswuchtmaschine die Benutzung vorerwähnter Zusatzapparate nur für Serienauswuchtung, in erster Linie für große Körper, in Frage. In Amerika, dem Lande der Serienfabrikation, konnte sich eine derartige Lösung teilweise durchsetzen. In Deutschland und den anderen Industriestaaten dagegen stehen die Beschaffungskosten der Zusatzapparate für die halbselbsttätige Auswuchtung bei den stets wechselnden Dimensionen der Prüfkörper in gar keinem Verhältnis zu dem erzielten Zeitgewinn.

Erst neuerdings ist es dem Verf. zusammen mit v. Brauchitsch gelungen, eine Lösung zu finden, bei welcher eine konstante Resonanzdrehzahl der Auswuchtmaschine überflüssig wird. Die Untersuchungen dieser Lösung sind zur Zeit noch im Gange. Führen sie zum Erfolg, so ist damit das Tor für den dankbarsten, aber zugleich schwierigsten Weg geöffnet, nämlich zur halbselbsttätigen Auswuchtung des Prüfkörpers im eigenen Gehäuse. Bekanntlich läßt die Balance bei einer Reihe von Körpern im Laufe der Zeit nach. So werden z. B. bei Schiffsturbinen die Schaufeln zerfressen, so daß nach Ablauf einer gewissen Zeit eine Überholung der Turbine und damit eine neue Auswuchtung notwendig wird. Wenn es gelingt, diese Auswuchtung an Ort und Stelle vorzunehmen und damit den Rücktransport des Rotors nach der Fabrik zu vermeiden, so können enorme Beträge an Zeit und Geld gespart werden. Eine prinzipielle Lösung dieser Aufgabe ist dem Verf. durch die Patente Nr. 354 102, „Kraft- oder Arbeitsmaschinen", und Nr. 354 103, „Verfahren zum Auswuchten sich drehender Körper", geschützt worden. Ein weiteres Patent befindet sich im Stadium der Voruntersuchung. Der Grundgedanke der Lösung beruht darauf, die Lager und

---

[1]) Vgl. Heymann: Konstruktive Maßnahmen an auszuwuchtenden Maschinenteilen. Betrieb H. 2. Berlin W 10, Genthiner Str. 39: M. Krayn. 1920.

die Kupplung jeder Turbomaschine so zu konstruieren, daß die Maschine vorübergehend als Auswuchtmaschine eingerichtet werden kann. Vom konstruktiven Standpunkt aus betrachtet läßt sich die Lösung einfach und billig durchführen. Ihre allgemeine Einführung hängt von dem guten Willen der einzelnen Fabriken ab, auf die gegebenen Anregungen einzugehen.

Erörterung.

Herr Prof. Dr. Weber, Berlin:

Königliche Hoheit! Meine Herren! Die Ausgleichung der Fliehkräfte schnellumlaufender Körper ist durch die jahrelangen, zielbewußten Forschungen und Konstruktionen des Herrn Vortragenden zu immer größerer Vollendung vorwärts geschritten. Ich habe die Verbesserungen des Herrn Dr. Heymann mit großer Aufmerksamkeit verfolgt und mich sowohl über die Fortschritte in der dynamischen Erkenntnis und ihrer mathematischen Formulierung wie über die Fortschritte in der immer vollendeteren Ausgestaltung seiner Ausgleichsmaschine gefreut.

Es seien mir einige Bemerkungen zur Dynamik des Ausgleiches gestattet: Die Fliehkräfte eines rotierenden Körpers bilden im Sinne der Statik ein räumliches Kräftesystem und lassen sich daher wie jede räumliche Kräftegruppe durch Sammlung in einem Punkte auf eine resultierende Einzelkraft P und ein resultierendes Kräftepaar M zurückführen. Oder aber man ersetzt sie bei Sammlung in 2 beliebigen Punkten durch ein Kraftkreuz, das sind im allgemeinen 2 windschief zueinander liegende Einzelkräfte P_1 und P_2. Auf eine einzige Resultierende kommt man also bei einer räumlichen Gruppe nicht, wie oft geglaubt wird, und so gibt es auch an einem gewöhnlichen Segel nicht etwa eine Resultierende, sondern deren zwei; denn auch hier liegt ein räumliches Kräfteproblem vor. Dasselbe gilt für einen Propellerflügel. — Dies alles sind elementare Sätze der Statik, die jeder unserer Studierenden kennt.

Aber hier bei den Fliehkräften liegt das Problem insofern besonders einfach, als die beiden Resultierenden radial stehen, wie es Herr Dr. Heymann ja vorhin deutlich gezeigt hat. Das ist eine sehr wichtige Sonderheit und zugleich der Kernpunkt des vereinigten statischen und dynamischen Ausgleiches rotierender Körper. Von diesem Standpunkte aus kann man das ganze Problem so formulieren: Der Ausgleich rotierender Massen kann stets durch zwei zusätzliche exzentrische Einzelmassen, und zwar an zwei beliebig gewählten Stellen der Welle herbeigeführt werden. Folglich ist die Anzahl der Unbekannten zur Feststellung dieser beiden Zusatzmassen M_1 und M_2 — z. B. an der linken und der rechten Seite eines trommelartigen Körpers — 4, nämlich Größe und Richtungswinkel jeder Zusatzmasse. Wenn die 4 Unbekannten durch den Ausgleichsversuch bestimmt sind, ist das Problem erledigt; und mittelbar verfährt Herr Dr. Heymann auch nach dieser Erkenntnis.

Aber ich glaube, sein Vorgehen läßt sich in folgender Weise noch vereinfachen, wobei ich es dahingestellt sein lasse, ob mein Vorschlag auch für die Werkstatt ohne weiteres brauchbar ist. Wenn wir unser Augenmerk auf die beiden Abbildungen lenken, welche die Kraftverhältnisse bei der Ausgleichsmaschine von Lawaczeck-Heymann darstellen, und wenn bei der praktischen Durchführung des Ausgleichs zuerst das hintere Lager durch Blockierung zum festen Zentrum und zugleich zum Sammelpunkt der störenden Fliehkraftgruppe, M und P, gemacht wird, so gelingt es, die durch das Kräftepaar M hervorgerufene Fliehkraftstörung in einem einzigen Resonanzlauf durch Anbringung einer Masse m_2 an der vorderen Trommelstirn zu beseitigen. — Aber dieser erste Ausgleich ist noch kein vollkommener; denn im hinteren Lager versteckt sich zunächst die ursprüngliche Störungskraft P, die nicht ausgeglichen ist, und zu dieser kommt infolge der soeben angebrachten Ausgleichsmasse m_1 noch $K = m_1 r_1 \omega^2$ hinzu, so daß insgesamt im hinteren Lager die in den Abbildungen gezeichnete Resultierende R_1 aus P und K verbleibt.

Es gelingt also, mittels des ersten Laufes den rotierenden Körper schon so weit auszugleichen, daß er mit nur einer, und zwar genau im hinteren Lager wirkenden Fliehkraft R_1 läuft. Dieser großen Vereinfachung des Problems müssen wir uns mit aller Schärfe bewußt werden, und wir können nunmehr die weitere Aufgabe so formulieren: Von den ursprünglichen 4 Unbekannten sind 2 durch den ersten Lauf mittelbar oder unmittelbar gefunden; es bleiben nur noch 2 Unbekannte zu ermitteln: eben Größe und Richtung von R_1.

R_1 läßt sich leider nicht unmittelbar durch eine einzige Gegenkraft beseitigen; denn im Lager kann keine Zusatzmasse angebracht werden. Wohl aber kann R_1 vollständig ausgeglichen werden durch 2 Kräfte, je eine in den Stirnflächen 1 und 2 der Trommel. — Wenn aber auch R_1 nicht unmittelbar auszugleichen ist, so kann doch seine Größe und Richtung leicht in folgender Weise zahlenmäßig ermittelt werden: In einem zweiten Resonanzlauf — bei fester Zentrierung des vorderen Lagers — sei zum Ausgleich des Drehmomentes von R_1 an der Stirnseite 2 die Zusatzmasse m_2 erforderlich, so daß die zugehörige Fliehkraft $K_2 = m_2 r_2 \omega^2$ nach Größe und Richtung bekannt ist. In derselben durch die Drehachse gehenden Wirkungsebene liegt aber auch R_1, und seine Größe wird bekannt aus: $R_1 = K_2 \cdot (l-b)/l = m_2 r_2 \omega^2 \cdot (l-b)/l$.

Um R_1 vollkommen zu vernichten, genügt aber nicht K_2 an der Stelle 2; wohl aber ist auf Grund der Hebelgleichgewichtsbedingungen das R_1 im hinteren Lager vollkommen zu beseitigen durch zwei Kräfte, durch K'_2 an der Stelle 2 in entgegengesetzter Richtung wie R_1 wirkend und durch K'_1 an der Stelle 1 in derselben Richtung wie R_1. Die Größe beider ist bestimmt durch:

$$K'_2 = R_1 \frac{l-a}{l-a-b} = m_2 r_2 \omega^2 \frac{(l-b)(l-a)}{l(l-a-b)} = m'_2 r_2 \omega^2,$$

$$K'_1 = R_1 \frac{b}{l-a-b} = m_2 r_2 \omega^2 \frac{(l-b)b}{l(l-a-b)} = m'_1 r_1 \omega^2.$$

Es genügt somit eine kleine Momentenrechnung, um bereits mittels des zweiten Laufes einen vollständigen Ausgleich ohne jede Restkraft herbeizuführen. Man hat dazu aber nicht die aus dem zweiten Lauf bestimmte Masse m_2 anzubringen, sondern statt derselben die beiden aus obigen Gleichungen zu berechnenden Massen m'_2 und m''_1, so daß insgesamt die 3 Zusatzmassen m_1 und m''_1 an der Stelle 1 und m'_2 an der Stelle 2 den vollkommenen Ausgleich des rotierenden Körpers herbeiführen. Restkräfte verbleiben bei diesem Verfahren überhaupt nicht, obgleich nur 2 Resonanzläufe stattgefunden haben.

Und nun noch eine weitere Bemerkung. Sie haben, Herr Dr. Heymann, in Ihrem Vortrage gesagt, man wisse nicht, von wem das elastische Lager stamme. Letzten Endes kommt ja jeder Konstrukteur bei solchen Schleuderwirkungen darauf, elastische Lager zu versuchen. Anfangs wendete man Gummifederung an und soviel mir bekannt ist, hat die Firma Schichau in Elbing als erste wohl Horizontalfedern an Ausgleichmaschinen benutzt. Es wäre zu empfehlen, anzufragen, ob ihre Konstruktion tatsächlich die erste dieser Art gewesen ist. Ich selbst habe vor 30 Jahren, als ich noch Student war, in der Eisenbahnwerkstätte Leinhausen bei Hannover mit einer anderen Vorrichtung gearbeitet, die dem Zweck dienen sollte, unrunde oder mit exzentrischen Massen behaftete Laufräder der D-Wagen zur Erzielung ruhigen Laufes auszugleichen. Wir hatten eine recht unvollkommene Vorrichtung: die Wagenachse mit den beiden Rädern wurde in dem einen Schenkel aufgehängt, der andere Achsschenkel ruhte in einem Standlager mit Kugelgelenk. Wenn die nicht ausgeglichene Achse dann in schnelle Umdrehungen versetzt wurde, führte das System als physisches Pendel infolge der Fliehkräfte erzwungene Schwingungen aus. Die Rückstellkraft war hier also keine Federkraft, sondern eine Komponente der Schwerkraft. Man hatte aber damals in technischen Kreisen keine klare Vorstellung von erzwungenen Schwingungen und von Resonanz, und man wunderte sich, daß die Stelle größten Ausschlages, durch eine Kreideberührung kenntlich gemacht, nicht an der Stelle des Übergewichtes lag, und man hatte viel Schwierigkeiten mit der richtigen Bemessung und Anbringung der Ausgleichsmassen. Das ganze Verfahren war grob, aber es kam auch nicht auf solche Feinheiten an, wie heute z. B. bei den Dampfturbinen, bei denen es ja gelingt, den Drehkörper bis auf 2 g bei einem vielleicht millionenmal so großen Gewicht von 2 Tonnen auszugleichen, und zwar mit Hilfe der Resonanz.

Wir haben hier also ein Problem vor uns, bei dem die Resonanz erwünscht ist, im Gegensatz zu vielen anderen mechanischen Resonanzproblemen, denen wir Schiffbauer geradezu mit Sorge und Angst gegenüberstehen. Wir müssen die kritischen Drehzahlen behutsam umgehen, um jede Resonanz zu vermeiden. Bei der Heymannschen Ausgleichmaschine wird die Resonanz gerade künstlich hervorgerufen und ausgenutzt wie in der Radiotechnik und in der Akustik. Aber wir haben auch im Schiffbau und im Maschinenbau einige besondere Fälle, in denen wir bewußt von der Resonanzerscheinung Gebrauch machen. Ich erinnere hier an mehrere geniale Schöpfungen unseres Dr. Frahm: Sich stützend auf die Erkenntnisse des Wesens der von ihm aufgedeckten Resonanzerscheinungen der Schiffswellen, hat er den nach ihm benannten, auf dem Resonanzprinzip beruhenden Frequenzmesser konstruiert. Ihm verdanken wir ferner den im Resonanzfall besonders wirksamen Frahmschen Schlingertank, und ich glaube mich recht zu erinnern, daß ich in seinem Schwingungslaboratorium das Modell eines Schiffes gesehen habe, dessen Heck beim Antrieb durch die Maschine so stark nach den Seiten hin- und herpendelte, daß die Schiffsverbände außerordentlich gefährdet wurden. Es gelang ihm, diese Störung durch Anwendung eines Resonanzkunstgriffes unschädlich zu machen, indem er einen elastischen Plattenbalken im Innern des Heckes einseitig einspannte, also mit dem Schiff koppelte. Durch sorgfältige Abstimmung des Ganzen brachte er das Heck praktisch zur Ruhe und übertrug die Schwingungen auf die mit dem Heck gekoppelte Platte, welche nun statt des Hecks hin und her schwänzelte. Die Verbände selbst wurden geschont.

Zum Schluß sei mir gestattet, darauf hinzuweisen, daß im letzten Jahr die vielgenannten Schiefersteinschen Konstruktionen unter Ausnutzung der Resonanz immer mehr Eingang in die Praxis gefunden haben. Schieferstein ist es z. B. gelungen, für Kirchenglocken betriebssichere und mit kleinster Leistung arbeitende elektrische Läutewerke zu konstruieren, die auf der Anwendung der Resonanz und auf der Benutzung eines elastischen, zwischen Motor und Glocke geschalteten Antriebsgliedes beruhen.

In allen diesen Fällen verursacht die Resonanz nicht Störung, im Gegenteil sie wird aufgesucht und mit großem Vorteil angewandt, insofern selbst sehr kleine äußere Kräfte, wenn sie nur in dem Takt der Eigenschwingungen erfolgen, die Schwingungsenergie immer stärker anschwellen lassen und zu jenen auffallenden Wirkungen führen, welche uns der Herr Vortragende bei dem Resonanzlauf seiner hervorragenden Ausgleichmaschine in Wort und Bild gezeigt hat. (Lebhafter Beifall.)

Herr Oberingenieur Dr. H. Hort, Essen:

Meine Herren! Die Fa. Krupp in Essen hat ebenfalls den Bau von Wuchtmaschinen aufgenommen und ist dabei zu einer Lösung des Auswuchtproblems gelangt, welche sich von den Darstellungen des Herrn Redners grundsätzlich unterscheidet. Die kurze Zeit gestattet mir nicht, die Lichtbilder zu bringen, die ich hier mit habe. Der Herr Vorsitzende war so liebenswürdig, vorzuschlagen, daß über ein Jahr dann über die Kruppschen Wuchtmaschinen ein Vortrag gehalten wird.

Ich möchte nur ganz kurz einige beispielsweise Andeutungen geben, worin der charakteristische Unterschied zwischen den Kruppschen Wuchtmaschinen und den eben hier geschilderten Maschinen besteht. Nach den Darlegungen des Herrn Redners ist es notwendig, den Prüfkörper zwei ganz getrennten dynamischen Wuchtgängen zu unterwerfen, indem erst das eine und dann das andere Ende des Prüfkörpers dynamisch gewuchtet wird. Wir haben nun erkannt, daß der eine der beiden dynamischen Prozesse theoretisch und praktisch durch einen statischen ersetzt werden kann. Infolgedessen sind die Kruppschen Wuchtmaschinen so ausgebildet worden, daß man mit ihnen nacheinander einen dynamischen und einen statischen Wuchtprozeß auszuführen vermag. Dabei kann entweder erst statisch und dann dynamisch oder auch erst dynamisch und dann statisch gewuchtet werden. Diese Ersparnis des einen dynamischen Wuchtvorganges stellt einen großen Gewinn an Zeit und Arbeitskraft des Wuchters dar; denn das bekannte dynamische Wuchten innerhalb kritischer Schwingungsgebiete ist und bleibt eine Zeit, Geschicklichkeit und große Aufmerksamkeit beanspruchende Arbeit.

Die vereinigten dynamisch-statischen Wuchtmaschinen der Kruppschen Konstruktion stellen gewissermaßen Doppelmaschinen dar: Schwerpunktwagen zum restlosen statischen Schwerpunktzentrieren und dynamische Teilschwerpunktwagen zum Durchführen des einen dynamischen Wuchtprozesses. Letzteren wird man dann in vielen praktischen Fällen auch ganz unterlassen können.

Hiermit möchte ich meine Ausführungen schließen, in der Hoffnung, daß Ihnen übers Jahr Näheres über die Kruppschen Wuchtmaschinen berichtet werden darf.

Herr Dr.-Ing. Heymann, Darmstadt (Schlußwort):

Königliche Hoheit! Meine Herren! Ich bitte, auf die von meinen Herren Vorrednern gemachten Bemerkungen kurz erwidern zu dürfen:

Herr Prof. Weber hat mit seinem Hinweis, daß nach der zweiten Maschineneinstellung die Unbalanz noch nicht restlos beseitigt ist, durchaus recht. Ich habe mir bei meinem Vortrag im Hinblick auf die Kürze der Zeit in diesem Punkte eine kleine Unterschlagung zuschulden kommen lassen. Die schrittweise Auswuchtung habe ich eingehend in der Literatur, außerdem auch in dem vorliegenden Sonderdruck meines heutigen Vortrages behandelt.

Das Doppelpendelprinzip wird von meiner Firma auf zweierlei Weise durchgeführt. Bei den normalen Auswuchtmaschinen, von denen ich Ihnen soeben ein Exemplar im Bilde vorführte, werden die beiden Pendelmittelpunkte in die Lagermitten verlegt. Das ist vom konstruktiven Standpunkt aus betrachtet einfach und billig. Nach dem ersten Auswuchtprozeß greift die Unbalanzrestkraft, wie wir gesehen haben, im Lagermittelpunkt an. Das Balanziergewicht kann aber nur in der benachbarten Stirnfläche des eigentlichen Rotors angesetzt werden. Wir begehen also bewußt einen Fehler, der um so größer ist, je weiter die benutzte Stirnfläche von der Lagermitte entfernt liegt. Wir müssen also an den zweiten Auswuchtunterprozeß noch einen dritten, unter Umständen auch noch einen vierten Unterprozeß anschließen, um zu erreichen, daß die Restkraft sich schrittweise in genügendem Maß dem Wert Null nähert. Für derartige normale Maschinen haben wir in den letzten Jahren außerdem eine Rechentafel konstruiert, mit Hilfe deren ein etwas intelligenter Arbeiter ohne jede Rechenoperation, also auf rein mechanischem Wege, das endgültige zweite und dritte Balanciergewicht ermitteln kann, sobald er das endgültige erste und das vorläufige zweite Balanciergewicht experimentell bestimmt hat.

Neben diesen Normalmaschinen führen wir Spezialmaschinen, bei denen die Pendelmittelpunkte nicht mehr nach den Lagermitten verlegt werden. Vielmehr wird der Prüfkörper in einen Rahmen eingelegt, welcher mit verstellbarem Drehzapfen versehen ist, derart, daß das ganze System wiederum um eine konstruktiv festliegende Schwingungsachse schwingen kann. Im Gegensatz zu den Normalmaschinen geht diese Schwingungsachse aber jetzt nicht durch die Lagermitte hindurch, sondern wird so eingestellt, daß sie die 2 Ausgleichsebenen tangiert. Nach dem ersten Unterprozeß ist also die Restkraft an derjenigen Stelle isoliert, an der der Ausgleich unmittelbar erfolgen kann. Infolge davon ist der Massenausgleich nach dem zweiten Unterprozeß restlos beendet. Derartige Konstruktionen, die ebenfalls patentiert sind, arbeiten bedeutend wirtschaftlicher wie Normalmaschinen, eignen sich aber naturgemäß nur für bestimmte Zwecke des Maschinenbaues und der Elektrotechnik, in erster Linie dann, wenn die Prüfkörperdimensionen wenig oder gar nicht wechseln, wenn also Prüfkörper serienweise ausgewuchtet werden.

Herr Prof. Weber erwähnte weiterhin die Wichtigkeit des Resonanzprinzipes. Ich bitte, diese Bemerkungen durch einen Hinweis ergänzen zu dürfen, der eigentlich nicht zu unserem heutigen Thema gehört.

In meinem Vortrag erwähnte ich den Kampf des Statikers mit dem Dynamiker auf dem Gebiete der Materialprüfung. Nachdem ich mich 10 Jahre lang mit dem Bau von Auswuchtmaschinen, also mit der Beseitigung von Vibrationen, befaßt habe und hierbei reichlich Gelegenheit gehabt habe, die Anhänger der statischen Balanciermethode zu bekämpfen, habe ich neuerdings meine Firma veranlaßt, den Bau einfacher Erregermaschinen aufzunehmen, mit denen auf einfachste und billigste Weise Schwingungsimpulse für alle möglichen Zwecke der Technik erzeugt werden. Diese Erregermaschinen geben Impulse, welche nach Stärke und Taktzahl in weiten Grenzen reguliert werden können. Das Anwendungsgebiet für diese Erregermaschinen ist enorm. Wir beabsichtigen, schrittweise vorzugehen und haben zunächst eine Förderrinne, in der Hauptsache aber dynamische Materialprüfmaschinen durchgearbeitet. Bei der Förderrinne, von uns „Wuchtförderer" genannt, handelt es sich um die bekannte Rinne, die elastisch auf Faßdauben abgestützt ist. Eine derartige Rinne hat also eine bestimmte Eigenschwingungszahl, die wir in der einfachsten Weise experimentell durch einen Hammerschlag in Richtung der Längsachse ermitteln können. Kuppeln wir nun eine derartige Rinne, die eine beliebige Länge haben mag, mit einer Erregermaschine, und regulieren wir die Taktzahl des Impulses der Erregermaschine auf die Eigenschwingungszahl der Rinne ein, so haben wir, wie Schieferstein ausführlich gezeigt hat, ein Fördermittel mit nahezu wattloser Arbeit, also ein Fördermittel, welches im Gegensatz zu den bisherigen Schüttelrinnen mit einem Bruchteil der jetzigen Leistung betrieben werden kann. Auf Grund der Modellversuche ist zu erwarten, daß für die Förderung von Formsand, Schotter, Kohle u. dgl. bei einer Fördergeschwindigkeit von 6 m pro Minute und einem Rinnenquerschnitt von etwa 300×100 mm eine Motorleistung von $1/10$ bis $1/6$ PS bei einer Rinnenlänge von 20—30 mm genügen wird. Bei den jetzigen Schüttelrinnen dagegen beträgt die Motorleistung mehrere PS. Die jetzigen Schüttelrinnen arbeiten außerdem mit Exzenterbewegung, also mit Mechanismen, die stark dem Verschleiß unterworfen sind. Bei meinem Wuchtförderer dagegen ist der Verschleiß praktisch nahezu Null. Schließlich ist der Preis einer derartigen Förderrinne äußerst gering.

Bei derartigen Erregermaschinen wird der Impuls durch Zentrifugalkräfte gegeben, die ihrerseits durch Unbalanzen verursacht werden. Der ganze Erreger ist also weiter nichts wie die Umkehrung der Auswuchtmaschine bzw. die Benutzung von Unbalanzen zur Hervorbringung von Schwingungen. Diese Erregermaschinen bauen sich überaus einfach und billig. Um Biegungsschwingungen z. B. zu erzeugen, haben wir weiter nichts notwendig, als auf eine vertikal stehende Blattfeder eine tote Masse aufzusetzen, in diese tote Masse einen Kurzschlußanker mit beiderseits angeordnetem Schwungkranz zu legen und an den Schwungkranz eine Unbalanz anzusetzen. Die Regulierung der Taktzahl können wir dann durch Veränderung der toten Masse oder durch Veränderung der Federlänge bewerkstelligen. Die Variationen der

Größe des Impulses dagegen können wir durch Veränderung der Drehzahl, besser noch durch Veränderung der Unbalanz vornehmen. Variieren wir die Drehzahl, so steigt die Leistung in dem Maße, in dem wir uns von der Resonanzdrehzahl entfernen.

Derartige Fliehkrafterreger werden zur Zeit von meiner Firma in zweierlei Weise entwickelt. Einmal als Erreger, wie eben beschrieben, für ebene Schwingungsbahnen, und zum anderen als sog. Dreherreger. Diese Fliehkrafterregermaschinen sind vorgesehen für Schwingungen mit einer Taktzahl bis zu etwa 3000—4000. Neben diesen sog. Niederfrequenzerregermaschinen hat meine Firma eine ebenfalls auf dem Resonanzprinzip beruhende Hochfrequenzerregermaschine von der Signalgesellschaft m. b. H., Kiel, übernommen. Bei dieser Maschine beträgt die Taktzahl etwa 500 pro Sekunde, und der Impuls wird auf elektromagnetischem Wege erzeugt. Diese Hochfrequenzmaschinen sind in erster Linie für die dynamische Materialprüfung, und zwar für die Prüfung auf Zug und Druck vorgesehen, wobei wohl immer mit besonderen Prüfstäben gearbeitet werden wird. Bei den Niederfrequenzmaschinen dagegen können Prüfstäbe auf Biegung und Torsion untersucht werden. Im Prinzip steht nichts im Wege, auch fertige Gebilde, z. B. Brücken, Dachkonstruktionen, Fahrgestelle u. dgl. zu untersuchen.

Schließlich bitte ich, noch kurz auf die Ausführungen des Herrn Dr. Hort antworten zu dürfen.

Wenn ich die kurzen Ausführungen des Herrn Dr. Hort richtig verstanden habe, so beabsichtigt die Firma Krupp neuerdings ebenfalls, zu dem von mir gegebenen Doppelpendelprinzip überzugehen, wobei sie jedoch die nach dem ersten Auswuchtprozeß im Pendelmittelpunkt gebundene Restkraft statisch zu beseitigen beabsichtigt. Als Verfechter der dynamischen Balanciermethode kann ich mich für einen derartigen Vorschlag nicht erwärmen. Vielmehr ziehe ich es vor, die Unbalanzrestkraft ebenfalls auf dynamischem Weg, also mit der gleichen Genauigkeit zu beseitigen. (Beifall.)

Vorsitzender Herr Geheimrat Prof. Dr.-Ing. Busley:

Meine Herren! Mit der zunehmenden Drehzahl der Turbinen und Dynamos wird auch die Auswuchtung der rotierenden Massen für den Schiffmaschinenbau zu einer größeren Notwendigkeit, als es bisher der Fall war. Wir sind deswegen Herrn Dr. Heymann sehr dankbar, daß er uns in so lichtvoller Weise gezeigt hat, wie sich diese Auswuchtung der Massen vornehmen läßt. (Beifall.)

XIII. Das Berichtigungsverfahren als Hilfsmittel für den Entwurf der Schiffe.
Von Dr.-Ing. W. Schmidt, Friedenau.

Was mit der Bezeichnung „Berichtigungsverfahren" gemeint ist, läßt sich mit wenigen Worten sagen, um seine Vorteile zu erläutern, muß man jedoch weiter ausholen. In vielen Fällen, in denen keine strengen Lösungen vorliegen oder zu umständlich sind, muß der Ingenieur mit Annäherungsformeln arbeiten. Diesen Formeln liegt die Annahme

$$\text{Wert} = \text{Mittelwert} \tag{1a}$$

zugrunde. Formeln, die sich auf die Annahme stützen, daß der Mittelwert auch zugleich der wahrscheinlichste Wert ist, wollen wir als Formeln des „Mittelwertverfahrens" bezeichnen. Im Gegensatz hierzu stehen die hier zu erläuternden Formeln des Berichtigungsverfahrens. Diese stützen sich auf die Gleichungen

$$\text{Wert} = \text{Berichtigung} \times \text{Näherung}. \tag{2a}$$

Vereinbarungen über die Wahl der Bezeichnungen.

Um den Gegensatz zwischen dem Mittelwertverfahren und dem Berichtigungsverfahren zu betonen, wollen wir für die Gl. (1a) die Bezeichnung

$$z = z_m = f(x) \tag{1}$$

und für die Gl. (2) die Bezeichnung

$$y = (1 \pm \varepsilon) f(x) \tag{2}$$

benutzen. y bezeichnen wir als „Wert", $(1 \pm \varepsilon)$ als Berichtigung und $f(x)$ als Näherung. Im übrigen werden die dem Schiffbauer geläufigen Bezeichnungen verwendet, nämlich

$D = $ Verdrängung in m³,
$f = $ Wasserlinienfläche in m²,
$\overline{OF} = $ Abstand des Verdrängungsschwerpunktes in m,
$\overline{MF} = $ Abstand des Metazentrums M von Verdrängungsschwerpunkt F in m,

$E =$ Einheitstrimmoment in m³,
$\Omega =$ Oberfläche des Schiffes in m²,
$\alpha =$ Völligkeitsgrad der Konstruktionswasserlinie,
$\beta =$ Völligkeitsgrad der Hauptspantfläche im Konstruktionsfall,
$\delta =$ Völligkeitsgrad der Verdrängung,
$\chi = \dfrac{\delta}{\alpha}$.

Die zum Konstruktionstiefgang gehörigen Werte sollen durch den Index „CWL" gekennzeichnet werden. An Hand einiger Beispiele sollen die Gleichungen des Mittelwertverfahrens und die des Berichtigungsverfahrens kurz erläutert werden.

Beispiele für Gleichungen des Mittelwertverfahrens sind die Formeln von Normand

$$\overline{MF} = [0{,}008 + 0{,}0745\,\alpha^2]\frac{B^2}{T\delta} \quad \text{oder} \quad MF \sim \frac{\alpha^2}{\delta}\frac{B^2}{12\,T}, \tag{3}$$

$$\Omega = L[1{,}5\,T + (0{,}09 + \delta)B] \tag{4}$$

und Bauer

$$\overline{MF} = \frac{(2\,\alpha + 1)^3}{323\,\delta}\frac{B^2}{T}. \tag{5}$$

Beispiele für die Gleichungen des Berichtigungsverfahrens, in denen die Berichtigung $(1 \pm \varepsilon)$ nach Möglichkeit klein gegen 1 sein soll, sind

$$\otimes = (1 - \varepsilon)BT, \quad \text{worin} \quad 1 - \varepsilon = \beta, \tag{6}$$

$$D = (1 \pm \varepsilon)\chi f T, \tag{7}$$

$$\overline{OF} = (1 \pm \varepsilon)\overline{OF}_{CWL} \cdot \frac{T}{T_{CWL}} \tag{8}$$

und

$$\overline{MF} = (1 \pm \varepsilon)\overline{MF}_{CWL}\frac{T_{CWL}}{T}. \tag{9}$$

Auch die Binomische Gleichung

$$(1 + x)^m = 1 \pm \binom{n}{1}x \pm \binom{n}{2}x^2 \cdots \tag{10}$$

können wir in die Form einer Gleichung des Berichtigungsverfahrens bringen:

$$y = (1 \pm x)^m = (1 \pm \varepsilon) \cdot 1. \tag{11}$$

Für x klein gegen 1 ist dann $\varepsilon = \binom{n}{1}x$, wenn wir die Glieder höheren Grades unterdrücken. In gleicher Weise ist für x klein gegen 1

$$e^x = 1 + \frac{x}{1!} = (1 + \varepsilon) \cdot 1, \quad \text{wobei} \quad \varepsilon = x, \tag{12}$$

oder

$$a^x = 1 + \frac{\ln a\,x}{1!} = (1 + \varepsilon) \cdot 1, \quad \text{wobei} \quad \varepsilon = \ln a\,x. \tag{13}$$

Wir unterscheiden hiernach beim Berichtigungsverfahren streng zwischen der Näherung $f(x)$ und der Berichtigung $(1 \pm \varepsilon)$. Oft tritt beim Berichtigungsverfahren die folgende Frage auf: Wenn $y = (1 \pm \varepsilon) x^m$ ist, wie groß ist dann x bei bekanntem y und ε? Es ist dann

$$x = \left(\frac{1}{1 \pm \varepsilon}\right)^{\frac{1}{m}} y^{\frac{1}{m}} = \left(1 \mp \frac{\varepsilon}{m}\right) y^{\frac{1}{m}}. \tag{14}$$

In derartigen Fällen leisten uns die Gleichungen

$$(1 \pm \varepsilon)^m = 1 \pm m\,\varepsilon \quad \text{und} \quad \left(\frac{1}{1 \pm \varepsilon}\right)^m = 1 \mp m\,\varepsilon \tag{15}$$

gute Dienste. Hiermit wird eine Division zu einer einfachen Addition bzw. Subtraktion, das ist zuweilen von großem Vorteil.

Der Zweck des Berichtigungsverfahrens

ist im allgemeinen der gleiche wie der des Mittelwertverfahrens, es soll dem Schiffbauer als Anhalt bei Entwurf der Schiffe dienen. Die Wege, die bei beiden Verfahren gewählt sind, sind jedoch grundverschieden. Bei dem Mittelwertverfahren geht man von den Erfahrungen hervorragender Schiffbauer aus, also bei den Gleichungen von Normand von Normands Erfahrungen, die weit zurückliegen, bei denen von Bauer von Bauers neueren Erfahrungen, die aber auch schon nahezu so alt sind wie unsere Gesellschaft. Das Berichtigungsverfahren geht demgegenüber von unseren eigenen Erfahrungen von gestern und heute aus. Um diese bequem verwenden und für weitere Ableitungen benutzen zu können, müssen die Näherungen $f(x)$ gut gewählt sein. Sie brauchen nicht so genaue Zahlenwerte zu liefern wie die Mittelwertgleichungen des Mittelwertverfahrens, müssen aber nach Möglichkeit so beschaffen sein, daß die Berichtigungen $(1 \pm \varepsilon)$ nahe bei 1 liegen, eben weil die Werte nahe bei 1 in mathematischer Hinsicht eine Sonderstellung einnehmen. Die Näherungen des Berichtigungsverfahrens sind nicht durchgehend reine analytische Beziehungen, sondern können auch das Ergebnis einer kleinen Momentenrechnung oder das Ergebnis eines Krängungsversuches mit ausgeführtem Schiff sein. Man hat bei der Wahl einer Näherung vor allem darauf zu sehen, daß sie sich mit dem Rechenschieber leicht berechnen läßt, und daß sie dem Schiffbauer möglichst leicht zugänglich ist. Zusammenfassend kann man sagen: Das Berichtigungsverfahren soll uns die Verwendung von Erfahrungen erleichtern. Die Erfahrung ist roh zusammengefaßt in die Näherung $f(x)$, die wir mit der Berichtigung $(1 \pm \varepsilon)$ zu multiplizieren haben, um den genauen Wert y zu erhalten.

Die allgemeine Parabel m^{ten} Grades als Grundlage des Berichtigungsverfahrens.

In vielen Fällen, besonders bei den Kurvenblattrechnungen, kann die allgemeine Parabel m^{ten} Grades als Näherung $f(x)$ dienen. Diese Gleichung ist den Schiffbauern schon seit Chapman geläufig, wird aber im allgemeinen wohl noch nicht in dem Maße angewendet, wie sie es verdiente. Ich will versuchen, die Vorzüge der allgemeinen Parabel m^{ten} Grades hier kurz anzudeuten, es sind folgende:

1. In einem kartesischen Koordinatennetz sind alle Linien des Netzes Parabeln m^{ten} Grades, ihre Gleichungen lauten

$$y = a x^0, \quad y_1 = a_1 x^0 \text{ usw.} \tag{16}$$

2. Wenn wir die Gleichungen

$$\left.\begin{array}{l} D = \delta L B T, \\ \otimes = \beta B T, \\ f = \alpha L B \end{array}\right\} \tag{17}$$

aufstellen, vergleichen wir D, $\otimes$ und f mit geometrischen Gebilden, die aus Stücken der allgemeinen Parabel mit dem Exponenten $m = 0$ zusammengesetzt sind.

3) Der Schiffbauer, der sich die Stabilitätseigenschaften seines Schiffes mit Hilfe des gewöhnlichen achteckigen Kastens klarmacht, legt sich damit eine Beschränkung auf, indem er nur die allgemeine Parabel mit dem Exponenten $m = 0$ zuläßt. Würde er jeden Exponenten zulassen, so würde er eine ganze Reihe von Zusammenhängen entdecken, die für das Berichtigungsverfahren von Nutzen sein können, indem sie eine mühelose Ableitung von Näherungen $f(x)$ zulassen. Wir wollen daher bei der Wahl unserer Näherungen nicht vom gewöhnlichen Kasten ausgehen, wie es Normand getan hat, sondern wir wollen den in Abb. 1 dargestellten „gemeinen Kasten" betrachten. Seine Schnittform verläuft nach einer allgemeinen Parabel m^{ten} Grades. Die Ordinaten dieser Kurve kann

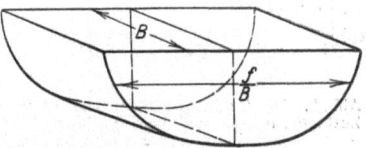

Abb. 1. Der gemeine Kasten.

man sich dadurch entstanden denken, daß die Wasserlinienflächen durch die Schiffsbreite geteilt und die so erhaltenen Längen symmetrisch zur Schiffsmitte angeordnet worden sind. Folgende Gleichungen können wir ohne weiteres für diesen gemeinen Kasten aufstellen für den Fall, daß die Schnittform nach der Parabel m^{ten} Grades verläuft:

$$f = f_{CWL}\left(\frac{T}{T_{CWL}}\right)^{\frac{1}{\varkappa}-1} = f_{CWL}\tau^{\frac{1}{\varkappa}} \text{ für } \frac{T}{T_{CWL}} = \tau, \tag{18}$$

$$D = D_{CWL}\left(\frac{T}{T_{CWL}}\right)^{\frac{1}{\varkappa}} = D_{CWL}\tau^{\frac{1}{\varkappa}}, \tag{19}$$

$$\overline{OF} = \overline{OF}_{CWL}\frac{T}{T_{CWL}} = \overline{OF}_{CWL}\tau, \tag{20}$$

$$\overline{MF} = \overline{MF}_{CWL}\frac{T_{CWL}}{T} = \overline{MF}_{CWL}\tau^{-1}, \tag{21}[1]$$

$$E = E_{CWL}\left(\frac{f}{f_{CWL}}\right)^3. \tag{22}[2]$$

---

[1] Diese Näherung soll jedoch nur verwendet werden, wenn die Schiffsbreite auf den Betriebstiefgängen stets gleich ist.

[2] Diese Näherung soll bei Schiffen in der Form $E = E_{CWL}\left(\frac{f}{f_{CWL}}\right)^m$ benutzt werden. m ergab sich bei einer Reihe von Schiffen zu $m = 2{,}915 - \frac{1-\beta}{\beta}2{,}45$.

278

Wir wollen gleich feststellen, ob diese Gleichungen als Näherungen für uns in Betracht kommen. Hierzu gibt es verschiedene Wege; die einfachsten sind, daß wir vorliegende Berechnungen von Linienrissen in ein logarithmisches Koordinatennetz eintragen, es müssen sich dann immer gerade Linien ergeben. Ist uns dieses Verfahren zu ungenau, so können wir auch die Berichtigungen $(1 \pm \varepsilon)$ aus der Gleichung

$$1 \pm \varepsilon = \frac{y}{f(x)} \qquad (23)$$

ermitteln, um zu sehen, ob die so erhaltenen Berichtigungen genügend nahe bei 1 liegen. Beide Wege sind mit Zahlentafel 1 und Abb. 2 bis 8 gekennzeichnet worden. Soweit diese Belege einen allgemeinen Schluß zulassen, kann man die Gl. (18) bis (22) sehr wohl als Näherungen benutzen. Gehen wir also nun von dem in Abb. 1 dargestellten allgemeinen Kasten auf das Schiff über, so erhalten wir die folgenden Gleichungen:

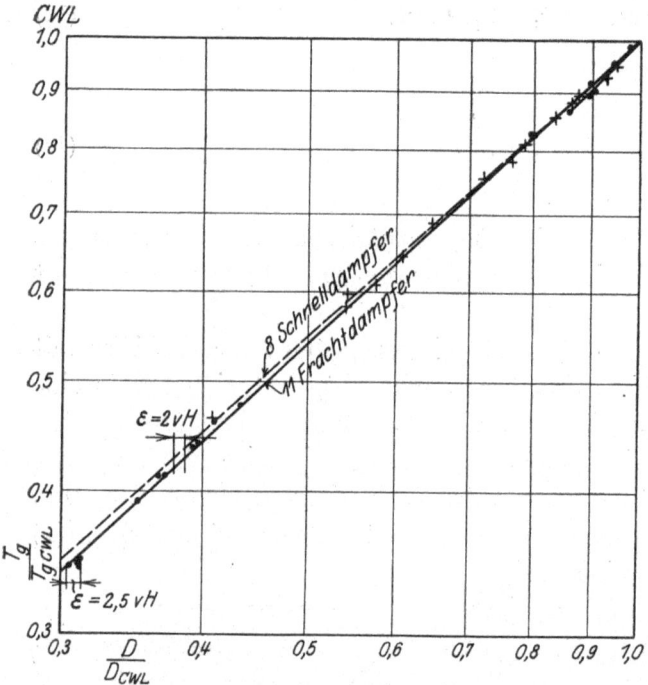

Abb. 2. Die Verdrängungen[1]) von 19 verschiedenen Schiffen im leeren Zustande, beladen und nach Verbrauch der Kohlen aufgetragen in einem logarithmischen Koordinatennetz über dem Tiefgang.

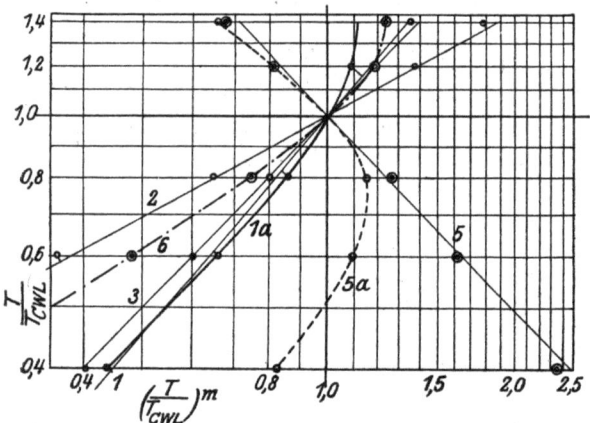

Abb. 3. Logarithmisches Kurvenblatt eines Loggers[2]).

Kurve 1a und Gerade 1 $\frac{f}{f_{CWL}}$,   Kurve 5 $\frac{\overline{MF}}{\overline{MF}_{CWL}} \cdot \left(\frac{B_{CWL}}{B}\right)^2$,

Kurve 2 $\frac{D}{D_{CWL}}$,   Kurve 5a $\frac{\overline{MF}}{\overline{MF}_{CWL}}$,

Kurve 3 $\frac{\overline{OF}}{\overline{OF}_{CWL}}$,   Kurve 6 $\frac{E}{E_{CWL}}$.

$$f = (1 \pm \varepsilon) f_{CWL} \tau^{\frac{1}{\varkappa}-1}, \qquad (24)$$

$$D = (1 \pm \varepsilon) D_{CWL} \tau^{\frac{1}{\varkappa}}, \qquad (25)$$

$$\overline{OF} = (1 \pm \varepsilon) \overline{OF}_{CWL} \tau, \qquad (26)$$

$$\overline{MF} = (1 \pm \varepsilon) \overline{MF}_{CWL} \tau^{-1} \left(\frac{B}{B_{CWL}}\right)^2, \quad (27)$$

$$\left.\begin{array}{l} E = (1 \pm \varepsilon) E_{CWL} \left(\dfrac{f}{f_{CWL}}\right)^m, \\ \text{wo } m = 2{,}915 - \dfrac{1-\beta}{\beta} 2{,}45 . \end{array}\right\} \quad (28)$$

Damit haben wir eine Grundlage für weitere Ableitungen gewonnen. In den Fällen, in denen nach Zusammenstellung 1 $(1 \pm \varepsilon)$ nahe bei 1 liegt oder uns seiner Größe nach hinreichend bekannt ist, können wir das in Abb. 9 dar-

---
[1]) Nach Angaben von Henderson.
[2]) Die Angaben zu Abb. 3 bis 8 sind einem Aufsatz von Hammar entnommen.

Zahlentafel 1. Berichtigungen.

		Schiffstyp	χ	$\tau = \dfrac{T}{T_{CWL}}$					
				0,4	0,6	0,8	1,0	1,2	1,4
$1+\varepsilon = \dfrac{F}{F_{CWL}\tau^{\frac{1}{\chi}-1}}$	A	Schoner	0,534	$\frac{1}{1,032}$	1,044	1,049	1	$\frac{1}{1,075}$	—
		Torpedoboot	0,722	1,033	1,03	1,027	1	$\frac{1}{1,042}$	—
		Motorboot	0,687	1,012	1,059	1,050	1	$\frac{1}{1,073}$	—
		Eisbrecher	0,622	—	1,011	1,006	1	$\frac{1}{1,002}$	—
	B	Dampfer f. Nord-Ostsee-Fahrt	0,886	1,006	1,000	$\frac{1}{1,001}$	1	1,008	1,015
		Großer Frachtdampfer	0,923	1,013	1,004	1,00	1	1,002	1,004
		Dampfer f. große Seefahrt	0,880	1,01	1,018	1,006	1	$\frac{1}{1,008}$	$\frac{1}{1,077}$
$1+\varepsilon = \dfrac{D}{D_{CWL}\tau^{\frac{1}{\chi}}}$	A	Schoner	0,534	$\frac{1}{1,139}$	$\frac{1}{1,044}$	$\frac{1}{1,012}$	1	$\frac{1}{1,014}$	—
		Torpedoboot	0,722	$\frac{1}{1,07}$	$\frac{1}{1,025}$	$\frac{1}{1,004}$	1	$\frac{1}{1,006}$	—
		Motorboot	0,687	$\frac{1}{1,125}$	$\frac{1}{1,051}$	$\frac{1}{1,012}$	1	$\frac{1}{1,009}$	—
		Eisbrecher	0,622	$\frac{1}{1,035}$	$\frac{1}{1,014}$	$\frac{1}{1,003}$	1	1,003	—
	B	Dampfer f. Nord-Ostsee-Fahrt	0,886	$\frac{1}{1,02}$	$\frac{1}{1,007}$	$\frac{1}{1,003}$	1	1,016	1,004
		Großer Frachtdampfer	0,923	$\frac{1}{1,005}$	1,000	$\frac{1}{1,001}$	1	1,000	1,003
		Dampfer f. große Seefahrt	0,880	$\frac{1}{1,022}$	$\frac{1}{1,007}$	$\frac{1}{1,001}$	1	1,000	$\frac{1}{1,004}$
$1+\varepsilon = \dfrac{\overline{OF}}{\overline{OF}_{CWL}\tau}$	A	Schoner	0,534	1,010	1,016	1,009	1	$\frac{1}{1,015}$	—
		Torpedoboot	0,722	1,036	1,023	1,012	1	$\frac{1}{1,008}$	—
		Motorboot	0,687	1,036	1,026	1,015	1	$\frac{1}{1,010}$	—
		Eisbrecher	0,622	1,016	1,010	1,005	1	$\frac{1}{1,003}$	—
	B	Dampfer f. Nord-Ostsee-Fahrt	0,886	1,016	1,008	1,003	1	$\frac{1}{1,003}$	$\frac{1}{1,004}$
		Großer Frachtdampfer	0,923	1,012	1,005	1,003	1	1,000	1,000
		Dampfer f. große Seefahrt	0,880	1,016	1,005	1,003	1	$\frac{1}{1,003}$	$\frac{1}{1,004}$
$1+\varepsilon = \dfrac{\overline{MF}}{\overline{MF}_{CWL}\cdot \tau^{-1}\cdot\left(\frac{B'}{B}\right)^2}$	A	Schoner	0,534	$\frac{1}{1,07}$	$\frac{1}{1,033}$	1,010	1	$\frac{1}{1,027}$	—
		Torpedoboot	0,722	1,104	1,061	1,008	1	$\frac{1}{1,055}$	—
		Motorboot	0,687	1,072	1,062	1,040	1	$\frac{1}{1,065}$	—
		Eisbrecher	0,622	$\frac{1}{1,126}$	$\frac{1}{1,050}$	$\frac{1}{1,024}$	1	1,038	—
	B	Dampfer f. Nord-Ostsee-Fahrt	0,886	$\frac{1}{1,012}$	$\frac{1}{1,015}$	$\frac{1}{1,008}$	1	1,000	1,024
		Großer Frachtdampfer	0,923	$\frac{1}{1,016}$	$\frac{1}{1,020}$	$\frac{1}{1,010}$	1	1,020	1,022
		Dampfer f. große Seefahrt	0,880	1,007	$\frac{1}{1,005}$	$\frac{1}{1,007}$	1	1,012	1,022
$1+\varepsilon_e = E_{CWL}\left(\dfrac{f}{f_{CWL}}\right)^{2,915-\frac{1-\beta}{\beta}2,45}$	A	Schoner	$\beta=0,645$	1,015	$\frac{1}{1,12}$	$\frac{1}{1,062}$	1	1,054	1,067
		Motorboot	0,760	1,23	1,12	1,05	1	$\frac{1}{1,008}$	1,01
		Torpedoboot	0,785	1,216	1,105	1,062	1	1,012	—
		Eisbrecher	0,790	1,360	1,150	1,052	1	$\frac{1}{1,025}$	$\frac{1}{1,047}$
	B	Dampfer f. Nord-Ostsee-Fahrt	$\beta=0,98$	1,022	1,020	1,005	1	1,01	1,02
		Großer Frachtdampfer	0,99	1,010	1,010	1,008	1	1,00	1,00
		Dampfer f. große Seefahrt	0,98	$\frac{1}{1,005}$	$\frac{1}{1,001}$	$\frac{1}{1,015}$	1	1,015	1,04

280 Das Berichtigungsverfahren als Hilfsmittel für den Entwurf der Schiffe.

gestellte allgemeine Kurvenblatt an Stelle eines vorläufigen Kurvenblattes benutzen, das an Hand der Abb. 3, 5 und 7 ohne weiteres verständlich ist.

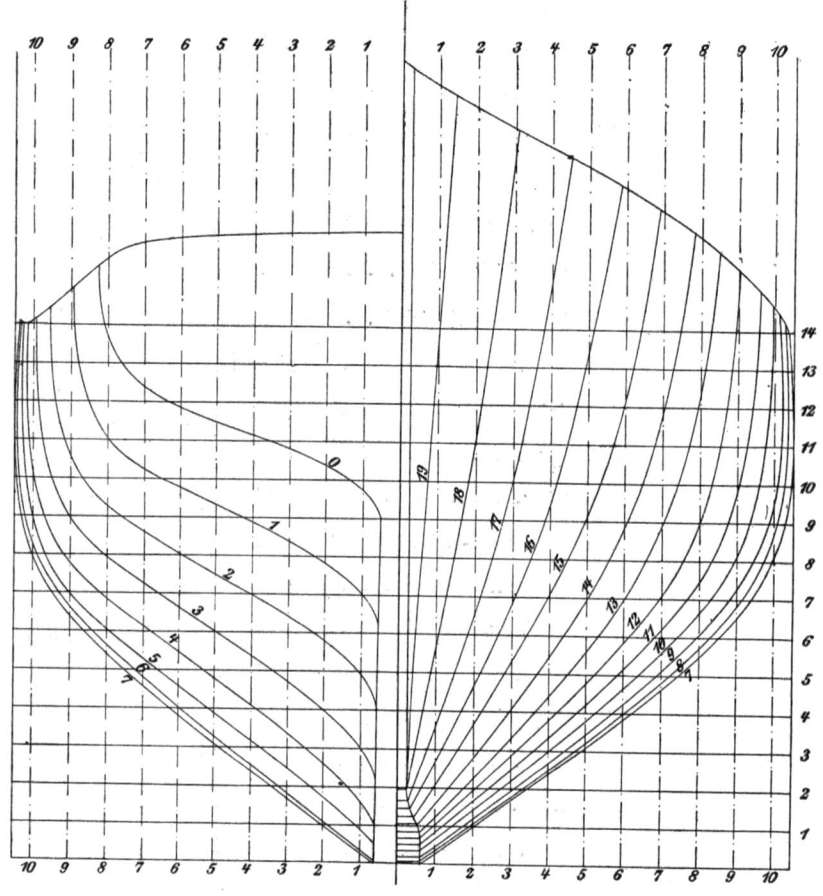

Abb. 4. Spantenriß eines Schoners.

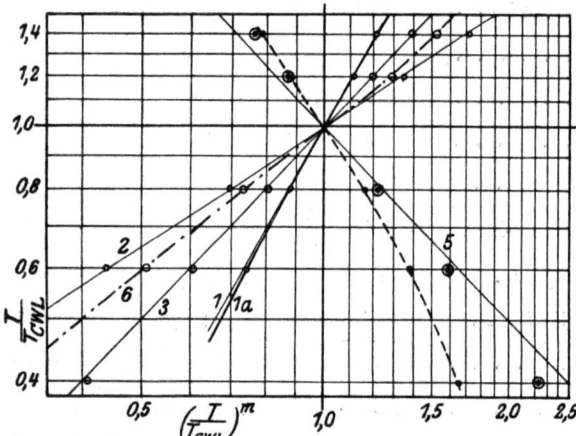

Abb. 5. Logarithmisches Kurvenblatt zu einem Eisbrecher.

Kurve 1a und Gerade 1 $\frac{f}{f_{CWL}}$,   Kurve 5 $\frac{\overline{MF}}{\overline{MF}_{CWL}} \cdot \left(\frac{B_{CWL}}{B}\right)^2$,

Kurve 2 $\frac{D}{D_{CWL}}$,   Kurve 6 $\frac{E}{E_{CWL}}$,

Kurve 3 $\frac{\overline{OF}}{\overline{OF}_{CWL}}$,   die gestrichelte Kurve $\frac{\overline{MF}}{\overline{MF}_{CWL}}$.

Zu bemerken ist jedoch, daß in Abb. 9 der Einheitstrimmoment im Sinne der Gl. (28) als Funktion von f abzulesen ist.

Bei vorläufigen Berechnungen der Schiffslinien werden oft nur Werte für 3 Tiefgänge berechnet. Solch ein Verfahren ist nicht einwandfrei, da durch 3 Punkte noch keine Kurve bestimmt ist. Nimmt man aber das Berichtigungsverfahren zu Hilfe und strakt nur die Werte $(1 \pm \varepsilon)$ aus, so kann man zuweilen schon mit 2 Punkten auskommen, nämlich dann, wenn die Berichtigungen aufgetragen über den Tiefgang genügend genau nach einer Geraden verlaufen und dieser Verlauf durch Erfahrung hinreichend bekannt ist.

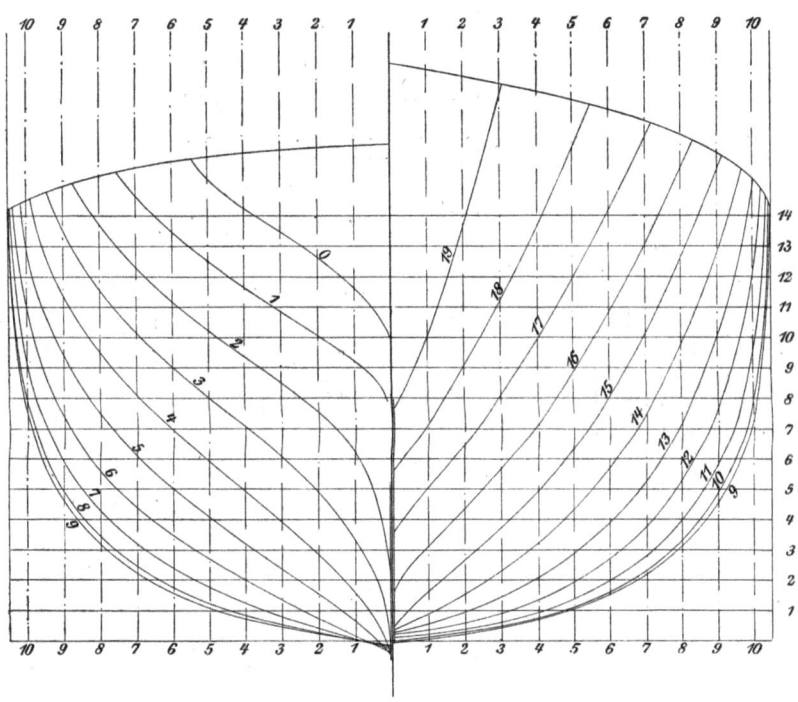

Abb. 6. Spantenriß zu einem Eisbrecher.

Mit Gl. (24) bis (28) sind uns für die wichtigsten Berechnungsergebnisse eines Linienrisses Gleichungen gegeben. Es lassen sich auch für andere Kurvenblattwerte, wie z. B. für die Hebel der statischen Stabilität bezogen auf Oberkante Kiel, in ähnlicher einfacher Weise Gleichungen gewinnen, es soll jedoch auf weitere Kurvenblattwerte an dieser Stelle nicht eingegangen werden.

Beispiele.

An drei Beispielen soll jetzt gezeigt werden, wie das Berichtigungsverfahren arbeitet.

1. Beispiel: Gefragt ist nach der Tiefgangsänderung eines Schiffes von $D = 10\,000$ t; $\chi = 0,9$ und $T = 6$ m, wenn 100 t zugeladen werden. Wir können diese Auf-

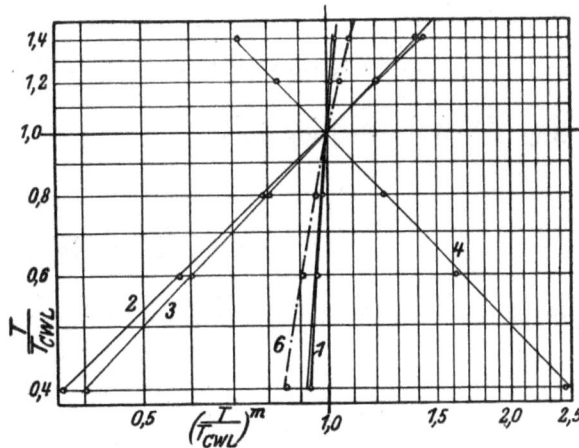

Abb. 7. Logarithmisches Kurvenblatt zu einem großen Frachtdampfer.

Kurve 1a und Gerade 1 $\dfrac{1}{f_{CWL}}$,   Kurve 4 $\dfrac{MF}{MF_{CWL}}$,

Kurve 2 $\dfrac{D}{D_{CWL}}$,

Kurve 3 $\dfrac{OF}{OF_{CWL}}$,   Kurve 6 $\dfrac{E}{E_{CWL}}$,

gabe so auffassen, als ob der Tiefgang von 6 m zu berichtigen wäre, so zwar, daß der neue Tiefgang einer Verdrängung von 10100 t entspricht. Wir schreiben

$$D = (1 \pm \varepsilon_1) D_{CWL} \left(\frac{T}{T_{CWL}}\right)^{\frac{1}{\chi}}$$

und

$$D + \Delta D = (1 \pm \varepsilon_2) D_{CWL} \left(\frac{T + \Delta T}{T_{CWL}}\right)^{\frac{1}{\chi}}.$$

Teilen wir die zweite Gleichung durch die erste, so ist

$$\frac{D + \Delta D}{D} = (1 \pm \varepsilon_2 \mp \varepsilon_1) \left(\frac{T + \Delta T}{T}\right)^{\frac{1}{\chi}},$$

für $\varepsilon_2 = \varepsilon_1$ und $\frac{\Delta T}{T}$ klein gegen 1 ist

$$1 + \frac{\Delta D}{D} = 1 + \frac{\Delta T}{\chi T}$$

oder

$$\Delta T = \frac{\chi T \cdot \Delta D}{D}, \quad (29)$$

in Zahlen ist

$$\Delta T = \frac{0{,}9 \cdot 6 \cdot 100}{10\,000}$$
$$= 0{,}054 \,\mathrm{m} = 5{,}4 \,\mathrm{cm}.$$

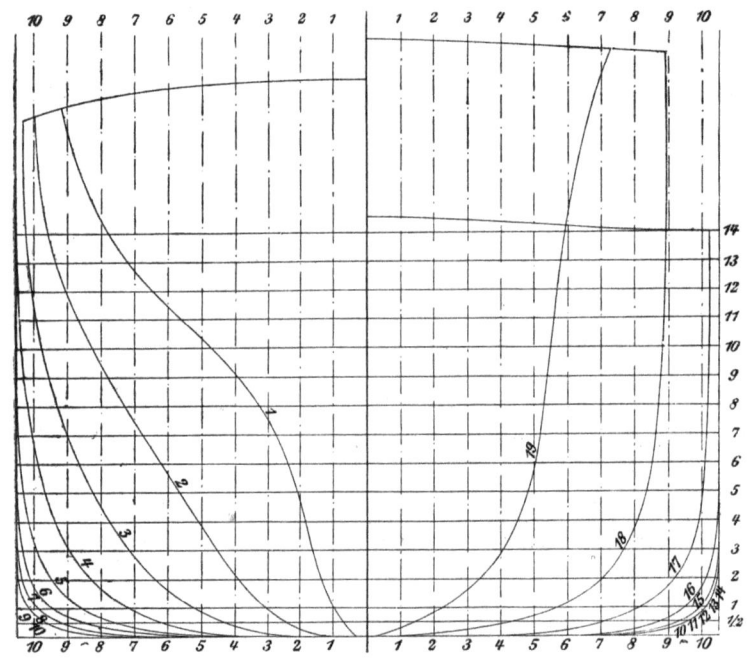

Abb. 8. Spantenriß eines großen Frachtdampfers.

2. Beispiel: Gegeben ist die Gleichung

$$D = (1 + \varepsilon) D_{CWL} \tau^{\frac{1}{\chi}},$$

gefragt ist nach der entsprechenden Gleichung für den Tiefgang T. Wir erhalten mit

$$\left(\frac{1}{1+\varepsilon}\right)^{\chi} = 1 - \chi\varepsilon$$

$$T = (1 - \chi\varepsilon) T_{CWL} \left(\frac{D}{D_{CWL}}\right)^{\chi}. \quad (30)$$

Durch Differenzieren erhalten wir nebenbei bemerkt

$$dT = \frac{\chi T_{CWL} \cdot \alpha D}{D}, \quad (31)$$

wenn $\chi\varepsilon = 0$ ist, s. Gl. (29).

3. Beispiel: Gefragt ist nach dem Flächeninhalt der Oberfläche eines Schiffes. Wir können ihn aus den Abmessungen L, B, und T und der Verdrängung D, ferner mit Hilfe des Völligkeitsgrades δ bestimmen, wenn wir von einem Vollkörper von Schiffsform ausgehen. Sein Rauminhalt D ist

$$D = \delta L B H.$$

Der Rauminhalt des weggefallenen Innenkörpers ist angenähert
$$Di \sim \delta(L-2s)(B-2s)(H-s),$$
wofür wir auch
$$\delta LBH\left(1-\frac{2s}{L}-\frac{2s}{B}-\frac{s}{H}\right)$$
schreiben können. Mit $s=1$ und $\Omega = D-Di$ erhalten wir also die Näherung $f(x)$ für Ω

$$\frac{\Omega}{1+\varepsilon} = D\left((1-1+\frac{2}{L}+\frac{2}{B}+\frac{1}{H}\right)$$
$$= D\left(\frac{2}{L}+\frac{2}{B}+\frac{1}{H}\right)$$

und

$$\left.\begin{array}{l}\Omega = (1+\varepsilon)D\left(\frac{2}{L}+\frac{2}{B}+\frac{1}{H}\right)\\ = (1+\varepsilon)\delta(2BH+2LH+BL).\end{array}\right\} \quad (32)$$

Bei einigen Frachtdampfern fand ich $(1+\varepsilon) = 1{,}1$ bis $1{,}15$. Nebenbei bemerkt ist die Gleichung

$$\Omega = (1+\varepsilon)\sqrt{2\pi}\sqrt{DL}, \quad (33)$$

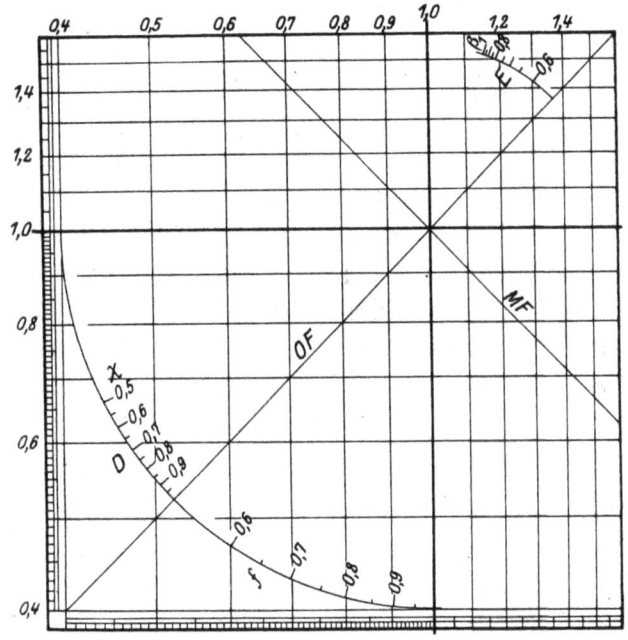

Abb. 9. Allgemeines Kurvenblatt mit logarithmischer Netzteilung.

die sich aus der Betrachtung des Zylindermantels ergibt und von Taylor herrührt, der Gl. (32) vorzuziehen, da Gl. (33) keine Summen enthält und die Berichtigungen hierbei näher bei 1 liegen, Zahlentafel 2.

Zahlentafel 2. $(1+\varepsilon)$ in der Gl. (33) $\Omega = (1+\varepsilon)\sqrt{2\pi}\sqrt{DL}$ nach Angaben von Taylor für glatte Schiffe ohne Anhänge.

β	$\frac{B}{H}$			
	2	2,5	3	3,5
0,80	1,07	1,04	1,02	1,02
0,85	1,06	1,02	1,02	1,02
0,90	1,06	1,02	1,02	1,02
0	1,09	1,03	1,02	1,03

Die Parameter zu den Gleichungen (24) bis (28).

Als Parameter hatten wir in Gl. (24) bis (28) die zum Konstruktionstiefgang gehörigen Werte eingesetzt, indem wir durch Einführung des Wertes $\frac{T}{T_{CWL}} = \tau$ den Konstruktionstiefgang zur Einheit nahmen. Die zu diesem Tiefgange gehörige Wasserlinienfläche f, Verdrängung D und Hauptspantfläche sowie deren Völligkeitsgrade müssen wir als bekannt voraussetzen. Für $\overline{OF}_{CWL}$, ferner für $\overline{MF}_{CWL}\overline{MF}'_{CWL}$ bzw. $J_{l_{CWL}}$ und $J_{b_{CWL}}$ haben wir jetzt Näherungen festzulegen. Bei der Wahl dieser Näherungen wollen wir wieder beachten, daß der Schiffbauer bei seinen Betrachtungen gern vom gewöhnlichen Kasten ausgeht, während wir wie im vorigen Abschnitt den gemeinen Kasten bei der Ableitung bevorzugen wollen, dessen Konstruktionswasserlinie ein Rechteck ist und dessen Schnittlinien nach der Kurve der allgemeinen Parabel m^{ten} Grades verlaufen.

Gleichung für $\overline{OF}_{CWL}$.

Für $\overline{OF}_{CWL}$ können wir ohne weiteres die Gleichung

$$\overline{OF}_{CWL} = (1 \pm \varepsilon) \frac{T_{CWL}}{1 + \chi} \tag{34}$$

aufstellen. Diese Gleichung ist von ganz besonderer Bedeutung für das Berichtigungsverfahren. Man kann hiernach nicht nur die Lage des Veränderungsschwerpunktes der Höhe nach bestimmen, sondern man kann die Gleichung auch bei der Bestimmung des Schwerpunktes von parabelähnlichen Flächen und zur Bestimmung des Schwerpunktes der Außenhaut benutzen, indem man von dem Ansatz

Moment der Außenhaut = Moment eines eisernen Vollkörpers von Schifform abzüglich des Innenkörpers

ausgeht. Es ist dann der Abstand h_Ω des Schwerpunktes der Außenhaut

$$h_\Omega = (1 + \varepsilon) OF \left(1 - \chi \frac{D}{\Omega H}\right). \tag{34a}$$

Gleichungen für $\overline{MF}_{CWL}$, $\overline{MF'}_{CWL}$, $J_{b_{CWL}}$, $J_{l_{CWL}}$ und E_{CWL}.

Um für J_b und hieraus

$$\overline{MF}_{CWL} = \frac{J_{b_{CWL}}}{D_{CWL}}$$

zu erhalten, betrachten wir das Rechteck $(L\alpha) \cdot B$ wie in Abb. 1 und außerdem das Rechteck $L \cdot (B\alpha)$, dann ist

$$\alpha^3 \frac{B^3 L}{12} < J_{b_{CWL}} < \alpha \frac{B^3 L}{12}$$

und

$$J_{b_{CWL} \lim \alpha = 1} = \alpha^2 \frac{B^3 L}{12},$$

folglich allgemein

$$J_{b_{CWL}} = (1 + \varepsilon) \alpha^2 \frac{B^3 L}{12} \tag{35}$$

und

$$\overline{MF}_{CWL} = (1 + \varepsilon) \frac{\alpha^2}{\delta} \frac{B^2}{12 T}. \tag{36}$$

Die Näherungen $J_{l_{CWL}}$ und $\overline{MF'}_{CWL}$ sind von diesen Gleichungen grundsätzlich nicht verschieden, nur haben wir B und L zu vertauschen. Wir erhalten also

$$J_{l_{CWL}} = (1 - \varepsilon) \alpha^2 \frac{L^3 B}{12}, \tag{37}$$

$$\overline{MF'}_{CWL} = (1 - \varepsilon) \frac{\alpha^2}{\delta} \frac{L^2}{12 T} \tag{38}$$

und

$$E_{CWL} = \frac{J_l}{L_{CWL}} = (1 - \varepsilon) \alpha^2 \frac{L^2 B}{12}. \tag{39}$$

Für Überschlagrechnungen kann man sich nach meinen Erfahrungen folgende Gleichungen merken:

$$\overline{MF}_{CWL} = 1{,}035 \frac{\alpha^2}{\delta} \frac{B^2}{12T}, \tag{40}$$

$$E_{CWL} = \frac{1}{1{,}122} \alpha^2 \frac{L^2 B}{12}. \tag{41}$$

Die bisher abgeleiteten Formeln und Näherungen habe ich an vielen Beispielen auf ihre Verwendungsmöglichkeit hin geprüft und habe schließlich aus den Lehrbüchern, Fachzeitschriften sowie aus Briefen entnommen, daß viele Schiffbauer außer mir den Gebrauch dieser Gleichungen schon empfohlen haben, so außer Normand: Taylor, Sellentin, Dr. Techel u. v. a. Ob man diese oder jene einfache Näherung verwendet, ist für das Berichtigungsverfahren von untergeordneter Bedeutung; wichtig ist, daß man stets dieselbe Näherung im gleichen Falle benutzt und Zusammenhänge sowohl wie auch Widersprüche klar herausarbeitet; so enthalten z. B. einerseits die Näherungen

$$f = f_{CWL} \tau^{\frac{1}{\chi} - 1} \tag{24}$$

und

$$\overline{MF} = \overline{MF}_{CWL} \tau^{-1} \quad \text{für} \quad B = B_{CWL} \tag{27}$$

und andererseits die Näherung

$$\overline{MF}_{CWL} = \frac{\alpha^2}{\delta} \frac{B^2}{12T} \tag{36}$$

einen Widerspruch, weil einmal $\frac{\alpha}{\delta} = \frac{1}{\chi}$ und mithin auch χ und ein anderes Mal $\frac{\alpha^2}{\delta} = \frac{\alpha}{\chi}$ als konstant für alle Tiefgänge eines Schiffes angenommen werden. Das darf Berichtigungsverfahren, eben weil eine Berichtigung eingeführt wird.

Die Näherung $\overline{OF} = \frac{T}{1 + \chi}$ läßt die in Abb. 10 bis 12 dargestellten einfachen

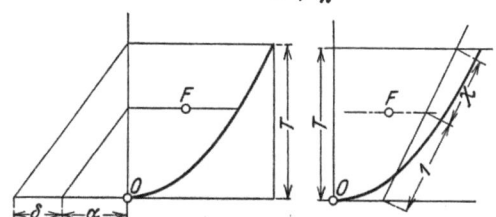
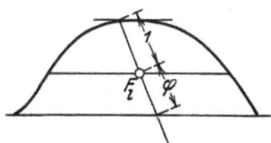

Abb. 10 und 11. Bestimmung der Lage des Verdrängungsschwerpunktes der Höhe nach.

Abb. 12. Bestimmung der Lage des Verdrängungsschwerpunktes der Länge nach.

zeichnerischen Wege für die Bestimmung von F zu, auf die ich schon einmal in der Zeitschrift „Schiffbau" hingewiesen habe.

$\overline{MO}$ in Abhängigkeit von $\left(\frac{B}{T}\right)$, α und δ.

Einer der wichtigsten Werte beim Schiffsentwurf und damit des Berichtigungsverfahrens ist der Abstand $\overline{MO}$ des Metazentrums M von Oberkante Kiel. Wir brauchen diesen Wert für Stabilitätsuntersuchungen. Bekanntlich dient die metazentrische Höhe $\overline{MG}$ zur Beurteilung der Anfangsstabilität eines Schiffes.

Es ist
$$\overline{MG} = \overline{MO} - \overline{OG},$$

$\overline{MO}$ im Rahmen des Berichtigungsverfahrens wollen wir in diesem Abschnitte behandeln. Den Abstand des Systemschwerpunktes G über Oberkante Kiel wollen wir im nächsten Abschnitte betrachten. Für $\overline{MO}$ brauchen wir keine neue Näherung, es ist $\overline{MO} = \overline{OF} + \overline{MF}$, also ist die Näherung für $\overline{MO}$

$$f(x) = \frac{MO}{1 \pm \varepsilon} = \left(\frac{T}{1+\chi} + \frac{\alpha^2}{\delta} \frac{B^2}{12T}\right)$$

und

$$\overline{MO} = (1 \pm \varepsilon)\left(\frac{T}{1+\chi} + \frac{\alpha^2}{\delta} \frac{B^2}{12T}\right), \qquad (42)$$

aus der Näherung für $\overline{MO}$ ergeben sich eine Reihe wichtiger Beziehungen. Für die Ableitung dieser Beziehungen wollen wir annehmen, daß $\varepsilon = 0$ und die Berichtigung $(1 \pm \varepsilon)$ daher gleich 1 ist. Dann ist $\overline{MO}_k$ der kleinste Wert von $\overline{MO}$:

$$\overline{MO}_k = 2\sqrt{\frac{T \cdot \overline{MF}}{1+\chi}} = B\sqrt{\frac{\alpha^3}{3\delta(\delta+\alpha)}} = B\sqrt{\frac{\alpha}{3\chi(1-\chi)}}, \qquad (43)$$

ferner

$$\Delta MO = \frac{\chi}{1+\chi}\overline{OF} \cdot \frac{\Delta B}{B} + 3\overline{MF}\frac{\Delta B}{B}. \qquad (44)$$

Beispiele für Rechnungen mit $\overline{MO}$.

Die Abb. 13 und 14 sollen den Verlauf der Näherungen $\frac{\overline{MO}}{B}$ und $\frac{\overline{MO}_k}{B}$ vor Augen führen, wir können diese Parameterdarstellungen benutzen, um zusammenhängende Werte $\frac{B}{T}$, $\frac{\overline{MO}}{B}$, α und δ zu ermitteln. Ist z. B. nach einem Schiffe gefragt, das bei einer bestimmten Neigung φ ein bestimmtes Stabilitätsmoment K hat, so schreiben wir

$$K = [(1+\varepsilon)\overline{MO}\sin\varphi - \overline{OG}\sin\varphi]D$$

und

$$\overline{MO} = \frac{\frac{K}{\sin\varphi\, D} + \overline{OG}}{1 \pm \varepsilon}. \qquad (45)$$

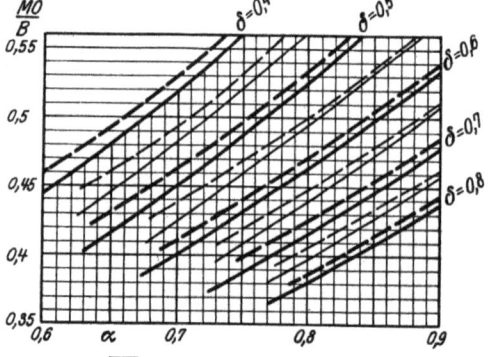

Abb. 13. $\frac{\overline{MO}}{B}$ für verschiedene Werte von δ aufgetragen über α bei $\frac{T}{B} = 0{,}45$ (——) und $\frac{T}{B} = 0{,}5$ (- - -).

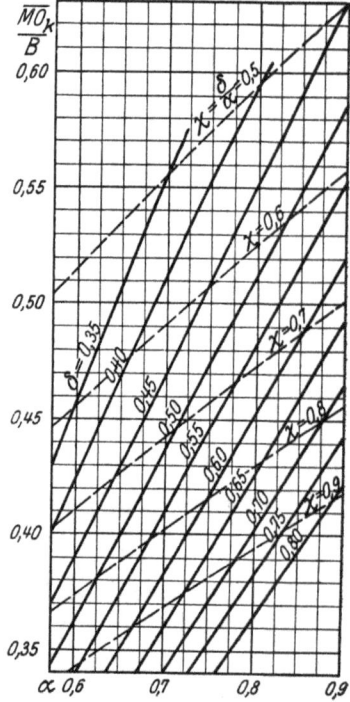

Abb. 14. $\frac{\overline{MO}_k}{B}$ für verschiedene Werte von δ und χ aufgetragen über α.

Wir können nun außer $\overline{MO}$ drei der Größen B, T, α und δ annehmen und die vierte nach Abb. 13 und 14 bestimmen, um die Hauptwerte des verlangten Schiffes zu erhalten. Zur Lösung der Aufgabe müssen wir allerdings die Berichtigung $(1+\varepsilon)$ in Gl. (40) kennen. Ich habe für einen bestimmten, oft von mir bearbeiteten Schiffstyp

$$(1+\varepsilon) = 1 \quad \text{für } \varphi = 0 \text{ bis } 10° \text{ Neigung,}$$
$$(1+\varepsilon) = 1{,}02 \quad \text{für } \varphi = 20° \text{ Neigung,}$$
und $\quad (1+\varepsilon) = 1{,}03 \quad \text{für } \varphi = 30° \text{ Neigung}$

gefunden.

Eine Aufgabe ist in diesem Zusammenhange von großer Bedeutung, nämlich die, wie man aus vorliegenden Aufmaßen, ohne die Verdrängung zu ändern, neue ableiten kann, bei denen die Formstabilität um einen bestimmten Betrag ΔMO kleiner oder größer als bei einem vorliegenden Schiff ist. Wir haben für diesen Fall die folgenden Ansätze zur Hand: Nach Gl. (39) ist die erforderliche Verbreiterung der Wasserlinie ΔB

$$\Delta B = \frac{\Delta \overline{MO} \cdot B}{\dfrac{\chi}{1+\chi}\overline{OF} + 3\overline{MF}}, \tag{44a}$$

und ferner ist nach Abb. 15

$$D_{CWL} = \int_0^{T_{CWL}} f_1 \, dT = \int_0^{T_{CWL}} f_2 \, dT,$$

wobei

und

$$\left. \begin{aligned} f_1 &= (1 \pm \varepsilon) f_{1CWL}\, \tau^{\frac{1}{\chi_1}-1} \\ f_2 &= (1 \pm \varepsilon) f_{2CWL}\, \tau^{\frac{1}{\chi_2}-1} \end{aligned} \right\} \tag{46a u. b}$$

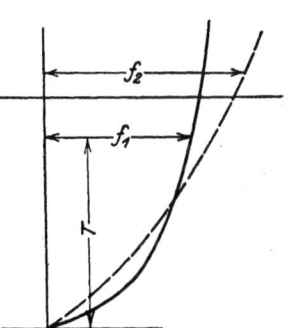

Abb. 15. Ursprüngliche und hieraus abgeleitete Kurve der Wasserlinienflächen für gleiche Verdrängung beim Konstruktionstiefgang und einen bestimmten Stabilitätszuwachs.

Behalten wir die jeweiligen Völligkeitsgrade der einzelnen Wasserlinienflächen bei den neuen Aufmaßen y_2 bei, so ist $f_2 = c f_1$ und

$$y_2 = c y_1;$$

die Ableitung aus Gl. (44a) und (44b) ergibt für c mit $\dfrac{\Delta B}{B} = \varepsilon$

$$c = (1+\varepsilon)\,\tau^{\frac{\varepsilon}{\chi}}. \tag{47}$$

In Zahlentafel 3 ist solch eine Berechnung durchgeführt worden.

Es lassen sich noch eine ganze Reihe von Belegen anführen, die zeigen, daß das Berichtigungsverfahren Vereinfachungen bei den Kurvenblattrechnungen und den hiermit zusammenhängenden Rechnungen bringt, unter anderem bei der Berechnung des Massenträgheitsmomentes der Außenhaut für Schlingerversuche, bei der Ermittelung von Leitzahlen für Festigkeitsuntersuchungen, ferner bei der Bestimmung der kleinsten Oberfläche. Da diese Rechnungen grundsätzlich nichts Neues bringen, will ich jetzt zur

Bestimmung der Lage des Systemschwerpunktes G

übergehen. Die Ermittelung des Abstandes $\overline{OG}$ geschieht gewöhnlich durch eine Momentenrechnung. Dagegen ist an und für sich nichts einzuwenden. Nach meiner Ansicht ist aber die Forderung berechtigt, daß die Zahlenwerte

Zahlentafel 3.

Vergrößerung des Abstandes M über Oberkante Kiel um 0,2 m bei einem Frachtdampfer.

$B = 11,9$ m, $T = 5,4$ m, $\chi = 0,885$, $\overline{OF} = 2,894$ m, $\overline{MF} = 2,199$ m, $MO = 5,093$ m.

$y_1 =$ alte Aufmaße. $\dfrac{\Delta B}{B} = \varepsilon = \dfrac{0,2}{\underline{0,885 \cdot 2,894 + 3 \cdot 2,199}} = 0,02513$

$y_2 =$ neue Aufmaße. $\phantom{\dfrac{\Delta B}{B} = \varepsilon = \dfrac{0,2}{}}1,885$

WL	τ	$(1+\varepsilon)\tau^{\frac{\varepsilon}{\chi}}$		\multicolumn{11}{c	}{Spant}
				0	$^1/_1$	1	2	3	4÷6	7	8	9	$9^1/_2$	10
I	$\frac{6}{6}$	1,025	y_1	0,070	3,140	4,850	5,780	5,950	5,950	5,950	5,760	4,220	2,380	0,030
			y_2	0,072	3,219	4,978	5,926	6,100	6,100	6,100	5,905	4,327	2,440	0,031
II	$\frac{5}{6}$	1,019	y_1	0,070	2,250	4,360	5,720	5,950	5,950	5,950	5,740	4,050	2,190	0,030
			y_2	0,071	2,228	4,445	5,830	6,065	6,075	6,075	5,851	4,128	2,232	0,031
III	$\frac{4}{6}$	1,012	y_1	0,070	1,580	3,760	5,620	5,950	5,950	5,950	5,700	3,850	1,990	0,030
			y_2	0,071	1,599	3,803	5,684	6,018	6,018	6,018	5,765	3,894	2,013	0,031
IV	$\frac{3}{6}$	1,004	y_1	0,070	1,130	3,090	5,420	5,950	5,950	5,950	5,630	3,580	1,750	0,030
			y_2	0,070	1,135	3,103	5,443	5,974	5,974	5,974	5,653	3,596	1,757	0,031
V	$\frac{2}{6}$	0,992	y_1	0,070	0,770	2,380	5,050	5,900	5,950	5,950	5,420	3,180	1,450	0,000
			y_2	0,070	0,764	2,362	5,010	5,853	5,903	5,903	5,378	3,155	1,439	0,000
$V^1/_2$	$\frac{3}{12}$	0,984	y_1	0,070	0,620	1,980	4,770	5,840	5,950	5,920	5,250	2,900	1,250	0,000
			y_2	0,069	0,610	1,948	4,692	5,744	5,852	5,823	5,164	2,852	1,230	0,000
VI	$\frac{1}{6}$	0,972	y_1	0,070	0,470	1,570	4,320	5,650	5,82	5,740	4,900	2,520	0,990	0,000
			y_2	0,068	0,457	1,525	4,198	5,492	5,656	5,579	4,763	2,450	0,962	0,000
$VI^1/_2$	$\frac{1}{12}$	0,952	y_1	0,070	0,310	1,030	3,520	5,210	5,45	5,290	4,240	1,960	0,600	0,000
			y_2	0,067	0,295	0,980	3,350	4,958	5,187	5,034	4,035	1,865	0,571	0,000
VII	0	1,0	y_1	0,070	0,160	0,160	0,160	0,160	0,16	0,160	0,160	0,160	0,00	0,000
			y_2	0,010	0,160	0,160	0,160	0,160	0,16	0,160	0,160	0,160	0,00	0,000

der Momente gleichzeitig auch einen Anhalt für ihren Einfluß auf die Lage von G geben sollten. Diese Forderung wird von der gewöhnlichen Momentenrechnung bezogen auf Oberkante Kiel nicht erfüllt, weil bei dieser Basis auch das Moment 0 einen großen Einfluß auf G haben kann. Würden wir die Momentenrechnung auf den gesuchten Punkt G beziehen, dann würde die Größe der einzelnen Momente gleichzeitig einen Maßstab für ihren Einfluß auf die Lage von G abgeben. G ist jedoch gesucht. Aus dieser mißlichen Lage hilft uns das Berichtigungsverfahren, und zwar auf dem folgenden Wege: Wir bestimmen zunächst die Näherung für $\overline{OG}$, die wir mit $\overline{OG}_1$ bezeichnen wollen, dann ist

$$\overline{OG} = (1 \pm \varepsilon)\,\overline{OG}_1. \qquad (48)$$

$\overline{OG}_1$ für das Schiffskörpergewicht erhält man schon, indem man eine Momentenrechnung benutzt, in der nur das Gewicht der Außenhaut, der Decks und des

Doppelbodens berücksichtigt ist, Zahlentafel 4. Die Berichtigung $(1 \pm \varepsilon)$ ergibt sich sodann mit beliebiger Genauigkeit aus der Gleichung

$$1 \pm \varepsilon = 1 \pm \frac{a_1 p_1}{P \overline{OG_1}} \pm \frac{a_2 p_2}{P \overline{OG_1}} \pm \cdots \quad (49)$$

oder

$$1 \pm \varepsilon = 1 \pm \sum \frac{a p}{P \overline{OG_1}}. \quad (50)$$

$a_1, a_2 \ldots a_n$ sind hierbei die Einzelabstände der Gewichte $p_1, p_2 \ldots p_n$ von G_1. P ist das gesamte Schiffsgewicht, dessen Schwerpunkt gesucht ist.

Zahlentafel 4.

Angenäherte Bestimmung der Lage des Systemschwerpunktes G des Schiffskörpergewichtes P.

	Gewichte in Tausendteilen von P nach Entwurf				$\dfrac{\overline{OG_1}}{H}$				Momente			
	Linien-schiff	Großer Kreuzer	Kleiner Kreuzer	Ka-nonen-boot	Linien-schiff	Großer Kreuzer	Kleiner Kreuzer	Ka-nonen-boot	Linien-schiff	Großer Kreuzer	Kleiner Kreuzer	Ka-nonen-boot
Oberdeck	49,1	46,2	91,6	83,5	1,010	1,035	1,000	1,032	49,6	47,8	91,6	86,2
Batteriedeck . . .	43,1	49,2	—	—	0,844	0,868	—	—	36,4	42,7	—	—
Aufbaudeck	1,4	3,8	19,1	78,8	1,220	1,295	1,400	1,500	1,7	4,9	26,8	118,2
Zwischendeck . . .	22,5	20,0	27,3	49,1	0,678	0,706	0,745	0,617	15,3	14,1	20,3	30,3
Plattformdeck . . .	44,0	47,0	13,6	1,0	0,361	0,405	0,308	0,421	15,9	19,0	4,2	0,4
Innenboden	34,8	37,5	40,8	21,0	0,122	0,149	0,159	0,198	3,9	5,6	6,5	4,2
Außenhaut	178,0	182,0	193,8	194,1	0,353	0,353	0,495	0,602	62,8	64,2	95,9	116,7
	372,9	385,7	386,2	427,5	0,498	0,515	0,635	0,833	185,6	198,3	245,3	356,0
$\dfrac{\overline{OG}}{H}$	System ⊙ d. Schiffskörpergew. Seitenhöhe				0,538	0,508	0,664	0,834				
Berichtigung $1+\varepsilon$					1,08	$\dfrac{1}{1,014}$	1,046	1,001				

Schreibt man Gl. (48) in der Form

$$\overline{OG} = \overline{OG_1} \pm \frac{a_1 p_1}{P} \pm \frac{a_2 p_2}{P} \pm \cdots, \quad (51)$$

so entspricht diese Gleichung dem Satz von der Schwerpunktverschiebung. Die Glieder $\frac{a_1 p_1}{P}, \frac{a_2 p_2}{P}, \ldots \frac{a_n p_n}{P}$ können wir nämlich als Wege $s_1, s_2, \ldots s_n$ ansehen, die sich zu dem Gesamtwege

$$s = \overline{GG_1} = \pm s_1 \pm s_2 \pm s_3 \cdots \pm s_n \cdots \quad (52)$$

zusammensetzen. Diese Gleichung hat den großen Vorteil, daß man während der Rechnung diejenigen Wege $s_1 \ldots s_n$ erkennt, die klein gegen den Gesamtweg s sind. Diese Wege kann man während der Rechnung unterdrücken, weil sie auf die Lage von G keinen wesentlichen Einfluß hervorrufen. Dadurch wird an Übersicht gewonnen. Dieser Vorteil ist bei der Nachprüfung von Krängungsversuchen mit Hilfe der Entwurfsrechnung und der aufgewogenen Gewichte von besonderer Bedeutung, weil die Zahlenwerte der Gewichte nach Entwurf und nach Ausführung bekanntlich nie vollkommen übereinstimmen.

Zahlentafel 5. Berechnung der Lage des Systemschwerpunktes mit Hilfe des Satzes von der Schwerpunktverschiebung.

Bezeichnung in Worten	$1000 \cdot \frac{p}{P}$				$\frac{a}{OG}$				$1000 \cdot \frac{a\,p}{P\,OG} = 1000\,\varepsilon$				s in cm			
	L.S.	G.K.	K.K.	K.B.	L.S.	G.K.	K.K.	K.B.	L.S.	G.K.	K.K.	K.B.	L.S.	G.K.	K.K.	K.B.
Oberdeck	49,1	46,2	91,6	83,5	—	—	—	—	—	—	—	—	—	—	—	—
Batteriedeck (Zwischendeck)	43,1	49,2	27,3	49,1	—	—	—	—	—	—	—	—	—	—	—	—
Aufbaudeck	1,4	3,8	19,1	78,8	—	—	—	—	—	—	—	—	—	—	—	—
Zwischendeck (Plattformd.)	22,5	20,0	13,6	1,0	—	—	—	—	—	—	—	—	—	—	—	—
Plattformdeck	44,0	47,0	—	—	—	—	—	—	—	—	—	—	—	—	—	—
Innenboden	34,8	37,5	40,8	21,0	—	—	—	—	—	—	—	—	—	—	—	—
Außenhaus	178,0	182,0	159,2	194,1	—	—	—	—	—	—	—	—	—	—	—	—
$\sum A\,I$	372,9	385,7	351,6	427,5	$\frac{0}{6,66}$	$\frac{0}{7,25}$	$\frac{0}{5,4}$	$\frac{0}{4,41}$	—	—	—	—	—	—	—	—
Längsverbände	49,0	50,9	95,5	55,8	−0,73	−0,79	−0,56	−0,82	−35,0	−40,0	−53,4	−33,0	−23,3	−29,3	−29	−14,5
Querverbände	83,6	94,0	44,5	65,2	+0,11	−0,33	−0,46	−0,35	+9,0	−31,1	−19,3	−16,7	+6,0	−22,5	−11	−7,4
Schwere Schotte	147,5	158,7	122,5	45,5	−0,15	−0,06	−0,16	−0,41	−21,7	−9,4	−19,1	−13,5	−14,5	−6,8	−10	−6,0
Maschinenträger	20,8	24,8	34,1	9,7	−0,62	−0,59	−0,69	−0,83	−13,0	−14,5	−23,7	−5,8	−8,7	−10,5	−13	−2,6
Deckstützen	1,6	1,3	2,0	2,5	+0,50	+0,56	+0,49	−0,03	+0,8	+0,7	+1,0	—	+0,5	+0,5	+0,5	—
$\sum A\,II$	302,5	329,7	298,6	178,7	—	—	—	—	−60,0	−94,3	−114,5	−69,0	−40,0	−68,3	−62,5	−30,5
Vorsteven	3,4	1,5	1,3	3,1	−0,04	+0,15	+0,06	−0,43	−0,1	+0,3	+0,1	−1,0	−0,1	+0,2	0,0	−0,4
Hintersteven	7,2	3,9	7,1	3,0	−0,26	−0,45	−0,43	−0,52	−1,9	−2,0	−3,0	−1,2	−1,3	−1,4	−1,6	−0,5
Ruder	4,9	5,5	6,4	3,2	−0,39	−0,54	−0,58	−0,62	−1,9	−3,4	−3,7	−1,4	−1,3	−2,5	−2,0	−0,6
Wellenträger	7,0	12,5	8,0	9,3	−0,39	−0,48	−0,52	−0,66	−2,7	−5,6	−4,1	−4,5	−1,8	−4,1	−2,2	−2,0
Masten	6,2	1,2	6,8	10,2	+2,30	+1,87	+2,25	+2,27	+14,2	+2,5	+15,3	+16,7	+9,5	+1,8	+8,3	+7,3
$\sum A\,III$	28,6	24,6	29,6	28,8	—	—	—	—	+7,6	−8,2	+4,6	+8,6	+5,1	−6,0	+2,4	+3,8
Leichte Schotte	4,8	4,8	10,2	12,2	+0,56	+1,09	+0,63	+0,33	+2,7	+5,3	+6,5	+4,1	+1,8	+3,8	+3,5	+1,8
Lasten	1,5	0,4	2,3	—	+0,10	+0,05	+0,10	—	+0,2	0,0	+0,2	—	+0,1	—	+0,1	—
Wegerungen	17,0	14,7	17,0	20,5	+0,01	−0,04	+0,38	+0,06	+0,1	+0,5	+10,8	+1,2	+0,1	+0,4	+5,9	+0,5
Deckshäuser	—	0,2	11,4	16,3	—	+1,63	+0,88	+1,24	—	+0,3	+10,0	+20,2	—	+2,0	+5,4	+8,9
Brücke	3,8	1,4	2,3	15,3	+1,97	+1,94	+1,59	+1,06	+7,4	+2,7	+3,7	+16,2	+4,9	+2,0	+2,0	+7,1
Schanzkleider	1,9	0,3	10,1	13,4	+1,17	+1,04	+0,73	+0,64	+2,2	+0,3	+7,4	+8,6	+1,5	+0,2	+3,9	+3,8
Mannschaftsräume	0,6	0,7	1,1	8,5	+0,75	+0,66	+0,71	+0,20	+0,5	+0,5	+0,8	+1,7	+0,3	+0,4	+0,4	+0,8
$\sum A\,IV$	29,6	22,5	54,4	86,2	—	—	—	—	+13,1	+8,6	+39,0	+52,0	+8,7	+6,2	+21	+23,0
Schornsteinschächte	19,7	24,9	29,0	7,5	+0,85	+0,97	+0,67	+0,20	+16,8	+24,2	+19,4	+1,5	+11,2	+17,5	+10,5	+0,7
Einrichtungen f. Anker	3,4	3,5	3,4	5,5	+0,88	+0,97	+1,07	+0,81	+3,0	+3,4	+3,6	+4,4	+2,0	+2,5	+1,6	+1,9
„ f. Boote	3,9	2,7	2,3	5,0	+1,30	+0,99	+1,17	+0,81	+5,0	+2,6	+2,7	+4,1	+3,3	+1,9	+1,5	+1,8
„ f. Bekohlung	5,5	5,9	6,8	14,3	+0,13	+0,17	+0,09	+0,31	+0,7	+1,0	+0,6	+4,5	+0,5	+0,7	+0,3	+2,0
„ f. Aschetransport	0,3	0,3	0,6	2,4	+0,02	+0,17	+0,55	+0,16	0,0	+0,1	+0,6	+0,4	—	+0,1	+0,2	+0,2

Das Berichtigungsverfahren als Hilfsmittel für den Entwurf der Schiffe.

Einrichtungen f. Lüftung	10,0	8,3	12,0	7,1	+0,61	+0,34	+0,68	+6,1	+2,7	+8,2	+2,5	+4,1	+2,0	+0,4	+1,1
Verzierungen	0,2	0,2	0,3	0,9	+0,88	+1,05	+1,07	+0,1	+0,2	+0,3	+0,1	+0,1	+0,1	+0,2	+0,1
Verschiedenes, Ausbau	0,6	0,6	1,1	7,4	+1,31	+1,03	+0,68	+0,8	+0,8	+0,8	+0,2	+0,5	+0,6	+0,4	—
Niete	15,4	0,8	7,4	13,6	−0,04	−0,04	−0,03	+0,5	−0,1	−0,2	—	+0,3	−0,1	+0,1	—
∑AV	60,0	50,1	62,9	63,7	—	—	—	+33,0	+34,9	+35,7	+8,1	+22,0	+25,3	+19,4	+3,6
∑AI bis V	793,6	812,6	797,1	784,9	—	—	—	−6,3	−59,0	−35,2	−17,5	−4,2	−42,8	−19,8	−7,3
Entwässerungseinrichtungen	24,6	24,3	22,8	22,6	−0,22	−0,30	—	−5,3	−7,3		+6,7				
Aborteinrichtungen	0,8	0,7	0,8	3,3	+0,41	+0,70	—	+0,3	+0,5		+1,3				
Badeeinrichtungen	0,9	1,1	0,6	8,5	+0,54	+0,32	—	+0,5	+0,4		+0,8				
Speigatteng	2,3	2,2	4,7	2,3	+0,58	+0,52	—	+1,3	+1,2		+0,3				
Wasserdichte Verschlüsse	8,2	6,6	8,1	5,5	+0,05	+0,11	—	+0,4	+0,7		+0,4				
∑BI	36,8	34,9	37,0	42,2	—	—	—	+2,8	+5,9		+3,9				
Fenster	4,6	3,4	5,7	11,9	+1,03	+0,88	—	+4,7	+3,0		+5,6				
Kammertüren	0,8	0,7	1,5	4,9	+0,56	+0,61	—	+0,4	+0,4		+1,5				
Geländer	2,0	1,7	3,4	—	+1,12	+0,86	—	+2,2	+1,5						
Treppen, Leitern, Steigeisen	3,9	2,4	3,1	7,7	+0,35	+0,13	—	+1,4	+0,3		+3,0				
Einrichtungen für Boote	6,2	5,1	4,8	10,0	+1,55	+1,03	—	+10,0	+5,2		+8,1				
Takelagezubehör	0,9	0,3	1,4	3,4	+1,25	+1,76	—	+1,2	+0,5		+2,2				
Rundhölzer	1,0	0,4	1,3	0,2	+3,18	+2,03	—	+3,3	+0,9						
Bekohlungseinrichtungen	3,2	2,0	9,4	19,7	+0,13	+0,08	—	+0,4	+0,2		+6,1				
∑BII	22,6	16,0	30,6	57,8	—	—	—	+23,6	+12,0		+14,5				
Steuereinrichtungen	4,7	5,6	8,7	7,6	+0,07	+0,31	—	+0,3	+1,7		+0,5				
Einrichtungen für Anker	7,3	7,0	6,8	11,0	+0,71	+0,81	—	+5,2	+5,7		+8,9				
Aschetransporteinrichtungen	0,2	0,2	0,2	0,9	+0,37	+0,76	—	+0,0	+0,1		+0,1				
Lüftungseinrichtungen	1,5	0,5	1,9	1,2	+0,65	+1,17	—	+1,0	+0,6		+0,4				
Kommandoelemente	1,5	1,5	2,0	1,1	+0,80	+0,52	—	+1,2	+0,8		+0,8				
Verschiedener Ausbau	3,4	3,1	8,1	7,9	+1,40	+0,98	—	+4,8	+3,0		+0,2				
∑BIII	18,6	17,9	27,7	29,7	—	—	—	+12,5	+12,0		+10,5				
∑BI bis III	78,0	68,8	95,3	129,7	—	—	—	+33,3	+18,1	+44,5	+21,1	+22	+13,1	+24,2	+9,3
Verkleidungen	1,5	0,9	1,4		+0,85	+0,75	—	+1,3	+1,1						
Einrichtungen d. Wohnkammern	5,4	3,7	7,2		+0,74	+0,45	—	+4,0	+1,7						
„ d. Messe	0,8	0,4	0,8		+0,65	+0,39	—	+0,5	+0,1						
„ f. Kapitän	0,8	0,5	1,2		+0,88	+1,00	—	+0,7	+0,5						
„ d. Mannschaftsräume	7,7	6,8	10,6		+0,74	+0,53	—	+5,7	+3,6						
„ d. Kammern f. bes. Zwecke	3,1	1,8	6,8		+0,67	+0,60	—	+2,1	+1,1						
„ d. Hellegats; Lasten	3,9	4,7	6,5		+0,10	+0,04	—	+0,4	+0,2						
Sonstiges	0,8	0,4	1,9		+0,80	+0,28	—	+0,6	+0,1						
∑C	24,0	19,2	36,4	18,9	—	—	—	+15,3	+8,0	+18,0	+3,4	+10,2	+5,8	+9,7	+1,5
∑D (Anstriche)	17,4	17,7	21,6	18,7	—	—	—	−1,7	−3,1	+0,9	+2,5	−1,1	−2,3	+0,5	+1,1
Schiffskörpergewicht ohne die Gewichte für Sonderzwecke	913	918	950	952,2	—	—	—	+40,6	−36	+28,2	+9,5	+26,9	−26	+14,6	+4,2

19*

Bei einer Momentenrechnung kann man nicht wissen, welche Gewichtsunterschiede keinen wesentlichen Einfluß auf die Lage von G ausüben, Gl. (52) gibt uns hierüber ohne weiteres Auskunft, Zahlentafel 5.

Schiffswiderstand. Schub und Drehmoment der Antriebsschraube.

Die bisherigen Ableitungen stützten sich in erster Hinsicht auf die Eigenschaften des in Abb. 1 dargestellten gemeinen Kastens bei der Analyse von Kurvenblattrechnungen und auf den Satz von der Schwerpunktverschiebung bei Gewichtsrechnungen. Wollen wir auch für die bei einer bestimmten Schiffsgeschwindigkeit aufzuwendende und zu überwindende Leistung Näherungen festlegen, so besteht auch hierzu die Möglichkeit, indem wir planmäßige Versuche nach dem Vorgang bekannter Forscher wie Taylor und Schaffran in einer

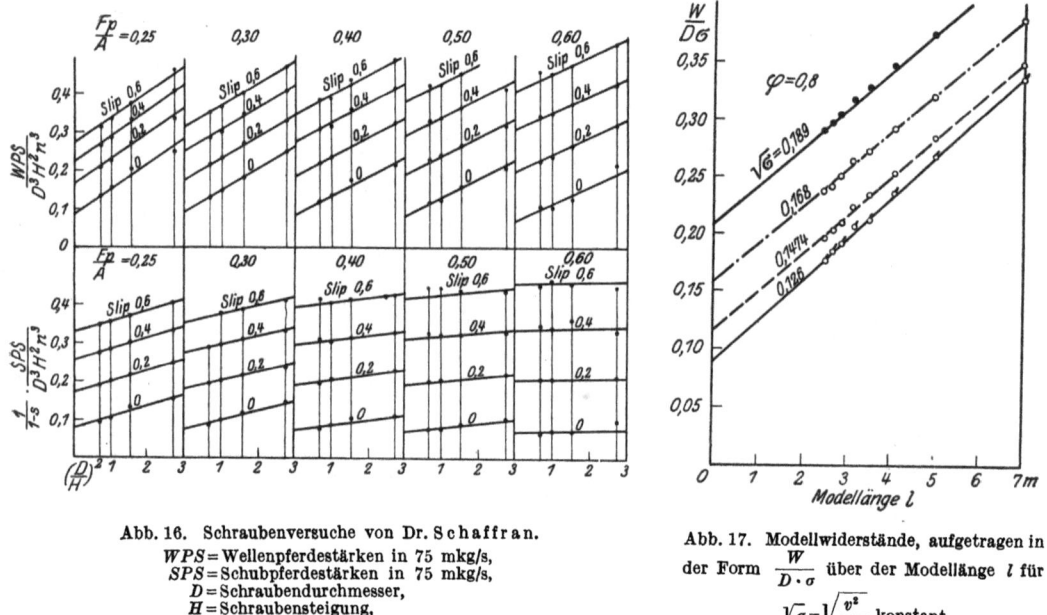

Abb. 16. Schraubenversuche von Dr. Schaffran.
WPS = Wellenpferdestärken in 75 mkg/s,
SPS = Schubpferdestärken in 75 mkg/s,
D = Schraubendurchmesser,
H = Schraubensteigung,
n = Umlaufzahl in der Sekunde.

Abb. 17. Modellwiderstände, aufgetragen in der Form $\frac{W}{D \cdot \sigma}$ über der Modellänge l für $V\sigma = \sqrt{\frac{v^2}{2gl}}$ konstant.

für unsere Zwecke hinreichend einfachen und übersichtlichen Form darstellen, Abb. 16 und 17. Weitere Abbildungen sind im Z. V. d. I. 1922, S. 231, gebracht. Näherungen erhält man aus diesen Abbildungen ohne Mühe. Sie können für die Berechnung von Berichtigungen neuer Versuche nach der Gleichung

$$1 \pm \varepsilon = \frac{y}{f(x)}$$

benutzt werden.

Die Berichtigungen erfüllen damit denselben Zweck wie die Konstanten von Taylor und Schaffran, die diese Forscher zur Darstellung von Versuchen verwendet haben. Da nun die Berichtigungen gewöhnlich nahe bei 1 liegen, so hat man bei der zeichnerischen Darstellung der Berichtigungen ziemlich freie Hand und kann Versuche und Rechnungen auch durch eine **kleine** Abbildung oft hinreichend genau wiedergeben.

Erörterung.

Herr Geheimer Oberbaurat Presse, Berlin:

Meine Herren! Ich möchte nicht auf Einzelheiten des Vortrags eingehen. Es ist eine außerordentlich fleißige Arbeit, die Herr Dr. Schmidt uns vorgelegt hat. Herr Dr. Schmidt hat diese Verfahren seinerzeit ausgearbeitet und viel verwendet bei den Entwürfen, an denen er früher bei uns in der Kaiserlichen Marine mitgearbeitet hat. Diese Unterlagen sind gerade für die Entwürfe von Kriegsschiffen von großem Wert, da diese ja nach jeder Richtung hin noch mehr ein Kompromiß darstellen als andere Schiffe, und bei denen wir während des Entwurfes an der Armierung, dem Panzer, an der Maschinenanlage usw. dauernd ändern müssen, um all den vielen militärischen Gesichtspunkten möglichst entgegenzukommen. Die militärischen Anforderungen verlangen naturgemäß zunächst einmal nach jeder Richtung hin Armierung, Geschwindigkeit, Panzer das Äußerste. Man muß das ausgleichen und versuchen, Kompromisse zu schaffen. Da sind gerade derartige Verfahren, wie sie Herr Dr. Schmidt dargelegt hat, von großem Nutzen. Man kann nicht immer jeden Entwurf vollständig durchrechnen. Bei der Zahl von 20 und mehr Entwürfen für einen Typ ist das nicht möglich. Da muß man mit Annäherungsverfahren arbeiten, die aber natürlich eine gewisse Genauigkeit gewährleisten. Und da möchte ich nur bestätigen, daß die Annäherungsverfahren, die Herr Dr. Schmidt uns heute vorgetragen hat, für unsere Kriegsschiffentwürfe von großem Werte und gewisser Bedeutung gewesen sind. (Beifall.)

Herr Schiffbauingenieur Judaschke, Hamburg:

Wie mein Herr Vorredner schon erwähnte, ist dieses Berichtigungsverfahren besonders für Kriegsschiffe anzuwenden, die auf das Ganze gesehen nur mit geringen Tauchungsänderungen zu rechnen haben, bei denen also die Ladungszustände und die Verteilung der Gewichte nur geringen Schwankungen unterworfen sind. Aus den Ladeskalen und Verdrängungskurven ersehen wir, daß bei Handelsschiffen eine große Differenz zwischen Schwerladelinie und Leichtladelinie ist. Es ergeben sich hier durch die verschiedenen

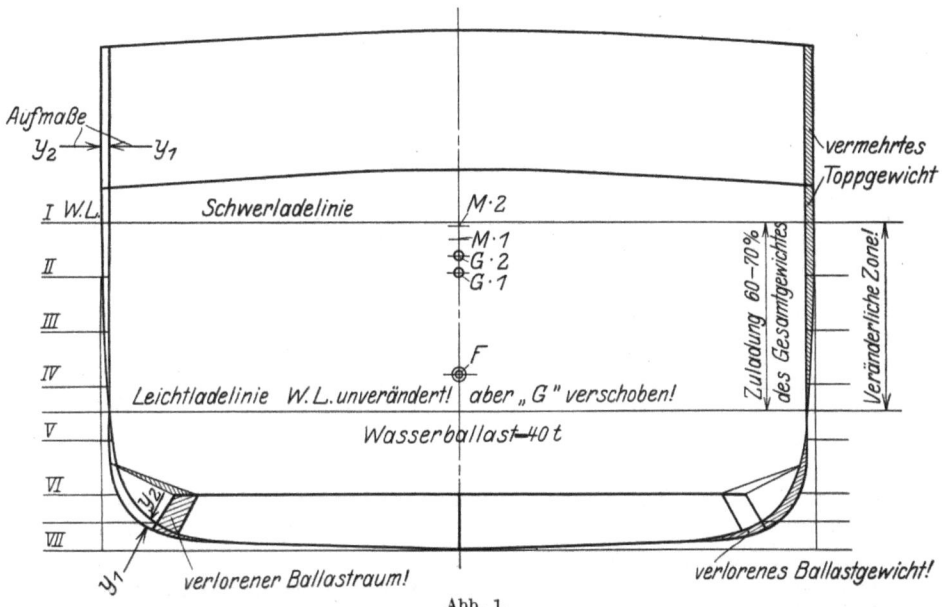

Abb. 1.

Tiefgänge Verhältnisse, welche die Anwendung des Berichtigungsverfahrens nicht direkt und ohne weiteres zulassen. Ist die Anwendung der Berichtigung für den Tiefgang in der Schwerladelinie von Vorteil, so wird sie für den Leertiefgang nicht gut sein — oder umgekehrt. Das Beispiel von Dr. Schmidt mit dem Frachtdampfer (s. Zahlentafel 3), durch welches eine metazentrische Höhenverschiebung vordemonstriert wird, zeigt das. Es ist hier ein Schiff (4000 t Verdrängung) von 11,9 m Breite, bei einem Schwerladetiefgang von 5,4 m auf 12,2 m Breite gebracht. Ein derartiges Schiff hat etwa 1500 t Eigengewicht. Ich habe mir nun nach den von Dr. Schmidt gegebenen Ausmaßen die Kurven für das Hauptspant durchgeschlagen (s. Abb.) und habe festgestellt, daß tatsächlich im Leertiefgang keine Veränderung der Schwimmwasserlinie eintritt, daß aber der Gewichtsschwerpunkt G nach oben rückt und außerdem unten etwa 40 t an Wasserballast verlorengehen, wenn den Vorschriften des Germ. Lloyd — in bezug auf Doppelbodenhöhe und Randplattenbreite — genügt werden soll. Roh gerechnet, werden durch diese beiden Umstände negative Gewichtsmomente von insgesamt rund 240 mt auftreten, die bei 1500 t Schiffeigengewicht eine Verschiebung von G nach oben um $\frac{240}{1500} = 0{,}16$ m $= 160$ mm und damit einen Verlust an metazentrischer Höhe herbeiführen. Im Handelschiffbau interessiert hinsichtlich der Stabilität und der Ladungsmöglichkeit in beschränkten Fahrtiefen gerade der Leertiefgang und die große Reihe von Zwischenzuständen, die von Faktoren abhängig sind, welche dies verfeinerte Verfahren kompliziert macht. Es kann deswegen für den Entwurf der Frachtschiffe nicht in dem Maße von Wert sein als für den der Kriegsschiffe bzw. Sportfahrzeuge und reine Passagierschiffe. Die Auswertung dieses Verfahrens hat dann aber nur praktischen Nutzen, wenn systematisch ein reiches Material von Unterlagen für Gewichts- und Formzustände der Schiffe mit wenig veränderlichen Tiefgängen gesammelt ist. Die Kriegsmarine hat diese Unterlagen, darum konnte aus ihrem Schoß dieses Verfahren geboren werden.

Herr Prof. Dr. Weber, Berlin:

Nur eine kurze Bemerkung! Ich vermisse in dem Vortrag des Herrn Dr. Schmidt, daß er — wohl aus Bescheidenheit — eine größere Arbeit nicht genannt, die von ihm selbst verfaßt ist, und die sich mit einem ähnlichen Gegenstand wie dem hier soeben vorgetragenen befaßt, nämlich auch mit dem Berichtigungsverfahren als Hilfsmittel für den Entwurf und die Beurteilung der Schiffe: Es ist seine eigene Doktorarbeit. Es ist doch sehr erwünscht, daß sie hier im Zusammenhang mit genannt wird; denn der eben gehörte Vortrag enthält mit Rücksicht auf die zur Verfügung stehende Zeit nur eine recht kurz gefaßte Grundlegung des neuen Schmidtschen Verfahrens, welches nicht wie die bekannten Mittelwertverfahren Normands oder Bauers mit der Annahme arbeitet: der Mittelwert sei der wahrscheinlichste Wert, sondern im Gegensatz zu diesen die persönlichen und jeweils neuesten Erfahrungen des Schiffbauers für den Entwurf ausnützt. Und es ist schwer für den, der in solchen Näherungsverfahren nicht zu Haus ist, den Wert dieser wichtigen neuen Arbeit des Herrn Dr. Schmidt sogleich richtig einzuschätzen. Gerade der grundlegende Teil wird aber in der Schmidtschen Doktorarbeit breiter und daher leichter verständlich behandelt. (Beifall.)

Herr Marine-Baurat Dr.-Ing. von den Steinen, Bergedorf:

Meine Herren! Ohne Zweifel ist das Berichtigungsverfahren für den Schiffbau sehr vorteilhaft. Aber sein Anwendungsgebiet reicht noch sehr viel weiter. Die Methode dieses Verfahrens, welches Schmidt für den Schiffbau praktisch ausgearbeitet hat, ist in der angewandten Mathematik theoretisch ausgebaut worden. Ich möchte hier nur auf die Göttinger Professoren Runge und v. Sanden hinweisen.

Das gegebene Anwendungsgebiet für das Berichtigungsverfahren ist das Versuchswesen. Sobald auf dem Versuchsfeld ein Vorgang in seiner Abhängigkeit von einer unabhängigen Variablen aufgenommen ist und die Diagrammkurve analytisch ausgedrückt werden soll, muß, sofern nicht die Abhängigkeit der aufgemessenen Werte schon an sich gesetzmäßig festliegt, nach dem Berichtigungsverfahren gearbeitet werden, gegebenenfalls in wiederholter Anwendung desselben oder, wie man sich ausdrückt, in sukzessiver Approximation. Man wird also zunächst durch eine Gerade, durch eine Parabel m-ter Ordnung, oder durch irgendeine geeignete gesetzmäßige Kurve eine erste Annäherung festlegen, dann die Differenzkurve der empirischen und der geometrischen Kurven auftragen, diese wieder annähern usw. usw. Auf diese Weise ergeben sich die ersten Glieder einer Reihe. Hierbei können durch die Praxis von vornherein bestimmte Einschränkungen erzwungen werden. Es kommt z. B. bei der analytischen Wiedergabe einer Propeller-Schleppkurve eine Parabel nur zweiten Grades praktisch in Frage. Da dies eine relativ grobe Annäherung ist, müßte obendrein noch angegeben werden, wie diese Parabel gefunden wurde, etwa nach der Methode der kleinsten Quadrate unter Benutzung bestimmter Ordinaten.

Trotzdem hierbei die Versuchskurve den Vorgang genauer wiedergibt als die gesetzmäßige Kurve, hat diese Annäherung dennoch für viele Aufgaben wertvolle Vorteile. Denn ganz abgesehen davon, daß nunmehr differentiiert werden kann, daß als die verschiedenartigsten Maxima zahlenmäßig errechenbar sind, wird bei systematischen Propellerversuchen eine weitergehende Untersuchung des Einflusses der Variation der Konstruktionsverhältnisse auf die Schleppkurven erst durch die Parabelkonstanten ermöglicht. Nur auf diesem Wege dürfte auch unter der Voraussetzung einer einwandfreien Berechnungsmethode für die Parabelkonstanten ein objektiver Vergleich verschiedener systematischer Schleppserien, etwa Schaffran-Taylor, durchzuführen sein.

So hat das Berichtigungsverfahren einen fast unbeschränkten Anwendungsbereich. Es ist hier ein Berührungspunkt der Technik mit der angewandten Mathematik gegeben, der den Ingenieur anregen sollte, die Theorie der Reihen usw. zum Vorteil und Fortschritt der Technik auszunutzen. (Beifall.)

Herr Dr.-Ing. W. Schmidt, Berlin (Schlußwort):

Meine hochverehrten Herren! Ich danke Ihnen zunächst für das Interesse, das Sie meinen Ausführungen zu so später Stunde noch entgegengebracht haben.

Wie Herr Prof. Weber ganz recht betont hat, habe ich hier an dieser Stelle über eine Frage kurz gesprochen, die ich anderweitig in anderer Form eingehend bearbeitet habe.

Herrn Geheimrat Presse danke ich für den Hinweis auf die Quelle, aus der ich die meiner Arbeit zugrunde liegenden Erfahrungen geschöpft habe. Auf die Erfahrungen selbst konnte ich aus verschiedenen Gründen an dieser Stelle nicht weiter eingehen. Betonen möchte ich jedoch, daß mir die auf die Ausarbeitung des Berichtigungsverfahrens aufgewandte Arbeit bei meiner Tätigkeit im Reichs-Marineamt sehr nützlich gewesen ist. Der Anwendung des Verfahrens beim Entwurf von Handelsschiffen steht nach meinem Dafürhalten nichts im Wege, da bei diesen die Entwurfsrechnungen im allgemeinen weniger umfangreich sind als bei Kriegsschiffen. Ich würde mich jedenfalls freuen, wenn Herr Judaschke die Nützlichkeit des Verfahrens bei seiner Verwendung für Handelsschiffe bestätigt finden würde. (Lebhafter Beifall.)

Vorsitzender Herr Geheimrat Prof. Dr.-Ing. Busley:

Meine Herren! Ich kann mir wohl denken, daß dieses Berichtigungsverfahren für jemand, der viele Entwürfe von Schiffen anzufertigen und erst eine gewisse Geläufigkeit erworben hat, große Bequemlichkeiten bietet. Ich kann mir auch vorstellen, daß es für Kriegsschiffe, von denen Herr Geheimrat Presse sagte, daß sie fast immer im Entwurf umgemodelt werden, viel erwünschter ist als für Handelsschiffe, in deren Entwürfen nicht so viele Änderungen vorgenommen würden. Jedenfalls hat uns Herr Dr. Schmidt einen Weg gezeigt, der bei der Konstruktion von Schiffen durchaus gangbar ist. Wir sind ihm sehr dankbar für die Mühe, die er sich mit seinem Vortrage gegeben hat. (Beifall.)

XIV. Fortschritte der Strömungslehre im Maschinenbau und Schiffbau[1]).

Von H. Föttinger, Berlin-Charlottenburg.

M. H.! Der Einladung Ihres Vorstandes, auf Ihrer Jubiläumstagung über „Fortschritte der Strömungslehre im Maschinenbau und Schiffbau" vorzutragen, bin ich aus zwei Gründen gerne gefolgt. Einmal liegt seit 1917, wo ich über das einschlägige Sondergebiet „Propeller" zuletzt Bericht erstattete, eine erhebliche Anzahl neuer Arbeiten vor, und zum zweiten hat die Lehre, insbesondere seit den Veröffentlichungen Prandtls über Tragflügeltheorie (1918 und 1920) sich in weiteren Kreisen Anerkennung erworben. Ein Beweis dafür ist die erstmalige Begründung eines eigenen Lehrstuhls für allgemeine Strömungslehre (d. h. technische Hydro- und Aerodynamik) an der größten Technischen Hochschule des Reiches durch die Maschinenbau-Fakultät auf Veranlassung der hiesigen Schiffbauabteilung.

Die Danziger Hochschule darf sich rühmen, die Bedeutung dieser zentralisierten Lehre zuerst erkannt und eine allgemeine elementare und eine allgemeine höhere Vorlesung schon seit 1911 eingeführt und 1913 auch den Bau eines Institutes für technische Hydro- und Aerodynamik begonnen zu haben, dessen Ausrüstung und Fertigstellung dann leider durch Krieg, Besetzung, Verzögerung der Entscheidung über das Schicksal der Hochschule bis vor zwei Jahren und durch die Inflation in dem kleinen Staate hintangehalten wurde. Daß wir aber schon mit kleinen Mitteln an der dortigen Schiffbauabteilung im Stillen gearbeitet haben, hoffe ich Ihnen später darlegen zu können.

Die neuere Strömungslehre ist in den letzten 20 Jahren aus den engeren Sondergebieten der höheren Turbinen- und Propellerlehre, der Fluglehre und der Widerstandslehre zu einer zentralen Wissenschaft, zu einer technischen Hydrodynamik herangewachsen, welche die Aerodynamik als Sonderfall umschließt. Sie hat zwei veraltete Wissenschaften abgelöst, die formell-mathematische klassische Hydrodynamik der reibungsfreien Flüssigkeit, und die empirische, oft zum pseudomathematischen neigende Hydraulik der älteren Ingenieur- und Schiffbaukunst.

Beiden hat ihr Mangel an physikalischer Schärfe, an vergleichender Kritik, sowie die allzu einseitige Beschränkung und das unglückliche Schlagwort vom „Gegensatz von Theorie und Praxis" den Tod gebracht.

---

[1]) Zugleich Antrittsvorlesung des Verfassers anläßlich seiner Übersiedlung von der Danziger an die Berliner Technische Hochschule.

Der Kern des Fortschritts liegt in der starken Betonung der physikalischen Denkungsweise, die dem Ingenieur das Allerwichtigste, eine gesunde reale Vorstellung und die daraus folgende Erklärung und Voraussage der tatsächlichen Vorgänge, die richtige Folge von Ursache und Wirkung und eine quantitative Abschätzung der Entstehung und Fortbildung von Strömungen auch in verwickelten Fällen vermittelt.

Diese gesunde physikalische Vorstellung und Abschätzung der Größenordnungen einzelner Einflüsse ist die Vorbedingung für das Endziel der Ingenieurarbeit, für die großen sprungweisen Fortschritte, die Schaffung neuer Möglichkeiten, neuer überlegener Bauformen, welche dann regelmäßig den Impuls zur Verfeinerung der Rechnungen und Versuchsmethoden und weiterhin zur allmählichen Höherzüchtung der vorliegenden Formen zu geben pflegen. Solches Endziel muß uns stets als Hauptprüfstein für die Bewertung unserer Arbeit vorschweben, wenn wir nicht — ungewollt — abschrecken und trennen, sondern verbinden und aufbauen wollen.

Die physikalische Denkweise ist auch deshalb nötig, weil sie uns die wichtige Abschätzung der erforderlichen oder zulässigen Genauigkeit liefert. Wir haben ja stets schon mit Ausführungsabweichungen von merklichem Betrage, oft von mehreren Prozenten, teils von Anfang an, teils im Betriebe, zu rechnen: Man sehe sich ein Schiff oder ein Flugzeug nach mehrjähriger Fahrt an! Mathematisch „exakte" Rechnungen sind hier also vielfach sinnlos, daher mathematisch-physikalisch unzulässig.

Das mathematische Denkgerüst ist uns demnach nicht durch die gelegentliche Möglichkeit exakter Zahlenangaben, sondern durch die Exaktheit der sonstigen Aussagen und Schlüsse, die es fast stets zu liefern imstande ist, so wertvoll und unentbehrlich.

Über Umfang und Bedeutung der allgemeinen Strömungslehre braucht man heute nur wenige Worte zu verlieren: Alle Wasser-, Wind- und Dampfturbinen, alle Turbo-Pumpen, -Kompressoren und Ventilatoren, die gesamte Flugtechnik, die Widerstände aller Arten Leitungen und Kanäle, aller irgendwie in Wasser oder Luft bewegten Körper, Fahrzeuge, Bahnen, Autos, Luft- und Wasserschiffe, deren Propeller- oder Segelantrieb, die immer mehr benutzten Flüssigkeitsgetriebe und -Kupplungen, der Wärmeübergang in allen Arten Wärmeaustausch-Apparaten, Heizung und Lüftung, all dies baut sich überwiegend auf dem Fundament der allgemeinen Strömungslehre auf. Die schwierigen Probleme der Diesel- und andern Verbrennungsmaschinen, die Kühlung, Spülung, Zerstäubung und Schwingungsdämpfung werden ihre Lösung durch konstruktive Anregungen der Strömungslehre finden.

Ja, es ist reizvoll und nützlich, auch die Kolbenpumpen vom Standpunkt der modernen Hydrodynamik, d. h. mehrdimensional, zu betrachten.

Auch die Bauingenieure und vielleicht sogar einzelne, der Physik nicht ganz abholde Architekten werden aus den schon vorliegenden Schätzen des Maschinen- und Schiffbaus Nutzen und Ersparnisse ziehen können.

Bei solchem Umfange des Gebietes müssen unsere Einzelbetrachtungen sich auf ein paar Sonderbeispiele beschränken, die ich unsern Danziger Arbeiten entnehmen will. Vorher aber möchte ich einige Hauptgrundzüge aufzählen, welche der neueren allgemeinen Strömungslehre ihr charakteristisches Gepräge gegenüber den veralteten Vorläuferinnen verleihen.

Einige Grundzüge der neueren allgemeinen Strömungslehre.

1. Im Mittelpunkt steht eine an sich sehr alte Ingenieurerkenntnis: daß alle beschleunigten Strömungsformen, alle Strömungen in sich verengenden, verjüngenden Stromfäden, also auch alle Strömungen, welche einen Druckabfall, ein Druckgefälle zu ihrer dauernden Erhaltung erfordern, zwangläufig, eindeutig, in ganz bestimmten schönen glatten („strakenden") Bahnen, den Potentialstromlinien, erfolgen, daß dagegen alle umgekehrten, verzögerten Strömungen, mit sich erweiternden Stromfäden, welche nach dem Bernoullischen Energiesatz daher einen entsprechenden Druckanstieg, eine Umsetzung von Geschwindigkeit in Druck liefern sollten, längs irgendwelcher festen Wände durchaus nicht zwangläufig, eindeutig, in glatten Bahnen, sondern vieldeutig, labil, durch kleinste Einflüsse (Reibung, Rauhigkeiten, feine Gasabscheidungen usw.) beeinflußbar, unruhig, wirbelig, „turbulent" verlaufen.

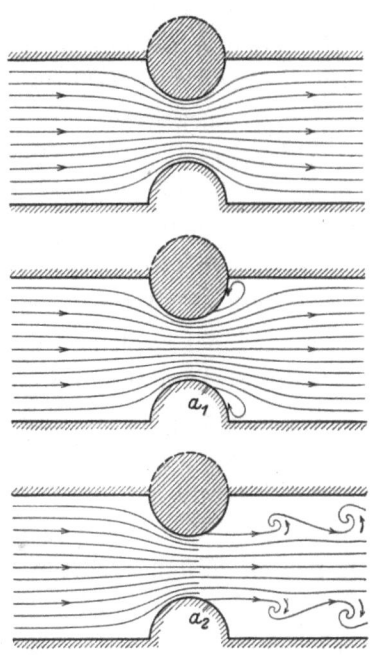

Abb. 1—3. Entwicklung der Strömung in einer Doppeldüse: 1. Initialströmung, durch Impuls aus der Ruhe erzeugt; 2. Beginn der Wirbelablösung; 3. voll entwickelte Strömung mit Wirbeln im verzögerten Gebiet. Gespiegelt gilt Abb. 1—3 auch angenähert für die Strömung um den schraffierten Zylinder.

Am besten können diese entgegengesetzten Erscheinungen am Bild der Doppeldüse erläutert werden. Abb. 1 zeigt die Stromlinien kurz nach dem Beginn einer aus der Ruhe heraus durch einen kurzen, aber starken Impuls erzeugten Strömung. Bei symmetrischer Düsenform sind die divergenten Linien zunächst völlig symmetrisch zu den konvergenten; verläuft die Strömung einen Augenblick stationär (technisch: im „Beharrungszustand"), so ist auch der Druckabfall vor der Verengung an entsprechenden Stellen dem Druckanstieg hinter derselben fast genau kongruent, so daß man für diesen Zeitpunkt von einem reversiblen Vorgang sprechen kann. Die winzigen Energie-„Verluste" schön verjüngter Ausflußdüsen sind seit 100 Jahren bekannt.

Dieses Strombild ändert sich jedoch schon nach kurzer Zeit, da unmittelbar an der Wand die alleräußersten Flüssigkeitsschichten durch Zähigkeitsreibung abgebremst werden (Abb. 2), und die Teilchen dieser Schicht daher nicht imstande sind, vermöge genügender kinetischer Energie aus der Zone kleinsten Druckes (in der Einschnürung) gegen die folgenden Zonen erhöhten Druckes anzulaufen und in diese vorzudringen. Die letzte „Wandgrenzschicht" wird vielmehr durch den zunächst bestehenden Druckunterschied, der durch den ungebremsten mittleren Störungsteil aufrechterhalten und auch den dünnen Grenzschichten mitgeteilt wird, verzögert und zuletzt nicht nur zur Ruhe gebracht, sondern sogar in rückläufige Bewegung längs der Wand versetzt. Der Vorgang hat eine gewisse Ähnlichkeit mit der Verzögerung und dem Rücksturz eines entgegen der Schwerkraft aufsteigenden Wasserstrahles.

In dieser Weise wird immer mehr Flüssigkeit keilförmig längs der Wand zurückgetrieben und allmählich ein Wirbelklumpen erzeugt, der nach Erreichung einer bestimmten Größe von der freien Strömung fortgespült wird und für Bildung eines neuen Wirbelklumpens Platz macht. So kommen die vielfach beobachteten periodischen Wirbelablösungen zustande, welche von allmählich wandernden Stellen a_1 ausgehen.

Abb. 3 zeigt endlich den quasistationären (pendelnden) Beharrungszustand der fertig ausgebildeten Doppeldüsenströmung; die Wirbelablösungsstelle hat sich bis a_2 verschoben, so daß die Strömung beinahe wie ein Strahl, scheinbar unbekümmert um die vorgegebenen Wände, fortschießt, ohne technisch brauchbare Wiederumsetzung ihrer kinetischen Energie in Druck (Pressungsenergie), daher auch mit Verlusten von viel höherer Größenordnung als denen der entsprechenden unmittelbaren Reibung.

Bemerkenswert ist, daß die Abb. 1—3 zugleich auch den Vorgang an einem allseitig umströmten Körper darstellen: Man braucht sich nur längs der einen Wand die ganze Strömung gespiegelt, also verdoppelt, zu denken, um die Vorgänge hinter umströmten Zylindern, Kugeln o. dgl. qualitativ zu verstehen. In beiden Fällen erhalten wir eine regelmäßig oder unregelmäßig pulsierende Wirbelschleppe, das sog. Totwasser, an welches die äußere vorbeigehende Strömung einen großen Teil ihrer Energie verliert, teils unmittelbar durch Reibung, teils mittelbar, unter nichtreversibler Zwischenverwandlung in kleinere lokale Wirbel und darauf folgender Energiedissipation durch Reibung.

Die schlechte Umsetzung von Geschwindigkeit in Druck in erweiterten Kanälen, also auch am Hinterende von umströmten Körpern, ist dem Techniker seit den ältesten Zeiten der Hydraulik als Hauptverlustquelle aller Strömungen geläufig, ebenso auch das von der Natur gegebene physikalische Mittel zu ihrer Einschränkung: die Anwendung möglichst schlanker Kanalerweiterungen bzw. Körperverjüngungen zur sanften Verzögerung der Relativgeschwindigkeit, z. B. bei schnellen Fischen oder Vögeln (Hecht, Schwalbe, Torpedos, Heckformen).

Dagegen ist eine scharfe physikalisch-mathematische Erklärung der Rückströmung und Wirbelbildung erst 1904 durch Prandtls geniale „Grenzschichtentheorie"[1]) gegeben worden, der auch eine angenäherte Differentialgleichung dafür aufstellte. Diese ist später von seinen Schülern Blasius und Boltze für Kreiszylinder und Kugel integriert worden.

---

[1]) Über Flüssigkeitsbewegung bei sehr kleiner Reibung. Verhandlungen des III. Internat. Math.-Kongresses zu Heidelberg 1904.

Die technisch-konstruktive Durcharbeitung derselben Beobachtungen und ganz ähnlicher Ideen über Druckumsetzung, insbesondere Druckanstiege, führte den Vortragenden schon 1903 (acht Jahre vor Kenntnis der Prandtlschen Arbeit) zum Prinzip der hydrodynamischen Transformatoren, bei denen jede schlechte Umsetzung durch Anwendung ständig beschleunigter, wirbelringartig geschlossener Relativströmungen physikalisch vermieden wird. Die scheinbar unmögliche Lösung der Aufgabe, eine in sich geschlossene Strömung zu schaffen, die sich ständig beschleunigt, gelang durch volle Ausschöpfung des Prinzips der Differentialwirkung und des Wechsels der Relativbewegungen. Die gleichzeitige und scheinbar unabhängige Entstehung dieser beiden (mathematischen bzw. physikalisch-konstruktiven) Gedankenrichtungen dürfte kein Zufall sein, sondern — genau wie die Kuttasche Theorie — in ihren Wurzeln auf die Anregungen der grundlegenden Vorlesungen unseres gemeinsamen unvergeßlichen Lehrers, August Föppl, München, über Mechanik und Elektrodynamik (Maxwell-Theorie, Vektoranalysis) zurückgehen. Das hat sich wiederholt bei späteren parallelen Bestrebungen Prandtls und des Verfassers in experimenteller wie in theoretischer Hinsicht gezeigt.

2. Erhebliche Klärungen scheinbar sich widersprechender Strömungsbeobachtungen bei Flüssigkeiten und Gasen sind durch Beachtung des Reynoldsschen Ähnlichkeitsgesetzes der Zähigkeitsreibung erzielt worden[1]).

Dieses Gesetz gestattet Versuchsreihen für außerordentlich weite Bereiche von Geschwindigkeiten v, Längenabmessungen (z. B. Durchmesser) d und kinematischen Zähigkeitszahlen $\nu = \dfrac{\mu}{\varrho}$ (μ = absoluter Zähigkeitsmodul, durch Kapillarröhrenausfluß ermittelbar, $\varrho = \dfrac{\gamma}{g}$ = Dichte) in eine einzige große Versuchskurve zusammenzutragen, allerdings unter der Voraussetzung, daß die geometrische Gestalt der ganzen Versuchsanordnung, d. h. die der Objekte und ihrer Umgebung, der Kanalwände, der Rauhigkeiten, der Turbulenz des ankommenden Luft- oder Wasserstroms usw., in den verglichenen Fällen geometrisch-ähnlich ist.

Unter dieser Bedingung sagt das Reynoldssche Gesetz aus, daß in 2 verschiedenen Fällen dann geometrisch ähnliche Strömungen und infolgedessen auch identische Widerstandszahlen aller Art zustande kommen, wenn eine bestimmte dimensionslose Verhältniszahl, die sog. „Reynoldssche Kennziffer" $Z = \dfrac{v \cdot d}{\nu}$ in beiden Fällen übereinstimmt. Dieses theoretische Gesetz ist durch zahlreiche Versuchsreihen aus neuerer Zeit experimentell bestätigt. Eine der umfassendsten ist 1913/14 in Danzig, teilweise mit Mitteln des Vereins deutscher Ingenieure, von meinem damaligen Assistenten Dr.-Ing. Zumbusch, an rotierenden Scheiben in Luft, Wasser, Öl, Sirup usw. ausgeführt worden und wird in den Forschungsarbeiten des Vereins erscheinen.

---

[1]) Reynolds: Experimental Investigation. Philos. Trans. Bd. 174, S. 935. 1883 und ders.: Dynamical Theory of viscous Fluids. Philos. Trans. A. Bd. 186. 1894. Vgl. auch F. W. Lanchester: Aerodynamics 1907. Deutsch von Runge 1909.

Wenn das Reynoldssche Gesetz auch nichts über die Veränderung der Strömungsformen und Widerstandszahlen bei verschiedenen Kennziffern Z aussagt, so liefert es doch für gleiche Kennziffern Z eine große Menge von scharfen Kontrollen und sonstigen technisch verwertbaren Aussagen, insbesondere die Basis für die wissenschaftliche Registrierung aller überhaupt denkbarer Versuchsreihen.

Erst durch Verwendung dieses Gesetzes ist die technische Frage, ob eine Maschine oder die Geschwindigkeiten in ihr als „groß" oder „klein", ob strömende Medien im vorliegenden Falle als „dünnflüssig" oder „zähflüssig" zu betrachten sind, physikalisch-eindeutig zu beantworten. Der Ingenieur lernt daraus, daß weder die Ausführungsgröße für sich, noch die Geschwindigkeit für sich, noch die Zähigkeitszahl für sich maßgebend ist, sondern daß nur die dimensionslose Verhältniszahl $Z = \dfrac{v \cdot d}{\nu}$ die Frage nach „groß" oder „klein" physikalisch richtig zu beantworten vermag.

3. Ein wichtiger Teil der neueren Strömungslehre baut sich auf der grundlegenden Erkenntnis auf, daß Strömungen um beliebige schräge Platten, Treib-, Trag- oder Ruderflächen, welche Seitenkräfte senkrecht zur Haupt- oder Transportströmung erzeugen oder erfahren, nicht dem Typus der gewöhnlichen Transport-Potentialströmungen mit sog. einwertigem (von $-\infty$ bis $+\infty$ gehenden) Geschwindigkeitspotential entsprechen, sondern daß man sie sich geometrisch aus 2 Anteilen zusammengesetzt zu denken hat, dem meistens weit überwiegenden Hauptanteil der gewöhnlichen Transport-Potentialströmung und einer der Größenordnung nach meistens erheblich geringeren einseitigen Zusatzströmung, welche für sich (d. h. wenn die weit überwiegende Transportströmung nicht vorhanden wäre), die betr. Treibfläche ganz umkreisen würde, in Wahrheit aber (weil die Transportströmung das primär Vorhandene ist) stets nur eine seitliche Auslenkung der letzteren (etwa im Sinne eines Einzelbogens der gestreckten Zykloide) erzeugt.

Dieser zusätzliche, einseitige Umlaufanteil der Strömungen wird „Zirkulation" um die betr. Treibfläche genannt.

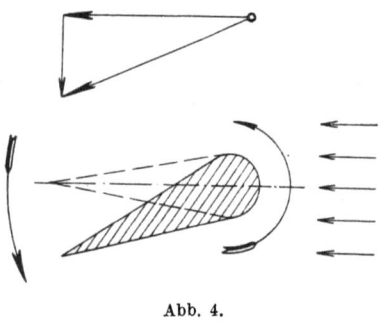

Abb. 4.

Eine Anknüpfung an den physiologischen „Kraftsinn" organischer Wesen (einen Hauptbestandteil des sog. „Ingenieurgefühls") und eine Merkregel für Umlaufsinn und -größe dieses unsymmetrischen Bewegungsanteils (der „Zirkulation") erhält man vielleicht am besten durch Abb. 4:

„Man denkt sich eine Treibfläche (Steuerruder) zuerst symmetrisch im Strome (Mittellage) und dann durch einen Drehimpuls nach der gewünschten Seite (Abb. 4 unten) gelegt."

Dieser Drehimpuls erzeugt in der umgebenden Flüssigkeit die zusätzliche „Zirkulation" gleichen Umlaufsinnes um die Fläche herum und einen

Seitendruck (Ruderdruck, Auftrieb) nach der Seite hin, wo Zuströmung und Zirkulation sich verstärken (addieren).

Der Sinn der Merkregel ist nicht ganz so roh, wie es scheinen mag: Durch das „Legen" der Ruderfläche wird eine bestimmte Flüssigkeitsmasse (am Austrittsende) nach „abwärts" (Abb. 4), eine gleichgroße irgendwo nach „aufwärts" gedrängt; etwa die Hälfte der letzteren wählt den Weg vor der Fläche und erzeugt dadurch mit dem „abwärts" gehenden Zweig zusammengenommen den „Zirkulationsanteil" um die Fläche selbst; etwa die andere Hälfte wählt den Weg nach „aufwärts" hinter der Fläche und erzeugt mit dem „abwärtsgehenden" Zweig zusammen den bei jeder Änderung des Ruder- oder Anstellwinkels hinten abgehenden „Anfahrwirbel".

Die Zirkulation um die Fläche selbst vermehrt die Relativgeschwindigkeit auf der „oberen" Ruderseite, daher sucht die abgelenkte Strömung sich dort durch Zentrifugalwirkung besonders stark „abzublättern". Das gibt starke Saugwirkung auf die Fläche nach „oben" zu.

Umgekehrt vermindert die Zirkulation die Relativgeschwindigkeit auf der „unteren" Ruderseite, erzeugt daher eine Massenverlangsamung, einen „Stau" und einen Überdruck nach „oben." Saugung und Stau summieren sich zu der beschriebenen resultierenden Seitenkraft, hier nach „oben".

Die Größenordnung des Zirkulationsanteiles ist ungefähr der erzeugten Seitengeschwindigkeit (Abb. 4 vertikal „abwärts") proportional; das Geschwindigkeitsdreieck gestattet daher auch einen Vergleich der beiden Anteile.

Die Zirkulationsströmung für sich weist Umlaufgeschwindigkeiten auf, die, mit wachsendem Radius, umgekehrt proportional abnehmen und im Unendlichen verschwinden, genau entsprechend den lokalen magnetischen Feldstärken rings um stromdurchflossene elektrische Leiter gleicher Form, wie die freien und erstarrten Wirbelkerne der Trag- und Treibflächen (vgl. den Propellervortrag des Verfassers vom Jahre 1917, Jahrbuch 1918, S. 406—433). Daher ist das Produkt Umlaufstromlinienlänge mal mittlere dortige Strömungsgeschwindigkeit auf allen Linien identisch und daher als Maß für die Stärke Γ der Zirkulation verwendbar.

Besondere Bedeutung hat die von Lanchester[1]) zuerst angegebene Zerlegung der Strömungen mit Seitenkräften in einen Transportanteil und einen Zirkulationsanteil erlangt durch den Zirkulationssatz von Kutta-Joukowski:

$$\text{Seitenkraft } A = \varrho \cdot v \cdot \Gamma \cdot l,$$

wobei ϱ die Massendichte, v die relative Transportgeschwindigkeit, l die Länge des betr. Platten-, Schaufel- oder Ruderteiles quer zum Strom und Γ die eben definierte Zirkulationsstärke ist.

Auch dieser Satz hat sein genaues Analogon in dem Satz für die Größe der Seitenkraft, die ein gerader elektrischer Stromleiter in einem senkrecht gegen seine Achse gerichteten Magnetfeld erfährt. Die Zirkulation Γ entspricht der elektrischen Stromstärke in dem betr. Stromleiter.

---

[1]) Vgl. das erwähnte Buch über Aerodynamik.

Da bei den Flüssigkeitsströmungen auch die der Seitenkomponente der Geschwindigkeit proportionale Zirkulation Γ linear mit der Transportgeschwindigkeit v anwächst, so ergibt sich die bekannte, dem **Quadrat** der Geschwindigkeit proportionale Seitenkraft.

I. Die Darstellung der Strömungen durch Quell- oder Wirbelverteilungen.

Nach dieser Aufzählung einiger Hauptgrundlagen der neueren Strömungslehre möchte ich im Zusammenhang mit neueren Danziger Arbeiten und Bestrebungen noch kurz auf eine Betrachtungsweise eingehen, die besonders geeignet erscheint, eine Brücke zwischen den abstrakten Methoden der älteren Hydrodynamik und den unbedingt notwendigen **anschaulichen Methoden** des schaffenden Ingenieurs und Physikers zu bieten. Eine angewandte, technische

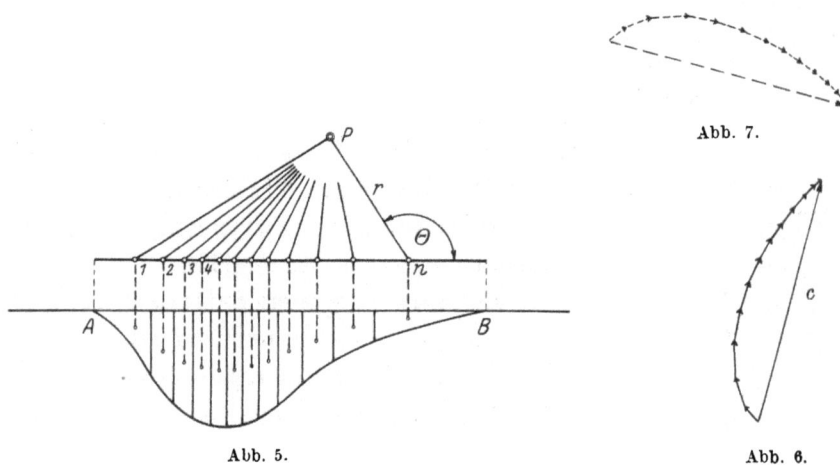

Abb. 5. Abb. 7. Abb. 6.

Wissenschaft muß auch hinsichtlich ihres äußeren Gewandes möglichst an das anschauliche, auf Anwendung gespannte, real-technische Denken appellieren.

Als erstes Beispiel sei die aus der Potentialtheorie stammende Zurückführung der Strömungen auf **Quellen und Senken** genannt.

Sie fußt auf den allgemeinen Betrachtungen über **Quellen und Senken**, die Maxwell in seiner berühmten ersten Abhandlung „**Über physikalische Kraftlinien**" 1855 und 1856 ausführlich gebracht hat[1]).

Zum Verständnis derselben seien die Abb. 5 bis 9 vorausgeschickt, in welchen zunächst ein einziger positiver **Quellfaden**, etwa n, d. h. ein kleiner gradlinigröhrenartiger Raum vorausgesetzt sei, aus welchem, durch irgendwelche Mittel getrieben, ein bestimmtes Flüssigkeitsvolumen pro Zeiteinheit und Fadenlängeneinheit, der sog. „**Gesamtfluß**" m, symmetrisch nach allen Richtungen radial austrete, entweder vorübergehend oder dauernd. Die Geschwindigkeit c an irgendeinem Punkt im Abstand r ist dann = Fluß (m) pro Längeneinheit, dividiert durch Mantelfläche $2\pi r \cdot 1$

$$c = \frac{m}{2\pi r}$$

---

[1]) Sonderdruck in „Ostwalds Klassikern" Nr. 69.

Bei einer **punktförmigen Quelle**, d. h. dem Grenzfall einer sehr kleinen geschlossenen Fläche, welche Flüssigkeitsvolumen zu einer gewissen Zeit symmetrisch aussendet, wäre die Geschwindigkeit $c = \dfrac{m}{4\pi r^2}$. Die Stromlinien sind in beiden Fällen Gerade. Wir wollen aber bei **fadenförmigen Quellen** (d. h. „der ebenen Strömung") bleiben. Für eine fadenförmige „Senke" kehrt sich die Richtung von c um. Für einen zweiten parallelen Quellfaden gelten die gleichen Betrachtungen. An einem beliebigen Punkt P addieren sich die von beiden Quellen einzeln erzeugten Geschwindigkeiten nach dem Parallelogrammprinzip, während sich die „**Flüsse ψ durch irgendeine Fläche**", d. h. die die Fläche pro Sekunde durchsetzenden Flüssigkeitsvolumina, einfach algebraisch addieren. Ist diese Fläche eine **Zylinderfläche über einer resultierenden Strömungslinie** als Basis, so geht kein Fluß durch sie hindurch, weil die Strömung ganz in Richtung, nicht quer zur Fläche verläuft.

Daher ist der Teilfluß $\varDelta \psi$ durch irgendeine Fläche zwischen zwei beliebig gegebenen Stromlinien konstant, und die örtliche Geschwindigkeit ist überall der Stromröhrenbreite umgekehrt proportional: $c = \varDelta \psi : (\varDelta b \cdot 1)$.

Ein besonders übersichtliches Strombild entsteht, wenn der Teilfluß $\varDelta \psi$ zwischen 2 benachbarten Stromlinien überall gleich 1 gewählt wird (1 cbm/sk; 1 l/sk usw.). Das ganze Stromfeld besteht dann aus sog. „**Einheitsröhren**" (Maxwell), entsprechend den elektromagnetischen „Kraftlinien" als Mittellinien der „Kraftröhren".

Zählt man die Einheitsröhren, von einer beliebigen Nullstromlinie ausgehend, so stellen die betreffenden Zahlen zugleich die Gesamtflußmengen ψ (cbm/sk usw.) zwischen Null- und jeweiliger Endstromlinie dar. ψ heißt in der Hydrodynamik „Strommengenfunktion" oder einfach „**Stromfunktion**", für welche längs jeder beliebigen Stromlinie die Gleichung $\psi = $ const gilt.

Für den **einfachen Quellfaden** P' gibt Abb. 8 ein solches Strombild. Zählt man die Winkel Θ und Flußmengen ψ etwa von der x-Richtung aus (vgl. Abb. 5), so ist dem $\not< 2\pi$ der Gesamtfluß m und dem $\not< \Theta$ eine „Stromfunktion"

$$\psi = \frac{m}{2\pi}\Theta = k\Theta$$

zugeordnet, deren Betrag etwa an den einzelnen Strahlen beigeschrieben sei. Bei 2 parallelen, sonst aber beliebig gelegenen **gleichstarken** Quell- oder Senkfäden erhält man $\psi = k(\Theta_1 \pm \Theta_2)$ usw., allgemein bei n Fäden

$$\psi = k\sum_1^n \Theta.$$

Daraus ergibt sich ein überaus **einfaches graphisches Verfahren** zur Ermittlung der Stromfunktion ψ in der Umgebung beliebiger ebener Quellsysteme. Man zeichnet das in beliebigem Maßstab bezifferte Strahlenbündel Abb. 8 auf Pauspapier, legt den Stern über den gewünschten Aufpunkt P der Quellfadenverteilung (in Abb. 5 sind die einzelnen Quellfäden 1 bis n beispielsweise längs einer geraden Linie $1-n$ verteilt) und liest die interpolierten Einzel-ψ-Werte für die verschiedenen Einzelquellen ab. Ihre algebraische Summierung ergibt das resultierende ψ des betreffenden sog. „Aufpunktes" P.

Der Beweis dafür, daß es zulässig ist, den Stern über den Aufpunkt (statt nacheinander über die Quellen 1—n) zu legen, folgt aus der Gleichheit korrespondierender Winkel.

Hat man dies für genügend viele Netzpunkte P ermittelt, so ist es leicht, die Punkte gleicher ψ-Werte zu Stromlinien $\psi = $ const. zu verbinden.

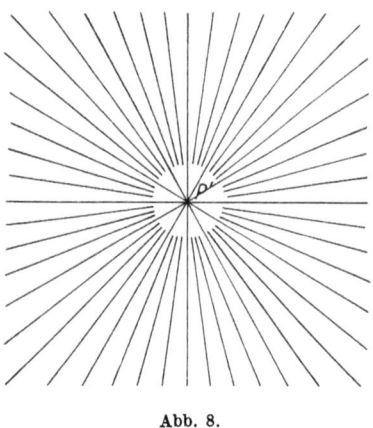

Abb. 8.

Dieselbe Methode gilt auch angenähert für unendlich viele, stetig oder unstetig verteilte Quellen, gegeben etwa durch die „Quellcharakteristik" AB der Abb. 5. Man teilt die Fläche derselben in beliebig viele gleiche Teile und arbeitet mit den in den bezüglichen Teilschwerpunkten gedachten Einzelfäden $1, 2 \ldots n$ weiter.

Abb. 6 zeigt, wie auch die entsprechenden Geschwindigkeiten $c = \dfrac{m}{2\pi r} = k \cdot \dfrac{1}{r}$ in beliebigem Maßstab aus den Elementargeschwindigkeiten Δc der Einzelquellen Δc_n, Δc_{n-1} usw. (jeweils $\|r$) graphisch-vektoriell summiert werden können, und zwar für einen beliebig herausgegriffenen Punkt P, unabhängig von einem Strombild. c ist einfach die Resultierende des Polygonzuges.

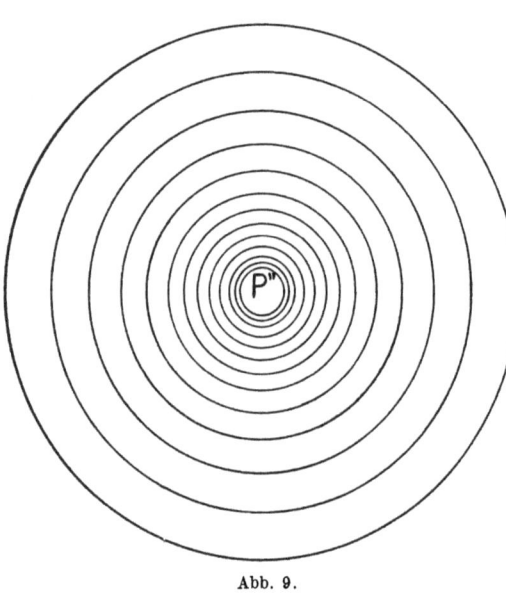

Abb. 9.

Hat man es nicht mit Quell-, sondern mit Wirbelfäden in den Punkten $1, 2, 3 \ldots n$ der Abb. 5 zu tun, so liegen nach Abb. 7 die durch die Einzelwirbel bedingten Elementargeschwindigkeiten Δc nicht radial, sondern je um 90° im Drehsinn des Fadens gedreht, während ihre Größe nach bekanntem Gesetz dieselbe ist. Man könnte daher auch einfach die Δc nach Abb. 6 radial summieren und ihre Resultierende allein um 90° drehen.

Da beim Einzelwirbel die Stromlinien Kreise sind, deren Radien (gleiche $\Delta\psi$-Einteilung, wie oben, vorausgesetzt) nach dem Gesetz einer geometrischen Reihe aufeinanderfolgen (Exponentialfunktion) s. Abb. 9, so kann man dieses System, entsprechend beziffert und auf Pauspapier gezeichnet, über einen beliebigen Aufpunkt P legen und die Zahlen der einzelnen Elementarwirbel algebraisch addieren, um die resultierenden Werte der Stromfunktion ψ eines beliebigen ebenen Wirbelsystems für einen beliebigen „Aufpunkt" P zu erhalten.

Rankines Quell-Senken-Methode.

Eine andere, besonders fruchtbare und vielseitige Methode zur Erklärung und zum rechnerischen Studium von Strömungen aller Art ist die 1864 von Rankine angegebene Quellen- und Senken-Methode[1]), die hauptsächlich dem Schiffbauer schöne strakende Stromlinien für den Entwurf von Schiffen liefern sollte. Im Schiffbau an sich wohlbekannt, ist sie leider von Unkundigen oft falsch ausgelegt worden und daher lange Zeit praktisch unangewendet geblieben, bis Lanchester in seinem überaus anregenden Werk über den Flug sie weiteren Kreisen bekanntmachte. Z. B. hat Fuhrmann seine schönen

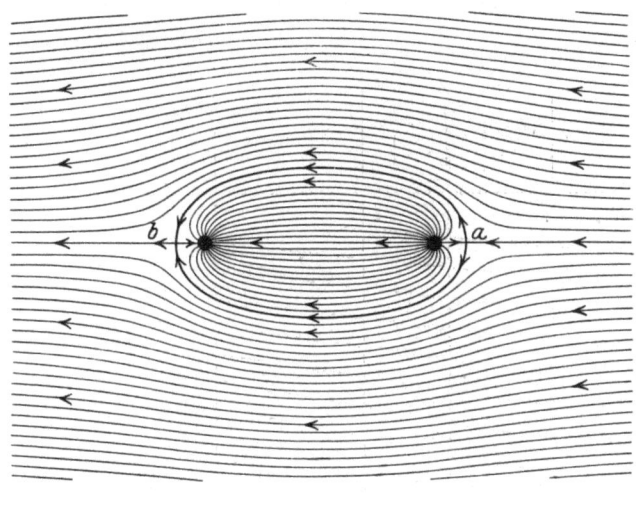

Abb. 10.

„Untersuchungen über Ballonmodelle"[2]) und Verfasser seine Untersuchungen über Schaufeleintrittsströmungen[3]) auf der Rankine-Methode aufgebaut.

In Abb. 10 sei ein Quellfaden (rechts) und ein gleichstarker Senkenfaden (links) in der Mittelachse einer von rechts kommenden Transportströmung angeordnet. Die beiden Fäden für sich würden zusammen das bekannte Kreisbüschel als Stromlinien ergeben. Die Zufügung der Transportströmung liefert jedoch das gezeichnete Strombild, welches an den Stellen a und b sog. singuläre Punkte, nämlich „Staupunkte" hat, an welchen die Strömung sich verzweigt und gleichzeitig einen kurzen Augenblick zur Ruhe kommt. Zwischen a und b liegt eine stark ausgezogene Grenzstromlinie von ovaler Gestalt, welche das Strombild in zwei scharf unterschiedene Teile trennt: alle Stromlinien des Außenraumes umfließen dieses Oval, alle Stromlinien des Innenraumes bleiben innerhalb desselben, stellen also die nunmehr begrenzte Quell-Senkenströmung dar.

Bei reibungsfreier Flüssigkeit oder in allen Fällen von Initialströmung (solange Ablösungswirbel noch nicht gebildet sind) kann man sich längs dieses Ovals eine feste Wand und innerhalb derselben die gesamte Innenströmung

---

[1]) Rankine, „On plane Water-Lines in two Dimensions", Philos. Trans. 1864. Dgl. 1871, S. 267. Dgl. „The Engineer", 16. Okt. 1868.
[2]) Dissertation Göttingen 1911.
[3]) Jahrbuch der Schiffbautech. Ges. 1917/18. S. 447—450 (Abschnitt „Kavitation").

wieder beseitigt denken. Die Außenströmung bleibt dann völlig unbeeinflußt, da jetzt gewissermaßen die Wand in bestimmter Weise das Quellsystem ersetzt.

Ordnet man statt eines einfachen Quellfadens beliebige, entgegengesetzt gleiche Quell-Senkenssysteme an, so läßt sich nach dieser Rankine-Methode

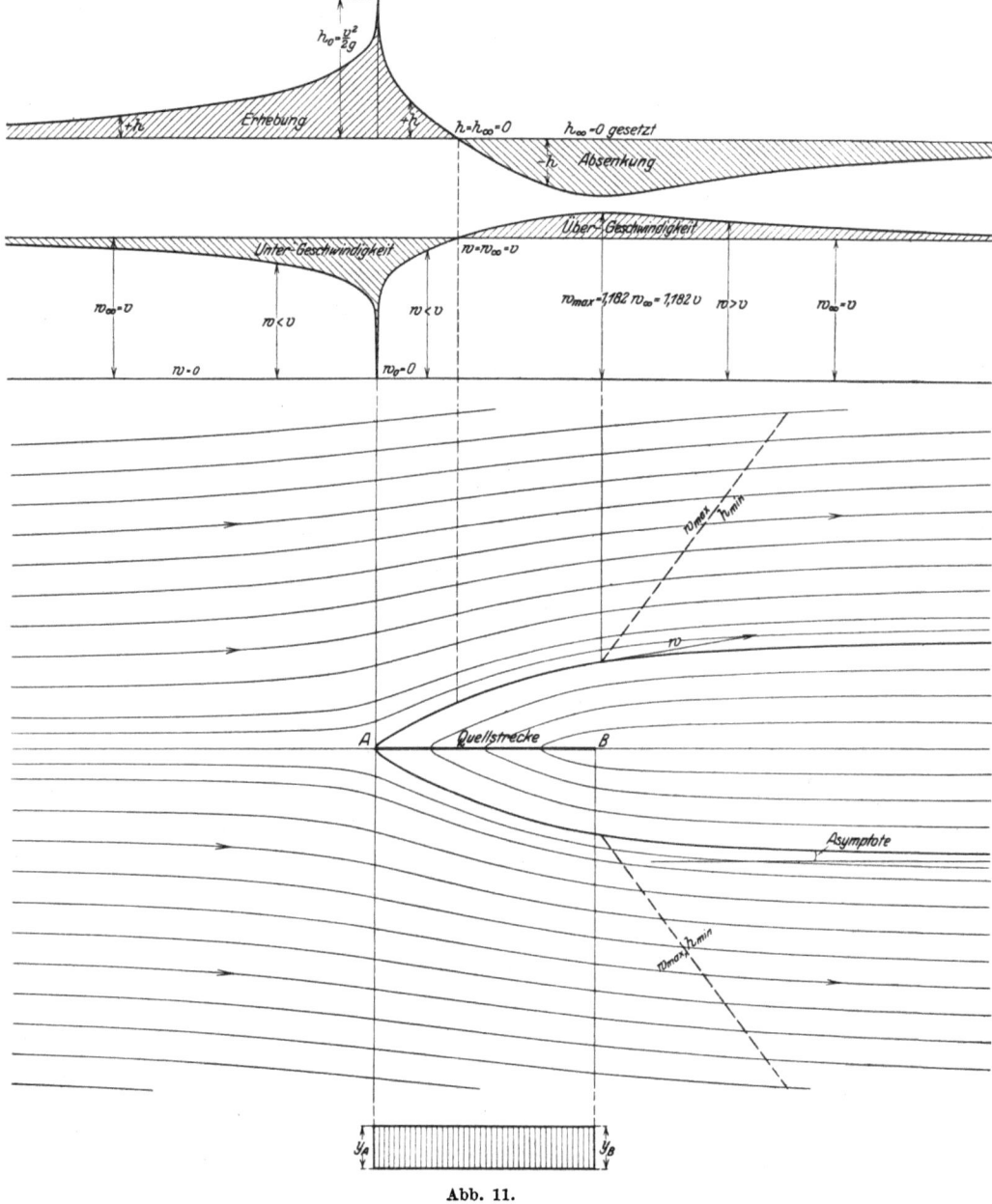

Abb. 11.

jede beliebige Form der umströmten Kontur erzeugen und mit verhältnismäßig einfachen, graphischen oder sonstigen Rechnungen die Stromlinienform und, wie oben gezeigt, auch die Geschwindigkeit ermitteln.

Leider ist die Umkehrung: zu einer gegebenen Konturform die zugehörige und unbekannte „Quellcharakteristik" zu ermitteln, nicht lösbar. Doch läßt sich durch systematische Variation der Quellverteilung aus einer vorhandenen Konturform allmählich jede andere gewünschte ableiten, indem man die

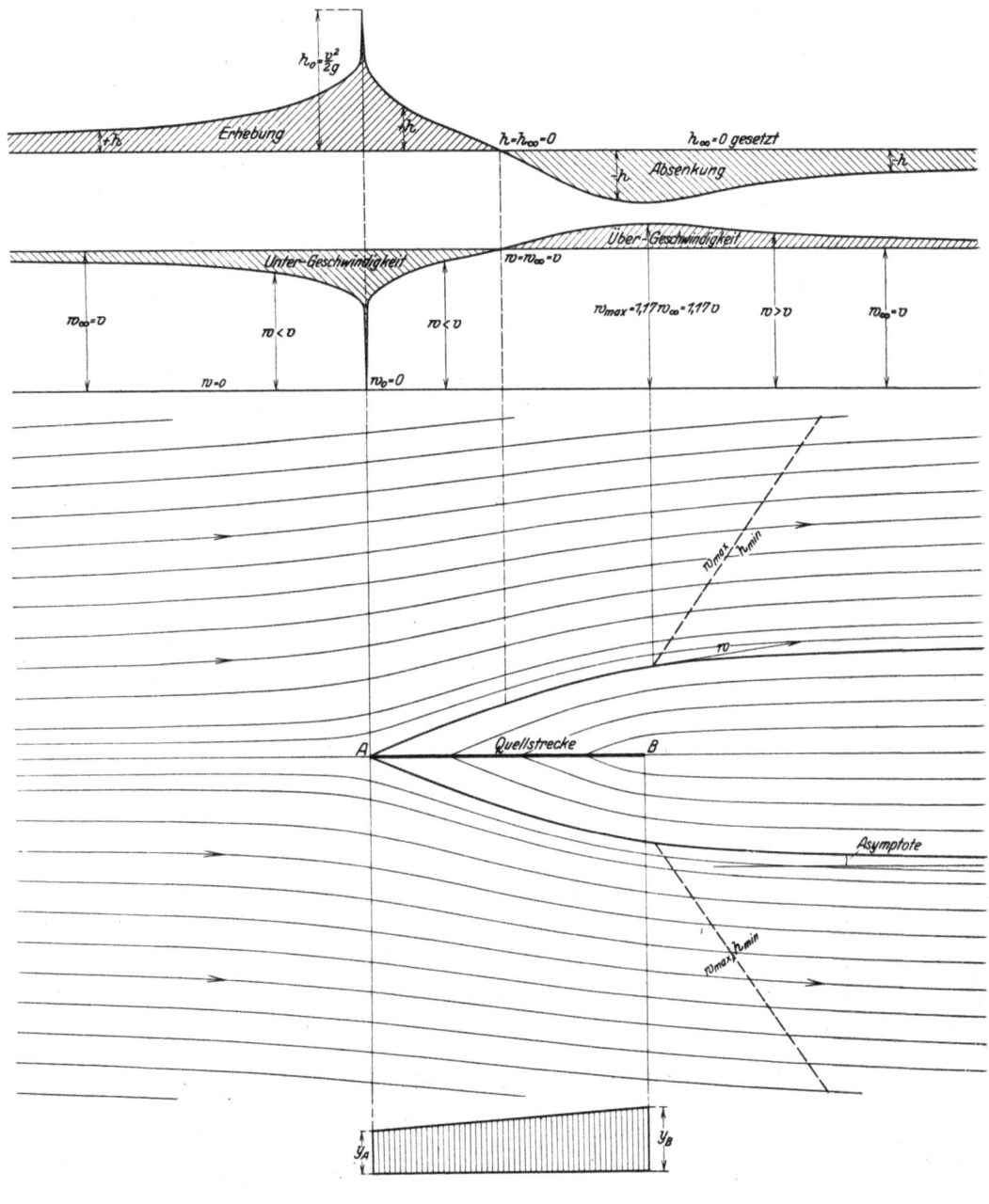

Abb. 12.

Kontur an den gewünschten Stellen durch Zufügung positiver Quellen „auspolstert" oder durch Zufügung von Senken „einbeult" oder „zusammensaugt".

In den Abb. 11 und 12 sind zwei einfache, bisher unveröffentlichte Beispiele hierfür aus den Studien über Kavitation zu genanntem Propellervortrag, Jahrbuch 1917/18, S. 447/450, teils von meinem damaligen Privatassistenten,

Dipl.-Ing. Stedefeld, teils von meinem Assistenten, Dipl.-Ing. Eicke, durchgeführt. Sie betrafen zwar damals die Strömung um die zugeschärften Eintrittskanten von Turbinen- oder Zentrifugalpumpen-Schaufeln, können jedoch ebensogut als ebene Strömungen um den Bug von verhältnismäßig völligen Schiffen angesehen werden, vorausgesetzt, daß die Höhen der entstehenden Oberflächenwellen gegenüber dem Tiefgang des Schiffes klein sind.

Abb. 11 gibt die Form der zustande kommenden umströmten Wasserlinienkontur für den Fall einer streifenförmigen Quellstrecke AB von konstanter Stärke, die Außen- und Innenstromlinien und die zugehörige Geschwindigkeit der Verzweigungsstromlinie im Vergleich zu der relativen Wassergeschwindigkeit im Unendlichen ($w_\infty = v$). Hieraus sind dann nach der Bernoullischen Gleichung unter Berücksichtigung des konstanten Luftdruckes die zustande kommenden ideellen, als erster Anhalt zu betrachtenden Erhebungen und Absenkungen der Wasseroberfläche berechnet. Man erkennt deutlich den schon weit vor dem Bug beginnenden „Stau" und die längs der punktierten schrägen Linien liegende Absenkung, welche angenähert der Lage des Wellentales entspricht. Damit ist auch der Stau eines Brückenpfeilers gelöst.

Abb. 12 zeigt dasselbe für eine Quellstrecke AB mit trapezförmig verteilter Intensität. Hier wird die Bugform etwas weniger völlig, und das Wellental liegt etwas weiter zurück. Die Geschwindigkeiten und Höhen des Staus und der Absenkung sind gegen Abb. 11 gemildert. Aus diesen drei Gründen ist zu schließen, daß die zweite Form günstigeren Wellenwiderstand liefert.

Rankine hat seine analytische Methode auch zur Erzeugung geeigneter Profile für Umdrehungskörper ausgebildet, welche ähnlich einem Torpedo oder Luftschiff in der Achsenrichtung umströmt werden. Es werden dazu Punktquellen in entsprechender Zahl und Stärke, gegebenenfalls stetig, längs der Achse verteilt.

Wenn man die graphische Rechenarbeit nicht scheut, könnte aus einer „Quellcharakteristik", bestehend aus Punktquellen, die stetig über bestimmte Bezirke der Mittschiffsebene verteilt sind, sogar die dreidimensionale Strömung um räumliche Schiffsbugformen und dergleichen durch systematische Variation und Superposition ermittelt werden.

II. Maschinen zur Integration von Quell- und Wirbelfunktionen („Vektor-Integratoren").

Die graphischen Quell- und Wirbelmethoden arbeiten wesentlich schneller und schmiegsamer als die starren analytischen Methoden; ihre umfassende Verwendung bei den Studien zu dem genannten Propellervortrag ließ jedoch den Wunsch reifen, dem Ingenieur und Physiker die Rechenarbeit noch weiter abzunehmen, durch Ausbildung einer neuen Art Integrationsmaschinen, der „Vektor-Integratoren".

Die Lösung ist in den letzten Jahren im Prinzip für alle Arten Quell- und Wirbelrechnungen gelungen und auf dem Mechanik-Kongreß in Delft im

April 1924 an einem Erstlingsapparat theoretisch und praktisch erläutert worden. Da die gedruckten Verhandlungen des Kongresses[1]) die Theorie und Ausführung eingehend behandeln, wollen wir uns hier auf wenige Einzelheiten beschränken.

Zunächst wurde die **Umkehrung und Erweiterung der Rankineschen Quellmethode** untersucht. Denken wir uns etwa einen Kreiszylinder (Abb. 13) mit der x-Geschwindigkeit U nach rechts während des Zeitelements dt bewegt, so drängt jedes Oberflächenteilchen von der Quererstreckung dy und Zylinderhöhe 1 ein Flüssigkeitsvolumen $U\,dt\,dy \cdot 1$ nach rechts[2]). Das ist genau soviel, als ob die rechte Zylinderhälfte mit Oberflächenquellen, von der Stärke $2U\,dy$ [cbm/sec], belegt wäre, wovon je die Hälfte nach außen bzw. innen geht. Ein genau gleiches Volumen wird auf der linken Mantelhälfte freigegeben, bei

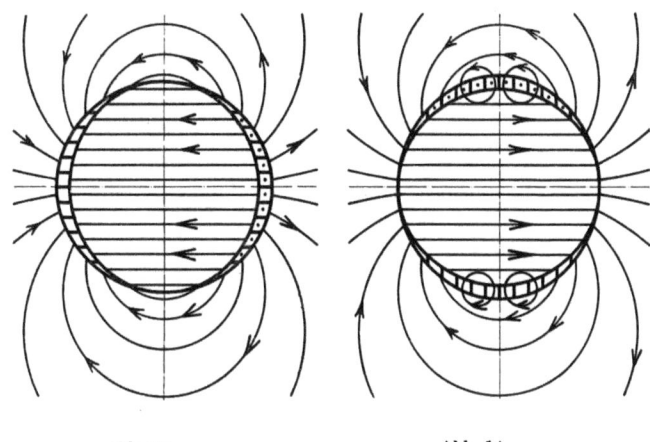

Abb. 13.   Abb. 14.

Ersatz der Außenströmung durch eine Strömung, die nur von Quellen (Abb. 13) oder Wirbeln (Abb. 14) auf der Körperoberfläche bedingt ist (im Gegensatz zu den Innenquellen von Rankine).

genügendem äußeren Überdruck auf die Gesamtmasse also „nachgesaugt", entsprechend einer Senkenverteilung $-2U\,dy$.

Man kann daher den Zylinder selbst beseitigt und in der sonst ruhenden Flüssigkeit ein nach dem Gesetz $\pm 2U\,dy$ verteiltes System von Elementarquellen bzw. -senken längs der rechten bzw. linken Zylinderoberfläche angeordnet denken, wie in Abb. 13 angedeutet ist, um die äußere Strömung nachzuahmen. Das Quellsystem erzeugt dann eine innere Strömung entgegengesetzt der Zylindergeschwindigkeit U.

Die tiefere Verfolgung dieses Problems der „Randquellen"[3]) auf Grund der Greenschen Sätze[4]) über Potentialverteilungen ergab, daß bei willkürlich vorgeschriebener Kontur- und Bewegungsform im allgemeinen außer den Quellen auch noch Wirbel, in älterer Bezeichnung: Doppelquellen, längs den Oberflächen anzunehmen sind, daß aber in Sonderfällen entweder „Randquellen" oder „Randwirbel" allein für die Darstellung der Strömung genügen. Theorie

---

[1]) Erscheinen im Frühjahr 1925 in Delft.
[2]) Das verdrängte Prisma hat als Basis ein Parallelogramm von der Grundlinie $U\,dt$ und Höhe dy.
[3]) Siehe Delfter Bericht.
[4]) Lamb-Friedel: Hydrodynamik, S. 72—76; auch Green: Ostwalds Klassiker Heft 61 und Abraham-Föppl: Theorie der Elektrizität.

und Versuch zeigte dies bei allen elliptischen Konturen als streng, bei anderen (vgl. Abb. 17) als annähernd zulässig; z. B. kann die äußere Zylinderströmung (Abb. 14) auch durch die angedeuteten, nach dem Sinus des Polarwinkels verteilten Oberflächenwirbel allein bedingt gedacht werden, wobei die Innenströmung (im Gegensatz zu Abb. 13) dem bewegten Zylinder folgt.

Erstlingsapparat.

Der erste Vektor-Integrator (Abb. 15 und 16) sollte automatisch die besonders wichtigen Stromlinien $\psi = $ const. um einen Zylinder (vgl. S. 303) an jedem Punkt des Stromfeldes liefern, das nach Abb. 13 durch Oberflächen-

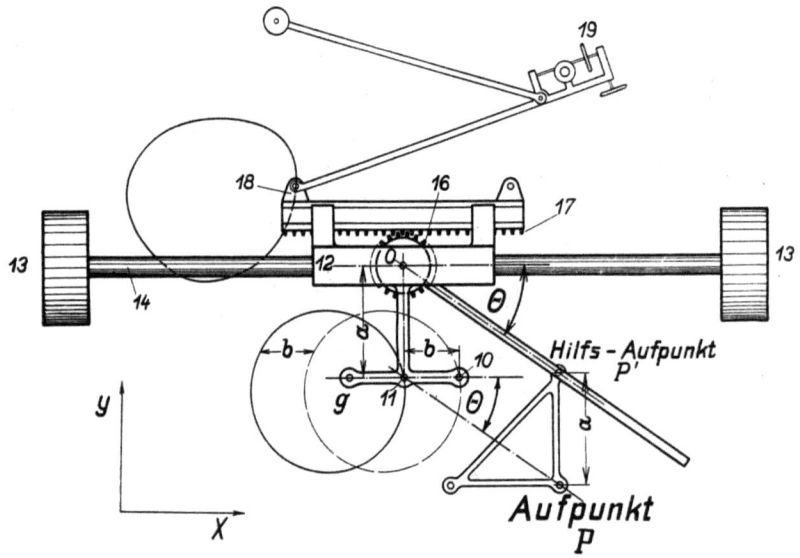

Abb. 15. Erster Vektor-Integrator (schematisch) für ebene Quellströmungen aus Rand- oder Innenquellen bzw. -wirbeln.

quellen $\pm 2 U dy$ erregt gedacht wird. Dem entspricht nach S. 303 eine Stromfunktion $\psi = \dfrac{m}{2\pi}\Theta = \dfrac{2U}{2\pi}dy\,\Theta$ des einzelnen Quellfadens, daher, bei stetiger Verteilung, eine resultierende Stromfunktion $\psi = \dfrac{U}{\pi}\int\Theta\,dy = K\int\Theta\,dy$, wobei das Integral längs der gesamten Quellinie zu nehmen ist. Beim Übergang von der rechten zur linken Zylinderhälfte wechselt dy sein Vorzeichen, so daß einfaches Umfahren der Kontur automatisch den Übergang von den Quellen zu den Senken berücksichtigt.

Die Erstlingsmaschine erzeugt gewissermaßen zunächst eine Θ-y-Kurve, indem sie in bestimmtem Maßstab senkrecht zu den dy die zugeordneten Drehwinkel Θ von einer gewissen (hier gekrümmten) Grundlinie aus aufträgt. Das Integral wird dann als Flächeninhalt der Θ-y-Kurve durch Fahrstift *18* und Rolle *19* eines gewöhnlichen Planimeters ermittelt.

Die Maschine selbst besteht aus einem y-Wagen mit 2 Rädern *13*—*13* und Achse *14*, auf der ein x-Wagen *12* mit Drehzapfen O und Fahrstift *11* über der

Kontur (etwa dem stark ausgezogenen Kreis Abb. 15 oder der Ellipse Abb. 16) entlanggeführt wird.

P ist der Aufpunkt, für den ψ berechnet werden soll. Wäre nun Θ unveränderlich, so würde auf dem x-Wagen *12* keinerlei Relativbewegung seiner Teile *17—18* stattfinden, und daher Punkt *18* eine zur Kontur C kongruente, nicht angegebene Grundkurve C' (links oben) beschreiben.

Der veränderliche Drehwinkel Θ des Fahrstrahles *11—P* wird aber durch ein veränderliches Parallelogramm *11—PP'O*, dessen Seite $PP' = 11-O = a$

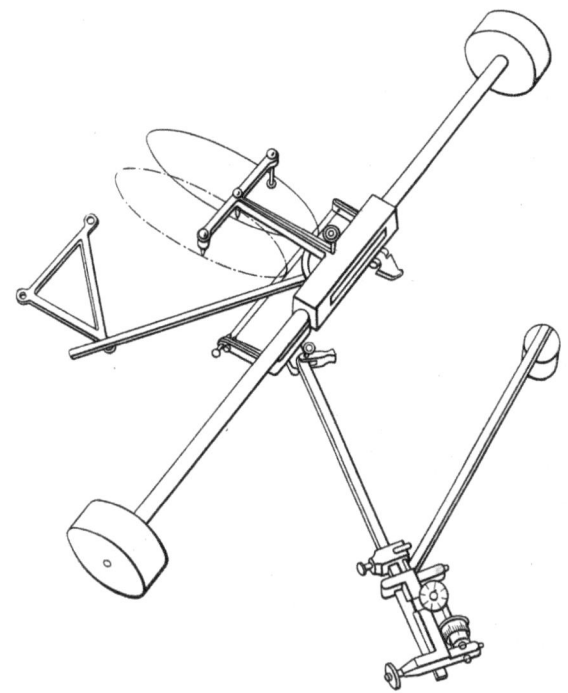

Abb. 16. Erster Vektor-Integrator (Ausführung) nach Photo.

festbleibt, und durch Zahnrad *16* in eine x-Schiebung vom Betrage $a_0 \cdot \Theta$ der Zahnschiene *17* gegenüber *12* verwandelt (a_0 = Teilkreisradius). Infolgedessen ist die Lage von Punkt *18* gegenüber der erwähnten Grundkurve C' um Beträge $a_0 \cdot \Theta$ verschoben, und ein in *18* eingesetztes Planimeter zeigt die Werte $\psi \pm F_0$ an, wobei F_0 der konstante Flächeninhalt der Konturkurve $C = C'$ ist.

Eine Schwierigkeit ist bei allen Vektor-Integratoren zu überwinden: In gewissen Lagen schlägt der Aufpunktarm (OP') durch den Fahrstift *11* und dessen Stützfuß g. Sie läßt sich dadurch beheben, daß *11* und g emporhebbar und außerdem ein Hilfsfahrstift *10* mit Bleieinlage angeordnet wird, welch letztere selbsttätig eine kongruente Hilfskontur aufzeichnet (in Abb. 15 und 16 gestrichelt), die während des Hochhebens von *11* als Führung dient.

Bei der Ausführung (nach Abb. 16) ist der Zahneingriff zwecks Vermeidung toten Ganges durch eine um ein Reibrad gespannte Stahlsaite ersetzt. Das Planimeter ist rechts unten sichtbar.

Die in meinem Institut gebaute Maschine hat die theoretischen Folgerungen sofort bestätigt. Sie liefert die Stromlinien für alle elliptischen Zylinder (Kreis, Ellipse in symmetrischer Längs- oder Querstellung und Ausartung in die elliptische Lamelle) genau, für allgemeinere Konturen (z. B. Abb. 17) umso genauer, je mehr der betreffende Konturteil durch Ellipsen anzunähern ist.

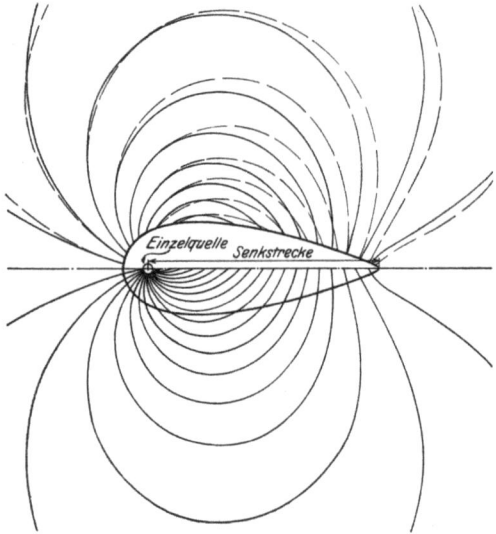

Abb. 17. Vergleich der mathematisch-richtigen (stark ausgezogenen) und der mit dem Vektor-Integrator ermittelten (punktierten) Stromlinien um ein beliebig-gegebenes Ruder- oder Wellenbockarm-Profil.

Abb. 17 stellt etwa das Profil eines Wellenbockarmes, Steuerruders oder Flugzeugstieles dar; der Vergleich der aus den Randquellen maschinell ermittelten Stromlinien mit den nach der Rankine-Methode genau gerechneten, konnte leicht durchgeführt werden, weil die letzteren aus einer punktförmigen Innenquelle nebst anschließender konstanter Innen-Senkstrecke mit der gleichen Maschine berechenbar sind.

Diese eignet sich also nicht nur für die Stromlinien von Randquellen (also von vorgeschriebenen Konturen), sondern auch für die um beliebige zentrale Quell-Senksysteme, welche nach irgendeiner Koordinatenrichtung gleichmäßige oder stufenartig-konstante Quellstärke aufweisen.

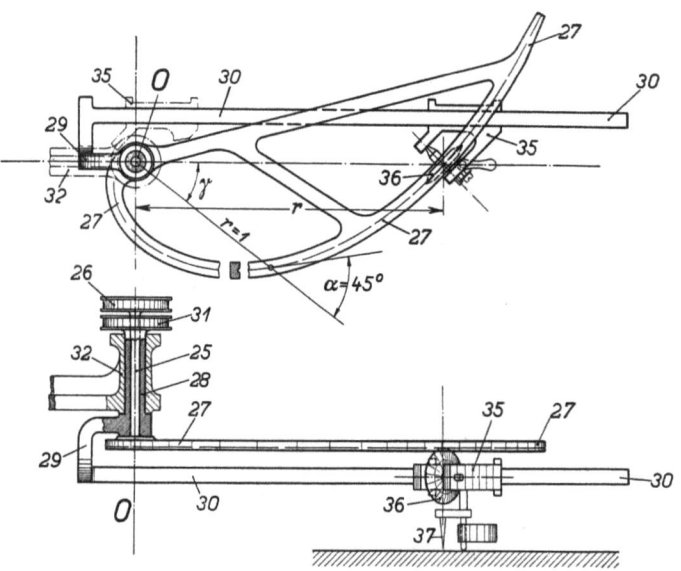

Abb. 18a u. 18b. Mechanismus zur Lösung von Vektor-Integralen mit log n r.

Ferner berechnet die Maschine die Potentiallinien $\varphi =$ const. entsprechend verteilter Wirbelbelegungen, so daß nun eine große Menge von Aufgaben der höheren Strömungslehre mechanisch gelöst werden kann.

Vektor-Integratoren zur unmittelbaren Berechnung der Stromlinien beliebig gegebener Wirbelbelegungen haben Integrale von der Form $\psi = k\int \lg n\,r\,dx$ zu lösen. Hierfür kann der in Abb. 18a und b angegebene Mechanismus verwendet werden, welcher den natürlichen Logarithmus des Radiusvektors r mittels Fahrarmes 30, Schlittens 35, scharfkantiger Rolle 36 und des beweglichen Kurvenbogens 27—27 (in Form einer logarithmischen Spirale) in einen Relativdrehwinkel γ verwandelt. Gegebenenfalls kann dieser Mechanismus wahlweise gegen den früheren Θ-Mechanismus austauschbar angeordnet werden, um Universalmaschinen für Zylinder- bzw. ebene Strömungen zu schaffen.

Apparate für Rotationskörper.

Abb. 19 zeigt einen anderen ausgeführten Vektor-Integrator eigenen Entwurfes, der aus einer gegebenen, vollständig willkürlichen Quell-Senken-Strecke

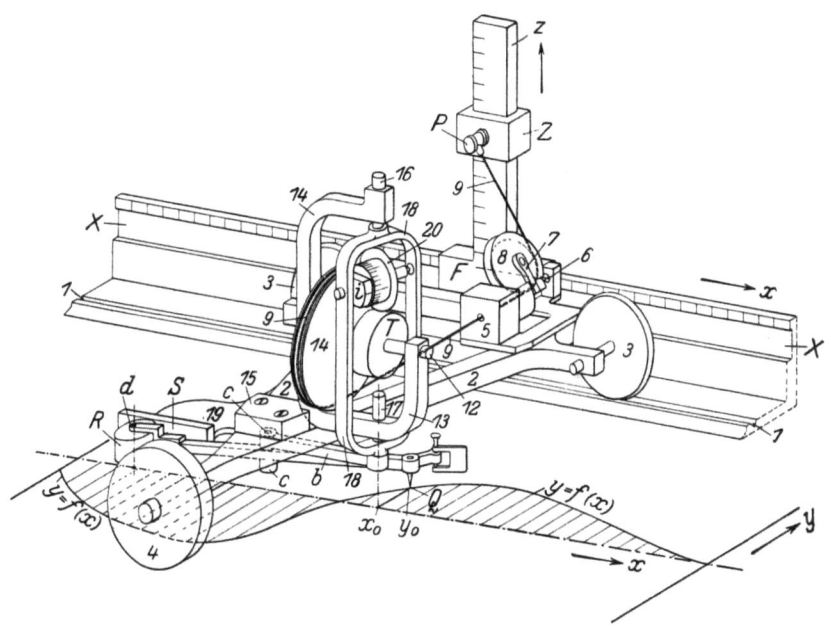

Abb. 19. Ausgeführter Vektor-Integrator für die Ermittlung der Stromlinien um beliebige Rotationskörper. Die „Quellcharakteristik" $y = f(x)$ gibt zu jeder Stelle x der Achse die zugehörige Quellstärke $y\,dx$. Die Maschine löst Integrale der Form: $\psi = k\int y\,dx \cos\Theta = k\int y\,dr$.

von der örtlichen Stärke $y = f(x)$ beliebige Strömungen um Rotationskörper nach der Rankine-Methode zu ermitteln gestattet. Die Integrale haben hier die Form $\psi = k\int y\,dx \cos\Theta = k\int y\,dr$. Die Verteilung der Quellstärken über die geradlinige Quellachse x muß in Form der durch den Fahrstift Q bestrichenen „Quellcharakteristik" $y = f(x)$ gegeben oder angenommen sein.

Die Ebene der Aufpunkte P ist hier um 90° hochgeklappt (Z—X-Ebene). Bei Verschiebung des Wagens 2 3 4 längs der Quellstrecke rollen sich die Änderungen dr des Fahrstrahls auf der Scheibe 14 der Trommel T ab, und die Integrierrolle 20 nimmt von dieser Bewegung einen der jeweiligen Quellstärke $x_0 y_0$ proportionalen Anteil ab. Man hat nichts zu tun, als einmal mit dem Fahrstift die Quellinie $y = f(x)$ zu durchlaufen und das Resultat ψ für den betreffenden Aufpunkt P am Nonius i der Integrationsrolle *20* abzulesen.

Infolgedessen lassen sich z. B. die auf etwa ein Jahr zu veranschlagenden analytischen Rechnungen der Fuhrmannschen Ballonuntersuchungen mit dieser Maschine in weniger als einem Monat erledigen.

Apparate für Berechnung von Geschwindigkeiten.

Einen Vektor-Integrator zur unmittelbaren Berechnung der von einem homogenen Quellen- oder Wirbelsystem bedingten Geschwindigkeitskomponenten u bzw. v (in der x- bzw. y-Richtung) zeigt Abb. 20a—c. Eine ein-

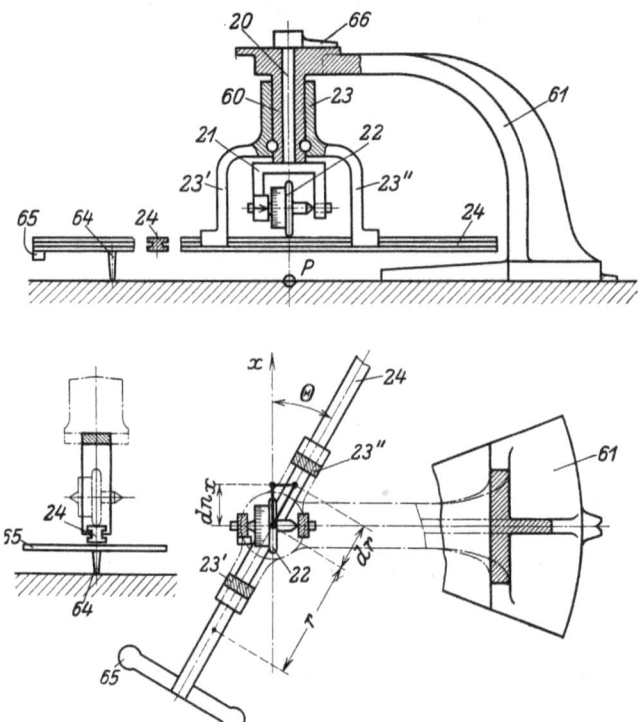

Abb. 20a—c. Vektor-Integrator zur Lösung verschiedener Aufgaben betr. Stromlinien oder Potentiale von ebenen Quell- oder Wirbelsystemen, insbesondere Geschwindigkeitskomponenten.

fache Rechnung ergibt, daß z. B. bei homogener Erfüllung eines beliebigen Zylinders mit Wirbeln von der Flächendichte $2\omega df$ die Geschwindigkeitskomponenten

$$c_x = u = \frac{\omega}{\pi} \oint \cos\Theta\, dr$$

und

$$c_y = v = \frac{\omega}{\pi} \oint \sin\Theta\, dr$$

sind.

Der Apparat besteht aus einem festen Bügel *61*, dessen Mitte bzw. Achse über dem jeweiligen Aufpunkt P aufgestellt wird. Um Nabe *60* ist der Führungsbügel *23'—23''* drehbar, in welchem der Fahrarm *24—64* als materielle Verwirklichung des Radiusvektors *64—P = r* gleitet. Auf der Oberseite des Fahrarms *24* rollt bzw. gleitet die Planimeterrolle *22*, deren Achse durch den U-Bügel *21*, Welle *20* und Zeiger *66* jeweils parallel der x-Richtung oder y-Richtung fest eingestellt wird.

Führt man Fahrstift *64* um die mit Wirbeln bzw. Quellen gleichmäßig erfüllte, nichtgezeichnete Kontur, so nimmt die Planimeterrolle von der Elementarverschiebung dr jeweils den Betrag $dn_x = dr \cos \underline{\Theta}$ bzw. $dn_y = dr \sin \Theta$ ab, und die Gesamtrollendrehung, d. h. der gesuchte Wert der Geschwindigkeitskomponenten, ist am Nonius abzulesen.

Der Übergang von den u- zu den v-Komponenten oder von der Quell- zur Wirbelbelegung erfordert nur eine Umstellung des Planimeterrollenzeigers *66* um 90°. Die Geschwindigkeitsermittlung erfolgt hier ohne Vorliegen eines Strom- oder Potentialliniennetzes für jeden beliebigen Aufpunkt P.

Dieselbe Maschine liefert auch die Stromlinien oder Potentiale umflossener Zylinder. Die Genauigkeit der Lösung entspricht dem Anwendungsgebiet des ersten Apparates nach Abb. 15 und 16.

Maschinen für beliebige Quell- und Wirbelverteilungen längs beliebiger Konturen.

Dieser Typ vermag die allgemeinsten Aufgaben zu lösen und die spezielle Rankinemethode auf jedes, aus absatzweise stetigen Quellen oder Wirbeln entwickelbare Strömungssystem zu verallgemeinern. Dazu benötigen wir je eine gezeichnete Intensitätskurve $y = f(x)$ zur Übermittlung der lokalen Quell- oder Wirbelstärke $dm = y dx = f(x) dx$ und eine Ortskurve oder Kontur $z = g(x)$ für die Lage der Quellen usw. Hieraus hat die Maschine kinematisch die betreffende „Ortsfunktion" $h(x)$, z. B. $= \Theta, \lg \text{nr}, \cos \Theta$ usw. zu bilden und dann die Faktoren $dm \cdot h(x) = f(x) h(x) dx$ miteinander zu multiplizieren und zu summieren (integrieren).

Dafür lassen sich 2 Wege angeben: erstens, sofort ein neues Differential $dw = f(x) dx$ oder $= h(x) dx$ kinematisch zu bilden, oder zweitens, das Produkt $f(x) h(x)$ kinematisch zu bilden und nach Multiplikation mit dx zu integrieren.

Ein typisches Beispiel der ersten Lösung gibt Abb. 21[1]) für die Stromlinien $\psi = K \int y \Theta dx$ eines willkürlichen Quellfadensystems, das längs der willkürlichen, z. B. flügelähnlichen Ortskurve $z = g(x)$ verteilt ist, zugleich auch für die Potentiallinien einer entsprechenden Wirbelverteilung, etwa bei Turbinenschaufeln.

An der x-Schiene führt sich der Hauptwagen $X_1 X_2$ mit der starr angebauten yz-Schiene, auf der zwei unabhängige Wagen Y und Z laufen, zur Einstellung von $\pm y$ bzw. z durch Fahrstifte Q bzw. O. Die yz-Schiene trägt bei *40* (in Verlängerung der Achse $y = 0$) die Scheibe S, der bei Bewegung des Hauptwagens um dx durch Laufrad *41* und Wälzrad *42* eine Drehung um den Winkel $d\beta = b dx$ ($b =$ Konstante) erteilt wird.

Der Y-Wagen trägt die Trommel *43*, deren Rand T auf S aufgedrückt und auf den Radius $\varrho = y$ eingestellt wird. Daher nimmt T durch Reibung eine Drehung dw proportional dx und proportional $\varrho = y$ an, also $dw = e y dx$ ($e =$ Konstante).

---
[1]) Seite 316.

Der Z-Wagen enthält den in Abb. 15 beschriebenen Zahnstangentrieb PODE (P-Aufpunkt, O-Ortskurvenpunkt) zur Umwandlung von Θ in die lineare Auslenkung a der Zahnschiene E. Am einen Endpunkt 45 der Strecke a greift die hier nur als Strich gezeichnete Schiene FG von der festen Länge l an, um die Auslenkung a zu verwandeln in $\sin\alpha = a/l = k\Theta$.

Der Winkel $\alpha = \arcsin a/l$ wird durch das Parallelogramm 46—46'—47—47' auf die Achse der Planimeterrolle K übertragen, die auf der genannten Trommel 43

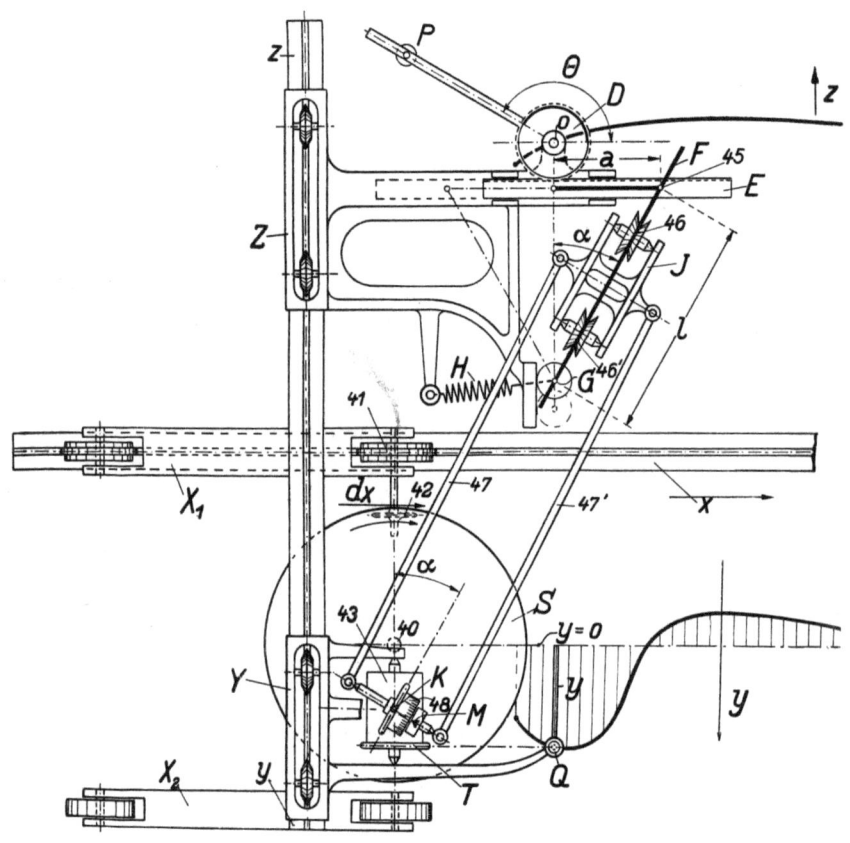

Abb. 21. Vektor-Integrator für allgemeinste Aufgaben. (Beliebig gegebene Quell- oder Wirbelcharakteristik mit beliebiger Lage der Quellen oder Wirbel.)

unter dem $\sphericalangle\alpha$ aufliegt und von ihr (vgl. Abb. 20a—c) jeweils einen Rollweg $dw\sin\alpha = dwk\Theta = eydxk\Theta = Ky\Theta dx$ annimmt. Nach Durchfahren der ganzen Basis x ist $\psi_P = K\int y\Theta dx$ als Gesamtdrehung der Rolle K am Nonius 48 abzulesen.

In Sonderfällen, z. B. für geradlinige Ortskurven, ergeben sich erhebliche Vereinfachungen, wofür die Maschine nach Abb. 19 für achsensymmetrische Strömungen ein Beispiel war.

Allgemeinste Maschinen zweiten Typs, welche erst das Produkt $f(x)h(x)$ kinematisch bilden und dann nach x integrieren, sind in meinem Delfter Vortrag beschrieben. Eine Lösung, die für beliebige Integrale dieser Form

universell geeignet ist, fand sich auf Grund der trigonometrischen Beziehungen:
$$f(x) \cdot h(x) = 2\sin\varepsilon \sin\eta = \cos(\varepsilon - \eta) - \cos(\varepsilon + \eta) \text{ usw.,}$$
welche die Produkte von sin oder cos in Summen umwandeln. Die Resultate erscheinen demnach als Summen je zweier Einzelintegrale. Mechanismen hierfür, welche in genügendem Maße frei von Totlagen, Selbstsperrung, Reibung, Totgang und Massenträgheit sind, wurden in Delft angegeben und ein Beispiel vorgezeigt.

Die Genauigkeit der bisherigen Vektorintegratoren erwies sich, trotz der ziemlich rohen Ausführung in meinem Danziger Institut, als die bei Integratoren und harmonischen Analysatoren erreichbare von etwa $\pm 1/2 - 1 1/2\%$, ausnahmsweise $\pm 2 1/2\%$ der analytisch gerechneten Sollwerte. Das stimmt durchaus mit den Ausführungsfehlern von Schiffen, Flugzeugen, Ballonen usw. überein, wie sie, mindestens nach kurzer Betriebszeit, stets zu gewärtigen sind, dürfte also vom physikalisch-technischen Standpunkt aus befriedigen. Verbesserungen sind bereits in Arbeit.

Dagegen erzielen diese vielseitig verwendbaren Maschinen eine erheblich höhere „spezifische oder zeitliche Genauigkeit", d. h. Genauigkeit zahlenmäßiger Aussagen pro Stunde Zeitaufwand; sie verkörpern universelle, sofort anwendbare Methoden, im Gegensatz zu den streng exakten analytischen Methoden, deren Auffindung und Ausarbeitung oft Jahre beansprucht, deren „spezifische Genauigkeit" aber dementsprechend oft jahrelang null bleibt. Diese allein genügen den täglichen Anforderungen der modernen Technik noch nicht, da ja gute Konstruktionen stets durch vielfache Variationen annähernd gleichwertiger Formen entstehen.

Die Auslese kann empirisch in der Versuchsanstalt gewonnen werden, unser Ziel aber muß sein, der letzteren nur die Klärung der allgemeinen physikalischen Einflüsse, der Reibungen, Wirbelablösungen, Kavitationen usw. zuzuweisen, und diese mehr oder minder großen „Störungen" den hydrodynamisch, am Zeichenbrett und Schreibtisch, mit einem Minimum von Zeit und Kosten ermittelten Idealstrombildern kritisch zu überlagern. Aus guten eigenen Erfahrungen bei Konstruktion aller Arten Turbomaschinen, insbesondere der „Transformatoren", schöpfe ich einerseits die Überzeugung, daß wir diesem Ideal erheblich näher sind, als viele glauben, andererseits die Hoffnung, der hydrodynamisch-kritischen Arbeitsweise durch die vorgetragenen anschaulich-einfachen Methoden neue Freunde zu gewinnen.

Ein weiteres Mittel zur Verwirklichung dieser Ziele bilden

III. Apparate zur Dauererzeugung und Vorführung von Potentialstrombildern.

Das hauptsächlich für Schiffbauzwecke bekannte Verfahren von Hele-Shaw[1]) zur Sichtbarmachung der idealen Potentialstromlinien ist leider wenig beachtet worden, wohl weil es auf der schleichenden Bewegung zäher Flüssigkeiten zwischen zwei nahe aneinanderliegenden Platten beruht, also eine reine

---
[1]) Trans. Inst. Nav. Arch. Bd. 40 (1898); auch Stokes, Brit. Ass. Rep. 1898, S. 143.

Reibungs- oder Pseudopotentialströmung darstellt. Das von uns gewählte Verfahren habe ich in seiner Idee in dem Vortrag „Über die physikalischen Grundlagen der Turbinen- und Propellerwirkung"[1]) angedeutet; es beruht darauf, daß die Ausbildung störender Wirbel vermieden wird, wenn irgendeine Strömung kurz nach dem „Anfahren" unterbrochen und umgekehrt, also in hydraulischen „Wechselstrom", in Oszillationen verwandelt wird.

Da die Bildung und Ablösung der Wandreibungsschichten stets eine merkliche Zeit erfordert, so beobachten wir bei diesem Verfahren an feinen suspendierten Teilchen nur „Initialströmungen", welche den allgemeinen Potentialgesetzen genügen. Infolge der schnellen Stromwechsel erscheinen die einzelnen Fortschrittsrichtungen dank der kinematographischen Wirkung als stationäre Stromlinien aneinandergereiht, eine schöne Verwirklichung der Entstehung eines Kurvenbüschels aus einem „Richtungsfeld" in der Lehre von den Differentialgleichungen.

Die Beobachtung kann objektiv am Apparat selbst oder am Lichtbild erfolgen; die erzeugten Linien sind wesentlich feiner als die entsprechenden magnetischen oder elektrischen Kraftlinien aus Eisenfeile oder Lykopodium. In den letzten Jahren habe ich Apparate für Absolut- und Relativstromlinien, sowohl für Transport- wie für Zirkulationsströmungen, auch für Strömungen konstanten Wirbels (in Turbinenlaufrädern, Torsionsproblem), entworfen und auf der Ingenieurtagung in Hannover (Juni 1924) sowie im vorliegenden Vortrag einige damit erzeugte Beispiele „lebendiger Stromlinien" vorgeführt[2]).

Vielleicht finden diese Geräte auch Anklang für die Demonstration von Grundwasser- oder Wärmeströmungen, sowie für die Potentiallehre überhaupt, im Sinne der ursprünglichen Bilder Faraday-Maxwells für die elektrischen und magnetischen Verschiebungen[3]).

IV. Untersuchungen über die Ursachen der Korrosionserscheinungen bei Propellern, Turbinen und Turbopumpen usw.

Seit den neunziger Jahren sind insbesondere bei Turbinenpropellern und Wasserturbinen Korrosionen beobachtet worden, welche die bronzenen oder gußeisernen Flügel, Schaufeln und Radböden in ungemein kurzer Zeit (2 Stunden bis 1 Monat) unbrauchbar machten. In stärkstem Maße ist die Erscheinung in neuerer Zeit auch bei schnellaufenden Turbopumpen aller Art aufgetreten.

Abb. 22[4]) zeigt den Propeller eines englischen Torpedoboots mit schnelllaufenden Kolbenmaschinen, mit den typischen Anfressungsstellen, bedingt durch die sich von den inneren Teilen der Flügel ablösenden „Nabenwirbel".

---

[1]) „Verhandlungen von Vertretern der Flugwissenschaft zu Göttingen 1911", Oldenbourg 1912, S. 38; auch Zeitschr. f. Flugtechnik 1912, S. 234.
[2]) Die Veröffentlichung der Apparatekonstruktionen muß leider auf Wunsch der Geldgeber und Hersteller aus naheliegenden Gründen (Patentschutz) noch kurze Zeit verschoben werden.
[3]) Vgl. die klassische Einleitung Maxwells zu der schon zitierten Abhandlung: „Über physikalische Kraftlinien."
[4]) Abb. 22 und 23 sind dem Propellervortrag des Verfassers, Jahrbuch 1917/18, S. 449, entnommen.

Abb. 23 gibt vergrößert die fortgeschrittene Korrosion an Propellern mit unmittelbarem Dampfturbinenantrieb. Das genau gleiche lavaartige Aussehen finden wir auch bei den anderen genannten Maschinen.

Bald erkannte man, daß die Erscheinung mit mechanischer Auswaschung durch Sand usw. nichts zu tun hatte, daß aber hohes Vakuum und die dadurch

Abb. 22. Korrosionen an Kolbenmaschinen-Propellern.

bewirkte Hohlraumbildung eine erhebliche Rolle spielten; jedoch waren die Ersatztheorien (plötzliche Ausscheidung von Sauerstoff im status nascendi oder rein galvanische Wirkungen) noch recht unklar.

Abb. 23. Korrosion an einem Turbinen-Propeller.

Als daher 1913 die Direktion der Vulcanwerft den Bau von Turbotransformatoren größter Leistung (6 × 9000 PS für Torpedoboote, 2 × 20 000 bis 25 000 PS für Kreuzer) übernahm, bei denen die Eintrittsgeschwindigkeit an den Pumpenrädern alles Dagewesene mehrfach überschritt, schlug ich vor, die theoretische Erkenntnis[1]), daß die Erscheinung durch Überlagerung ge-

---
[1]) Vgl. die in- und ausländischen Patentschriften des Verfassers v. Jr. 1905—1910.

nügend hohen Druckes vollständig verhindert werden könnte, durch Sonderversuche über den Kavitationsvorgang selbst zu erweitern.

Die Versuche sind im einzelnen von meinen Mitarbeitern, Oberingenieur Spannhake (jetzt Professor in Karlsruhe) und Assistent Nippert, die zugehörigen theoretischen Untersuchungen betr. „Übergeschwindigkeiten" von meinem Privatassistenten Dipl.-Ing. Stedefeld und Assistent Dipl.-Ing. Eicke 1914 und 1924 in Hamburg und Danzig durchgeführt worden.

Unter Aufwand einer Pumpenleistung von mehreren hundert PS wurde in einer Doppeldüsenanordnung, deren paralleler Mittelteil, nach Abnahme der starken Glasabdeckung, in Abb. 24 dargestellt ist, eine Strömung erzeugt, deren Geschwindigkeit und Druck beliebig geregelt werden konnten. Im Mittelteil wurde durch den drehbaren „Schaufeleintrittskörper" ein „nichtstoßfreier Eintritt" hergestellt.

Abb. 24. Parallelwandiger Mittelteil einer großen Doppeldüse; in der Mitte ein Schaufeleintrittskörper, auf einer Drehscheibe einstellbar. Die aus Glas bestehende obere Abdeckung ist weggenommen.

Es zeigte sich gemäß Abb. 25, daß auch die kräftige Glasabdeckung korrodiert wurde, und zwar schneller als der metallene Kanal- und Schaufelkörper. Mit der Lupe sind deutlich die feinen, grübchenartigen Ausbrechungen aus der Glasoberfläche zu erkennen, welche den Anfang der gefürchteten Korrosion bilden. Zerstreut finden sich dieselben schon weit vor dem Hindernis, während die Hauptzerstörung hinter ihm dort liegt, wo die Stromfäden sich unter starker Wirbelbildung wieder schließen.

Den Beginn desselben Vorganges an einer anderen Glasplatte zeigt Abb. 26 bei größerem Anstellwinkel. Die Lupe läßt erste Anfressungen auch dort erkennen, wo der vor jedem aus einer Fläche herauswachsenden Hindernis sich bildende „Grundwirbel"[1]) sich vor die Eintrittskante der Schaufel legt. Die stärksten Anfressungen liegen auch hier erheblich hinter dem Hindernis. In einzelnen Fällen sind 15 mm dicke Glasplatten schon nach einstündigem Betrieb durch mehr oder minder stationäre Wirbel trichterartig durchbohrt worden.

Infolge des Krieges und Nachkrieges blieben die Versuche liegen, bis ich 1924 dem physikalischen Einzelvorgang mit Hilfe reiner Glasapparate (Abb. 27) zu Leibe ging. Es gelang darin, Kavitation schon bei einem treibenden

---

[1]) Über die Theorie dieser eigenartigen, bei Schnee- und Sandverwehungen, vor Pfählen, Brückenpfeilern in Flüssen, auch vor Anhöhen (als „Luvwirbel") auftretenden zopfartigen Ablösungswirbel hat Verfasser 1915/16 u. a. im Kieler Bezirksverein des V. D. I. ausführliche Bilder vorgelegt.

Wasserdruck von 3,5—5 m WS ohne Saughöhe zu erzeugen[1]). Die Lichtbilder (Abb. 27 und 28) stellen den schraffierten Teil der Glasdoppeldüse (Abb. 27 rechts unten) dar. Die Linien *bb* sind die Außenkanten der runden Glasdüse, Linien *aa* Kanten einer Blende.

Die Aufnahmen sind durch Funken eines kräftigen Induktoriums bei einer Strömungsgeschwindigkeit von etwa 13—16 m/sek erzielt. Die Hohlraumbildung erfolgte anfangs in Form eines mittleren Schlauches, solange die zu-

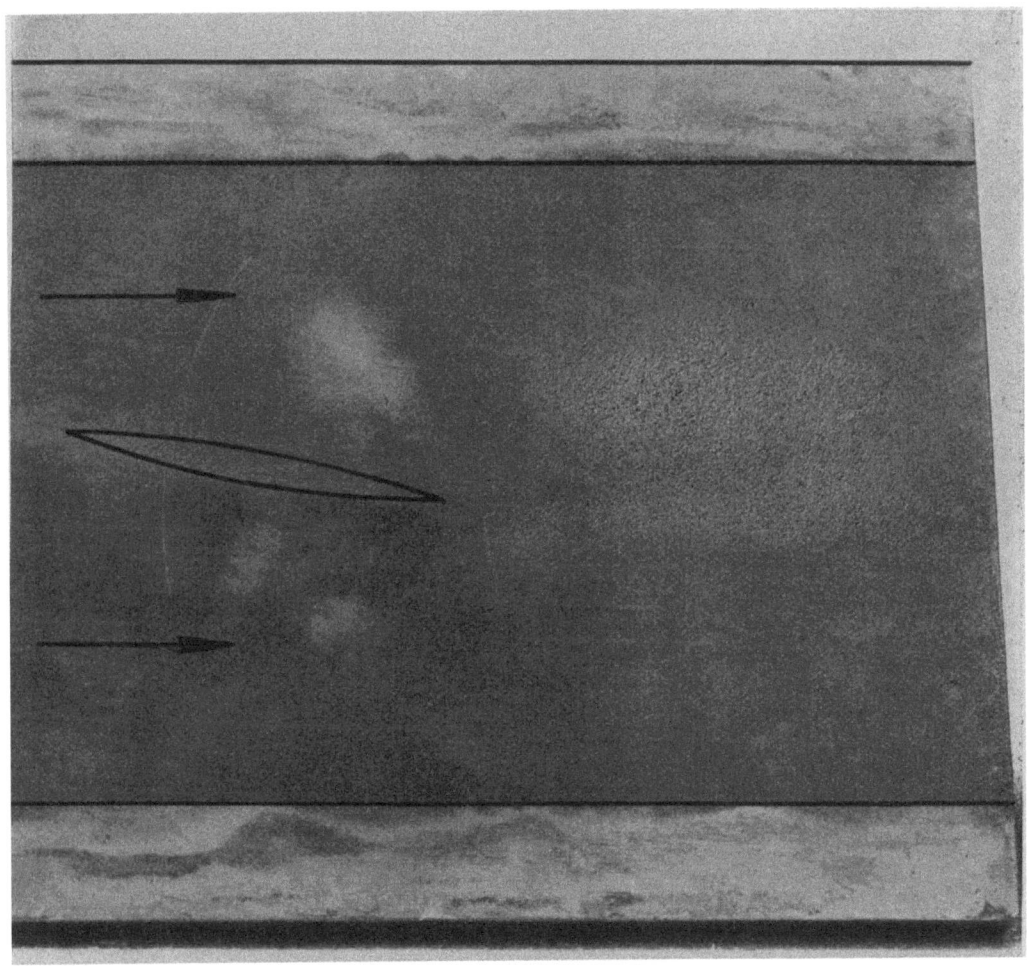

Abb. 25. Deckglas zu Abb. 24, den Beginn der Korrosion bei flachem Anstellwinkel des Schaufeleintrittskörpers zeigend.

fällige Drehbewegung des Zustroms stark genug war, später in Form getrennter Dampfblasen, deren Volumen im erweiterten Teil schnell zunahm. Stets trat die Erscheinung hinter dem engsten Querschnitt dort ein, wo die Stromfäden sich erweitern können. Die einzelnen Hohlräume stürzten nach kurzem Strömungsweg unter harten, knallenden Schlägen wieder in sich zusammen, welche die ganze Rohrleitung erschütterten und noch in dem vor der Düse angeschlossenen Federmanometer intensivste Drucksteigerungen (mehrere Atmo-

---

[1]) Neuerdings ist uns die Erzeugung und Projektion der Kavitation schon bei 2 m WS in solchen Glasdüsen als Vorlesungsversuch gelungen.

322   Fortschritte der Strömungslehre im Maschinenbau und Schiffbau.

sphären) anzeigten. Daher brachen die gläsernen Düsen oft schon nach 3 bis 5 Minuten.

Zusammenfassend kann ausgesprochen werden, daß Kavitationen an drei notwendige Bedingungen geknüpft sind:

1. **Hohes Vakuum.** Dieses hat zur Folge, daß die Flüssigkeitsteilchen ihr Volumen durch Gasabscheidung und hauptsächlich Dampfbildung beliebig vermehren und wieder vermindern können, anderseits beim Zusammenstoßen

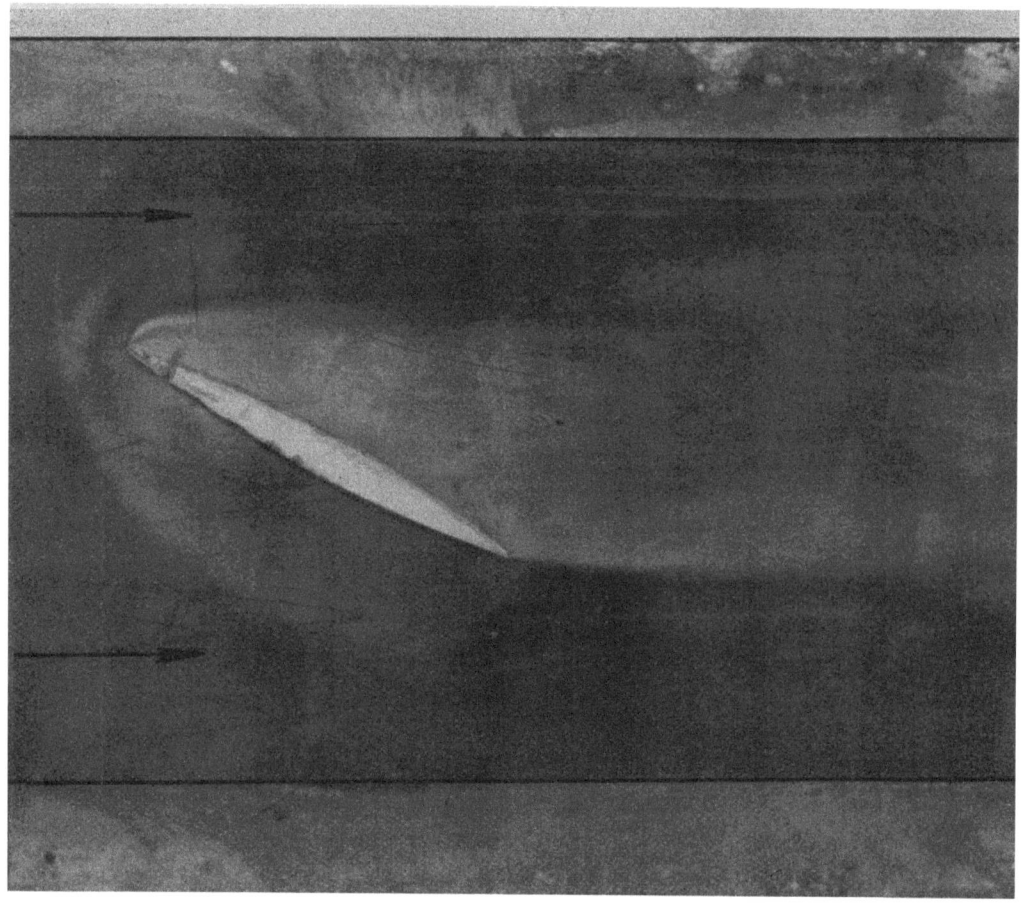

Abb. 26. Anderes Deckglas zu Abb. 24, den Beginn der Korrosion bei steilem Anstellwinkel des Schaufeleintrittskörpers zeigend.

unter sich oder mit festen Wänden jeder elastischen Gaspufferung entbehren. Infolge der hohen Inkompressibilität können daher beim Zusammenstürzen der Blasen auf das Volumen Null fast beliebig hohe Stoßdrücke entstehen.

2. **Genügend hohe Geschwindigkeiten.** Diese entstehen hauptsächlich durch die hohe Relativgeschwindigkeit bewegter Körper und liefern die sich nahezu instantan in zerstörende Formänderungsarbeit umsetzende Stoßenergie.

3. **Die räumliche Möglichkeit der Expansion der Flüssigkeitsteilchen** in sich erweiternden Strombahnen. Daher finden wir die Kavitation hinter der engsten Einschnürung. Ähnlich, wie die früher erläuterte Wandschichtreibung, stört sie dort die Umsetzung von Geschwindigkeit in Druck.

In bezug auf Korrosionserzeugung mögen hierzu in einzelnen Fällen noch andere, nicht notwendige Bedingungen sich gesellen, z. B. chemische oder elektrolytische Wirkungen, erzeugt durch äußere galvanische Ströme oder vielleicht durch „Strömungsströme", welche durch das heftige Entlanggleiten von Flüssigkeit an der durch die hin- und herpendelnden Wirbel bald benetzten, bald trockenen Wandoberfläche entstehen. Auch an die eigenartigen Erscheinungen der Adsorption an der Wandoberfläche wäre zu denken.

Jedenfalls aber ist durch unsere Versuche an dem chemisch und elektrolytisch fast völlig passiven Glas bewiesen, daß die Haupterscheinung rein mechanisch in der lokalen, äußerst konzentrierten Hämmer- und Scher-

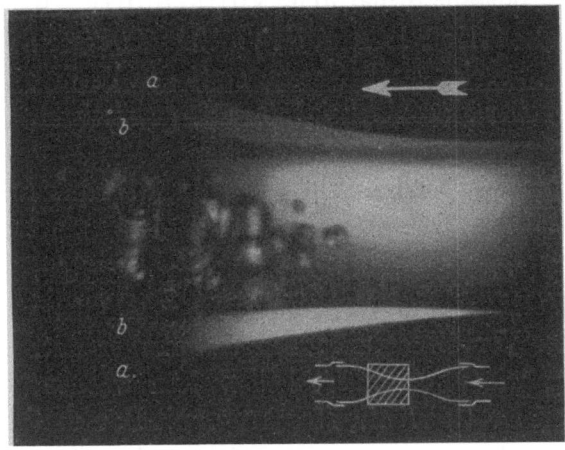

Abb. 27. Versuche über Kavitation in einer Doppeldüse (Glas).

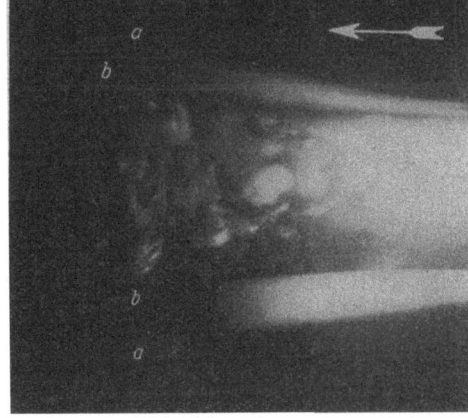

Abb. 28. Versuche über Kavitation in einer Doppeldüse (Glas).

wirkung der dämpfungslos, mit hoher Geschwindigkeit, zusammen- und aufprallenden Flüssigkeitsteilchen besteht, die im schnellsten Wechsel mit dem Vakuum zur Ermüdung der Oberfläche, insbesondere bei sprödem Material, führen muß.[1] Am Beginn der Kraterbildungen mögen kleine feste Verunreinigungen beteiligt sein; darnach geht der Vorgang zweifellos immer stärker und schneller von statten, da die Ausbrüche durch die Sprengwirkung hochkomprimierter, vorübergehend in den Rissen eingeschlossener Gasblasen und durch Ungleichheiten der Materialoberfläche unterstützt werden.

Sicher aber sind die hämmernden Kavitationsschläge die notwendige primäre Ursache, die anderen Erscheinungen jedoch entweder Folgen oder zusätzliche Nebenursachen.

Die zugehörigen rechnerischen Untersuchungen sind bereits bei Besprechung der Quell-Senkmethoden (S. 306—308) erwähnt. Die Abb. 11 und 12 wurden dort als Strömungen gegen Schiffbugsformen zur Schätzung der Wellenerhebungen und -senkungen aufgefaßt. Bei der Deutung als Strömungen gegen Turbineneintrittskanten treten genau entsprechende Druckanstiege und -absenkungen ein, bedingt durch die Krümmung der Schaufelwände.

---

[1] Zu bedenken ist, daß der für die Größe der Reibungs-, d. h. Scherkräfte maßgebliche Geschwindigkeitsgradient dc/dn bei Kondensation einer Vakuum-Blase an der Wand nahezu unendlich werden kann, so daß höchste Scherkräfte (Tangentialstöße) auftreten.

Im Propellervortrag 1917 (S. 448) wurde die Größenordnung der „Übergeschwindigkeiten" gegenüber der ungestörten Strömung w_∞ zu 15—20% angegeben; die Druckhöhensenkungen selbst, ausgedrückt als Bruchteile der ankommenden Geschwindigkeitshöhe $h_0 = w_\infty^2/2g$ sind aus Abb. 11 und 12 zu entnehmen. Wie sehr dadurch die Kavitationsgefahr, schon im gewöhnlichen Parallelstrom und erst recht in der gekrümmten Schaufelströmung mit Zirkulation, bei großer Geschwindigkeit und Saughöhe nahegerückt wird, ist aus diesen Diagrammen zu ermessen.

Solche und ähnliche Rechnungen sind uns seit bald 15 Jahren ein sicherer Anhalt und ständiges Werkzeug gewesen, um die genannten Gefahren, selbst unter den extremsten Bedingungen großer Turbotransformatoren, **vollständig zu bannen**. Es dürfte sich daher wirtschaftlich lohnen, sich mehr mit diesen einfachen und durchaus anschaulichen Theorien zu befassen, statt den Verlust von Hunderttausenden durch Umbau großer Maschineneinheiten zu gewärtigen.

V. Modellschleppverfahren zur Trennung des Wellen- und Wirbelwiderstandes von Schiffen.

Als zuverlässigste Methode zur Bestimmung des Widerstandes von Schiffen gilt heute noch mit Recht das von William und R. E. Froude geschaffene Modellschleppverfahren. Abgesehen von Vervollkommnungen technischer Art, ist die physikalische Grundlage so gut wie unverändert beibehalten worden. Schon 1903/04, als ich auf Anregung von Dr. Schlick, Hamburg, mit Bau und Betrieb eines großen Modellversuchsbootes[1]) betraut war, schien mir ein schwacher Punkt des Verfahrens darin zu liegen, daß der Wellenwiderstand und der aus ganz anderer Quelle stammende Wirbelwiderstand in allen Fällen zusammengeworfen und gemeinsam nach dem Deplacement umgerechnet werden.

Das wäre zulässig, wenn die Dicke und Form der Wirbel beim Modellversuch genau der des Schiffes ähnlich wäre, insbesondere, wenn diese Formen bei allen Geschwindigkeiten und Modellgrößen konstant blieben. Nun zeigt aber die roheste Beobachtung, daß Wirbelbildungen, z. B. an rauchenden Schornsteinen, sehr empfindlich sind gegenüber mäßigen Unterschieden der Oberflächenbeschaffenheit, Strömungsgeschwindigkeit, Turbulenzgrade usw. Es ist daher sicher die Wirbelform des Modelles derjenigen des Schiffes durchaus nicht immer ähnlich.

Auf alle Fälle schlug ich damals einigen befreundeten Schiffbauern (u. a. Konsul Dr. Schlick und dem früheren Chefkonstrukteur der englischen Marine Sir William White) ein anderes, erweitertes Schleppverfahren vor, bei welchem die Wellenbildung durch Schleppen eines Zwillingsmodelles unter Wasser aus Symmetriegründen gegenseitig verhindert wird, so daß nur der Reibungs- und Wirbelwiderstand in Erscheinung tritt. Da das Interesse der Schiffbauerkreise damals der Entwicklung der Turbinenschiffe, Dreadnoughts und Riesenschiffe galt, so blieb die Idee über ein Jahrzehnt liegen, bis mir zahlreiche Er-

---

[1]) Vgl. Verfasser, „Die neuesten Konstruktionen des Torsionsindikators und deren Versuchsergebnisse", Jahrb. Schiffsbautechn. Ges. 1905, S. 150 und 168; ders., Propellervortrag 1917, l. c.

fahrungen und Beobachtungen an Kriegsschiffen während meines Marinedienstes die Verbesserungsbedürftigkeit der Schleppmethode erneut als dringlich erscheinen ließen.

So wurden 1919 die Grundgedanken des Verfahrens in einer vorläufigen Schutzanmeldung niedergelegt, während eine erste Anwendung durch das Entgegenkommen der Herren Dr. Foerster und Dr. Kempf von der Hamburger Schleppversuchsanstalt im letzten Jahre ermöglicht wurde.

Wie angedeutet, besteht die Grundlage des Verfahrens darin, daß neben dem gewöhnlichen Froudeschen Modellversuch ein zweiter Schleppversuch

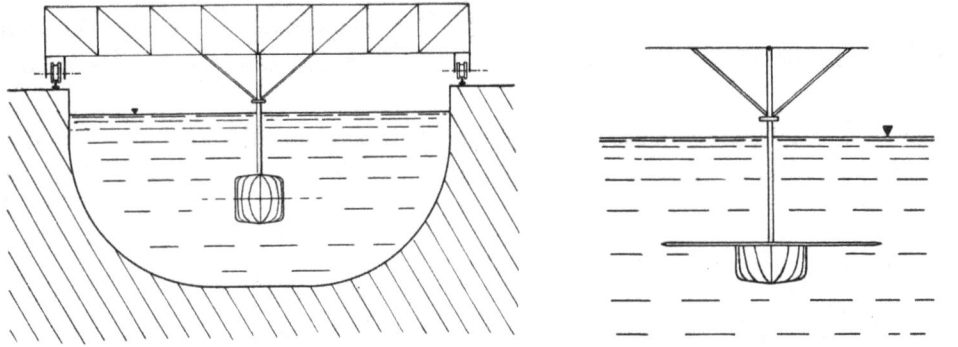

Abb. 29. Ausführungsform mit Zwillingsmodell.   Abb. 30. Ausführungsform mit Deckplatte und Einfachmodell.

mit unterdrückter Wellenbildung angestellt wird. Für den ersteren gilt

$$\text{Gesamtwiderstand } W_1 = W_{we} + W_{wi} + W_r,$$

wobei die Einzelwiderstände von Wellen bzw. Wirbeln bzw. Reibung herrühren. Für den zweiten Versuch gilt

$$\text{Gesamtwiderstand } W_2 = \phantom{W_{we} +} W_{wi} + W_r.$$

Daraus folgt:

$$\text{Wellenwiderstand } W_{we} = W_1 - W_2,$$
$$\text{Wirbelwiderstand } W_{wi} = W_2 - W_r.$$

Die Wellenbildung wird dadurch unterdrückt, daß einerseits der neue Schleppversuch in genügender Tiefe unter der Flüssigkeitsoberfläche stattfindet, und daß andererseits die Flüssigkeitsteilchen durch Anordnung einer besonderen „Gegenfläche" verhindert werden, aus der mittleren dynamischen Schwimmebene des ersten Versuches herauszutreten. Die Strömung an der „Wasserlinie" des Modelles wird beim zweiten Versuch eben gemacht.

Die „Gegenflächen" können verschieden gestaltet sein und mit dem Modell verbunden, also mitgeschleppt, oder von ihm durch einen feinen Spalt abgetrennt und an den Tankwänden befestigt sein.

Z. B. kann die Unterwasserform des Schiffes jenseits der mittleren dynamischen Wasserlinienebene spiegelbildlich zu einem Zwillingsmodell verdoppelt werden (Abb. 29) mit horizontaler (wie im Bilde) oder vertikaler Symmetrieebene. Die Tauchtiefe ist so zu wählen, daß einerseits die Überreste der Wellenbildung, andererseits die Nähe der Tankwände gegenüber den sonstigen unvermeidlichen Störungen aller Modellversuche vernachlässigbar sind. Diese Bemerkung gilt auch für die anderen Ausführungsformen (s. u.).

Das Verfahren an sich ist physikalisch genügend einwandfrei durchführbar, jedoch ist die Herstellung des Zwillingsmodells, namentlich wenn bei verschiedenen Geschwindigkeiten merklich verschiedene dynamische Schwimmebenen in Betracht kommen, verhältnismäßig kostspielig.

Zur Vermeidung des Zwillings bieten sich zwei Möglichkeiten (Abb. 30 und 31): Die erste durch Anwendung einer genügend großen, ebenen oder leicht gewölbten Deckplatte jenseits der mittleren Wasserlinienfläche; ihr Eigenwiderstand ist bequem für sich zu ermitteln, z. B. durch Abtrennung vom Modell auch während des Schleppversuches selbst. Die Abdeckplatte ermöglicht den Versuch in mäßiger Tiefe, also auch bei mäßigen Widerständen der Haltevorrichtung.

Die weitere Möglichkeit besteht darin, daß als „Gegenfläche" eine an der unteren oder seitlichen Tankwand befestigte glatte Fläche, oder nach Abb. 31

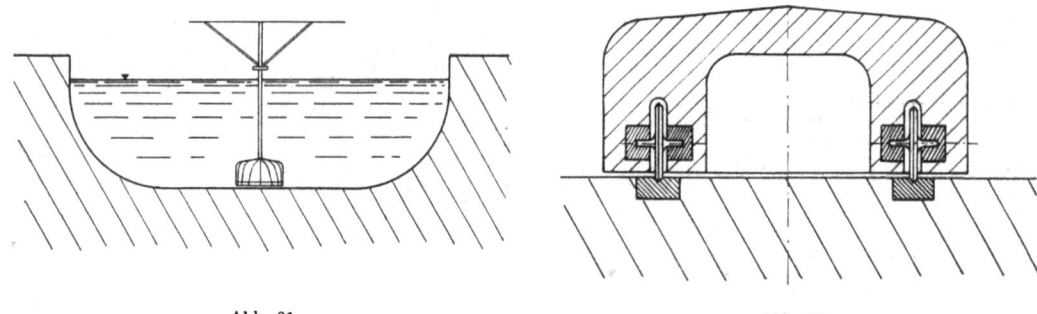

Abb. 31. Abb. 32.
Abb. 31 und 32. Ausführungsform mit Benutzung des Tankbodens.

und 32 der Tankboden selbst verwendet wird. Gegebenenfalls kann das Modell nach Abb. 32 auf feinen Rädern und Schienen geführt werden, um den Trennspalt genau einzuhalten und die Meßvorrichtung zu entlasten.

Zwischen den Anordnungen nach Abb. 30 und 31 besteht hydrodynamisch ein geringer Unterschied insofern, als bei ersterer der auf S. 320 genannte „Grundwirbel" sich stärker ausbildet. Ob dieser seilartige Ablösungswirbel eine merkliche Rolle spielt, müßte erst durch Versuche ermittelt werden; jedenfalls tritt er immer auf, wenn eine Strömung durch an den Körper angesetzte Hilfsflächen „eben" gemacht wird, also z. B. auch bei ebenen Tragflügel- oder Zylindermessungen.

In Abb. 31 ist auch angedeutet, wie die Modelle durch Abtrennung eines auswechselbaren, den verschiedenen dynamischen Schwimmebenen entsprechenden Keilstückes bei verschiedenem Trimm untersucht werden können.

Der wellenlose Schleppversuch, mit getauchtem Modell, kann, nach Berücksichtigung der Reynoldsschen Zahlen, auch im Luftkanal vorgenommen werden, und zwar sowohl nach Abb. 29, wie nach Abb. 30.

Vom hydrodynamischen Standpunkt wäre zu erwägen, ob nicht die Beseitigung der Wellenerhebung und -senkung, die „Planierung" der Wasserlinienströmung, in gewissem Maße die Form und Lage der Wirbelablösungen und damit den Wirbelwiderstand beeinflußt. Darauf ist zu erwidern, daß auch umgekehrt die bis heute im Schleppversuch allein berücksichtigte Wellenbildung mindestens am Heck durch die Form der Heckablösungswirbel, d. h. durch die Art der Wiederumsetzung der Relativgeschwindigkeit in Druck, beeinflußt wird.

Nun läßt sich aber die mechanische Ähnlichkeit der Wellenbildung einerseits, der Reibungs- und Wirbelströmung andererseits wegen der sich widersprechenden Froudeschen bzw. Reynoldsschen Ähnlichkeitsregeln gleichzeitig überhaupt nicht genau verwirklichen[1]). Wir haben daher bis jetzt auch keine strenge Gewähr, daß beim Froudeversuch wirklich überall mechanisch ähnliche Wellen hergestellt werden: denn zweifellos findet eine gegenseitige Rückwirkung zwischen Wellen- und Wirbelbildung statt. In praktischen Fällen wird sie meistens von geringer Größenordnung sein, da die Wellenbewegungen mit der Tiefe sehr schnell abnehmen. Doch sind extreme Beeinflussungen, namentlich auf flachem Wasser, in Kanälen u. dgl. nicht ausgeschlossen.

Überhaupt ist die Zerlegung des Gesamtwiderstandes in Wellen-, Wirbel- und turbulenten Reibungswiderstand stets mit einer starken, wenn auch sinnvollen Willkür behaftet, da diese Anteile eigentlich untrennbar zusammenhängen.

Wir müssen uns daher in jedem Falle bescheiden und bedenken, daß bisher überhaupt keine Trennung des Wellen- und Wirbelwiderstandes versucht wurde, daher auch kein Weg existierte, um über die Variation des Wirbelwiderstandes nach Größe und Ursachen, beim Modell einerseits und beim Schiff andererseits, auch nur die geringste zahlenmäßige Kenntnis zu schaffen. Wir befinden uns nach dieser Richtung hin völlig am Anfang.

Die Auftragung der Widerstandsbeiwerte über den Reynoldsschen Kennziffern läßt ähnlich, wie bei Kugel-, Zylinder- und Ballonkörpern, im technischen Gebiet gewisse allgemeine, insbesondere quadratische Gesetzmäßigkeiten erwarten; Ausnahmen bilden nur die kritischen Bereiche, wo die Widerstandszahl innerhalb verhältnismäßig geringer Variationen der Kennziffer auf einen Bruchteil sinken kann (und umgekehrt), wo das quadratische Widerstandsgesetz daher ganz versagt.

In diesem Falle wird aber der einfache Modellversuch bisheriger Art überhaupt hinfällig, da die Übertragungsregel auf der quadratischen Umrechnung beruht und völlig ungültig wird. Der neue Schleppversuch wird uns daher in jedem Falle vertiefte Kenntnisse vermitteln.

Der nächste Schritt besteht dann in der tieferen physikalischen Klärung der vieldeutigen Begriffe „Sog" und „Vorstrom", d. h. vor allem des Einflusses

---

[1]) Siehe Lanchester, Aerodynamics Bd. 1. 1907; Deutsch von Runge, Göttingen 1909.

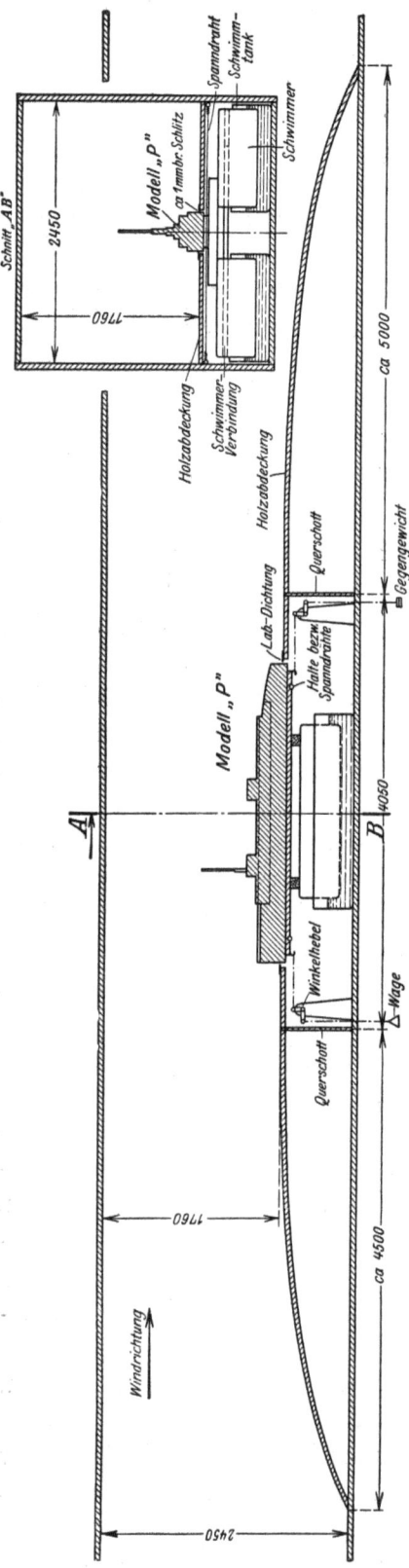

der Schraube auf den Wirbelwiderstand. Ich nenne nur die vielgestaltigen Einflüsse der Schraubenanzahl, -lage, -schnelläufigkeit, -drehrichtung usw., für die man bisher nur eine Sammlung zahlreicher Einzelversuche, aber keine zusammenfassende Erklärung oder Theorie besitzt. Das aktuelle „Schraubenproblem" zielt nicht, wie selbst heute noch manchmal irrtümlich angenommen wird, auf Gewinnung neuer Formeln für Durchmesser, Steigung und Anstellwinkel, sondern auf die dringend nötige Klärung der genannten Zusammenwirkung[1]; der Schlüssel liegt auch hier in der Abtrennung des Wirbelwiderstandes.

Da grobe Fehler gerade durch ungewöhnliche Verhältnisse des Wirbelwiderstandes bedingt sind, so hätten die Werften alle Veranlassung, sich näher mit seinem Verlauf bei verschiedener Geschwindigkeit, seinen Ursachen und seiner Beeinflussung durch die Schraube systematisch zu befassen. Nur auf diesem Wege dürften die heute gerade bei großen, verantwortlichen Objekten bestehenden Unsicherheiten geklärt und beseitigt werden können.

Dank dem Entgegenkommen der Leiter der Hamburger Schleppanstalt liegen bereits Versuche am Modell eines neueren Torpedoboots vor, welche durchaus plausible Resultate ergeben haben. Ich möchte hier Herrn Dr. Kempf nicht vorgreifen, der unsere Vorschläge erstmalig mit Erfolg durchgeführt hat und die Liebenswürdigkeit haben wird, uns in der Diskussion einige Ziffern über Wellen- und Wirbelwiderstände vorzuführen.

---

[1] Hierauf habe ich u. a. eindringlich hingewiesen im Propellervortrag 1917, S. 443—447, Abschnitt „Zusammenwirkung der Schraube mit ihrer Umgebung".

VI. Vergleichsversuche über den Luftwiderstand von Schiffsmodellen.

Die Versuche wurden in dem geschlossenen, durch einen düsenartigen Einbau verbesserten Windkanal der Aerodynamischen Versuchsanstalt (erbaut 1913 bis 1922 von meinem Vorgänger) unseres Danziger Instituts ausgeführt.

Abb. 34.

Ihr Ziel war, die Größenordnung der Luftwiderstände von Fahrgastschiffen im Vergleich zum Wasserwiderstand und Grenzwerte für allenfallsige verbesserte Formen festzustellen. Dazu war die in Abb. 33 in Längs- und Querschnitt skizzierte Versuchsanordnung völlig ausreichend, obwohl sie, als offener Kanal

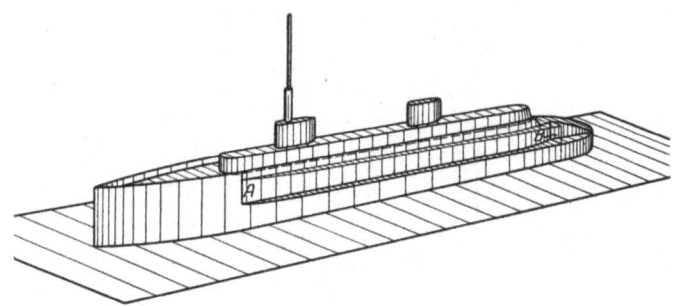

Abb. 35.

für andere Zwecke gebaut, von Anfang an überholt und daher seit Übernahme durch Verfasser zum Umbau (Eiffelsche Düse mit Kreislauf) bestimmt war.

Für Vergleiche standen zur Verfügung:

a) Modell des Fahrgastdampfers „York", erbaut von F. Schichau, Danzig, in üblicher, lackierter Schiffbauausführung, Abb. 34,

b) Modell eines Sonderentwurfes von Dr.-Ing. Pophanken-Berlin (weiterhin genannt „Modell P"), das einem Preisausschreiben entnommen ist und als Hauptziel äußerste Verringerung des Luftwiderstandes hatte, durch möglichst glatte

Formen (großen Rettungsponton über dem Heck statt einzelner Rettungsboote, glatte Lufteintritte statt der vielen Ventilatorköpfe usw. s. Abb. 35.) Die Eigenschaften dieser Sonderform an sich können hier unerörtert bleiben. Das Modell ist von Dr. Pophanken und Dipl.-Ing. Hoffmeister erbaut, welche die Vergleichsversuche anregten. Die Versuche selbst sind vom zweitgenannten Herrn 1923 nach Anregungen des Verfassers durchgeführt worden.

Der Modellmaßstab war = 1 : 50 für beide Modelle. Die Hauptabmessungen des Schiffes sind für beide Fälle gleich:

$$\begin{aligned}
\text{Länge zw. d. Pp.} \quad & L_{pp} = 140{,}56 \text{ m} \\
\text{Breite} \quad & B = 17{,}49 \text{ m} \\
\text{Tiefgang} \quad & T = 8{,}48 \text{ m} \\
\text{Deplacement (Seewasser)} \quad & D = 15\,600 \text{ t} \\
\text{Benetzte Oberfläche} \quad & \Omega = 4\,100 \text{ m}^2 \\
\delta \quad & = 0{,}74 \\
\text{Geschwindigkeit} \quad & \infty \quad 15 \text{ Sm/Std}
\end{aligned}$$

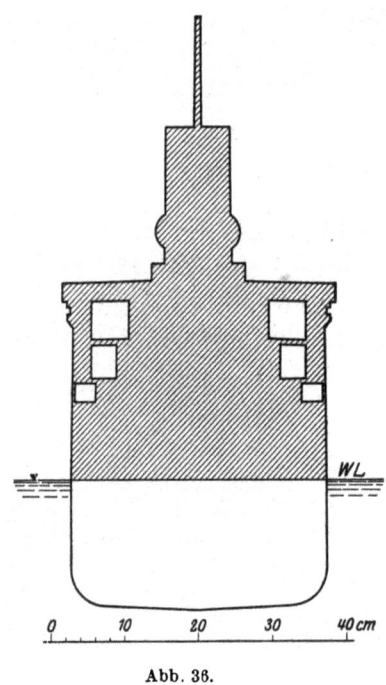

Abb. 36.

Versuchsanordnung: Zur Erhöhung der erzielbaren Windgeschwindigkeit und zur Unterbringung der Tragvorrichtung (2 Schwimmer, starr durch Brücken verbunden, je in einem Tank) wurde in den ursprünglich parallelepipedischen Kanal Abb. 33 eine schlanke, düsenartige Verengung eingebaut, welche den Unterwasserteil der Modelle abdeckte. Diese waren seitlich durch lange Spanndrähte festgehalten, konnten sich aber in der Längsrichtung um rd. 2 mm, entsprechend der einstellbaren Hubbegrenzung der Widerstandswage, bewegen. Die Abdichtung des Meßkanals gegen den durch Querschotten unterteilten Schwimmerraum erfolgte durch Labyrinthdichtungen mit 1—2 mm Spiel. Daß die Lage der wegen des hohen Modellgewichtes sehr umfangreichen Schwimmer durch allenfallsige Undichtigkeitsströmungen unbeeinflußt blieb, wurde sorgfältig festgestellt.

Die Widerstandswage (schematisch angedeutet) ist durch Spanndrähte mit Winkelhebel an den Bug angeschlossen, ein entsprechendes Gegengewicht an das Heck. Die Dehnung der Drähte wurde empirisch ermittelt und berücksichtigt. Windgeschwindigkeit und Staudruck wurden durch Pitotrohre gemessen.

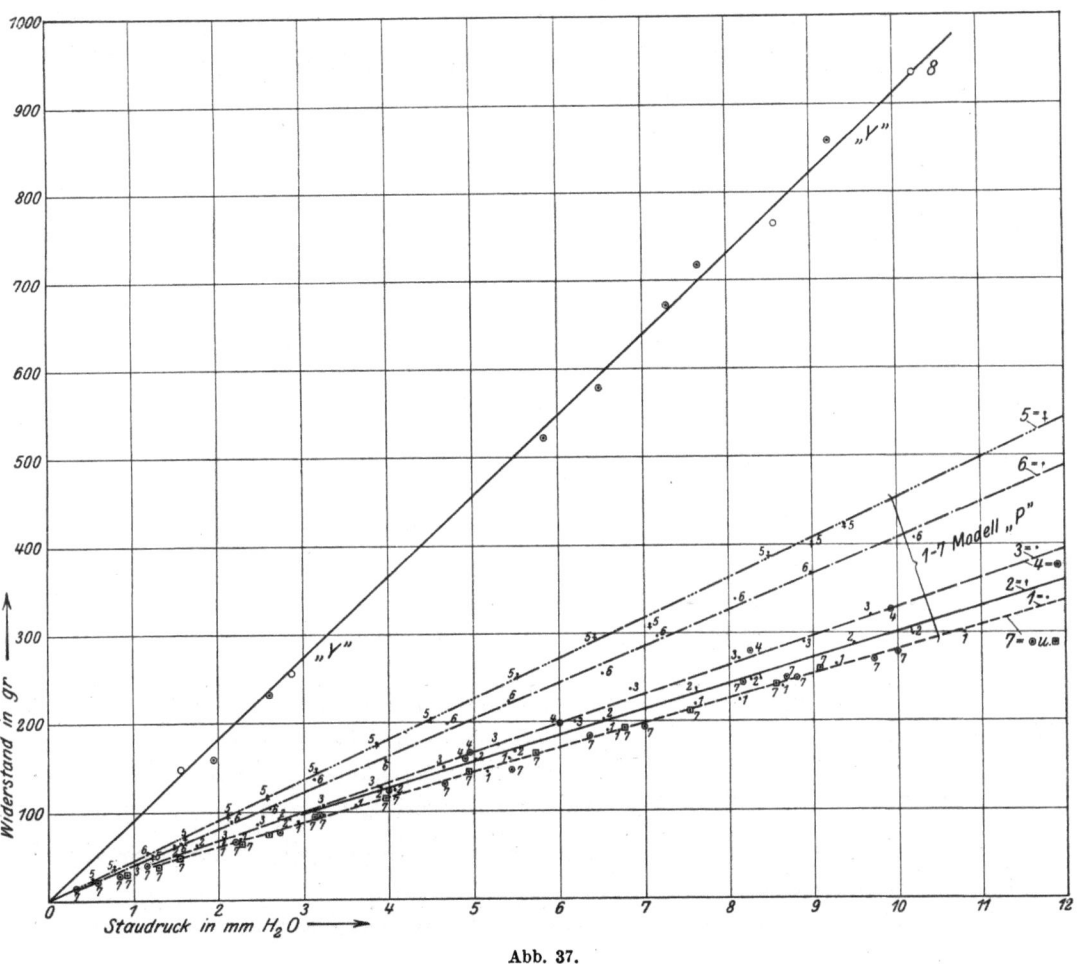

Abb. 37.

Erläuterung der Versuche:

A. Modell „York" (ohne Änderung). — Vgl. Abb. 34 (Ansicht) und Abb. 36 (Hauptspant unter und über Wasser).

Die Einzelkonstruktion entspricht der vom Norddeutschen Lloyd geübten Praxis. In Abb. 37 sind die Modellwiderstände über den Staudrücken q, d. h. auch den Geschwindigkeitsquadraten, gemäß Linie 8 bzw. „Y" aufgetragen.

$$q = \gamma v^2 / 2g.$$

(v = relative Windgeschwindigkeit, γ spezifisches Gewicht der Luft.)

B. Modell „P".

Hier wurden, um absichtlich einen idealen, praktisch nicht zu verwirklichenden Grenzfall zu schaffen, alle über Deck liegenden, stark vorspringenden Teile („Rauhigkeiten"!) mit Ausnahme des Schanzkleides weggelassen und das nur glatt gehobelte, nicht polierte oder lackierte Modell Abb. 35 in 7 verschiedenen Abänderungen untersucht, deren Modellwiderstände in Abb. 37 gleichfalls über den Staudrücken als Versuchsreihen 1—7 aufgetragen sind. Mehrere davon decken sich nahezu.

1. Grundform ohne jeden Anbau, insbesondere ohne die langen, keilförmigen, in Abb. 35 mit A, B bezeichneten Ausbauten; Luft-Hauptspant nach Abb. 38. Der Widerstand ist nahezu ebenso klein wie zu 7).

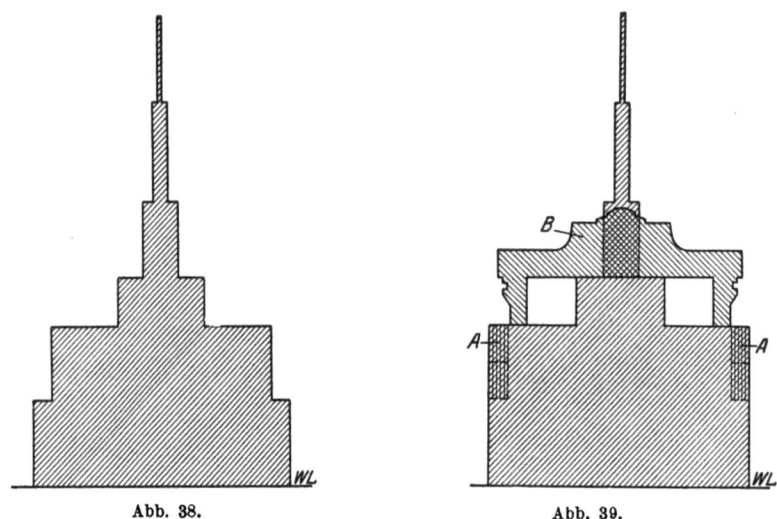

Abb. 38.   Abb. 39.

2. Grundform mit geschlossenen keilförmigen Ausbauten A, B (Abb. 35) für breitere Promenadendecks (entsprechend geschlossenen Schiebefenstern im Teil A, B). Hauptspant nach Abb. 39 mit senkrecht schraffiertem Teil A, jedoch ohne besondere Brücke B. Ausbau am achteren Ende durch ein Querschott stumpf abgeschnitten, Fläche desselben 85×85 mm. Dementsprechend: Widerstandsvermehrung.

3. Dieselbe Anordnung wie zu 2., jedoch mit eingeschnittenen Fensteröffnungen im keilförmigen Ausbau. Daher 2 Promenadendecks mit $2 \times 2 \times 70 = 280$ offenen Schiebefenstern gedacht. Fensteröffnungen 21×17 mm, Stege dazwischen 4 mm breit. Hinterwand des Ausbaues geschlossen. Linie 3 zeigt größere Widerstandsvermehrung (gegen 2) als der stumpf abgeschnittene Ausbau an sich.

4. Anordnung wie zu 3., jedoch Fenster auch in der Hinterwand des Ausbaues „geöffnet". Im ganzen $2 \times 2 \times 3 = 12$ Fenster mehr von derselben Größe. Widerstandsvermehrung liegt innerhalb der Fehlergrenzen der Versuchseinrichtung.

5. Anordnung wie zu 4., jedoch mit ähnlicher Brücke wie „York". Lufthauptspant nach Abb. 39 Schrägschraffur B. Kartenhaus am Modell 120 mm

lang, 135 mm breit (hinten), 72 hoch. Länge des Oberlichts auf dem Kartenhaus 60 mm. Ergibt die höchstgelegene Widerstandslinie (5) des Modells „P".

6. Anordnung wie zu 5., jedoch „Promenadendecksfenster" durch Überkleben wieder „geschlossen"; auch wurden statt der stumpfen Querschotte an den zu 2. genannten Ausbauten hinten abgerundete in die Luftheckform stetig übergehende Abdeckflächen (in Abb. 35 über den dort leerbleibenden Zwickeln bei B) angebracht. Gesamtlänge der Abrundung ca. 330 mm. Widerstände erheblich geringer.

7. Anordnung wie zu 6., jedoch ohne Brücke, also identisch mit 2. bis auf Abrundungen der Ausbauten (statt stumpfer Abschlüsse bei 2.).

Ergibt geringste Widerstände, jedoch nur unerheblich kleiner als 1. Daher wurde Linie 7 weggelassen.

Die vorstehende Zusammenstellung ergibt natürlich mehrere Kontrollen der Messungen, z. B. muß das Öffnen der Fenster angenähert dieselbe Differenz bei Versuch 3 gegen 2, wie bei Versuch 5 gegen 6 ergeben, unter Berücksichtigung der bei 6 gleichzeitig stattfindenden Widerstandsverminderung durch Abrundung des hinter dem Ausbau liegenden Zwickels usw.

Ergebnisse der Versuche:

Wenn man von der verschiedenartigen Ausführung der Modelle („York" glatt lackiert, „Pophanken" gehobelt ohne Nachglättung, teilweise Pappe) wegen ihres anscheinend geringen Einflusses absieht, so zeigt sich folgendes:

a) Der Verlauf der Widerstände bei den einzelnen Versuchsreihen ist für beide Modelle sehr angenähert linear mit dem Staudruck, d. h., die Widerstände wachsen (bei gleicher Luftdichte) mit dem Quadrat der Relativgeschwindigkeit des Windes. Eine leichte Tendenz zu einem Widerstandsgesetz mit einem Exponenten kleiner als 2, zeigt sich nur bei den kleinen Geschwindigkeiten der Reihen 1 und 7 des glatten Modells „P". Jedoch halte ich gerade in diesem Bereich die Versuchsanordnung nicht für genau genug, um dies zu entscheiden.

b) Der Ausbau des Modells „P" für die Verbreiterung der Promenadendecks ergibt bei geschlossenen Fenstern eine Widerstandsvermehrung (Reihe 2 gegen 1) von ca. 7% des Widerstandes von 1. Das Öffnen der Fenster in diesem keilförmigen Ausbau bei geschlossener Hinterwand ergibt eine neue Widerstandsvermehrung von rund 10%. Das Öffnen der Fenster auch in der Rückwand (Reihe 4 gegen 3) hat einen hier nicht merklichen Einfluß.

Der Aufbau einer Brücke mit Kartenhaus vergrößert den Widerstand gegen 2. um ca. 42%, gegen 3. bzw. 4. um ca. 38%.

Die Abrundung des Promenadendecksausbaues am hinteren Ende B verringert den Widerstand gegen 2. um rund 7%, ergibt also denselben Wert wie das Modell ohne den genannten Ausbau. Die Reibungsflächen am hinten abgerundeten Ausbau und ohne Ausbau sind auch angenähert gleich.

c) Besonders interessant ist der Vergleich der Grenzfälle, d. h. der Grundform 1. von Modell „P" (ohne Ausbau und Brücke) mit dem gewöhnlichen Modell „York" (Reihe 8). Abb. 40 gibt die Lufthauptspanten für letzteres Schiff stark ausgezogen, für Modell „P" (Anordnung 1) strichpunktiert, ineinandergezeichnet.

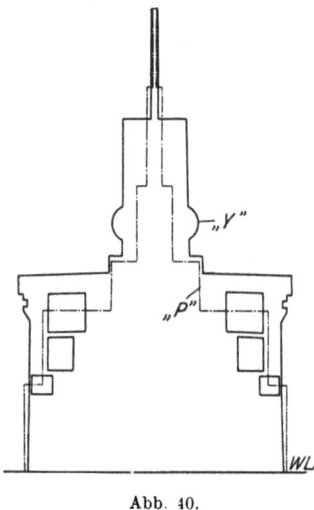

Abb. 40.

Die Messung gibt für das „York"-Modell den rund 3,25fachen absoluten Windwiderstand der glatten Grundform 1. von Modell „P", also ein Mehr von 225%. Die zwischenliegenden Kurven lassen erkennen, wie durch die Abweichungen von den strömungstechnisch günstigsten Formen allmählich der Widerstand immer weiter wächst. Er ist aber auch bei der ungünstigsten Anordnung Nr. 5 von Modell „P" immer noch um die Hälfte kleiner als der von „York". Das deutet also darauf hin, daß ein außerordentlich großer Anteil des Widerstandes durch die hintereinander liegenden, immer wieder von neuem sich auftürmenden „Rauhigkeiten" gröbster Art, Rettungsboote, Ventilatorköpfe, Takelage, Ladegeschirr, Deckshäuser usw. erzeugt wird. Auch die plumpen kreisrunden Schornsteine sind ja z. B. bei hochwertigen Kriegs- und Handelsschiffen seit Jahrzehnten als schädlich erkannt und durch bessere ovale Formen ersetzt.

Widerstandskoeffizienten c_w und Reynolds'sche Kennziffer Z.

Der Geschwindigkeitsbereich, in welchem die Modelle untersucht wurden, lag etwa zwischen 3—13 m/sec. Um Vergleiche mit bekannten Luftwiderstandszahlen anderer Körper ziehen zu können, sei die eingangs erklärte Reynoldssche Vergleichszahl[1]) $Z = \dfrac{v \cdot d}{\nu}$ folgendermaßen definiert:

Man denke sich die verschiedenen schraffierten Lufthauptspantflächen der Anordnungen 1—8 je in einen Halbkreis oberhalb der Wasserlinie verwandelt und nehme für d dessen Durchmesser; für v ist natürlich die relative Windgeschwindigkeit einzusetzen. Die Größenordnung für ν lag etwa bei 0,15 cm²/sek. Es dürfte so dem Umstand Rechnung getragen sein, daß die Strömung einseitig durch die Wasseroberfläche begrenzt ist. Damit ergab sich ein Bereich von $Z = 1,0 \cdot 10^5$ bis $4,5 \cdot 10^5$.

Die nachstehend angegebenen, der üblichen Widerstandsformel $W = c_w F q$ (wobei F Lufthauptspantfläche, q Staudruck) entnommenen Luftwiderstandszahlen c_w zeigen sich, entsprechend dem quadratischen Widerstandsgesetz, nur wenig veränderlich, weshalb ihre Angabe für $Z = 400000 = 4,0 \cdot 10^5$ genügen mag, nämlich für

Modell „Pophanken" (Reihe 1—7) „York"

Reihe	1	7	2	3	6	5	8
$c_w =$	0,335	0,315	0,335	0,37	0,385	0,43	0,91
gesetzt =	100%	94%	100%	110%	115%	128%	271%

[1]) S. Seite 299.

Diese Zahlen liefern etwas andere gegenseitige Vergleichsziffern als die früher angegebenen Vergleiche der absoluten Widerstände, da bei letzteren die unterschiedlichen Lufthauptspanten F noch nicht berücksichtigt waren.

Interessant ist der Vergleich der vorliegenden Zahlen c_w mit denen anderer regelmäßiger Körper, nach Versuchen Eiffels und der Göttinger Anstalt, bei gleicher Kennziffer $Z = \dfrac{v \cdot d}{\nu} = 400000$, z. B. Kreisscheibe, senkrecht zur Fläche angeblasen $c_w = 1{,}12$; desgl. abgeplattetes Rotations-Ellipsoid ($d/l = 1/0{,}75$) $c_w = 0{,}58$; Kugel $0{,}20$; längliches Rotations-Ellipsoid ($d/l = 1/1{,}8$) $c_w = 0{,}07$; bestes Luftschiffmodell ohne Gondeln (Fuhrmann) $0{,}057$; achsial angeblasener Kreiszylinder ($l = 1{,}3 d$) $c_w = 0{,}9$; quer angeblasener unendlich langer Kreiszylinder $c_w = 0{,}8$—$0{,}3$ (kritischer Übergang), und endlich quer angeblasener Kreiszylinder ($l = 5 d$) $c_w = 0{,}5$ — $0{,}3$ (ebenfalls kritisch).

Größe des Windwiderstandes im Vergleich zum Wasserwiderstand.

Die Kenntnis der beiden Größenordnungen ist deshalb grundlegend, weil nach ihnen die Frage zu entscheiden ist, ob es sich rechnerisch-wirtschaftlich überhaupt lohnt, zugunsten des Luftwiderstandes auch nur die geringste Konzession baulicher oder betrieblicher oder ästhetischer Art zu machen.

Bei den üblichen Handelsschiffen wird, bisher wenigstens, kaum eine Rücksicht auf den Windwiderstand genommen.

Die Umrechnung vom Modell auf Naturgröße unter Benutzung der durch die Versuche ermittelten Widerstandszahlen c_w darf nur dann nach dem quadratischen Widerstandsgesetz erfolgen, wenn für c_w in beiden Fällen angenähert derselbe Wert zu erwarten ist. Das ist nur dann der Fall, wenn zwischen den Kennziffern Z des Modells und der Naturgröße keine kritische Reynoldssche Zahl liegt, wie sie bei stumpf abgerundeten Körpern (Kugeln, Ellipsoiden usw.) auftreten, wobei die Wirbelform und damit auch c_w sich schnell, oft sogar sprungartig, ändern[1]. Hat das Modell jedoch scharfe Kanten, an welchen die Wirbelablösungsstellen eindeutig festliegen, so darf auch die Strömungsform und damit die Widerstandszahl c_w sehr angenähert konstant genommen werden, was bei „York" zweifellos der Fall ist.

Nach der zuverlässigsten Berechnungsmethode von Taylor für den Wasserwiderstand und nach den vorliegenden c_w-Werten für den Luftwiderstand ergibt sich in absolut ruhiger Luft:

Geschwindigkeit		Wasserwiderstand kg „York" u. „P"	Luftwiderstand in kg bzw. in %		
Sm	m/S		„York"	„P" Reihe 7	„P" Reihe 5
12	6,18	25 000	540 = 2,15%	168 = 0,66%	274 = 1,09%
15	7,73	41 400	850 = 2,05%	257 = 0,62%	418 = 1,01%

Der mögliche Gewinn liegt sonach hier in der Größenordnung von 1%, bezw. 4% oder 9% bei dem unten erörterten Gegenwind.

---

[1] Vgl. Kapitel V (Wirbel- und Wellenwiderstand) und die Erscheinungen der „hollows" und „humps" infolge verstärkter Wellenbildung beim Wasserwiderstand.

Es zeigt sich also vor allem, daß die übliche Schätzung des Luftwiderstandes zu ungefähr 2% (hier 2,1%) des gesamten Wasserwiderstandes für SS. „York" in ruhiger Luft bei 12—15 Sm zutrifft.

Windstille ist allerdings auf der Nordsee, im Kanal wie auf dem Atlantischen und anderen Ozeanen nur ausnahmsweise zu erwarten; durchschnittlich ist dort mit erheblichen Windstärken zu rechnen. Der Windwiderstand wächst aber in den vorliegenden Fällen mit dem Quadrate der relativen Windgeschwindigkeit. Ist die Geschwindigkeit des Gegenwindes gerade entgegengesetzt gleich der Schiffsgeschwindigkeit (rd. 7,7 m/sec bei 15 Kn), so ist die Relativgeschwindigkeit die doppelte, der Widerstand der 4fache. Der Anteil des Windwiderstandes im Vergleich zum Wasserwiderstand steigt daher auf rd. $4 \times 2 = 8\%$.

Beträgt aber die Gegenwindgeschwindigkeit das Doppelte = rd. 15,5 m, so ist die Relativgeschwindigkeit die 3fache, der Windwiderstand der 9fache, also sein Anteil rd. 18% des Wasserwiderstandes für ruhige See. Natürlich ändert sich dieser Prozentsatz bei schwerer See und stampfendem Schiffe, da dann auch der Wasserwiderstand sehr erheblich anwächst. Aber auch der Windwiderstand eines stampfenden Schiffes dürfte erheblich größer sein als der bei Normallage.

Diese Überlegungen gelten auch bei Fahrt schräg gegen den Wind, wobei die reinen Windwiderstände nicht geringer, aber insofern doppelt ungünstig sind, als durch die seitliche Abtrift ein zusätzlicher Wasserwiderstand durch Legen des Ruders hinzukommt.

Die genannten Ziffern gelten zunächst auch nur für verhältnismäßig niedriggebaute Schiffe vom Typ der „York". Die modernen großen transatlantischen Passagierschiffe ragen aber verhältnismäßig viel weiter über die Wasserlinie empor: Das Verhältnis Schiffshöhe zu Tiefgang, Lufthauptspant zu Wasserhauptspant, ist erheblich größer, daher auch das Verhältnis des Windwiderstandes zum Wasserwiderstand, das bei ganz großen Schiffen etwa den Prozentsatz von 3% bei Windstille, bzw. 12% bzw. 27% für die genannten Fälle von Gegenwind betragen mag.

Wenn man bedenkt, wie erbittert in Schiffbauerkreisen gelegentlich um Verluste oder Gewinne von 2—3% Maschinenleistung gestritten worden ist, so erscheint die seinerzeitige Anregung von Dr. Pophanken, im Schiffbau auch dem Windwiderstand durch Verbesserung der Überwasserformen Rechnung zu tragen, auch dann noch dankenswert und wohl zu beachten, wenn man die extremen Idealformen des Modells „P" nicht annimmt. Den Wert der Anregung darf man darin sehen, daß das Augenmerk des Schiffbauers überhaupt auf eine bisher unbeachtete erhebliche Verlustquelle und auf Beispiele positiver baulicher Maßnahmen zu ihrer Einschränkung gelenkt ist.

Nicht um die gezeigten Idealformen an sich zu empfehlen, sondern um die Größenordnung des Spielraumes, die Weite des Betätigungsfeldes aufzuzeigen, habe ich die einfachen Danziger Vergleichsversuche Ihnen ausführlich vorgelegt.

VII. Der Magnus-Effekt und seine Anwendung zur Propulsion.

Angeregt durch die Theorie Joukowskys für längliche, frei fallende Körper, die mit einer Drehbewegung um ihre Längsachse abgeworfen werden[1]), stieß ich 1913/14 bei Vorbereitung von Vorlesungsexperimenten durch systematische Variation unbewußt auf die Seitenkräfte, die ein um seine Achse rotierender glatter Zylinder in einer Translationsströmung quer zu dieser und quer zu seiner Achse, nach derjenigen Seite hin erfährt, wo Relativströmung und Drehbewegung sich addieren[2]). 1917 teilte mir Prof. Krüger, Greifswald, mit, daß dies der von Helmholtz' Lehrer Magnus 1853[3]) gefundene, aber nur wenigen Physikern bekannte Effekt bei der Seitenabweichung schnellrotierender Geschosse sei.

Der Versuch wird am einfachsten an einem Blechzylinder vorgenommen, der an einem dünnen, in Drehung versetzten (genügend oft tordierten, an der Decke od. dgl. befestigten oder durch die Zentrifugalmaschine angetriebenen) Draht aufgehangen ist, und in einem länglichen, leicht kippbaren Wasserbecken einer hin- und hergehenden Querströmung ausgesetzt wird.

Für Vorlesungsversuche eignet sich ein länglicher, am rotierenden Draht aufgehängter Papierzylinder, der nach einer Auslenkung höchst eigenartig der Lotrichtung ausweicht, indem er durch die Luftkräfte in einer sternkurvenartigen Bahn (Astroide) seitlich pendelnd herumgetrieben wird[4]).

(Vorführung)

Im genannten Propellervortrag (S. 426—428) habe ich wohl auch die erste strenge Erklärung und eine Erweiterung des Magnuseffektes gegeben; sie lautet dort:

„Im Lichte der Prandtlschen Grenzschichtentheorie gibt uns Abb. 41 (S. 338) eine Erklärung. Solange der Zylinder stillsteht, liegt der hintere Staupunkt bzw. die dort abgehende Wirbelschleppe aus Symmetriegründen in der Windrichtung. Die Rotation stört die Symmetrie und erteilt dem Körper, wie Maxwell sagt, eine „Polarisation"[5]), durch die man z. B. seine beiden kongruenten Enden voneinander unterscheiden kann. Dadurch wird den Grenzschichten auf der Oberseite das Eindringen in die hintere Stauzone erleichtert, denen der Unterseite erschwert. Die hintere Stauzone und die Ablösungswirbel rücken daher im Drehsinn herum und ergeben auch eine Seitenkraft.

Sonach verhält sich ein rotierender Zylinder hinsichtlich der Seitenkraft wie eine schräge Platte, die auch eine einseitige Richtung der Wirbelschleppe erzeugt.

---

[1]) Z. B. sehr längliche Kartonblätter, die fast immer in dieser Weise fallen. Siehe die berühmte Abhandlung Joukowskys: „De la chute dans l'air des corps légers de forme allongée, animés d'un mouvement rotatoire." Bull. de l'Instit. aérodyn. de Koutchino, fasc. I, 2 éd., Moscou 1912, S. 51.
[2]) Siehe Propellervortrag 1917, S. 396 und 426.
[3]) Magnus, „Über die Abweichung der Geschosse." Pogg. Annalen 1853, S. 1.
[4]) Die Versuche wurden ab 1914 in meinen Danziger Vorlesungen, ferner auf der Hauptversammlung 1917 und der des VDI, Berlin 1920, in meinem Vortrage: „Über die Analogien zwischen hydrodynamischen und elektrodynamischen Erscheinungen" vorgeführt.
[5]) Damit ist hier nur ein rein kinematischer Unterschied der Enden (Rechts- bzw. Linksdrehung bei Draufsicht) gemeint.

Eine für unsere Zwecke bestimmte Erweiterung des Experiments zeigt Abb. 42, wo ein großer und ein kleiner rotierender Zylinder durch einen losen Riemen verbunden sind, der die Seitenkraft aufnimmt. Hier erkennen wir schon eine

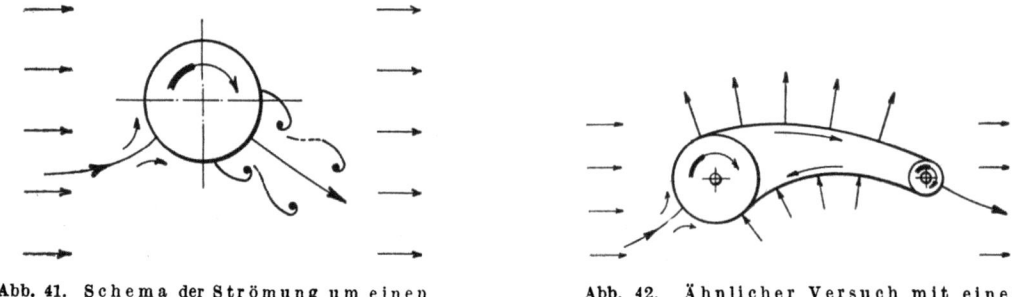

Abb. 41. Schema der Strömung um einen rotierenden Zylinder.

Abb. 42. Ähnlicher Versuch mit einem Riemen.

große Ähnlichkeit des Riemenbildes mit Turbinenschaufel- oder Propellerflügelformen.

Erst viel später als Magnus hat Lord Rayleigh die Theorie entwickelt für die verwandte Erscheinung der Seitenabweichung stark rotierender Tennisbälle und gefunden, daß das Zusammenwirken von Zirkulation und Translation

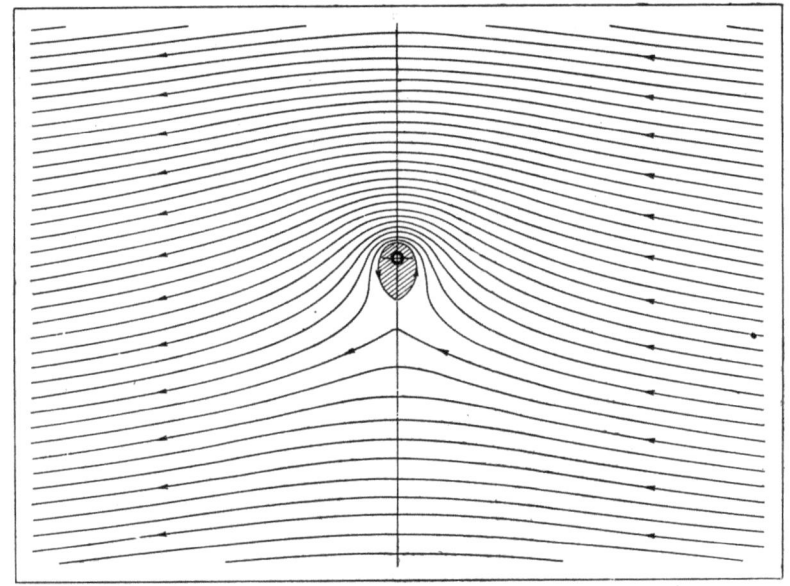

Abb. 43. Zusammensetzung von Translations- und Zirkulationsströmung für den Fall idealer Flüssigkeit. Beschleunigte Strömung oben, verzögerte Strömung unten.

auf der einen Flanke verminderten, auf der anderen vermehrten Druck, also eine resultierende Seitenkraft auch in reibungsfreier Flüssigkeit ergibt, daß daher das Vorhandensein einer Zirkulation eine hinreichende Bedingung für die Seitenkraft ist.

Was in idealer Flüssigkeit vorginge, zeigt Abb. 43 durch Vereinigung einer gewöhnlichen Strudelströmung mit einer von rechts ankommenden Relativtranslation.

Sie läßt auch die Vorgänge am Staupunkt erkennen, der die Spitze eines sackartigen, geschlossenen Bereiches bildet, in dem nur kreisende Flüssigkeit dauernd umläuft. Man kann sich diesen geschlossenen Bereich oder irgendeine innere geschlossene Stromlinie auch erstarrt denken (schraffiert gezeichnet) und erhält ein gewisses Idealbild einer Trag- oder Treibfläche (Propellerflügel, Turbinenschaufel). Ein flüssiger Wirbelkern könnte natürlich keine Seitenkraft dauernd aufnehmen.

Die genau entsprechende elektrodynamische Deutung dieser Bilder gibt die Störung eines homogenen Magnetfeldes (geradlinige Kraftlinien) durch einen dazu senkrechten Stromleiter (konzentrische kreisförmige Kraftlinien). Die auf den Leiter wirkende Kraft wäre proportional seiner betrachteten Länge, der Stromstärke und der Stärke des homogenen Magnetfeldes."

Bei dieser heute noch unverändert gültigen Erklärung ist also wesentlich, daß die äußersten Flüssigkeitsteilchen an der Wand „kleben" und deren Bewegung mitmachen, d. h. auf der Oberseite der Abbildungen durch die Bewegung der Wand im Sinne der Hauptströmung „vorgefahren", dagegen auf der Unterseite von der bewegten Wand, entgegen der Hauptströmung, zurückgestaut werden. Durch diesen lokalen Steuereffekt der Wandbewegung kommt die Unsymmetrie der Strömung zustande, womit sofort die Seitenkraft einsetzt.

Vielleicht dürfte nun die erste Anwendung des Magnuseffektes zur Propulsion eines Fahrzeugmodelles interessieren, entstanden aus Unterhaltungen über Propellerwirbeltheorie[1]) mit meinem leider allzufrüh verstorbenen Vorgänger und Marinekameraden, Prof. Dr. Gümbel, in den Jahren 1917 und 1918.

Gümbel stand damals — und nach neuerer Mitteilung befreundeter Mitarbeiter noch 1919 — der Kuttaschen Zirkulationstheorie ziemlich fremd und ablehnend gegenüber und betrachtete sie als stark formal, für Ingenieure kaum notwendig, so daß ich ihn immer wieder durch Hinweise auf die höchst drastischen Magnusversuche und die vielseitig ausführbaren Erprobungsmöglichkeiten vom Wert dieser Theorien zu überzeugen suchte.

U. a. verwies ich auf die unbedingte Möglichkeit, schräge Trag- oder Treibflächen, ja selbst Turbinenschaufeln und Propellerflügel experimentell durch rotierende Magnuszylinder („erstarrte Wirbelkerne") zu ersetzen.

Nach Kriegsende und Rückkehr an die Hochschule hat dann Gümbel durch eine Anzahl Experimente, teils in Gedanken, teils mit wirklichen Modellen, sich über die Wirbeltheorie der Propeller Klarheit zu schaffen versucht und darüber in der Zeitschrift „Schiffbau", Jahrgang 1919/20, S. 338—339, berichtet.

Die dort beschriebenen Modelle sind allerdings von ungleicher Stichhaltigkeit; das maßgebendste dürfte der vorliegende Magnuspropeller mit Rotorflügeln (Abb. 44 und 45) sein, der statt schraubenförmiger Flügel glatte radiale Zylinder besitzt, die beim Gang selber in relative Rotation um ihre radiale Achse versetzt werden. Das ist bei diesem Modell durch ein noch etwas unvollkommenes

---

[1]) Insbesondere den Vortrag des Verfassers l. c.

Kegelrädergetriebe bewirkt; es ließen sich natürlich erheblich wirksamere Getriebe einbauen.

Das „Fahrzeug" selbst (Abb. 45) ist ein Holzkasten, der den schönen Rankinestromlinien unserer früheren Bilder wenig entspricht. Das historisch immerhin merkwürdige Modell gehört unserer hiesigen Lehrmittelsammlung; angetrieben durch einen freundlichst geliehenen Siemens-Schuckertmotor, hat es zufriedenstellend gearbeitet.

Vielleicht ist es auch deshalb bemerkenswert, weil das Rotorprinzip damals für einen physikalisch und konstruktiv schwierigeren Fall angewendet wurde, als bei Parallelbewegung und fester Basis der Rotorachse. Hier rotiert diese

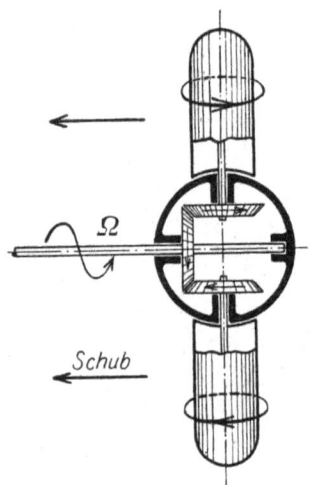

Abb. 44. Propeller mit relativ rotierenden Magnus-Flügeln (radialen Zylindern) statt schräger Flächen.

Abb. 45. Fahrzeug mit Magnus-Propeller.

Basis, die Propellernabe, selbst wieder um eine horizontale Achse, und senkrecht dazu rotieren die zylindrischen „Flügel". Außerdem liegt der ganze Mechanismus unter Wasser.

Selbstverständlich aber soll und kann die Erwähnung dieser Versuche dem Ruhme der Flettnerschen Arbeiten und Bestrebungen nicht den geringsten Eintrag tun; denn ehrlicherweise muß gesagt werden, daß weder Gümbel noch Verfasser damals irgendwie an eine technische Brauchbarkeit dieses Prinzips geglaubt haben; wir hielten die Modelle für eine gelehrte Spielerei, für hübsche Vorlesungsversuche, da uns die Größenordnung der damit erzielbaren Kräfte und Wirkungsgrade völlig unbekannt war.

Erst vor anderthalb Jahren erzählte mir Herr Anton Flettner, daß die Franzosen (insbesondere Lafay) schon vor 10 Jahren an rotierenden Zylindern erheblich höhere Auftriebsbeiwerte festgestellt hätten als bei gewöhnlichen Flügeln, ja, daß damals die Werte von guten Spaltflügeln erzielt worden seien. Erst nach solcher Kenntnis war der Gedanke an technische Fortschritte durch erfinderische Anwendung des Magnusrotors möglich. Den Verfasser hielt davon besonders die theoretische Befürchtung zurück, daß der dicke rotierende

Zylinder, durch starke Wirbelbildung an der Stauzone, schlechtere Gleitziffern c_a/c_w (= Auftriebs- zu Widerstandsbeiwert) als gute Flügel ergeben könnte.

Zwischen dem Besitz der prinzipiellen wissenschaftlichen Einsicht und der verantwortungsvollen technischen Anwendung liegt eben meistens noch ein sehr weiter Schritt. Das sei offen anerkannt, um der deutschen Erfindung des Rotorprinzips die Wege zu ebnen.

Wenn ich dennoch das historische Modell Gümbels hier vorgeführt habe, so geschah es, um dem Andenken meines allzufrüh geschiedenen Vorgängers am Schlusse dieser Antrittsvorlesung einen wissenschaftlichen Kranz zu weihen.

Erörterung.

Herr Dr.-Ing. Pophanken, Berlin:

Königliche Hoheit! Meine Herren! Herr Professor Föttinger hatte die Liebenswürdigkeit, der Versuche zu gedenken, die seinerzeit auf meine Anregung in Danzig entstanden sind. Es sei mir gestattet, kurz darauf zurückzukommen, einmal weil ich seit meinem Fortgang von Danzig keine Gelegenheit mehr gehabt habe, mich an der Durchführung der Versuche zu beteiligen, dann aber auch, weil meine eigenen Anschauungen über diesen Gegenstand inzwischen eine gewisse Ergänzung erfahren haben.

Ich glaube, man braucht in der Bewertung des Luftwiderstandes nicht unbedingt so weit zu gehen, daß man das extreme Modell benutzt, das in dem Vortrag vorgeführt wurde. Es lassen sich unter Beachtung folgender Regeln schon ganz gute Ergebnisse erzielen:

1. Bis zum Hauptdeck braucht der bisherige Schiffskörper kaum geändert zu werden. Das einzige wäre, daß man beim Kreuzerheck eine etwas spitzere Form über Wasser wählt.

2. Was die Aufbauten anlangt, so erscheint es mir notwendig, daß man bei Berücksichtigung des Windwiderstandes sich auf einen zusammenhängenden Aufbau beschränkt, einmal weil die Teile, die hinter den anderen liegen, durch die bereits begonnene Wirbelablösung einen größeren Widerstand erfahren, sodann, weil sich die Endaufbauten, besonders die Back, kaum mit Rücksicht auf den Windwiderstand günstig herstellen lassen.

3. Es ist natürlich erforderlich, daß man, wenn man schon den Luftwiderstand berücksichtigt, auch in die Einzelteile hineingeht und sämtliche Teile daraufhin durchsieht, wie weit man ohne Beeinträchtigung ihrer Verwendungsmöglichkeit gehen kann in der Verringerung des Luftwiderstandes. Ich bin der persönlichen Überzeugung, daß da mit durchgreifenden Änderungen bedeutende Verbesserungen erzielt werden können. Da sind die Takelage, das Ladegeschirr und vor allem die außerordentliche Zahl der Rettungsboote, die alle in ihrer Gesamtheit natürlich einen äußerst ungünstigen Einfluß auf den Widerstand ausüben. Bei einigen älteren Schiffen hat man den Eindruck, als ob diese über Wasser geradezu nach dem Prinzip des größten Widerstands konstruiert seien. (Heiterkeit.)

Endlich ist es notwendig, daß man auch besonders die Brücke, die ja am höchsten liegt und bisher eine ebene Fläche mit entsprechendem Widerstand bildete, näher betrachtet. Und das ist die einzige Bemerkung, die ich zu den an sich so exakt durchgeführten Versuchen, an denen mein Kollege Dipl.-Ing. Hoffmeister in hervorragendem Maße beteiligt ist, zu sagen hätte, daß diese Brücke, die allein 40% des Windwiderstandes ausmacht, in dieser Form natürlich bei einem auf Widerstand konstruierten Schiff keine Daseinsberechtigung hätte. Ich glaube auch, daß man diese 40% auf etwa 5—10% allerhöchstens durch geeignete konstruktive Maßnahmen ermäßigen könnte, so daß im ganzen ein sehr beträchtlicher Gewinn an Widerstand ohne grundlegende Umwälzungen zu erzielen wäre.

Herrn Professor Föttinger bin ich für das außerordentliche Entgegenkommen und die Initiative, mit der er diese Versuche aufgenommen hat, zu allergrößtem Danke verpflichtet. Ich gedenke dabei auch in Dankbarkeit der Danziger Hochschule, meiner Ausbildungsstätte, die stets eine Quelle technischen Fortschritts gewesen ist. (Lebhafter Beifall.)

Herr Prof. Dr. Weber, Berlin:

Meine Herren! Ich hatte nicht die Absicht, heute hier zu sprechen. Aber unter dem frischen Eindruck des anregenden Vortrages des Herrn Professor Föttinger wollen Sie mir gestatten, daß ich meinem verehrten Kollegen, der heute zum erstenmal an unserer Technischen Hochschule als neues Mitglied der Fakultät für Maschinenwirtschaft wirkt, meinen Gruß entgegenbringe.

Meine Herren! Der Herr Kollege Föttinger hat uns hier über die Grundlagen und über die Anwendung seines Wissensgebietes außerordentlich Bemerkenswertes vorgetragen. Die Strömungswissenschaft umfaßt sowohl die Strömungsphysik wie auch die Strömungsmathematik und die Strömungstechnik. Es gibt nur sehr wenig Menschen, die sich auf allen diesen Gebieten wirklich zu Hause fühlen, zumal von dem Betreffenden dann nicht nur verlangt wird, daß er forscht, sondern zugleich, daß er als Lehrer Erfolg habe.

Die alte klassische Hydrodynamik ging von der Vorstellung aus, daß in den Flüssigkeiten Reibung nicht vorhanden wäre; wir Älteren unter uns sind an den Technischen Hochschulen noch mit dieser klassischen Hydrodynamik groß geworden. Doch sie versagte in der Praxis gänzlich; denn sie fand z. B. als Ergebnis, daß, wenn ein Pfahl im unbegrenzten fließenden Wasser steht, die Stromlinien sich vorn und hinten in gleicher Weise zusammenschließen, und daß daher der Pfahl keine resultierende Druckkraft erleidet. Das war eine theoretische Folgerung aus der Voraussetzung, daß Reibung nicht vorhanden war. Wir wissen aber, daß der Pfahl im Wasser einen Widerstand erleidet, eben weil sich das Luv- und das Leebild wesentlich voneinander unterscheiden. Das konnte die alte Hydrodynamik analytisch aber nicht erfassen.

Ihr gegenüber stand das, was sich der Ingenieur in der Hydraulik durch den Versuch geschaffen hatte. Vor allem hat Weisbach eine auf erfahrungsmäßiger Grundlage aufgebaute technische Hydraulik geschaffen, die dem Ingenieur für die wichtigsten Fälle der Technik brauchbare, durch Versuche festgelegte Formeln und die zugehörigen Erfahrungsbeiwerte lieferte. Doch brachten diese Endergebnisse der Hydrauliker keine Aufschlüsse über die eigentlichen physikalischen Ursachen und über die Form der Strömungsbilder.

So standen sich jahrzehntelang zwei Richtungen gegenüber, bis unter der Führung von Helmholtz und Rankine eine ganz neue Wissenschaft einsetzte und die beiden — man möchte fast sagen — feindlichen Schwestern, die Hydrodynamik der Mathematiker und die Hydraulik der Techniker, einander näherbrachte. — All unser Wissen — und mag es sich auf noch so guter Beobachtung und scharfsinniger Überlegung aufbauen — ist unvollkommen und liefert uns nur ein angenähertes Bild der Wirklichkeit. Was wir heute in der Mechanik als die höchste Wissenschaft preisen und mit einer Genauigkeit bis auf 10 Dezimalen vielleicht festlegen, das werden wir in wenigen Jahren verbessern. Die Einsteinsche Relativitätslehre wird dann vielleicht wieder einer anderen vollkommeneren Auffassung Platz machen; das weiß ihr Begründer sehr gut. Und auch der Kollege Föttinger weiß, daß er in der Strömungswissenschaft auf dem Wege zur Wahrheit wohl einen großen Schitt vorwärts gekommen ist, aber keineswegs endgültig bis an das Ende derselben.

Unter den Männern, die bemüht waren, die beiden Richtungen der älteren Strömungslehre mehr und mehr zusammenzuführen und der Wahrheit näher zu bringen, ist vor allem der englische Physiker Osborne Reynolds zu nennen. Ein feiner physikalischer Kopf mit mathematischem Geschick und großem Verständnis für die Bedürfnisse der Technik, hat er für uns Ingenieure Hervorragendes geleistet, indem er z. B. das Wesen des Rollwiderstandes sowie der hydrodynamischen Vorgänge in Gleitlagern aufklärte. Sehr hoch bewerten wir heute seine bahnbrechenden Untersuchungen über laminare und über turbulente Strömung, sowie allgemein seine experimentellen und theoretischen Arbeiten über zähe Flüssigkeiten.

Dann haben uns zwei Mathematiker vorwärts gebracht: Kutta und Joukowsky, welche lehrten, daß von einer strömenden idealen, also reibungsfreien Flüssigkeit dennoch eine Druckkraft auf den in ihr befindlichen Körper ausgeübt wird, wenn sich dem Translationsstrom eine Zirkulation überlagert.

Ganz besondere Verdienste um die Aufklärung der Strömungsvorgänge in der Nähe der Oberfläche von Körpern, in der sog. Grenzschicht, hat sich aber Prandtl und eine Reihe von Mitarbeitern in Göttingen erworben: er hat seit Jahren durch seine zahlreichen experimentellen und theoretischen Untersuchungen auf allen Gebieten der Aero- und Hydrodynamik dem deutschen Namen hohe Ehren eingebracht. — Das Ziel der Strömungslehre ist letzten Endes: es soll im voraus für ein Profil, für einen Propeller, für irgendeine Fläche oder einen Körper angegeben werden, welche Auftriebs- oder Widerstandskräfte in Wasser oder Luft entstehen.

Meine Herren! Die allgemeine Mechanik hat an der Technischen Hochschule zugleich die Aufgabe, die Hydro- und die Aeromechanik in den Grundlagen mitzulehren. Trotzdem die Mechanik die 4 ersten Semester in Anspruch nimmt, ist es den Studierenden mangels ausreichender Zeit nicht möglich, in die größeren Tiefen der Hydro- und Aerodynamik weit einzudringen und sich die zugehörigen schwierigen mathematischen Gebiete und technische Anwendungen zu eigen zu machen. Hier setzt eben die neue Wissenschaft, die Strömungslehre, ein. Vor allem soll diese Strömungswissenschaft auf gesunder physikalischer Grundlage aufgebaut werden; und daß dies mit Erfolg geschieht, das verbürgt uns der Herr Kollege Föttinger. Wir haben auch gesehen, mit welchem Geschick er die mathematischen Methoden beherrscht und wie erfinderisch er im Bau neuer mathematischer Geräte ist. Und dann: er ist Ingenieur, er hat uns im Schiff- und im Schiffsmaschinenbau schon oft durch seine Ingenieurtaten erfreut.

Wenn ich auch nicht den Auftrag dazu erhalten habe, so möge mir doch gestattet sein, den Herrn Kollegen Föttinger im Namen seiner Magnifizenz des Herrn Rektors und im Namen der Fakultät für Maschinenwirtschaft hier herzlich zu begrüßen als neues willkommenes Glied dieses Hauses, in der Erwartung, daß er seine fruchtbringende Arbeit an unserer Technischen Hochschule fortsetzen und zugleich auch für unsere Schiffbautechnische Gesellschaft weiter recht ersprießlich wirken möge. (Lebhafter Beifall.)

Herr Dr.-Ing. Kempf (Hamburgische Schiffbau-Versuchsanstalt):

Gestatten Sie, meine Herren, daß ich der Aufforderung von Herrn Professor Föttinger nachkomme und Ihnen ganz kurz an der Hand eines Diapositivs über die Ergebnisse von Versuchen berichte, welche dazu dienten, den Wellenwiderstand vom Gesamtwiderstand abzutrennen bei einer Torpedobootsform. Die Versuche mit einem gespiegelten Modell, wie sie Herr Professor Föttinger im obersten Teile seines Bildes darstellte, verdanken einer Anregung von Herrn Professor Föttinger ihre Ausführung. Die Mittel zu den Versuchen sind in dankenswerter Weise von der Gesellschaft der Freunde und Förderer der Hamburgischen Schiffbau-Versuchsanstalt bewilligt worden.

Ich bitte, das Bild zu zeigen. Das gewählte Modell, eine Torpedobootsform von 3,8 m Länge, ist auf dem Bilde unten schematisch dargestellt. Es wurde auf der dort angegebenen Wasserlinie geschleppt. Die Widerstandskurve dieser Form ist durch den Pfeil gekennzeichnet, sie zeigt den Gesamtwiderstand des an der Oberfläche fahrenden Modells. Unten sind die Modellgeschwindigkeiten aufgetragen. Sie sehen ungefähr bei 2 m in der Sekunde Geschwindigkeit den Einfluß der Welle deutlich hervortreten. Der Reibungswiderstand wurde nach Froude berechnet und ist in der zweiten Kurve von unten dargestellt. Nun wurde die Unterwasserform des Modells als gespiegeltes Doppelmodell ausgeführt. Sie sehen es auf dem Bilde oben schematisch dargestellt. Diese Form — das doppelte Modell — wurde dann 500 mm unter Wasser geschleppt und der Widerstand untersucht. Es ergab sich zunächst als Gesamtwiderstand dieses Körpers unter Wasser die oberste Kurve. Davon mußte naturgemäß der Stützenwiderstand abgezogen werden. Dieser ist in der untersten Kurve dargestellt. Nachdem der Stützenwiderstand abgezogen war, mußte der Widerstand halbiert werden, weil es ja ein Doppelmodell war. Dann ergab sich die gesuchte Kurve als **halber Widerstand des unter Wasser fahrenden Doppelmodells**. Nun kann man die einzelnen Widerstände getrennt ablesen, den Reibungswiderstand, dann den Wellenwiderstand als Unterschied des Gesamtwiderstandes zu dem halben Widerstande des unter Wasser fahrenden

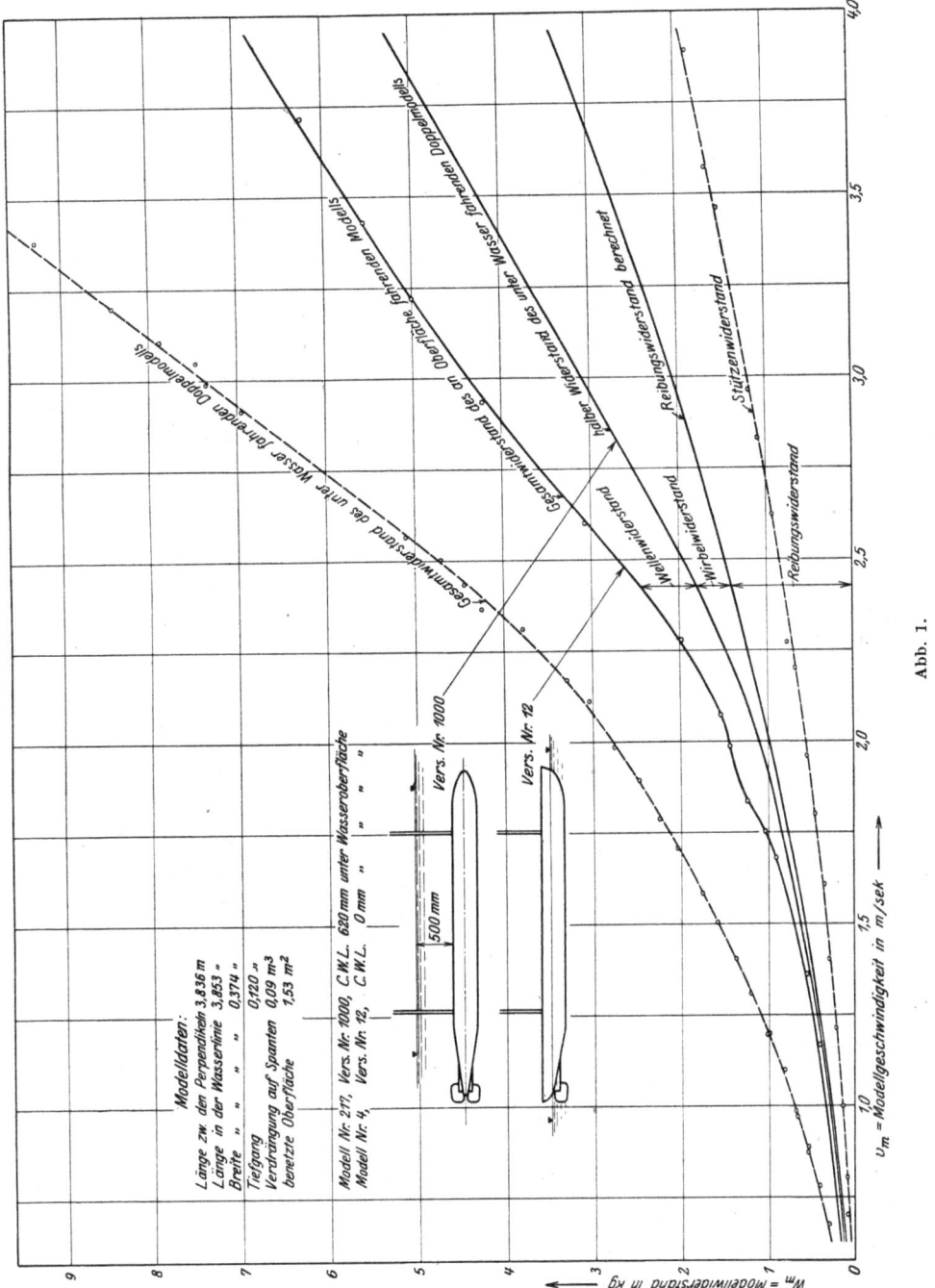

Abb. 1.

Doppelmodells und schließlich was übrigbleibt, ist dann der Wirbelwiderstand der Form. Es ergibt sich daraus, daß in diesem Falle der Wellenwiderstand ungefähr doch 25% Anteil am Gesamtwiderstand hat, obwohl es eine sehr schlanke Torpedobootsform ist.

Die Versuche sind in den letzten Tagen ausgeführt worden. Eine Fortsetzung der Versuche mit dem Ziel, wie unter Umständen der Wellenwiderstand zu verringern ist, war indessen bisher nicht möglich. Es ist aber vielleicht nicht aussichtslos, daß man darüber noch weitere Versuche anstellt. (Lebhafter Beifall.)

Herr Marinebaurat Schlichting, Wilhelmshaven:

Meine Herren! Als Vertreter des praktischen Schiffbaus, der jahrelang sich mit hydrodynamischen Problemen beschäftigt hat, möchte ich noch ganz besonders betonen, daß die schiffbauliche Hydrodynamik außerordentlichen Gewinn seit jeher von den tiefgründigen Untersuchungen gehabt hat, die Herr Professor Föttinger in einer Lebensarbeit ausgeführt und zu einem guten Teil hier vorgetragen hat. Herr Professor Föttinger hat nicht nur anregend auf den Schiffbau, sondern auch auf die Aerodynamik dadurch gewirkt, daß er die Probleme der Strömungslehre für die Aufgaben dieser beiden Techniken dienstbar zu machen suchte.

Im übrigen möchte ich mir gestatten, noch auf eine Seite des Problems kurz hinzuweisen, die hier erörtert worden ist, nämlich auf das Problem des Wirbelwiderstandes und im besonderen auf den Windwiderstand der Schiffe, und zwar mit einer Bitte an Herrn Professor Föttinger, uns darüber noch Auskunft geben zu wollen, wie weit ungefähr die Übertragbarkeit des aus dem Modellversuch gewonnenen Ergebnisses auf das Großschiff reicht. Allgemein glaube ich, ist Herr Professor Föttinger mit mir der Ansicht, daß die Wirbelwiderstände, am Modell untersucht, erheblich größere prozentuale Anteile ausmachen als am Großschiff, eine Tatsache, die in der Árodynamik auch bei Untersuchungen über den Anhängewiderstand, über den Widerstand von Stützen berücksichtigt ist, z. B. in der Untersuchungsanstalt von Herrn Professor Ludwig Prandtl dadurch, wie mir wenigstens aus früheren Untersuchungen her bekannt ist, daß er bei einem Doppeldeckermodell älterer Art, wo die beiden Doppeldecks durch Stützen verbunden sind, die Stützen durch Bleche ersetzte, also durch Bleche, die der Flugzeugmodelltiefe nach von einer Stütze zur anderen reichten, um gewissermaßen eine längere Ausdehnung der Stützen zu erhalten und dadurch ihren Effekt relativ ähnlicher zu gestalten demjenigen, der am Großfahrzeuge auftritt. Auch von Froude her ist ja die Tatsache bekannt, daß die Reibungs- bzw. Wirbelwiderstände mit der Abnahme der Dimensionen spezifisch außerordentlich zunehmen. Man muß dieser Tatsache ins Auge sehen und sie auch in Betracht ziehen, wenn man die Modellversuche, die uns hier vorgeführt wurden, an dem Dampfer auf ihre praktische Bedeutung abschätzen will. Das kleine Modell wird infolge der kleinen Anhänge, der kurz dimensionierten Anhänge einen vielleicht verhältnismäßig viel höheren Widerstand erfahren als unter gleichen Umständen das Schiff.

Ich würde Herrn Professor Föttinger sehr dankbar sein, wenn er uns in die Frage einen gewissen Einblick geben würde, wie hoch dieser Unterschied wohl zu bewerten ist.

Dasselbe gilt natürlich auch für das, was Herr Dr. Kempf eben vorgetragen hat. Wenn er den Wirbelwiderstand dort, sagen wir von etwa derselben Größe wie den Wellenwiderstand, berechnet, dann trifft das für das Modell ohne weiteres zu. Aber wie hoch er prozentual sich bei dem Großschiff stellt, ist eine nach meiner Ansicht noch ungelöste Frage, womit ich aber nicht die sehr interessante Durchführung und auch nicht das im Prinzip sehr interessante Ergebnis des Versuchs herabsetzen möchte. (Beifall.)

Herr Prof. Dr.-Ing. H. Föttinger, Berlin (Schlußwort):

Meine Herren! Ich danke den Herren Vorrednern herzlichst für die unseren Danziger Arbeiten gezollte Anerkennung, die wohl teilweise das Maß des Verdienten erheblich übertraf. Wegen der großen Not Danzigs konnten wir ja erst seit kaum 2 Jahren vorwärts arbeiten und daher nur erste Anfänge darbieten.

Zunächst möchte ich allen Schiffbauern die Verfolgung der Pophankenschen Vorschläge bezüglich des Windwiderstandes der Schiffe wärmstens empfehlen, natürlich nicht in extremen Formen, sondern vernünftig, ingenieurmäßig.

Herrn Kollegen Dr. Weber danke ich besonders für die freundlichen Begrüßungsworte zu dieser Antrittsvorlesung. Wir haben die gemeinsame Aufgabe, den jungen Studierenden und Ingenieuren Gebiete zu erschließen, die nicht mehr eindimensional, mit dem „mittleren Wasserfaden", sondern zwei- und dreidimensional zu bewältigen sind und die bisher fast nur analytisch behandelt wurden mit relativ hohen mathematischen Methoden. Ihre Übersetzung ins Technische sollte das Ziel von dreien meiner Vortragskapitel sein. Es sind nur Akte der Selbsthilfe, da die meisten Berufsmathematiker sich lieber mit höheren Problemen befassen.

Herrn Dr. Kempf danke ich hier nochmals für sein liebenswürdiges Entgegenkommen und für die Vorführung der Versuchskurven des ersten Schleppversuchs zur Trennung von Wellen- und Wirbelwiderstand. Die Resultate scheinen durchaus plausibel, aber — und damit komme ich zu den Fragen von Herrn Marinebaurat Schlichting — wir können natürlich noch heute nicht sagen, ob jede Einzelziffer ganz genau „stimmt", ob die Tauchtiefe von 500 mm genügt usw. Das läßt sich nur durch Extrapolation ermitteln.

Die wichtigste Frage Herrn Baurat Schlichtings, ob die Wirbelwiderstände am Modell mehr ausmachen als am Schiff, läßt sich durch Versuche über die Reynoldschen Kennziffern der im Vortrag genannten „kritischen Bereiche" bei unseren Schiffsformen beantworten. Seit der Eiffelschen Entdeckung an Kugeln hat man jedenfalls die Gefahren dieser kritischen Gebiete für alle Modellversuche ständig im Auge, und der Weg zu planmäßiger Forschung ist vorgezeichnet. Auf keinen Fall darf die kritische Stelle zwischen Modell- und Großversuch liegen.

Allerdings wird diese Durchforschung im kleinen wie im großen keine leichte und kurze Arbeit sein, aber es ist immer wundervoll, so ganz ins Volle hineingreifen zu können und eine solche Fülle grundlegender Betätigung für unsere Forschungsanstalten vor sich zu sehen!

Gestatten Sie mir zum Schlusse, daß ich auch an dieser Stelle meinen Mitarbeitern, Dipl.-Ing. Nippert und Hoffmeister (Danziger Assistenten), Pabst (Privatassistent) und Eicke (Berliner Assistent) für ihre treue und aufopfernde Hilfe nochmals meinen herzlichsten Dank ausspreche! (Lebhafter Beifall.)

Vorsitzender Herr Geheimrat Prof. Dr.-Ing. Busley:

Meine Herren! Herr Professor Föttinger zählt zu unseren beliebtesten Rednern. Er hat uns schon zu wiederholten Malen in fesselnden Vorträgen das Wichtigste aus seinem Forschungsgebiete enthüllt. Auch heute sind wir mit der größten Aufmerksamkeit seinen Ausführungen gefolgt. Ich hoffe, Sie stimmen mir alle bei, wenn ich ihm unseren wärmsten Dank ausspreche. (Lebhafter Beifall.)

Besichtigung.

XV. Die Borsigwerke in Tegel.

Von
Konrad Meyer, Berlin.

Im Anfang, noch ehe es außer Mensch und Tier irgendein Verkehrsmittel zur Überbrückung unbekannter Entfernungen gab, war das Schiff. Es schuf eine Verbindung über bahnlose Ströme und stürmische Meere, erspähte ferne Straßen und Länder, schuf die ersten Beziehungen mit noch unerreichten Völkern und wurde so ein wichtiger Kulturfaktor. Die Anfänge einer Schiffbautechnik, soweit man von einer solchen überhaupt schon reden kann, bildeten sich naturgemäß in den Ländern heraus, deren geographische Lage der Schiffahrt günstig war und auf das Meer hinwies. So ist Germanien, in dessen Süden die aufsteigende Mauer der Alpen eine fördernde Verbindung mit Italien hemmt, schon früh unter den seefahrenden Nationen zu finden. Trotz der Hindernisse der Natur und der wechselvollen Schicksale des germanischen Reiches hat sich das Streben unserer Vorfahren nach Seegeltung lebendig erhalten und im Laufe der Jahrhunderte zur weltgeschichtlichen Machtstellung des deutschen Volkes an einer der ersten Stellen unter den Seemächten geführt.

In Deutschland fallen die ersten Erfolge einer wirksamen Betätigung auf dem Gebiet des Schiffs- und Schiffsmaschinenbauwesens in das neunzehnte und zwanzigste Jahrhundert. Unter den Pionieren und Förderern der Schiffstechnik verdient auch der Name des Mannes genannt zu werden, der in allen Zweigen der Maschinenbaukunst schon zu den ersten seiner Zeit gehörte: Albert Borsig. In den sechziger Jahren des vorigen Jahrhunderts beschritt er den Weg des Wasserbaues mit dem Bau eines eisernen Schwimmdocks und der Abschlußtore für ein Trockendock. Auch Maschinen für Kriegs- und Handelsschiffe gingen aus dem Berliner Eisenwerk hervor; die Lieferung der Maschinenanlage der beiden Kanonenboote „Blitz" und „Basilisk" wurde für Rechnung der deutschen Marine ausgeführt. In unserem Zeitalter der gesteigerten Dampfspannungen und -temperaturen können wir uns eines leisen Lächelns bei dem Gedanken nicht erwehren, daß die Kolbenmaschinen der genannten Schiffe für einen Betriebsdruck von $1^1/_2$ at gebaut waren, für die damalige Zeit eine anerkannte Leistung. Das Borsigsche Werk stellte auch die ersten größeren, aus Bronze gegossenen Schiffsschrauben her und war bei Ausbruch des Krieges 1870 imstande, neben dem Bau von Stahllafetten für die preußische Artillerie die Lieferung einer Anzahl von Torpedos und Seeminen durchzuführen.

Die wirksame Beteiligung an der Entwicklung unserer Industrie und schon damals führende Stellung der Firma findet eine Erklärung im Werdegang des Hauses A. Borsig.

Den Grundstock zu den heute bestehenden Werken in Tegel und Borsigwerk-Oberschlesien legte im Jahre 1837 August Borsig, der nach Erlernung des Zimmerhandwerkes im Jahre 1823 zur Erweiterung seiner Kenntnisse an das Königliche Gewerbeinstitut nach Berlin ging und bis zum Jahre 1837, zuletzt als selbständiger Betriebsleiter, in der Egellsschen Maschinenfabrik arbeitete. Nach-

Abb. 1. Das Tegeler Werk vom Flugzeug aus gesehen.

dem er sich eine für die damalige Zeit sehr erhebliche Summe von 11 000 Talern mit Zähigkeit und Beharrlichkeit des Wollens erspart hatte, war er an seinem festgesetzten Ziel angelangt, eine eigene Fabrik zu gründen. Er erwarb am Oranienburger Tor unmittelbar neben der Egellsschen Fabrik ein Grundstück, auf dem er zunächst einige provisorische Bauten aufführte. Die mit rund 50 Arbeitern und Lehrlingen eröffnete junge Fabrik stellte alle möglichen Gußteile her: Brücken- und Treppengeländer, Gitter, Bau- und Kunstguß, wie beispielsweise die vier Löwen auf der Löwenbrücke im Berliner Tiergarten, und — als die Aufträge in größeren Gegenständen anfingen knapp zu werden — auch kleinere Stücke, wie Bilderrahmen und Schreibzeuge. Die ersten Arbeiten galten auch dem Dienst der Eisenbahn, dem neuen Verkehrsmittel, das August Borsig bald zu seinen großen Erfolgen verhelfen sollte. Er stellte für die damals im Bau begriffene Berlin-Potsdamer Eisenbahn Schienenstühle her und war auch mit der Lieferung von kleinen, zum Erdtransport verwendeten Eisenbahnwagen gut beschäftigt, die zum großen Teil nach seinen eigenen Entwürfen gebaut wurden. Nach kurzer Zeit schon war das Werk August Borsigs so gut fundiert, daß er an sein eigentliches Arbeitsziel herangehen konnte. Er hatte nach dem Beginn der Eisenbahnbauten in Deutschland, deren Bedeutung für die allgemeine Wirtschaftslage er bald erkannte, den Plan gefaßt, mit den Engländern und Amerikanern bei der Lieferung von Lokomotiven in Wettbewerb zu treten. Am 24. Juli

Abb. 2. Gruben- und Hüttenwerke Borsigwerk O./S. vom Flugzeug aus gesehen.

1841 konnte die erste Borsig-Lokomotive ihre Probefahrt auf der Berlin-Anhalter Bahn antreten. Wenn dieser Lokomotive auch noch ein amerikanisches Vorbild zugrunde lag, zeigte sie doch schon wesentliche Verbesserungen nach eigener Erfindung ihres Erbauers. Die Schwierigkeiten, denen sich August Borsig zuerst gegenübersah, wurden langsam, aber sicher beseitigt, und es darf als wohlverdienter Sieg des Borsigschen Unternehmens angesehen werden, daß noch innerhalb eines Jahrzehntes die preußischen Eisenbahngesellschaften 69 Lokomotiven, die in einem Jahr neu beschafft wurden, mit Ausnahme von zwei Maschinen bei Borsig bestellten.

Die Rückwirkung auf die Entwicklung des Betriebes blieb nicht aus. Die Steigerung des Absatzes von zahlreichen Lokomotiven und Dampfmaschinen für

Textil- und Zuckerfabriken, Mühlen und Holzsägereien hatte eine rasche Vergrößerung und Ausdehnung des Unternehmens zur Folge. Schon 1844 war die Belegschaft von anfangs 50 Leuten auf 1100 Arbeiter angewachsen. Nun galt es noch, sich von der Beschaffung des sehr teuren ausländischen Materials — namentlich Stabeisen, Bleche und Schmiedestücke für den Lokomotivbau mußten aus bestem Qualitätseisen hergestellt sein — freizumachen. August Borsig setzte seinen Entschluß 1847 in die Tat um: er erbaute in Moabit, damals einem unbedeutenden Vorort, durch wüste Sandstrecken von Berlin getrennt, ein Eisenwerk, das bald in der Lage war, neben dem eigenen Betriebe auch fremde Werke mit ausgezeichneten Rohstoffen zu versorgen. 1849 war der Bau dieses ersten Eisenhüttenwerkes in Berlin vollendet; ein Jahr später erfolgte zur Vergrößerung des Werkes der Ankauf einer Maschinenfabrik, die bisher in der Kirchstraße in Moabit von der Kgl. Seehandlung betrieben worden war.

Der unfehlbare Instinkt August Borsigs, alle Erfordernisse der Wirtschaftlichkeit zu erfassen, zeigt sich am besten darin, daß er mit klarem Blick die Notwendigkeit erkannte, auch in der Herstellung der Rohstoffe sein eigener Herr zu sein. Dazu fehlte noch die Kohle. Kurz vor seinem Tode pachtete er in Oberschlesien einen Grubenkomplex von mehreren Steinkohlenfeldern, um hier Schächte zur Förderung von Steinkohlen zu bauen. Es war ihm nicht mehr vergönnt, diese Pläne zur Ausführung zu bringen. Am 7. Juli 1854, zwei Wochen nach Vollendung seines 50. Lebensjahres, setzte ein Schlaganfall seinem arbeitsreichen Leben ein Ziel.

Albert Borsig zeigte, daß er ein würdiger Verwalter des väterlichen Erbes war. Es war für den erst 25 jährigen keine leichte Aufgabe, ein Werk, das 1850 Menschen beschäftigte, auf der Höhe zu halten und weiter zu entwickeln. Albert Borsigs Fürsorge galt in gleicher Weise dem Lokomotivbau, der in immer steigendem Maße Lieferungen für das Ausland ausführen konnte, wie auch den anderen Zweigen des Maschinenbaues. Dampfmaschinen bis zu beträchtlichen Abmessungen, Bergwerksmaschinen, Dampfkessel, Pumpenanlagen für städtische Wasserwerke und Kanalisationsanlagen sind Zeugen der Tüchtigkeit ihres Erbauers und seines geschäftlichen Ruhmes. Auf die Erfolge Albert Borsigs in der Schiffs- und Wasserbautechnik ist bereits hingewiesen worden. Hier sei noch erwähnt, daß die Firma A. Borsig die erste war, welche den Bau von ortsfesten und Schiffsmaschinen mit zweifacher Expansion nach dem Verbundsystem, späterhin mit dreifacher Expansion in drei bzw. vier Zylindern aufnahm. Hauptziel seiner Tätigkeit war aber vom Augenblick an, wo er an die Spitze des Unternehmens trat, die Durchführung der Pläne, die sein Vater mit den oberschlesischen Pachtungen hatte. So steht vor den Augen der Gegenwart das Berg- und Hüttenwerk „Borsigwerk" als Albert Borsigs Eigenschöpfung. Die Borsigwerker Anlagen, die auch heute noch für das Tegeler Werk Kohlen- und Eisenbasis darstellen, wurden im Laufe der Jahre erweitert und bilden heute ein in sich abgeschlossenes Unternehmen. Außer dem Hüttenwerk, welches rund 5000 Arbeiter und 400 Beamte umfaßt und in welchem mehrere Hochöfen Stahleisen, Puddelroheisen, Hämatit- und Spiegeleisen erblasen, verfügt das Borsigwerk über zwei Kohlengruben, die im Jahre 1854 aus dem Gräflich von Ballestremschen Besitz gepachtete „Hedwigswunsch-Grube" mit einer Förderung von über 800 000 t im Jahre und einer Belegschaft von rund 4000 Mann und die im Jahre 1867 käuflich erworbene „Ludwigsglück-Grube" mit einer Förderung von rund 400 000 t im Jahre bei einer Belegschaft von rund 2000 Mann. In einem aus 5 Martinöfen von 26—40 t Fassung bestehenden Stahlwerk und in einer Stahlformgießerei mit zwei kleineren Öfen können jährlich etwa 120 000 t Rohblöcke und etwa 4000 t Stahlformguß erzeugt werden. Während das Stahlwerk Brammen bis zu 15 t und Schmiedeblöcke bis zu 50 t Einzelgewicht in

Abb. 3. Schiffssteven.

bester Qualität herstellt, liefert die Stahlformgießerei mit der ihr angegliederten Bearbeitungswerkstatt u. a. als Spezialität Lokomotivstahlguß in hochwertigster Beschaffenheit. Das Blechwalzwerk hat eine Reversier-Grobstrecke von 3,5 m Ballenlänge, auf der Brammen bis 6000 kg Stückgewicht gewalzt werden, eine Mittelstrecke für Mittelbleche und eine Feinstrecke für dünne Bleche bis zu 2 mm Stärke abwärts mit den erforderlichen Nebeneinrichtungen; es können im Jahre 36—40 000 t Bleche erzeugt werden. Das Stabeisenwalzwerk ist in erster Linie für die eigenen weiter verarbeitenden Betriebe in Borsigwerk und in Tegel beschäftigt und liefert neben Schweißstabeisen aus eigener Puddelei für den Verkauf in erster Linie Siemens-Martin-Flußeisen-Qualitäten und Handelseisen, wie Rund- und Quadrateisen, Winkel- und Flacheisen. Im Preß- und Bördelwerk werden jährlich ca. 2—3000 t Preßfabrikate aller Art wie Kesselböden,

Diffuseurböden- und Hauben, Kochkessel, Härtetiegel und Lokomotivkümpelteile für das In- und Ausland mit hydraulischen Pressen und einer großen Anzahl von Bearbeitungsmaschinen hergestellt. Die Wassergasschweißerei verfügt über Einrichtungen zur Herstellung von überlappt geschweißten Rohren für Wasser-, Dampf-, Gas- und besonders für Turbinenleitungen und geschweißten Kesseln und Apparaten für die chemische und Nahrungsmittelindustrie, für Brennereien, Brauereien, Zuckerfabriken usw. In einer geräumigen Halle ist das Dampfhammerwerk und die Pressenschmiede untergebracht. Hier werden Halbzeug in Rund-, Flach- und Vierkantstangen und Fassonstücke für Schiffs- und allgemeinen Maschinenbau aus Siemens-MartinStahl, Nickel- und Chromnickelstahl geschmiedet. Für Stücke bis etwa 40 t Blockgewicht ist ein großer Dampfhammer von 15 000 kg Bärgewicht bei 3 m Fallhöhe vorhanden. Die Durcharbeitung erfolgt mittels einer rein hydraulischen Schmiedepresse mit 2300 t Arbeitsdruck. Angeschlossene Härterei und Vergütungsanlagen ermöglichen die Veredlung der Qualitäten. Das Bandagen- und Ringwalzwerk dient zur Walzung von nahtlosen Ringen, wie Winkel- und Flachringe verschiedenster Abmessungen, Radreifen für Lokomotiven, Tender, Eisenbahnwagen, Laufkräne und andere Fahrzeuge. Eine mit allen erforderlichen Spezialmaschinen ausgestattete Radsatzfabrik stellt Lokomotiv- und Tenderradsätze für alle Spurweiten her, Achsen, Treib- und Kuppelzapfen aus Spezialeinsatzmaterial und naturhartem Siemens-Martin-Stahl. In enger Anlehnung an das Hammerwerk vollenden die mit den modernsten Arbeitsmaschinen ausgerüsteten mechanischen Werkstätten die dort rohgeschmiedeten Stücke. Hierher gehören Kurbelwellen aller Art und Größe, komplette Schiffsruder, Pleuelstangen (alles auch in den Tegeler Werkstätten hergestellt, siehe Abb. 3 und 6), Traversen, Balanciers usw., und als Spezialität Kenterschäkel als Kettenverbindungsglieder. Seit langen Jahren erzeugt das Borsigwerk die bekannten patentgewalzten Schiffsankerketten, mit denen ein großer Teil von Linienschiffen und Kreuzern der deutschen und österreichischen Marine sowie Neubauten unserer Handelsmarine ausgerüstet sind; von den letzteren sind beispielsweise die von Blohm & Voß erbauten Riesen der Imperatorklasse zu nennen.

Die üblichen handgeschweißten Ketten werden in der Weise hergestellt, daß man jedes Kettenglied aus einem Rundeisenstabe zusammenbiegt, so daß die beiden entsprechend abgeschärften Enden aufeinander zu liegen kommen. Diese Verbindungsstelle wird dann auf Schweißhitze erwärmt und zusammengeschweißt. Die Schwierigkeit einer tadellosen Ausführung dieser Schweißstelle wächst naturgemäß mit der zunehmenden Eisenstärke ganz erheblich, und es gibt kein Mittel, durch das man feststellen könnte, ob eine Stelle wirklich durch und durch geschweißt hat. Die üblichen Prüfungsverfahren erstrecken sich immer nur auf die Bruchbelastung einzelner Glieder. Die Reckprobe der ganzen Kettenlänge beweist nicht, daß alle Glieder in der Schweißung gesund sind, weil auch eine Fehlschweißstelle wohl die Recklast, aber nicht wiederholte außergewöhnliche Beanspruchungen aushalten kann. Die Tatsache, daß der bei weitem größte Teil der Kettenbrüche in der Schweißstelle erfolgt, beweist, daß die Schweißstelle in jeder Kette ein schwacher Punkt ist, der vermieden werden muß. Eine geradezu ideale Lösung ist das Verfahren, nach welchem die Borsigkette hergestellt wird. Es besteht darin, daß ein Flacheisenstab aus bestem Schweißeisen, der auf Schweißhitze erwärmt ist, unter starkem hydraulischen Druck über einen kreisrunden Dorn zu einem Ringe aufgewickelt wird. Der Ring, von zunächst quadratischem Querschnitt, wird dann ebenfalls unter hohem Druck zu rundem Querschnitt ausgewalzt und darauf auf einer Gesenkpresse in die elliptische Form des fertigen Kettengliedes gepreßt, wobei gleichzeitig der Steg

Abb. 4. Kettenwalzwerk III Borsigwerk, Oberschlesien.

eingesetzt wird, auf den das erkaltende Glied unlösbar aufschrumpft. Durch dieses erste Kettenglied wird in derselben Weise ein neuer Ring aus Flacheisen aufgewickelt, rund gewalzt, elliptisch gepreßt und mit Steg versehen und so entsteht in der gleichen Fortsetzung des Verfahrens eine beliebig lange Kette, durchweg aus gewalzten Gliedern, von denen kein einziges eine Querschweißstelle aufweist. Ausführliche Einzelheiten sind im Schiffbautechnischen Jahrbuch 1909, S. 149 im Vortrag von Baurat Krause-Berlin „über Borsigketten und Kenterschäkel" enthalten.

Auch Albert Borsig war leider ein viel zu frühes Ende seines Schaffens beschieden. Er starb zu Beginn seines 50. Lebensjahres, im Jahre 1878. Das Ergebnis seiner Arbeit geht daraus hervor, daß die wesentlich vergrößerten technisch vollkommenen Fabrikanlagen mit Einschluß der oberschlesischen Werke damals 3500 Angestellte und Arbeiter zählten und allein auf dem Gebiete des Lokomotivbaues in den 24 Jahren unter Albert Borsigs Leitung die Zahl der gelieferten Lokomotiven von 500 auf 3100 stieg.

Mit seinem Tode schienen auch Glück und Erfolg das Unternehmen verlassen zu wollen. Zum ersten Male nach einer Reihe von Jahren ununterbrochenen Aufstiegs trat unter der Leitung eines testamentarisch eingesetzten Kuratoriums, das an Stelle der noch unmündigen Kinder Albert Borsigs amtierte, ein Rückschlag ein, der durch ungünstige Verhältnisse infolge Verstaatlichung der preußischen Eisenbahn sogar zu dem Entschluß führte, den Bau von Vollbahnlokomotiven einzustellen. Erfreulicherweise kam dieser Beschluß nicht zur Durchführung, weil eine große Reihe von Eisenbahnverwaltungen festes Vertrauen zu der Güte und

Abb. 5. 1 E 1-Heißdampf-Tender-Lokomotive der Deutschen Reichsbahn-Gesellschaft.

Leistungsfähigkeit der Firma hatten, und Neubestellungen auch weiterhin aufgaben. Immerhin war doch ein erheblicher Rückschritt in den jährlichen Leistungen der Firma Borsig zu verzeichnen. Der frühere große Zug kam erst wieder, als im Jahre 1894 die drei Brüder Arnold, Ernst und Conrad Borsig die Geschäftsleitung in die eigene Hand nehmen konnten.

Arnold, den ältesten, dem von seinen Lehrern ungewöhnliche Fähigkeiten und eiserner Fleiß nachgerühmt wurden, riß ein tragisches Geschick mit 30 Jahren aus unermüdlicher Arbeit. Nachdem er eben die Grundlagen zur Erweiterung der Werke in Oberschlesien gelegt hatte, wurde er mit fünf seiner Angestellten das Opfer eines Grubenbrandes, als sie einfuhren, um Untersuchungen über dessen Ursache anzustellen.

Ernst und Conrad Borsig, die bei Gelegenheit des 50. Geburtstages Kaiser Wilhelms II. den erblichen Adel erhielten, benutzten das reiche Erbe, das ihnen zugefallen war, um in Tegel bei Berlin ein völlig neues Werk zu errichten, das in bezug auf technische Einrichtungen, Werkzeugmaschinen und Transportmöglichkeiten auf der Höhe der Technik stand. Um dies zu erreichen, besuchte Ernst von Borsig in Begleitung geeigneter Fachmänner aus dem Kreise seiner Ingenieure eine große Anzahl hervorragender Fabriken des In- und Auslandes und entsandte mehrere seiner technischen Beamten zu ausgedehnten Studienreisen nach England und Amerika. Unter Verwendung dieser Studien entstanden die Entwürfe für die neue Fabrik, deren Bau im Frühjahr 1896 begonnen wurde, und die bereits im Herbst 1898 in vollen Betrieb kam.

Der Ruf von der mustergültigen Einrichtung und dem vorbildlichen Betrieb des neuerstandenen Werkes verbreitete sich in Fachkreisen mit großer Schnelligkeit und hatte den Besuch zahlreicher Gäste aus In- und Ausland zur Folge. Die Schiffbautechnische Gesellschaft bezeugte ihr Interesse an dem Werdegang der Borsigwerke in Tegel durch einen im Jahre 1900 erfolgten Besuch ihrer Mitglieder

Abb. 6. Zweihübige Schiffskurbelwellen.

und Teilnehmer an der Hauptversammlung. Ein Vierteljahrhundert später, gegen Ende des Jahres 1924, wiederholte die Schiffbautechnische Gesellschaft die Besichtigung der Tegeler Werkstätten. 25 Jahre steter Entwicklung durch gute und trübe Perioden hindurch sind eine große Spanne Zeit: was damals modern war, ist heute veraltet und hat teilweise nur noch historischen Wert. Dem Gange des Betriebes und der Fabrikation folgend, besuchten die Teilnehmer der ersten Besichtigung das Kesselhaus, in dem 13 Heine-Wasserrohrkessel den Betriebsdampf von 10 at Spannung erzeugten, welchen sie der unmittelbar daneben befindlichen Kraft- und Lichtzentrale und den Dampfhämmern zuführten. Die Zentrale enthielt 3 Dampfdynamos mit einer Leistung von je 440 kW, ferner einen kleinen Dampfdynamo derselben Konstruktion von 110 kW und eine Akkumulatorenbatterie mit einer Kapazität von 1700 Ampèrestunden. Die drei großen Dynamos waren angetrieben von je einer stehenden Dampfmaschine mit der

„neuen Collmannsteuerung" am Hochdruckzylinder und mit Kolbenschiebersteuerung am Niederdruckzylinder. Die Zuführung der Kohle für das Kesselhaus, wie übrigens auch fast aller Rohmaterialien erfolgte zum größten Teil zu Wasser und konnte je nach Bedarf durch einen Uferkran am Tegeler See oder auch durch Karren bewerkstelligt werden. Inzwischen haben sich die Verhältnisse geändert. Wo früher der Wind vom See her über eine freie Fläche strich, ist heute eine moderne Hafenanlage geschaffen worden. Die Zuführung der Rohmaterialien erfolgt weiterhin in der Hauptsache auf dem Wasserwege. Elektrisch betriebene Uferkräne erleichtern das Be- und Entladen der Schleppkähne. Eine Tiefbunkeranlage für Kohlen und Koks mit elektrischer Kohlenförderanlage faßt etwa 8000 cbm, der anschließende Kohlenplatz rund 25 000 cbm. Die Beschickung der Kraftanlage des Kesselhauses, der Hammerschmiede und einer Generatorenanlage ist sowohl vom Tiefbunker und Kohlenplatz, wie auch unmittelbar aus dem zu Wasser oder mit der Bahn ankommenden Fahrzeug möglich. Die Kraftzentrale des Werkes besteht aus drei Borsig-Steilrohrkesseln von je 500 qm und zwei Steilrohrkesseln von je 300 qm Heizfläche, einem Borsig-Gruppenrohrkessel von 400 qm Heizfläche, sämtlich bei einem Drucke von 16 at, einem Schmidt-Borsig-Steilrohr-Hochdruckkessel von 300 qm Heizfläche mit 60 at Dampfspannung und 425° Überhitzung, aus 6 Dampfturbinen von zusammen 8000 kW, 3 stehenden Kapsel-Dampfmaschinen von je 450 kW, 2 liegenden Luftkompressoren und einem Wärmespeicher. Die Anlage gewährt weitestgehende Verwertung des Abdampfes der Dampfhämmer. Bemerkenswert ist auch ein Hochdruckkompressor, der von einer Dampfmaschine von 60 at Betriebsdruck angetrieben wird, eigenes Erzeugnis der Firma Borsig und die erste in Deutschland im Betrieb befindliche Maschine von so hohem Betriebsdruck.

Abb. 7. Hydraulische Nietmaschine von 7 m Maulweite.

In den 25 Jahren seit der Jahrhundertwende haben sich auf dem vorher in kluger Voraussicht weiträumig bebauten Grundbesitz von 57 ha, wovon heute etwa 18 ha bebaut sind, die Hallen nach und nach enger zusammengeschlossen. Große moderne Bauten, ganze Werke für sich, wurden aufgeführt, von denen besonders eine neue Kesselschmiede für ortsfesten Dampfkessel- und Behälterbau für die chemische Industrie zu erwähnen ist, während sich in den von diesen Erzeugnissen früher eingenommenen Räumen der Lokomotivkesselbau weiter entwickelt hat.

Eine Nietmaschine von 7 m Maulweite und 70 t Gewicht, die größte Europas, ermöglicht das Nieten von Kesseln bis zu größten Abmessungen. Ein weiteres Außenwerk ist die neue Lokomotiv-Reparaturwerkstätte und eine Bodenfläche von etwa 16 000 qm. Sie verfügt über 39 Lokomotivstände und eine Schiebebühne von 21 m Länge und 160 t Tragfähigkeit.

An den Bau von Bürogebäuden mit mehr als 4 oder 5 Stockwerken dachte 1900 wohl noch kein Mensch. Heute steht inmitten des Werkes ein 65 m hohes, zwölfstöckiges Turmhaus, das zur Aufnahme einer Reihe von Betriebsbüros bestimmt und nach Entwürfen von Prof. Schmohl-Berlin, unter Mitwirkung des Baubüros der Firma Borsig erbaut ist. Bis weit über den Tegeler See

Abb. 8. 2000-t-Schmiedepresse mit Turbinentrommel für ein Kriegsschiff.

hinaus grüßt es als Wahrzeichen des Werkes, dem Tegel seine Entwicklung verdankt.

Bei der Bearbeitung der einzelnen Maschinenteile spielt die Fräserei eine besonders wichtige Rolle. Im Lokomotiv-Rahmenbau und der Kesselschmiede arbeiten etwa 100 Werkzeugmaschinen, darunter bemerkenswert große und schwere Rahmenfräsmaschinen für die Barrenrahmen moderner Lokomotiven.

An der Südseite der durch das Werk gehenden Hauptstraße liegt unweit des Hochhauses die Eisengießerei. Sie umfaßt eine Grundfläche von 7200 qm, hat eine jährliche Leistungsfähigkeit von etwa 12 000 t Form- und Maschinenguß und kann Gußstücke bis zu 70 000 kg Reingewicht herstellen. Sie besitzt 6 Kupolöfen mit automatischer Beschickung und die erforderlichen Nebenmaschinen. Die Metallgießerei erzeugt aus 5 Metallschmelzöfen jährlich etwa 1000 t Bronze-

358 Besichtigung.

und Rotguß. Eine Grundfläche von 7200 qm ist für das Stahlwerk vorgesehen, in welchem 2 Siemens-Martinöfen von je 18 t Fassungsvermögen, ein Tiegelstahlofen von 2 t und eine Bessemerbirne von 2 t Inhalt arbeiten. Sie stellt alle für die Maschinenfabrik erforderlichen Stahlqualitäten her, besitzt eine Wassergaserzeugungs- und Vergütungsanlage und produziert jährlich etwa 30 000 t Blöcke im Gewichte von 0,8—18 t. Die Stahlformgießerei leistet monatlich 100 t im Stückgewichte bis zu 10 t. Das Walzwerk besitzt eine Triostraße mit 2400 mm

Abb. 9. 12 stöckiges Bürogebäude im Tegeler Werk.

Walzenlänge und 715 m Walzendurchmesser. Seine tägliche Leistung beträgt etwa 100—120 t Knüppel von 200 bis 80 mm im Quadrat. In der Hammerschmiede arbeiten auf einer Grundfläche von etwa 8000 qm Dampfhämmer bis 3000 kg Bärgewicht, 5 Fallhämmer und eine große Anzahl anderer Maschinen, darunter 7 hydraulische Schmiedepressen bis zu 2200 t Preßdruck mit 200 at Betriebsdruck. Ihre Leistungsfähigkeit stellt sich auf etwa 9000 t Schmiede- und Preßstücke im Jahr. Ihr ist eine neue Hammerschmiede mit 8 Dampfhämmern angegliedert. Die beiden Preßwerke besitzen eine Jahresleistung von etwa 3000 t und zusammen eine Grundfläche von ca. 14 000 qm. In dem neuen Preßwerk befindet sich die Winkelschmiede mit dem Eisenlager. In der Lokomotivmontage sind 45 Lokomotivstände vorgesehen, die eine Jahresproduktion von 600 Lokomotiven ermöglichen. In drei Stockwerken von je 4300 qm Grundfläche mit über 600 Werkzeugmaschinen befindet sich der Einzelteilbau, welchem in der Hauptsache die Bearbeitung von Lokomotiveinzelteilen obliegt. Im 4. Stockwerk ist die Lehrlingswerkstätte untergebracht, in der an etwa 100 Werkzeugmaschinen bis zu 400 Lehrlinge ausgebildet werden können. Diesen Hauptwerkstätten schließen sich eine Reihe von Spezialwerkstätten an, wie der Lokomotivzylinderbau, die Stehbolzendreherei, der Kreiselpumpenbau, der Rohrleitungsbau, die Schraubendreherei, die Tischlerei und Zimmerei, das Modellager und drei Magazine. Die Verladehalle für den Bahnversand nimmt eine Bodenfläche von etwa 1650 qm ein. Einen nicht zu unterschätzenden Bestandteil der Werkanlage

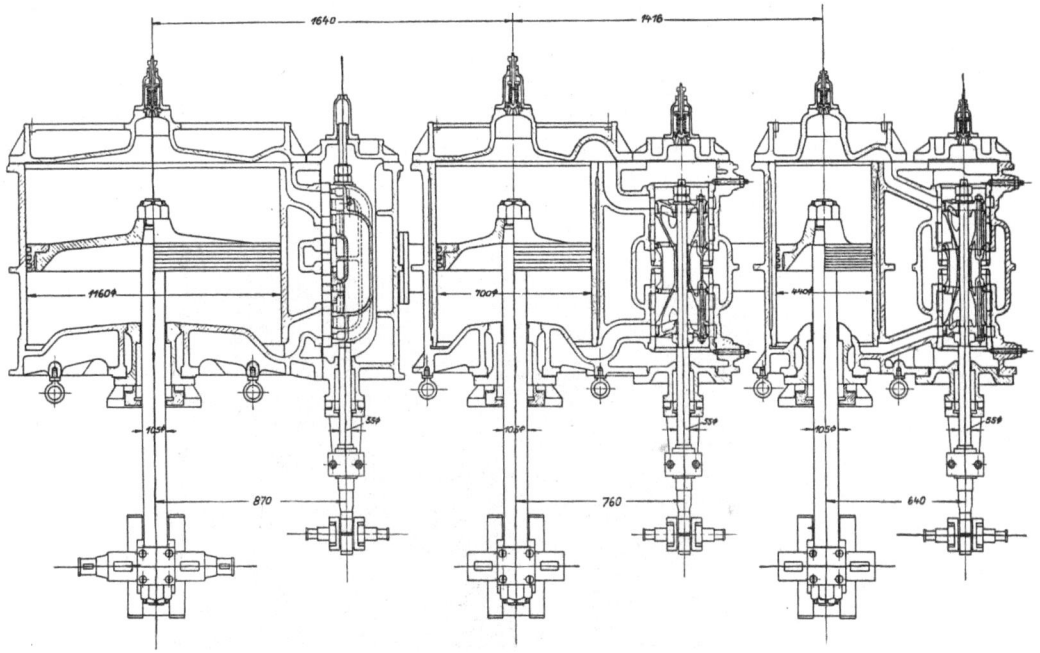

Abb. 10. Zylinderschnitte einer Dreifach-Expansions-Schiffsmaschine mit Schiebersteuerung, Bauart Hochwald.

bilden drei Laboratorien für chemische, metallographische und physikalische Untersuchungen der im Betriebe verwandten Rohstoffe und Halbfabrikate. — Die Liste der Erzeugnisse, die mit dem Firmenschild Borsig in alle Welt hinausgehen, ist mit der Zeit sehr umfangreich geworden. Im allgemeinen Maschinenbau hat sich die Firma seit ihrer Begründung mit der Herstellung von ortsfesten Dampfmaschinen befaßt; seit dem Kriegsende auch mit dem Bau von Schiffsmaschinen. Die Firma Borsig hat sich bereits durch zahlreiche Aufträge an dem Wiederaufbau unserer Handelsflotte beteiligt und sehr gute Erfolge mit ihren Ausführungen erzielt. Dabei kamen den Konstruktionen der Schiffsmaschinen die vieljährigen Erfahrungen im allgemeinen Dampfmaschinenbau sowie eine hochentwickelte Werkstattstechnik zugute. Abb. 10 zeigt den Aufbau der Zylinder der gewöhnlichen Dreifach-Expansionsmaschine mit Schiebersteuerung. Hoch- und Mitteldruckzylinder haben den bewährten Kammerschieber, Bauart Hochwald erhalten (Abb. 11). Der Schieber besitzt eine doppelte Abdichtung gegenüber dem Frischdampfraum und arbeitet im übrigen ähnlich wie der bekannte Trickschieber[1]). Er unter-

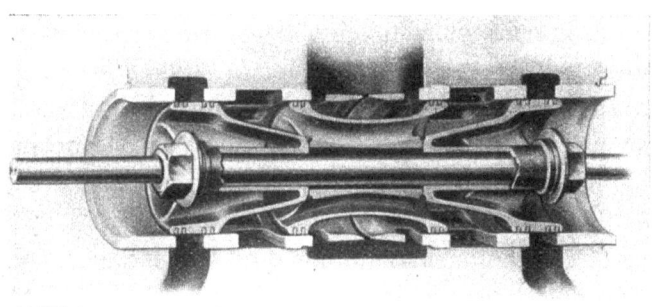

Abb. 11. Kolbenschieber Bauart Hochwald.

scheidet sich von diesem dadurch, daß sich die beiden Dampfstrahlen schon in der Kammer und nicht erst im Zylinderkanal vereinigen. Dadurch ist es möglich, die Kammerdeckung in weiten Grenzen zu verändern und den Zeitpunkt für die Eröffnung der Kammer so zu wählen, daß stets ein günstiger Einfluß auf den Verlauf der Kompression ausgeübt wird. Im Niederdruckzylinder ist ein Flachschieber, Bauart Hochwald[2]), zur Anwendung gekommen, der dreifache Einströmung, dreifache Ausströmung und Überströmung besitzt.

Abb. 12. Dreifach-Expansions-Schiffsmaschine mit Schiebersteuerung Bauart Hochwald, Leistung 800 PS$_i$.

Die Kolbendampfmaschine hat auch im Schiffbau durch die Dampfturbine und den Ölmotor starken Wettbewerb erhalten und hierdurch einen neuen An-

---

[1]) S. a. Z. V. D. J. 1911, S. 504; 1915, S. 275.
[2]) S. a. Z. V. D. J. 1905, S. 1324.

sporn zur Verbesserung gegeben, sowohl was die Verbilligung in der Herstellung und die Vereinfachung in der Bedienung als auch besonders, was sparsamen Brennstoffverbrauch anlangt. Die erste Ausführung einer neuen verbesserten Bauart erfolgte in den Borsigschen Werkstätten für den Einschraubendampfer „Bilbao" der Oldenburg - Portugiesischen Dampfschiffs - Reederei nach den Patenten der Firma Salge & Co.

Die neue Schiffsmaschine, welche seit Juli 1922 im Betrieb ist, hat Ventilsteuerung und ist für Reihenherstellung nach Einheitstypen entworfen.

Die Abb. 14 zeigt die neue Bauart: Eine Doppel-Verbundmaschine mit 4 unter 90° versetzten Kurbeln, mit zwei Hochdruckzylindern und zwei Nieder-

Abb. 13. Lentz-Einheitsmaschine während des Zusammenbaues in der Werkstatt des Tegeler Werkes.

druckzylindern. Sie ist mit der die Einheitsmaschine kennzeichnenden Sechsventilsteuerung versehen. Das Hochdruck-Auslaßventil ist gleichzeitig das Niederdruck-Einlaßventil, es werden also zwei Ventile am Niederdruckzylinder gespart und die Dampfwege zwischen beiden Zylindern auf das geringste Maß verkürzt. Die sonst bei Verbundmaschinen vorhandenen schädlichen Ausstrahlungsflächen der Verbindungskanäle und Aufnehmer fallen fort, weil der Dampf vom Hochdruckzylinder unmittelbar in den Niederdruckzylinder überströmt; es entstehen mithin keine Drosselungsverluste und nur geringe Wärmeverluste. Die neue Ventilanordnung bewirkt ferner, daß für die zwei Zylinderpaare nur je ein Steuerexzenter nötig ist, was wiederum eine einfache und leicht bewegliche Umsteuerung ermöglicht. Die Übertragung der Exzenterbewegung auf die oben vor

Abb. 14. Doppelt-Verbund-Schiffsmaschine mit Ventilsteuerung. Leistung 900 PS$_i$.

Abb. 15. Klugsche Lenkersteuerung einer Lentz-Einheits-Schiffsmaschine.

den Zylindern in Kugellagern gelagerte Steuerwelle erfolgt durch Zugstangen, die in der Mitte durch eine einfache Führung unterstützt sind. Die Oberflächenkondensation (System Balcke) ist von der Maschine getrennt angeordnet. Das zur Aufnahme des Schraubenschubes eingebaute Drucklager ist als Einscheibendrucklager ausgebildet.

Als Doppel-Verbundmaschine hat die Lentz-Maschine gegenüber einer Dreifach-Expansionsmaschine noch den Vorteil einer größeren Überlastbarkeit, was für die Einhaltung eines bestimmten Fahrplanes besonders wichtig werden kann.

Zuverlässige Kohlenverbrauchsmessungen, die auf der vierten Seereise des Dampfers „Bilbao" an der Maschine vorgenommen wurden, haben folgendes Ergebnis geliefert:

Abb. 16. 4 Schiffskessel von 4,4 m ⌀, die für den Eisenbahntransport zu groß sind, werden zu Wasser transportiert.

Bei 10 Knoten Geschwindigkeit und 1100 PS_i mittlerer Maschinenleistung wurden nur 0,5 kg Kohle für die indizierte Pferdekraftstunde, einschließlich der zum Betriebe der Hauptmaschine erforderlichen Hilfsmaschinen, verbraucht. Dieses Ergebnis ist wesentlich besser als bei den im Schiffsmaschinenbau üblichen Dreifach-Expansionsmaschinen und hat in Fachkreisen Aufsehen erregt. Es wird daher seitens der Reedereien dem neuen Maschinentyp starkes Interesse entgegengebracht. Zwei weitere Lentz-Einheitsmaschinen, und zwar eine Maschine von 1600 PS_i bei 1000 mm Hub und eine Maschine von 800 PS_i bei 800 mm Hub, sind inzwischen zur Ablieferung gelangt.

Im ortsfesten Dampfmaschinenbau stellt die seit 15 Jahren erzeugte Kapseldampfmaschine eine bewährte Bauart dar. Zunächst hauptsächlich für den Export bestimmt, findet diese Maschine auch im Inlande infolge ihrer mannigfaltigen Vorzüge starke Verbreitung. Die von der Firma Borsig gebauten Dampfmaschinentypen, wie Ventilmaschinen und Schiebermaschinen in Ausführung als Einfach- und Mehrfach-Expansionsmaschinen, liegend und stehend, Gleichstrommaschinen, Höchstdruckmaschinen, gestatten jeweils dem Bedarfsfalle gerecht zu werden und die wirtschaftlichste Maschine auszuwählen. Die Borsigschen Kolbenschiebermaschinen mit Achsreglersteuerung haben sich als Gegendruckmaschinen mit voller Abdampfverwertung besonders bewährt, da sie große Einfachheit der Konstruktionen und daher niedrige Anschaffungskosten mit geringsten Anforderungen an die Bedienung vereinigen. Gesteigertes Interesse beansprucht die Schmidt-Borsig-Höchstdruckmaschine von 60 at Betriebsdruck, die den Besuchern der Schiffbautechnischen Gesellschaft bei dem Gang durch die Kraftzentrale vorgeführt wurde. Die Maschine ist eine liegende Tandem-Verbunddampfmaschine von 800 PS Leistung, die mit einer zweiten Kurbel einen Ver-

Abb. 17. Borsig-Kapsel-Dampfmaschine zum Betrieb eines Gebläses.

Abb. 18. Liegende Gleichstrom-Dampfmaschine.

bundkompressor normaler Bauart von 7 at Endspannung antreibt. Die Abmessungen der Maschine sind 325 × 510 mm Zylinderdurchmesser und 900 mm Hub, Umdrehungszahl 120 in der Minute. Die Zylinder sind einfachwirkend, wobei der Hochdruckkolben beim Hingang, der Niederdruckkolben beim Rückgang Arbeit leistet.

Die gewählte Anordnung ergibt einen sehr günstigen Druckausgleich zwischen Hochdruck- und Niederdruckseite und daher einen Gestängedruck, wie er etwa Maschinen dieser Größe bei normalen Betriebsdrücken entspricht, eine für den

Abb. 19. Borsig-Höchstdruckdampfmaschine mit 60 at Überdruck zum Antrieb eines Kompressors.

Abb. 20. Zweifach-Verbund-Dampfmaschine zum Betrieb eines Ammoniak-Doppel-Kompressors.

Preis der Maschine sehr wichtige Tatsache. Die Gabelrahmengleitbahn und das Triebwerk entsprechen daher auch ganz der normalen Ausführung. Außerdem ist durch diese Anordnung die Hochdruckstopfbüchse vermieden worden. Als Steuerungsorgan wurde der Kolbenschieber Bauart Hochwald gewählt, wegen seiner doppelten Abdichtung und automatischen Regulierung der Kompression bei wechselnden Gegendrücken. Die Betätigung erfolgt über in Schwingen gelagerte Exzenterstangen von einem Proellschen Achsregler aus. Dieser ist als Leistungsregler mit automatischer Druckluftregelung ausgebildet. Die Einfügung der Anlage in die Wärmewirtschaft des Werkes ist nun so, daß der Abdampf einem Speicher von 10—12 at Druck zugeführt wird und zusammen mit dem Dampf der Abhitzekessel in der Schmiede zum Betrieb der Dampfhämmer und dampfhydraulischen Pressen dient. Der Abdampf der Dampfhämmer wiederum sammelt sich mit dem der Walzwerksmaschinen und eines zum 60 at-Betriebskessels gehörenden Abhitzekessels und wird im Sommer einer Abdampfturbine und im Winter der Heizung des Werkes zugeführt.

Bei größeren Leistungen, für die an Stelle der Kolbenmaschinen Turbinen in Frage kommen, bot bisher die Verwendung von Hochdruckdampf nur geringe

Abb. 21. Dampfturbine Bauart Borsig-Brünn.

Vorteile, da die üblichen Turbinenbauarten gerade im Hochdruckteil den Dampf schlecht ausnutzen. Erst die Turbine Brünner Bauart hat diesem Mangel abgeholfen und durch ihren geringen Dampfverbrauch im Hochdruckteil der Verbreitung des hochgespannten Dampfes die Wege geebnet.

Die Firma Borsig hat das Ausführungsrecht dieser Turbinenbauart erworben. Sie hat auch bereits neben zahlreichen Ausführungen (darunter zwei Turbinen von je 5000 PS Leistung) bis 23 at Anfangsspannung eine Hochdruckdampfturbine von 750 kW bei 3000 Umdrehungen in Arbeit. Die Betriebsspannung des zugehörigen Kessels beträgt 50 at bei 425° C Überhitzung. Der Abdampf, dessen Spannung 16 at beträgt, soll in die bestehende Hauptdampfleitung geführt werden. Der Kessel wird als Gruppenrohrkessel ausgebildet, dessen Konstruktion der normalen Bauart dieser Kessel entspricht. Die Kessel erhalten bis zu Drücken von 50 at Wandstärken, die durchaus als normal bezeichnet werden können und das Auftreten schädlicher Wärmestauungen in den Blechen daher nicht

Abb. 22. Schiffskessel auf dem Transport zum Hafen.

Abb. 23. Schiffskessel in der Montage.

befürchten lassen. Das Zusammennieten der Bleche bereitet keine Schwierigkeiten; dabei ergibt der genietete Kessel gegenüber Kesseln mit geschmiedeten Trommeln, wie sie für höhere Drücke über 50 at bisher nicht zu vermeiden sind, erheblich geringere Herstellungskosten, die günstig auf die Rentabilität einer Hochdruckanlage einwirken.

Eins der wichtigsten Arbeitsgebiete der Firma ist der Bau von Dampfkesseln. An Großwasserraumkesseln werden hauptsächlich Ein- und Zweiflammenrohrkessel und sog. kombinierte Kessel (Zweiflammenrohr- mit darüberliegendem Feuerrohrkessel) gebaut. Alle Nietungen im Kesselbau werden hydraulisch, und zwar nach dem Patent Schuch, ausgeführt. Diese Nietung hat den großen Vorteil, daß während der Nietung beide Köpfe gleichzeitig gestaucht werden, damit von beiden Seiten Druck auf das erhitzte Niet einwirkt und dieses infolge

Abb. 24. 4 Borsig-Wasserrohrkessel.

des doppelten Druckes das Nietloch vollständig ausfüllt, so daß Stemmarbeiten fast ganz ausgeschaltet sind.

Mit dem Bau von Wasserrohrkesseln hat sich die Firma seit dem Jahre 1879 befaßt, wo sie die Patente auf den bekannten Heine-Kessel übernahm. Sie hat diese Kesselart in großem Maßstab in die Praxis eingeführt und auf Grund der hierbei gesammelten Erfahrungen die Konstruktionen der Wasserrohrkessel und Überhitzer fortdauernd verbessert. Heute baut sie ein eigenes System von Wasserrohrkesseln, bei dem im Betrieb wie bei Abnahmeversuchen Dauerleistungen von 30—40 kg überhitzten Dampf je qm Heizfläche und Stunde bei einer Überhitzung bis zu 400° C und einer Ausnutzung von 80% nachgewiesen worden sind. Versuche an Gesamtanlagen von Dampfkesseln mit Überhitzern, Vorwärmern usw. ergaben Wirkungsgrade bis 85%. In den Jahren nach dem Kriege fand die Firma Borsig ein reiches Tätigkeitsfeld in dem schon früher betriebenen

Bau von Schiffskesseln, welche sie in erheblichem Maße für Flußfahrzeuge und Seeschiffe lieferte. Hierbei hat sich der Besitz der eigenen Hafenanlage am Tegeler See als besonders wichtig erwiesen, da es dadurch möglich wurde, unabhängig von dem Ladeprofil der Eisenbahn Kessel größerer Abmessung direkt auf dem Wasserwege in die Häfen zu verfrachten.

Durch Erhöhung der Dampfspannung lassen sich große Ersparnisse erzielen. Diesem Umstande hat auch die Firma Borsig Rechnung getragen; sie baut Gruppenrohrkessel sowohl als auch Steilrohrkessel bis zu Betriebsdrücken von 50 at und mehr. Auf dem Hochdruckgebiet arbeitet die Firma mit der bekannten Schmidtschen Heißdampfgesellschaft, Kassel-Wilhelmshöhe, und macht sich dadurch die reichen Erfahrungen, welche die Schmidtsche Heißdampfgesellschaft erworben hat, zunutze.

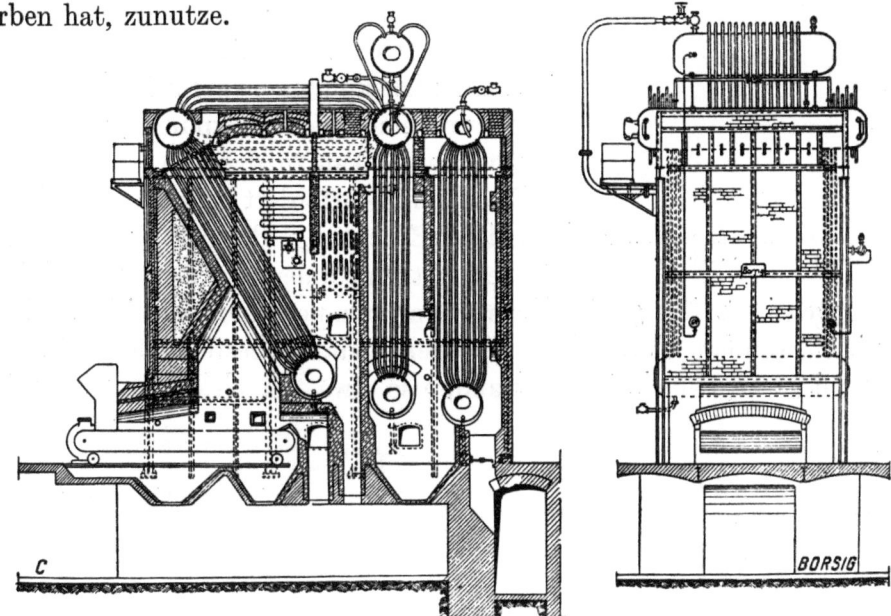

Abb. 25. Borsig-Hochdruckkessel von 60 at Überdruck.

Besondere Erwähnung verdient eine größere, aus 5 Gruppenrohrkesseln von je 400 qm Heizfläche bestehende Kesselanlage mit 34 at Betriebsdruck für die „Ilse" Bergbau-Aktiengesellschaft in Grube „Ilse" (N.-L.).

Ein Beispiel einer Vorschaltanlage — einer besonderen Art des Gegendruckbetriebes — stellt die neue Hochdruckanlage der Firma dar. Der Dampf wird in einem Schmidt-Borsig-Steilrohr-Hochdruckkessel von 300 qm Heizfläche mit 60 at Spannung und 425° Überhitzung erzeugt. Er wurde in Zusammenarbeit mit der Schmidtschen Heißdampfgesellschaft konstruiert, um auf den Erfahrungen dieser Gesellschaft mit ihrer Versuchsanlage in Wernigerode aufbauen zu können. Der interessanteste und zugleich teuerste Teil des Kessels sind die vier nahtlos geschmiedeten Trommeln von 900 mm l. Durchmesser und einer Wandstärke von 48 mm. Um Wärmespannungen zu vermeiden, sind diese Trommeln in den ersten beiden Zügen der Einwirkung der Feuergase durch Abdecken entzogen. Der zweiteilige Überhitzer liegt zwischen dem ersten und zweiten Zug. Im Gesamtaufbau ist außer auf die erforderliche Festigkeit auf größte Elastizität Rücksicht genommen, um zusätzliche Beanspruchungen durch Wärmedehnungen nach Möglichkeit zu vermeiden. Für besten Wasserumlauf ist Sorge getragen, und zwar erfolgt er so, daß das heiße Wasser in den Siederohren hochsteigt und durch eingemauerte Fallrohre an beiden Seiten wieder zurückströmt.

Abb. 26. 500 m lange Frischdampffreileitung für die Lignose-Film-G. m. b. H.

Zur weiteren Ausnutzung der Rauchgase ist ein Abhitzekessel von 2 at organisch mit dem Hochdruckkessel zusammengebaut. Der hier erzeugte Dampf wird einem Niederdruckdampfspeicher und das auf etwa 130° vorgewärmte Wasser dem Hochdruckkessel als Speisewasser in der hinteren oberen Trommel zugeführt. Es sind daher zwei Arten von Speisepumpen erforderlich, eine Niederdruckpumpe zum Speisen des Abhitzekessels und eine Hochdruckpumpe, um das Wasser von 2 auf 60 at zu drücken.

Die Speisung erfordert bei hohen Drücken eine besondere Beachtung, da der Kraftbedarf der Pumpen mit zunehmendem Druck erheblich an Bedeutung gewinnt. Die gewöhnlichen Dampfpumpen sind hier nicht am Platze, sofern nicht besondere Verwendung für ihren Abdampf besteht, der Antrieb muß vielmehr mit geringstem Wärmeaufwand, also etwa mit elektrischer Energie er-

Abb. 27. Borsig-Ideal-Ventil.

Abb. 28. Borsig-Ideal-Ventil für elektrischen Antrieb.

folgen. Im vorliegenden Falle ist dafür eine elektrisch angetriebene Preßpumpe, Fabrikat Borsig-Hydraulik, vorgesehen. Die Reglung erfolgt durch einen Hannemann-Regler. Als Feuerung ist der bewährte Borsig-Wanderrost vorgesehen.

Abb. 29. Liegende Zweikurbel-Verbund-Dampfmaschine mit Ventilsteuerung zum Antrieb einer Kolbenpumpe.

Selbstverständlich erfordern der hohe Druck und die hohen Temperaturen sorgfältigste und neuartige Durchbildung der Rohrleitung und Armaturen, die in einer besonderen Abteilung des Werkes hergestellt werden. Die Fassonstücke für die Dampf- und Speisedruckleitung sind aus Flußstahl geschmiedet. Die Flansche werden auf die starkwandigen Rohre aufgeschraubt und elektrisch verschweißt. Als Wasserabscheider vor der Maschine ist eine nahtlose Hochdruckstahlflasche, wie sie im Tegeler Werk hergestellt werden, verwendet worden.

Vom Arbeitsgebiet des Rohrleitungsbaues ist noch besonders das Dampfabsperrventil hervorzuheben. Mit ihm ist es der Firma Borsig als erster in Deutschland gelungen, ein Ventil auf den Markt zu bringen, welches neben der Nachschleifbarkeit der Dichtungsflächen ohne Ausbau aus der Rohrleitung einen vollkommen freien Durchgangsquerschnitt aufweist. Im Pumpenbau hat Borsig seit langer Zeit sehr gute Erfolge aufzuweisen. Der Bau von Wasserwerks-

Abb. 30. Kanalisationspumpe für die Kanalisation Berlin.

und Kanalisationspumpen wird in großem Umfang betrieben, jederzeit mit dem Bestreben, die altbewährten Systeme unter gewissenhafter Prüfung aller neu auftretenden Verbesserungen auszubauen und auf der Höhe zu halten. So wurde das Ausführungsrecht auf das besonders zur Hebung von Schmutzwässern geeignete

Abb. 31. Liegende Pumpmaschinen für die Glanzfilm A.-G., Berlin-Köpenick.

Ventil System „Schoene" erworben. Die Berliner Stadtentwässerung ist für ihre umfangreichen Pumpenanlagen ganz zu dieser Bauart übergegangen, nachdem Versuchsanlagen sich in mehrjährigem Betriebe gut bewährt hatten. Als ein

Abb. 32. Kolbenpumpe Doppel-Kobold mit Motorantrieb.

besonderes Zeichen der Anerkennung kann es betrachtet werden, daß eine große Anzahl von Kommunalverwaltungen, welche vor 40 Jahren und länger ihre Anlage von der Firma Borsig bezogen haben, ihr bis in die neueste Zeit hinein Erweiterungen und Neuanlagen zur Ausführung übergeben.

Als Hauswasserversorgungsanlage erzeugt die Abteilung Kolbenpumpenbau ein kleines, aber leistungsfähiges Aggregat von einfachem und kräftigem Bau, die „Kobold"-Pumpe. Infolge Massenanfertigung stellt sie einen billigen, dabei sehr leistungsfähigen und fast unverwüstlichen Typ für Wasserversorgungsanlagen dar. Um einem in Landwirtschaft und Industrie seit Jahren bestehenden Bedürfnis nach einer brauchbaren Pumpe für die Förderung von Jauche und industriellen Dickstoffen zu entsprechen, hat die gleiche Abteilung auf Grund ihrer jahrzehntelangen Erfahrungen im Bau von Schmutzwasserpumpen die Herstellung einer fahrbaren, elektrisch betriebenen

Dickstoffpumpe „Kobra" aufgenommen, die in allen Kreisen immer größere Aufnahme findet.

Neben dem Bau von Kolbenpumpen betreibt die Firma schon seit einer Reihe von Jahren im großen Maßstab auch den Bau von Kreiselpumpen. Außer einer

Abb. 33. Mehrstufige Hochdruckkreiselpumpe, durch Dampfturbine angetrieben.

umfangreichen Reihe von Niederdruckpumpen für alle vorkommenden industriellen Zwecke werden insbesondere auch einstufige Mitteldruckpumpen und mehrstufige Hochdruck-Kreiselpumpen mit Leitvorrichtung hergestellt für Wasserwerke einzelner Gemeinden, Städte oder ganzer Kreise, sowie für Kesselspeise- und Feuerlöschzwecke und insbesondere auch für Grubenwasserhaltung oder Preßwasseranlagen in Hüttenwerken.

Eine weitere Spezialität ist die Hauswasser-Kreiselpumpe „Kristall", die vor einigen Jahren in das Fertigungsprogramm aufgenommen wurde und entsprechend dem großen vorliegenden Bedarf zu einer sehr begehrten Wasserversorgungseinrichtung für einzelne Häuser und kleinere Häusergruppen

Abb. 34. Hauswasser-Kreiselpumpe „Kristall".

geworden ist. Sowohl diese Hauswasserpumpen wie auch die normalen Niederkreiselpumpen und die Einzelteile für die ein- und mehrstufigen Mitteldruck- bzw. Hochdruck-Kreiselpumpen werden nur in Reihen hergestellt.

Als ein Sonderzweig wird der Bau von Mammutpumpen betrieben, für welche die Firma das alleinige Ausführungsrecht erworben hat. Bei diesen Pumpen

374 Besichtigung.

wird die von einem über Tage stehenden Kompressor erzeugte Preßluft in die Förderleitung eingeführt und hierdurch die zu hebende Flüssigkeit in dem Förderrohre zum Steigen gebracht, ohne daß sie mit irgendwelchen beweglichen Teilen

Abb. 35. Rübenhebung aus Schiffen mittels Mammutpumpe in der Zuckerfabrik „de Klingelbeek".

Abb. 36. Mammut-Bagger für Kohlenschlamm aus Klärbecken der Gelsenkirchener Bergwerks-A.-G.

in Berührung kommt. Die Mammutpumpen dienen zur Hebung von Schmutzwasser, Abwässern aller Art, Sole, Petroleum, Säuren und Flüssigkeiten in chemischen Fabriken, auch im heißen Zustande. Die Firma Borsig hat auch umfangreiche Lieferungen für Zuckerfabriken ausgeführt, in denen die Mammutpumpe Anwendung zur Hebung von Schwemmwasser und Zuckerrüben findet. Im Laufe der Jahre sind über 3500 Anlagen mit einer Gesamtstundenleistung von mehr als 200 Millionen Litern geliefert. Bekannt sind die Erfolge der

Abb. 37. Fahrbarer Mammut-Bagger mit Antrieb durch Verbrennungsmotor von 8 cbm stdl. Leistung.

Mammutpumpen bei der Untertunnelung der Spree, gelegentlich des Baues der Untergrundbahnstrecken Spittelmarkt-Alexanderplatz und der Nordsüdbahn.

Der Herstellung dieser Pumpen wurde später die des Mammutbaggers angegliedert, der sowohl für die Abwässerbeseitigung in der Kanalisation als auch bei der Förderung von Dünn- und Dickschlamm in Erz- und Kohlenbergwerken, Zementfabriken usw. eine wichtige Rolle spielt. Der Kraftverbrauch der Mammutbaggeranlagen ist verhältnismäßig gering, die Betriebskosten werden daher auf ein Minimum heruntergebracht.

Durch den Bau der Mammutpumpenanlagen sah sich die Firma veranlaßt, der Herstellung von Kompressoren zur Verdichtung von Luft und Gasen, die schon früher mit bestem Erfolge gebaut wurden — z. B. für die Anlagen der Berliner Rohrpost —, ihre Aufmerksamkeit zuzuwenden, besonders da auch andere

Abteilungen des Werkes an diesen Maschinen einen ständig wachsenden Bedarf hatten. Die Kompressoren haben eine sehr ausgedehnte Verwendung gefunden in der chemischen Industrie, bei Druckluftgründungen, für Entstaubungsanlagen,

Abb. 38. Niederdruck-Kompressor von 7 at.

vor allem aber zum Betrieb von Preßluftwerkzeugen, deren Anwendung sich namentlich in den letzten Jahren außerordentlich gesteigert und in modernen Fabriken von der Größe der Borsigwerke einen sehr erheblichen Umfang ange-

Abb. 39. Dampfkompressor für die Preßluftversorgung einer Maschinenfabrik.

nommen hat. Während noch zur Zeit des ersten Besuches der Schiffbautechnischen Gesellschaft im Tegeler Werk der Druckluftbedarf durch einige kleinere Kompressoren von etwa 20 cbm/min Gesamtleistung gedeckt wurde, dient heute diesem Zwecke eine Zentrale mit einer Gesamtleistung von mehr als 250 cbm/min.

Außer Kompressoren sind mit bestem Erfolge auch Hochöfen und Stahlwerksgebläse ausgeführt worden. Die Firma hat mit besonderem Interesse den Bau von Hochdruck-Kompressoren gepflegt und bis zu den größten Leistungen weiter entwickelt. Der Erfolg dieser Arbeit zeigt sich in zahlreichen Lieferungen, auch

Abb. 40. 1 D 1-Dreizylinder-Heißdampf-Personenzug-Lokomotive. Gattung P 10 der Deutschen Reichsbahn-Gesellschaft.

von Maschinen zur Verdichtung von Wasserstoff und Luft für Zwecke der Luftschiffahrt, der chemischen Fabriken, für die Torpedowerkstätten der Kriegsmarine, vor allem aber für den Betrieb von Druckluftlokomotiven bei Streckenförderungen im Bergbau.

Abb. 41. 1 C 2-Dreizylinder-Heißdampf-Schnellzug-Tenderlokomotive der Dänischen Staatsbahn.

Die Firma Borsig hat immer ihr besonderes Augenmerk darauf gerichtet, den Lokomotivbau, dem sie die Begründung ihres Weltrufes in erster Linie verdankt, erfolgreich weiter zu entwickeln. Nach Eröffnung des Tegeler Betriebes ist seit 1900 ein deutlicher Aufschwung erkennbar, der zum größten Teile einer wesentlich erhöhten Ausfuhr zu verdanken war. Diese war teilweise nach ganz neuen Absatzgebieten gerichtet: Italien, Spanien, Dänemark, Norwegen, Ostindien, Süd- und Mittelamerika und Japan sind daran beteiligt. Insbesondere die Länder Argentinien und Chile wurden dem deutschen Lokomotivbau durch Borsigsche Pionierarbeit erschlossen.

Abb. 42. C-Regelspurige feuerlose Lokomotive für Anschlußbahnen. Dienstgewicht 45 t.

Die Lieferungen für das Inland haben sich mehr als verdoppelt. Der 5000. Lokomotive im Jahre 1902 folgte die 6000. im Jahre 1906, die 7000. im Jahre 1909, die 8000. im Jahre 1911, die 9000. im Jahre 1914, die 10000. im Jahre 1918 und

Abb. 43. C-normalspurige Tender-Lokomotive für Anschlußbahnen, für den Berliner Westhafen.

die 11000. im Jahre 1922. Die Lieferung der 12000. Lokomotive wird voraussichtlich in das Jahr 1925 fallen.

Dabei hat der Lokomotivbau nicht nur nach der Menge, sondern auch der Art seiner Leistungen bedeutsame Fortschritte zu verzeichnen. Es wurden zahlreiche neue Arten in Bau genommen, und zwar für den Vollbahnbetrieb mit mehr als 100 t Leergewicht und für die verschiedenen Spurweiten der Klein-, Neben- und Industriebahnen bis herab zu den kleinsten Abmessungen. Daneben entstanden feuerlose Lokomotiven für Werkbetriebe, Kran- und Zahnradlokomotiven. Für den Bergwerksbetrieb wurden neue Druckluftlokomotiven ent-

Abb. 44. Gruben-Druckluft-Lokomotive.

worfen, nachdem man allgemein unter dem Eindruck der durch schlagende Wetter hervorgerufenen Katastrophen dazu übergegangen war, die bisher übliche Förderung mittels elektrischer oder Benzinlokomotiven zugunsten des Druckluftbetriebes aufzugeben. Es ist der Firma Borsig gelungen, alle Schwierigkeiten zu überwinden, die einer betriebssicheren Verwendung hochkomprimierter Luft

Abb. 45. Elektrische Abraum-Lokomotive, Spurweite 900 mm, Dienstgewicht 44 t. Geliefert für die Braunkohlengrube Böhlen-Rötha.

entgegenstanden und den Aktionsradius der Druckluftlokomotiven durch die nunmehr möglich gewordene Erhöhung des Fülldruckes so erheblich zu erweitern, daß sie in geeigneten Fällen gegen Dampf-, Benzin- und elektrische Lokomotiven auftreten können. Durch Anwendung des Verbundsystems, durch Vor- und Zwischenerwärmung der Arbeitsluft und möglichst weitgehende Expansion sowie durch Anordnung eines der Firma Borsig gesetzlich geschützten doppelten Führersitzes (es werden aber auf Verlangen auch Einführersitz-Lokomotiven gebaut) ist ein Typ entstanden, der allen wirtschaftlichen Erfordernissen genügt. Besonders bemerkenswert ist auch die Mitwirkung der Firma A. Borsig beim Bau der elektrischen Lokomotiven, von denen sie bereits eine Reihe für das In- und Ausland geliefert hat.

Auch die eigentliche Fabrikation im Lokomotivbau hat bedeutende Fortschritte zu verzeichnen. Wie in der gesamten Fabrikation der Firma, so ist ganz besonders auch in der Lokomotivabteilung die Bearbeitung der einzelnen Teile nach Normallehren im Wege der Massenfabrikation und Präzisionstechnik durchgeführt worden.

Für den Bau von Apparaten und Anlagen für die chemische Industrie besteht bei Borsig eine besondere Abteilung, welche unter Mitarbeit bekannter

Abb. 46. Kalkstickstoffwerke Piesteritz, obere Beschickungsbühne.

Chemiker und eines ersten Baubüros den Entwurf und die Ausführung vollständiger Gesamtanlagen auf den verschiedenen Gebieten der chemischen Großindustrie durchführt.

Besonders auf dem Gebiet der Errichtung von Anlagen für die Herstellung von Kalkstickstoff und die Gewinnung von Ammoniak und Ammoniakverbindungen hieraus wurde Bahnbrechendes geleistet und Lieferungen nach allen Weltteilen ausgeführt, einschließlich der Elektroöfen zur Herstellung von Kalziumkarbid nebst Zubehör, sowie der Einrichtungen zur Gewinnung von Stickstoff aus der Luft. Der Bau von Anlagen zur Erzeugung und Verflüssigung von schwefliger Säure wie auch anderer Gase und zur Gewinnung von Schwefelsäure nach dem Kontaktverfahren bildet ein bedeutendes Arbeitsgebiet. Eine besondere Fachabteilung führt den Bau von Anlagen zur Gewinnung von pflanzlichen und tierischen Ölen und Fetten auf dem Extraktionswege und deren Veredelung und Härtung durch. Bemerkenswert ist ferner die Lieferung von An-

Abb. 47. Tränkapparat für große Seekabel, 4000 mm ⌀, 2000 mm hoch.

Abb. 48. Holzimprägnierungsanlage.

lagen für die Imprägnierung von Bauhölzern, Bahnschwellen, Masten und Grubenhölzern mittels Kreosot bzw. konservierender Salzlaugen, von Anlagen zur Herstellung, zum Schleifen und Polieren von Spiegelglas, Einrichtungen zum Füllen und Abfüllen komprimierter und verflüssigter Gase jeder Art in Stahlflaschen sowie die Herstellung dieser Flaschen selbst.

Abb. 49. Borsig-Heißdampfpflug.

Schon frühzeitig hat sich Borsig auf Grund der ausgedehnten, im Bau von ortsfesten und fahrbaren Kesseln und Dampfmaschinen erworbenen Erfahrungen auf die Herstellung von landwirtschaftlichen Maschinen eingestellt. Als Spezialität auf diesem Gebiete sind die Borsigschen Dampfpfluglokomotiven zu nennen,

Abb. 50. Borsig-Schlepper.

die ausschließlich als Heißdampfmaschinen gebaut und in mehreren Ausführungen für Leistungen von 70—200 PS_i auf den Markt gebracht werden. Außer den Dampfpflügen werden die bekannten Motorpflüge nach dem Zweimaschinensystem gebaut, die in erster Linie für die Verbrennung von Benzol eingerichtet sind und einen sehr guten thermischen Wirkungsgrad aufweisen. Das Arbeitsgebiet der Abteilung erstreckt sich auch auf Ackergeräte, wie Kippflüge, Tiefrajolpflüge, Kultivatoren, Grubber, Untergrundlockerer, Walzen, Eggen usw. Die Industrialisierung der deutschen Landwirtschaft hat in der letzten Zeit auch die Forderung mit sich gebracht, daß mittlere und Klein-Landwirtschaften den Motor als Helfer

Abb. 51. Umwendekultivatoren mit angebauter Spatenscheibenegge.

sowohl für die Bodenbearbeitung, Zugkraft für den Hof und den Gütertransport als auch als Antrieb für die landwirtschaftlichen Maschinen nötig haben. Dieser Forderung ist die Firma Borsig mit der Konstruktion des Borsig-Schleppers gerecht geworden. Den Teilnehmern an der Besichtigung des Werkes wurde, ge-

Abb. 52. 5 schariger Kippflug mit federnden Untergrundlockerern.

wissermaßen als Überraschung, diese mit Zügeln gelenkte Universalzugmaschine noch kurz vor Abschluß des Rundganges durch das Werk vorgeführt. Das charakteristische Merkmal des Borsig-Schleppers ist die Lenkung, Stillsetzung und Abbremsung des Fahrzeuges durch vom Führersitz aus betätigte Lenkzügel. Der Landwirt pflügt nicht nur mit ihm, sondern spannt ihn auch vor seine Wagen, wie er es bisher mit den Pferden getan hat. Infolge seiner Ausbildung als Dreiradschlepper mit vornliegenden Antriebsrädern ist dieser Motorschlepper für das Befahren von schwierigem Gelände gegenüber Vierradschleppern besonders ge-

384 Besichtigung.

Abb. 53. Kohlensäure-Schiffskältemaschine mit Dampfmaschine, direkt gekuppelt, Leistung 60000 Kal. i. d. Std.

Abb. 54. Kohlensäure-Schiffskältemaschine, Leistung 45000 Kal. i. d. Std. für Fleischtransportboot.

eignet. Überraschend ist die außerordentliche Wendigkeit der neuen Maschine, die geeignet ist, sich auf dem Weltmarkte einen ersten Platz zu erobern.

Zur Beseitigung von stark verunreinigten und dickflüssigen Stoffen in landwirtschaftlichen und gewerblichen Betrieben haben jahrelange Erfahrungen im Bau von Schmutzwasserpumpen zur Konstruktion der fahrbaren, elektrisch betriebenen Jauchepumpe „Kobra" geführt, die sich infolge ihrer vielseitigen Verwendungsmöglichkeit als Universal-Dickstoffpumpe gut bewährt hat und neben den Hauswasserkreiselpumpen „Kristall" und „Kobold" dem Landwirt unentbehrlich geworden ist.

Diese Anlagen stellen infolge ihres automatischen Betriebes gewissermaßen kleine Wasserwerke dar, die insbesondere für einzeln liegende Wohnhäuser, Ge-

Abb. 55. Eiserzeugungsanlage, Leistung 2000 kg täglich.

höfte und Güter einen gleichwertigen Ersatz für den Anschluß an eine zentrale Wasserversorgung bilden, um so mehr, als sie selbst bei tiefliegendem Wasserspiegel — bis 30 m — infolge einer besonderen, gesetzlich geschützten Tiefsaugevorrichtung fördern. Eine ebenfalls geschützte sog. Ausgleichdüse bietet einen wirksamen Schutz gegen Überlastung des Betriebsmotors. Sie kann leicht von jedem Installateur eingebaut werden.

Mit dem Bau der Tegeler Fabrik entstand eine besondere Abteilung für Eis- und Kältemaschinen, die mit der Schiffbauindustrie mehrfach in Berührung trat. Sie baute für die besonderen Zwecke der Schiffskühlanlagen Kohlensäuremaschinen in jährlich wachsender Anzahl. Die erste Maschine nach dem Kohlensäuresystem wurde für das Vermessungsschiff „Planet" mit einer Leistung von 2500 Kal. in der Stunde gebaut. Heute gelangen vorzugsweise Ammoniakmaschinen zur Ausführung; ebenso werden von der Firma Kältemaschinen nach dem Schwefligsäuresystem gebaut. Das Arbeitsgebiet der Abteilung Eis und Kälte umfaßt die Lieferung größter Anlagen für Hotels, Brauereien, Schlachthöfe, Krankenhäuser

386 Besichtigung.

usw. bis herab zu der Kleinkältemaschine für den Haushalt und das Kleingewerbe, die namentlich im Zusammenbau mit Kühlschränken weite Verbreitung gefunden haben.

Abb. 56 Fahrbare Entstäubungsanlage.

Abb. 57. Kühlschrank mit maschineller Kühlung

Zweimal haben die Borsig-Werke in Tegel die Mitglieder der Schiffbautechnischen Gesellschaft bei sich zu Gast gehabt: 1900, auf dem Wege zur Weltmachtstellung des Deutschen Reiches, und 1924, auf dem Wege zum Wiederaufbau einstiger Größe. Dieser Wiederaufbau kann gegen äußere Widerstände und innere Schwierigkeiten nur in zäher, unverdrossener Arbeit geleistet werden. Die Be-

Abb. 58. Absaugen von Asche aus den Ekonomisern durch eine Entaschungsanlage.

Abb. 59. Teppichentstäubung mittels „Saugling".

sucher aus den Kreisen der Schiffbautechnischen Gesellschaft werden sich überzeugt haben, daß diese Arbeit bei Borsig geleistet wird.

XVI. Namenverzeichnis
der Redner in den Vorträgen und Erörterungen nebst Sachangabe und Seitenzahlen.

Die Namen der Verfasser sowie die Titel der Vorträge sind **fett** gedruckt.

Name des Verfassers oder Redners bei den Erörterungen	Inhalt des Vortrages oder der Erörterungen	Seite
Bauer	**Der Antrieb von Schiffen durch Ölmotoren mit hydraulisch-mechanischem Übersetzungsgetriebe**	192
Benjamin	Stabilitätsverhältnisse bei Flettnerschen Rotorschiffen	249
Berendt	Direkter Antrieb des Propellers bei großen Ölmaschinen	218
Busley	**25 Jahre Schiffbautechnische Gesellschaft**	55
Flettner	**Anwendung der Erkenntnisse der Aerodynamik zum Windantrieb von Schiffen**	222
Föttinger	**Fortschritte der Strömungslehre im Maschinenbau und Schiffbau**	295
Frahm	**Zahnradgetriebe für Turbinen- und Motorschiffe der Werft Blohm & Voß**	81
Gerhardts	Manövrierfähigkeit von Dieselmotoren mit Preßluft und mit hydraulisch-mechanischem Umsetzungsgetriebe	216
Ogilvie	Lehrkörper des Schiffbaufachs an der Technischen Hochschule in Charlottenburg	80
Goecke	Verwendung einfacher Schiffsformen bei Flettnerschen Rotorschiffen	250
Goos	Wirtschaftlichkeit von Dampfkolbenmaschinen, Dampfturbinen und Dieselmotoren	141
Heymann	**Die Auswuchtung rotierender Massen**	252
Hoff	Verwendung von Preßluft beim Umsteuern von Luftschiffmotoren	218
Hort	Unterschied zwischen der Heymannschen und Kruppschen Auswuchtmaschine	271
Judaschke	Nichtverwendbarkeit des Schmidtschen Berichtigungsverfahrens bei den Leertiefgängen von Handelsschiffen	293
Kempf	Bestimmung des Wellen- und Wirbelwiderstandes neben dem Reibungswiderstand bei Schleppversuchen mit Schiffsmodellen	342
Kluge	Vorteile schnellaufender kleinerer Dieselmotoren gegenüber größeren doppeltwirkenden Zweitaktmotoren	215
Laas	**Der Schiffbau-Unterricht im Rahmen der Hochschulreform**	69
Lottmann	Lichtbogenschweißung mit Gleich- und Wechselstrom	190
Mohr	Verhütung des Eintrittes kalter Preßluft in die Zylinder von Dieselmotoren beim Umsteuern mit hydraulisch-mechanischem Umsetzungsgetriebe	220
Pophanken	Verringerung des Luftwiderstandes durch entsprechende Aufbauten der Schiffe	341
Presse	Verwendung von niedrigen und dicken Flettnerrotoren auf Kreuzern	250
,,	Vorteile des Schmidtschen Berichtigungsverfahrens beim Entwurf von Kriegsschiffen	293
Schlichting	Wirbel-, Wellen- und Windwiderstände am Modell und am ausgeführten Schiff	344

Name des Verfassers oder Redners bei den Erörterungen	Inhalt des Vortrages oder der Erörterungen	Seite
Schmidt	**Das Berichtigungsverfahren als Hilfsmittel für den Entwurf der Schiffe**	274
Schulthes	Beschreibung eines großen Windkraftwerkes zur Erzeugung von elektrischem Strom	246
von den Steinen	Fachrichtungen, in denen das Schmidtsche Berichtigungsverfahren verwendbar ist	294
Strelow	**Die Lichtbogenschweißung und ihre praktische Verwendung im Schiffbau**	142
Weber	Kräftezerlegung bei schnellrotierenden Massen und Ausnutzung des Resonanzproblems	270
„	Resonanz bei der Auswuchtung rotierender Massen	271
„	Einarbeitung bei der Verwendung des Schmidtschen Berichtigungsverfahrens mit dessen Doktorarbeit	294
„	Grundlegende Forschungen in der Hydro- und Aerodynamik	341

Additional material from Jahrbuch der Schiffbautechnischen Gesellschaft,
ISBN 978-3-642-90169-0, is available at http://extras.springer.com

If you have any concerns about our products,
you can contact us on
ProductSafety@springernature.com

In case Publisher is established outside the EU,
the EU authorized representative is:
**Springer Nature Customer Service Center GmbH
Europaplatz 3, 69115 Heidelberg, Germany**

Printed by Libri Plureos GmbH
in Hamburg, Germany